**18** Bamberger Orientstudien

Bamberger Orientstudien

hg. von Lale Behzadi, Patrick Franke, Geoffrey Haig, Christoph Herzog, Lorenz Korn, Susanne Talabardon und Christoph U. Werner

Band 18

University of Bamberg Press
2024

# Die Reisetagebücher des Botanikers Carl Haussknecht

Band 2: Persien, 1867–1869

Herausgegeben von
Christine Kämpfer, Stefan Knost, Kristin Victor,
Frank H. Hellwig, Hanne Schönig und Christoph U. Werner

University of Bamberg Press
**2024**

Bibliografische Information der Deutschen Nationalbibliothek
Die Deutsche Nationalbibliothek verzeichnet diese Publikation in der Deutschen Nationalbibliografie; detaillierte bibliografische Daten sind im Internet über http://dnb.dnb.de abrufbar.

Gefördert durch die Deutsche Forschungsgemeinschaft (DFG)
– Projektnummer 318862275

Herstellung und Druck: docupoint, Magdeburg
Umschlaggestaltung: University of Bamberg Press
Umschlagbild: Herbarbeleg einer Tulpe (*Tulipa biflora* Pall. var. *major* Boiss.), gesammelt von Carl Haussknecht zwischen Persepolis und Schiras im März 1868, JE00030026, © Herbarium Haussknecht, Friedrich-Schiller-Universität Jena, mit freundlicher Genehmigung.


https://www.uni-bamberg.de/ubp

ISSN: 2193-3723 (Print)
ISBN: 978-3-86309-936-7 (Print)

eISSN: 2750-817X (Online)
eISBN: 978-3-86309-937-4 (Online)

URN: urn:nbn:de:bvb:473-irb-951766
DOI: https://doi.org/10.20378/irb-95176

## Vorwort

Der Thüringer Botaniker und Pharmazeut Carl Haussknecht (1838–1903) hinterließ von seinen beiden Forschungsreisen in das Osmanische Reich und nach Persien (1865 und 1866–1869) 15 Tagebuch-Hefte mit insgesamt knapp eintausend Seiten. Ein interdisziplinäres Team von Wissenschaftlerinnen und Wissenschaftlern der Universitäten Jena (Botanik), Halle (Arabistik/Islamwissenschaft) und Bamberg (Iranistik) hat im Rahmen eines von der DFG finanzierten Projektes diese erstmals transkribiert, ediert und kommentiert.

Zusammen mit dem Faksimile der Originalseiten stehen die Hefte nun, durch umfangreiche Indizes erschlossen, mit textkritischen Anmerkungen und Metadaten ergänzt und mittels Freitext durchsuchbar im Thüringer Editionenportal zur Nutzung bereit (https://haussknecht.editionenportal.de). Die digitale Edition, die weiterhin bearbeitet und im Portal in größeren zeitlichen Abständen aktualisiert wird, bietet zudem eine virtuelle Verknüpfung von Tagebuch-Einträgen mit weiteren Sammlungsobjekten sowie Archiv- und Bibliotheksmaterialien. Das für jede Seite angezeigte georeferenzierte Kartenmaterial visualisiert die Reisewege Haussknechts, die – im Sinne seines Schweizer Auftraggebers Edmond Boissier (1810–1885) – oft abseits der damaligen Hauptreiserouten verliefen. Ergänzend werden auf der Portalseite Informationen zu Haussknecht, den Tagebüchern und zum Projekt, aber auch die Editionsrichtlinien sowie ein Verzeichnis der vom Autor verwendeten Abkürzungen, Kürzel und Symbole bereitgestellt. Haussknechts besonderer Blick für Details und sein disziplinenübergreifender Diskurs ergänzen seine Ausführungen zur Botanik, Geografie, Geologie und Medizin durch eine überraschende Fülle landeskundlicher, kultur- und sozialgeschichtlicher sowie sprachlicher Beobachtungen. Seine Schilderungen des Reisealltags sind auch ein Beleg für die Herausforderungen einer Forschungsreise zu dieser Zeit.

Die hier vorliegenden *Reisetagebücher* bieten einer breiten Leserschaft in zwei Bänden (1: Osmanisches Reich, 2: Persien) einen gekürzten, überarbeiteten und somit flüssiger lesbaren Text. Sie gewähren einen schnellen Zugang zu dem reichhaltigen Material, und bei tiefergehendem Interesse wird das Auffinden konkreter Textstellen in der digitalen Edition mittels oben genannter Zugänge sowie durch in der Lesefassung vorgenommene Änderungen erleichtert, die in der unten folgenden Handreichung erläutert werden.

Unser Dank gebührt der Deutschen Forschungsgemeinschaft, die das Projekt (2017–2022) und den Druck der *Reisetagebücher* finanzierte, den Herausgeberinnen und Herausgebern der *Bamberger Orientstudien* für die Aufnahme der Bände in die Reihe sowie der University of Bamberg Press für die Veröffentlichung.

## Inhaltsverzeichnis

# Einleitung

## Carl Haussknecht: Vom Apotheker zum Orientbotaniker

Heinrich Carl Haussknecht kam am 30. November 1838 als Sohn eines Rittergutsbesitzers in Bennungen (heute Gemeinde Südharz, Sachsen-Anhalt) zur Welt.[1] Bereits im Schulalter begeisterte er sich für Pflanzen und begann diese zu sammeln und zu bestimmen. Von 1855 bis 1859 absolvierte er eine Apothekerlehre, an die sich eine dreijährige Gehilfenzeit anschloss, die ihn in das Rheinland sowie in unterschiedliche Kantone der Schweiz führte. An allen Aufenthaltsorten beschäftigte er sich mit der jeweiligen Flora der Umgebung und kam so in Kontakt mit Botanikern. Nach seiner erfolgreich abgeschlossenen Ausbildung entschied Haussknecht sich für ein Pharmaziestudium in Breslau (heute Wrocław, Polen).

*Abb. 1: Carl Haussknecht (1838–1903)*

Nach Abschluss des Studiums brach er im Februar 1865 zu seiner ersten Reise in das Osmanische Reich auf, von der er begeistert und mit einer reichen Ausbeute an Pflanzen sowie zoologischen, archäologischen und anderen Objekten im Dezember 1865 zurückkehrte. Eine zweite, weitaus längere Reise durch das Osmanische Reich und Persien unternahm Haussknecht vom Herbst des darauffolgenden Jahres bis zum Februar 1869. Abermals hatte er neben mehreren tausend Pflanzenbelegen auch andere Artefakte gesammelt. Nach der Rückkehr ließ er sich in Weimar als Privatgelehrter nieder, beschäftigte sich intensiv mit der Systematik und Taxonomie ausgewählter Pflanzengrup-

1 Eine ausführliche Biografie geben Meyer (1990) und Hellwig (2011). Informationen über die Biografie hinaus finden sich in Victor (2013).

pen und publizierte seine Ergebnisse. Er beschrieb insgesamt über tausend neue Pflanzensippen (Arten, Varietäten etc.). Sein Herbarium mehrte er stetig, zum einen durch seine eigene fortwährende Sammeltätigkeit, zum anderen durch einen regen Tausch mit Fachkollegen, durch Ankauf von Nachlässen und durch Schenkungen. 1895 beschloss und finanzierte er den Bau eines „Herbar-Hauses" in Weimar. Die feierliche Eröffnung des Herbarium Haussknecht fand im Oktober 1896 statt. Das Sammlungsgebäude beherbergte neben der öffentlich zugänglichen Pflanzensammlung auch Haussknechts beachtliche Bibliothek mit vielen botanischen Fachbüchern sowie Arbeits- und Gästezimmer. 1882 war Haussknecht gemeinsam mit anderen Botanikern an der Gründung des Botanischen Vereins für Gesamt-Thüringen (heute Thüringische Botanische Gesellschaft e. V.) beteiligt und stand diesem Verein bis zu seinem Tod am 7. Juli 1903 vor.

## Die Reisen: Von Weimar nach Teheran

Auftrag- und Geldgeber beider Reisen war der Schweizer Botaniker Pierre Edmond Boissier (1810–1885), der damals an der *Flora Orientalis*, einem mehrbändigen Werk zu den im ‚Orient' vorkommenden Pflanzen, arbeitete. Boissier hatte früher selbst bereits einige Reisen u. a. nach Vorderasien unternommen und war nun auf der Suche nach einem jungen engagierten Pflanzenkundigen, der für ihn in einigen bislang nicht bereisten Gebieten Pflanzen sammeln sollte. Auf Empfehlung kontaktierte er Haussknecht Ende 1862.[2] Dieser hatte in Aigle (Kanton Waadt, Schweiz) als Apothekergeselle Station gemacht und manche Exkursion ins Umland unternommen. Im Oktober 1862 traf er dabei auf ein bereits halb vertrocknetes fruchtendes Doldenblütengewächs, das er als *Trochiscanthes nodiflorus* (All.) W.D.J.Koch (Radblüte) bestimmte. Dieser bedeutende Fund sprach sich schnell in Fachkreisen herum, denn die Art war bis dato nur im Kanton Wallis aufgefunden worden. So entstand der Kontakt zu namhaften Botanikern wie Jean Muret (1799–1877), Alphonse DeCandolle (1806–1893) und George François Reuter (1805–1872).

Boissier kam mit Haussknecht brieflich überein, dass dieser erst 1865, nach vollendetem Pharmazie-Studium, eine Reise ins Osmanische Reich unternehmen

2 *Mon ami Mr Reuter m'a dit qu'il vous croyait disposé à entreprendre des voyages pour collecter des plantes.* (Brief 96, S. 1; deutsche Übersetzung in Meyer (1990), S. 7). – Alle hier zitierten Briefe sind im Herbarium Haussknecht in Jena archiviert. Die zugehörigen Schreiben Haussknechts befinden sich im Conservatoire et Jardin botaniques de Genève und standen uns nicht zur Verfügung. – Wenn nicht anders angegeben, Übertragungen ins Deutsche: Hanne Schönig.

solle.[3] Das Arrangement sah nach dem Vorbild anderer Abmachungen vor, die während der Reise gesammelten Pflanzen an Boissier in Genf zu senden, wo die Hälfte verbleiben sollte.[4] Die andere Hälfte war für Haussknecht in Weimar bestimmt. 1863 waren die Gebiete des Osmanischen Reiches und Persiens in großen Teilen unsicher, so dass Boissier für das erste Jahr als Eingewöhnung eine Reise in russische transkaukasische Provinzen empfahl – ein Vorschlag, der jedoch nicht umgesetzt wurde. Später könne Haussknecht dann nach Persien reisen, wo es sicherer sei als in der Türkei, oder nach Nord-Syrien und Assyrien.[5]

Zur Vorbereitung erteilte Boissier Haussknecht den Rat, möglicherweise schon früher aufzubrechen, um sich mit dem Land, der Sprache usw. vertraut zu machen.[6] Andere Orient-Reisende wie Theodor Kotschy (1813–1866) und Karl Koch (1809–1879), mit denen Haussknecht im Vorfeld der Reisen im brieflichen Kontakt stand, gaben wichtige und nützliche Hinweise, die er nachweislich in die Tat umsetzte. So empfahl Kotschy ihm den Kontakt zu dem Orientalisten Julius Petermann (1801–1876) sowie die Lektüre der *Erdkunde* von Carl Ritter (1779–1859).[7] Koch riet ihm, als Arzt (*Hakim*) zu reisen, um das Vertrauen der einheimischen Bevölkerung zu gewinnen und dadurch in die entlegenen (Gebirgs-) Regionen zu gelangen.[8] Tatsächlich schilderte Haussknecht immer wieder, dass seine Dienste rege in Anspruch genommen wurden.

Kurz vor dem Beginn seiner Reise besuchte Haussknecht Boissier in Genf, wo letzte Absprachen getroffen wurden. Ausgestattet mit Empfehlungsschreiben brach er am 1. Februar 1865 von dort in Richtung Marseille auf, um mit dem Schiff nach Alexandretta (Iskenderun) zu reisen.

Kristin Victor, Hanne Schönig

3 Brief 101 (deutsche Übersetzung in Meyer (1990), S. 7).

4 *Je payais à ces Messieurs tous les frais de voyage et nous partagions les récoltes en me réservant outre les cueilles, les graines, plantes vivantes bulbes qu'ils devraient récolter pour moi.* (Brief 102, S. 2).

5 *Il y a malheureusement en ce moment beaucoup de parties de ce pays où il n'y a pas assez de sécurité pour s'y engager. Peut être voudrait-il mieux pour la 1ère année explorer quelque partie des provinces Russes Trans Caucasiennes où il y a de la sécurité et pour lesquelles on pourrait obtenir de bonnes recommandations, vous prendriez là l'habitude de l'Orient et pourriez plus tard explorer quelque partie de la Perse qui est plus tranquille que la Turquie. Ou bien une autre exploration fructueuse serait la Syrie Septentrionale et de l'Assyrie.* (Brief 102, S. 3–4).

6 *Mais il faudra voir s'il ne vaudra pas mieux pour vous familiariser d'avance avec le pays, la langue, etc partir déjà en 1864.* (Brief 102, S. 1).

7 *Wegen Kurdistan-Litteratur wenden Sie sich gelegentlich doch an Dr. Petermann in Gotha [...]. Lesen und excerpiren Sie C. Ritter Erdkunde IX, X, XI Band nach dem Inhalt aber nur jene Capitel die ihre Route treffen.* (Brief 93, S. 3). – In der im Herbarium Haussknecht in Jena verwahrten Bibliothek Haussknechts befinden sich die Bände 8 und 9.

8 *Da Sie Apotheker sind und damit als Doktor fungiren können, so müßen Sie als Hakim reisen, der von seinem Sultan ausgesandt ist, Arzneien zu suchen, welche in den Gebirgspflanzen liegen.* (Brief 73, S. 2).

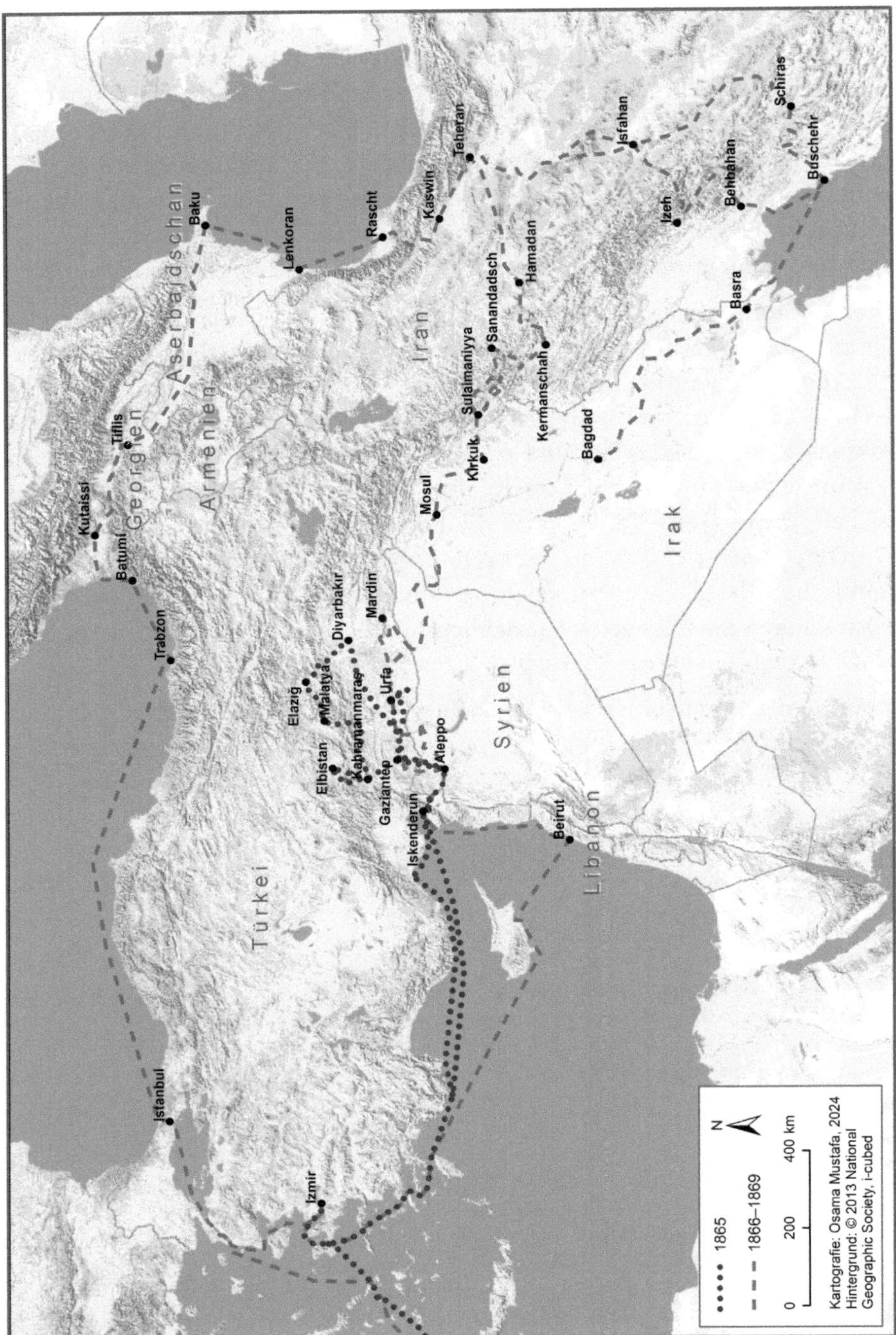


*Abb. 2: Die Reiseroute der ersten (gepunktet) und zweiten Reise (gestrichelt).*

Zwecks leichterer Nachvollziehbarkeit ist Haussknechts Reiseweg in einer aktuellen Karte dargestellt. Die Ortsnamen erscheinen in der heute im Deutschen verwendeten Schreibung.

## Die Reise in Persien

Carl Haussknecht überquerte die Grenze zu Persien von Sulaimaniyya kommend und erreichte am 18. August 1867 mit Sina, dem heutigen Sanandadsch, die erste größere Stadt seiner Route. Auch in Persien musste er sich bei den örtlichen Gouverneuren vorstellen, um einen Ferman, ein Reisedekret, zu erhalten, eine Formalie, der er vor Ort als erstes nachkam. Mit dem Ferman in der Tasche begab sich Haussknecht nach Kermanschah, wo er sich im Büro der dort stationierten Telegrafisten einquartierte. Nach diversen Besuchen beim Gouverneur und dessen Söhnen führte ihn sein archäologisches Interesse zu den Felsreliefs von Taq-e Bostan und Bisotun, die er in den entsprechenden Tagebucheinträgen detailliert beschrieb. Anschließend reiste er weiter nach Hamadan am Fuße des Alvand. Dort fertigte er einen Abklatsch der Gandschname-Inschrift an, was *viel Arbeit verursachte und mir 1 ½ Tage Zeit raubte.*[9] In der Stadt traf Haussknecht sich zum einzigen Mal während seiner Reise in Persien mit Vertretern der jüdischen Gemeinde, eine Begegnung, die ihm in positiver Erinnerung blieb: *Nachmittag machte ich Besuch bei dem jüdischen Rabbiner Lalasar, woselbst ich die ganze vornehme Judenschaft versammelt fand. [...] Ich fand bei ihm einen Rabbiner [...] aus Constantinopel, der geläufig italienisch sprach, und einen andern aus Jerusalem. [...] Die Juden fanden sich durch meinen Besuch sehr geschmeichelt und boten in Bewirthung alles mögliche auf [...].*[10]

Von Hamadan führte ihn seine Route nun endlich in die Hauptstadt Teheran, deren südöstliches Stadttor er am 24. November 1867 durchritt. Er mietete sich ein Hotelzimmer und verkehrte rege mit anderen in Persien lebenden Europäern, darunter der österreichische Ingenieur Albert Joseph Gasteiger (1823–1890), der österreichische Arzt Jakob Eduard Polak (1818–1891), der französische Arzt Joseph Désiré Tholozan (1820–1897), der niederländische Arzt Johannes Lodewik Schlimmer (1818–1876) sowie Diplomaten und Angestellte der europäischen Gesandtschaften. Seine Kontakte ermöglichten ihm die Teilnahme an einem Festakt anlässlich der Stadterweiterung im Dezember 1867, bei dem er auch Nasreddin Schah (reg. 1848–1896) vorgestellt wurde, eine Begegnung, die in Haussknechts Aufzeichnungen nicht einer gewissen Komik entbehrt: *Er [der Schah] trug schwarzes persisches Gewand, doch die Brust zu beiden Seiten mit großen Perlen dicht besetzt nebst Diamantenverzirungen. Nach der gewöhnlichen Begrüßung und Erkundigung brachen wir sofort wieder auf, uns immer rückwärts bewegend, da man dem Schah nicht den Rücken kehren darf; was nicht leicht war, da vor dem Zelte ein kleiner Bach rieselte, über den nur ein sehr schmaler*

9 Tagebuch 2_05_014, Eintrag vom 11.2.1867.
10 Tagebuch 2_06_008, Eintrag vom 10.11.1867.

*Steg führte.*[11] Auch während seines Aufenthaltes in Teheran ruhte Haussknechts archäologisches Interesse nicht, und er unternahm einen Ausflug nach Ray, dem antiken Rhages. Die Ablenkungen der Großstadt und ihres Umlandes schützten ihn allerdings nicht vor Heimweh, welches ihn zum Jahreswechsel überkam: *Den Sylvesterabend war ich mit Gasteiger zu den Herrn Reymond zu Tisch geladen, wo selbst wir das neue Jahr begrüßten. Freilich war es mir gar nicht wie Sylvester, wenn ich, was oft geschah, an die liebe Heimath dachte, wo man heute sicher auch meiner gedachte, die vorigen Feiertage hatte ich in Stambul, die jetzigen in Tehran verbracht, also in den beiden Capitalen des Islam.*[12]

Mit dem neuen Jahr nahm Haussknecht seine Route wieder auf und setzte seinen Weg in Richtung Zentraliran fort, der ihn nun über Qum und Kaschan nach Isfahan führte, wo er im christlichen Viertel Neu-Dschulfa ein Haus mietete. Sein Kontakt in der Stadt war Padre Pascal Arakelian, ein Mönch des armenisch-katholischen Ordens der Mechitaristen, der ihm auch als Übersetzer zur Seite stand. Einen bleibenden Eindruck hinterließ der Besuch einer armenischen Hochzeit, Haussknechts einziger Kontakt mit der armenischen Gemeinde Persiens. Nach einer detaillierten Beschreibung der Feierlichkeiten schließt sein dazu gehöriger Tagebucheintrag mit dem Fazit: *Mir wurde diese Sache bald langweilig und zog mich daher gegen 2 Uhr zurück, doch die andern blieben bis zum Tagesanbruch, wann die Ceremonie statt fand. So geht es 3 Nächte hindurch. Welch Unterschied zwischen civilisirten und barbarischen Völkern!*[13] Nach einem gut dreiwöchigen Aufenthalt in der Stadt, der auch durch mehrere Ausflüge in die umliegende Region bereichert wurde, ritt Haussknecht schließlich weiter gen Süden durch die Provinz Fars mit Schiras als seinem nächsten Stadtaufenthalt, das er am 12. März 1868 erreichte. Sein dortiger Gastgeber war Conrad Gustaf Fagergren (1818–1879), ein schwedischer Arzt, der sich in den 1840ern in der Stadt niedergelassen hatte. Schiras wurde für Haussknecht zum Ausgangspunkt für Exkursionen zu den berühmten Ruinen der achämenidischen Hauptstadt Persepolis und den archäologischen Stätten Naqsch-e Rostam und Naqsch-e Radschab, auch diese beschrieb er detailreich und mit großem Interesse.

Anschließend reiste er weiter in Richtung des Persischen Golfes über Kazerun nach Buschehr, über das er nur wenig schmeichelhafte Worte verlor: *Die aus ca. 600 Häusern bestehende Stadt Buschir bietet durchaus nichts besondres dar von Außen; ihre Häuser aus Stein erbaut, aus verhärteten Muschelsand bestehend von jüngster Bildung, aber dennoch dauerhaft, platte Dächer. Die Straßen eng, schmut-*

[11] Tagebuch 2_06_028, Eintrag vom 8.12.1867.

[12] Tagebuch 2_06_050, Eintrag vom 31.12.1867. – Laut Tagebuch 2_01_020 verbrachte er die Jahreswende 1866/1867 in Aleppo.

[13] Tagebuch 2_07_015, Eintrag vom 21.2.1868.

*zig, Bazar unbedeutend.*[14] Er verweilte einige Tage in der Stadt und traf unter anderen den Offizier der Britischen Ostindien-Kompanie, Colonel Lewis Pelly (1825–1892), bevor er sich am 19. April 1868 für eine Exkursion nach Basra und Bagdad einschiffte. In Basra fand er Unterkunft im Haus des Quarantäneinspektors Julius Asché (st. 1870), mit dem er auch einige kurze Ausflüge unternahm. Nach einem anschließenden zehntägigen Aufenthalt in Bagdad beendete er seinen Ausflug in das Osmanische Reich und reiste wieder mit dem Schiff über Basra zurück nach Buschehr und weiter nach Bandar Deylam.

Von dort ritt er nach Behbahan, wo er auf ein Treffen mit dem Gouverneur von Fars, Sultan Uwais Mirza (1839–1892), hoffte. Dieser weilte jedoch nicht in der Stadt, und so reiste Haussknecht weiter gen Westen in das Dorf Galbur, wo der Prinz mit seinem Gefolge sein Lager aufgeschlagen hatte. Zwischen Haussknecht und Sultan Uwais entwickelte sich eine Freundschaft, was auch in den Tagebucheinträgen deutlich wird: *Am Emirsade fand ich einen der gebildesten und über religiöse Dinge frei denkenden Perser, gepaart mit außerordentlicher Herzensgüte.*[15] Haussknecht erkannte ihn außerdem als Freimaurer, zur großen Freude des Gouverneurs: *[...] sogleich hielt er mir vor allen Leuten seine Hand hin und rief: vous étes mon frère, tous ce que vous desirez est à votre disposition.*[16] Sultan Uwais lud den deutschen Botaniker ein, ihn auf einen Jagdausflug in den Zagros zu begleiten, was Haussknecht gerne annahm. Er hatte so die Möglichkeit, eine unzugängliche Region zu bereisen, in die nur wenige Ausländer vor ihm gelangt waren. Neben der Botanik bot ihm der Ausflug außerdem die Möglichkeit zum Kennenlernen der lurischen Stämme, deren Lebensweise und Bräuche er mit großem Interesse dokumentierte.

Die Wege von Haussknecht und Sultan Uwais trennten sich schließlich am 28. August 1868 im Tal von Dalun, wo Haussknecht seine Rückreise antrat. Nach einem zehntägigen Aufenthalt in Isfahan erreichte er Teheran am 30. Oktober. Man erfährt nur wenig über seinen zweiten Aufenthalt in der Stadt, da ihn ein Fieber ans Bett fesselte. Seine Anwesenheit blieb jedoch nicht unbemerkt und kam auch Nasreddin Schah zu Gehör. Auf Wunsch des Monarchen fand am 1. November in dessen Jagdschloss östlich von Teheran ein Treffen mit Haussknecht, in Begleitung von Tholozan, statt. Haussknechts Beschreibung dieser Zusammenkunft zeugt von dem Interesse, das der Schah ihm entgegenbrachte: *Sogleich frug er [der Schah] auf persisch: wieviel Jahre und wo ich überall umhergereist sei, wie ich sein Land gefunden habe, worauf ich ihm von den Luren und Bachtiaren erzählte, auch nicht vergaß, über Owais Mirsa das beste Lob auszusprechen;*

[14] Tagebuch 2_07_058, Eintrag vom 8.4.1968.
[15] Tagebuch 2_08_034, Eintrag vom 5.7.1868.
[16] Tagebuch 2_08_034, Eintrag vom 5.7.1868.

*‚also er regirt gut', Vortrefflich, Königliche Majestät. Hauptsächlich interessirten ihn die 2 Seen von Malamir, von denen er, wie überhaupt vom ganzen dortigen Lande, nichts wußte. Ich zeigte ihm dann meine Karte, die ihn lebhaft intressirte, [...].*[17]

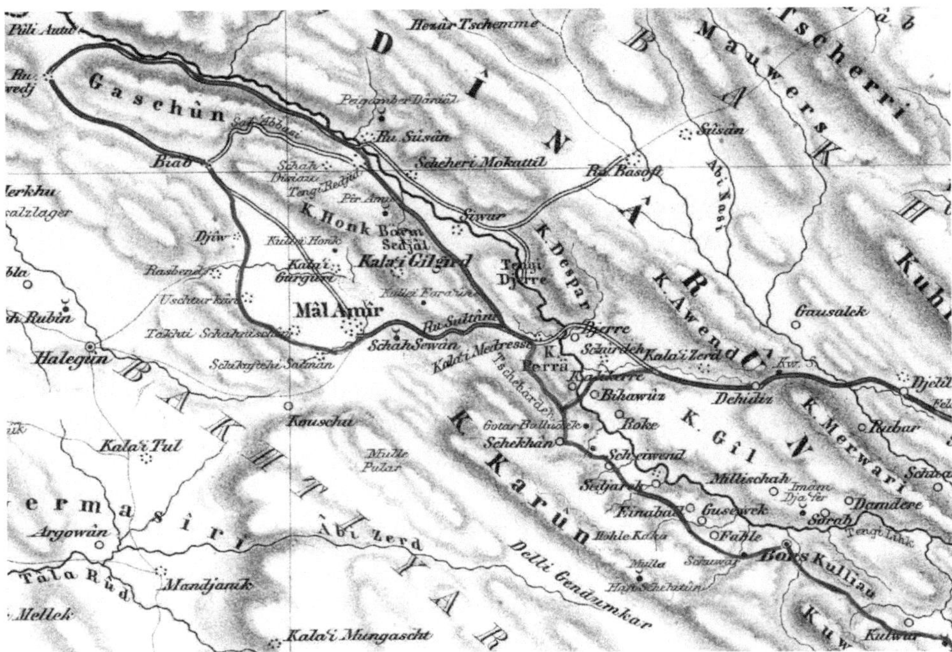


*Abb. 3: Ausschnitt aus Kiepert (1882), Blatt IV: Umgebung von Malamir (Izeh)*

Kurz nach dem Treffen setzte Haussknecht seine Rückreise fort, die ihn von Teheran zuerst nach Kaswin führte, über das er wohlwollend schreibt: *Wenn man Stambul die Cypressenstadt, Ispahan die Platanenstadt nennen kann, so verdint Kaswin den Namen der Ulmenstadt.*[18] Weiter ging es nordostwärts über Rascht nach Bandar Anzali und von dort mit dem Schiff über Lenkoran nach Baku, wo er am 10. Dezember 1868 anlegte. Auch hier fand er schnell Kontakte zur europäischen Gemeinschaft, sein einwöchiger Aufenthalt erlaubte ihm allerdings nur einen kurzen Ausflug nach Yanar Dagh. Von Baku setzte Haussknecht seinen Weg zügig nach Georgien fort, Tiflis erreichte er am 2. Januar 1869. Nach einem Aufenthalt von 20 Tagen reiste er schließlich weiter in die Hafenstadt Poti, von dort schiffte er sich nach Batumi und schließlich nach Istanbul ein, wo er am 6. Februar 1869 ankam.

In der osmanischen Hauptstadt verweilte er nur wenige Tage, und bereits am 13. Februar bestieg er ein Schiff nach Triest, nicht ohne einen letzten Blick

[17] Tagebuch 2_09_141–2_09_142, Eintrag vom 30.10.1868.

[18] Tagebuch 2_10_003, Eintrag vom 26.11.1868.

zurück zu werfen, was er nicht ohne Wehmut in seinen Aufzeichnungen notierte: *Noch einmal erblikte ich nun die Serailspitze mit ihren Moscheen und Platanen, und bald nach der Wendung überblikt man das weite Häusermeer von Alt-Stambul mit den Ringmauern am Meere, die sich weithin ausdehnen. Noch einen Blick auf Pera und zum Eingang des Bosphorus, und das herrliche Panorama ist entschwunden, nur Alt-Stambul fesselt nebst Scutari mit seiner großen Kaserne die Aufmerksamkeit, bis auch diese entschwinden und die Prinzeninseln nun den Blik auf sich lenken. Träumerisch haftet der Blik auf den schlanken Minarets der alten Dome der Christenheit, nur ungern nimmt man von ihnen Abschied, wenn nicht der heimliche Gedanke des Wiedersehens aufkäme, denn das Sprichwort sagt: Wer einmal Taksim Wasser getrunken hat, der kommt wieder!*[19] In Triest angekommen, bestieg Haussknecht am 21. Februar 1869 schließlich den Zug nach Wien, was nicht nur das Ende des Tagebuches markiert, sondern auch das Ende seiner Reise.

Haussknechts Route in Persien orientierte sich an den Routen der berittenen Kuriere, die Nächte verbrachte er überwiegend in Relaisstationen oder Karawansereien. In einigen Fällen fand er Unterkunft bei Privatleuten, mietete sich ein Zimmer oder sogar ein Haus. Die Aufzeichnungen seiner Reise vermitteln einen facettenreichen Einblick in Persien unter der Herrschaft Nasreddin Schahs. Das breite Spektrum an Informationen entspricht Haussknechts vielfältigen und weit über die Botanik und Geologie hinausgehenden Interessen und schöpft aus einer Route, die sowohl urbane Zentren als auch ländliche Regionen durchquert.

In Städten, allen voran in Teheran, wurde Haussknecht zum Zeugen des politischen Geschehens. Im Tagebuch finden sich entsprechend Einträge zur persischen Wirtschaft sowie zur Außen- und Innenpolitik des Schahs und seiner Minister. Diese Beobachtungen vermitteln wertvolle Einblicke in gesellschaftliche Veränderungen, die Persien im 19. Jahrhundert durchlief. Darüber hinaus notierte Haussknecht Aktivitäten ausländischer Botschaften und ihrer Gesandten, die ihm wahrscheinlich aus erster Hand mitgeteilt wurden. Sein pharmazeutisch-medizinisches Interesse und konkret seine Tätigkeit als Arzt im Land verschafften ihm zudem Informationen über die in Persien vorkommenden Krankheitsbilder und Behandlungen. Seine Aufzeichnungen dazu profitierten außerdem von dem Wissen der europäischen Mediziner, die in Teheran am neu gegründeten Polytechnikum Dar al-Fonun unterrichteten.

In ländlichen Gegenden galt Haussknechts Aufmerksamkeit auch der regionalen Landwirtschaft und ihren Erzeugnissen. Zudem besuchte er gezielt archäologische Stätten, deren Zustand er oft mit den Berichten früherer Reisender

[19] Tagebuch 2_11_011, Eintrag vom 13.2.1869.

abglich und diskutierte. Zahlreiche Inschriften und Reliefs zeichnete er ab und ergänzte so seinen Bericht um eine visuelle Komponente. Besondere Beachtung aber schenkte er den Stämmen: er notierte nicht nur deren Namen und zahlenmäßige Ausbreitung, sondern auch Bräuche und Mythen sowie Vokabellisten. Und zu guter Letzt war es ihm auch in Persien ein Anliegen, das von Kiepert erstellte Kartenmaterial zu erweitern und zu korrigieren. Hierfür dokumentierte er minutiös die Entfernungen zwischen diversen Orten sowie deren geografische Lokalisierung.

Wenn Haussknecht auch zeit seines Lebens nicht mehr nach Persien zurückkehrte, pflegte er doch weiterhin Kontakte zu seinen europäischen, aber auch persischen Bekanntschaften. Während der Europa-Reise des Schahs 1873 besuchte Sultan Uwais Mirza ihn sogar in Weimar, und Nasreddin Schah ehrte ihn mit dem Orden des Löwen und der Sonne, eine Auszeichnung für ausländische Staatsbürger, die Persien besondere Dienste erwiesen hatten.

Christine Kämpfer

## Die Tagebücher: Vom Erlebten zum Manuskript

Zu den mit der Pflanzensammlung des Jenaer Herbariums verbundenen Archivalien gehören auch Haussknechts Reisetagebücher. Die 15 eng in Kurrent beschriebenen und mit Skizzen versehenen Hefte dokumentieren auf knapp tausend Seiten den Verlauf seiner beiden Reisen. Ebenfalls erhalten sind neun Feldbücher im DIN A6 Format, die Haussknecht auf dem Pferd oder auch im Zelt schnell zur Hand waren und in denen er Notizen zur Reise mit Bleistift festhielt. Später übertrug er diese in wesentlich leichter lesbarer Schrift in die Tagebuchhefte.

Die Aufzeichnungen sind als Primärquelle von besonderem wissenschaftlichen Interesse, da sie unter vergleichbaren zeitgenössischen Reiseberichten einen Sonderfall darstellen: sie wurden mit Bezug auf Topoi und Motive noch nicht auf eine Publikation hin gekürzt und optimiert und standen in dieser Vollständigkeit bislang noch nicht für die Forschung zur Verfügung. Haussknecht selbst plante die Veröffentlichung seiner Aufzeichnungen, doch sollte es nicht dazu kommen.

Boissier drängte ihn vom ersten Tag an dazu, und in seinen Briefen können wir den Verlauf seiner erfolglosen Versuche verfolgen. Gleich am 22. Februar 1869, als er Haussknecht in Weimar angekommen glaubt, mahnt er, die Erinnerungen und Eindrücke nicht verblassen zu lassen, da er bis dahin in jeder Beziehung unbekannte Länder bereist habe und entsprechend Lücken füllen könne, jetzt sei genau der richtige Moment, mit der Arbeit zu beginnen.[20] Allerdings waren bei der Verschickung zunächst Kisten verloren gegangen, die auch seine Manuskripte und Kartenzeichnungen enthielten. Umso mehr insistierte Boissier, die noch frischen Erinnerungen zu sammeln, die Haussknecht offensichtlich noch sehr strukturiert und klar präsent waren. Ein solches Werk sei er der Öffentlichkeit gewissermaßen schuldig.[21]

Doch auch, als die Manuskripte wieder aufgefunden waren,[22] widmete Haussknecht sich – neben dem Pflanzenmaterial – zuerst der Erstellung der topografischen Karten. Auch schienen weitere Reisepläne in den Vordergrund zu rücken,[23] aber man erfährt auch, dass Haussknecht seine auf den Reisen gesammelten Erlebnisse und Erfahrungen in Vorträgen vermittelte.[24] Im Archiv des Herbariums befinden sich noch einige Manuskripte zu seinen Vorträgen, die er beispielsweise in Frankfurt und Weimar hielt und die seine Reiseeindrücke anschaulich wiedergeben.

Erst 1882 wurden die vier Karten seiner Orientreisen, von Heinrich Kiepert (1818–1899) in Berlin redigiert, veröffentlicht. Der damit zusammenhängende zweiseitige „Vorbericht" endet mit den Worten: *Dies im allgemeinen der Verlauf der*

20 *Il ne faut pas laisser trop vieillir ses souvenirs et les impressions et vous êtes justement dans le meilleur moment pour vous [unleserlich] de ce travail. Votre narration sera extrémement précieuse car dans ces deux années vous avez visité des pays tout a fait vierges et vous comblerez bien des lacunes.* (Brief 120, S. 2).

21 *Il y a aussi un autre travail qu'il ne faut pas négliger, c'est de recueillir les souvenirs de vos voyages pendant que vous en avez la mémoire fraîche et ne pas les laisser se perdre. Il ne faut pas que le grand malheur de la perte de vos manuscrits vous empêche de donner un travail au public. On voit par la conversation que tout ce que vous avez observé est bien classé dans votre esprit et que vos souvenirs sont nets et précis; il y a là de quoi faire un ouvrage intéressant et vous devez en quelque sorte cela au public ayant parcouru un pays neuf à tous égards.* (Brief 129, S. 1–2).

22 *Je vous félicite encore d'avoir retrouvé une de vos caisses, [...]. L'important c'est que vos manuscrits et cartes soient sauvés.* (Brief 136, S. 4).

23 Neben Turkestan (Brief 142, S. 2) geht es vor allem um Persien (Brief 140, S. 1). Boissier will die Verantwortung für eine wiederholte Persien-Reise zwar nicht übernehmen, zeigt sich wegen der zahlreichen noch unerforschten Regionen aber interessiert und bietet für das kommende Jahr auch wieder eine finanzielle Unterstützung an. *Ce n'est certainement pas moi qui vous engagerai à retourner en Perse, je ne veux pas prendre cette responsabilité mais dans le cas où vous iriez y faire un voyage j'aurais l'année prochaine [...] mille francs à mettre à votre disposition pour vous aider dans vos explorations botaniques. [...] Il y a sans doute encore bien des contrées intéressantes encore inexplorées en Perse, non seulement le Zerd Kou et l'Elvend mais encore toute la contrée au sud est de Chyraz.* (Brief 140, S. 2; s. a. Brief 143, S. 2).

24 *Je vois avec bien de plaisir que vous vous occupez toujours à tenir des conférences sur la Perse et l'Orient.* (Brief 143, S. 2).

*Reise [...]. Eine detaillirte Schilderung der interessanteren Gebiete, zu welcher ich aus vielen Gründen noch keine Zeit gefunden habe, hoffe ich bald nachfolgen zu lassen.*[25]

Kristin Victor, Hanne Schönig

## Literaturverzeichnis

Boissier, Pierre Edmond (1867–1884): *Flora Orientalis sive enumeratio plantarum in oriente a graecia et aegypto ad indiae fines hucusque observatarum*. Band 1–5. Genf und Basel: H. Georg.

Haussknecht, Carl (1882): Vorbericht über Prof. C. Haussknecht's orientalische Reisen (S. 3–4) nebst Erläuterungen von Prof. Dr. H. Kiepert (S. 5–7). Zeitschrift der Gesellschaft für Erdkunde 17.

Hellwig, Frank (2011): Carl Haussknecht (1838–1903). Forschungsreisender und Gründer des Herbarium Haussknecht. In: I. Kästner, J. Kiefer (Hrsg.), *Botanische Gärten und botanische Forschungsreisen*: S. 393–412. Aachen: Shaker.

Kiepert, Heinrich (1882): Prof. C. Haussknecht's Routen im Orient. 1865–1869 nach dessen Originalskizzen redigirt. 4 Blätter: I. u. II. Nord-Syrien, Mesopotamien und Süd-Armenien. III. Kurdistan und Irak. IV. Centrales und südliches Persien. Berlin: Dietrich Reimer.

Meyer, Friedrich Karl (1990): Carl Haussknecht, ein Leben für die Botanik. Haussknechtia 5: S. 5–20.

Ritter, Carl (1822–1859): *Die Erdkunde im Verhältniß zur Natur und zur Geschichte des Menschen, oder allgemeine vergleichende Geographie, als sichere Grundlage des Studiums und Unterrichts in physicalischen und historischen Wissenschaften*. Band 1–19. Berlin: Dietrich Reimer.
Bd. 8 (1838) und 9 (1840): Iranische Welt.
Bd. 10 (1843) und 11 (1844): Das Stufenland des Euphrat- und Tigrissystems.

Victor, Kristin (Hrsg.) (2013): *Carl Haussknecht. Ein Leben für die Botanik*. Beiträge aus den Sammlungen der Universität Jena 2, Friedrich-Schiller-Universität Jena.

[25] Haussknecht (1882), S. 4, Sp. 2. Danach wurde die Veröffentlichung der Tagebücher in Boissiers Briefen nicht mehr thematisiert, sein letzter Brief (157) datiert vom 28.3.1885. Boissier verstarb am 25.9.1885.

## Archivmaterialien

Briefe an Carl Haussknecht von:

Edmond Boissier:

Brief 96 = Brief A050000096 vom 15.11.1862, Valeyres.

Brief 101 = Brief A050000101 vom 10.12.1862, Genève.

Brief 102 = Brief A050000102 vom 6.11.1863, Orbe – Canton de Vaud.

Brief 120 = Brief A050000120 vom 22.2.1869, Genève.

Brief 129 = Brief A050000129 vom 31.1.1870, Genève.

Brief 136 = Brief A050000136 vom 14.8.1870, Valeyres.

Brief 140 = Brief A050000140 vom 29.6.1873, Valeyres.

Brief 142 = Brief A050000142 vom 1.3.1874, [s. l.].

Brief 143 = Brief A050000143 vom 31.1.1875, Rivage.

Brief 157 = Brief A050000157 vom 28.3.1885, Genève.

Karl Koch: Brief 73 = Brief A050000073 vom 11.12.1864, Berlin.

Theodor Kotschy: Brief 93 = Brief A050000093 vom 9.4.1866, Wien.

Alle Briefe befinden sich im Archiv des Herbarium Haussknecht.

Die hier zitierten Briefe an Boissier sind Teil der digitalen Edition (Faksimile, Transkription, deutsche Paraphrase).

## Vom Tagebuch zum Lesebuch: Eine Handreichung

### Struktur

Das Inhaltsverzeichnis und damit die Kapitelüberschriften wurden durch die Herausgeberinnen und Herausgeber generiert. Sie liefern Haussknechts wichtigste Reisestationen mit Datumsangaben. Dabei wurde die von ihm am häufigsten verwendete Schreibung der Ortsnamen übernommen.

Vor allem Zeichnungen und Inschriften, aber auch ganze Textpassagen notierte Haussknecht aus Gründen des Platzes oder der Textgenese (z. B. Nachträge) nicht immer an der chronologisch korrekten Stelle, sondern manchmal gar in einem anderen Heft. Im Gegensatz zur digitalen Edition, in der die Reihenfolge der Seiten beibehalten und Zusammenhänge ggf. mittels Verlinkungen hergestellt wurden, wurden in vorliegender Fassung alle Texte, Zeichnungen und Inschriften in den entsprechenden zeitlichen Kontext platziert. Ohne Vermerk wurden Hinzufügungen am Rand, über der Zeile oder in geänderter Schreibrichtung in den Fließtext integriert, Überschreibungen akzeptiert sowie Streichungen gelöscht und durch Haussknechts Korrekturen ersetzt.

Die in der Edition und Lesefassung konstruierte Seitenzählung zählt die Papierseiten fortlaufend: Nummer der Reise (1 oder 2)_Nummer des Heftes (insgesamt 4 bzw. 11)_Seitenzahl. Gegen Ende der 2. Reise wurden zur Schließung der zeitlichen Lücke einige Seiten aus einem Feldbuch (F09) eingefügt, die Haussknecht nicht in das Tagebuch übertragen hatte.

Die von Haussknecht fast lückenlos angegebenen und oft mit dem entsprechenden Wochentag versehenen Datumsangaben seiner Einträge wurden – außer falls innerhalb eines Satzes stehend – an den Zeilenanfang und zur besseren Sichtbarmachung dieser zeitlichen Struktur kursiv gesetzt. Irrtümer oder Lücken haben wir weitgehend korrigiert bzw. rekonstruiert.

### Sprache

Dem im 19. Jahrhundert noch unnormierten Stand der deutschen Sprache geschuldet sind Haussknechts Schwankungen und Inkonsequenzen in Grammatik, Lexik und vor allem Orthografie. Geografische Bezeichnungen und Personennamen sowie fremdsprachliche Begriffe, die er nicht nur für Pflanzen gerne sammelte, notierte er nach Gehör. Dadurch kommt es ebenfalls zu unterschiedlichen Schreibungen ein und desselben Namens bzw. Wortes. Im Falle der Identifizierung dieser Namen und Worte findet sich die jeweils korrekte

Orthografie bzw. Transkription[26] im Index der digitalen Edition. Im Falle von Ortsnamen und anderen geografischen Bezeichnungen sind dort alle Varianten unter dem heute in der Türkei, Syrien, dem Irak und Iran üblichen Namen gelistet. Die im Fließtext der digitalen Edition zusätzlich angeführte Schreibung auf den vom Kartografen Heinrich Kiepert 1882 erstellten Kartenblättern wurde in die vorliegende Fassung nicht aufgenommen.

Von den Herausgeberinnen und Herausgebern wurden entsprechend den heute gültigen Regeln Vereinheitlichungen vorgenommen, zum Beispiel in der Zeichensetzung und Schreibung von Ziffern. Auf eine Anpassung der Orthografie an moderne Rechtschreibung wurde auch in der Lesefassung bewusst verzichtet. Die im Original zahlreich verwendeten Abkürzungen, zu dieser Zeit geläufige grafische Kürzel (z. B. „ζ“ für „aus“) sowie Symbole (z. B. „Δ“ für „Freimaurerloge“) wurden weitgehend aufgelöst.

Die lateinischen Pflanzenbezeichnungen wurden einschließlich der Abkürzungen wie im Original belassen. Alle von Haussknecht bezeichneten Gattungen, Artnamen oder auch nur die Taxa-umschreibenden Begriffe finden sich im Index der digitalen Edition.

Worte mit Fragezeichen in eckigen Klammern [Wort?] sind unsichere Lesungen. Drei Punkte in eckigen Klammern [...] bezeichnen Lücken in Haussknechts Text, die er auch zu einem späteren Zeitpunkt nicht füllte.

## Kürzung

Die Texte wurden insgesamt um ein Drittel gekürzt. Zur Herstellung sinnvoller inhaltlicher Übergänge und Anschlüsse wurden entsprechende Textangleichungen (z. B. Syntax) ohne Kennzeichnung vorgenommen, lediglich Hinzufügungen durch die Herausgeberinnen und Herausgeber wurden in eckige Klammern gesetzt. Die Kürzung erfolgte durch Löschung von Textpassagen, Zeichnungen und Inschriften. Dabei wurde die Art des gestrichenen Textes durch folgende Kürzel in eckigen Klammern vermerkt:

[Bau] detaillierte Beschreibung von Gebäuden und archäologischen Stätten, teils mit nicht extra durch Kürzel ersetzten Inschriften

[frSchr] fremdsprachliche Texte bzw. Schriftzeichen, die keine Inschrift darstellen

[Hist] Listen historischer Personen und Daten oder historischer Informationen

[26] In den begleitenden Texten haben wir in Anbetracht einer breiteren Leserschaft auf wissenschaftliche Transkriptionen verzichtet. Ortsnamen erscheinen in der heute im Deutschen verwendeten Schreibung, ggf. folgt bei der ersten Nennung der geänderte, heute gebräuchliche Name in Klammern.

[Insch] Inschriften

[InschÜ] Übersetzung einer Inschrift oder eines anderen fremdsprachlichen Textes

[Orte] Ortslisten, Orts-, Weg- und Landschaftsbeschreibungen, geologische Beschreibungen

[Pfl] Pflanzen(listen)

[Spr] Listen fremdsprachlicher Ausdrücke (außer Pflanzen)

[SprPfl] Listen fremdsprachlicher Ausdrücke (teilweise) mit Pflanzen

[Txt] unklare Textstellen bzw. Texte ohne Bezug zum Kontext oder zu anderen identifizierbaren Stellen; Wiederholungen; sonstige Auflistungen; Textteile von anderer Hand

[Zeich] Zeichnungen

[Zit] Zitat, Paraphrase

[Zit?] erkennbar zitierter Text (z. B. aufgrund französischer oder englischer Textpassagen/Wörter), Quelle noch nicht identifiziert

Bei aufeinanderfolgenden Auslassungen verschiedener Textarten werden diese in nur einer Klammer in der Reihenfolge der Auslassung erwähnt, z. B. [Zit, Orte, Spr, Orte].

Kommentarlos gelöscht wurden leere Seiten, kleine, wenig aussagekräftige und z. T. undeutliche Zeichnungen oder Zeichen in der Zeile, am Rand oder über mehrere Zeilen sowie darauf hinweisende Textstellen und Bildunterschriften. Ausgewählte größere Zeichnungen sowie Inschriften wurden gescannt und eingefügt.

Kristin Victor, Hanne Schönig

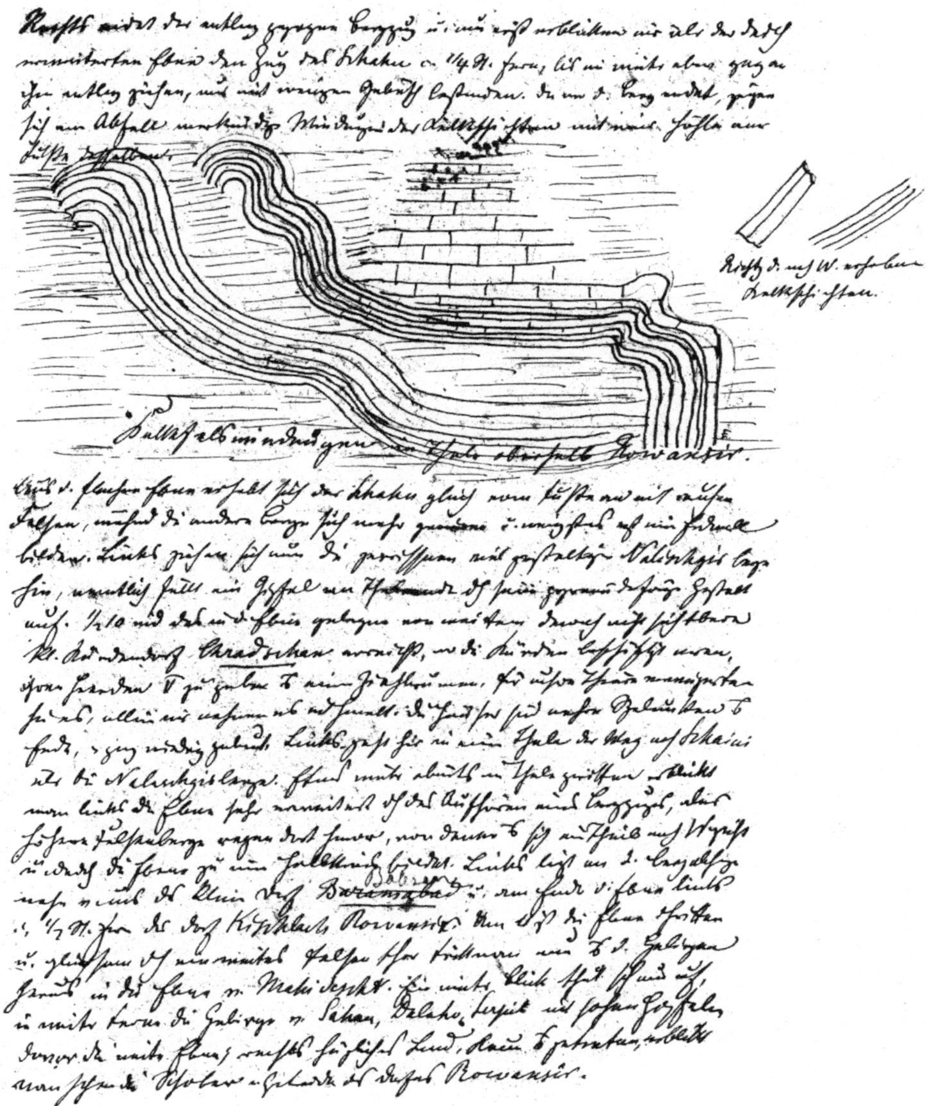

*Abb. 4: Beispielseite aus Haussknechts Reisetagebuch: Exkursion in das Schahu-Gebirge südöstlich von Sina, Eintrag vom 9.9.1867 (2_04_009)*

## ZWEITE REISE

### I Irakisch-Kurdistan–Sihna (13. August–5. September 1867)

(2_03_069) *Dinstag, 13. August.* Hinter dem Dorfe [Pendschwin] führt der Weg aufwärts, bald auf-, bald abwärts auf nicht besonders gutem Wege, denn wir hatten die Carawanenstraße verlassen und waren rechts abgebogen. Immer höher führte der Weg, bis wir gen Mitternacht auf einem hohen Berge Chrisian ankamen, der ebenfalls dicht mit Eichen etc. bestanden war. Im Thale leuchteten die Feuer der campirenden Kurden, welches von den hohen Felsengebirgen des hier beginnenden Hauroman begrenzt wird. Links abwärts reitend, kommen wir durch das Dorf [Busau?], jetzt lauter Hütten aus Zweigen errichtet. Unten im Thale wurde ein Bach durchritten, der zum Tschakan? geht. Der Weg führt nun links aufwärts, wo am Anfang des Hauroman ein Kurdenzeltlager war. Dieser Hauromanberg wird umritten, wobei wir die Quellen (2_03_070) des Tschakansu passirten, der im weiten Thale abwärts fließt nach Soisach. Von nun an gehts immer in einem ebnen Thale abwärts längs des Hauroman, mit vielen Kurdenlagern.

Nach ca. 3 Stunden von Tschakanquelle lag links das Dorf Piran, mit platten Dächern, in einer Thalspalte, von einigen Gärten und Hirsenfeldern umgeben. Letztere hier häufig cultivirt, auch Durra, Gerste und Weizen, letzterer noch in Ähren. Rechts die Hauromanberge erheben sich steil, am Fuße dicht, aufwärts schwach bewaldet; überall starren an ihm die nackten, grauen Kalkfelsen hervor, deren Oberfläche wie gesprungen erscheint; stellenweise plattenförmig und dann mit vielen Krallen bedeckt. 2 gewaltige Gipfel erheben sich dort über dem Rücken, Dalamehs genannt. Der HauptZug zieht sich weiter seitwärts, und niedrigere Berge lagern sich davor, und zwar bis Deka Schechan 3 Vorberge. Dort gegenüber erhebt sich der vielgipflige hohe Saraba, hinter dem Wäslihe liegt; sein Vorberg gegenüber Deka Schechan heißt Kawakatsch, gut mit Eichengebüsch bestanden, trotzdem alles nur Fels ist. [Orte]

Der Thalgrund [des Sirwan] ist vollkommen [glatt?], mit Eichenwald stellenweise dicht bestanden. [Pfl] Nach ½ Stunde von Piran liegt ebenfalls links Dorf Eskol, mit Weiden und einigen Pappeln umgeben. Nach ¾ Stunde Dorf Waise. Hier beginnt nun das Thal hüglich zu werden, in dem ein Querdamm von dem KalkBergzuge links, Puliani genannt, sich herabsenkt. Mehrere gute Quellen entspringen hier dem Boden und bilden einen Bach, der nach ca. 3 Stunden abwärts sich in den Sirwan ergießt. Auf den Gipfeln der Hauromanberge erschien alles gelb von Dschinuhr; öfters zeigen sich Höhlen in den Felsen. Unterhalb des Dorfes Waise wurde 2 Stunden geruht wegen Fressen der Pferde. [Pfl] Neben den Dörfern fast immer eine Gruppe von alten Eichen, unter denen der Friedhof und die Gräber nur mit 2 rohen, fußhohen Steinen bezeichnet. Hier reiten wir nun links (2_03_071) im Thale ab, wo der Bergzug eine kleine Biegung macht, da liegt das Dorf Tutunterr, wo mir gleich Leute entgegen kamen, ich möge absteigen, es sei ein blinder Schech hier. Ich hielt mich aber nicht auf und ging zum nächsten Dorfe 20 Minuten entfernt, auch links vom Berge, Deka Schechan genannt, ca. 20 Häuser mit alten Eichengruppen darüber. [Orte]

Unter einem alten Morus wurde hier gerastet, als wir gegen Mittag erst hier ankamen. Bald kamen der Schech und viele Leute, was wieder lange Scenen verursachte. Doch brachte er viel Gurken und ausgeschlagne Eier, Brod und Airan, ebenso Gerste. [Orte] (2_03_075) [Orte] (2_03_071) Bis um 2 Uhr wurde geschlafen. Wasser kocht bei 94 ½°. Die Nacht kühl.

*Mittwoch, 14. August.* 2 Uhr Aufbruch. Die Abhänge der Berge reichen bis ins Thal hinab an den Bach, der die steil aufsteigenden Abhänge der Hauromanberge trennt. Zwischen diesen Abhängen führt der Weg fortwährend hin; bald steil abwärts, bald aufwärts steigend; Bäche rieseln in den Thälern herab, die meist vielfach vertheilt sind zur Bewässerung der Felder von den kleinen Dörfern, die alle ziemlich hoch über dem Thale liegen in den Bergthälern. Bald folgt das Dorf Selka, ½ Stunde weiter Dere Nacheh mit Bach, der sich unterhalb im Thale mit dem ½ Stunde weiter auf dem Wege durchrittnen Kakor Sekria vereinigt. Dichtes Gebüsch und Carex stricta büschel bestanden die Ufer des ca. 30 Schritt breiten Stromes, dessen Wasser den Pferden bis fast an den Bauch reichte; ein Theil war abgeleitet zu einer Mühle am Wege. [Pfl, Orte]

Noch vor dem Derbent Sirwan war ein Derbent, zwischen dem hindurch der im Hintergrunde sich lang hinziehende Schahu sichtbar war. Vom Derbent Sirwan aus zieht sich [nun?] aufwärts ein sehr bewaldeter Berg, der sich vor dem einen Bogen machenden Hauptzug des Gosalan (2_03_073) vorlagert. Das Flußufer ist dicht mit Weidenbäumen bezeichnet; er geht längs des Gosalan aufwärts oder abwärts vielmehr. Dere Chwada liegt links seitwärts um 5, wo durch den Derbent der Schahu sichtbar ist. Nun geht der Weg abwärts und wieder aufwärts, wo das kleine Dorf Namangir liegt am Bergabhang; üppige Tabaksfelder umstanden das Dorf; auch einige Gärten mit Pfirsichen, Feigen, dichte Paliurushecken an dem Wege, die uns viel zu schaffen machten. Ein rauschender Bach mit dichtem Gesträuch von Platanen. [Pfl] Gurken und Melonen wurden hier cultivirt. Häufig sieht man auch Bäume von Morus nigra. Auf dem gegenüberliegenden Vorberge sieht man die Hütten eines Sommerdorfes. [Pfl] An den Abhängen sind Pistac. mutica Bäume sehr häufig, deren Stämme angehauen waren, darunter befanden sich wie aus Erde Schwalbennest ähnlich geformte Becken angeklebt, in die das Terpenthin abfloß; an einem Stamm oft 50 solcher Becken. [Orte]

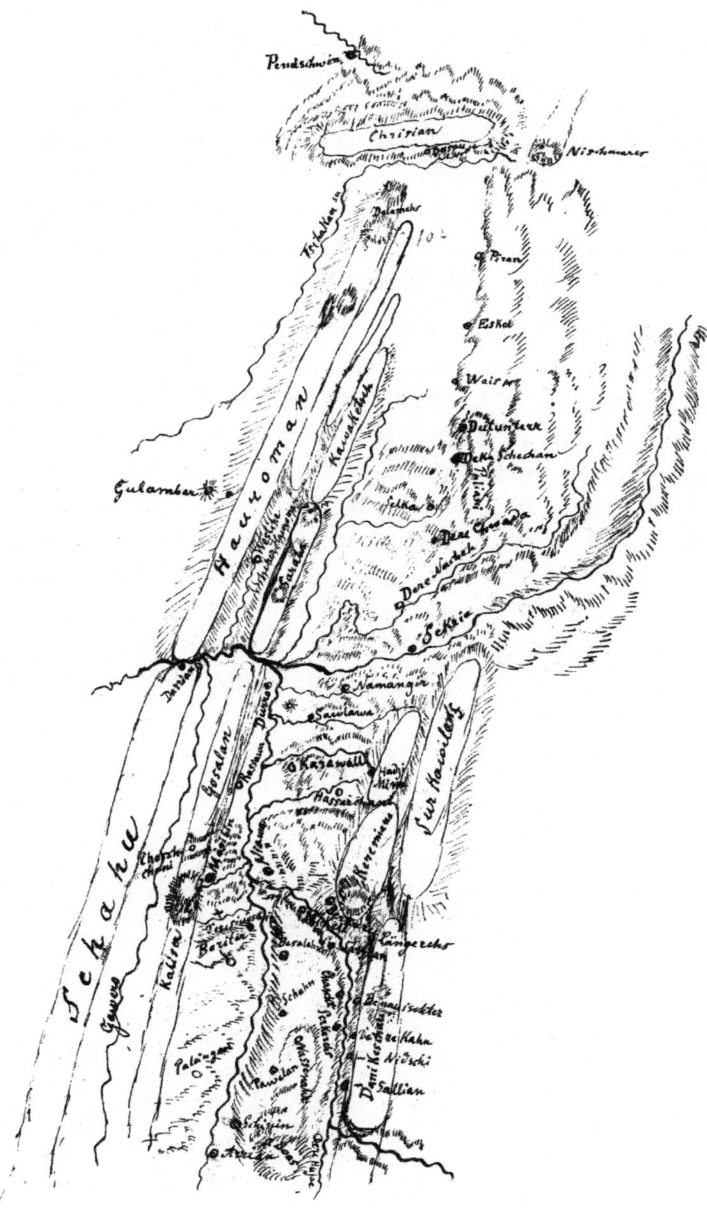


*Abb. 5: Karte des persisch-kurdischen Grenzgebietes (2_03_072)*

Um ½ 9 kamen wir nach Sawlawa, wo eine kleine Ebne gebildet wird, in der ein mit Bäumen umstandner Tell, das Dorf liegt aufwärts [dem?] Eingang eines Seitenthales, hinter deren Vorbergen der hohe Bergzug Surgaur [Karwil?] hervorragt von derselben Höhe wie der Gosalan. Viel Reis wurde in Sawlawa cultivirt und bewässert durch einen Bach; es liegt Durro gegenüber. Ein Bergzug verschließt nun vor uns die Ebne von Sawlawa, zu dem es nun aufwärts geht, bis wir abwärts reitend ½ 10 nach Karawall kommen; ebenfalls eine kleine Ebne mit viel Cultur bildend mit Bach von Surgaur, wo Gerste und Weizen noch in Haufen auf den Feldern lag und mit Ochsen und Kühen ausgetreten wurde. [Orte]

Wir reiten nun zum Sirwan herab, folgen eine Strecke seinen Lauf und durchreiten ihn dann, wo eine kleine Zweigbrücke über ihn führt. Bei einem Platze von großem Juglans beschattet, lagerten Hirten mit ihren Ziegen, die eben von Weibern gemolken wurden. Wir reiten aber weiter aufwärts zwischen Eichenwald hin und lagern dann einige Stunden am Bergabhang. [Pfl] (2_03_074) [Pfl] Im Schatten 38° zu Mittag, Wasser kocht bei 95°. [Orte] Wir folgen dem Laufe des unten fließenden Sirwan, am Sirwan alte Bäume von Populus Euphratica und P. alba, und überreiten einen Bergzug, der uns nach 1 Stunde nach Masibin führt, auf einer kleinen Ebne gelegen über dem linken Sirwanufer. Eine Gruppe von Morus nigra mit herrlichen, großen Früchten wurde durchritten, deren alte Stämme in den verschiedensten Windungen und Krümmungen auf dem Boden sich ausbreiteten.

*Abb. 6: Gruppe von Morus nigra bei Masibin (2_03_097)*

Gruppe von Populus ital., Morus alba, Birnen, grüne, noch unreife Reineclaude beim Dorfe. Der Wald gleich in der Nähe. Unterhalb des Dorfes liegt am Sirwan jenseits Dorf Niawä mit Weinbergen. [Orte] Bei einer Quelle mit vorzüglich [leichtem?] Wasser schlugen wir unser Lager auf; ein Mann brachte uns einen großen Korb voll Birnen, wofür ich ihm Medicin gab. Das Dorf ist sehr groß, vielleicht 150–200 Häuser, und liegt unterhalb der Spitze des Kaliser, der von weitem von Deka Schechan aus wie eine breite Pyramide erscheint, der von dort aus sich am rechten Thalrande erhebt, wo das Thal sich gleichsam schließt, aber in Wirklichkeit theilt es sich dort, in dem unterhalb des Kaliser, das [an?] Nickel in den Sirwan sich ergießt. [Orte] (2_03_096) [Zeich]

(2_03_074) *Donnerstag, 15. August.* Um 4 Uhr wurde aufgebrochen; der Weg geht durch's Dorf, bis nach 10 Minuten ein kleiner Bach mit Zweigbrücke überritten wird, der in einem mit Wallnußbäumen dicht bestandenen, kleinen Thale von Kaliser herabkommt. Nach 10 Minuten kommt ein 2ter kleiner Bach in mit Bäumen dicht bestandenen Thale herab, die sich beide in einen größern Bach ergießen, der weiter abwärts sich aufwärts von Niawa in den Sirwan ergießt. Eine kurze Strecke reiten wir an diesen mit sehr alten Juglans bestandnen Bachufern, lassen ihn dann links und reiten einen steilen Felsabhang hinan, auf dessen andrer Seite wir für heute unser Lager aufschlagen.

Vom Wege aus waren wir rechts aufwärts geritten unterhalb der Spitze des Kaliser. Hier waren die Abhänge mit Juglans, Quitten, Morus und vorzüglichen Birnbäumen bedeckt, dazwischen in einzelner Portion Eichengebüsch mit Acer monsp., Salix frag. bäume, Rosa canina, wilder Wein, Lonicera nummulariafolia zwischen einzelnen Getreidefeldern etc. Auch guter Wein cultivirt, aber nicht vollkommen reif jetzt. Die Birnbäume hängen dicht (2_03_075) voller Früchte, 1–1 ½″ groß, meist 20–40′ hohe Bäume von ovaler Gestalt. Wegen der Birnen war unser Mucker hierher gekommen, nun seine leeren Pferde damit nach Sihna zu beladen. [Orte] Unten im Thale, zu dem die hiesigen Pflanzungen gehören, liegt das Dorf Dera sendschir, von einem hier hinabgehenden Bache bewässert, dessen kleines Thal dicht mit Juglans und Fraxinus bestanden ist. Amseln und Rothschwänze belebten die Bäume. [Pfl, Orte] Nachmittags und gegen Abend erfolgten einige plötzliche heftige Windstöße in der Richtung aus des Thales von Pendschwin herkommend. [Pfl] Abends 25 °C.

(2_03_076) *Freitag, 16. August.* Früh 21 °C. Da der Muker für seine 2 Pferdeladungen das Geld noch nicht bezahlt hatte, wurde noch nicht aufgebrochen, so daß ich den Kaliser bestieg in ca. 1 Stunde steilen Steigens. Häufig ist ferner Campanula virgata, [Pfl], Reis, Hirsen, Baumwolle; Sesam wurden in den Thälern und Abhängen cultivirt. [Pfl, Orte] Um den Gipfel herum traten die Felsen senkrecht hervor. Eine herrliche Aussicht bietet sich dar, leider konnte ich wegen Mangel an Zeit nicht weiter, um auch die Süd- und Westseite zu sehen.

Allein gen Norden und Osten ein herrliches Panorama: [Orte]. (2_03_078) [Zeich] (2_03_077) [Orte]

Leider ist die Nomenclatur der Eingebornen gar zu confus, als daß man sie benutzen könnte; jeder kennt eben nur seine Umgebung. 4 Uhr Nach Mittag wurde unser Lagerplatz verlassen und der Berg in Windungen abwärts geritten, wobei uns das Dorf Dera sindschir mit Bäumen bestandner Friedhof rechts blieb. Hier kommen wir auf einen breiten Hauptweg, der von Boriter herab führt nach Sihna; er war aber stellenweise so steil, daß die beladnen Thiere viel Mühe hatten, ihre Birnen zu tragen. Unterhalb des Dorfes fließt ein ca. 12 Schritt breiter Nebenstrom zum Sirwan, der von Arrian herabkommt. Eine Brücke führt hier über ihn, wo der Weg nun wieder einen Berg hinangeht. Häufig war auf Eryngium multifl. gelbbraunes Gummi, namtlich an beschädigten Ästen. [Pfl] Einige heftige Windstöße auch hier. Abends aber ruhig. Die Brücke besteht nur aus einigen Zweigen, mit wenig Erde bedeckt, so daß die Pferde darüber nicht passiren konnten und daher auf dem schlüpfrigen, steilen Ufer Schwierigkeiten machten. Etwas abwärts liegt das kleine Dorf Assiau am linken Ufer, wo etwas unterhalb der Zusammenfluß der Bäche von Arrian und von Nikelle stattfindet.

(2_03_079) *Sonnabend, 17. August.* In der Nacht wurde ½ 1 aufgebrochen bei hellen Mondschein. Die Nacht war herrlich zum Reisen, sogar sehr kühl. Nachdem der Arrian-Arm überritten, gings steil den Berg hinan, der erstern Arm vom Nikelle-Arm trennt. Alles ist hier noch gut mit Eichengebüsch bestanden, zwischen denen eine Menge Birnbäume umherstanden. [Orte] Der Berg, den wir überreiten, wurde mir als Wenausch Kemmelle bezeichnet, er besteht meist aus sich zerbröckelnden, graubläulichen Mergelschiefer; seine Höhe muß gegen 8.000′ sein. Von hier aus erblickt man zuerst den Schahu, ein wahres Königsgebirge, das wie eine lange Mauer liegt, mit Schneefeldern erfüllt, sich im Hintergrunde hinzieht, einen zusammenhängenden, fast überall senkrecht abfallenden Felsenrücken bildend. Alle übrigen Gebirge zeigten keinen Schnee mehr, nur er allein übertrifft alle an Höhe und Mächtigkeit. Die Vegetation bestand aus [Pfl]. Von Serkerehs an wird das Gebüsch immer seltener, bis es endlich ganz aufhört und die Mergelschiefer immer mehr hervortreten. [Pfl, Orte]

Steil führt nun der Weg [ab?]wärts, auf den nackten Berglehnen, bis wir um ½ 6 ins Thal hinabkommen (also 5 Stunden von Dere sindschir) zum Strom, der mir als Dere Huyae bezeichnet wurde; er erhält hier den Strom von Awiheng als Zufluß, der links aus dem Thale hervorkommt; dieser Strom ist derselbe, der abwärts den Namen von Nickelle führt. Eine schlechte Zweigbrücke führt über ihn; seine Wassermenge ist aber nicht so groß als die des Stromes von Arrian; seine Ufer waren dicht bestanden mit Elaeagnusbäumen, Lythrum toment., Tamarix etc. Wein wurde an den Abhängen der untern Bergpartie cultivirt sowie Kürbis, Gurken etc., viel Ricinus. Dere Hujae liegt aufwärts von der Brücke.

An dem am rechten Ufer einmündenden Bache von Awiheng reiten wir nun aufwärts in einem schmalen Thale, das jedoch dicht mit Obstgärten erfüllt ist, namentlich schlanke Pappeln, Apricosen, Pflaumen, Morus. Die Hecken bestehen meist aus Rosa canina, die häufig eine Monstrosität zeigt; Celtis, Juglans etc. Fast fort während reiten wir im Schatten. [Pfl] (2_03_080) [Pfl]

Der Ort Awiheng hat ca. 1.000 Häuser mit platten Dächern, aus Erde mit wenig Steinen in den Mauern erbaut, und liegt terrassenartig am Abhang eines Vorberges unter der Pyramide; fast neben jedem Hause sieht man einen Gemüsegarten mit Gurken, Kürbis, Badlidschan, auch einige Zierpflanzen wie blaue Convolvulus. Aufwärts vom Dorfe entspringen dem Boden eine Menge [...arme?] Quellen mit vorzüglichem Wasser, die den Bach bilden, der zum Dere Hujae geht. Neben dem Orte aufwärts führt links ein kleines Thal zum Perkirmes Awiheng, dem von Weiten als Pyramide erscheinenden Berge. [Orte]

*Abb. 7: Der Perkirmes über Awiheng (2_03_081)*

Auf ihm findet man Acanthophyllum parviflorum. [Pfl] Über dem Orte erheben sich Häusertrümmer, die von weitem wie ein altes Schloß aussehen. Der Friedhof ist mit Platten dieses rothen Gesteins bedeckt, oft auch die Gräber ganz überdeckt damit. Ein altes Schloß, Gaura Kala genannt, liegt jenseits dieses Berges am Wege nach Sihna.

Wir schlugen unser Lager aufwärts vom Orte auf, wo wir noch wenig Gärten vorfanden und die Bäume einzeln stehen. Auf den Birnbäumen war häufig ein kleinblättriger Loranthus. Gerste und Weizen waren eben erst eingeerndet worden und lagen noch in Bündeln auf den Feldern in den Nebenthälern. Die Kurden tragen braune Filzkappen mit bunten Tüchern umwickelt und meist einen bis an die Knie reichenden, langen Rock aus grünem Zeug, ferner die Hauroman Culoschen. Ihre Sprache nur kurdisch, die Hauromansprache ist auf den Hauroman und Schahu begrenzt. Auch hier sind die kleinen Fußlangen Tschibuks Mode, deren Köpfe aus Eisenblech unterhalb mit Messing umgeben sind. Die Frauen tragen große, schwarze Turbans. Ein blinder Schech bestürmte mich mit Bitten, ihm zu helfen, sank vor mir auf die Knie, ergriff mit Heftigkeit meine Kleider und drückte sie an seinen Mund und Stirn.

*Sonntag, 18. August.* Gestern Abend wurde schon um 9 Uhr aufgebrochen, trotzdem Sihna nur 5 Stunden fern sein sollte. Im Thale des Stromes geht es zwischen den Schieferbergen in Windungen allmählig aufwärts. [Orte, Pfl] Nach 20 Minuten ging rechts ein Thal mit betretnem Weg ab und wieder 20 Minuten weiter links im Thal, an dessen Ende ein hoher Berg hervorragt, mit schärenartigen, hervorstehenden Felsen, an deren Fuß wir rechts seitlich aufwärts reiten, immer am Bache entlang. Auf allen Seiten umgeben uns hohe Berge, die fast alle im obern Theile abgerundete Gipfel zeigen, aus denen das rothe Gestein in massigen, steilen Felsen hervortritt auf dem Rücken, während an den untern Abhängen steile [Zeich] (2_03_082) Schieferfelsen sich hinziehen. [Orte] An einem steilen Abhang, wohl 150′ über dem Bache, führt der felsige Weg entlang, bis sich ½ 12 das Thal etwas erweitert, wo links am Abhang das aus ca. 80 Häusern bestehende Dorf Saiwer liegt; hier enden die Gärten, da die Lage sehr hoch ist, ein alter, schöner Juglans breitet weit seine Äste hier aus. Das Hauptthal setzt sich in derselben Richtung noch weiter aufwärts fort mit dem Bache; wir reiten aber links ab in einem Seitenthale aufwärts, ebenfalls mit Bach, an dem sich ein einzelner alter Juglans erhebt. [Pfl]

Immer höher und höher steigen wir aufwärts, bis wir um 12 zu einer Stelle kommen, wo links ein mächtiger, senkrechter Felsenabsturz ist, dessen Gipfel domartig erscheint und von einem hohen Berge überragt wird, dessen eine Seite er bildet. ½ 1 wird auch dieses Thal wieder verlassen und wieder links abgeritten, wo ebenfalls ein Bach herabkommt. Die hohe Lage machte sich durch große Kälte sehr empfindlich, so daß ich mich dicht in den Pelz einhüllen mußte. Häufig war an den Bächen eine 4′ hohe, rothe, kleinköpfige Chamapeuce, an den Bergabhängen eine mir neue Umbellifere; diese Berglehnen waren reich mit Vegetation bestanden, allein in der Nacht warf es nicht viel für mich ab; nirgends sieht man aber außer in den Thälern der Bäche einen Baum oder Strauch, alles erscheint nackt. Auf einer kleinen Ebene stand der Weizen noch in Ähren, der Weg führt nun rechts aufwärts, wo das Thal vollkommen alpin erscheint; kein Strauch, nur Disteln an dem kleinen, Sümpfe bildenden Bache. Immer empfindlicher wurde die Kälte. Der Bach war oft in tiefe Löcher, Teichähnlich, eingeleitet worden, zur Bewässerung der abwärts liegenden Felder. ½ 2 kamen wir endlich am höchsten Übergänge dieses Gebirges, Aschkann genannt, an. [Orte]

Steil führte der Weg hinab in Windungen, ins Thal von Kertscho mit kleinem Bach, der gen Osten geht. Wieder geht es einen Berg hinan, den Schanischin, von wo aus dann der Weg abwärts führt in einem nach Osten gehenden Thale; so daß dadurch die hohen Rücken desselben links bleiben. Das Thal macht dann wieder eine Wendung nach Nordosten, in dem wir nach dem Dorfe Nawserte kommen, welches rechts am Bergabhang über dem Bache liegt. Der Bach ist dicht mit Gebüsch und Gärten bestanden, namtlich viel Wein (2_03_083) cultivirt und der Bach mit Weiden, Juglans etc. bestanden. Der Weizen stand theilweise noch in Ähren, theils wurde er ausgetreten durch 5–6 zusammengekuppelte Kühe, die im Kreise darüber herum getrieben wurden, dök genannt, die viel schnellere Methode des Zerreißens durch ein mit Feuerstein beschlagnes, Schlittenähnliches Gestell ist hier überall unbekannt, duwänlen dewerler harmane in Anatolien genannt. [Orte, Pfl]

Unterhalb Nawserte ruhten wir 3 Stunden aus, auch die Ketirtschi's verließen uns hier, deren Heimath hier war. Das Dorf mochte ca. 150 Häuser zählen. Von hier nach Sihna sind 3 Stunden in Carawanenschritt. [Orte] Wir reiten zwischen niedrigen Hügelabhängen hin, bis sich nach 1 Stunde ein Blick auf ein ca. ¼ Stunde breites Thal aufthut, in dem das Dorf Kemmehs liegt, von Weinpflanzen dicht umgeben. Der Thalgrund erweitert sich nun immermehr, der von einem Bache durchflossen wird, der am Wege bei Kemmehs seine Quellen hat. Elaeagnusbäume umsäumen seine Ufer, hier sindschuk genannt, türkisch iteh, dessen rothwerdende Früchte genossen werden. Rechts zieht sich ganz nahe 10 Minuten fern der hohe, abgerundete Awiterberg hin, an dessen Abhängen das Dorf Kosrubad liegt, der Sommeraufenthalt des Wali.

Nun zeigt sich uns auch Sihna, welches sich in einem langen Bogen in der Ebne um das Serail herum hinzieht. 2 blaue Minaretthürme, jedoch niedrig, fallen zuerst in die Augen, da es keine andren Minarets hat. Bald reiten wir nun in die Stadt ein, wo wir für heute im Hadji Ali Chan abstiegen. Freund Abdullah von Sulimanie fanden wir auf dem Bazar, den wir durchritten, und der uns gleich in den Chan führte, ein großes, 4eckiges Gebäude mit Wasserbecken in der Mitte. Eine Menge Volk drängte sich gleich um uns, nach persischer Art und mit persischer Zudringlichkeit.

(2_03_084) *Montag, 19. August.* Am frühen Morgen schickte schon der Patriarch der [lateinischen?] Chaldäer, der erst vor einigen Monaten von Kerkuk hier angekommen war, doch zu ihm zu kommen. Sein Haus am [...] Ende der Stadt ist geräumig mit großer Vorhalle. Er bewirthete uns mit Thee, der vor unsren Augen in einer großen Theemaschine, samawar genannt, bereitet wurde. Hier wird nur grüner Thee getrunken. Der Patriarch Halife war ein starker Mann von ca. 60 Jahren mit vollem, weißen Bart, in rothseidnen Gewändern und violetten Überwurf, auf der Straße stets mit dem großen silberbeschlagnem Stock. Die chaldäische Kirche befindet sich in der Nähe, wo wir einquartirt wurden, in dem Konak daneben. Wir hatten ein Zimmer mit geräumiger Vorhalle, zu der eine Treppe hinaufführte; im Hofe mit Wasserbecken; vor uns Blick auf die nahen Weinberge, dahinter der nackte Awiter mit den 3 Dorfgruppen Amanie, auch Aman alla Chan genannt, der es erbaute, darunter liegt Tacht Katscher, unterhalb diesen Kosrabad. Die Häuser der Stadt meist aus Erde gebaut, die vornehmern aus gebrannten Backsteinen, viele derselben verziert mit Spitzbogen zu Thüreingängen.

Die Straßen alle ohne Pflaster, doch ziemlich geräumig; namtlich mehrere weite Plätze, so beim Serail. 1 [Agatsch?] = 1 3⁄4 Stunde oder Pharsach. Menzil = 1 [Konak?] oder 1 Tagereise, die türkische Lira 22 1⁄2–23 Kran (= 112 1⁄2 Piaster). Die russische Lira 20–21 Kran, die englische Lira 24 Kran. Französische kommen nicht vor. Weiße [Medschidiye?] 4 1⁄2 Kran ([Prasi?]); 20 P. in Gold, [Menduhi?], 4 1⁄2, doch meist theurer, da die Frauen viel tragen. Hiesige Arbeit besteht hauptsächlich in Verfertigung leichter Teppiche, sitschata genannt, alle kleinmustrig. Ein leichtes, grauweißes Zeug dient als Schlafdecken zum Bedecken gegen die Fliegen, Bubeschnin genannt. Auch viel Pferdedecken wurden in der Weise wie die Teppiche ausgeführt. Das Wasser von Sihna kommt vom Sary Kamisch, geht dann unterhalb Fakir Suliman in den Gauero, letzterer die Hauptquelle des Sirwan.

Der Wali sandte nachmittags einige seiner Cawassen, um mich zu ihm zu begleiten. Das Serail ist ein großes, weitläufiges Gebäude auf einem Hügel gelegen, von dem man aus eine herrliche Aussicht über die Stadt hat, die sich halbkreisförmig darum anlagert. Zu einem hohen, gewölbten Thore, das mit bunter Glas- und Porzellanarbeit verzirt ist, geht man aufwärts, durchschreitet einen Hofraum, an dessen Seiten die Wachen und Diener wohnen; eine 2te Thür führt in den Garten, der gut angelegt, mit großem, springenden Wasserbecken, deren Steineinfassung sehr verzirt in den mannigfaltigsten Schnörkeln. Vertiefte, 4eckige, in Stein eingefaßte Gartenbeete ziehen sich auf 2 Seiten hin, in denen Syringa, Malvaviscus Syriac., Ulmen und Platanen angebracht sind, doch letztere fast alle krank. Der bunte Mirabilis war auch hier die Hauptzierde. Eine Wandung des Gartens führt zu einem Vorhofe, der mit Wachen erfüllt war, durch den ein schmaler Gang in einen 2ten Hof führt, an dessen Ende der Wali in einem hohen, geräumigen Zimmer in seinem Bette lag. Der Saal war an den Wänden mit lebensgroßen, bunten Bildern von [Schech's?] und Sängerinnen erfüllt, die Decken aus Holz ebenfalls vergoldet, an den Seiten kleine Vögel und Thiere. Ein weites, springendes Wasserbecken davor.

Der Wali Aman alla Chan ist seit 17 Jahren Wali von Kurdistan, Ehrentitel Zia ul mulk, gleich bedeutend mit [Müschir?]. Hat Recht über Leben und Tod seiner Unterthanen. Er war ein großer, starker Mann mit vollem, runden Gesicht und lang herabhängendem, schwarzen Schnauzbart. Seine Mutter ist Schwester (2_03_085) des Schah Nasredin. Er litt am Stein, der geschnitten war; jetzt war aber eine Lähmung der ganzen linken Seite eingetreten, der Fuß ganz zusammengefallen, so daß er immer im Bett liegen mußte. Ich fand ihn von seinen Ärzten umringt, die in bunte Gewänder gehüllt, ihm Thee eingaben. Eine lange Discussion entsponn sich über dessen Krankheit und die Art sie zu curiren, was mich im höchsten Grade langweilte, denn die unverschämte Art und Weise dieser persischen Ärzte ist wirklich unausstehlich. Dem Bujuruldu Omar's Pascha's von Sulimanie gab er alle Ehre, was er befiehlt, solle auch von ihm ausgeführt werden. Den Brief von Melkum Chan und dem Pascha öffnete er nicht, da er noch einige Tage in Trauer war wegen dem Tode aus seiner Familie. Seine Familie, [Momui?], hat den Walisitz erblich; sein Vater Muhamed Ali Khan war durchaus nicht beliebt wegen seiner Tyranei, hingegen dieser allgemein geliebt und geachtet, namtlich beschützte er die Christen, mit denen er sogar gemeinschaftlich Handel trieb; daher erkundigten sich dieselben fortwährend bei mir, ob er stark und gesund würde, um ihre Rechnungen mit ihm abzumachen. Sein Großvater war Khosru Khan, der viele Gebäude aufführte. Nachdem der Thee eingenommen, brach ich wieder auf mit dem Versprechen, ihm Medicin zu schicken.

*Dinstag, 20. August.* Früh ½ Stunde nach Sonnenaufgang 21 °C im Schatten. Die Vegetation um die Stadt herum besteht: an der [...] Seite der Stadt ziehen sich eine Menge Weingärten hin, von der Stadt durch einen Wassergraben geschieden, italienische Pappeln, Weiden und Morus beschatten denselben; in den von Wasser durchrieselten Weinpflanzungen, die deshalb mit Furchen durchzogen sind, sieht man Reseda lutea, [Pfl]. Fast alle Weinberge sind von Hecken von Rosa Eglanteria eingefaßt, jedoch keine Früchte bringend, sowie von einer häufigen Rosa canina, beide häufig mit Cuscuta monogyna dicht überzogen so wie auch Hyperic. crisp., [Pfl]. Häufig Hecken von Elaeagnus, Berberis crataeginus mit bereiften, fleischfarbnen Früchten, die hier sirischt heißen und genossen werden; sie werden theuer bezahlt.

Ich unternahm einen Spaziergang nach den Gärten von Kosrabad, ¼ Stunde von der Stadt, am Fuße des darüber emporragenden Berges Awiter. Sie nahmen ein (2_03_086) weites Terrain ein, von Grasplätzen und Obstbaumgruppen bestanden, die alle von einer Menge Pappelalleen im 4eck durchschritten werden; eine Menge Wasser durchrieselten dieselben. An 2 Orten war die Erde erhöht worden und mit Ulmen bepflanzt, die herrlich gediehen waren und schöne Kronen bildeten. Auf einem derselben war ein großes, 4eckiges Wasserbassin eingerichtet mit springendem Wasser, ebenso auch vor der Wohnung des jetzt dort weilenden Wessir, der an Stelle des kranken Wali dessen Geschäfte besorgt. Das Haus im persischen Geschmak, mit hoher, weiter Vorhalle, in der der Wesier gerade Audienz hielt. Oberhalb davon liegt nahe Tacht Katscher ganz darüber der Sommeraufenthaltsort Amanie, hinter Pappeln ganz versteckt.

*Mittwoch, 21. August.* Früh 20 °C. Die Frauen haben hier eine merkwürdige Tracht; viele sieht man mit weiten, kurzen Röcken, als wäre eine Crinolin darunter, ohne Strümpfe und ohne Hosen, so daß man fortwährend alles sehen kann. Oberhalb eine kurze Jacke, die vorn ganz offen ist, so daß ebenfalls auch hier alles heraushängt; bei den meisten sieht man den ganzen Bauch und noch mehr, da der Rock oft bei den Schamtheilen zusammengebunden wird. Ein widerlicher Anblick! Die Männer tragen allgemein die schwarzen, hohen Mützen, aus Pelz (20 Kran) oder aus Tuch (6 Kran) gefertigt. Christen wie Muhamedaner tragen sich ganz gleich. Abends sandte mir der Wali einen Hammel als Kurban, jedenfalls deshalb, weil ich noch nicht wieder zu ihm gekommen war.

Von wenigen Schneebergen in dieser Gegend wurde mir genannt: der Dalachani bei Songor, 2 Tage von Sihna gen Kirmanschah. Der Mahinpulach bei Sollkuz, 3 Tage von Bindjar. Von den Kalhor sind 30.000 Zelte eingetragen als Abgaben gebend, namtlich bei Kirmanschah wohnend. Die Einwohner des Dorfes Kischlach wurden als Susmanni bezeichnet. Siedendes Wasser in Sihna bei 94 ½° bei 21° früh. Mittags meist 30 °C im Schatten.

Die Christen, deren hier 60–70 Häuser sind, vom katholisch-chaldäischen Ritus haben neben der Kirche ein eignes Bad, da die Muhamedaner denselben nicht erlauben, sich in den ihrigen zu waschen. Geschieht es ja einmal, daß ein Christ als Muhamedaner in ein solches geht und es kommt heraus, so muß das ganze Bad neu gewaschen werden; es ist schon vorgekommen, daß die Kuppel, unter der ein Christ gebadet hatte, eingerissen und neu gebaut wurde.

*Donnerstag, 22. August.* 21° früh. Besuch beim Wali. Da ich unangemeldet kam, wollten mir die Diener weiß machen, er schliefe jetzt, ich möchte gegen Abend kommen; als sie aber aus meinen Gebarden sahen, daß ich gar nicht kommen würde, baten sie mich, ein wenig zu warten. Ich trat daher in ein Seitengebäude, wo ich erst eine Nargileh rauchte. Dann wurde ich gerufen. Der Empfang war weit besser als das erste Mal, er drückte mir die Hand und sah mich bittend an; er hatte den Brief von Melcum Khan gelesen und sagte mir, daß er mir bei meiner Abreise einen andern Brief geben würde. Seine Ärzte hatten ihm gerathen, sich mit dem Fett der Hyäne einzureiben, so daß man eine solche lebend von Juanro hatte kommen lassen; ein wildes Thier, hier Kautar genannt, an eine Kette gelegt, schleppte man sie herbei, wobei sie sich immer verbergen wollte und mit dem Kopfe gegen die Wände stieß, ihr struppiges, langes Haar auf dem Rücken emporrichtend; sie biß nach Jedermann.

Um das Haus herum zieht sich unterhalb eine Reihe SteinPlatten, mit Sculpturen bedeckt, meist Jagdscenen (2_03_087) darstellend, 2 wie Kämpfe zwischen Löwen und Schlange, Adler und Kuh, Hirsch und Schlange etc. Früher muß das Serail sehr schön gewesen sein, jetzt sah man aber überall Verfall, die bunten Fenster waren theilweise zerbrochen, die bunten Glasurplatten halb ausgefallen von den Wänden. Sihna hat gegen 10.000 Häuser, davon 200 Häuser Juden; 3 Carawansereis, 10 Bäder, davon 1 für die Christen; [...] Moscheen. 2 Synagogen. Duanen bestehen glücklicher Weise nicht in Persien, nur ausnahmsweise in Kirmanschah.

*Freitag, 23. August.* Früh Kopfweh, daher unterblieb die beabsichtigte Tour nach Kischlach. Die Hamawandkurden bei Sulimanie sind erst seit 4 Jahren unterjocht durch Takietin und Omar Pascha. Obgleich sie nur 500 Reiter stark waren, waren sie doch die Schrecken der Carawanen, denn alles Räubergesindel schloß sich ihnen an, wodurch sie erst mächtig wurden. Sie hausten hauptsächlich in den Gebirgen des Karadagh um Derbent Basian. Von dort vertrieben, flohen sie über die Grenze nach Persien, wurden dort aber ebenso geschlagen, so daß sie sich wieder zurückzogen und jetzt zwischen Erbil und Kerkuk in Dörfern angesiedelt haben. Ebenso sind die Tiyari erst seit 4 Jahren unterjocht. Ein heftiger Wind wehte heute, stoßweise kommend, ähnlich wie in Sulimanie, welches letztere übrigens mit Kirmanschah gleiches Clima haben soll, während Sihna mit Hamadan übereinstimmen soll.

*Sonnabend und Sonntag, 25. August.* Pflanzen geordnet.

*Montag, 26. August.* Bei Sonnenaufgang wurde nach dem berüchtigten Dorfe Kischlach aufgebrochen in Begleitung Abdullahs von Sulimanie, des [Secretär's?] von [Arabagassi?], einem Türken aus Mossul, und noch mehrere andre als Diener. Der Hammel war vorausgeschickt worden. Noch innerhalb der Stadt entspringt aus Felsen eine starke Quelle, die sich mit einem kleinen Bache vereinigt, die beide abwärts gehen zum Flusse Sirwan, [während?] sie noch die zahlreichen Weingärten bewässert haben, die sich 1 Stunde lang bis zum Fluß erstrecken. Hat man die Stadt verlassen, so reitet man auf hügligem Terain immer hin, aus Schiefergestein bestehend mit dazwischen liegenden, angebauten Stellen, stellenweise wurde die Gerste erst ausgerauft. Da wo man nun ins Flußthal kommt, liegt rechts vom Wege das aus ca. 30 Häusern bestehende

Dorf Kischlach, ganz aus Erde gebaute Häuser mit platten Dächern, doch viele liegen in Trümmern. Der Fluß fließt etwas weiter unterhalb, wo eine 6bogige ZiegelSteinbrücke von Khosru Khan, dem Vater des jetzigen Wali, war erbaut worden. Zwischen den Bogen waren kleinere Durchlässe bei größern Wasser; zwischen jedem Bogenarm wurden Eisbrecher angebracht. Das Bette des Flußes war ca. 50–100 Schritt breit, doch der Fluß selbst jetzt nur 20 Schritt breit mit vielen Fischen und Schildkröten. Gleich beim Einreiten ins Dorf kamen uns die Einwohner entgegen mit Anträgen von Mädchen und Bestürmungen, doch zu ihnen zu kommen. Wir setzten unsern Weg aber weiter aufwärts 1/4 Stunde fort, wo dichte Obstgärten herrlichen Schatten gewährten. Dieselben bestanden aus Apricosen, Pflaumen, Äpfeln, Quitten, Sauerkirschen, Pappeln, Weiden, doch alles schon vorüber. [Pfl] (2_03_088) [Pfl]

Es dauerte nicht lange, so kamen 5 Frauenzimmer angeritten, in bestem Zeuge, was sie hatten, nebst einigen Männern mit Geige und Trommel. Die Züge der Mädchen waren roh und plump, doch alle von kräftigem Körperbau. Ihr Haar, Hände und Füße waren roth von Henna, und über die Augenbrauen weg lief ein 1/2″ dicker Antimonstreifen. Auch die Backen waren rothgebeizt; an Händen und auf der Brust tätowirt, mit Ketten dicht behangen. Sie trugen alle europäische Röcke, die nur bis an die Knie reichten und abstehend waren durch eine oben eingelegte Wulst. Bei 3 hielt der Rock erst unterhalb des Bauches zusammen, der frei heraus sah, ebenso Brüste frei. Ihr Gesang war ein Geschrei, dessen Inhalt sich auf ihre [vagina?] bezog, die sehr klein sein sollte etc. Ihr Tanzen bestand im Hin- und Hergehen, dabei die üppigsten Stellungen und Geberden machend, auf Rücken und Bauch legend etc. 25 solcher Mädchen sollen im Dorfe sein. Über den Ursprung dieser Unsitte weiß man nichts, sie selbst sagen, daß sie von einem Königshause stammen. 2 Prinzessinnen eines verstorbenen Königs sahen sich genöthigt, auszuwandern, kamen hierher und ergaben sich den Lüsten, wodurch später der Ort Kischlach entstand, der noch bis heute diese Unsitte bewahrt hat. [Orte]

*Dinstag, 27. August.* Wasser kocht in Sihna bei 94 3/4 °C bei 32° Außentemperatur. Heftige Windstöße, ganz analog den von Sulimanie, erfüllten plötzlich die Luft mit wahren Staubwolken, der wie ein dicker Regen nieder fiel. Auch hier sieht man auf den Dächern die geflochtnen Rohrmatten stehen zum [Bewehren?] der Betten. – Jeden Morgen und jeden Abend war im Hofe Gottesdienst, ein sinnloses Geschrei ohne alle Andacht. Den ganzen Tag über tönte das Geschrei der Weinbergswächter, die, um die Vögel zu verscheuchen, ein [Fell?] mit Öffnung hatten, was beim Zusammendrücken die scheuerlichsten Töne hervorbrachte. – Sonnabends wurde auf einem Horn geblasen, um die Frauen zum Bade zu rufen. Ich schrieb Briefe von hier aus an Kiepert, an meine Ältern und Brodbeck und Bischoff und Boissier. Ich sand von hier aus 1 Kiste mit Pflanzen und 2 Teppichen nach Sulimanie. – Bobeschnin sind weiße, wollne Schlafdecken, 4–6 Kran, Chalidscha Teppiche, den Killim ähnlich, aber feiner, auch Arbeit von Sihna. (2_03_089) [Spr]

*Mittwoch, 28. August.* Die nach Sulimanie abgehende Carawane wurde durch die Nachricht zurückgehalten, daß der Weg [1?] Tagereise von Sihna durch eine 50 Mann starke Räuberbande gehemmt sei. Nachdem dieselbe endlich 4 Tage gewartet, brach sie auf einem andern Weg dahin auf. Es sollen Dschahfkurden sein, die über die türkische Grenze gejagt worden waren. Nichts wurde von hier aus gegen dieselben gethan, der kranke Wali konnte sich natürlich um nichts kümmern. [Txt]

*Donnerstag, 29. August.* Am frühen Morgen ritt ich mit den Dienern nach dem 2 Stunden entfernten Hassanabad. Nachdem die Weingärten von Sihna durchritten, die überall mit Hecken der Rosa Eglanteria und canina bestanden waren, noch mit Berberis crataegina, reiten wir auf dem sogenannten Dschuanru-Weg immer an den Abhängen des nackten Berges Awiter entlang, dessen Gipfel alle abgerundet, breit, sowie seine Abhänge allmählig abfallend; seine Richtung folgt der allgemeinen Streichungslinie aller Gebirge. Mehrere kleine Bäche treten an seinen Abhängen hervor, die zur Irrigation der Weinberge und Getreidefelder sorgfältig verwandt worden. Nach 1 Stunde lag links unterhalb vom Wege das Dorf Chaneka, von Weinbergen umgeben, und ½ Stunde weiter Dorf Kaladian, schon mehr gegen den Fluß zu gelegen, der im ca. ¼ Stunde breiten Thale in Windungen abwärts geht.

Der Weg macht dann eine kleine Biegung nach rechts, und vor uns erscheint endlich der bis dahin durch vorliegende Hügel verdeckt gewesne Schloßberg mit Dorf Hassanabad. Ein großes, im 4eck erbautes Gebäude fällt sogleich auf, von Gärten umgeben, ein Sommerhaus des Wali, der hier noch eine Frau hat. Das von einem Bach durchrauschte Dorf besteht aus 100 Häusern mit platten Dächern, alle aus Erde gebaut, nur das des Wali aus gebrannten Ziegelsteinen. Weingärten umgeben das Dorf; in einem derselben machten wir etwas Halt, um uns mit köstlichen Trauben zu erquicken. Die Männer waren eben beschäftigt, den Boden zu plätten, um darauf die Trauben zu trocknen. Fast in jedem Weinberge findet man ein tiefes Loch, in welches man die Schildkröten wirft, oft waren deren gegen 50 versammelt; sie sollten großen Schaden an den Trauben verrichten. Über dem Orte erhebt sich der natürliche, wohl an 800′ hohe, abgerundete, nackte Kegel, auf dessen Spitze die Ruinen des Schlosses sich erheben. Der Weg führt allmählig aufwärts, an seiner Nordseite aufwärts. [Pfl] (2_03_092) [Pfl] (2_03_091) [Zeich] (2_03_094) [Zeich]

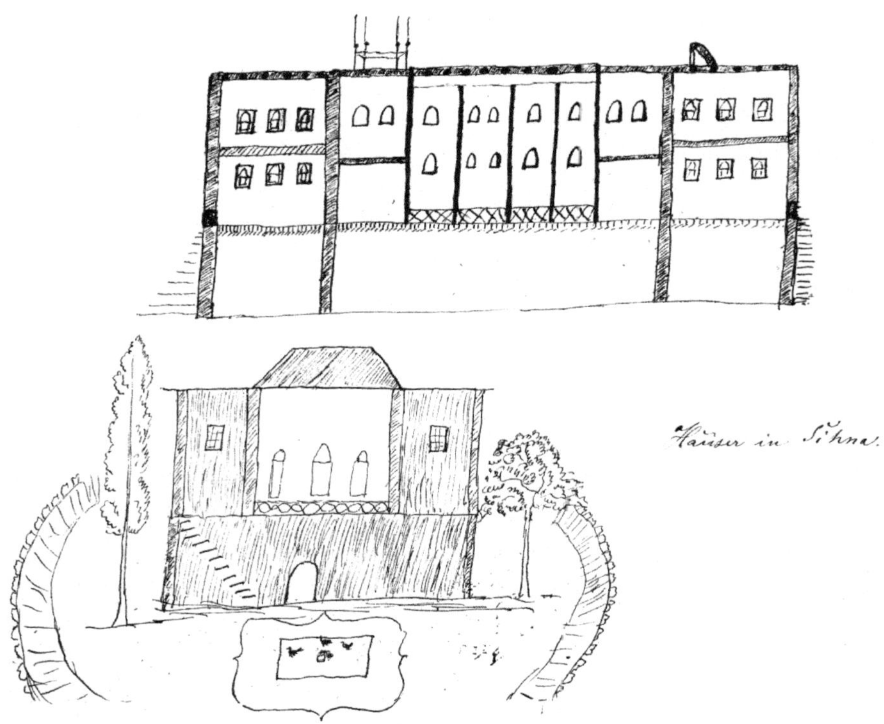


*Abb. 8: Häuser in Sihna (2_03_090)*

(2_03_092) Von Sihna aus liegt Hassanabad Kala in 28 ½. Ein herrlicher Blick bietet sich vom Gipfel des Berges dar, jedoch kann man wegen seiner Breite immer nur eine Seite der Landschaft überblicken. Gen Westen fällt der Blick auf die hohen Berge, die ich von Awiheng aus überschritten hatte, und deutlich konnte ich den Weg über den höchsten Paß am Aschkann erblicken in 106. [Orte] Gen Süden breitet sich ein mächtiges Gebirge aus, der Andalan, von 10–30. [Orte] Nach Osten fällt der Blick auf das Thal des Sirwan. [Orte] Der Sirwan soll seine Quellen 1 Tagereise weit von Sihna haben bei Duweisa, welche Hochgebirge deutlich vom Gipfel des Schloßberges aus sichtbar sind. Kieperts Kartenzeichnung vom Sirwanlaufe ist ganz falsch, in dem der Fluß nicht westlich, sondern 1 Stunde östlich von der Stadt fließt. Von den Ruinen des Schlosses stehen noch Reste der Grundmauern, aus roh zusammengefügten, kleinen Steinen erbaut; doch war die Burg von großer Ausdehnung. [Bau] (2_03_093) [Bau] Die Leute erzählen, daß von dieser Burg aus ein Befehlshaber das ganze Kurdistan bis nach Mossul hin beherrscht habe, der aber durch Schah Abbas besiegt wurde. Eine Baumgruppe befindet sich an der Ostseite unterhalb des Schlosses. Eingänge zu verschütteten Gewölben waren an der Seite sichtbar.

*Freitag, 30. August–Dinstag, 3. September.* Kanonendonner verkündete in der Frühe die siegreiche Rückkehr des Schah in seine Residenz von einer Expedition gegen die Turcmanen von Asrabad, 1.000 Gefangne sollte er gemacht haben. Jedoch wußte mir Niemand Auskunft darüber zu geben; 3 Nächte hindurch sollen die Bazare illuminirt werden. Die Einsichtsvollern meinten, dies geschähe aus Anlaß der Krankheit des Wali, der bald sterben würde, und um das Volk zu zerstreuen und Revolution zu verhüten. An seiner Statt wird dessen Onkel, jetziger Kechia Ali, Wali werden, da die Kinder des Wali noch zu jung sind. Die Illumination zeigte aber außer brennenden Lichtern nichts außergewöhnliches; auch ging es sehr ruhig zu, nirgends Musik oder Gesang des Karagös, der in türkischen Städten eine Hauptrolle spielt. Nur die Soldaten brachten einiges Leben hinein, die, mit Stöcken bewaffnet, unbarmherzig auf die vor sich hertreibende Menschenmenge einschlug. Diese Soldaten waren eine wahre Bande ohne alle Disciplin, haben sie doch nicht einmal besondre Kleidung, jeder geht in Fetzen, die ihm gerade zur Hand sind; an Bewaffnung ist nicht zu denken; nur wenige haben Flinten, die meisten exerciren mit Stöcken. Nur bei der Schloßwache sah ich Flinten lehnen.

*Mittwoch, 4. September.* Heute miethete ich einen Katirtschi mit 4 Pferden bis Kirmanschah, à Pferd 7 Kran. An Abdullah Chalaf nach Sulimanie sand ich heute einen Brief, mir die 2.000 Kran zu senden, nebst 10 ½ Kran richtiges Geld, wo er mir falsches gegeben hatte. Unter den Krans sind viele falsch, bald zu leicht, bald außer Cours. Auch circuliren viele, von Leuten verfertigte, die sich durch uncorrecte Schrift auszeichnen; sie bestehen aus einem Amalgam von Hg, Su, Sb., man nennt dieses Kimmia Gümüsch. – Ich bin heute sehr von Schnupfen geplagt. 2 Teppiche kaufte ich, einen zu 162, der andre zu 115 Kran. Besuch beim Wali. [Orte, Zeich, Spr, SprPfl] (2_03_098–2_03_100) [Spr] (2_03_101–2_03_102) [SprPfl]

## II Sihna–Kirmanschah (6.–26. September 1867)

(2_04_001) *Freitag, 6. September.* Gestern sollte aufgebrochen werden, allein der Muchtar war des Dschuma wegen nicht zu bewegen; so blieb es auch heute. Um 12 Uhr Mittags verließen wir Sihna und schlugen den Weg ein unterhalb vom Hassanabadwege. Um 1 Uhr bleibt Chaneka rechts liegen. Jenseits des Flusses liegen die Dörfer Kahr, weiter aufwärts Duschahn und am Flusse selbst Gireseh, welches ½ 2 nach Durchsetzen des Flusses erreicht wird. Sein 150–200 Schritt breites Strombette war voller Reisfelder; auch Pastack wurde häufig gezogen. Die Leute waren mit Ausraufen des Weizens beschäftigt. In den Bergen darüber Saghatsch gegen Narran zu sollen die Trümmer eines alten Dorfes sein, Hedschere genannt.

Den Fluß entlang reitend, kommen wir ½ 2 zu dem aus ca. 20 elenden Erdhäusern bestehenden Kischlach Kaiser, letztere Name eines Kurden, der es gründete. [Orte] An Schillik reiten wir vorüber mit ca. 40 Häusern nur ½ Stunde von Serindschana; unterhalb im Flußthale erblickt man große Pappelanpflanzungen, die dem Wali gehören und zum Bauen der Häuser verwandt werden; man nennt den Platz Kischlach Sowhan. [Orte] Am Flusse entlang bildet Alhagi ein angenehmes Grün, dazwischen das gelbliche Grün von Glycyrrh. violac. [Pfl] Am Flusse hatte man die Sauergräser getrocknet und große Haufen aufgeschichtet, die jetzt durch Kühe klar getreten wurden, was als Winterfutter dient. Von den Bergen herab brachte man mit Traganthsträuchern beladne Esel zum Verbrennen in der Stadt. [Pfl] Der Weg macht nun einen Bogen gegen den Fluß zu, und vor uns liegt ¼ 4 Dorf Dschinu mit ca. 50 Häusern in einem kleinen Thale, rechts mit schwarzen Schieferfelsen, links abgerundete, begraste Hügel zeigend. Aufwärts davon liegt hinter einem Hügel Klein-Dschinu. In den [wenigen?] Gärten wurden häufig Apricosen cultivirt; an Wassermelonen sieht man am Flusse große Felder.

Im Dorfe wurde uns kein guter Empfang, man wollte uns nicht einmal Wohnung geben, obgleich ich den Bujuruldu des Wali vorlesen ließ. Der Schech war noch abwesend und kam erst später in der Nacht. Endlich erhielten wir einen mit niedrigen Mauern eingeschlossnen Hofraum, in dem wir campirten. Mit vieler Mühe erhielten wir für Geld vom Schech etwas Gerste, aber zum Essen gab er nichts, denn er meinte, das sei nicht auf dem Papier, und wenn es darin stünde, würde er dann dem (2_04_002) Wali die Rechnung darüber senden; er bezahle 4.000 Kran für die Regierung und damit punctum. Eine Quelle vorzüglichen Wassers entspringt beim Dorfe und bildet einen zum ½ Stunde entfernten Fluß abgehenden Bach. Die niedrigen Häuser waren von außen dicht mit großen Mistflaten bedeckt zum Trocknen. Abends 25 °C, aber in der Nacht sehr kalt. [Orte]

*Sonnabend, 7. September.* Um 2 Uhr früh wurde aufgebrochen und zum Fluß seitlich hinab geritten in ½ Stunde. Sein Thal war hier stellenweise 10 Minuten breit, nur zwischen Schieferbergen. Um 3 Uhr lag links am Wege am Flusse das kleine Dorf Serkenä, und rechts über dem Flusse erhebt sich das hohe, nackte Serdesirgebirge, das sich in langen Rücken entlang zieht. (2_03_095) [Zeich] (2_04_002) [Pfl, Orte] Im Hintergrunde des Thales zieht sich der hohe Andalan und Genmanzug hin. Hier nimmt man Abschied vom sogenannten Kischlachflusse und steigt nun ziemlich steil einen Schieferabhang hinan, bis man rechts ab am Abhang jenes spitzen Berges, der vom Fluß umflossen wird, das Dorf Kuschdeh erblickt, in einer Bergspalte gelegen. [Dieses?] Dorf zahlt keine Steuern, da seine Einwohner Jagdbegleiter des Wali sind, dafür muß ihm aber jeder einen Falken überbringen. [Pfl, Orte]

Wir gehen die sogenannte Gawero-Route. [Orte] Vor uns erscheint nun rechts das hohe, vielgipflige Andalangebirge, mit Q. Vallonia gebüsch licht bestanden bis zu ⅔ der Höhe. Rechts herab vom Dorfe Hawaskarahn kommt ein Bach, in mehrfache Arme zur [Bewässung?] vertheilt, herab gestürzt, sich mit dem Schinä Wasser vereinigend. Erst um 5 wird das 6 Schritt breite Schinä Wasser durchritten und einen niedrigen Hügel emporgeritten, bis mit einmal der starke Gawero zu meinen Füßen braust. Hier wurde gerastet, bis ich meinen Thee getrunken. Der Fluß fließt hier ganz langsam, vielleicht 15 Schritt breit, aber stellenweise fand ich bei 6′ noch keinen Grund, da er durch einen Damm war gestaut worden. Seine Ufer waren dicht (2_04_003) mit Weidengebüschen und Popul. Euphrat. bestanden nebst Carex stricta; wilder Wein rankt sich dazwischen, der stellenweise von Cuscuta monogyna im wahren Sinne des Wortes überzogen war, so daß er schon im ersten Jahre zu Grunde geht; man nennt sie kurdisch = meochurka = die sich um den Weinstock schlingende Pflanze. [Pfl] Wasser kocht hier bei 95 °C. [Orte]

Um 7 Uhr wurde wieder aufgebrochen und nun den Gawero aufwärts entlang geritten, wo sich links bald ein hoher Pick zeigt, der aber durch vorliegende Berge noch verdeckt wird; man nennt es Duwrä nach einem Dorfe; von ihm kommen die Mühlsteine für diese Gegend. [Orte] Links vom Wege ziehen sich eine Reihe Schiefergipfel hin, noch vor dem Duwrä, der sich weiter aufwärts zieht; in diesen Vorbergen liegen die 2 Dörfer Sirwan und Boreban, ersters links, das andre rechts gelegen. [Pfl], Populus Euphrat. aber immer als Gebüsch, keine Bäume; auch die Eichen nur als Gebüsch; selten erblickt man Pistaciensträucher. Links kommen 2 kleinere Bäche herab und [wachsen?] rechts auch 2, am obersten zeigt sich ein kleines Dorf, über demselben von Baumgärten umgeben ein Dorf; bei ersterm liegt das Dorf Dulukuru am Flusse, der hier einen Bogen macht. ½ Stunde weiter am Fluß aufwärts liegt am Bergabhang Dorf Nischur, wo nun der Andalandagh frei [....?] aussteht mit seinen bebuschten Vorbergen, von denen kleinere Bäche herabkommen. [Pfl]

Nachdem wieder eine Anhöhe erstiegen, lag um 9 Uhr der aus ca. 100 Häusern bestehende Ort Fakir Suliman vor uns, zu dem man von Sihna aus 6 Stunden rechnet, [rund?] eine Tagereise. Es liegt am rechten Gaweroufer, dies muß das auf Kieperts Karte angegebne Garu sein, eine Verstümmlung von Gawerud, am Abhang eines sanft abfallenden Hügelzuges. Seine Häuser aus Erde erbaut, mit Dächern aus Schilf und Erde bedeckt; alle Thüreingänge gegen den Fluß hin gerichtet, da die Rückseite des Hauses mit der Erde gleich ist. Eine kleine, von Kirmanschah kommende Carawane hielt hier Rast. Hier wird das 30 Schritt breite Wasser des Gawero durchritten, an dessen linken Ufer man nun emporsteigt. (2_04_004) Von hier an zeigt sich nun häufig der schöne Borago macrocalyx; auf Weiden Cuscuta monog. mit gelben Fäden. Nach ½ Stunde kommt von Andalan hervor ein starker Bach, der sich in den Gawero nahe bei ergießt. [Orte] Hinter dem Andalan zieht sich das hohe Geminangebirge hin, welches um ½ 11 zwischen einem Thale aufwärts [im?] Hintergrunde erblickt wird mit seinen hohen Zinken. Ein starker Bach kommt hier von ihm herab mit kaltem Wasser.

Nachdem dieses [durch?]setzt, wird die große Straße verlassen und seitwärts links abgebogen, nach einigen Minuten der hier nur 2′ tiefe Gawero abermals durchritten, und nachdem Wassermelonen- und Getreidefelder passirt, wurde das Lager der Milliliwankurden erreicht, wo wir für heute blieben. Die Einwohner empfingen uns sehr wohlwollend und räumten mir gleich eine ihrer Hütten ein, die aus Zweigen erbaut, mit geflochtnen Rohrmatten umgeben waren. Die Hütten waren in einem 4eck aufgestellt, einen weiten Platz umgebend, der Abends zum Aufenthalt der Thiere diente. Sie sind als Diebe bekannt, jedoch hatten wir uns nicht über sie zu beklagen. Ihr Taif zählt ca. 300 Familien, die in den weiter unten gelegnen Dörfern wohnen. Einer der Kurden schoß ein Huhn, welches uns Abends gebracht wurde; frische Butter und Pillau stärkten mich und ließen mich bald den ungastlichen Empfang in Dschinu von gestern vergessen. Wasser kochte bei 94°. [Orte] Häufig erblickt man eine Menge Maisfelder, surrahd genannt (Durra misri arabisch), aber er bleibt niedrig, kaum 2′ hoch. Tulipa = Haftuhk. Cuscuta = Meochurka.

*Sonntag, 8. September.* Um 3 Uhr wurde wieder aufgebrochen in der Frühe. Heftige Windstöße kamen in der Nacht. Am rechten Gaweroufer steigen wir empor, bis er nach 1 Stunde durchritten wird in der Nähe jenes hohen Knirrä, an dem wir nun Abschied vom Gawero nehmen, der nun von Osten herkommend sich an dessen Fuße hinzieht. Eine kleine, gut bebaute Ebne wird nun aufwärts durchritten, die von [Sirsirkurden?] bewohnt wird, deren Heerden hier weideten. (2_04_005) Am Nordfuße des Knirrä aufwärts dem Gawero führt der Weg nach Kulliaï und Sungur. Der [Bewuchs?] an den Ufern des Flusses hört hier auf, nur stellenweise niedriges Gesträuch gibt seinen Ufern noch einiges Leben, Paliurus wird häufig. Ricinus und kaum ½′ hoch werdende Baumwolle wird häufig gebaut, Gerste wurde ausgetreten. Von hier aus machen wir nun einen großen Bogen und beschreiben gleichsam einen Halbkreis, in dem wir nun an einem starken Bache rechts aufwärts reiten an den nördlichen Knirräabhängen entlang. [Orte] Der Bach ist bestanden mit Gebüsch von Fraxinus, Rosa canina, [Pfl], Wilder Wein dazwischen. [Orte]

Zwischen 2 Bergen des Assaule sieht man im Thale aufwärts gen SüdWesten den Weg nach Alik gehend, wir biegen aber mehr rechts ab im Hauptthale bleibend. [Orte] Wir (2_04_006) reiten links aufwärts im Thale, wo ebenfalls ein Bach herabkommt [wie?] [auch?] vom Hauptdorfe. Rechts vom Wege liegt dann das Dorf mit Pappelgruppen und Weinpflanzen von Massan. [Orte] Überall erblickt man an den grasigen Berglehnen Wasserleitungen, die dann eine üppige Fruchtbarkeit erzeugen. Kurden waren beschäftigt jetzt, den Samen von Weizen auszusähen, wobei sie das Terrain überschwemmen. Das Thal gen Kirmanschah, auch beide Seiten von hohen Bergzügen begleitet, wird nach ca. 6 Stunden geschlossen durch einen Sattelberg von Merwari. – ½ 8 Ankunft bei Massan, was rechts bleibt, immer mehr führt nun der Weg aufwärts, bis nach ca. 1 Stunde ein steiler Aufstieg zu bewältigen ist (wohl 7.000′ hoch). [Pfl] Das Gestein bestand bisher aus Schiefer, in verschiedenen Farben, bald dunkel und sich zusammenplättend in Nadeln, bald hell und [dunkler?] blau in Platten, auch rother (von Awiheng) häufig in großen Platten namtlich auf den Friedhöfen häufig sichtbar. Der Abstieg führt in einem Thal mit Bach, mit vielen alten Juglans, Apricosenpflanzungen. [Pfl]

Nach 1 guten Stunde fortwährenden allmähligen Abwärtssteigens kommen wir endlich um 11 Uhr in Schaini an, an der Gabelung des Thales gelegen. Wasser kocht bei 94°. Auf dem Paß oben Aussicht auf die hohen Schahugipfel mit Schnee, während uns gegenüber die Fortsetzung (niedriger) desselben, die Lonberge heißen. 200 Häuser. Gärten mit blauen Pflaumen, Apricosen und Wein mit herrlich dichten Trauben, großbeerig. In den Weingärten hörte ich ein Stoßen, ohne zu wissen, was es sei, bis ich sah, daß es Schildkröten waren: das Männchen stieß immer gegen das Weibchen. [Pfl] Der Diener unsers abwesenden Wirthes wollte uns mit aller Gewalt wieder aus dem Hause entfernen, er fürchtete den Zorn seines Gebieters, der ein Schiite (schia) sei und nicht dulden würde, daß sein Haus durch Christen verunreinigt würde. Ich blieb aber, und als der Wirth Abends kam, lagen wir bereits in Schlummer.

(2_04_007) *Montag, 9. September*. Aufbruch ½ 3 im Thale eines Baches abwärts reitend, der dann aber rechts abfließt. Anfangs zwischen niedern Bergausläufern reitend, erreichen wir bald eine ½ Stunde weite Ebene, uncultivirt, an deren Ende um ½ 5 der ziemlich steile, nackte Berg von Kalada erreicht wird, der jedoch niedriges Gebüsch von Wallonen, Acer monsp., Daphne oleifolia trägt. Das Dorf liegt am Nordost-Abhange links vom Wege in einem kleinen Nebenthale. Eine Menge Kurden, Rachmed Begi genannt, hatten hier ihre Lager aufgeschlagen, die aber bald nach den Ebnen Bagdads und [Gernians?] aufzubrechen beabsichtigten. Links in der Fortsetzung des Kaladaberges zieht sich ein langer Gebirgszug hin mit steil abfallenden Felsbildungen, unter denen sich namtlich ein steiler, gewölbter, domförmiger, großer Felsen auszeichnet. Dieses Gebirge von Nalaschgir wird heute ganz umritten bis nach Rowansir. Längs dem Kalada [Orte] im Thale aufwärts reitend gen 43 gelangen wir bald auf den Paß in ½ Stunde. [Orte] Der Traganth gebende Astrag. mit weißen Blüthen fängt mit hier an häufig zu werden; manche Büsche waren voll davon. Das Colchicum zeigt sich auch hier häufig. Der Paß zeigt nun eine herrliche Aussicht rechts über einer ca. ½ Stunde breiten Ebne, in der rechts unterhalb das aus ca. 200 Häusern bestehende Dorf Lohn sich zeigt. [Orte] Lohn war ehemals ein sehr gefürchtetes Räubernest, so daß es unmöglich war, hier zu passiren. (2_04_008) Da stiftete die Regierung eine Tekie und setzte Schechs ein, seit der Zeit ist es besser geworden, und die Einwohner nennen sich nun alle Schech. [Orte]

Wir beschreiben nun einen großen Bogen, denn wir reiten nun an den Abhängen des Kalada links ab, dem Schahuzuge uns immer mehr [nähernd?] und ihn dann parallel abwärts gehend. Ein Weg von Schaini führt zwar über das steile und beschwerliche Gebirge Naleschgir nach Rowansir, allein für beladne Thiere nicht möglich. Die Rücken des Kalada zeigen hier nun schon das dem Schahu so characteristische feste Kalkgestein. [Orte] Die Gebirge des Kalada nähern sich immer mehr dem Schahu, zwischen denen wir nun aufsteigen, wo das Terrain mit großen, 4eckigen Platten dieses Kalkes bedeckt war; die schlechteste Stelle des Weges. Einen Aufstieg erklommen, erblickt man plötzlich links tief unten ein langes Thal in einer weiten Ebene auslaufend (von Mahideschtt). Hier geht nun der Weg abwärts zwischen einzelnem Gebüsch von Wallonen, Pistazien, Ahorn, bis man zu einem Engthale kommt, wo die senkrechten Felsen steil an den Weg treten; da erblickt man links an der Felswand eine kleine Zweighütte, von einem Crataegus beschattet; in ihr findet man 2 große irdne Krüge mit Wasser gefüllt für die Passirenden, welches jeden Tag von den Schechs von Lohn hierher getragen wird; denn 3–4 Stunden lang findet man nun kein Wasser, was namtlich im Sommer in dem engen, heißen Thale doppelt quälend ist. Auch mich erfreute dieser Fund des Wassers. Feigengestrüpp erfüllte die Ritzen der Felswände, Amygdal. orientalis. Diese Gebirge sind voller Räuber.

Die Erde des Gebirges ist rothe Thonerde. Ziemlich steil führt der steinige Weg abwärts, bis man endlich in das ca. 5 Minuten breite Thal kommt mit ebner

Thalsohle, welches sich weiter abwärts immer mehr erweitert. [Orte, Pfl] (2_04_009) Rechts endet der entlang gezogne Bergzug, und nun erst erblicken wir über der dadurch erweiterten Ebne den Zug des Schahu ca. 1/4 Stunde fern, bis wir weiter abwärts ganz an ihm entlang ziehen, nur mit wenigem Gebüsch bestanden. Da wo der Berg endet, zeigen sich am Abfall merkwürdige Windungen der Kalkschichten mit einer Höhle am Fuße desselben. [Zeich, Orte] 1/2 10 wird das in der Ebne gelegne, von weitem dennoch nicht sichtbare, kleine Kurdendorf Chradschan erreicht, wo die Kurden beschäftigt waren, ihren Heerden Wasser zu geben aus einem Ziehbrunnen. Für unsre Thiere verweigerten sie es, allein wir nahmen es mit Gewalt. Die Häuser sind wahre Spelunken aus Erde und ganz niedrig gebaut. [Orte] Um [11?] ist die Ebne durchritten, und gleichsam durch ein weites Felsenthor tritt man nun aus den Gebirgen heraus in die Ebne von Mahidescht. Ein weiter Blick thut sich nun auf, in weiter Ferne die Gebirge von Sahau, Dalaho, Serpil mit hohen Gipfeln, davor die weite Ebne; rechts hügliches Land, kaum ausgetreten, erblickt man schon die Schober und Getreide des Dorfes Rowansir.

(2_04_010) Das Dorf Rowansir zählt etwas über 100 Häuser, die am Fuße eines steilen Kalkfelsen sich hinziehen, der dem Karasu seinen Ursprung gibt. Das Wasser quillt am Fuße der Kalkfelsen hervor in 4 größern Partien; namtlich die eine am Nordwest-Ende des Dorfes, wo das Wasser sich in einem ca. 200 Schritt Umfang habenden Teiche ansammelt oder der viel mehr selbst die Quelle bildet, denn überall sieht man vom Grunde an Blasen zur Oberfläche steigen. [Orte] Eine Menge kleiner Taucherenten mit weißer Brust belebten das Wasser; kleinere Fische darin in Menge. Ein großer Mühlsteinähnlicher Stein aus dem dasigen Kalkfels von 19 Spannen Umfang und 4 Spannen Dicke lag am Rande des Teiches und diente als Gebetsort. Außerdem entquellen direct den Kalkfelsen noch eine Menge kleinere Quellen, die sich alle sogleich vereinigen und den Karasu bilden, der in der Richtung von 23 die Ebne abwärts fließt, das 3/4 Stunde entfernte Dorf Meskinabad rechts lassend. Das aus Felsen hervortretende Wasser hat auch dem Dorfe seinen Namen gegeben. Der Teich war erfüllt mit Spargan. ramos., [Pfl]. Bäume erblickt man nur wenige, ausgenommen einige Weidenbäume und am jenseitigen Ufer ein von jungen Pappelalleen umgebner Gemüsegarten nebst Apricosenbäumen. Als Grund gab man mir an, daß die vielen Räubereien von Aschirat, wie die Hamawend, Geschki u. a., nichts aufkommen ließen, von denen sie viel zu leiden hatten. In dem Kalkfelsen über dem Dorfe erblickt man an der Ostseite einen 4eckig ausgehaunen Eingang zu einer kleinen Höhle, im Innern mit gewölbter ausgehauner Decke, sonst aber nichts darin. Die Leute erzählen, sie sei von Ferhad ausgehauen worden.

Daß der Ort an Stelle eines alten Ortes steht, beweist auch schon am jenseitigen Ufer liegender Tell bei den Baumgärten. 7 reichere Leute bewohnen den Ort, die unter sich das Übereinkommen getroffen haben, die durchreisenden Fremden einer nach dem andren abwechselnd zu bewirthen. Wir wurden sehr freundlich empfangen, obgleich der Mann abwesend war, doch seine Frau schlachtete sogleich Hühner und brachte alles nur möglich Aufzutreibende herbei. Von Geld circulirten hier nur Kran und halbe Kran, [Pul's?] wurden hier nicht angenommen. [Orte] (2_04_011) [Orte]

*Dinstag, 10. September.* Um 3 Uhr Morgens aufgebrochen, anfangs längs des Jalaur, bis dann großartig die steile Kette des Schahu hervortritt. Von Rowansir aus zeigt sich eine Stunde lang eine Ebne gen Westen, die aber längs des Schahu sich 2 Stunden entlang zieht durch ein quer durch die Ebne laufendes Hügelland. [Orte] Alle Häuser der Dörfer waren jetzt mit großen Kuhdüngerflaten bedeckt als Feuermaterial für den Winter; in der Nähe eines jeden campirten die Einwohner in mit Zweigen bedeckten Hütten. (In das Wasser von Serau lilufer soll Rustam seine Reichthümer geworfen haben). Bei dem Dorfe Tesafek gehts um den Kalkhügelzug herum, der sich dann in ein weites Hügelland ausdehnt, der sich aber vor uns noch ½ Stunde nach und nach zu einer Ebne umgestaltet, doch rechts und links ½–1 Stunde entfernt von Hügelzügen begleitet. ¾ 5 liegt links Schalä mit Hüttengruppen. Die Ebne ist unangebaut mit reichen Graswuchs für die Heerden im Winter, nur um die Dörfer führt man Cultur. [Orte]

Um ½ 6 liegt das kleine Dorf Aliabad am Wege mit 20 Häusern. (2_04_012) Üppige Durrafelder umgeben den Ort, neben dem rechts am Wege mehrere kalte Quellen entspringen in einem kleinen Strombette, das noch zum Karasu geht. Gleich danach wird der von Pawa nach Kirmanschah führende Weg durchschnitten, von wo aus man nun abwärts reitet; die Quellen der von den Vorbergen des Schahu sich herab senkenden Thäler fließen nun zum Semkan. [Pfl] Nach Überreiten eines 2. Zuges liegt links im Thale mit Quellen Dorf Kalaschir. Um 7 war wieder ein solcher Querhügelzug überritten, und abwärts gings in ein größeres Thal mit Quellbächen, die von den Vorbergen des Schahu herabkommen. Das Dorf Sofiabad mit 20 Häusern liegt rechts am Abhange, mit Zweighütten daneben; Juglans und Morus umgeben den Ort, auch der Bach ist mit Gebüsch und Weidenbäumen bestanden. Ein großes, 4eckiges, chanähnliches Gebäude, noch nicht ganz vollendet, lenkt die Blicke auf sich; es ist ein Regierungsgebäude, Amaret genannt. Tabak, Ricinus, Baumwolle, Wassermelonen wurden um den Ort herum cultivirt. Wieder wird ein Hügelzug überritten, der uns endlich ins Thal mit Dorf Dschuanro führt.

Das Hauptgebäude ist das Regierungsgebäude, ein großes, 4eckiges, aber im Verfall begriffnes Haus, von Weingärten, Pflaumen, Apricosen, Pappeln und Weiden umgeben, namtlich eine schöne Trauerweide. Oberhalb desselben ist ein großes, 4eckiges Wasserbassin, von Weidenbäumen umschattet, der Gebetsort der Einwohner. Das aus 200 Häusern bestehende Dorf liegt am rechten Ufer eines 1/4 Stunde oberhalb entspringenden Baches, längs welchem sich sparsame Obstgärten aufwärts ziehen. Wasser kocht bei 95°. Es ist Sitz eines Naib, Sepul genannt, mit ca. 160 Dörfern und im Sommer mit ca. 6.000 Zelten wandernder Kurden wie Hemawend, Sertui, Dschahf etc. Ein vorzüglicher weißer Honig wird hier in den Dörfern gewonnen. Die Frauen trugen um den rothen Fes große, schwarze Tücher turbanartig gewickelt mit herabhängendem [Hauran.?] bunter Rock mit Art langer Überzieher, auf dem Rücken ein langes Tuch. Die Sprache ist kurdisch. Viel wird hier Sakkis und Traganth und Manna von Eichen gewonnen.

Den Naib, ein untersetzter, wohlbeleibter [Sinali?], fand ich unter einem Baum sein Maschlis abhaltend. Dort abgestiegen, wurde gleich das Essen herbeigeschafft, Honig und Fische, vorzügliche Schaafbutter, [Saumilch?], [Kor.us?]. Er beschäftigte die Einwohner mit dem Bau einer Wasserleitung zu einem Gebetsplatz neben dem Dorfe, leider wollte es ihm aber nicht glücken, das Wasser fortzuleiden, da die [Quelle?] des sandigen Ufergerölls wegen immer tiefer herabsank. Am Ende der Gärten aufwärts neben der Quelle des Baches ist auf einem natürlichen Hügel die Trümmerstelle eines alten Castells, mit kleinem Warthügel daneben. Der Ort Dschuanro wird von den Kurden gewöhnlich nur Kalaa genannt. Die Steilkette des Schahu ragt hoch über seine Vorberge über dem Orte hervor. Von hier nach Pawa rechnet man 6 Pharsach, nach Rowansir 3.

Von hier aus unternahm ich eine 2te Excursion auf den Schahu und brach daher Nachmittags noch zu der 3 Stunden aufwärts liegenden Zeltgruppe in der Nähe des Dorfes Achmetabad auf. An den Gärten aufwärts reitend, steigt man nun die Hügelkette hinan, die in Parallelzügen den Schahu entlang streichen. Ein guter Saumpfad führt aufwärts an den mit Quercus infectoria, Wallonia, Pistac. mutica bestandnen Abhängen hinan. Erstere hatte fast reife, vollkommen [ausgebildete?] Eicheln und war dicht mit jungen, noch rothen Gallen bedeckt, und häufig zeigte sich auch (2_04_013) eine Metamorphose der Eicheln in stachlige Köpfe. Die Früchte der Wallone waren noch nicht ganz entwickelt. Nur Gebüsch bedeckt die Abhänge, erst weiter hinauf, von den Dörfern weiter entfernt, sind alle Abhänge mit Bäumen bestanden. Auch hier sah man alle Pistacienbäume mit kleinen Thongefäßen beklebt zum Ansammeln des Sakkis. Pyrus Syriaca erblickt man häufig als Baum, mit Früchten dicht bedeckt. Die gegen die Ebne zu sind meist ganz kahl geworden, da man ohne Schonung alles niederhaut districtweise, wodurch natürlich der junge Ausschlag vertrocknet und die Gegend immer waldleerer wird. [Pfl] Ein kleines Dorf lag links in einem der Bergthäler. Gundelia Tournef. häufig, im Frühjahr deren Sprossen mit Sauermilch etc. gegessen, ähnlich dem Spargel, arabisch sissi, kurdisch känkär genannt. [Pfl]

Auf dem Pawawege überreiten wir mehrere dieser bewaldeten Vorberge, alle mit dunkelrother Erde, und kommen nach ca. [9?] Stunden Weges in der Nacht im Lagerplatze der Dschuankärrä Kurden an, wo wir bis Mitternacht etwas schliefen und die Pferde zurückließen. In Begleitung 2er Kurden zum Papiertragen wurde aufgebrochen und nach 2 Stunden endlich der Felsenfuß des Schahu erreicht, der bis hierher bewaldet ist. [Orte] Durch 2 hervortretende Felsen, die eine Art Thor bilden, treten wir nun ein und steigen steil aufwärts zum Gipfel Pirchirre. [Pfl, Orte] Nach ca. 2 Stunden steilen Aufsteigens wurde der Rücken des Gebirges erreicht, auf dessen jenseitigen Abhängen aber erst sich die Vegetation vorfand; die Südabhänge waren ganz von der Sonne vertrocknet. Häufig zeigte sich hier in dem Bergkessel und den Thalrinnen die Artemisia Bersalin in schönster Blüthe. [Pfl] (2_04_014) [Pfl] Kochendes Wasser zeigte auf dem Rücken 88 °C bei 15° äußerer Temperatur am Vormittag.

Trotz des großen Wasserreichthums im Innern des Gebirges hatten wir doch sehr von Durst zu leiden, denn nirgends findet sich an den Felsenrücken ein Bach oder Quelle, alles Wasser scheint sich nach Innen zurückgezogen zu haben, um dann in Höhlen oder am Fuße der Felsen zu Tage zu treten, so z. B. bei Gulambar, bei Rowansir. Da vom Rücken aus keine weite Aussicht sich darbot, erstieg ich einen der Gipfel und ließ einen Kurden zur Bewachung der Sachen zurück, der unterdeß meine Zuckerbüchse ausleerte. Der Blick rückwärts in die Gebirge ist großartig; zu den Füßen des hier viel breitern Schahu als bei Darrian zieht sich das Thal von Lohn entlang, in dem rechts ab Lohn selbst sichtbar ist in 287. [Orte] (2_04_015) [Orte] Schnee zeigte sich jetzt nur noch wenig an den Abhängen des Schahu.

Über steile Abhänge wurde wieder unser Lager erreicht, nachdem ich noch in einem Thale ½ Stunde oberhalb des Lagers eine Höhle, Guran Kala, besuchte. Dieselbe liegt links über dem Wege in Kalkfels mit kleinem, aber breitem Eingang, der sich dann nach und nach erweitert; nach ca. 50 Schritt biegt dieselbe nach rechts ab, wo man das Wasser eines Baches in der Dunkelheit rauschen hört. Leider hatte ich kein Licht bei mir, doch versichern die Leute, daß dieselbe unerforschbar weit fortgehe und unter dem ganzen Schahu weg gehe. [Orte] Nach ca. 3 Stunden war unser Lager wieder erreicht. Von den Dschuan Kärrä Kurden sollen ca. 4.000 Zelte in den hiesigen Bergen sich befinden. Wasser kocht in unserm Lager bei 94°. Gestern Abend waren 10 Männer hinter uns hergekommen, uns für Kaufleute haltend; sie hatten es auf einen Raubüberfall abgesehen, der aber durch unser Bleiben hier verhindert wurde. [Orte, Pfl]

*Donnerstag, 12. September*. Am frühen Morgen wurde aufgebrochen auf einem andern, nähern Wege. Nachdem ein Hügelzug überritten, kommen wir in ein Thal, auf beiden Seiten von Kalkfelsen umgeben mit häufigen Krallenbildungen, wo das Gestein in festen Massen hervortritt. Viele Höhlen finden sich in diesem Thale, die ich aber leider nicht näher besichtigen konnte; in einer hat ein durch Kalksinter gebildeter Stein die annähernde Form eines Mannes, in dem man den versteinerten heiligen Suliman erblickt. [Orte, Pfl]

(2_04_016) Auf dem vorigen Wege wurde wieder Dschuanro erreicht, wo ich von dem neugierigen Volke sehr belästigt wurde, die fortwährend in Massen sich ansammelten. Auch mit dem Katirdschi hatten wir Streit. Unser Wirth hatte täglich 40–50 Reisende zu bewirthen, so [daß?] seine Frauen nur fortwährend Brod zu backen hatten. Der Muezin rief von einem Dache herab seine Gebete, die er aber gräulich falsch aussprach. Abends wurden die Freßsäcke der Pferde gestohlen.

*Freitag, 13. September*. Um 2 Uhr wurde morgens aufgebrochen, und zwar auf demselben Weg, den wir gekommen waren, bis nach 2 Stunden derselbe rechts abbiegt bei Mirabad Kischlach beim Dorfe Bani Schalä vorüber. Zeltgruppen der Dörfler überall, bald dieselben mit platten Dach, aus Reisig oder mit Rohrmatten dachförmig bedeckt und ebenso umkleidet. Airan war hier nicht Sitte. Beim Grauen des Morgens bot sich ein herrlicher Blick dar auf die im Osten hell erleuchteten Berggipfel, während die hinter uns liegenden Makwanberge dagegen wie in Nacht gehüllt erschienen. Zwischen niedrigen, uncultivirten Hügelzügen reiten wir entlang. [Orte] Um 4 liegt rechts am Hügelabhang das aus ca. 40 Häusern bestehende Kanibeg, wo der Hügelzug nun schmal wird und rechts dadurch eine ca. 1 Stunde breite lange Ebne gebildet wird, die sich dann mit der Mahidescht Ebene vereinigt. [Orte] (2_04_017) [Orte] Der Karasu bleibt uns links, bald näher, bald ferner, in zahllosen Windungen mit kahlen, flachen Ufern. [Orte]

Vor dem Eingang zu Nauderbent liegen jenseits des Karasu die Dörfer Seridschia und Hassanabad, letztres sollte unser heutiges Konak sein, doch ich drang darauf, weiter zu gehen. Um 9 erreichen wir das kleine Dorf Yebelda, worauf nach ½ Stunde der Karasu durchritten wird; er war ca. 20 Schritt breit und 3′ tief, sein Wasser von trüber, weißlicher Farbe. [Orte] Links längs der Bergzüge zeigen sich die 2 Dörfer Tepe Koike und Lorreke. Dahinter in weiterer Ferne die steilen, wilden Parrauberge. Zum 2ten Male wird der Karasu durchritten, hier 4′ tief, am andern Ufer liegt Kurdawän, während vorher am linken Ufer Kalawei liegt. Nach ¾ Stunde kommen wir im Dorfe Ismail Kelle an, mit 20 Häusern und großem Chan, Kala genannt, wo wir absteigen, von einem Jüzbaschi Ismael aus Kirmanschah erbaut.

In einem andern Konak wollten wir absteigen, wurden aber grob empfangen und zum Kala verwiesen; kaum dort angelangt, kam auch gleich der Herr, der uns alles mögliche verschaffte; das Gebäude war im 4eck erbaut, mit 20′ hohen Erdmauern umgeben und an den Ecken der Außenseite mit halbrunden Vorbauen versehen; die Mauerzinnen oben [...wellig?]. Ein Nachts verschließbares Thor führt in den weiten Hofraum mit Wasserbecken, (2_04_018) an den Seiten Zimmer mit dahinter liegenden Ställen. Eine eigne Art Wassermelone von länglicher Form und viel süßer war hier cultivirt; Granaten wurden vom Dschuanro District gebracht. Die Dachterrasse bot mir weite, herrliche Aussicht dar, theils über die Dörferreiche Ebne, theils auf das nahe Gebirge. Rowansir 2 Pharsach fern in 165. [Orte] Vom Chorinberge aus zieht sich ein breiter Rücken hin, auf dem weithin sichtbar sich ein Grabdenkmal eines Schech Wais erhebt, der von den Anwohnern in hoher Verehrung stand und dann deshalb nach seinem Tode auf seinem Grabe dieses Steindenkmal gesetzt wurde. Ein Dorf dieses Namens existirt nicht. [Orte] Der Ort Ismael Kelle war von Gemüsefeldern umgeben, die treffliche Wassermelonen, Melonen und Gurken erzeugten, erstere beiden sehr süß. Unser Wirth Ismael Khan, ein sehr freundlicher Mann, erbot sich, uns nach Kirmanschah zu begleiten, da die Gegend wegen Wanderungen der Kurden sehr unsicher war.

(2_04_019) *Sonnabend, 14. September.* Um 4 Uhr wurde aufgebrochen und nach ½ Stunde das 8 Pharsach weit von der Seite von Kirrind herkommende Wasser durchritten, das nach Kasmabad zu fließt, in den Karasu sich ergießt. [Orte] Links jenseits des Karasu ziehen sich eine Reihe niedrigerer Vorberge vor den hohen Steilketten des Gaudschar- und Amelegebirges hin, auf einem derselben das Denkmal des Schech Wais, zu dem noch heute viele Pilgerfahrten unternommen werden, Hammel werden ihm dann zu Ehren geschlachtet und verspeist. Man sagt, bei jedem Öffnen des Grabes habe man den Schech noch unversehrt gefunden. Große Heerden von Pferden, Schaafen weideten auf den grasreichen Abhängen dieses Hügellandes, und lange Züge der gen Bagdad zu wandernden Sindschawi-Kurden begegneten uns, ein buntes Bild gewährend. Kühe und Ochsen waren mit den nöthigen Zeltutensilien beladen, oben darauf waren die Hühner festgebunden; Maulthiere mit Teppichen und Wasserschläuchen an der Seite, 2 Frauen auf einem Thiere; junge Weiber hatten ihre Kinder auf den Rücken gebunden, an der Hand bald ein Schaaf oder junge Esel vor sich hertreibend; Knaben zerrten junge Hunde hinter sich her, während die ältern Hunde bedürftig neben dem Zuge her marschirten. Die Männer zu Pferde mit Lanzen versehen, zogen hinter dem Zuge her. Gegen 1.000 dieser Sindschabikurden pflegen hier zu campiren. [Orte]

Links ½ Stunde ab Sibisch-tschecha, und nun erscheint nach Passiren von Heiderbeg vor uns das Wasserbecken von Seraulilufer. Links von ihm liegt Dorf Keschawan. Der Name Serau soll hervorquellendes Wasser bedeuten und lilufer kommt von nenufar, der Nymphaea lutea, die eine weite Strecke des Bassins bedeckt. [Spr] Das Wasser befindet (2_04_020) sich in einem weiten, runden, ca. 4.000 Schritt Umfang habenden Bassin, an dessen Südende die Quellen unter dem Kalkgestein, das nur wenig hervortritt, hervorkommen. [Orte] Sein Abfluß geht beim Dorf Deh Neft 1/2 Stunde unterhalb Wais in den Karasu. [Pfl, Orte] (Von Ismael Kell bis hierher rechnet man 2 starke Farsach.) Eine Menge Vögel belebten die Oberfläche des Wassers, Taucher und verschiedene Entenarten, schwarze Geierarten, während Fische und Aale von gelblicher Farbe sich häufig zeigten. [Pfl] Jenseits des Karasu soll bei Chidr Elias ein ganz ähnliches Wasserbecken, nur kleiner, sich befinden, welches wie das weiter bei Tak i Bostan entspringende in den Karasu geht. [Orte]

Bei Denglian 6 Farsach von hier am Wege von Kirmanschah–Bagdad entspringt eine Quelle, wirft man in diese Stroh, so soll es hier in Seraulilufer zum Vorschein kommen. Eine Menge Sagen existiren über Seraulilufer, so soll der Sohn Khosru's, Schiruhk genannt, alle Schätze seines Vaters hier versenkt haben. Die Sage von Ferhad und Schirin wurde mir folgendermaßen erzählt: Khosru hatte eine schöne Armenierin, Schirin genannt, zur Frau; Ferhad, ein berühmter Bildhauer und Baumeister, war in sie sterblich verliebt. Um seine Liebe zu kühlen, wurden ihm die Arbeiten am Bisutun übertragen und gesagt, wenn er in 20 Tagen eine Quelle aus dem Felsen hervortreten könnte lassen, wolle man ihm Schirin zur Frau geben. Schon nach 3 Tagen meldete er, daß die Quelle gefunden sei; er erhielt aber zur Antwort, erst nach 20 Tagen sei die Frist abgelaufen. Khosru nun, um ihn zu betrügen, sandte dann eine Menge Volk, alte Weiber, aus, schreiend und wehklagend, daß die arme Schirin todt sei. Als Ferhad dies hörte, hieb er das alte Weib, die ihm es erzählte, in Stücken, nahm dann sein großes, eisernes Instrument zum Steinhauen, schwang es in die Luft und ließ es auf seinen Kopf fallen, nahm es dann und warf es hoch ins Gebirge, wo es in den Fels eindrang und noch heute sichtbar sein soll. Er selbst erlag gleich darauf dem Tode. Als Schirin das traurige Ende ihres Geliebten hörte, beredete sie den Sohn Khosrus, Shiruhk genannt, seinen Vater zu ermorden, worauf sie ihm dann die Hand reichen würde. Schiruhk that es, aber hatte doch Mißtrauen, daß sich Schirin selbst ein Leid anthun würde und ließ daher alle Schneideinstrumente von ihr entfernen; sie hatte aber heimlich ein kleines Messer unter ihrer Kopfhaube verborgen und begab sich nun ins Bad und dann zum Grabe ihres Geliebten; dort zog sie das verborgne Messer hervor und erstach sich mit 3 Stichen. (Rustam ist ein Fabelheld, mit großen, eisernen Kugeln spielend etc., das Ungeheuer in Mesenderan (2_04_021) erlegend etc.).

Rechts folgt nun, nach 1/2 Stunde Aufenthalt, eine von Hügelzügen umschlossne Ebne mit den Dörfern Karatepe an einem kleinen Tepe, Simene, Daischi und hinter dem Hügelzuge Dereke, während links Tschecha Kasim und Gurketja liegen. Hier beginnen nun weite Gemüsefelder mit Wassermelonen, Kürbiß, Melonen, Gurken, zwischen denen die Phelipaea sich sehr häufig zeigte. Diese Felder erstrecken sich weit bis zum Gebirge hin und sind behufs der Bewässerung mit von Rinnen umgebnen, kleine Felder eingetheilt. Am Wege saßen die Verkäufer der Früchte und beluden Esel, sie damit zur Stadt sendend. [Pfl] Das nun folgende Dorf Tschecha Kawud ist ganz damit umgeben. Weiter folgen links ca. 1 Stunde abseits Gumr mit Gärten und weiterhin Schaini, während wir rechts am Hügelzuge von Dahrwessel, dem Serauabfluß ganz nahe, entlang reiten, an dessen Dorfe aber der Weg rechts vorüberführt und hinter dem sich ein andrer Hügelzug erhebt, den Blick links auf die Ebne verhindernd, dadurch wird eine fast ½ Stunde breite Thalebne gebildet, in der wir entlang reiten, links nach kleiner ½ Stunde Dorf Babachan am Wege. Von hier rechnet man 2 Pharsach nach Kirmanschah. [Pfl, Orte]

Um 1 Uhr Ankunft vor der Stadt. An der Nordseite der Stadt entlang reitend, die mit überall zerfallnen Erdmauern umgeben ist, wo auch die Gärten des Gouverneur, durchreiten wir einen Theil der Stadt und begeben uns in den nicht besonders guten Mustapha Chan, wo wir aber wenigstens nicht so vom Volke belästigt wurden. Der Muckar kam bald nach, und so konnte ich noch einen Besuch bei den Telegraphisten machen, die mich einluden, bei ihnen zu logiren.

(2_04_022) *Sonntag, 15. September*. Kirmanschah. Umzug aus dem Chan zum Telegraphenbureau. 3 junge Engländer, R. Collins, [I.?] H. Peattie und J. [S.?] Hughes, waren hier angestellt, zu denen gestern auf Besuch ein andrer, J. Fowles aus Hamadan, gekommen war. Der für Persien existirende Telegraph ist getrennt von diesen und wird durch Perser verwaltet. 2 [Drähte?] waren in Kirmanschah. Ich nahm eines der obern Zimmer im Hause ein. Das Haus war [nett?], mit Hof und Wasserbassin sowie kleinen Beeten für die Lieblingspflanzen der Einwohner. Das Haus selbst besteht aus 2 Theilen, in der Mitte die große, hohe Halle mit vielen Nischen, weiß angestrichen alles; auf beiden Seiten desselben die durch Fenster verschließbaren Zimmer. 2 Treppen führten zu beiden Seiten der Halle in das Stockwerk. Das von keiner Schutzmauer umgebne Dach bietet eine herrliche Aussicht dar auf die weite Ebne und die nahen Gebirge. Der Tisch war sehr gut, was mir nach dieser Reise doppelt wohl that. In Betreff des Sonntags waren sie durchaus nicht englisch gesinnt, wir verbrachten ihn erzählend und schlafend.

*Montag, 16. September*. Geschrieben und mit dem Ordnen der Pflanzen beschäftigt. Besuch von Ismael Khan, der mich mit den Namen der Umgegend vertraut machte.

*Dinstag, 17. September*. Ein hier wohnender, zum Islam übergetretner Armenier, Mirza Mohmin, dient den Engländern als Dollmetscher. Mit ihm und Herrn Hughes besuchte ich heute Nachmittag seine Königliche Hoheit, den Gouverneur Emanededdaule, Onkel des Schah Nasredin. Er bewohnt das am Maidan gelegne, große, weitläufige Palais, zu dem man vom Maidan aus auf Stufen aufsteigt. Lange, gewölbte Gänge führen zu mehrern mit Dienern, Wachen und andrem Volk angefüllten Höfen, bis man endlich durch eine verhangne Thür in einen 4eckigen, mit Platten ausgelegten Hofraum tritt, von hohen Mauern ganz umgeben. Um ein Wasserbecken herum war ein Garten hergestellt, voller blühender Rosen und Mirabilis. Von ihm aus gelangt man in das Zimmer des Gouverneurs Emadi Daule. Beim Eintritt erhob er sich sogleich, kam mir entgegen und ließ mich auf einem Stuhl ihm gegenüber Platz nehmen, mir sogleich sein Kallian reichend. Er versteht etwas französisch und rief mir gleich sein bon jour Ms. zu. Nach den Fragen nach dem Befinden unterhielten wir uns über Cholera (Carbolsäure), Krieg zwischen Preußen und Österreich, über die Inschriften an Tak i Bostan etc. Seine Gestalt ist ca. 58 Jahre alt, groß, mehr schlank, dunkelschwarzes, kurzgeschornes Haar mit den 2 [Bündeln?] auf dem Hinterkopf, Gesicht gelblich, doch stark geröthet vom Trinken. Auf der Brust hing der große Orden mit dem Bildniß des Schah, von Diamanten umgeben, ebenso auf den Seiten 2 Diamantenbesätze. Bewirthung mit Thee und Nargileh.

Kirmanschah hat ca. 12.000 Häuser, aus Erde oder Backsteinen erbaut. Die Straßen sind nicht so eng als gewöhnlich, doch nur theilweise gepflastert. In jedem Hofe, die alle von hohen Mauern umgeben sind, findet man Wasserreservoirs. (Viel Purzeltauben sieht man hier.) Auch die Papierdrachen sind hier bekannt. Das englische Telegraphenbureau ist vom persischen getrennt, doch wurde jetzt ein neues Gebäude neben dem Palaste des Gouverneurs auf dem Maidan errichtet, in dem sie beide vereinigt werden. (2_04_023) 4 [Drähte?] waren hier thätig. – Der Preis der Maulthiere, die hier von vorzüglicher Güte, Größe und Stärke sind, war sehr gestiegen, da sie alle von England über Bagdad aufgekauft wurden wegen dem Kriege mit König Theodor. Der Impot der Duane in Kirmanschah beträgt 22.000 Tuman jährlich.

Abends wurden 3 Susmamis eingeladen, nachdem wir vorher tüchtig dem von Bagdad kommenden [A...sin?] zugesprochen hatten. Dieser erstere ist hier in einem hohen Grade, für 100 Kran kann man ganz junge Mädchen auf unbestimmte lange Zeit kaufen; für die Europäer liefert namtlich Hamadan viel junge Armenierinnen von 10 Jahren an. – Abends erglühen die 2 Stunden fernen, gegenüberliegenden, steil aus der Ebne aufsteigenden Parrauberge im tiefsten Purpur, mit dem dunkeln Schatten der Felsenriffe ein herrliches Bild gewährend. Milde Lüfte wehen über die weite, lange Ebne, da fühlt man sich Abends so recht geneigt, auf der Terasse des Daches zu sitzen, den wehmütigen Klängen der persischen Instrumente, von hellem Gesang bekleidet, zu lauschen und der fernen lieben Heimath zu gedenken. Klar und deutlich liegt die weite Ebne mit ihren vielen Dörfern vor dem Beschauer ausgebreitet da, doch nach und nach verschwinden hier die Strahlen der Sonne, während nun die Felsenberge anfangs in gelblichen Tinten erglühen, die mit zunehmendem Verschwinden der Sonne immer intensiver werden und zuletzt in dunkelm Purpur erglühen. [Grell?] treten dann die in tiefen Schatten gehüllten Thäler und Felsenspalten hervor, ein leichter Nebel erhebt sich dann, der dann die Berge wie in einen blauen Schleier gehüllt erscheinen läßt. Nun beginnt das Leben auf den Dächern, Betten und Decken werden heraufgetragen, und bald ertönt hier und dort der von Instrumenten begleitete, wehmüthige Gesang eines Barden, die Liebe Ferhads zu Schirin, der schönsten Frau, besingend.

*Mittwoch, 18. September.* Gemeinschaftliche Bäder für Christen und Muhmedaner existiren hier nicht; nur im Geheimen Nachts können die Christen durch Bestechung des Badewärters eintreten. Minarets für die Moscheen sind nicht gebräuchlich. Die muhamedanischen Frauen tragen beim Ausgehen das schwarze Pferdehaargeflecht vor dem Gesicht und sind sehr der Wollust ergeben. Die Muhemedaner sind von den türkischen insofern verschieden, daß sie sehr dem Trunk ergeben sind, namtlich Arack, auch Wein lieben sie sehr.

Nachmittag besuchte ich Seine Hoheit Naib el ejalé [...], den Sohn des Gouverneurs. Er bewohnt wie die beiden andern Brüder ein eignes, gut eingerichtetes Haus und ist der Gouverneur von Nehabend, obgleich immer hier wohnend. Seine Gestalt ist mehr kurz und volles Gesicht, in persischer Tracht, reich mit Gold besetzt; ca. 28 Jahre alt. Ich fand ihn für einen Perser sehr gut unterrichtet. Das Gespräch drehte sich um Medicin, dann Philosophie, Erschaffung der Welt und Entstehung des Menschen, Entzifferung der Schriften von Tak i Bostan. Sein 5jähriger Sohn, in prächtigem, weit abstehendem Goldgewande mit kleinem Dolch an der Seite, hatte den Tripper, womit er auch seine fast ebenso alte Schwester angesteckt hatte. Er hat 4 Frauen, pflegt aber mehr Umgang mit den Susmanies. Er spricht etwas französisch, aber meist nur, wenn es die zahlreich umstehenden Diener es nicht verstehen sollen, so wenn es sich um Weintrinken handelt. Prächtige Kallians wurden (2_04_024) dargereicht, aus Au oder Ag gefertigt; doch alle mit den kurzen, hölzernen Röhren, was sehr unbequem ist, da man das schwere Gefäß immer in der Hand hält; die türkischen Schlangenröhre sind unbekannt. Jeder nimmt 3 Züge, lüftet dann den Aufsatz, zieht allen Rauch aus dem Gefäß und gibt es dann weiter. 4mal wurde mir dieselbe gereicht, ein Zeichen, daß meine Gesellschaft ihm angenehm war; sonst ist es Sitte, wenn die 3te Nargileh geraucht ist, aufzubrechen. Ebenso wurde 4mal Thee gereicht, der im Zimmer selbst in einem großen, silbernen Samowar zubereitet wurde.

*Donnerstag, 19. September.* Nachmittag unternahm ich einen Spazierritt in Gesellschaft von Herrn Collins und Peattie nach Tak i Bostan, doch so in Eile, daß ich dem Wege keine Aufmerksamkeit schenken konnte; die 2 guten Stunden, die es entfernt ist, legten wir in ½ Stunde zurück. Hat man den Karasu durchritten, der hier ca. 4′ tief ist [bei?] 40 Schritt Breite, so liegt links ein Dorf an einem alten Tell, in dessen Nähe ich alte Wälle, die einst einen Ort im 4eck umgaben, bemerkte. Eine lange, junge Pappelallee mit einigen alten Ulmen führt zum Dorfe Tak i Bostan, gewöhnlich Dagh Bostan ausgesprochen.

Da wo die starke Quelle rechts von den 2 Grotten zu Tage tritt, hat der Gouverneur vor 2 Jahren ein großes Sommerhaus errichten lassen, nahe an den Felsen. Das Wasser fließt in ein großes, 4eckiges Bassin, das durch Aufführen einer hohen Backsteinmauer entstand, von wo aus [es] am Dorfe vorüberfließt. An den Seiten führen Baumalleen entlang. Jenseits am Wasserbecken steht die rohe Figur eines nackten Mannes, jedoch kaum kenntlich, die früher oberhalb der Grotten stand; von weitem glaubt man eine in einen weißen Schleier gehüllte Frau zu erblicken. Neben dem Wasserbecken lagen auf der einen Seite 2 schöne Säulencapitäle mit [Blumengewinden?] und 2 Figurn. Das Wasserbecken war angefüllt mit Ranuncul. paucistamineus und Algen. Die Beschreibung der 2 Grotten übergehe ich hier als schon oft beschrieben, nur bemerke ich, daß sich durch alle beide ein langer Riß durch die Felsen von oben nach unten (West–Ost) quer durch den Marmorfelsen zieht. An der Stelle, wo die [abgeschmakten?] Figuren der Familie des vorigen Gouverneurs, Vaters des jetzigen, angebracht sind, waren früher keine Figuren. – Mädchen kamen aus dem Dorfe sich uns anbietend. An der Vergrößerung des Wasserbeckens oder viel mehr Anlegung eines 2ten wurde gearbeitet.

(2_04_025) *Freitag, 20. September.* Vormittag Besuch beim Prinzen Serama daule, ältester Sohn des Gouverneurs. Er bewohnt ein prächtig eingerichtetes Haus mit weiten Zimmern und Sälen, voller Bilder, darunter viele sehr gewöhnliche. Ich fand bei ihm seinen jüngern Bruder, Merdasa Kule, der mich für morgen früh einlud. Er ist von untersetzter Figur, mit vollem Gesicht, ohne Bart, doch bei weitem nicht so unterrichtet als sein Bruder Naib el ejale, auch spricht er nicht französisch, was hingegen sein jüngerer Bruder ziemlich geläufig spricht. Die Übersetzung der Inschriften Tak i Bostans interessierte sie sehr, gleicht ungemein sein Vater. Zu meiner Verwunderung wurden sehr gute, feine Zigarren offerirt. Das Zimmer, worin wir waren, mit Tapetenwänden, in der Mitte ein 4eckiges Wasserbassin, in dem eine Menge Äpfel, Birnen, Gurken zum Kühlwerden lagen. Glascandelaber hingen von der Decke herab und waren an den Wänden angebracht. Reiche, mit Au durchwirkte Diwankissen lagen an den Wänden entlang auf [prächtigen?] Teppichen. Seine Lieblingsbeschäftigung ist die Photographie, in der er es zwar nicht zu europäischer Fertigkeit gebracht hat, namtlich fehlt das saubere Arbeiten, doch ist es immerhin bemerkenswerth als Zeichen, daß sie nicht für alle Neuerungen blind und taub sind. Er verehrte mir eine Menge solcher Photographien, auch ließ er gleich eine Platte präpariren, um mein Bild aufzunehmen. Ein dazu abgerichteter Perser besorgt alles übrige, er selbst zählt nur die Secunden ab und verschließt das Ocular. Kommt dann der Präparateur mit der Platte und der Prinz findet es nicht gut, so antwortet [auch?] dieser, ja es ist nicht gut, und betrachtet es, findet er es nicht gut, so antwortet der andre, nein, es ist nicht gut, findet er es gut, findet es auch der andre so; seine eigne Meinung kann er nicht aussprechen. Er lud mich zur Jagd ein, doch lehnte ich es aus Mangel an Zeit ab. Löwen sollen in der Mahideschtebne vorkommen.

*Sonnabend, 21. September.* Besuch beim Prinzen Mertessa Kule Mirsa. Er bewohnt ebenfalls ein weitläufiges Palais in 2 Abtheilungen, eins für die Frauen, das andre zum Empfang seiner Besuche. Er ist von kleiner Statur, schmächtig, mit schwarzem Haar, ohne Bart; meist trägt er einen schwarzen europäischen Rock, mit Schnüren besetzt ähnlich den polnischen Röcken. Der innere Hof zeigte einen herrlichen Rosenflor, aber namtlich interessirten mich 2 herrliche Rosenbäume, nastaran genannt, dicht mit einfachen, weißen Blüthen in förmlichen Rispen besetzt; von feinem Aroma; sie ähnelt sehr der R. phoenicea. Ich nahm davon Saamen zur Cultur. Da dieser Prinz weniger geistreich ist als sein Bruder, (2_04_026) obgleich er gut französisch spricht, so hatte er diesen kommen lassen, um die Unterhaltung zu führen. Er begann damit, um Entschuldigung bittend, daß ich ihn hier [fände?], allein er habe gehört, daß ich hier her komme, so wollte er die Gelegenheit benutzen, von meiner Weisheit zu benutzen, da er sich bei der vorigen Unterhaltung von meinem großen [Vorrath?] davon überzeugt habe. Nachdem Nargileh und Thee genommen, begann er ein astronomisches Thema über die Beleuchtung der Erde durch die Sonne. Dann über die Gottheit und Fortleben der Seele nach dem Tode; auch Stellen aus Rousseau, die ihm undeutlich waren, führte er an. Er zeigte mir einige geschnittne Steine mit Pahlvi Schrift, um sie zu lesen; ich bat ihn, mir die Copie nehmen zu lassen sowie auch die von der Sammlung des Gouverneurs, um sie zur Entziffrung nach Europa zu senden. Die Nächte, namtlich Morgens, fangen jetzt an, sehr kühl zu werden. Am Tage war heftiger Sturm, der solche Staubwolken aufwirbelte, daß man keinen Schritt weit sehen konnte; auch die Zimmer waren dicht damit erfüllt.

*Sonntag, 22. September.* Ankunft von Mr. Chambers von Bagdad, der mich in seiner Gestalt ganz täuschend an Herrn von Münchhausen in Smyrna erinnerte. Den Tag über erzählend zu Hause verbracht und Abends nach einem vortrefflichen Dinner Bier und Wein, Brandy.

*Montag, 23. September.* Besuch beim britischen Agenten Hadji Chalil, ein großer, starker Mann in türkischer Tracht mit weißem Turban. Er erzählte, daß bei den Bergen von Schirwan Figuren und Schriften über 2.000 Jahre alt wären, viele aber zerstört, 3 Tagereisen von Kirmanschah. Gegen Abend begegnete mir der Gouverneur, der mit großem Gefolge durchgeritten war, hinter ihm die Prinzen etc., vor ihm eine Menge Soldaten, die mit wüsten Geschrei und Schießen das Volk bei Seite trieben. Als er mich sah, sandte er sogleich 3 Diener ab, um sich nach meinem Befinden zu erkundigen. Eine von ihm an den Schah gesandte telegraphische Depesche lautet: to his Majesty to the King: The petition of the humblest of slaver in the dust before the feet of his Majesty. May our souls be his sacrifice. As long as his Majesty is well all misfortunes are inparable for me and my family. We could even wellcome death if his Majesty continues his faveur towards us. The Bagdad line will probably be finished today or tomorrow. The inhabitants of this country enjoin the most complet peace and are engaged in blessing your Majesty. Emadedaule. Eine andre Depesche vom April 1865 an Namik Pascha von Bagdad handelt über die Hamawend Kurden, die sich in Zohab niederlassen wollten; er spricht darin, sie so rasch als möglich zu vertreiben und die Gegend von ihnen zu säubern.

(2_04_027) *Dinstag, 24. September.* Der Gouverneur Emanededaule ließ mich bitten, zu ihm zu kommen, um wegen der Medicin und Übersetzungen von Taki Bostan zu sprechen. Ich fand bei ihm eine Menge Antiquitäten, namtlich viel Ag und Au münzen, letztre alle kufisch. Von Cylindern und Steinen war namtlich ein Stein in Form einer kleinen Schildkröte mit Figuren und griechischer Schrift bemerkenswerth. Ich nahm davon die Copien. Gleich bei Ankunft zeigte er mir die vom Prinzen gefertigte Photographie in seinem Album, die eher einem Mohren glich. Vor seinem Fenster lag ein prächtiger Steinbock, der in den Bergen des Parrau geschossen war worden. Als er sah, daß dieses Thier mich interessierte, schickte er mir es sofort nach (was 10 Kran Bakschisch erforderte). Ich ließ es abziehen. Beim Weggehen nahm mich der älteste Prinz bei der Hand und führte mich in ein halbdunkles Kuppel-gemach mit fließendem [Wasserbecken?] und Sitzen in Nischen herum; nachdem die Nargileh geraucht, bat er mich, ihm ein Zeugniß zu geben, daß ich in ihm einen der gelehrtesten Männer des Orients gefunden hätte; er wolle es als Einführung zu Gelehrten. Abends waren wir alle eingeladen zum englischen Agenten, allein ich hatte vorher durch das Hamadangerauchs mir Kopfweh zugezogen, so daß ich den Schlaf vorzog.

*Mittwoch, 25. September.* Besuch beim türkischen Viceconsul Seyad Dschewaht, ein Bagdadli, der schon seit 10 Jahren hier war. Er bewohnt ein großes Haus, ehmals dem Gouverneur gehörig, mit großem Blumen Garten und Wasserleitungen, dort das beste Wasser in der Stadt. Er trägt den Kopf gern etwas hoch, deshalb war ich auf seine erste Einladung zu einer bestimmten Stunde nicht gefolgt und kam erst, wann es mir beliebte. Kurden der Ali Tlafi standen vor den Thüren Wache und präsentirten das Gewehr. Er gab mir die Häuserzahl von Kirmanschah auf 4.000 an, da vor 10 Jahren eine Zählung derselben stattgefunden hatte zu 3.000. Die Angabe des Gouverneurs aus 12.000 sei übertrieben. Über die Nomadenvölker des Kirmanschah-districtes gab er folgendes an: Die stärksten sind die Colhor zu 12.000 Zelten, die den Strich von Mahidescht, Harunabad–gen Mendelli bewohnen. Sie beten zu ihren eignen Schechs. Die Sindschawi zu 4.000 Zelten von Mahidescht–Zohab. Die Sengenne 3.000 Zelte, die zerstreut umher wohnen, zu ihnen rechnet man auch die Bachtiariwend und Osmanawend. Die Guran von Gawerre–Zohab zu 3.000 Zelten. Die Achmedäwend [Bachtai?] 1.000 und die Kuschderbent. Die Nani Källi um Sahene 1.000. Die Kulliai 6.000 um Sungur. Die Dschellilewend 500 um Dinewer und Harsin. Die Pairawend mit 300 Zelten zerstreut. Die Feili im Puschti-kuh zu 5.000. Die Chizil um Kengawer 800. Von den Hamawend gibt es nur im Zohabdistricte 50 Reiter. – Die Districte von Kirmanschah sind Zohab, Kirrind, Gauwera, Sungur, Sahene, Harsin, Kuschderbent, Aiwan, Hulleilan, Puschti kuh (mit Wali) und Nehabend.

(2_04_028) *Donnerstag, 26. September*. Besuch vom türkischen Viceconsul. Vorbereitung zur Excursion nach Kinnisch = Feueraltar.

## III Exkursionen nach Kinnischt, Parrau und Tak i Bostan (27. September–6. Oktober 1867)

*Freitag, 27. September.* Früh mit Sonnenaufgang aufgebrochen, rechts bleibt der über Kirmanschah entspringende und die Stadt sowie die unterhalb gelegnen Gärten bewässernde Bach, der sich bei Amadia mit dem Karasu vereint. Nach 2 Stunden wurde das Dorf Murad Hassel erreicht, links am Wege gelegen. Neben dem selben ziehen sich östlich alte Wälle in einem 4eck von 1 Stunde Umfang. Der Wall ist ca. 15′ hoch und 95′ breit. Auf der Ost-, Süd- und Nordseite ziehen sich diese Wälle entlang, die Westseite des einen endet mit einem Tepe, an dem das Dorf Murad Hassel liegt, ca. 50 Häuser. Diese Festung lag ganz in der Ebne und konnte durch den auf der Ostseite fließenden Quellabfluß von Tak i Bostan bewässert werden so wie auch die ganze umliegende Ebne. Dies wohl der Grund, warum die Festung nicht auf dem nahen Bergrücken angelegt worden [Zeich]. Auf der Nordseite ziehen sich eine gute ½ Stunde breit die Gärten bis gen Tak i Bostan. Sollte hier das alte Bagistan gelegen haben? Die Einwohner nennen sie Scheher Khosru.

Nach ¾ Stunde wird der Eingang des Thales erreicht, ca. ¼ Stunde breit. Rechts erhebt sich ein spitzer, senkrechter Felsberg, der sich weiter nach Osten zieht und dessen Zug dem Parrauzuge parallel streicht, zwischen beiden zieht sich ein schmales Thal entlang. [Orte, Pfl] Tritt man in das Thal ein, so erhebt sich rechts der hohe, steile Parrau, der aber bei weitem nicht so hoch erscheint, als er wirklich ist, und kommt man wieder aufwärts, so daß man seine Nord-Abhänge sehen kann, so sieht man in den steilen Klüften deutlich die Schneeflecken, die das ganze Jahr liegen bleiben. Vor uns erhebt sich das steile, nackte, massige Gebirge, ganz dem Schahu gleich und von ganz gleicher geognostischer Beschaffenheit, das sich über Kinnischt erhebt und Lolan genannt wird. Eine Menge Höhlen sind schon von weitem sichtbar. Da erblickt man endlich an dessen Fuße die Gartengruppe von Kinnischt; ½ Stunde vor der Ankunft dort liegt rechts ab Dorf Kischlach und links Dorf Naubert. Schwarze Zelte sah man überall in den Thalspalten aufgeschlagen, Schaafherden weideten an den Abhängen, häufig roth gefärbt.

Endlich wurde Kinnischt erreicht. Das Dorf bestehend aus 2 Abtheilungen, elende Erdhäuser, an der Westseite die dichten Pappel- und Weidengärten. Etwas abseits davon über den Gärten hat Emad edaule vor 15 Jahren ein großes, 4eckiges Wasserbassin, 100′ lang und 70′ breit, in dem eine Menge Gänse und Enten. Dasselbe ist durch Aufführen einer an der Südseite hohen Mauer gebildet, die ausgefüllt wurde, ganz gleich denen von Tak i Bostan. Darüber gegen die Bergseite erhebt sich eine Terrasse aus Ziegelsteinen errichtet, ähnlich einem Hause. Doch das schönste ist hier eine alte Platanengruppe mit 16 Bäumen,

(2_04_029) die einen herrlichen grünen Blätterdom bilden; aus einer Wurzel kamen an 1 [Stelle?] 5 alte Stämme hervor. Die [Meisten?] Bäume von 20 Spannen Umfang; namentlich zeichnet sich eine Gruppe von 9 Bäumen aus, von 30 Schritt Umfang aus einer Wurzel entspringend. [Zeich] (2_04_030) [Zeich]

(2_04_031) Nachdem etwas ausgeruht, wurde zu der bekannten Höhle über dem Orte aufgebrochen, die links seitlich 3/4 Stunde aufwärts sich befindet. Ein Bach kommt von daher herunter, der auch das Bassin mit Wasser versieht. Nachdem der erste niedrige Vorberg erstiegen, der aus Kalkgestein besteht, an dem sich stellenweise rothes Thongestein angelagert hat, steigt man dann zwischen Querc. Vallonia gebüsch aufwärts und kommt dann in ein kleines Seitenthal oder Felsenspalte. Etwas aufwärts kletternd, erblickt man den Eingang zu einer anscheinend kleinen Höhle ganz in harten, weißen Marmor, der aber an der Außenseite oft röthlich oder bläulich metamorphirt worden, wohl durch herabrieselndes Wasser zur Zeit der Schneeschmelze. Hier brannten wir die Lichter an und kletterten ca. 8′ aufwärts und folgten einem langen, niedrigen Gang, so daß auf den Händen gekrochen werden mußte. Weiter eindringend sieht man, daß die Höhle ein Felsenspalt ist, durch den das herabträufelnde Wasser weiter im Innern die mannichfaltigsten Stalactitenfiguren gebildet hat, an manchen Stellen führen verschiedene Wege weiter, aber alle dieselbe Bildung. Wohl 1 Stunde lang wanderten wir darin umher, an einigen Stellen Knochen findend, tief im Innern. [Orte, Pfl] Bei der Rückkehr schlechtes Essen des [Kutechude?]. Mr. Collins ritt Abends wieder zurück. Schnepfen, Falken beim Dorfe; in großer Menge Tauben und Rebhühner in den Felsen. Wasser kocht bei 95°. Abends wurde dann von dem später herbeigekommnen Ortsrichter ein schwarzes Zelt auf der Terrasse aufgeschlagen und eine bessre Abendmahlzeit herbeigebracht. Das Dorf zählt ca. 30 Häuser, von Pairawend-Kurden bewohnt, zu denen noch 4 Dörfer gehören: Pirchaib, Kara Kajun, Kulassa und Kuskalla, zusammen 500 Tuman jährlich Abgaben zahlend die 100 Familien. [Orte] (2_04_032) [Orte, Zeich]

(2_04_033) *Sonnabend, 28. September.* Mit Sonnenaufgang wurde aufgebrochen und links vom Dorfe quer durch den ca. 1 Stunde breiten Thalkessel geritten, in dem an den Bergabhängen die schwarzen Kurdenzelte in vielen kleinen Gruppen aufgeschlagen waren. Im Winter wohnen dessen Eigenthümer in höhlenartigen Häusern mit platten Dächern, sich kaum über das Terrain erhebend, daher von weitem nicht gut sichtbar; ein Steinwall umgibt jedes. Jede Communication ist dann gehemmt, und die Einwohner haben dann Zeit genug zu philosophiren. Der Name Kunuschta soll Kirche der Juden bezeichnen, die von Schuschter aus hierher gekommen sein sollen unter Ackschiras (oder Cyrus?).

Nachdem in einer der Zeltgruppen etwas gegessen und wir uns mit hinreichender Butter zu Fackeln versehen hatten, brachen wir zur Besichtigung des sogenannten Ataschka oder Feuertempels auf. Dieser liegt hoch an einem

Ausläufer des Parrau an dessen Nordseite. In einem engen Thale stiegen wir empor, das sich aber bald sehr verengte und dann ganz aufhörte; hohe, steile Felsen aus hartem, weißgrauen, crystallinischen Kalkgestein mit rauher Oberfläche starrten uns nun entgegen, in deren Spalten wir nun fortwährend aufwärts kletterten. An den Felsen war eine aromatische mir neue Satureja mit blauen Blüthen häufig; auch die Silene von gestern hier; an den Felsen waren in Menge niedriges Feigengestrüpp mit kleinen, haselnußgroßen Früchten, die aber sehr süß waren; früher fand ich diese Art (F. Carica) in wildem Zustande immer mit vertrocknenden Früchten. [Pfl]

Endlich war die hier berühmte Grotte erreicht, die von den Kurden als Ateschka angesehen wird. Am Abhang steiler Felsen sah ich ein rundes, ca. 10′ Umfang habendes Loch, zu dem wir uns ca. 8′ hin abließen. Sogleich öffnet sich ein weites Gewölbe, in dem wir nun hinabstiegen. Einer unser Kurdenbegleiter zerriß sein ohnehin schon ganz zerfetztes Lumpenkleid, tauchte die Fetzen in die Butter und wand sie um Stöcke, die angezündet uns als Leuchte dienten. Von einem Ateschka war freilich keine Rede, die Einbildungskraft der Kurden sah in den mannichfaltigsten Stalactitenbildungen Säulen eines Tempels mit Schemeln zum Niedersetzen, Domgewölben etc. Von der sich hoch wölbenden Decke, an einigen Stellen ca. 100′ hoch, hängen in Menge lange Stalactiten herab, die sich oft mit den von unten entstehenden vereinigt hatten und so Säulen von 2–3′ Durchmesser bildeten, oft in sehr regelmäßiger (2_04_034) Entfernung; niedrige, oben alle abgerundete wurden für Sitze gehalten. An den Wänden zeigen sich oft breite, vielfach gewundne [Schaalen?] ähnlich dem sogenannten Blättergebacknen. Manche Felsen waren an der Außenseite dicht mit Incrustationen überzogen und an den Enden dann dicht mit langen Stalactiten besetzt, oft die Gestalt eines Bartes annehmend oder einer Strahlenkrone etc. Nach vielen Seiten führen schmale Gänge ab, die sich dann wieder mehr oder weniger erweitern. [Orte] Nach 1 Stunde Aufenthalt darin wurde wieder herabgeklettert, wo wir die Pferde unten zurückgelassen hatten. [Orte]

Nach 2 Stunden Reitens war der Paß erreicht, wo Emadedaule ein 4eckiges Wasserbassin, mit jungen Weidenbäumen umgeben, vor einigen Jahren angelegt hatte. Hier fand ich ein nettes weißes Zelt für mich sowie ein schwarzes für die Diener, vom Gouverneur für mich hierhergesandt. Ein gutes Mahl war gleich bereitet, 2 Schaafe wurden geschlachtet, ein guter Pillau nebst Geflügel etc. Ein kalter Wind blies hier in dieser Passage, und Abends sank das Thermometer auf 7°. Wasser kochte bei 92°. Die kleine Quelle, die das Wasserbassin füllt, zeigte 10°. [Orte] Eine Menge Keklik-Rebhühner kamen nahe zu den Zelten heran, so daß sie leicht zu schießen waren; die ganze Nacht hindurch ertönte das Locken der männlichen Individuen. Ein mächtiges Feuer wurde den Abend vor dem Zelte unterhalten, denn ein durchdringend kalter Wind kam von den Bergen herab.

(2_04_035) *Sonntag, 29. September.* Am frühen Morgen wurde aufgebrochen, um womöglich den Gipfel des Parrau zu ersteigen; einige Kurden zum Tragen des Wassers und Papiers wurden mitgenommen. [Pfl, Orte] Nach 1 Stunde Steigens waren die allmähligern Abhänge überwunden, nun gings aber steil aufwärts, von Fels zu Fels kletternd, bald über lockeres Geröll, bis nach einer 2ten Stunde ein Paß erreicht wurde. Leider war die Zeit zu sehr vorgerückt, um weiter aufwärts zu klettern an dem sich senkrecht über uns direct aufsteigenden Gipfel, da noch mehrere Stunden gehörten zur Besteigung des obren Gipfel. [Orte] (2_04_036) [Orte] Nach der Rückkehr zum Zelte wurde bald, nachdem ein guter Pillau, Eier und Fleisch verzehrt, nach Tak i Bostan aufgebrochen. In 2 Stunden war derselbe Weg abwärts wieder zurückgelegt und in 3/4 Stunde Tak i Bostan erreicht, wo ich im leer stehenden Hause des Gouverneurs Quartier nahm. Das Dorf Tak i Bostan hat ca. 30 bewohnte Häuser, auf dem Friedhof der alten Stadt erbaut; noch jetzt wurden eine Menge Grabsteine mit altpersischer Schrift durch Graben aufgefunden; mehrere solcher Steine finden sich in dem kleinen Grabdome des Ibrahim Schah sade, der früher die eine Grotte bewohnte; ebenso auch mehrere im Hause des Ortsrichters, darunter auch eine kufische Inschrift.

(2_04_037) Der Ort befindet sich jetzt im Verfall, da der Gouverneur allein wohnen will hier. Vor 3 Jahren legte derselbe über der Schirinquelle ein großes, 4eckiges BacksteinHaus mit platten Dache an, rechts von den Grotten; über der 4eckig eingemauerten Quelle wölbt sich ein Dom, während durchbrochne Gewölbe an den Seiten herumführen, die Nachts durch herabhängende Ringe mit Laternen beleuchtet werden können. Von ihr aus schweift der Blick über das ebenfalls neu angelegte, 350′ lange und 335′ breite 4eckige Wasserbassin, an dessen Südende die colossale, rohe Figur eines Kriegers steht, die früher im Wasser lag. An der Westseite ist das Haus dicht an die Felsen angebaut, nur ein schmaler Weg führt rechts [erst?] zu den sogenannten 3 [Kalandern?] und dann zu der kleinen, endlich zur großen Grotte. Das obere Stockwerk des Hauses enthält eine Menge kleinerer und großer Zimmer zum Aufenthalt des Gouverneurs, davor ein von hervorstehendem Dache überdeckter Gang mit Aussicht gen Kirmanschah. Eine Treppe führt auf das Dach. [Bau]

Hinter dem Haus führen ca. 100 in Fels gehaune Stufen den Berg hinan, die aber zu keinem Platze führen; es scheint, als sei dieses der Anfang einer neu begonnenen Arbeit zu sein; ebenso befindet sich ein Felsen hinter dem Hause, eine angefangne Grotte. 2 Querdämme führen schräg durch das mit Batrach. paucistam., Zanichellia und Algen erfüllte, crystallklare Wasserbassin, von zahlreichen Fischen belebt nebst Taucherenten. In regelmäßigen Reihen gepflanzte Weidenbäume umgeben das Bassin auf 2 Seiten. Dasselbe ist aus an der Südseite ca. 20′ hohen Backsteinmauern erbaut; ein 2tes Bassin sollte jetzt angelegt werden. [Davor?] breiten sich die Baumgärten mit Rosenhecken aus, von der zahlreich vertheilten Quelle erfrischt. Die erste Sculptur sind die sogenannten 3 Derwische. [Bau] (2_04_038) [Bau]

In den Ecken des Gewölbes befindet sich auf jeder Seite die bekannten Pahlvi Inschriften, nach denen Schapur II. und der Bruder Bahrams, Schahpur III. (385–389), diese Denkmale setzten neben dem alten Bagistan, wo heutzu Tage das ärmliche Dorf Murad Hassel, auch Khosrobad genannt, steht, noch vor Erbauung Kirmanschahs. Die große Felshalle, wohl von derselben Dynastie, aber erst später ausgearbeitet, ist der Glanzpunkt. Zwischen dem Wasserbassin und der Grotte ist ein geplätteter Felsenvorsprung ausgehauen. [Bau] Man sagt, ein Türke habe die ganze Grotte sprengen wollen mit Pulver, als er die byzantinische Prinzessin Schirin hier erblickt habe, sein (2_04_039) Vorhaben sei aber nur theilweise gelungen. Es macht allerdings ganz den Eindruck, als sei dieser Felsen durch Pulver weggesprengt worden. 2 große Risse ziehen sich leider quer durch die ganze Grotte. Das Innere der Halle ist durch ein mit Weinblättern verziertes Gesims in 2 Abtheilungen gebracht, die untere enthält im Hintergrunde die colossale Reiterstatue Khosru's auf seinem berühmten Schebdis, rechts die flach, aber meisterhaft ausgearbeitete Hirschjagd, links die Eberjagd. Im Hintergrunde über dem Reiter stehen 3 Colossalfiguren, die eine Schirin, in der Mitte Khosru, neben ihm sein Sohn Schapur. [Bau] Der Reiter wird vom Volke für Rustam gehalten, er hat aber alle Symbole eines Sassanidenkönigs, Kugel mit fliegenden Bändern, daher sicher Khosru mit Schebdis darstellend. Die alten Inschriften am Hintertheil des Pferdes sind ganz unkenntlich, nur das [Race?]zeichen ist noch erhalten; der Schwanz ist meisterhaft ausgearbeitet. [Bau]

(2_04_040) Auch berittne Kameele fehlen nicht. Ebenso ist auch die gegenüber befindliche Eberjagd ein Meisterwerk. Die im obern Felde erscheinenden ausgehaunen Figuren, reich bemalt und vergoldet, stellen den vorigen Gouverneur von Kirmanschah, in einem vergoldeten Stuhle sitzend, dar, mit langen, schwarzen Bart; vor ihm steht [...], die Hand als Zeichen der Unterwürfigkeit auf die Brust legend; weiter entfernt steht der Chadscha, der bartlose Eunuchenchef. Zur Seite des Stuhles steht der jugendliche Emadedaule, mit einem wahren Mädchengesicht und gegen jetzt durchaus keine Ähnlichkeit. Die darüber in Bogen sich hinziehende persische Inschrift trägt die Jahreszahl 1237. Auf der Ostseite des Wasserbassins stehen 2 große (4 Spannen hoch und breit), sehr schön verzierte Säulenfüße, die vor 3 Jahren durch Emadedaule von Bisutun hierhergeschafft worden sind (durch 200 damit beschäftigte Männer). Leider stehen sie so nahe beisammen, daß die eine Figur, einen Ring vor sich haltend, nicht gut sichtbar ist, mit Sassanidensymbol. Der eine hat auf 2 Seiten eine halbe Männergestalt. [Bau] Die Figur erinnert vollkommen an die Figur Schapurs in der großen Felshalle. Beide Seiten enthalten dieselbe Figur. Der 2te Säulenfuß zeigt eine ganz ähnliche Figur, aber einen Ring haltend. Die Seiten derselben sind mit vorzüglich schön ausgearbeiteten Blumen geschmückt. Am obern Ende läuft rings herum eine Reihe kleiner, vertieft ausgearbeiteter Grotten.

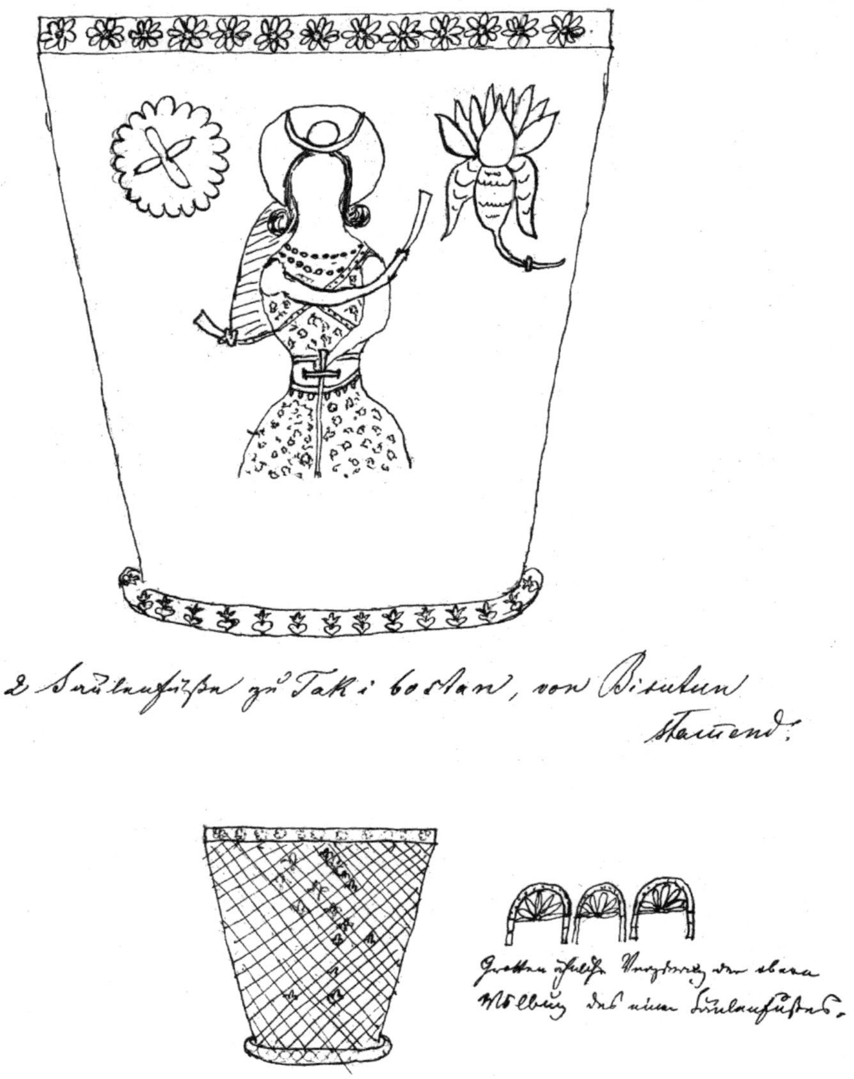

*Abb. 9: 2 Säulenfüße zu Tak i Bostan, von Bisutun stammend (2_04_041)*

*Abb. 10: Verzierungen auf den Kehrseiten der Säulenfüsse zu Tak i Bostan (2_04_042)*

(2_04_043) *Montag, 30. September.* Früh Morgens aufgebrochen nach dem in der Ebne am linken Karasuufer gelegnen, 1 gute Stunde entfernten Amadia, ein Sommerpalast Emadedaule's. Rechts bleibt Dorf Kir Kona liegen mit den alten Mauerwällen, die meist das alte Kirmanschah umgaben. Ein vor einigen Jahren erst angelegter Weg mit Weiden und Pappeln an den Seiten führt von hier aus gerade auf das Schloß zu, das von einem großen Garten voller Bäume umgeben ist. Leider konnte ich das von außen sehr schöne Schloß nicht besuchen, da gerade Emadedaule mit seinem ganzen Hofe einen Ausflug hierher machte. Er selbst kam in einer europäischen Kutsche angefahren. Beim Übersetzen des Karasu, dessen Wasser den Pferden bis an den Bauch reichte, kam noch ein Nachtrupp zum Zuge, nämlich Saramadaule mit Gefolge. Schon von weitem rief er mir sein Willkommen zu, es wurde Halt gemacht, bis wir erst zusammen eine Nargileh geraucht. Der seit 18 Jahren regierende Emadedaule hatte vor seinem Regierungsantritt hier seine Wohnung. Ihm verdankt die Umgegend die meisten Baumpflanzungen, die alle durch die Schirinquelle bewässert werden. Eine große Menge ausgedroschner Fruchtkörnerhaufen lagen an der einen Seite von Amadia, das jährlich 2.000 hiesige [Schumbul?] davon liefern soll. Nordwest von Emadia ganz nahe liegt ein Teich, der in einem sumpfigen Bette mit Spargan. und Typha dicht bestanden zum Karasu abfließt. Mehrere Ziegelbrennereiöfen sind hier angebracht. [Orte]

Endlich wurden die Gärten von Kirmanschah erreicht, bei deren Anfang das Dorf Bachene liegt; die Gärten werden durch einen über Kirmanschah entspringenden Bach bewässert, der sich in mehrern Armen zum Karasu ergießt, ca. 3/4 Stunde fern. Zur Bewässerung der Stadt fließt letzterer zu tief, als daß er könnte dazu benutzt werden. – Der Gouverneur hier zahlt an den Schah eine sehr unbestimmte Summe, wozu er immer aufgefordert wird. So wurden gestern die Bazars geschlossen, weil der Gouverneur (2_04_044) von den Kaufleuten Geld erpressen wollte; natürlich, wenn die Bazars verschlossen sind, können die Leute weggehen, und der Gouverneur kann nichts ausrichten. Er gilt für den reichsten Mann in ganz Persien. Bei jedem Male, daß er zu dem Schah spricht, sei es auf mündlichem oder telegraphischem Wege, muß er ihm ein Geschenk machen, das von 300–1.000 Tuman steigt. Im Telegraphenbureau hinterläßt er dann gewöhnlich 20–30 Tuman. Erst seit 1864 wurde der Telegraph von Bagdad nach Kirmanschah eingerichtet über Hamadan nach Teheran. Das persische Bureau kann nur Localdepeschen empfangen von Bagdad–Teheran, während die englische Linie keine persischen Depeschen empfängt. Jedes Bureau hat nur 1 Linie. Wegen des häufigen Schneefalls im Winter brechen zwischen hier und Hamadan namtlich viele Stangen, so daß jetzt eiserne Stangen von England geschickt wurden. Depeschen wurden nur wenig erhalten, eigentlich sollten gar keine hier empfangen werden; nur bei Unterbrechung der Linie zwischen Bagdad und Teheran erhält Kirmanschah dieselben.

*Dinstag, den 1. October*. Besuch beim Gouverneur. Unterhaltung über Tak i bostan und persische Geschichte.

*Mittwoch, 2. October*. Auf dem Bazar kaufte ich ein altes Schwert für 40 Kran, das aber nur 30 Kran werth war. Es wurde zurückgetragen, der Eigenthümer wollte das Geld aber nicht wieder herausgeben und zerschlug die Scheide auf dem Rücken des Dieners. Da derselbe ein Said (Nachkomme des Propheten) war, glaubte er sich ein großer [Mann?]; beim englischen Agenten zwangen wir ihn aber zur Herausgabe, und nur auf Bitten des Hadji Chalil ließ ich ihn nicht prügeln. Auf den Bazars sieht man von Früchten viel große gelbe Pflaumen, Feigen nur sehr wenig und klein; große, gute Birnen und Äpfel und in größter Menge vorzügliche Weintrauben; Mandeln wenig, aber sehr groß. Die hohen, gewölbten Bazarhallen sind auf der Südseite der Stadt. Auf der Süd- und Nordseite befinden sich die weitläufigen Gärten, meistens Weingärten, die mit Alleen von Fruchtbäumen durchschnitten sind; Wallnüsse und Granaten sieht man sehr selten, Haselnüsse gar nicht; die Hecken bestehen meist aus Rub. sanct., Rosa canina, Elaeagnus ang. In den Gärten [Pfl]. Von cultivirten Pflanzen sieht man hauptsächlich Aster chinensis, Ocymum, Mentha piper., Tagetes gelb. Polyg. orientale, Mirabilis in verschiedenen Farben.

(Von Bagdad–Bombay 25 englische Lira, von dort nach England 70 Lira, der Weg durch Rußland über Rescht und Astrachan ca. 50 Lira.)

(2_04_045) *Donnerstag, 3.–Sonntag, 6. October.* Von Sihna erhielt ich durch einen Mann von Arabagassi Nachricht, daß der Carawanenweg nach Sulimanie noch von den Räubern besetzt ist, demnach kann ich noch keine Briefe erhalten, ebenso wenig das Geld. – Der Gouverneur zahlt jährlich an den Schah 260.000 Tuman Abgaben für die [Provinz?] Kirmanschah, außer den genannten Trinkgeldern. Soldaten in Uniform sieht man kaum hier, obgleich [davon?] 4 Regimente existiren à 1.000 Mann, die sich zu je zweien jedes Jahr ablösen. Die Duane zahlt an den Gouverneur jährlich 27.000 Tuman Abgabe, die meistbietend [versteigert?] wird. Als Grund, warum der Schah nicht zur Ausstellung reiste, wurde hier seine Uncivilisation angegeben; vielleicht würde dort sich ein König erlauben, sich vor ihm niderzusetzen oder gar zu sprechen, bevor er die Erlaubniß ihm ertheilte, bei Tafel würde er vielleicht nicht immer zu oberst sitzen können etc., mit einem Wort, man würde ihm nicht soviel Unterwürfigkeit zeigen, als es hier zu Lande Sitte ist, deshalb zog er es vor, gar nicht zu gehen. Einer Frau gar (der Victoria) Huldigungen darbringen, würde er nimmermehr im Stande sein. Niemand darf sich in seiner Gegenwart setzen, ebenso beim Gouverneur hier; früher wollte letzterer es sogar den Europäern nicht erlauben, man bedeutede ihm aber, wenn er diese nicht selbst dazu aufforderte, sich nider zu lassen, so würden diese ihn gar nicht fragen und sich von selbst Platz suchen. Jetzt ist es immer gleich das erste, wenn man ihn besucht, daß er zum Stuhle weist; und voller Höflichkeiten nach Perser-Sitte.

Morgen als Montag soll aufgebrochen werden. Leider kann ich nicht früh aufbrechen, da ich mich heute nicht vom Gouverneur verabschieden kann. Ich machte einen Abschiedsbesuch beim Prinz Saramadaule, dem Gouverneur von Sungur, das er mir zu 360 Dörfern angab. Dinawer soll nach der Eroberung des Landes durch die Araber Hauptstadt des Districtes gewesen sein. Auch heute verehrte er mir mehrere Photographien. Die Über[wechslungen?] an Bisutun soll vor ca. 40 Jahren stattgefunden haben. Er tractirte mich mit seinen Manilla-Cigarren und gab mir 2 Briefe, einen nach Sungur und einen nach Tschemtschemal für den Weg. Über dem Wasserbecken im Zimmer hing eine Nachtigall im Käfig, während Enten ungescheut auf dem Wasserbecken umherschwammen. Auch der türkische Viceconsul versah mich mit einem Briefe für den Weg und nach Hamadan. Ich schrieb von hier aus heute Briefe an Dr. Bischoff und an Roggen in Bagdad, dem ich 2 Kisten sandte, eine zur Verwahrung dort.

## IV Kirmanschah–Hamadan (7. Oktober–16. November 1867)

(2_04_046) *Montag, 7. October.* Vormittag 10 Uhr Aufbruch, nachdem ich mich noch beim Gouverneur verabschiedet. Er empfing mich im Schlafrock, als Zeichen der Freundschaft. Ich traf bei ihm Saramadaule, der mich nicht eher los ließ, als bis ich ihm ein Qualificationszeugniß ausgestellt hatte. Vor der Stadt gehen eine Menge breiter Wege ab, die alle bei Bisutun sich wieder vereinigen. Nach 1 Stunde lagen links die Dörfer Bidschane diesseits des Karasu, jenseits Emadia, das seinen Namen von Emadedaule hat, es gehört zu Schahbad am rechten Ufer gelegen. Das kleine Dorf Mirabad liegt ¼ Stunde ab zwischen beiden. Rechts erscheint das Dorf Kähris mit seinen Gärten und vor uns ein alter, im Verfall befindlicher Chan, aus Ziegelbacksteinen erbaut. Eine 6bogige Ziegelsteinbrücke, in gutem Zustande, führt hier über den Karasu. Ich schoß einen schönen, großen Eisvogel, auch weiß und schwarz gescheckte gab es hier. Die Brücke von Hadji Ali Khan restaurirt und von Schah Abbas erbaut, ebenso die Carawanserei. Rechts jenseits folgt nun das in Gärten gelegne Suwar, während Bachene ½ Stunde weiter ab liegt am Anfang der Hügel zum Kuh Sefid. 1 Stunde nach Passiren der Brücke liegt links ¼ Stunde ab Dorf Siabid, vor dem Orte liegt ein großes, 4eckiges Gebäude mit halb runden Thürmen, im Innern Häuser; der Ort gehört dem Kadir. Hier in Kirmanschah wurden die Segtiers vom Gouverneur nicht bezahlt, sondern jeder erhält eine gewisse Anzahl Dörfer, die dann seinen Aufforderungen nachkommen müssen. [Orte] Die Kirmanschah-Ebne setzt sich auch hier im ca. 1 Stunde breiten Bisutunthale völlig flach fort. [Orte]

Mein Segtier unterhielt (2_04_047) mich von den Luren, die als gute Reiter, aber auch als Räuber bekannt sind und hier oft Excursionen her unternehmen. Durch Emadedaule ist ihnen das Handwerk etwas gelegt, der ihnen ohne weiters Hände, Füße, ja selbst den Kopf abschneiden ließ. Feth Ulla Chan in Alischter ist ihr Schech, Dörfer sollen nur wenige existiren, alles wohnt in Zelten. Vor dem Eingange zum Bisutunthale durchritt ich eine Trümmerstätte mit großen, behaunen Quadern zerstreut umherliegend. Namtlich liegen am Wege 2 mächtige Säulenfüße, die sicher ihre Capitäler jetzt in Taki bostan haben. Etwas kleinre solcher Füße sah ich deren noch 6 umherliegen; auch zerbrochne Säulenstücke lagen umher oder ragten aus der Erde hervor. Mehrere klare Quellen, die sogleich einen ansehnlichen Bach des klarsten Wassers bilden, entspringen unterhalb der Trümmerstätte, fließen am Dorf vorüber und gehen zum nahen Bisutunflusse; vielleicht stand hier ein Palast der Sassaniden, denn die hier aufgefundnen, jetzt in Takbostan befindlichen Kapitäle sind sassanidischen Ursprungs.

½ Stunde weiter ist unser Manzil, Hadjiabad, erreicht, ein aus 25 Häusern bestehendes Dorf. Der Ketchuda lud mich zu sich ein zum Abendessen; ich traf bei ihm einen Mann, der zu Saramadaule wollte, weil dieser seine hübsche Frau, sie auf dem Wege treffend, mit sich genommen hatte. Auch hier wurden mir Frauen für die Nacht angeboten. Dinawer soll ganz von Susmanies bewohnt sein, ähnlich Kischlach bei Sihna. Früher war hier alles voller Räuber wegen der Nähe von Luristan, seit 22 Jahren ist es aber ruhig jetzt, da die betreffenden Gouverneure für alle Diebstähle verantwortlich sind und bezahlen müssen. Carawanen rechnen von Bisutun–Kirmanschah 6 Pharsach.

*Dinstag, 8. October.* Über dem linken Ufer des Flusses wird jenseits eine Art Thalkessel gebildet. [Orte] Rechts zieht sich eine Hügelkette weiter hervor, nachdem diese umritten, öffnet sich wieder ein Blick auf einen Kessel, der sich ebenfalls aufwärts zieht, und 4 Dörfer sichtbar sind, dieses ist der District Tschambatan, wo Karawelli, Bilwerdi, Tschambatan und Kasmabad; rechts aufwärts von Bilwerdi liegt am Fuße eines felsigen, zackigen Grates Dorf Tscheher, wo die Grenze von Luristan. Der Gamasch ab kommt rechts ganz nahe an den Weg heran; seine Ufer sind nackt, in vielen Windungen sich mit dem Karasu dann vereinigend. Links erheben sich steil die senkrechten Abstürze des Bisutungebirges, das nach einer Weile mehr umritten, plötzlich den Chan von Bisutun erblicken läßt. Das aus 50 Häusern bestehende Dorf, aus elenden, niedrigen Erdhütten bestehend, erblickt man noch nicht, da der große, 4eckige, von Schah Abbas angelegte Chan es ganz verdeckt.

(2_04_048) Der Chan wimmelte von Pilgern nach Kerbela, namtlich eine Menge russische Unterthanen in ihren schwarzen, hohen Filzmützen; sie verstanden fast alle türkisch. Auch viele Frauen befanden sich darunter, theils in Körben zu beiden Seiten eines Maulers, theils eigne Pferde reitend; sie trugen vor dem Gesicht das weiße, gestrickte Tuch um die Augen mit weitläufigen Maschen; sie waren in weite, blaue Gewänder gehüllt. Jedem der noch in großer Menge nachfolgenden Züge ritt einer mit einer kleinen, rothen Fahne voran, bis sie dann bei der Baumgruppe von Bisutun Halt machten, um die Schirinquelle herum sich lagernd. Wegen etwaiger Quarantäne waren alle sehr besorgt. Viele Susmanis hielten sich beim Dorfe auf, mich oft ungenirt vor den Übrigen auffordernd, zu ihnen zu kommen; zufällige Erdlöcher oder die Ufer des Flusses dienten ihnen als Aufenthaltsort. Dieser ganze District bis Dinawer ist reich an ihnen, bei jedem Dorfe findet man sie. Beim Ketchuda des Dorfes stieg ich ab, wo ich mich ein wenig ausruhte und nach dem Essen zur Besichtigung aufbrach.

Der Ort liegt ca. 500 Schritt vom senkrechten Sculpturfelsen, der sich als gewaltige Felsmasse senkrecht darüber erhebt, direct aus der Ebne aufsteigend; er erscheint, als wäre diese Seite durch Kunst weggehauen. An der ganzen Bergseite ragen eine Menge größerer oder kleiner Felszacken empor als Enden von senkrechten Plattenabstürzen. Die Schichten des Berges sind alle horizontal und bestehen aus einem dichten, harten, dunkeln Kalkgestein. Bei 400 Schritt Entfernung erhebt sich sein Gipfel im Winkel von 50°. Schon von weitem erblickt man die mächtige, durch Kunst eingehaune, vertiefte Felswand, vielleicht einst eine Rückwand eines Palastes. [Bau] Fast möchte man glauben, daß hier die Seitenfelswände Felsengemächer bildeten ähnlich dem einen über Orfa, oder daß die beiden als Stützen dienten eines sich darauf befindlichen, schwebenden Gartens. [Bau] (2_04_049) [Bau] Weiter nach Osten fortschreitend, erblickt man bald in ziemlicher Höhe in einer Thalspalte links das berühmte Sculpturbild mit 12 Personen. Ein über die andern an Größe hervorragender König mit Vollbart, lockigem Haar, Diademschmuck, in weiten Mantel gehüllt, tritt auf einen liegenden Mann, mit der linken sich auf den Bogen stützend, die rechte gegen eine vor ihm knieende Frau erhoben. [Bau] Auf beiden Seiten der Sculptur sehr lange Keilschriften, ebenso darunter und darüber, eine über der Sculpturwand geglättete Felswand ist ebenfalls dicht mit Keilschriften erfüllt. Durch ihre geschützte Lage ist alles trefflich erhalten, nur an 6 Stellen ist die Schrift etwas verwittert durch aus dem Felsen zur Winterszeit hervor schmilzendes Wasser. Nur mit Mühe kann man die Felsen bis zu ihr hinauf erklettern. Über den Gefangnen schwebt ein Farvar, das von unten aus gesehen fast wie ein Kreuz erscheint.

Etwas weiter kommt man zu der am Fuße der Felsen in mehrfachen Quellen hervortretenden Quelle Bassin, über dem sich die 3te Sculptur befindet: 7 rohe, colossale Gestalten, aber fast ganz zerstört und verwittert, alle hatten mächtige Bärte. Darüber läuft in einer Art Rahmen eine griechische Inschrift, die aber durch ein erst in jüngster Zeit durch einen gewissen Schech Ali Khan eingehaune, sehr lange persische Inschrift verschwunden ist; nur über derselben sind noch 2 Zeilen, in Fragmenten, vorhanden. Rechts sind die Figuren kleiner: 2 Reiter gegeneinander mit den Lanzen rennend, darüber eine schwebende Figur, einen Kranz haltend. Die neue Inschrift mit dem Jahr 1202. Die Quelle vereinigt sich nach kurzem Laufe mit dem Gamaschab oder vielmehr mit dem Tschemtschemal Arme, der sich mit den andern von Garus bei Sahna kommenden vereinigt. Aufwärts vom Dorfe erblickt man die Pfeilerreste einer sassanidischen Brücke über den Tschemtschemal ab, eine neuere durch Schah Abbas angelegte, gut erhaltne, aus Ziegelsteinen erbaute mit 4 Bogen befindet sich etwas weiter aufwärts. [Orte] (2_04_050) [Orte]

Neben den Quellen bei Bisitun breitet sich der alte Friedhof aus, mit großen behaunen Quadern als Grabsteine bedeckt, von denen manche syrische Schrift zeigten. Auch eine zerbrochne, weiße Marmorsäule war noch sichtbar. Endlich wurde aufgebrochen und in nördliche Richtung aufwärts in der Ebne geritten, immer am Fuße des Bisutunberges entlang und dem in vielfachen Windungen herabkommenden Flusse von Tschemtschemal. [Orte] Alle Dörfer gehören zu

Tschemtschemal mit 20 Dörfern, deren Oberster Ain elli Khan zu Barnahdsch ist. [Orte] (2_04_051) [Orte]

Endlich erblickte ich die weite Gartengruppe von Barnahdsch, links in der Thalspalte gelegen auf dem Wege nach Kinnischt. Herrliche Obstgärten, von hohen Pappelreihen umgeben, erfüllen das vom Bach durchrauschte Thal, in dem herrliche Äpfel, Wein gedeihen. Schon von weitem erscheint das auf einem Tell gelegne Schloß Emadedaules. (District Tschemtschemal gibt ca. 1.000 Tuman jährlich). Das große Schloß wurde vor 17 Jahren von Emadedaule angelegt. Auf einem Tell wurde ein großes Haus aufgeführt, alles im 4eck mit Rundgängen ringsherum. Auf der Spitze des Hügels ist ein kleiner, 4eckiger Garten mit Granaten und Rosengebüsch; ein 4eckiges Wasserbassin darin; eine Suite Wohnzimmer umgibt denselben auf allen Seiten, die gewöhnlich vom Gouverneur bewohnt werden und immer bereit gehalten werden. Daneben enthält eine 2te Abtheilung die Räume für Holz etc. und einen tiefen, mit Ziegelsteinen ausgemauerten Ziehbrunnen, voll des frischesten Wassers, bei Unruhen ist das Schloß seine Zuflucht. Mit Winden wird das Wasser in einem großen Schlauch heraufgezogen. Über den Zimmern läuft das platte Dach weg, von einer Mauer umgeben, mit 3 Aufsätzen zu Zimmern. In einem derselben nahm ich mein Quartier. 8 Eckthürme, halb rund, enthalten jeder ein kleines Zimmer mit 8 Fenstern, jedes eine andre Aussicht darbietend. Auf der Südseite des Hauses führen Treppen hinab durch 3 gut gepflasterte Terrassen in die untern Räume zum Bad etc. Rings um die Hügel zieht sich im 4eck eine große Mauer aus Ziegelsteinen und Erde erbaut; an ihr sind die Ställe befindlich auf der Südostseite. Die Südwestseite enthält die Wohnung eines Kawassen von Emadedaule. 2 Thore führen in dasselbe auf der Ost- und Westseite. Auch die Nordseite zieht sich innerhalb der Mauer das aus 60 Häusern bestehende Dorf hin, dessen Treiben von oben herab gesehen ein interessantes Bild gewährt.

Die hiesigen Kurden gehören zu den Dschellilewän, in 50 Dörfern mit ca. 1.000 Familien. Ihr Oberster ist der hier residirende Ain elli Chan, auch zugleich Oberster von Tschemtschemal. [Orte] (2_04_052) [Pfl, Orte] Kinnischt soll früher Potparrei geheißen haben. Der District Dinawer gehört dem Saramadaule mit ca. 30 Dörfern des Ain Ali Chan, die ihm ca. 4.000 Tuman einbringen, außerdem gibt es noch 1.000 Tuman für den Schah. Der ganze District hat ca. 100 Dörfer. Ein mit schönen Teppichen ausgelegtes Zimmer diente mir als Aufenthalt, mit großen Glasfenstern. Gute Bewirthung, Thee und vorzügliches Essen.

*Mittwoch, 9. October.* Um 7 wurde früh aufgebrochen; am Eingang des Barnadsch-thales zeigen sich Reste einer zerstörten Brücke über das jetzt leere Strombett, das im Frühling nicht klein sein kann. [Orte] Da wo wir in das Hauptthal eintreten, liegt ca. 1 Stunde abwärts am jenseitigen Bergabhange der Kuh Hodscher und Dorf Marantui mit Gärten und uns vis à vis ebenfalls mit Gärten Assanvassan; ihm ganz nahe liegt das große Dorf Naslia mit Tell am rechten Ufer des Flusses, der nun dicht bebuscht wird, je höher aufwärts, je mehr Bäume; hauptsächlich aus Weiden und Tamarix bestehend. [Orte]

Ein Zigeunerlager fanden wir am Wege, ohne Zelte, nur kleine Rohrmatten aufgeschlagen, in deren Schatten sie saßen und Leinwand zum Mehldurchsieben in den Mühlen verfertigten. Die Weiber kamen und baten um ein wenig Pulver; sie bedauerten, daß sie mir keine hübschen Mädchen anbieten könnten. Ihre Tracht gleich der Kurdentracht. Den Hauptweg verlassen wir hier, da er zu warm war, durchreiten den zur Bewässerung in mehrere Arme zertheilten Fluß, der aber stellenweise doch sehr tief und fischreich war; und reiten auf dem linken Ufer aufwärts nahe dem Gebirge. [Orte]

Großartig erhebt sich gen West die steile senkrechte Felsmasse des Pirkasm, ganz dem Bisutunfelsen gleich, doch höher, in vielfachen Windungen der Schichten. Hier öffnet sich nun rechts der großartige Gebirgsdurchbruch, von den Kurden Teng Dinawer genannt, 1 Stunde lang aufwärts ziehend, vom Strome durchrauscht, dessen Ufer dicht bebuscht sind. Das Thal ist ca. 1/4 Stunde breit, am (2_04_053) rechten Ufer aufwärts geht der Hauptweg; wir reiten aber auf dem linken Ufer, wo der Weg schattig ist, und befinden uns nun mit dem Eintritt in den Derbent im Territorium von Dinawer; viel Wildschweine hausen im Gebüsch; Eisvögel, arukapenn genannt, so wie wilde Tauben, kawuterr, und große Rephühner, durrahdsch, zeigen sich häufig. Im Flusse voller grüner Algen häufig Potamog. natans, [Pfl]. Zwischen dem Weidegebüsch schlingt sich wilder Wein in der rothen, herbstlichen Färbung der Blätter empor, und Feigengestrüpp lebt an den Felsen, wo auch eine Artemisia, die schöne Campanula serotina, Silene viridis sich zeigen. [Orte]

Auf dem rechten Ufer zeigen sich Reste der alten Straße, denn dort ist der Weg in die Felsen gehauen. Richtung des Thales Ostnordost. [Orte] In der Ferne zeigt sich vor uns das Hochgebirge Dalachani in 230. Hier reiten wir nun wieder zum rechten Ufer hinüber, wo man sogleich den über dem Wege befindlichen Eingang zu einer großen Höhle bemerkt. Ein wenig aufwärts sieht man dicht am Wege die Felsen ausgehauen, als hätten Sculpturen sollen angebracht werden; an ihrem Fuße zeigt sich eine niedrige, syclopische Mauer ganz der von Bisutun gleich, auf der eine Terrasse vor den Felsen errichtet ist; aber nirgends eine Spur von Schrift oder Sculptur, obgleich der ganze Engpaß mit seinen aus den Felsplatten hervortretenden Quellen wie dazu geschaffen erscheint. Hier hätte ich Unglück haben können, eine Kartusche wollte nicht in die kleine Flinte gehen, ich wollte sie forciren, sie geht los und verletzte mir die Augen und färbte das Gesicht schwarz vom Pulver, was so tief eindrang, daß es nie ganz verschwinden wird. Ich war so geblendet und betäubt, daß ich einige Stunden unter einem Baum liegen mußte und schlief, ehe ich an die Fortsetzung des Weges denken konnte. Am Ausgang des Derbent führt (2_04_054) eine Ziegelsteinbrücke über den Fluß, der hier aus 3 Zuflüssen gebildet wird, ganz ähnlich dem Sirwan bei Eintritt in den Schahu. [Orte]

Am Ausweg des Derbent liegt rechts Dorf Kulladschu und links etwas in der Ebne Mianrian, während Dorf Schamar am Fuße des Bergzugs links liegt. Weiter wird ein Dorf durchritten, Kullidsche tepe genannt (vagina-Hügel), von lauter Huren bewohnt, die in andern Dörfern nicht geduldet werden und daher von Saramadaule ein eignes Dorf angewiesen erhielten. Wir waren sogleich umringt von ihnen mit Anerbietung.

½ Stunde weiter war unser Konak Siwadschu erreicht, wo ich sogleich vom Vicegouverneur von Barnahdsch und Gouverneur des Districtes Tschemtschemal und Dinawer Ain Ali Chan empfangen wurde, auch Mirsa Taki, Aufseher der Kawassen von Emadedaule, der Bruder des erstern Wais Ali Beg empfangen wurde. Neben dem Orte wurde abgestigen, wo ein kleines Wasserbecken, von Weiden umstanden, mit Teppich ringsum belegt war. Leider war ich durch den Schuß so geblendet, daß ich nicht sehen konnte; so daß ich mich sogleich, nach dem Thee und Nargileh genommen, in den Konak begab und schlief. Unser Wirth war so zuvorkommend, wie ich vorher noch nie gesehen hatte, der geringste Wunsch war sogleich erfüllt. Der Ort Siwadschu besteht aus ca. 100 Erdhäusern, wird auf der Nordseite des in der Ebne gelegnen Dorfes bespült, nachdem er die auf der Westseite befindlichen Gärten bewässert hat. Einige Minuten Nordost erblickt man ein in Verfall gerathnes Erdfort mit ca. 15 Häusern, die letzten Reste eines ehemaligen Dorfes Baladschuhb, von Gärten noch umgeben. Ein Ort Dinawer existirt nicht mehr, der ganze District führt jetzt den Namen der einstigen alten Stadt.

Der Vorsteher hier war Wais Ali Beg, der in Siwadschu wohnte, in dessen Wohnung ich abstieg. Zur Unterhaltung ließ er Abends 4 Susmanis kommen nebst einigen Musikanten. Die Mädchen trugen weit abstehende kurze, bis an die Knie reichende Röcke, auf der Brust eine weite, lose bedeckende Jacke, auf dem Kopfe eine kleine, steife Mütze, die aber durch ein langes, weißes Tuch, das auf dem Kopfe durch ein schwarzes Band gehalten wurde und Rücken und Brust bedeckte, verdeckt wurde. Häufig war die Brust mit verschiedenen Zeichen tätowirt. [Aber?] die Hände durch Henna ganz roth gefärbt. Ohne Beinkleider. Ihr verschnittnes Haar ohne Flechten; Füße nackt, mit Glasketten umringt. Ihr Teint dunkelbraun, Augen lebhaft, Haar schwarz. (2_04_059) Von Schaam war natürlich bei ihnen gar keine Rede, aber auch ebenso wenig bei dem zuschauenden Männer-Publikum. Sie sangen die unzüchtigsten Lieder und tanzten in den üppigsten Stellungen, den Bauch nach vorn richtend, mit den Armen auf und ab winkend, die Füße im 3schritt bewegend. Die Musik bestand aus Handtrommel und 3seitige Guitarre Setar, 2′ hoch, mit Bogen, der durch die Hand erst straff gehalten werden mußte. Dieses Hurenvolk hat seine Heimath im Sihnadistrict, die meisten aus Kischlach kommend. Religiöse Gebräuche haben sie gar nicht, überhaupt ganz ohne Religionen; der Mann gibt freudig seine Weiber und Töchter einem jedweden Preis, der gut bezahlt, selbst die noch unentwickelten 9–10jährigen Töchter gibt er hin für einige Tumans. Auch die Familien unter sich leben in der größten Gemeinschaft untereinander. Unser Musikante war der Mann dieser 4 ganz jungen Frauen, die er aber immer noch mehr aufmunterte, sich dem Publikum gefällig zu zeigen. Ihr allgemeiner Name ist Felendschi, von dem sie ihren Ursprung herleiten.

Sie theilen sich in 3 Tribus: 1) die Susmani, die noch als die besten angesehen werden, 2) Duhm, die sich wieder in Kiwekesch = Schuhmacher und Duhm eintheilen, 3) Kauli, die schlechtesten von allen mit den 2 Zweigen Karbilbend (das heißt, die Zeug zum Durchsieben des Mehls in der Mühle verfertigen) und Dschubterrasch, d. h., die Holzarbeiten, wie Löffel etc., verfertigen. Sie haben unter sich keinen Obersten, sondern leben zerstreut umher. Ihre Anzahl ist mehrere tausend Familien.

*Donnerstag, 10. October*. Den ganzen Tag im Bette verbracht, da meine Augen das Sonnenlicht nicht ertragen konnten. Der District Dinawer mit ca. 100 Dörfern, von denen 30 zu Ain Ali Chan gehören, soll einen Umfang von 12 Pharsach haben; grenzt südlich an Tschemtschemal, östlich an Sahna, nördlich an Sungur, westlich an Känulä, richtig Kent-dulä, zum Bilawardistrict gehörend. Der District Dinawer wird von Kurden des Tribus Nanakelli und Dschellilewän bewohnt mit ca. 2.000 Konack. Nach Sahna rechnet man 3 Pharsach, nach Kemmehs 3 Pharsach, zu Kentdulä gehörend. Nach Sungur 3 Pharsach. – Häufige Wirbelwinde zeigten sich in dem hier 1 Stunde breiten Thale, hohe Staubsäulen bildend. [Orte] (2_04_060) [Orte] (2_04_061) [Orte]

Abends wurden wieder die Susmani gebracht, die sich den Tag über an den Hauptstraßen entlang aufhalten und in Erdlöchern oder Flußufern ihr Geschäft betreiben. – Einige hier gefundne Siegelsteine, schwarz, hatten altarabische Schrift, Geld wurde noch nicht gefunden.

*Freitag, 11. October*. Am frühen Morgen brach ich zur Besichtigung der alten Trümmerstätte auf, die sich in einem Umfang von 1 Stunde auf der Nordostseite ausdehnt. Ein Theil der Stadt lag auf der Hügelreihe, wo jetzt Dorf Schechan steht, und erstrekte sich bis zu den in der Ebne gelegnen, niedrigen Schutthügeln von Jengidsche und Baba Kalam. Aber alles ist mit Schutt bedeckt und nichts mehr erhalten, jedoch sind durch Bebauen des Bodens und verschiedener Ausgrabungen viele Grabsteine aus jener Araber-Periode gefunden, die den jetzigen Einwohnern zu eben demselben Zweck dienen. In sehr großer Anzahl liegen sie auf dem Hügelabhange neben Schechan. Die meisten sind aus vorzüglichem weißen Marmor, einige aus gelblichen Alabaster, andre aus dem gewöhnlichen dunkeln Kalkgestein gehauen. Auch Reste von einigen zerbrochnen Säulen bemerkbar. Die Grabsteine haben fast alle die Form von kleinen Sarcophagen, doch wurden bis jetzt nur deren Deckel aufgefunden, deren Schrift mit vielen Verzierungen eingehauen ist. (2_04_055–2_04_058) [Insch]

(2_04_061) Der ganze Trümmerplatz ist mit gebrannten, quadratischen Ziegelsteinen und Töpferscherben bedeckt. Am Abhang des Hügels erhebt sich ein 4eckiger Ziegelsteinbau, das Siaret eines Imam Sahde. Eine der Inschriften wurde für die zu einem Grabe eines Imam gehalten, daher war sie von einem großen Steinhaufen umgeben, der mit den kleinen hier gebräuchlichen Öllampen umstellt war als Zeichen eines Siaret; auch Lappen waren hin und wieder an die Steine gebunden. – Nachdem noch ein gutes, vortreffliches Mahl genommen, wurde zum Aufbruch geschritten. Vorher vertheilte ich erst noch verschiedne Medicinen an meinen so freundlichen Wirth und an seine Frau. Viel Spaß machte mir der Oberste der Kawassen, der auf die Weiber ganz versessen war und sie ganz ungenirt vor allen küsste. Keiner nahm aber eine derselben zu sich, da ich mich von ihnen fern hielt; hätte ich eine genommen, so wären die andren alle darüber hergefallen.

(2_04_062) ½ 1 wurde aufgebrochen und bei Schechan die Hügelzüge allmählig erstiegen immer in Nordost-Richtung auf das West-Ende der steilen Dalechanigebirge, von unregelmäßiger Form, zu. Der Himmel war den ganzen Tag über sehr bedeckt, es zeigten sich kleinere Regenwolken, Vorläufer der kommenden Regenzeit; Wirbelwinde sehr häufig, namtlich von Südost kommend. Alhagi bedeckt alle uncultivirten Stellen. [Orte] Ein kalter Nordwestwind machte sich nun bemerkbar, als wir unerwartet in ein offen daliegendes Thal voller Weingärten mit Pappeln und Elaeagnus umgeben, blicken, in dessen Ostabhang das Dorf Dschawarabad liegt. [Orte]

Der [Mehmeder?] unterhielt mich mit Erzählungen der Expeditionen Emadedaule's, als er vor 17 Jahren diesen Kulliai-Sungur-District unterwarf; vorher war es der Räubereien der Einwohner nicht möglich, hier zu passiren; 7 Männer wurden einmal von ihm durch eine Kanone in die Luft geschossen. Jetzt ist aber alles ruhig. Hier öffnet sich nun ein weiter Blick über die vom Tribus der Kulliaikurden bewohnte Ebne, von niedrigen Hügelzügen durchzogen und ringsum von einem niedrigen Gebirgskranz umgeben. [Orte] (2_04_063) [Orte]

Ein hier niedriger Hügelzug wird überritten, der weiter westlich höher aufsteigt. [Pfl] Nach Überreiten dieser Hügelreihe öffnet sich nun weit die Ebne, in Nord von niedrigem, welligem Gebirge begrenzt, aus dem der Pendsche Ali hervorragt, nur in Nordost zeigt sich ein hohes, zackiges Gebirge, der Bäter. Viele Dörfer liegen in der Ebne, [davor?] ganz nahe links, in weite Gärten gehüllt, Gensele liegt, Kurba daneben, ferner Nochatepe und Geidasawad. Die andern waren mir nicht bekannt. Der Paß, wo der Fluß westlich durchfließt, ca. 1 Stunde fern. ½ 5 wird der Quellenabfluß durchritten, der nach ¼ Stunde abwärts durch Genselä fließt; 2 Mühlen liegen zu beiden Seiten des Thales, wo die Quelle von Bäumen umgeben rechts aus den Felsen hervortritt, sogleich einen ansehnlichen Bach des klarsten Wassers bildend. 3bogige Ziegelsteinbrücke über denselben. Genselä ist altes Dorf, mit Quelle im Dorfe. Viele Susmanis lagerten am Wege. Herrlich erglühten die Dalechaniberge im Purpur der untergegangnen Sonne, und bald erglänzte der zunehmende Mond am Himmel. Die Dämmerung hier zu Lande ist sehr kurz. [Orte, Pfl] Endlich Ankunft in Sungur um ½ 6, wo ich im Hause Dscherachalibegs logirte.

(2_04_064) *Sonnabend, 12. October.* Wasser in Sungur kocht bei 94°. Den Tag über mit Schreiben verbracht. Die Kassaba Sungur hat ca. 1.100 Häuser; zum District gehören 200 Dörfer, vom Tribus der Kulliai bewohnt mit ca. 6.000 Konaks. Es zahlt 10.000 Tuman Abgaben an den Schah. Sungur soll von Dschingis Khan gegründet worden sein. Die Susmanis des Districtes wohnen um Genselä. Sihna, Hamadan und Täbris sind das Serdesir Irans wegen der großen Kälte. Prächtige Falken wurden mir zum Kauf angeboten, von 10 Kran an bis zu 20 und 30 Tuman. So zuvorkommend wie in Dinawer war hier die Aufnahme nicht, es herrschten hier mehr rohe Sitten. Die einheimische Sprache ist ein Dialect des türkischen, mit persisch und kurdisch gemischt, welche letztern beiden gewöhnlich gesprochen werden. Die Einwohner sind Türken, von den offnen, gastfreien und mehr wahrheitsliebenden Kurden des Districtes sehr verschieden durch das Gegentheil der genannten Eigenschaften. Von Sahadabad an soll bis nach Teheran diese türkische Race vorherrschen. Juden waren hier ca. 10 Familien ansässig. – Himmel auch heute sehr bedeckt. Die Districte Sahadabad und Kongaver werden vom Tribus der Afschar bewohnt und von ihren Hakims selbstständig verwaltet, d. h. unabhängig von Kirmanschah und Hamadan. In ersterm ist Chan Baba Chan, in letzterm Memdelli Chan. [Txt, Orte]

Gegen Mittag wollte ich nach dem 2 Pharsach fernen Husseinabad aufbrechen, allein den Hakim konnte ich erst Nachmittag sprechen. Mirsa Haschim Chan ist von hagerer Gestalt, eingefallnen, gelben Gesicht mit schwarzen Schnur- und Backenbart; seit 3 Jahren hier; von finstern Aussehen, nur wenig sprechend. Er bestellte sogleich tschai nemtsche und Kallian; ist aber sehr geizig; er sagte, ich hätte eigentlich bei ihm logiren müssen, allein sein Konak sei so klein, daß er mich nicht comme il faut placiren könne; er wolle aber für heute Abend das Essen besorgen; wie sich aber nachher herausstellte, war es nur leeres Geschwätz gewesen, mein Wirth hatte das Essen besorgt; er ist viel zu geizig dazu. Bei Mondschein brach ich noch in Begleitung 2er Cawassen nach Husseinabad auf, um Morgen früh den Dalechani zu besteigen. Der Weg geht erst über die

Ebne, aus deren östlichem Hintergrunde (2_04_065) ca. 2 Stunden fern das Wasser vom Sungur entspringt, welches sich mit dem Genselä su mischt. Nach 1 Stunde wird der erste Hügelzug erreicht, Ausläufer des Kara Kaya (Schwarzfels). [Orte]

Mehrmals auf- und abreitend über die welligen, an den Seiten bebauten Hügelausläufer, erreichten wir spät in der Nacht Husseinabad, wo im Hause des Kätchuda abgestiegen wurde. Ein geräumiges Zimmer diente als Schlafstätte, während die Bewohner auf der Terasse vor dem Hause schliefen, und zwar folgender [weiße?]: ein 4eckiges Holzgestell mit Kohlenfeuer in der Mitte, mit Teppichen und Tüchern von außen ganz bedeckt, in diesen Kasten wurde der Unterkörper gesteckt zum Warmhalten. Die Nacht war sehr kalt, doch der Himmel bedeckt, und einmal fiel sogar ein feiner Schnee.

*Sonntag, 13. October.* Husseinabad zählt 20 Häuser, die in einem engen Kesselthale liegen, welches sich nach Westen als schmales Thal gen Chearan öffnet. Hoch ragt der hohe Dalechani an seiner Südseite steil empor, der einen [kurzen?] Ausläufer gen Norden sendet bis zum die Nordseite begrenzenden Kara Kaya, so daß dadurch das Thal nach Osten geschlossen wird. Die Abhänge um das Dorf herum sind gut bebaut, theils mit junger Gerstensaat ergrünend. Ein felsiges Thal führt vom Fuße bis zum Gipfel des Dalechani, der seinen Namen von dem Reichthum der Geier und Falken (dal) erhalten haben soll. Nach einer andern Auslegung soll es von dalda und chani kommen, vom Asyl des Chans, weil einst ein solcher sich zurückgezogen haben soll hierher in Folge eines Streites. Das Wasser kochte hier bei 93° bei 8° äußrer Temperatur am Morgen.

Mit Sonnenaufgang wurde zur Besteigung aufgebrochen, der Weg ging in dem am Fuße bis zum Gipfel sich hinziehenden Thale entlang und gar keine Schwierigkeiten darbietend, nicht mit dem Schahu zu vergleichen. Das Gebirge besteht aus bläulichem, sehr festen Kalkgestein mit weiten, allmählig abfallenden Triften und kleinren Thälern, daher alles voller Graswuchs, der freilich jetzt meist verdorrt war, doch war die Vegetation bei weitem frischer als im Schahu, auch viel reicher; im Sommer muß dieser Berg ein wahres Paradies für den Botaniker sein; nach ca. 2 Stunden Steigens war der erste Schneefleck erreicht, in einem Seitenthale von Felsen umringt, aber neben dem Schnee zeigte sich gar nichts, nur feste, ausgetrocknete Erde. Doch weiter hinauf war alles dicht mit Graswuchs bestanden, da im Sommer kleine (2_04_066) Bäche die Weidungen durchrieseln. Die untern Hügel zeigten die gewöhnliche Schahuflora, vor allem zeigte sich häufig ein rosenrothes Colchicum und einzeln ein blaßblauer Crocus. Von mehr oder weniger verblühten Pflanzen zeigten sich außer den überall gemeinen orientalischen Vorkommnissen besonders: Euphorbia tinctoria, [Pfl]. Weiter aufwärts in der Nähe der Schneefelder war alles erfüllt mit Artemisia Bersalin, die die Luft mit ihren Düften würzte. [Pfl] In der obern Hälfte war fast alles erfroren, namtlich die offnen Stellen, den ganzen Tag über hatten wir sehr kalt.

Auf der Spitze zündeten wir ein Feuer von den Astrag. und Acanthol. Arten an, unser Kurdenbegleiter machte sich [aber?] ein Vergnügen daraus, so viel als möglich an allen Stellen Feuer anzulegen, um die Luft um den Berg herum zu erwärmen. Das Feuer war selbst in Sungur gesehen worden. Ein herrlicher Blick dehnt sich von der Spitze dieses Berges aus wegen seiner isolirt aus den niedrigern oder doch eben so hohen Lage, durch keine vorliegenden Züge verdeckt. Wasser kochte bei 88 ½° am obern Schneefelde. Eine Menge weißer Schneefinken und Rebhühner belebten die Abhänge. [Orte] (2_04_067) [Orte] Nach Osten jenseits der Hügelzüge dehnt sich die weite Leklek Ebne aus, zu Sahadabad gehörend, von Afscharen bewohnt, in der die Orte Kawane, Kala tschecha etc. liegen. Diese wird begrenzt durch den hohen Wall der Elwendgebirge bis gen Sahadabad in Nordost. Ein einzeln hervorragender Berg, Chan görmes genannt, fällt durch seine wie ein breiter Zahn [hervorragende?] Gestalt auf. Er hat seinen Namen durch die Frau eines Chans erhalten, die sich eben begatten ließ, als der Chan auf diesem Berge war; er sah das aber durch sein Fernrohr. Die Frau hatte gesagt: Chan gürmes = der Chan sieht es nicht. [Orte] (2_04_068) [Orte] (2_04_069) [Orte]

Der Abstieg fand auf den westlichen Abhängen statt, wo aber alles durch den Frost verdorrt war. Der Abend wurde in Gesprächen und Erzählungen verbracht, auch gab der Kutchude Gesang und Guitarrespiel zum Besten. Über die Kälte im Winter beklagten sich Alle sehr, das ganze Dorf verschwindet dann unter dem Schnee.

*Montag, 14. October.* Am frühen Morgen nach Sungur aufgebrochen, wo der Tag mit Schreiben und Ordnen der Pflanzen verbracht wurde. Abends drehte sich das Gespräch um vielerlei. Der Name des alten Dinawer soll Chawarsemin gewesen sein, wo einst sehr viel altes Geld gefunden wurde. Ebenso wurde beim Dorf Adschin, 4 Pharsach von Sungur, ein großes Geldstück gefunden, das in Bagdad für Sultan Machmud für 40tausend Tuman soll angekauft worden sein. – In Tschecha Kawud wurden ebenfalls solche Steine wie in Dinawer gefunden (tschocha oder tschia = Tepe). Das jetzige Sungur soll vor 500 Jahren erbaut worden sein durch 2 Brüder, Hadir und Kadir, von türkischer Abstammung aus Urumia; noch jetzt existiren deren Nachkommen, ca. 500 Familien, die sich Hadire nennen. Nach andren soll es von einem gewissen Sungur erbaut sein.

Im Amruleberge ist an den Schneefeldern ein Loch mit fließenden Wasser, wirft man Stroh hinein, so kommt es in der Quelle bei Gensälä zum Vorschein; man nennt sie tschawane. In der Nähe des Thales Ölludere, links vom Wege nach Husseinabad, ist eine Höhle, deren Eintritt einen großen Stall bildet, in die man die Thiere bringt, ein Loch führt dann zu einer großen Stalactitenhöhle; man nennt sie Messidloch. – Die Figuren der großen Grotte von Tak i bostan werden für Rustam und Rechsch, darüber die für Kai Kosru gehalten. Bei Simin, 4 Pharsach von Sungur, in der Nähe von Tschermala, soll sich in einer Höhle der Schlangenkönig zeigen, Schah maralan genannt, 3′ hoch zusammengerollte Schlangen von schwärzlichem Aussehen; er kommt auch heraus aus der Grotte. [Tabacksschwengel?] soll sogleich die Schlangen tödten und sie steifmachen.

Der Berg hinter Sungur heißt Mianku (d. h. der einzelne), der auf der breiten Spitze die Trümmer einer alten Feste trägt; ringsherum fallen die Felsen senkrecht ab, so daß sie uneinnehmbar war. Nur 2 in Felsen gehaune Wege führen hinauf. Westlich davon erblickt man am Hügelzuge eine weißliche (Mergel?)-stelle, mit schwarzen Steinen, [her...chen?] in einer Reihe, die von weitem wie schwarze Zelte erscheinen; man nennt die Stelle Karatschadyr und erzählt folgende Geschichte: Einst standen hier 10 schwarze Zelte, (2_04_070) die Holzthüren ganz denen der Catacomben von Wiranscheher gleich, als Ali hier her kam und Wasser oder Airan verlangte; dieses wurde ihm aber verweigert, worauf er die Zelte verfluchte und sich dieselben in Steine verwandelten. Jedenfalls eine vulkanische Erscheinung. – (Nocha tepe, richtig Nochuttepe = Linsentepe.)

Neben Sungur erblickt man auf einem Hügel eine runde Kapelle, das unterirdische Grab eines Imam sade enthaltend, dort sind die Gräber von Sungur. Unter den Grabsteinen bemerkt man eine Menge altarabischer aus derselben Periode wie die in Dinawer, namtlich viele an der Kapelle; auch die kleinen Sarcophagdeckel sieht man alle sehr schön ausgehauen und die Schrift mit vielen Schnörkeln verzirt; einer erhält das Jahr 174 (I ꟷ 9). Mehrere der Schriften copirte ich theilweise. Vor einem großen, 1 ½′ hohen und 3′ langen, schwärzlichen, behaunen Steine verrichtete ein Mann sein Gebet; man behauptet, daß, wenn einer ein gutes Herz hat und einen kleinen Stein daran hält, bleibt er daran haften ca. 1 Stunde lang. Ein Berg in der westlichen Fortsetzung des Miankuh hat den kurdischen Namen Kendim kuh = türkisch bochtatepe oder Getreidehügel, wegen seiner Farbe. Ein sehr kranker Mann kommt zu einem Arzt, der ihm aber keine Hülfe bringen konnte; in seiner Verzweiflung geht er auf die Berge; er findet einen Schäfer, der ihm Milch anbietet; er trinkt sie aber nicht und läßt sie neben sich stehen. Nach einer Weile kommt eine giftige, schwarze Schlange und trinkt die Milch, speit sie aber wieder aus. Um zu sterben, trinkt er die Milch nun und schläft ein; beim Erwachen aber sieht er sich geheilt. – Im Thale von Barnadsch sollen viele schwarze Schlangen sein.

Die Häuser von Sungur aus Erdbacksteinen erbaut, mit hohen Mauern, die zugleich den Hof umschließen, umgeben, nirgends sieht man ein Fenster nach der Straße, alles nach innen gebaut. Das platte Dach ruht auf Pappelstämmen; in der Mitte des Hauses offne Terrasse, zu beiden Seiten die Zimmer; eine Treppe führt von außen herauf; das Erdgeschoß enthält den Durchgang und die Ställe. Die Straßen regelmäßig, in meist gerader Linie; die Hauptstraße vom Bach durchflossen und mit Weidenbäumen bepflanzt. 200 Bazarbutiken befinden sich hier, die sehr reinlich gehalten sind, Schuhmacher, Schmiede etc. – Neben der Capelle liegt ein großer, behauner Sandsteinblock, der früher eine Inschrift hatte; an ihm bemerkt man viele kleine Löcher, in die die Leute kleine Steine stecken, um zu sehen, ob sie gut sind.

(2_05_001) *Dinstag, 15. October*. Um 6 Uhr wurde aufgebrochen in Östlicher Richtung. Neben dem Orte erblickt man eine Menge Mühlen, gegen 30, alle mit hohen, runden Thürmen versehen. Die Thalebne ringsherum ist gut bebaut und mit vielen Wasserrieselungen durchfurcht; nach ½ Stunde wurden die Gärten erreicht. Wein, der aber erfroren war, von Pappeln und Elaeagnusbäumen umgeben. Links ab erblickt man die Reste eines zerfallnen Chans am Fuße des Miankuh, der mit einer niedrigen Hügelreihe umgeben ist, auf die ebenfalls eine horizontale Kalksteinschicht aufgesetzt ist. [Orte] Die Bauern waren jetzt mit Einackern der Aussaat beschäftigt, was sie mit Kühen verrichteten, die zu je 2 zusammengekuppelt wurden durch einen Balken, den sie auf dem Halse trugen; zwischen beiden befindet sich ein Stamm mit dem Pfluge. Vor den Dörfern war alles in Bewegung, das ausgedroschne Getreide (Weizen) vom Staube zu säubern, wozu sie es in die Luft warfen. In Marangos weilten wir ½ Stunde, um ganz vorzügliche Wassermelonen, sehr süß, zu verzehren; der Kutchude stellte alles zur Verfügung; überhaupt muß ich den Einwohnern dieser Gegend das Lob spenden, daß ich nirgends so zuvorkommende Leute gefunden habe; auch im Geben sehr freigebig; was sie haben, geben sie willig, ohne an Bezahlung zu denken. [Orte]

Um 9 Uhr wird Karatepe erreicht, noch zu Sungur gehörend, im Thale neben dem Bache gelegen, von Hügeln umgeben, an denen ebenfalls das schwarze Gestein hervorbricht. [Pfl] (2_05_002) Neben dem Dorf waren junge Weinpflanzen angelegt; die Reben wurden in tiefe Gräben gepflanzt, von Wasser durchzogen. Immer zwischen Hügeln reitend, wird nach 1 Stunde Kelliabad erreicht, ebenfalls am Bache, noch zu Kulliai gehörend. Hier beginnt eine andre Art Häuser; ein jedes mit Mauer umgeben, jedes einzeln stehend, ein gewölbter Thüreingang führt in den Hof; das platte Dach mit vielen kleinen Kuppeln. Eine kleine Gartengruppe neben dem Dorfe. Die Baumwolle gedieh nur kümmerlich auf diesem Hügelplateau, kaum ½′ hoch, meist noch nicht reif; rings um die Felder entweder Ricinus oder Cannabis (beng) gepflanzt. Vor uns erscheint nun in Ost über die Hügel hervorragend der Berg Chan görmes. Hier reiten wir nun links ab, quer über die Hügelzüge, wo erst Tepe resch und etwas weiter aufwärts Deh Hamse liegt, beide zwischen den Hügeln gelegen und zu Kulliai gehörend. [Pfl, Orte] Am Kuh Mian Dorf Deh Elias sichtbar. Steil wird die Hügelkette abwärts geritten, und bald sind wir im Thale des Gawero. Das Dorf Tschuartscheschme liegt in ihm, von Afscharen bewohnt wie der ganze District Tulan.

Der Hügelzug wird umritten, und nach ½ Stunde ist Tulan erreicht, Hauptort des Balluks Tulan, zu Assadabad gehörend. Das Dorf zählt 40 Häuser, jedes allein stehend, mit Erdmauer umgeben, die platten Dächer mit vielen Kuppeln. [Orte] (2_05_003) [Orte] Zu Assadabad gehören 300 Dörfer, alle von Afschar bewohnt, die zu Schah Nadir's Zeit hierher gepflanzt wurden. Ihre Abstammung leiten sie von Makuli Chan ab, der durch Schah Nadir geköpft wurde; sie stammen aus der Gegend von Urumia. Eine Quelle am Bätergebirge, Schahpasan genannt, 4 Pharsach von hier, wurde sehr gerühmt wegen ihres kalten Wassers; legt man im Sommer Gurken hinein, so werden sie schwarz durch die Kälte. – Von hier nach Bäcklul 8 Pharsach, Babagurgar 10 Pharsach, von der sehr viel erzählt wird.

Auch hier fand ich die zuvorkommendste Aufnahme bei Chan, dessen großes, geräumiges Haus auf dem Hügel gelegen den Ort beherrscht. Zu jedem Mahle wird ein süßsaurlicher Scharbat gereicht und ein andrer aus Rosinen bereitet; vorzüglicher Käse und angenehm schmeckender Joghurt; Geflügel am Spieß gebraten [stets?]; Pillau mit Hammelfleisch; Fleischbrühe mit Kichererbsen oder Bohnen darin; Mehl mit Honig und Butter; dünne, runde Brode wie in Sulimanie, während in Kirmanschah das Brod dick gebacken wird; Weintrauben von Adschin und Melonen und Wassermelonen. Vor jeder Mahlzeit wird erst eine Vorbereitung gehalten, bestehend aus Arrak, Käse, Wassermelonen und Brod. – Heute Abend grimmig kalt, starker Nordwind. – Baumpflanzungen um das Dorf nur sehr wenig; das Platau ist zu sehr den kalten Winden ausgesetzt. Wasser kocht bei 92° bei 7° äußrer Temperatur. [Orte]

(2_05_004) Das Haus des Chans liegt auf der Spitze des Hügels, in mehrer Abtheilungen eingetheilt, die eine hatten wir inne, mit großen gewölbten Fenstern, die aus kleinen, bunten Scheiben zusammengesetzt waren. Wir speisten in seinem Zimmer. Beim Eintritt ins Haus kommt man erst zu einer Vorhalle, an beiden Seiten mit gewölbten, großen Thüren mit Glasfenstern; ein kreuzförmiges Wasserbecken darin angebracht. Durch eine 2te Glasthür kommt man in sein Zimmer, mit kostbaren Teppichen ausgelegt. Den ganzen Tag ist er mit Rakitrinken beschäftigt, ohne trunken zu werden. Er hielt 2 Susmanis zu seiner und der Gäste Unterhaltung. Er gilt für einen der Reichsten in der Gegend. Über den Empfang kann ich ihm nur das beste Lob ertheilen, mit aller Gewalt wollte er mich längere Zeit hier zurückhalten, und was ich nur wünschte, wolle er erfüllen. Er küßte sogar meine Füße.

*Mittwoch, 16. October.* Am Morgen war alles mit Eis bedeckt, und ein kalter Nordwind wehte den ganzen Tag. Nach einem vorzüglichen Mahl wurde nach dem 3 Pharsach fernen Asadabad aufgebrochen. Zwischen den Hügeln flußaufwärts reitend, kommen wir nach ca. 3/4 Stunde nach Ober-Tulan, ebenfalls ein Dorf mit ca. 40 Häusern und kuppelförmigen Dächern, mit Straßen versehen und überhaupt sehr reinlich gehalten; ein Tepe liegt an ihm. Nach 1/2 Stunde aufwärts im Thale geritten, folgen links 2 Dörfer an einem höhern, schwarzen Hügelzuge gelegen, das nähere ist Dschaschakuli, das 1/4 Stunde entferntere Rustamabad. Hier sind die Quellanfänge des Gawero, = Ga – Kuh und rud – Fluß, aus einer Menge kleiner Quellen bestehend. Den Hügelzug durchritten, erblickt man plötzlich unter sich die Ebne von Sahadabad, über der der Chan Görmes herüberragt. [Orte, Pfl] Das Dorf Tschinar mit ca. 100 Häusern, die alle weitläufig auseinanderliegen, mit sehr viel Weincultur und Elaeagnushecken und Bäumen, deren Früchte gepflückt wurden. Die Trauben wurden auf dem Boden getrocknet. Die Häuserdächer nun ohne jene Kuppeln. [Hier?] fließt nun das Wasser zum [Sahanaflusse?], also Wasserscheide zwischen Sirwan und Kercha. Die über 2 Pharsach breite, [röllige?], platte Ebene wird rings um von Hügel- oder Bergzügen begrenzt und mit vielen Dörfern besetzt. Doch sieht man die von den Abhängen herabkommenden Wasserströme nicht durch die Ebne ziehen, die Afschar haben nämlich die Mode, unterirdische Gräben anzulegen, mit offnen Löchern, in denen sie das Wasser hinleiten, Kähris genannt. (2_05_005) [Orte]

Rechts von Assadabad liegen die Gärten von Sirkan. Der Tepe von Chakris zeigte am Fuße Reste von Erdbefestigungen, Mauern etc. Die Ostseite und die Spitze dicht mit Häusern besetzt. Neben dem Orte weitläufige Gärten mit Amarat von Chan Baba Chan, des Gouverneurs von Assadabad; alle mit hohen Mauern umgeben. Nach Osten zu streckt sich die Ebne, in der am andern Ende der Fluß fließt. (Die Kulliaikurden sollen durch Nadir Schah aus der Gegend von Schiras gebracht worden sein, und ihr Ahne soll Kurdamin geheißen haben.) [Pfl]

Nach 1 Stunde ist endlich Assadabad erreicht. Ich sandte einen der Segtiers voraus zum Hakim Chan Baba Chan, der mir ein Zimmer in einem Chan anweisen ließ; dasselbe war aber so luftig, daß ich es nicht annehmen konnte; alle Bagage wurde nun in einen 2ten Chan gebracht, der aber so voller Pilgercarawanen war, daß mir nur ein kleines, dunkles Loch blieb, voller Flöhe, dazu der schlechte Geruch von Aas, daneben die Pferde etc. Da kam der Schreiber vom Chan, um sich zu erkundigen, wer ich sei, Zweck etc. Ich beschwerte mich, daß man mir hier ein solches Zimmer angewiesen habe und sagte, ich hätte so etwas von Chan Baba Chan nicht erwartet, den man mir in ganz andern Lichte geschildert (2_05_006) habe; das half, er ging weg und kam gleich darauf zurück mit der Ansicht, ein gutes Zimmer gefunden zu haben. Zum 3ten Male wurde nun ausgezogen, und zwar in ein geräumiges Zimmer, allein ebenfalls sehr luftig, da kein Fenster, sondern nur Holzverzirungen angebracht waren. Unterdessen war es Abend geworden, so daß ich dem Chan keinen Besuch mehr machen konnte.

Der Ort Assadabad zählt gegen 1.500 Häuser, die alle meist weitläufig gebaut sind, mit vielen ummauerten Gärten und Plätzen. Der Telegraph geht hindurch. Der District stellt 500 Reiter und 500 Fußgänger Soldaten. 112 Dörfer gehören zum District, die in 4 Balluks vertheilt sind, und zwar Assadabad mit 56, Tschardaule 30, Tulan 14, Farsina 12 Dörfer, zusammen ca. 6.000 Familien. Der Kongaverdistrict mit 12 Dörfern ist ebenfalls ganz von Afscharen bewohnt. Die Afschar aus Chorasan stammend. Der Ort Assadabad enthält einen Bazar, Blaufärber, Kupferschmiede bilden den Haupt[bestanthteil?]. 2 alte Ulmen beschatten einen Theil desselben. In der Nähe eine große Wasseransammlung, Cisternen ähnlich, mit kleinen Kuppeln auf dem den Erdboden gleichen Dache; von ihm aus wird das Wasser in die Häuser geleitet. Der ganze Ort wimmelte von Carawanenzügen nach Bagdad und Mesched Ali, von Hamadan und Täbris kommend; daher fand ich es sehr erklärlich, daß alles hier viel theurer war und der Empfang durchaus nicht wie bisher bei den gastfreien Kurden. Der Secretär Chan Baba Chans hatte zwar den Leuten befohlen, Gerste auf seine Rechnung den Thieren zu verabfolgen, aber erst spät am Abend wurde dieselbe mehr mit Gewalt genommen als gegeben. Die Straßen der Stadt sind breit, von Wasser meist durchflossen; Moscheen 4, ohne Minaret; in Sungur nur eine. Abends kalt, Feuer aus Traganthsträuchern und Weinreben.

*Donnerstag, 17. October.* Am Morgen machte ich Besuch bei Chan Baba Chan, der bei seinen Augen betheuerte, daß er alles für mich thun wolle, was ich nur wünsche; er sei mein Diener, und wenn ich seinen Kopf verlange, würde er ihn hergeben. Er war ein Mann von ca. 40 Jahren, hoch gewachsen und persische Kleidung und Mütze. Bewirthung mit Kallian und Thee. Nachdem im Hause ein Frühstück eingenommen, brach ich nach dem ca. 1 ½ Stunden fernen, Nordwest gelegnen Agatschanbulach auf in Begleitung eines Segtiers von hier; die von Kirmanschah und Sungur kehrten nun zurück, ersterm gab ich einen Brief an Emadedaule mit. (Das Schloß Bachram Gul's soll bei Kyzyl Arsalan sein).

Über Chakris und Buschin wurde der Hügelzug erreicht, an dem wir über letzterm Dorfe aufreiten. Dieser Bergzug besteht auf der Ostseite meist aus dunkelbläulichen Schiefern, in denen große Blöcke von fettglänzenden Quarz nesterweise eingesprengt sind. Dazwischen grünliches, sehr festes Gestein mit schwarzen Flecken; der Westabhang und die dahinter liegenden Hügel und Bergabhänge bestehen aus den schönsten, (2_05_007) blendend weißen Marmor (dieser Bergzug lieferte wahrscheinlich die Steine zu den Grabstätten des alten Dinawer), der an einigen Stellen schwach bläulich gefärbt erscheint. [Orte, Pfl] Nach Übersteigen des ersten Zuges gelangt man in ein Thal, in dem man vor sich ca. 1 ½ Stunden am jenseitigen höhern Bergabhange gelegen die 2 Orte Ibera und Karabulach, eines über dem andern, erblickt. Nach kurzem Ritt kommt man an einen tosenden Bach, der in enger Felsenschlucht nach Süden fließt. [Orte] In den senkrechten Felswänden bemerkt man den Eingang zu einer Höhle, die unermeßlich sein soll. Hier breitet sich nun ein Blick aus über eine Hochebne gen Norden, hinter der in weiter Ferne einzelne Gebirgsgipfel sich erheben. [Orte]

Den Hügel hinabgeritten, kommt man in einen kleinen Kessel, von niedrigen Hügeln umgeben, an der Westseite fließt der Bach vorüber und schüttet sich nun als Wasserfall ca. 20′ tief in die Felsenschlucht hinab. [Bau] An der Ostseite sieht man hier am niedrigen Bergabhange eine weiße Marmorwand roh behauen, mit einer mächtigen altpersischen Inschrift, die ein Raum von 7′ Höhe und 12′ Breite nimmt. Dieselbe wird von einem hervorstehenden Felsblock überragt. Sie soll von Hussein Chan Surach vor 430 Jahren eingehauen worden sein.

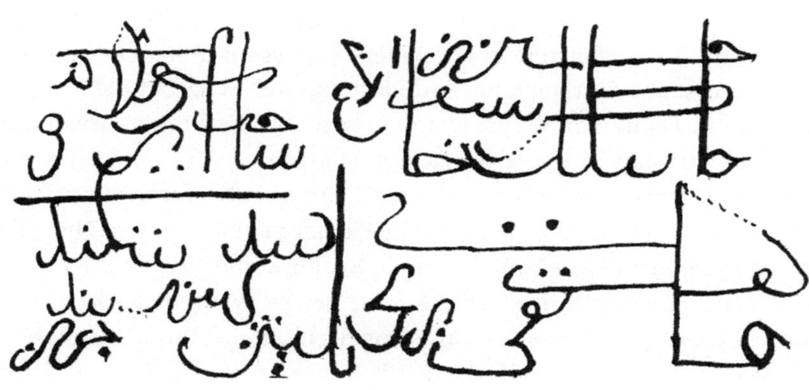

*Abb. 11: Persische Inschrift bei Aqa Dschan Bulaghi (2_05_007)*

(2_05_008) Auf demselben Wege kehrte ich wieder zurück, mußte aber ein sehr schlamiges Terrain passiren, da die Ebne überschwemt wurde zur Aussaat. Eine Menge schwarzer, weiß gefleckter Staare um die Dörfer; ich schoß 8 Stück auf einmal. Kaum im Hause angelangt, erhielt ich Besuch von Chan Baba Chan, dessen Verwandte am Hofe von Teheran leben und hohe Posten bekleiden, Chanler Chan von Kullintepe und andere große oder viel mehr reiche Männer. Man sprach eine Menge sehr schöner, aber leerer Worte; ich sollte hier bleiben etc. Letzterer bat mich sehr, zu ihm zu kommen, seine Frau sei krank; auch bezahlte er gleich die Gerste für die heute Abend ohne Futter gebliebnen Pferde, so daß ich nicht anders konnte, als ihm auf Morgen zuzusagen. Wasser kocht in Assadabad bei 94 ¾ °C.

*Freitag, 18. October*. Der Muckar geht heute nach Hamadan, ich nach Kullintepe. Der Chan schickte mir einen Hut Zucker, Thee und 2 Flaschen Wein. Am Morgen wurde nach dem 1 ½ Pharsach fernen Kullintepe aufgebrochen, ca.

1 ½ Stunden von Tschinar gelegen in der weiten Ebne. Jetzt führt der Ort den Namen Hösamabad, weil der Vater eines Wirthes von Mehmet Schah einen Ehrensäbel erhalten hatte, daher wurde es Hösamabad, der Säbelort, genannt. Das Dorf mit über 200 Häusern liegt um den Schloßhügel ringsherum, von einer hohen Mauer umgeben, das Schloß wurde von Feisulla Chan erbaut vor ca. 40 Jahren. Ein Thor führt auf der Südseite in den Hof, der wieder eine Menge Gebäude enthält, theils noch im Neubau begriffen. An den 4 Ecken der umgebenden Mauer springen nach außen halbrunde Thürme hervor. Zu beiden Seiten des Thores führen Treppen aufwärts zu den Zimmern, die mit Glaswaaren, Bildern etc. ausgestattet waren.

Der Wirth Chanler Chan bot alles mögliche auf, mir den Aufenthalt so angenehm als möglich zu machen, was namtlich im Essen und Rauchen bestand. Vorerst wurden große Schüsseln aller köstlicher Trauben gebracht, dann allerlei Zuckerwerk, Arrak, Melonen, Wassermelonen, Granaten. 1 Stunde danach kam das Essen, aus 3 verschieden zubereiteten Schüsseln Pillau bestehend, 4lei Fleischspeisen, saure Gurken und Bedlidschan, 4lei Scharbat etc., mir wurde Wein vorgesetzt. Dann wurden die Kranken besucht. Die Frauen bewohnten ein eignes Haus, ebenfalls mit europäischen Glaswaren, Präsentirteller etc. geschmaklos ausgeputzt. Erst klagte mir der Chan selbst seine Noth mit seinem Nanasir, endlich die Frau. Sie erschien, in Tücher gehüllt, bis zur Thür, die verschlossen wurde, nur (2_05_009) durch die Spalte wollte sie mir ihre Hand entgegenstrecken. Ich erklärte aber, ich sei kein Perser, wenn er wolle, daß ich sie untersuchen solle, so wolle ich es auf europäische Weise thun, auf diese Weise aber um keinen Preis. Das half, doch mit Mühe konnte ich ihr vertrocknetes Gesicht erblicken. Sie litt an Blutentleerungen mit dem Urin.

Nachdem das vorüber, wurden die Flinten gezeigt, er brachte 2 neue, in Kisten sorgfältig gepackte, gewöhnliche Flinten, die er nie brauchte, sondern nur zum Vorzeigen aufbewahrte. Die eine hatte er für 200 Kran gekauft. Er glaubte sie für viel besser als mein Zündnadelgewehr, weil die seinige englische Arbeit wäre; ich erklärte ihm aber, wenn er mir 3 solcher geben wollte, würde ich ihm nicht das meinige geben. Das kränkte den reichen, eingebildeten Perser sehr, daß ein andrer etwas bessers habe als er. Zum Essen wurde ein großer, unbeholfner Tisch herbeigeschleppt mit ebensolchen Stühlen, auf dem ich Platz nehmen mußte. Die Art des Essens bildete ein eigenthümliches Gemisch von europäischer und orientalischer Weise, er bat mich, auf europäische Weise zu essen, aber es fehlten die Vorlageteller, die Gabel und Messer, so daß ich doch gezwungen war, aus den Schüsseln mit den Händen zu essen. Sehr lange, unbequeme Holzlöffel, sehr verzirt, [waren?] [das?] [einzige?]. Die Aussicht von den Fenstern, aus 6 kleinen, bunten Glasscheiben bestehend, war schön, ringsum über die weite Ebne, in der die Bauern überall mit Einsäen und Überschwemen beschäftigt waren. [Orte] Unangenehm ist die persische Sitte, erst spät gegen Mitternacht zu speißen, was mir durchaus nicht behagte; gegen Abend wird dann ein kleines Abendstück gehalten.

(2_05_010) *Sonnabend 19. October.* Noch in der Nacht wurde am Morgen aufgebrochen. Ein Verwandter des Chans bekleidete mich, um die Medicinen zu überbringen. [Orte] Der Weg aufwärts ist gut, durchaus nicht beschwerlich, bietet auch nichts besondres dar; die Aussicht die selbe wie von Sahadabad aus, was man fortwährend bis zum Gipfelpaß am Fuße liegen sieht. [Txt] Endlich auf dem Gipfel angelangt, erblickt man links das Bätergebirge, rechts einen Theil des Elwend, dazwischen hindurch nur ein kleines Stück der Ebne, da die vorliegenden Berge des Abstiegs dieselben verdecken. Ein Bach entspringt hier in mehrern Quellen, dem wir bis zum Thale hinab folgen; ein kleiner, schwarz und weißer Eisvogel belebte ihn; es blühten Veronica Anagalloides grandifl., [Pfl]. Ein alter Chan, aber klein, steht links am Wege. Viele hunderte von Kerbela Pilgern begegneten mir hier, die stundenlange Züge bildeten, voran einer mit kleiner Fahne, hinter dem Zuge die Todten, in 1 ½ Fußbreite, ca. 6–7′ lange Holzkisten mit Filzen umwikelt, liegend; auf beiden Seiten der Pferde je einer hängend. Auf einem Pferde bemerkte ich einen Mann, vor sich eine Frau haltend; dies fiel mir auf, als ich aber näher kam, bemerkte ich, daß die Frau todt war. Keine angenehme Situation!

Endlich wurden Culturfelder weiter abwärts sichtbar mit Baumgruppen, und bald lag links das kleine Dorf Tschutasch neben mir, von Bergen ganz umgeben, nach ihm wird der Paßberg genannt. In der Nähe wird abwärts eine 1bogige Steinbrücke passirt, an deren Nordseite sich eine ca. 1 ½ Quadrat′ hohe, weiße Marmortafel mit einer persischen Inschrift befindet. Schwarzes, schiefriges Gestein bricht hier wieder in Menge hervor. Hier reitet man nun bis Hamadan immer am Fuße des Elwend entlang, der von hier aus auch nun auf seiner Nordseite Schneeflecken zeigt; aber auch von dieser Seite macht er nicht den Eindruck, den man erwartet, zu viele Vorberge verdecken ihn mit ihren abgerundeten Rücken und langen, weiten Abhängen; dies bedingt aber, nebst Wasserfülle, seinen Vegetationsreichthum. Von hier breitet sich nun ein weiter Blick aus über die gen Norden liegende, weite Ebne, aus der nur langgestreckte, niedrige Bergzüge hervortauchen. Doch der Blick auf Hamadan (2_05_011) wird durch den bei Mariaune sich hervorstreckenden Ausläufer des Elwend verdeckt. [Orte]

Vor uns liegt ganz in Gärten gehüllt das weitläufige, große Dorf Mariaune (richtig Merwane), vor dem eine 1bogige Ziegelsteinbrücke über einen Strom führt. Die Baumwolle und der Wein waren hier bis Hamadan schon erfroren. Der Ort, ganz aus Erdhäusern bestehend, mit breiten Straßen und vielen Gärten, wird ganz von Türken bewohnt, aber ein eigner Dialect der türkischen Sprache; sie tragen meist die runde Filzkappe der Kurden. Soll gegen 1.000 Häuser haben.

Die Frauen tragen hier den weißen, gestrickten Schleier mit weiten Maschen vor den Augen; beim Ausgehen hat jede einen den ganzen Körper umhüllenden, dunkelblauen Überwurf um, der auf dem Kopfe durch das Schleierband gehalten wird. In ehelicher Beziehung sind sie hier sehr streng; viele hübsche Gesichter von gesunden, kräftigen Bau sah ich hier. [Orte]

Im Hause eines Pferdeverleihers verbrachte ich die Nacht, da es schon zu spät geworden war, um das noch 1 Pharsach ferne Hamadan zu erreichen. (2_06_001) [Txt]

(2_05_011) *Sonntag, 20. October.* Erst gegen Mittag wurde aufgebrochen, da ich einen Diener zum Miethen eines Hauses dahin vorausgesandt hatte. Rechts liegt Dorf Heiderabad; fortwährend erblickt man nun die Gärten, in denen man theilweise hinreitet, bis man endlich Hamadan selbst dazwischen hindurch erblickt mit seinem alten Schloßberge. Im Hause des Herrn Fowles verbrachte ich die erste Nacht, doch das Zimmer war zu klein und zu kalt, so daß ich ein andres zu miethen aussandte; schon waren meine Sachen zum armenischen Quartier geschafft worden, als mich Herr Johnston, ein andrer Telegraphist, dringend zu sich einlud.

*Montag, 21. October.* Umzug ins Haus von Mr. Johnston. Ich fand hier Briefe vor von Boissier und Brodbeck, doch nichts von Sihna oder Sulimanie. Hamadan soll 500 Häuser Juden mit 2 Synagogen, 300 Armenische Häuser mit 2 Kirchen und ca. 15.000 muhamedanische Häuser haben.

(2_05_012) *Dinstag, 22. October.* Besuch gegen Abend beim Gouverneur, einem Bruder des Schah. Er hat seine Wohnung neben dem Telegraphenbureau, mit dessen Beamten er aber gar nicht gut steht. Die Diener der Telegraphisten wurden oft durch ihn bastonirt ohne hinreichenden Grund, und als einst Herr Fowles dem Gouverneur in der Straße begegnete und er ihn begrüßte, wandte der Gouverneur seinen Kopf bei Seite, und das Volk warf Steine nach Herrn Fowles. Der englische Gesandte in Teheran, dem es sofort gemeldet, sprach zum Schah, der den Befehl ertheilte an seinen Bruder, sogleich Frieden mit den Engländern zu machen und 7.000 Tuman Strafe zahlen, oder wenn nicht, solle man seinen Kopf nach Teheran bringen. Der Gouverneur zog ersteres vor, lud alle Engländer den folgenden Tag zu einem Dinner ein und schickte schöne Pferde als Geschenk, das jedoch nicht angenommen wurde. Er ist eine sehr kleine Persönlichkeit, sowohl an Körper als an Geist, und ist beim Schah nicht besonders angeschrieben. Einer seiner Brüder lebt sogar im Exil bei Kerbela, weil dieser einst einen Mann gedungen, den Schah in der Straße zu erschießen; der Schuß mißlang aber, und der ergiffne gab den Bruder des Schah als Dinger an.

Das einzige, was ihn interessirt, ist persische Geschichte. Französisch versteht er etwas, spricht aber nur sehr wenig. Er empfing mich in persischem Kostüm, aber noch ohne Decoration. Seine Wohnung ist durchaus nicht mit dem des

Emadedaule zu vergleichen. Er sandte mir am Morgen 3 große Zuckerhüte und 2 Paquete Thee als Bewillkommung. Den Dollmetscher machte der Inspector des persischen Telegraphenbureaus, ein Perser mit allen schlechten Eigenschaften; er hielt fortwährend 3 Knaben, und wenn er nicht mit ihnen zufrieden ist, läßt er sie vor dem Bureau bastoniren. – Vor einigen Tagen fanden hier mehrere Hinrichtungen von Räubern statt, auf offner Straße wurde ihnen der Kopf abgeschnitten, und der Körper blieb einige Tage offen auf einem Platze liegen. – Der Himmel den ganzen Tag über bedeckt, gegen Abend dicke Wolkenschichten mit Regen und starken Gewitter, das erste was ich wieder sah.

*Mittwoch, 23. October–Mittwoch, 30. October.* Abwechselnd sehr schönes Wetter, herrliche Herbsttage, das Laub der Bäume beginnt rasch sich zu entfärben. Auf der Südseite der Stadt liegt an einem Wege der Rest eines Löwen, aus Kalkstein gehauen, aber ganz verstümmelt, nur der Leib mit Kopf ist noch vorhanden, doch rohe Arbeit. Der mächtige Körper ist [...]' lang und [...] hoch. Die Trümmer der alten Stadt umgeben ihn; jedenfalls liegt er noch an derselben Stelle, wo er einst vom Thore herabgestürzt wurde.

(2_05_013) *Sonnabend, 2. November 1867.* Aufbruch nach dem 2 Pharsach fernen, Südwest gelegnen Gandschnameh. Die Westseite der Stadt, zu der man hinausreitet, zeigt 2 große Erdforts. Häuser ziehen sich hier entlang, ein eignes Quartier bildend, dazwischen Gräberplätze, auf denen man ebenfalls viele Reste von alten, verzierten Grabsteinen, Trinktroge etc. aus der Araber-Periode findet. Die Gräber der Perser sind von den türkischen insofern verschieden, daß die Grabsteine alle platt aufliegen, keine stehenden; die Platte gewöhnlich mit rohen Steinplatten umgeben. Eine Art Kiste mit 4 Handhaben, ca. 6' lang und 1 ½' hoch, steht zur Verfügung auf vielen Plätzen, um die Todten zu transportiren.

Der Weg geht anfangs über die Ebne und wendet sich dann links den Bergen zu, bis man einen vom Elwend herabkommenden Bach erreicht, an dem man nun aufwärts reitet. Pappel- und Weidenpflanzungen beleben ihn, viele Mühlen, Gärten, Weinpflanzungen; die mehligen Früchte des Elaeagnus, iteh genannt, bilden auch hier eine Lieblingsspeiße; außerdem Apricosen, Pflaumen (gelb, groß), Sauerkirschen. Ein guter Weg führt in den Gärten aufwärts, immer längs dem rauschenden Bache, der mit großen Rollblöcken eines schweren, schwarzen Gesteins und Granit [übersäht?] ist. Zahlreiche Carawanen und Fußgänger begegneten mir auf diesem Wege, der über das Gebirge nach Tusirchan (4 Pharsach) in 8 Pharsach nach Nehawend führt. Der Ort Tusirchan hat einen großen Reichthum an Obstgärten; von dort her bezieht der Telegraph seine Stangen. Von dort nach Kengawer 6 Pharsach.

Zahlreiche kleinere Quellen entrieseln den Abhängen der Berge, die zu Wasserleitungen längs den Abhängen [verbraucht?] werden, mit Weiden bestanden;

auch höher aufwärts wird der Strom zu solchen Wasserleitungen benutzt. Das schwarze Gestein bricht an manchen Stellen wild hervor, wie verbrannt erscheinend, in meist abgerundeten Blöcken, doch bildet es keine hoch hervorstehenden Felsen. Rechts kommt man zu einer Stelle, wo das Gestein hoch emporgehoben worden ist, wodurch mächtige Blöcke herabstürzten, namtlich einer [zeignet?] sich durch seine colossale Größe aus, aus Granit bestehend; auf allen diesen Blöcken erblickt man kleinere, zu je 2 gegeneinander aufgerichtete Steine als Zeichen eines Siarets. Das Volk erzählt, diese Steine seien ehemals Soldaten gewesen, die das Feuer anbeteten; da sei Ali gekommen und habe sie bekehren wollen; da sie ihm aber nicht folgten und im Unglauben verharrten, so seien dieselben zur Strafe in Stein verwandelt worden. Ein Stein in der Nähe des großen Blockes zeichnet sich durch seine Form aus, 3 übereinander liegende, an den Seiten ganz abgerundete, dicke Platten, mit 3 Rinnen zwischen jeder; das Volk erblickt in ihnen in Stein verwandeltes Brod.

Hier hören nun die Gärten auf; der Berg rechts endet hier, und man tritt ein in einen kleinen Thalkessel, in welchem der Strom links vom Paßübergange von den breitrückigen, jetzt ganz schneebedeckten Gebirgen herabkommt; dieses erhält hier rechts einen ebenso großen Zufluß, der vom eigentlichen Elwend herabkommt. (2_05_014) Einige Minuten an ihm aufwärts, wo er in einem engen Felsthale [hervorbricht?], erblickt man über seinem rechten Ufer die berühmte Keilinschrift Gandsch nameh, das Schatzbuch des Elwend. Der sanft abfallende Bergfuß ist durch Kunst in Plattformen verwandelt worden, von denen man 3 übereinander aufsteigende Terassen noch deutlich wahrnimmt, durch Ebnen des Bergabhangs entstanden. Eine daneben befindliche 4te Plattform zeigt noch ringsum eine lose Steinmauer aus rohen Steinen als Fundamental; diese ist jedenfalls jüngern Datums, doch konnte mir Niemand darüber Auskunft geben. Diese Plattformen zeigen, daß einst dieser Platz sehr besucht war von den Vornehmen, die hier den kühlern Sommeraufenthalt aufsuchten; dieselben Plattformen sah ich öfters um Kirmanschah, von Emadedaule angelegt, so auf dem Parrau. Auf ihnen wurden die Zelte aufgeschlagen. Auch in der Stadt Hamadan sieht man viele derselben, meist um ein mit Bäumen bestandnes Wasserbecken angelegt, auf denen das Volk Keif hält und auch die Gebete verrichtet.

Auf einem der großen Granitblöcke erblickt man etwas stromaufwärts, wo derselbe aus dem Felsenthale hervorbricht, über seinem rechten Ufer schon von weitem die 2 Keilschriftstafeln. Die rechte, Huldigung des Ormuzd durch Xerxes enthaltend, ist etwas niedriger in den Fels eingehauen, so daß man leicht zu ihr gelangen kann, ca. 10′ vom Boden. Die andre, die des Darius enthaltend, befindet sich daneben 2′ auseinander. Beide sind in 1 ½′ tiefe Nischen in den harten, feinkörnigen, weißschwarzen Granit eingehauen, und zwar 9′ lang und 6 ½′ breit. Jede derselben hat ringsum 5 runde Löcher, 2 Zoll breit und 4″ tief; sie dienten jedenfalls, um Stäbe zu halten, um Lanzen daran aufzuhängen. Die Darius Inschrift hat leider einen Riß, wodurch einige Stellen undeutlich sind; die Charactere sind alle sehr scharf eingehauen und gut erhalten, da in dem festen Granit sich die Flechten nicht, oder doch nur sehr wenig, ansetzen können. Die Xerxes Inschrift beklebte ich mit Löschpapier, um den Abdruck zu nehmen, was viel Arbeit verursachte und mir 1 ½ Tage Zeit raubte. [Bau] Allen Nachforschungen und Suchens ungeachtet, war hier nichts weiter mehr aufzufinden.

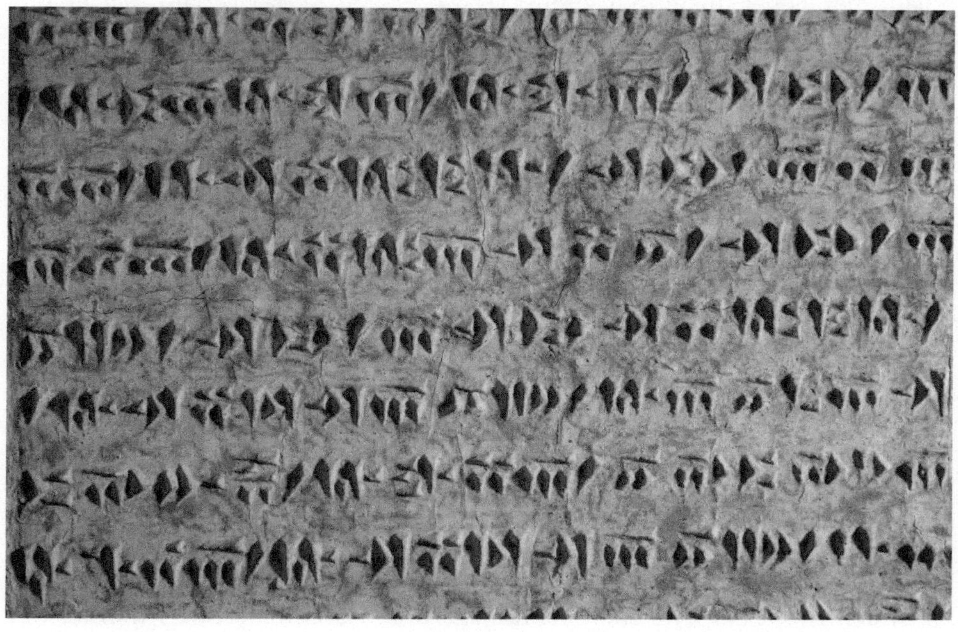

*Abb. 12: Abklatsch der Elwend-Inschrift des Perserkönigs Xerxes (486–465 v. u. Z.) (1,90×1,90 m, Ausschnitt) (zu 2_05_014)*

Der Strom kommt vom eigentlichen Elwend herab, der sich mit seinen Schneefeldern über der Kluft erhebt; in kleinern Cascaden stürzt er brausend durch das enge Felsenthal, nachdem er noch mehrere kleinre aufgenommen hat; sein Wasser ist klar, kalt und sehr angenehm zu trinken, leicht. Den Tag über warm, Nachts aber sehr kalt. Wölfe umheulten das Lager, kamen aber nicht nahe genug heran; vor kurzem hatten die Wölfe hier eine Kuh gefressen. Füchse und Dachse sind nicht selten hier, erstere bilden einen Ausfuhrartikel nach Rußland.

(2_05_015) *Sonntag, den 3. November 67.* Am Morgen sehr kalt, Wasser kochte bei 92 ½ °C bei 6° äußrer Temperatur. Aufstieg zum Elwend. Der eigentliche Weg der Hamadaner geht ungefähr halbwegs zwischen hier und der Stadt rechts ab, der von Pferden erstiegen wird. Wir gingen aber zum linken Ufer, bestiegen den Ausläufer, der aus feinkörnigem Granit bestehend, mit schmalen Schichten eines weißen Quarzes abwechselnd, das dazwischen hervorbricht; an einer Stelle dieses Berges erblickt man einen aufgerichteten Ausbruch desselben, von weitem wie ein Thurm erscheinend. Der Rücken dieses Ausläufers bildet eine kleine Ebne, auf der eine alte Wasserleitung das Wasser nach dem Dorfe Ferchabad bei Hamadan leitet. An dieser aufwärts steigend, gelangt man nach ½ Stunde zu einem weiten Thalkessel, ringsum von Bergen umschlossen, [über?] die der Elwend hervorragt. Das ganze Thal ist mit einem dichten Rasenteppich bestanden und vom Strom durchflossen, der hier eine große Menge kleiner Quellen erhält, die allen Flanken entrieseln. Da wo er den Kessel verläßt, hat er nur einen schmalen Ausgang und stürzt sich dann über eine Felswand hinab; hier ist ein Theil des Wassers zu jener Wasserleitung abgeleitet. In der Mitte des Kessels ist ebenfalls eine große Plattform angebracht, mit Steinmauern als Fundament; mein Begleiter schrieb dieselbe Nadir Schah zu, der hier seinen Sommeraufenthalt nahm. Mein Begleiter war ein gutmüthiger Schäfer, der seine Schaafe am Fuße weiden hatte. Sollte dieser Kessel an der Ostseite des Elwend die Stelle sein, wo einst ein See lag, der sich durch einen Fluß ergoß und den Semiramis nach Hamadan leitete? Das Volk sagt nur, daß Hamadan früher ohne Wasser gewesen sei und alles Wasser erst durch Zuleitung käme; noch hat das Armenierquartier gar kein fließendes Wasser und keine Quellen, die letztern auch der Stadt fehlen. Durch das Verrotten der Vegetation, durch den lange liegenbleibenden Schnee begünstigt, hatte sich hier in diesem Kessel eine tiefe Schicht Torf gebildet, der vorzüglich brannte; er wird aber nicht benutzt.

Ein heftiges Gewitter überraschte mich hier, von heftigen Schloßen begleitet, so daß ich hinter Felsen Schutz suchen mußte. Eine Flasche Hamadan-Weins ließ mich aber das Wetter nicht geniren; empfindlich kalt, da ich nun bis zum Gipfel in den frisch aufgeworfnen Schneelagern aufwärts marschiren mußte. Der Weg führt immer [noch?] am Strom aufwärts, der über eine Felspartie von einem obern Thalkessel herkommt, welches Thal sich nach Mariaune zu öffnet. Von dieser aus geht es nun steil den Gipfel hinan, der dicht mit Granittrümmern überschüttet ist; in ¾ Stunde war der Berg erstiegen. Ein mächtiger Granitblock von ca. 50′ Höhe, aufwärts gerichtet, bildet seinen Gipfel. Steine, in Treppenform zusammengelegt, führen zu ihm hinauf; an der rechten Seite einer 4eckig ausgehaunen, kleinen Plattform bezeichnet ein Loch das Siaret des Arwand ebn el Soliman ebn el Nua: an Stöcke waren eine Menge kupferne Geräthe aus dünnem Blech aufgehangen, mit Lappen und Fäden umwickelt, auch eine Hand aus Blech, die Hand Ali's genannt. Es sind dies Votivgaben der Pilger aus der ganzen Umgegend, namtlich auch viel Städter wandern dahin, um den Heiligen etwas zu verehren. Auch einige Holztafeln mit persischer Schrift waren darin aufgestellt. Mein Begleiter (2_05_016) drückte diese Zeichen ehrerbietig an seine Stirn und Mund. Unterhalb desselben befindet sich ein 2tes Siaret, aus losen Steinen bestehend. Dieses Siaret auf dem erhabnen Gipfel Hochmediens mag wohl uralt sein, jedenfalls hier ein Feueraltar. Die Aussicht vom Gipfel ist herrlich, leider war der Sturm und die Kälte so groß, daß ich keine Beobachtungen machen konnte. Mit vieler Mühe konnte ich etwas kochendes Wasser bereiten, was bei etwas weniger als 89 °C kochte. [Orte]

Von Kongawer geht eine Hauptstraße in 6 Pharsach nach Nehawend, ebenso weit ist von dort Tusirkan und ebenso von Sahadabad aus. Tusirkan wird von ca. 2.000 persischen Häusern gebildet. In seiner Nähe am südlichen Elwendabhange entspringt eine Quelle, behescht ab genannt = Paradieswasser; zu ihr ziehen im Sommer die Einwohner der Gegend, um Wasser zu trinken; sie ist 6 Pharsach von hier. Der directe Weg nach Nehawend führt bei der Gandschnameh vorüber, in Windungen im Thale allmählig aufwärts bis zur Paßhöhe; links von ihr breiten sich mächtige, breite, schneebedeckte Hochrücken aus. Dieses jedenfalls der Weg Alexanders von Ekbatana nach Susa; ein 2ter Weg führt in 8 Pharsach weiter östlich durch eine niedrigere Bergpassage des Elwend nach Nehawend.

Zu langem Aufenthalte war das Wetter nicht geschaffen, so schnell als möglich brach ich daher wieder zu meinem Zelte auf. Auf der Ostseite wurde nun steil herabgestiegen als der kürzeste Weg, bis endlich wieder nach ca. 1 ½ Stunden Absteigens wieder der Strom erreicht wurde, der in Cascaden zwischen den engen Felsspalten sich abwärts stürzt. An den Granitfelsen nur wenig Flechten, eine grünlichgelbe Parmelia, [Pfl] (2_04_071) weiter aufwärts eine kleine Primula auriculata, tuti der Eingebornen, deren Staub sie in die Augen streuen; [Pfl] die obern Kessel erinnerten mich ganz an Alpenpartien; im Sommer muß eine reiche Vegetation dort herrschen.

Bald war das Zelt wieder erreicht, aber grimmig kalt und viel Sturm die ganze Nacht hindurch. Auf dem Berge über der Inschrift soll früher ein Schloß gestanden haben, Kys Kalessi genannt bei den Einwohnern.

*Montag* traf ich wieder in Hamadan ein nach 3tägiger Abwesenheit. Hamadan soll seinen Namen von Haman, Groß-Vezier von Achschiras (Ardeschir, König in Schuschter und Gatte von Esther) erhalten haben, der auf letztern Befehl dort aufgehangen wurde. Noch jetzt existirt in Nehawend ein runder Bau, innen mit Sitzen rings herum, Tacht Haman genannt, wo einst Haman seine Sitzungen [bei?] Gericht zu halten pflegte.

Was den See von Elwend betrifft, so erzählte man mir folgendes: Als Alexanders Feldherr kam, um Hamadan zu nehmen, fand er die Stadt so gut vertheidigt und fest, daß er daran verzweifelte. Da verlangte Alexander von seinem Feldherrn einen Plan der Umgegend; als dieser den über Hamadan vom Elwend herabkommenden Strom bemerkte, befahl er, den Fluß im Thale von Ganschnameh durch eine hohe Mauer von der Stadt abzusperren, daß dadurch eine gewaltige Wasseransammlung gebildet wurde. Dies geschehen, ließ er dann durch plötzliches Einreißen der Mauer die Gewässer gegen die Stadt los, die nicht verfehlten, ihre Wirkung zu thun, wodurch er nun leicht die Stadt einnehmen konnte. Von einer solchen Mauer ist aber dort kein Rest wahrzunehmen.

(2_06_003) Hamadan, das alte Achmetha in Judith und Esra, liegt nur theilweise auf den alten Trümmern, die neue Stadt wurde mehr nördlich in die Ebene gerückt, während die Südost gelegne Trümmerstätte jetzt zu Culturen verwandt wird. Auf der Ostseite wird es vom Castellberg begrenzt, nach Süd aber ragt die mächtige Elwendkette darüber hervor, von der herab das ganze Jahr die Schneefelder blinken; sein eigentlicher Gipfel ragt aber Südsüdwest hervor. Die Straßen der Stadt meist alle ohne Pflaster, die Häuser alle aus Erdbacksteinen, wenige nur aus gebrannten Ziegelsteinen erbaut, nach der Straße zu von hohen Mauern abgeschlossen; die Häuser der Vornehmen mit Wasserbecken und kleinen Gärten, darin hauptsächlich Mirabilis, Tagetes, Ocymum, [Pfl]; oft mit von Weinreben überschatteten Gängen umgeben. Jedes Haus besteht aus 2 Abtheilungen, rechts für die Männer, links die Frauen; zwischen beiden die Halle, der beliebte Sommeraufenthalt.

Hamadan zählt 65 Bäder, die aber den Christen unzugänglich sind; sie sind alle halb unterirdisch; auf Treppen steigt man zu ihnen hinab; ihre Kuppeln meist mit der Straße gleich. Carawansereis 25, 60 Moscheen, alle ohne Minarets, dem Ungläubigen unzugänglich. Medressen 3. Die Schiiten hier theilen sich in Allawi, Musäwi, Hasseni, Rässäwi und Hosseïni, deren Namen von Söhnen Muhammeds abstammen. Persische Häuser 15.000. Der Gouverneur der Stadt, Abdul Semat Mirsa, ist Bruder des Schah Nasreddin, der für seinen Platz hier 5.000 Tuman jährliche Abgaben an den Schah entrichten muß, während Hamadan jährlich 75.000 Tuman gibt.

Eine eigentliche Duane existirt hier nicht, sondern ein Rachdari, d. h., die Abgaben werden nach Pferdelasten entrichtet, ohne daß die Ballen geöffnet werden; sie entrichtet jährlich dem Schah 11.000 Tuman. Duanen sind nur in Kirmanschah, Ispahan, Täbris, Chorasan und Schiras. Die Juden haben 200 Häuser hier und 70 Boutiquen auf dem Bazar; 3 Synagogen. Sie entrichten 600 Tuman für den Schah, 300 Tuman für den Gouverneur, 500 Tuman für den Bazar, 600 Tuman für Geschenke und dergleichen. Die Armenier haben in der Stadt nur ca. 40 Häuser mit 1 Kirche, während das nahe Scheverin 100 Armenische Häuser zählt mit 1 Kirche. – Bazarbutiquen sollen ca. 1.500 hier sein. Die Umgegend von Hamadan wird von Karagozlu bewohnt, deren Oberhaupt in Scheverin seinen Sitz hat; sie theilen sich in 2 Tribus, in Aschiklu und Hadschilu. Erstere stellen 5 Bataillon Soldaten, jedes zu 800 Mann, letztere 2 Bataillon. Die Karagozlu sollen hier 400 Dörfer haben. Ihr Oberster ist der Mirbensch = Colonel, dann folgt der Serdib und der Sirheng. – Die Schahseven wohnen um Kum und Sawah, um Hamadan keine, ebenso keine Kurden hier.

(2_06_004) Der einst schöne Tscheher bagh (= Tschuar bag 4 Gärten) ist jetzt ganz verwildert, man liebt wohl, anzulegen, aber nicht zu erhalten. – Ein Tribus, Zend genannt, um Täbris, Döwletabad, Hamadan etc. wohnend; aus ihnen stammte Nebi Chan, der einst sich zum Gebieter Hamadans gemacht hatte, er wurde aber durch Muhammed Chan nebst andern Großen des Zend Tribus wie Schech Ali Chan und Ludfäli Chan geköpft am Ende des 18. Jahrhunderts. – 1 Pharsach von Hamadan liegt der Weideplatz, Tschemend oder Kuruch genannt; die Wiese Rek oder [Karatagin?] waren unbekannt; ebenso kannte man keine warme Quelle hier, wohl aber erzählt man von einer 3 Pharsach fern am Ispahanwege, Tengle Kähris genannt, die sich in ein Bassin ergießt, deren Wasser versteinert. Die Eintheilung der Districte gab man mir folgender maßen an: Serderud, Derdschesin, Mechraban, Dere Alusidschird und Merwane, gewöhnlich Mariaune genannt. – Das Hamadan nameh konnte ich hier nicht auftreiben, nur der jüdische Rabbiner hatte davon gehört, es aber selbst nicht gesehen. – Der Name Motagal einer Secte war unbekannt.

Das Grab der Gazelle Bahram Gours soll im Orte Nescher sein, 7 Pharsach von hier, links vom Ispahanwege; von hier aus erblickt man die dort liegenden Berge, aus denen ein spitzer, thurmähnlicher Aufsatz sich auszeichnet. – Der Löwe von Stein existirt noch heute, freilich sehr verstümmelt. Er befindet sich auf der Südostseite der Stadt, am Wege liegend, alle Füße fehlen; jedenfalls hat er lange in der Erde gelegen unter den Trümmerschutt, der sich hier weit ausbreitet. Das Terrain dieser Trümmer ist terrassenartig angelegt, eine über der andern, ob schon früher, lasse ich dahin gestellt sein, möglich ist es auch, daß es der Bewässerung halber erst später angelegt wurde. Der Löwe hat eine Länge von 12′ und 5 Höhe und ist aus einem [...]. Auch hier ist die Ebne mit Granit und schwarzen Gesteinsblöcken übersäht. Zu diesem Löwenbilde wandern im Monat Saffa jeden Mittwoch die Mädchen, die sich verheirathen wollen. – Der Castellberg wird Musellah genannt, weil sich auf ihm die Männer zum Gebet versammeln. Die Bazare der Stadt, auf der Nordseite gelegen, sind weitläufig und gut mit Waaren versehen, alle hohe, gewölbte Gänge, in denen die Verkäufer ihre Boutiqen haben, jedes Handwerk getrennt, von denen sich namtlich die Lederarbeiten auszeichnen, namtlich Pferdedecken. Europäische Waaren finden immer mehr Eingang.

Von den muhamedanischen Pilgerorten sind zu nennen

1) das Grab Baba Taher's, mit einer Kuppel überwölbt und von einem Derwisch bewacht; von Baba Taher wird erzählt, daß er jeden Winter 3 Monate am Elwend zubrachte, nur (2_06_005) mit einer Filzjacke bekleidet; jedenfalls war er einer jener Schechs, deren man viele in der Türkei nackend umherlaufen sieht; er steht aber hier in großer Verehrung,

2) das Grab Avicenna's und seines Sohnes? Abu Said. Dieses befindet sich in der Nähe des Telegraphenbureaus auf dem rechten Ufer des die Stadt durchziehenden, kleinen Gebirgsstromes, der aber im Frühling reißend ist, wie auch die vielen großen Rollblöcke bezeugen. Es besteht aus einer Ziegelsteinkuppel, unter der sich die 2 Gräber befinden, jedes mit einem 6′ langen, 2′ hohen und ebenso breiten Grabsteine bedeckt, mit arabischen, halb verwischten arabischen Characteren an den Seiten bedeckt. Eine Menge jener runden, alten Grabsteine waren hier aufgelegt. Schmutzige Derwische bewohnten die Kuppel,

3) Kumbet Allawian im [...] der Stadt, besteht aus einem großen Kuppelbau aus Ziegelstein, ist aber ganz in Verfall. Die Kuppel ist ganz eingestürzt, aber die Wände zeigen eine ganz vorzügliche feine Gypsarbeit, in Säulen-Nachahmung, Blumengewänden; kein Fleck der mit Gyps bekleideten Wände ist ohne Verzirung, alles getüpfelt; es macht einen seltsamen Eindruck. Von Inschriften findet sich gar nichts, doch hat es seinen Namen von der Secte der Alläwi. Das Gebäude befindet sich auf einem freien Platze ganz isolirt stehend, ohne Thore, alles offen. Eine Menge irdener Öllampen und runder alter Grabsteine waren hier an den Seiten aufgespeichert. Eine Treppe von 6 Stufen, zu der ein enges Loch führt, führt in ein dunkles Gewölbe mit 3 Abtheilungen, unter der Kuppel gelegen. In der Mitte erhebt sich ein roher 4eckiger weiß angestrichner Aufbau, unter dem sich das Grab Saïd Abul Hassans befindet. Eine Holztafel mit persischer Schrift sollte dessen Lebensgeschichte enthalten; alte zerrissne Corans, Votifsteine von Mecka gebracht und runde Gralsteine nebst irdene Leuchten lagen in Menge umher. Der alte Priester hatte nicht den Muth, es uns abzuschlagen, als wir einige dieser Dinge kaufen wollten; so daß die Engländer den Coran mitnahmen nebst der Inschriftstafel; nach einigen Stunden sandte er aber mit der Bitte, ihm die Gegenstände wieder einzuhändigen, was [auch?] geschah. Von dieser Gruft aus sollen 2 verborgne Wege führen, einer nach Mecka, der andre nach Indien, aber keiner hat dieselben gesehen,

4) das Grab Alexanders, am linken Ufer des durch die Stadt ziehenden Baches, am Beginn des Armenier-Viertels. Leider sieht man kein Grab mehr, welches durch ein darüber erbautes Haus verdeckt ist; nur ein 4eckiges Loch ist gelassen in der Wand, das aber voller kleiner Steine lag, die das Volk als Zeichen der Verehrung hinein geworfen hat.

Interessanter ist das Mausoleum von Mardachai und Esther, im [...] Theile der Stadt gelegen, jetzt ganz frei gelegen. Ein Kuppelbau aus Ziegelstein bedeckt die Gräber. Die erste Kammer enthält einige neue Gräber mit den dazu gehörigen Inschriften, deren eine über dem Eingang zur 2ten Kammer angebracht ist. (2_06_006) Durch eine 2 Fuß weite und hohe Thür, durch eine Steinthür geschlossen, ganz dem von Wiran Scheher gleich, die hier ebenso auch in Holz überall gefertigt werden und ganz allgemein sind, kommt man zu den 2 Gruften, über denen sich die Kuppel wölbt. 2 schwarze Holzgestelle, sehr verziert ausgeschnitten, in Sarcophaggestalt, bedecken dieselben; ringsum laufen Holzcharactere des Talmud. Fußboden mit blau glasirten Ziegeln bedeckt. Die weiß angestrichnen Wände sind ebenfalls mit großen Characteren hebräisch, in Gyps geformt, bedeckt. Eine kleine Seitentafel rechts in der Mauer sagt aus, daß die Gruft durch 2 Juden aus Kaschan, Elia und Samuel, in Jahr 4474 (= 1713) restaurirt worden sei. Eine kleine, leere Seitenkammer befindet sich rechts. Die Juden waren sehr erfreut, daß ich soviel Antheil an ihnen nahm, namtlich zeichnete sich der Rabbiner mit seinem langen, schwarzen Barte und großen, runden Turban, in silbergestickten [Meschlach?], durch sein Talent aus, ca. 45 Jahre alt. Sie beklagten sich sehr über den Druck der Perserherrschaft.

Die armenische Kirche bietet nichts besonders dar. [Bau] Auch hier die Weiber hinter einem Holzgitter. Der Armenier, der mich umherführte, galt für reich; er geht oft nach Rußland mit Fuchspelzen und bringt europäische Fabrikate zurück; daneben beschäftigt er sich noch mit Schuhfabrication und Weinbereitung. Der Hof der armenischen Kirche ziemlich weit, die Gräber enthaltend, alle mit langen, sehr schönen, weißen, fast durchscheinenden Gypsplatten belegt, mit gut eingeschnittner Schrift und Figuren darüber. Bilder in der Kirche nur wenig und schlecht, die Martern Gregors darstellend; die meisten waren aus Rußland, einige sogar aus Berlin.

In fast allen Straßen findet man an den Seiten, namtlich an den Plattformen, eine Menge altarabischer Reliquien, theils Reste von verzirten Facaden, theils Grabsteine, die alle Sarcophag ähnlich gestaltet sind. [Bau] Namtlich häufig findet man aber auf allen Gräberstätten runde, verzierte Steinköpfe, ähnlich den Turbansteinen der Türken, die wohl ebenfalls von Grabsteinen herrühren. Am Eingang zum Armenischen Viertel bemerkt man 3 große, rohe, conische Säulen, deren noch 4 andre in der Nähe liegen; sie stammen aus den Zeiten Feth Ali Schah's, der (2_06_007) eine Moschee baute, die aber unvollendet blieb. Die meisten Angaben verdanke ich dem Perser Abdul Kasem, unserm Nachbar, dem auch das Haus der Telegraphisten gehört; er hatte für alles Sinn und war bei weitem nicht so fanatisch wie die übrigen seines Gleichen. – Ein sehr besuchter Wallfahrtsort ist das Grab des Imam sade Möhhsen, über Merwanne gelegen im Thale aufwärts. – In der Stadt soll sich eine intermittirende Quelle befinden, die ich aber noch nicht gesehen habe. (Nach Burudjird 3, nach Koromabad 6 Tage von hier). Susan bei Derdschesin, 10 Pharsach von hier gegen Teheran zu, soll ein alter Ort sein.

*Freitag, 8. November.* Nachmittag Spazierritt in die Gärten oberhalb der Stadt, wo wir mehrere Hasen schossen, die völlig den unsrigen gleichen, außerdem Finken, Staare, Müllerchen, kleine Schnepfen und andere kleinere, mir unbekannte Vögel, auch Stieglitze, Rothkelchen und Tauben, doch letztere mehr in den Bergen.

*Sonnabend, 9. November.* Von Münzen nur noch wenig hier aufzutreiben und dann zu unverschämten Preisen; häufig allerdings die kleinen, winzigen Kupfermünzen von Darius etc., häufig sind die Alexander, weniger die von Antiochus, sehr häufig aber die Silbermünzen und Cu von [Dakianus?]. – Heute fand wieder eine Hinrichtung statt; ein Mann hatte [einen?] [andren?] im Streite erschossen. Der Befehl von Teheran lautete, ihn zu tödten. Mit gefesselten Händen und einem Strick um den Hals wurde er auf den Platz geführt, worauf der Scharfrichter sein kurzes, krummes Hüftmesser nahm und mit 4 Schnitten den Hals [glücklich?] durchsäbelte. Der Körper blieb wieder 3 Tage auf dem Meidan ausgestellt. Als ich durch die Straßen ging am Hause eines der Regirungsbeamten vorüber, fand ich eine Menge Frauen versammelt, die eine Demonstration gegen denselben machten, den Körper wegzunehmen; sie warfen Steine nach der Thüre und stießen Schimpfworte gegen ihn aus.

*Sonntag, den 10. November.* In der Nacht verließ Herr Johnston Hamadan, um nach Kirmanschah zu gehen, ebenso Herr Fowles. Heftiger Wind, doch klares Wetter. Nachmittag 3 Uhr 20 °C. Der frischgefallne Schnee vor 2 Wochen ist bis jetzt größtentheils liegen geblieben. [Orte] (2_06_008) [Orte] Gestern Abends gegen 8 Uhr begann ein heftiges Gewitter mit mehrern Regengüssen, die bis zum Morgen anhielten; worauf einzelne sehr starke Gewitter kamen mit Regen. Die Aussicht auf die nahen Berge war durch die dicken Wolkenschichten ganz verdeckt, erst gegen Mittag hellte sich das Wetter auf, die Wolken zerrissen und plötzlich lag das Elwendgebirge in Majestät vor den Blicken, vom Gipfel bis zum Fuße scheinbaren mit dichten Schneemassen bedeckt, die im Sonnenstrahle glänzten. Es erinnerte mich dieser Anblick an manche jener Alpenlandschaften der Montblanc-Kette, da die Schneeberge durch niedrige Vorberge scharf abgeschieden erschienen.

Nachmittag machte ich Besuch bei dem jüdischen Rabbiner Lalasar, woselbst ich die ganze vornehme Judenschaft versammelt fand. Der Eingang zum Hause glich eher einer Höhle, abwärts führend und niedrig. Ich fand bei ihm einen Rabbiner [...] aus Constantinopel, der geläufig italienisch sprach, und einen andern aus Jerusalem. Sie beklagten sich sehr über den Druck, den die Perser ausüben; so hatte man kurz vorher ihren Rabbiner nach Teheran in's Gefängniß abgeführt, weil er beleidigende Ausdrücke gegen die Regirung sollte gebraucht haben; durch englische Protection wurde er aber wieder freigelassen. Die Juden fanden sich durch meinen Besuch sehr geschmeichelt und boten in Bewirthung alles mögliche auf, vorzüglichen Kaffee, Thee, Mastix, Arrak, Kallian.

Ich sah hier einen alten hebräischen Talmud, oder vielmehr eine Erklärung desselben: die Juden hier erkennen die Bücher Mose's für heilig. Hier in der Stadt nur ca. 100 Häuser mit 200 Familien. – Man erzählte mir von einer Höhle bei (2_06_009) Tafridschan am Berge Chorsennä, in der Figuren und Schrift sich befinden sollen, wenn es nicht etwa eine Stalactitenhöhle ist. Von dort her soll auch eine Wasserleitung nach Hamadan führen. – Das Dorf Sirkan jenseits des Elwend, 6 Pharsach von hier, soll eine alte Stadt gewesen sein, woselbst man viele Grabsteine mit, wie man sagt, kufischen Inschriften gefunden werden; von Ruinen soll aber nichts mehr vorhanden sein. – 1 Pharsach vom Dorfe Kuschkek, auf dem Teheranwege, soll eine merkwürdige Quelle sich befinden, und ½ Stunde weiter soll ein alter Ort sein, wo jetzt Dorf Ismael Piramber steht. – Warme Quellen finden sich in Hamadan nicht, wohl aber 9 Pharsach von hier bei Ispanabad auf dem Sihnawege, Babagurgur genannt, die mit Geräusch von einem Loch sich in ein andres stürzt, um dann zu verschwinden; deren Wasser soll warm sein. In der Nähe sollen Ruinen sich befinden. – Eine merkwürdige Quelle findet sich in Hamadan, tschar hawas genannt, in der alle Felle gewaschen werden zum Färben; dies soll der Grund sein, warum hier die Lederfabrication so in Schwunge ist. – 8 Pharsach von hier soll auf dem Teheranwege sich eine andre merkwürdige Quelle finden in Hamakasi bei Dertschesin, die ebenfalls unterirdisch verschwindet; sie soll sehr fischreich sein; auch Ruinen dort. – Safran wird in diesen Gegenden nicht gewonnen, der hier gebrauchte kommt theils aus Rußland, der beste aber von Yesd. Der Ort Rudbar soll von hier 3 Tage weit auf der Täbrisroute liegen, wo aber kein Safran gewonnen wird. – 3 Pharsach von hier soll in Surchabad auf dem Teheranwege ein altes, zerstörtes Schloß sein, Kis Kalesi genannt, und ebenso ein andres in Simankuh, 5 Pharsach von hier. – Das Grab der Gazelle Bahram Gours soll die jetzt Tacht Ardeschir genannte Stelle sein, auf dem Burgberge. – In dem 1 Pharsach fernen Dorfe Haidere, rechts vom Wege zur Gandschnameh, am Fuß des Elwend gelegen, sollen 2 Königsgräber sich befinden, durch 3 Säulen bezeichnet, als ein Imamsade jetzt bezeichnet. – Im Dorfe Sistane, 3 Pharsach von hier, rechts über dem Berge von Gandschnameh, sollen einst auch behaune Inschriftssteine gefunden worden sein beim Graben von tiefen Löchern, sie wurden aber wieder verschüttet. – In der Nähe von Tusirkan, 2 Pharsach fern, sind Reste eines alten Schlosses, wo jetzt das Siaret Imamsade Saïd ist; sollte dies die Feste Emir Saïd gewesen sein?

(2_06_010) Baba Taher soll ein Derwisch gewesen sein, der stets nackend einherging, nur im Winter trug er einen kurzen Filzüberwurf. Er behauptete, viele Wunder verrichten zu können und besondre Kräfte von Gott erhalten zu haben, wie Todte auferwecken etc. Da er viele Proselyten machte, wurde er von seinen Gegnern geköpft. – Heute ist der Geburtstag von Ali, was Kanonenschüsse in der Frühe verkündeten; alle Perser wandelten geputzt in den Straßen einher. –

Herrlich war Abends der Blick auf die beschneiten Gebirge im Mondenschein, kein Lüftchen regte sich, aber Luft feucht, doch nicht kalt. – In der Stadt Hamadan sollen viele Quellen sich befinden, man spricht von 1.200, doch soll die Stadt auch durch Canäle das Wasser vom Elwend erhalten, weil es besser sei. Die Quellen von Beheschd ab sind auf jenem Platze, wo die Terrasse von Nadir Schah unter dem Elwendgipfel errichtet wurde; dahin ziehen die Hamadaner, um Wasser zu trinken. – Einer der Juden hatte das Buch von Josephus, woraus er mir vorlas. Die Juden sprachen hier die persische Landessprache, nur die Gelehrten sprachen hebraisch.

*Montag, 11. November.* Vormittag angenehm, aber Nach Mittag heftiger Sturm mit Regen, wodurch noch mehr Schnee auf die Berge geworfen wurde, die im jungfräulich weißen Gewande still und ernst herabsehen. Ich ordnete heute die getrockneten Pflanzen zum Versenden. 2 Juden brachten Münzen und geschnittne Steine, aber so unverschämter Preis, daß ich davon abstand. Einige sehr schön geschnittne Steine waren dabei, die aber erst hier verfertigt waren, denn 2 Männer beschäftigen sich auch hier damit. Einen Cylinder aus weißen, durchscheinenden Stein hatte er, Dschemschid auf der Jagd darstellend, schon 5 Tuman waren ihm geboten worden, wofür er denselben aber nicht hergab. Ich kaufte einige der rohen, alten Götzen aus Messing nebst Beinen etc. Die Beine, die man häufig sieht, sind Geschenke von Kranken an irgendeinen der Götzen: Kranke machten ihren Götzen das Versprechen, wenn er gesund wird, vielleicht sein kranker Fuß, so wolle er ihm einen andern Fuß vermachen. Vor nicht langer Zeit war beim Bau eines Hauses ein großer Fund von solchen Sachen gemacht worden, aber aus Furcht vor dem Gouvernement ließ er alles heimlich einschmelzen.

Auch der armenische Priester Keschisch Ara Kell besuchte mich wieder heute, derselbe theilte mir mit, daß in Bahar, 2 ½ Pharsach von hier, sehr viel Antiquen gefunden wurden, aber aus Furcht verheimlichten sie das meiste oder schicken es nach Bagdad und Stambul. Dieses Bahar halte ich für die alte Stadt [Barene?], die in Ritter erwähnt wird. Scheverin hat außer den ca. 100 (2_06_011) armenischen Häusern, mit 1 Kirche und 1 Priester, noch ca. 300 Häuser der Karagozlu, deren Chef Aman alla Khan ist, zur Zeit in Teheran. – Die Höhle von Chorisennä soll in frühern Kriegszeiten ein Versteck gewesen sein, zu welchem Zweck sie damals ausgehauen wurde; auch Wasser findet sich darin. – Heute Abend wieder prachtvoller Mondenschein. Ich schreibe an C. B., da ich vor Eintreffen der Post dort in Teheran nicht eintreffen kann. – Die Telegraphenlinien nach Teheran und Kirmanschah unterbrachen durch den Sturm; die Linienstationen sind zu lang hier.

*Dinstag, 12. November.* Heftiger Sturm mit abwechselnden Regenschauern und Sonnenschein, während in Teheran das Wetter noch mild sein soll. Die Berge fortwährend in dicke Wolken gehüllt. Die Armenier geben 600 Tuman jährliche Abgaben. Abends Glühwein verfertigt mit Empson und Hakey. Ein großer Wolf zeigte sich in der Straße, wir konnten ihn aber nicht wieder auffinden, trotzdem wir lange auf Wache standen vor dem äußern Stadtthore.

*Mittwoch, 13. November.* Sturm Vor Mittag. Himmel klarer als gestern, doch wechselnd. Die vielen runden, länglichen Steine mit Verzirungen verschiedener Art, die man an den geheiligten Grabstätten der Sancti in Hamadan sehr häufig bemerkt, dienen den Muhamadanern als eine Art Talisman. Viele bewahren solche Steine in den Häusern auf als Schutz gegen Krankheit, und wird Jemand krank, so holt er sich einen derselben und schläft Nachts darauf, bis er gesund ist. Aus Dankbarkeit knüpft er dann an das Siaret einen alten Fetzen oder auch er richtet 2 Steine gegeneinander gerichtet auf oder wohl er gibt eine jener kupfren Lampen wie auf dem Elwend. In Kum bestehen die Gaben aber aus Silber und Gold. Abends Glühwein beim Feuer sitzend.

*Donnerstag, 14. November.* Sehr heftiger Sturm die Nacht hindurch und am Morgen. Himmel klar. Südoststurm. Nachmittag ruhiger, aber gegen Abend wieder beginnend von Nordwest. Spaziergang auf den Schloßberg. Dieser erhebt sich an der Ostseite der Stadt, einen länglichen, natürlichen Rücken bildend; das dunkle Gestein sieht überall hervor, aber nur wenig hervorragend. Auf seinen Rücken liegen die Trümmer des durch Mohammed Chan zerstörten Schlosses, ein Quadrat von je 200 Schritt bildend, das sich auf dem Westabhange herabzieht. Die Mauern bestehen aus Erdwällen, im Innern Erdbacksteinmauern, mit Erde innen und außen gefüllt; 4 runde Erdthürme flankirten die Ställe, letztere 20 Schritt Durchmesser. An vielen Stellen trug man die Erde weg, wodurch einige Grabsteintafeln zum Vorschein kamen, die eine folgende Inschrift: [Insch]. Die Wälle 20 Schritt Durchmesser. Südöstlich von der Festung erhebt sich ein mächtiger Rest eines isolirten runden Thurmes von 80 Schritt Umfang, mit einigen Lagen gebrannter Ziegelsteine, die eine Seite desselben ist eingerissen, so daß man bequem hinauf gehen kann; er dient häufig als Gebetsort.

Von hier aus genießt man eine herrliche Aussicht auf die Stadt Hamadan, die sich mit ihren schlanken Pappelgruppen zwischen den grauen Häusern am Westfuße entlang zieht, aus der die Kuppeln von Mardachai und die einer Moschee aus demselben Alter wie erstere hervorsahen. (2_06_012) Minarets fehlen der Stadt ganz. Weit erstreckt sich die Aussicht auf der breiten Ebne entlang: links nach Nordnordwest dieselbe durch höhere Hügelzüge begrenzt, die als Ausläufer des höher als Hamadan gelegnen Ispanabad-Plateaus gelten können, breite, abgerundete, nackte Hügel ohne besondre Felsbildung bildend; dieselben ziehen sich dann weiter nach West herum und bilden das Platau Hochfläche, das auf dem Wege nach Sihna überschritten wird. [Orte] Nach Westen blickend fällt der Blik auf den am weitesten hervorspringenden Ausläfer des Elwend bei Mariaune, in dessen Thale oberhalb das vielbesuchte Grab eines Imamsade sich befindet. [Orte] (2_06_013) [Orte]

*Freitag, 15. November.* Früh Wetter ruhig, aber kalt, Eis gefroren. Vorbereitungen zur Abreise. Ein Katirdschi nach Ispahan 2 Thiere 30 Kran. 1 Kiste Pflanzen nach Bagdad, bis Kirmanschah 6 Kran; ein Thier nach Teheran 25 Kran.

*Sonnabend 16. November.* Heute Abend soll die Carawane nach Teheran aufbrechen, allein der Kälte wegen reise ich am Tage. In der Nacht wurde alles mit Eis bedeckt, was den Tag über trotz der großen Sonnenwärme im Schatten nicht weg ging. Die unregelmäßig intermittirende Quelle heißt Dobachre ab, liegt in Ispahan Mahalessi, wo sie durch eine Wasserleitung zu Tage tritt, ihre Quelle ist am Nordfuße des Musellaberges. Sie füllt oft einen Raum von 40 Schritt Umfang. – Die 2 großen, runden Domthürme der Stadt gehört einer zur großen Moschee, der andre benachbarte zu Imamsade Hussein. Die 4 Thäler, die Wasser liefern [vom?] Elwend, sind im Südosten das Thal von Äweru, dessen Wasser nach Schewerin geht; 2) das Thal von Muradbeg, dessen Strom durch Hamadan geht; 3) das Thal Abassabad, dessen Wasser von dem Gandschnameh herkommt; 4) das Thal oberhalb Mariaune. Der Beheścht ab ist jenseit des Elwend, nicht 2 3 3 das Kesselthal von Nadir Schah. – So eben bringt ein Mann eine eiserne Antique, ein fein damascenirter Eisenstab mit Stockdegen darin, eben einen Stierkopf mit Hörnern, alles fein damascenirt und mit Au ausgelegt; auf dem Kopfe Inschrift Feridun Schah 2 3 3, Preis 15 Tuman, aber mir zu theuer. [Orte] Heute den Tag über sehr warm.

## V Hamadan–Teheran (17.–24. November 1867)

*Sonntag, 17. November.* Gegen 10 Uhr wurde von Hamadan aufgebrochen (Bakschisch 15 Kran). Nachdem endlich die Mauern der Ostseite durchritten, kommt man auf den großen Weg, bis nach ½ Stunde Dorf Chidr rechts am Wege liegt mit einer zerfallnen Grabcapelle auf einem Hügel daneben. Gärten umgeben dasselbe, in denen die Bauern die Weinreben des Frostes wegen eingruben. Links ca. ½ Stunde ab breiten sich die Gärten von Kasmabad aus, nebst den andern vielen Dörfern weiterhin in der Ebne. Ein kalter Nordwind wehte, die Bäche waren mit Eis belegt. Die Blicke auf den Elwend großartig, dicht mit Schnee bedeckt; die 7 Thäler des Elwend deutlich sichtbar, von denen das von Gandschnameh und Mariane die größten sind. Alle Flüsse vereinigen sich in der Gegend von Bahar, fließen dann im Bogen um den (2_06_014) [Zeich] (2_06_015) Hügelzug von Robat, um bei Bibikawad nach Kum zu ziehen. [Orte, Pfl]

Ca. 2 Stunden lang wurde in Nordost Richtung geritten, dann bald östlich, endlich Ostnordost zur Ebne von Schurab. [Orte] Ein runder Erdthurm lag am Wege zum Schutz der Carawanen gegen Räuber. Eine Kameelcaravane lagerte hier; eine kleine Quelle entsprang hier dem Boden. Das baumlose Dorf Achdsche charabe lag ½ Stunde rechts ab zwischen den Hügelausläufern. Links am Hügelzug liegt Kascha Kischlach ohne Bäume. Die Luft wurde immer kälter, und mit [NachMittag?] schlug der Wind plötzlich in Ostwind um, der schneidend scharf wehte. Der Elwend bedeckte sich immer mehr mit Wolken, die gegen Abend auch über die Ebne getrieben wurden. Nach langen Ritt kam ich endlich [erstarrt?] unter Gewitter in der Nacht in Bibikabad an. Der Hakim Mirsa Hadji Luftulla wollte mich nicht aufnehmen, so daß ich im Logis der Telegraphisten logirte, aber sehr ärmlich. Doch fand ich einen Feuergestell zum Wärmen, unter das ich mich sogleich steckte. Das Dorf mit 400 Häusern wird von Karagöslu bewohnt, zu dem die Orte Sarai, Samowei und Milagird gehören, ersters ½, ½ und 1 Pharsach fern. [Orte] (2_06_016) [Orte] – Gerste sehr theuer, wurde gewogen. Etwas Brod und Eier waren im Nachtmahl; Abends regnete es ein wenig.

*Montag, 18. November.* Bakschisch 3 Kran. Am frühen Morgen aufgebrochen, alles bereift, aber der Morgen prachtvoll, hell und freundlich schien die Sonne vom wolkenlosen Himmel, und in jungfräulichem, weißen Gewande ragte der Elwend hervor, vom Fuß bis zur Spitze, denn in der Nacht hatte es stark geschneit. Auch die langgestreckte Kette der Dergesin- und Kani Kerin berge war weiß, während gestern noch ohne Schnee. Ganz in der Nähe, d. h. ca. 6 Pharsach fern, ragten die spitzen Berge von Kiptschach hervor, deren Form mich an die Schwyzer Mythen erinnerte. (Dort Dörfer Achdsche charabe, Gürgühs etc.). Das Wasser von Bibikawad kommt vom Elwend; beim Dorfe war man beschäftigt, das Bette des Baches zu reinigen, wodurch weite Erdwälle entstanden. [Pfl, Orte]

Ein tiefer Wassergraben führt nach dem ca. 1 Stunde fernen Sarai, ein ziemlich großes Dorf mit lauter kuppelförmigen Dächern, wie sie hier überall Sitte sind, aber Ruinen zerfallener Häuser, Gartenmauern etc. auch hier in Menge; keine einzige Straße in diesem Dorfe, alles uneben, mit Wassergräben dazwischen zur Cultur; einzelnes Gebüsch und Weiden etc. dazwischen. [Orte] (2_06_017) [Orte] Die weite Ebne uncultivirt, nur wenig um die Dörfer. Alles bedekt mit Hulthemia berberifolia, die in Massen als Brennmaterial eingesammelt wurde unter dem Namen Werrek. Düngerfladen werden hier nicht gebrannt. [Pfl, Orte]

Jedes der Dörfer am Wege mit Wassergräben vom Dergesinzuge herkommend. Felder alle 4eckig, weil mit Gräben zur Irrigation umgeben. Kalter [Nordwind?] den ganzen Tag, doch heller Sonnenschein. Weiter folgt Koschridsche mit einem zerfallnen Erdfort auf einem Tepe daneben, rechts am Weg, weiter entfernt folgt Chumain rechts ab. Hier wird das Terrain etwas hüglich, doch unbedeutend. Von hier aus folgt nun Zere, unser Quartier. Der Ort aus 100 domförmigen Häusern bestehend, mit einem Fort auf einem Tepe daneben, liegt in einer Einsenkung der Ebne, nahe dem Achdagh, ca. 2 Pharsach fern davon. Wasser kocht bei 94° bei 8° äußerer Temperatur. 12 kleine Quellen entspringen im Dorfe, um nach ½ Stunde dem Hamadanwasser zu zu eilen. [Orte]

Sehr guter Empfang. Dunkles Zimmer, mit Feuer in der Mitte. Reis und Eier. – Mühle neben dem Konak. Hier ein Tschepper chane, hübsches Haus.

(2_06_018) *Dinstag, 19. November.* Nachdem 7 Kran Bakschisch gegeben, wurde um 7 aufgebrochen. Der Kara tschai fließt nahe am Dorfe vorüber, ca. 10 Schritt breit gen Osten in einem ca. 1 Pharsach breiten Thale. [Orte, Pfl] Nach ½ Stunde dreht sich der Weg links ab, wo nun die Ebne Duchan erscheint, von Bergzügen rings umgeben; in ihr fließt der Karatschai gen Nordosten und fließt dann durch die Verengerung zwischen Ach- und Dergesinbergen hindurch. [Orte] 1 kleiner Bach kommt vom Zuge herab und geht zum benachbarten Karatschai. Bald ist der Übergang erreicht, und man reitet nun in einen Kessel hinab, der links am Weg einen Hügel mit aufgesetzter Kalksteinschicht zeigt; auf ihm ein runder Thurm zum Schutz der Carawanen vor Räubern. Mehrere Stunden lang reitet man in dieser Einsamkeit, wobei mehrere kleine Bäche mit etwas salzigem Wasser durchsetzt werden. [Orte] Der Weg geht links ab zur Vermeidung des höher aufsteigenden Zuges; dieser bildet ein kleines Plateau, auf dem man erst entlang reitet in Südost, dann östlicher Richtung. [Orte]

Abwärts reitend kommt man wieder in ein Kesselthal, wo zahlreiche Kameelcarawanen lagerten, die trotz der Kälte Nachts marschiren, um (2_06_019) die Thiere am Tage weiden zu lassen. Die Reste eines zerfallnen Dorfes liegen am Wege. Mehrere kleine Bäche kamen hier herab, die dann abwärts sich mit dem Meslechan tschai vereinigen. [Orte] Am linken Ufer [des Meselchantschai] war das Hamadan Zollhaus, wir wurden aber nicht angehalten. Die Nacht hatte mich überrascht, so daß ich dessen Umgebung nicht mehr erkennen konnte. Das Dorf Kälä liegt an seinem linken Ufer aufwärts. Über niedriges Hügelland reitend, kommt man nach 1/2 Stunde in Novaran an. Im Hause des abwesenden Herrn Chatten stieg ich ab.

*Mittwoch, 20. November.* Novaran besteht aus 300 Häusern mit platten Dächern, unregelmäßig gebaut auf dem hügligen Terrain. [Orte] (2_06_020) Die Lage von Awa nach Kieperts Karte kann ich durchaus nicht in Einklang bringen, von einem Orte des Namens stromaufwärts weiß Niemand etwas, alle Aussagen stimmen aber darin überein, daß es nach Kum zu liegt. Novaran zahlt 100 Tuman in Geld und 100 Charba (Kantar) in Getreide an den Schah (à Kantar 100 Batman). Ein Kätchuda wohnt hier, der Hakim Dschamed Chan residirt in Sawa, das Oberhaupt der hier lebenden Chaladschistan, von türkischer Zunge. – Granaten gedeihen hier nicht, sie kommen von Sawa, wo sie eine außerordentliche Größe erreichen; aber Wein wird sehr viel hier cultivirt zu Rosinen. Wein und Arak waren hier nicht zu finden. Ein Bazar existirt nicht, nur einzelne Boutiquen in den Häusern. – Im Orte neben meiner Logis entspringt eine eingefaßte Quelle, die sich dann zu einem Bassin erweitert; sie wimmelt von dunkeln Fischen, die hier nicht gegessen werden; ihr Genuß soll tödten oder doch den Menschen verrückt machen. Sie ist mit einem Hause überbaut, das als Moschee dient. Außerdem noch 1 Moschee hier. – Holz ist auch hier sehr theuer, es wurde zugewogen zum Brennen; trotzdem die Steinkohlen in der Nähe sind, die bei Tschemerin in der Ebne 3 Pharsach fern zu Tage treten. – Die Bergpassage von hier nach Hamadan ist im Winter oft lange unterbrochen wegen des Schnees; jeden Winter erfrieren hier Personen. – Auch heute wieder herrlicher Tag. Ein langer Zug kam von Posta her, musicirend und schießend; man kam, eine junge Frau abzuholen. – Wasser kocht bei 93 3/4 °C. Eine 2te Quelle entspringt auf der Ostseite des Dorfes.

*Donnerstag, 21. November.* Nach 9 Kran Bakschisch gegeben, wurde gegen 7 Uhr aufgebrochen bei etwas bedeckten Himmel und kalter Nordluft. Nach 1/4 Stunde wird ein kleines Thal mit Gärten und Wein durchritten, mit Juglans, Elaeagnus, Apricosen und Mandeln zerstreut bestanden. [Orte] Der Weg theilt sich bei Meslechan, wir reiten links nun und kreuzen dann bald darauf den nach Kum führenden Carawanenweg. Ein kleiner Hügelzug durchzieht die Ebne rechts, wo gegen den Strom zu das mit Gärten versehne Dorf Terkabad jenseits des Hügelzugs Alterti liegt. Die Kette des Achdagh zeigt 3 Farben. [Orte] Allmählig reitet man in die niedrigen Hügelreihen ein, ganz aus metamorphosirten Gestein bestehend, namtlich aber dunkelschwarzer Schiefer, sehr schwer. [Orte, Pfl]

Bald erblickt man nun das ganz in den Hügeln gelegne große Dorf Biberan vor sich, aus der rothen Erde erbaut, die um den Ort überall hervortritt. Das Dorf zieht sich von West–Ost, in der Mitte einen Hügel bedeckend, an der Westseite ein Erdfort; vor dem Orte breiten sich die Ländereien gut bewässert aus, während die Weingärten, (2_06_021) [Zeich] (2_06_022) mit einigen Platanen und Juglans dazwischen, sich in dem Thale längs dem Wege hinziehen. [Orte] Die Straße läßt den Ort links [nahe?] liegen und führt in Windungen nun auf- und abwärts zwischen den Hügeln hin, wo man nun ½ Stunde unterhalb rechts das große Dorf Tschemerin erblickt. [Orte, Pfl] Wieder wird ein kleiner Bach durchritten, der hier eine Mühle treibt und ½ Stunde abwärts bei Tschemerin vorbei fließt. Nach einförmigen Ritt kommt man nach ca. 1 Stunde wieder zu einem kleinen Bache, an dessen Hügelabhängen sich stellenweise Gyps zeigt. Von hier aus steigt man allmählig in einem Thale aufwärts hinter dem Serb [...] weg, an dessen Bergen man rechts ab das Dorf Turschek erblickt. Einige Weingärten mit wenig Bäumen am Wege; rothe Möhren wurden eben von den Bauern ausgeackert durch Kühe. Elster, Kolkraben, Mandelkrähen, einige kleine Schnepfen und Steinklatscher belebten die Einöde. In Nordost Richtung aufsteigend, erblikt man nur wenig Culturland an den Seiten; Springratten häufig. [Orte]

Endlich kam ich über Ebne [in?] Kuschkek an. Die Dunkelheit ließ mich noch lange in den ruinirten Häusern umherirren, bis ich endlich das brennende Feuer des Tschepperchane erreichte. Zu meiner Freude traf ich hier Herrn Chatten, schon zu Bett, aber bald munter. Ein famoser Milchpunsch erwärmte mich bald, denn der Abend war sehr kalt und in der Nacht Eis. Hier in der Nähe hatten Räuber 10 Telegraphenstangen nebst den Drähten gestohlen, deshalb Herr Chatten hier; er verlangte vom Kätchuda 50 Tuman Entschädigung, die nun ein beigegebner Capitän eintreiben mußte. Bis spät in die Nacht hinein unterhielten wir uns.

*Freitag, 22. November*. Vor Sonnenaufgang wurde aufgebrochen, ebenso Herr Chatten, um nach Noveran zurückzukehren. Prachtvoll ging die Sonne goldglänzend auf über der weiten, unermeßlichen Ebene, die sich namtlich nach Nordosten hin ausdehnt. [Orte] (2_06_023) [Orte] Die Vegetation dieser Ebne verändert sich nun, es kommt nun mehr die Salzsteppenflora Artemisia maritima, [Pfl]. Springratten auch hier in Menge über den Weg rennend, vor ihrem Loche aber anhaltend und sich keck umschauend; bei der geringsten Bewegung aber sind sie im Loch verschwunden; bald kommen sie aber wieder hervor, sich auf die Hinterfüße stellend und das Feld recognoscirend. Viele Lerchen Arten, Geier und Falken belebten die Wege. Hier beginnt nun schon das wärmere Klima der sich bis nach Teheran immer mehr senkenden Ebne; schwarze Zelte der Nomaden erblikt man überall auf der weiten Ebne zerstreut, mich an die Araber erinnernd. Das Wetter war ungemein schön, ein wahrer Frühlingstag. Überall sieht man in der weiten Ebne lange Reihen aufgeworfner, kleiner Erdhügel, sie bezeichnen die unterirdischen Wasserläufe, die nach allen Richtungen hin sich erstrecken. Von je 15 Schritt ist der Kanal offen, einen tiefen, engen Brunnen gleichsam bildend, oft bis 80′ tief, in den man das Wasser rinnen sieht. Leider hatten wir keinen Strick bei der Hand, um Wasser hinauf zu ziehen, denn der Durst plagte mich sehr, und sonst gab es nirgends Wasser. Die Quellen der Leitung sollen beim Dorfe Kusch Kerri oder Chosch Kerri sich befinden, am Dekellikdagh gelegen. [Orte]

Endlich kommt man wieder in dörferreiches Revier, die auch in einer Linie liegen; vor denselben tritt eine der Wasserleitungen wie ein Bach eine Strecke lang zu Tage, voller 6′ langer Fische. Das Wasser war aber etwas salzig. Links folgen nun die Dörfer Kellabad, Husseinabad, Dschafrabad und Berber. (2_06_024) Rechts ab von Asiabeg liegt der große Ort Amarabad, und etwas weiter gegen den Gökdagh erhebt sich der große Tepe von Mamie, auf einem der Hügelzüge rechts erhebt sich in der Ferne ein alter Thurm. Hier bilden nun sich wieder mehrere parallele Bergzüge in der Normalrichtung, den Namen Gökdagh führend. Asiabeg, gegenüber von Berber, wird durchritten, wo lebhafter Carawanenverkehr, die hier rasteten. Der große Ort wurde durch einen Bach dicken, trüben Wassers durchflossen, an dem Verkäufer von Granaten und anderer Früchte saßen. Die Dächer alle kuppelig; nur wenig Gärten erblikt man um alle diese Dörfer, deren Felder gewöhnlich noch mit langen Erdmauern umgeben sind, wodurch die Orte ein großes Ansehen gewinnen. Tells erblikt man nicht in der Ebne. [Orte] Neben [Desgird] auf einer niedrigen Erhebung war ein Tepe aufgeworfen, das aber durch Regen ganz zerwaschen war. Alle diese künstlichen Hügel, namtlich gegen Teheran hier häufiger, zeigen durchaus nicht jene solide Bauart wie die von Mesopotamien, denn letztern kann der Regen nichts anhaben. Gegen Kum hin verschwamm die ganze Landschaft in Mirage. Das Terrain ist nun gut cultiviert und bewässert.

Überall erblikt man Ruinen zerfallner Dörfer. In der tiefer gelegnen Ebne, die gut bewässert ist mit Quellen, liegt abwärts von Desgird das Dorf Achmetabad, und hinter ihm erheben sich niedrige, abgerundete, mehr oder weniger isolirte vulkanische Kegel von dunklen Aussehen. Links folgt nach 1/4 Stunde seitlich gelegen Kasimabad, und bald breitet sich links der große Ort Sawia aus mit 400 Häusern und einem Hakim; von Obst und andern Bäumen umgeben. Daneben liegt Tschadrabad, an dem der Weg vorüber führt in 1/2 Stunde zum heutigen Konak Chanabad.

Gegen 4 Uhr Nach Mittag Ankunft, ca. 23 °C. Das salzige Wasser kochte bei 95 1/4 °C. Im Posthause stieg ich ab, ein 4eckiges, dunkles Loch, ohne Teppiche etc., aber voller Flöhe. Der Ort hat 60 Häuser, von Bayad Türkomanen bewohnt, die in der Gegend 5–6.000 Mann zählen sollen. Nach Kuschkek zu wohnen die Tscherchidsch. Chanabad zahlte 50 Tuman jährlich. Die Erdhäuser alle mit Kuppeln, aber keine Gärten hier, kaum 1 Baum erblikt man. Kleine Gebetshäuser sind fast in allen Dörfern. Auch hier kein Quellwasser, nur brakisches Wasser aus der durchfließenden, 15–20′ tief liegenden Kähris, die vielfach mit einander in Verbindung stehen. [Orte]

(2_06_025) *Sonnabend, 23. November.* 8 starke Pharsach heute zu machen bis Robad Kerim! Schon 3 Stunden vor Tagesanbruch wurde aufgebrochen mit Neumond; hell und ruhiges, nicht kaltes Wetter. Nach ½ Stunde hörten wir hinter uns Pferdegetrappel und vielfach Stimmen, fragend, wer wir wären und wohin wir wollten. Es waren Soldaten Emadedaules von Kirmanschah, die nach Teheran gingen, mit denen ich nun zusammen reiste. Bald wurde ein großes Dorf durchritten, dessen Name mir unbekannt blieb. Rasmidjan. Auf Ebne gings weiter, bis nach ca. 4 Pharsach rechts ab tiefer liegend Salmanabad sich zeigt. Prachtvoll ging wieder die Sonne auf. Der Weg steigt ganz allmählig bis da, wo der niedrige Hügelzug links zu einer auf beiden Seiten sich senkenden Ebne ausdehnt; aber nirgends erblikt man ein Dorf, alles Wüste. [Orte]

Nach einigen Pharsach wurde endlich der Abi Schur erreicht, ein jetzt ca. 20 Schritt breiter und nur ca. 5″ tiefer Bach, dessen Wasser völliger Soole war, von intensiv salzigen Geschmak, ganz wie die Soole zu Artern. Sein ¼ Stunde breites Bett war mit dicken Salzkrusten belegt, selbst die Tamariskengesträucher, die eben von den Leuten als Brennmaterial eingesammelt wurden, waren damit überzogen. Die Schweere des Wassers verrieth sich schon beim Durchreiten. Sein Bett ist mit der Zeit ca. 120–200′ tief eingerissen. [Pfl] Das Nordufer bildet eine Menge kleiner, abgerundeter Wasserrisse, zwischen denen man aufsteigt. Hier eine drückende Hitze. Ein großes, 4eckiges Carawanserei aus Stein erbaut, aber in Verfall, steht links am Wege. Ein niedriger, vulkanischer, schwarzer Hügelzug zieht sich links am Wege hin. Wieder nach einigen Pharsach erblikt man das heutige Menzil, Robad Kerim, die man schon lange vorher gesehen hatte, aber wegen der Ebne so nahe erschien. Rechts davon beginnt wieder ein Hügelzug, wo Dorf Suderchan liegt; von Robad Kerim links liegt Asrabad. Vor Robad Kerim durchreitet man einen stellenweise sehr tiefen Strom, der rasch abfließt; 2 seiner Arme durchfließen den Ort. Seine Quellen sollen bei Allart und Pärentek sein, 1 Pharsach aufwärts; er ergießt sich nicht in den Abi Schur, sondern soll mehrere Pharsach unterhalb zur Bewässerung und zur Reiscultur aufgebraucht werden, was mir unwahrscheinlich ist, da der Strom zu groß dazu ist. Sein Wasser ist süß, trotzdem der Boden daneben voll Salzefflorescenzen ist.

Im Posthause stieg ich ab, ein kleines, 4eckiges, dunkles Gemach war meine Behausung. Der Ort zählt 200 Häuser, mit Kuppeln alle, von Daktschik Türken bewohnt, deren hier ca. 400 Familien zusammen sich befinden. Neben meinem Quartier stand eine Kapelle eines Imamsade, auf dessen runder Kuppel sich ein wohl 12′ hohes Storchnest befand. Daneben Begräbnißplätze und 2 sehr schöne alte Platanen, die eine zu 28′ Umfang, Frauen überall den weißen dicken Schleier. Der Demawend erscheint hier in 240. (2_06_026) [Orte]

*Sonntag, 24. November.* Nachdem 3 ½ Kran Bakschisch gegeben, wurde mit Sonnenaufgang aufgebrochen. Von hier rechnet man noch 6 gute Pharsach nach Teheran. Rechts ab folgt das mit Gärten umgebne Nasirabad und vom Weg links ½ Stunde ab Atran. Eine niedrige, vulkanische Hügelreihe läuft nach ½ Stunde von Robad Kerim am Weg hier aus, von wo nun der Blick frei auf die weite Teheran Ebne mit ihren vielen Dörfern und Erdforts, alle mit Gärten versehen, schweift. Doch bildet die Ebne keine horizontale Fläche, sondern senkt sich fort und fort bis gen Teheran, der tiefsten Stelle derselben, weshalb man die Stadt erst einige Stunden vor derselben erblickt. Hin und wieder erblickt man auch einige Zeltgruppen der Schahseven. Es folgt links am Wege Kala Saïd, ein 4eckiges Erdfort mit einigen Wohnhäusern und Gärten; ½ Stunde von ihm entfernt dahinter liegt Atran. Rechts vom Wege ½ Stunde Mämurabad. Nach Passieren des Kala Said kommt gleich daneben ein Stromthal, dessen Wasser jetzt nur Sümpfe bildete. Nach rechts zu senkt sich die Ebne gegen einen Hügelzug zu, wo die Wasser zur Reiscultur verwandt werden. Der Blik auf die Teheran Ebne erinnerte mich an el Amk, wo der aus den andern Gebirgen hervorragende Cassius hier durch den Demawend vertreten ist. Weiter liegt am Weg Dorf Sultanabad mit 2 alten Platanen mit Storchnest. Ein abgewaschner Tepe erhebt sich am genannten Stromthale, einst ein alter Feuertempel. [Orte]

An zahllosen Orten und Erdforts geht nun der Weg vorüber, bis man endlich vor der Stadt [Teheran] anlangt, die bei weitem nicht den Eindruck macht, als man erwartete. Da erhebt sich kein schlankes Minaret oder hoher Dom über das Häusermeer empor, nur die 2 (2_06_027) Kuppeln von [...] zeichnen sich von Ferne aus. Zwischen langen Erdmauern von Gärten und Carawansereis führt der Weg hindurch, bis zu den Thoren. Hier entwickelte sich schon das bunteste Bild, Soldaten, Karawanenführer, Kameele, Maulthiere, Possenreißer, Verkäufer aller Art beleben das Bild. Die zahlreichen Bazare mußte ich durchreiten und stieg endlich im [Gäbern?]-chan für heute ab, für 1 Zimmer 1 Kran pro Tag, für die Pferde ½ Kran.

## VI Teheran (25. November 1867 – 14. Januar 1868)

*Montag, 25. November.* Auch heute wieder köstliches Wetter, aber ich hatte mir gestern das Fieber zugezogen, das mich mehrere Tage so schwächte, daß ich im Bette bleiben mußte. Auch war die Carawane von Hamadan noch nicht angekommen. Der Posamentier Herr Grünert aus Sachsen besuchte mich und gab sich alle Mühe, mir ein passendes Logis ausfindig zu machen, allein nirgends ein Haus leer.

*Dinstag, 26. November.* Vormittag holte mich Herr Grünert ab und brachte mich zu [Prevot?], ein Elsässer und Conditor des Schah, dieser hält stets ein Zimmer für Freunde bereit zum Logiren, auch einen guten Tisch findet man da, à 2 ½ Kran. Hier kommen viele Europäer zusammen zum Essen oder Trinken wie der Director der Glasfabrik [...], die englischen Telegraphisten etc. Das Haus ist freundlich und stille Lage.

*Mittwoch, 27. November.* Auch heute verbringe ich den ganzen Tag im Zimmer, bald im Bett, bald ein wenig [promenirend?], doch sehr schwach, weil seit Ankunft hier noch gar nichts gegessen, dafür aber Magnes. sulf. und den [Cu?]SO3 genommen.

*Donerstag, 28. November.* Heute etwas besser, doch kein Appetit. Herr General von Gasteiger besuchte mich und lud mich zu sich ein, was ich mit Freuden annahm. Noch heute wanderte ich dahin aus. In der Nacht starker Regen.

*Freitag, 29. November.* Heute fast den ganzen Tag geregnet; ich habe geschrieben und bin noch nicht ausgekommen. Die Unterhaltungen meines braven und viel gereisten Wirthes zogen mich sehr an, der auch [wahres?] geschrieben hat.

*Sonnabend, 30. November.* Heute werde ich 29 Jahre alt, o, wie wird man da zu Hause in der Heimath an mich denken! Das Wetter heitert sich gegen Morgen auf, nachdem es noch die ganze Nacht hindurch geregnet hatte. Ich kaufte heute eine Menge Gegenstände ein wie ein Paar Ohrringe mit Perlen 4 Tuman; einen Schlägel mit Ochsenkopf 3 Tuman, eine Streitaxt 3 Tuman, 1 Degen 4 Tuman; 1 langes, Fe schneidendes Messer 18 Kran; ein kurzes Messer mit vergoldeter Scheide 3 Tuman, außerdem noch Lagen Seide von Yesd à 32 Kran; 1 Stoff Wasserdicht zu [Rock?], aus Masenderan kommend 17 Kran. – Machte Besuche bei Herrn Pierson, der grade mit Auction beschäftigt war. Dort lernte ich viele andre Telegraphisten kennen, mit denen ich einen Theil des Bazars durchstreifte. Erst Abends kam ich mit schweren Kopf wieder heim.

*Sonntag, 1. December.* Besuch Vormittags bei Heise in russischen Gesandtschaftspalais, wo ich Herrn Siemens, preußischer Consul von Tiflis, traf; ferner Herrn Göpel. Von dort Besuch beim englischen Gesandten, Mr. Allison; dann bei Dr. Dikson und Herrn Thomson. Für Abendessen von Allison eingeladen.

Nach dem steifen Essen wurde Billard gespielt. Dort fand ich Herrn Piersen und den französischen Gesandtensecretär.

(2_06_028) *Montag, 2.–Sonntag, 8. December.* Abwechselnd von Fieber geplagt, allgemeine Schwäche, Appetitlosigkeit, Kälte. Der türkische, französische Geschäftsträger so wie die beiden Dickson's und Thomson besuchten mich, ebenso Siemons, der preußische Consul von Tiflis. Am Mittwoch war ich von der russischen Gesandtschaft zu Tisch geladen; der junge Sinowief war eben erst angelangt; mit ihm der Secretär des Großfürsten Michael. – Das Wetter fortwährend heiter, kalt in der Nacht, Frost. Heute fand die feierliche Einweihung zur Erweiterung der Stadt statt. Gegen Mittag bewegte sich unzähliges Volk auf die weite Ebne nördlich von der Stadt so wie Soldaten aller Gattungen mit ihren bunten Uniformen, einige blau, andre roth, mit breiten hohen Mützen, die Zimmerleute mit Pferdeschweifen auf denselben. Auf einem weiten Platze waren die Zelte der Großen aufgeschlagen so wie auch das rothseidne mit goldner Kugel des Schah, von Coulissen umgeben, die einen weiten Raum umzogen. Im großen Zelte des Ministers des Äußern versammelten sich die europäischen Vertreter, wo wir eine große Tafel, mit Früchten und Süßigkeiten bestanden, fanden. Kanonendonner verkündete den Aufbruch des Schah sowie Militärmusik, die mich aber ganz an die in gewöhnlichen Reitercircus gebräuchliche erinnerte.

Nachdem alle versammelt, brachen alle auf, um den Schah zu begrüßen. Die Eingangsculissen wurden zurückgezogen, und wir betraten einen weiten Raum, an dessen Ende das Zelt des Schah sich befand. In zeitweisen Abständen wurden ihm 3mal Verbeugungen gemacht, wobei er bei jeder uns näher heranwinkte. Er war allein im Zelt, doch hinter demselben die Minister etc. Bei der Ankunft stand er sofort auf. Er trug schwarzes persisches Gewand, doch die Brust zu beiden Seiten mit großen Perlen dicht besetzt nebst Diamantenverzirungen. Nach der gewöhnlichen Begrüßung und Erkundigung brachen wir sofort wieder auf, uns immer rückwärts bewegend, da man dem Schah nicht den Rücken kehren darf; was nicht leicht war, da vor dem Zelte ein kleiner Bach rieselte, über den nur ein sehr schmaler Steg führte. Wieder im Ministerzelte angekommen, wurde ein Imbiß genommen, während dessen aber der Schah die Ceremonien vollzog und so die ganze europäische Vertretung darum kam. Mit einem silbernen Spaten hatte er den ersten Spatenstich zur Erweiterung der Stadt gethan, womit auch die Festungsmauern von Teheran wegfallen. Es war dies das erste Mal, daß ein Schah von Persien einen solchen Act vollzog. In buntester Unordnung zog alles, wie man gekommen war, Soldaten, Volk etc. auf der schönen, vor 7 Jahren von Herrn von Gasteiger angelegten Straße wieder nach Hause. Der König so wie sein Sohn fuhren in 6spännigen Kutschen.

(2_06_029) Im April 67 kamen in Teheran verschiedene Hinrichtungen und Bestrafungen vor, die aus verschiedenen Ursachen statt fanden. Einige zur religiösen Secte der Babi gehörige Individuen wurden zur Richtstätte geschleift und umgekehrt aufgehängt oder je nach erschwerenden Umständen lebendig in 2 Theile gespalten. Bei solcher Gelegenheit kann man sich von dem blinden Fanatismus dieser Secte überzeugen, in dem vorher jedem voller Pardon zugesichert wird, daß er sogleich über seine Secte sammt dem Oberhaupte Bab Fluch ausspreche öffendlich und den Lehren derselben entsagen wolle; wozu aber keiner zu bewegen war, im Gegentheil wie muthig den Tod vorzogen, indem sie laut die sichere Überzeugung aussprachen, daß sie in 3mal 40 Tagen mit verjüngter Kraft wieder auferstehen und ihre Richter richten würden. – 10 andre Individuen wurden wegen Raub Hände und Füße abgehauen und die Gliederberaubten in heißes Öl getaucht, um Verblutung zu verhindern und Heilung zu befördern. Einem jungen schwarzen Sclaven wurde öffendlich die rechte Hand abgehauen und die linke Brust ausgeschnitten. Endlich mag noch folgender Vorfall für die Indolenz der obersten Machthaber sprechen, welche mit ihrem weisen Rath und That dem Schah zur Seite stehen und sich für die Stützen des ewigen Reiches halten.

Eine hübsche Perserin, die [fast?] neben der englischen Mission ihre Wohnung hatte und die Gemahlin eines französischen Renegaten war (Barriet), der noch vor kurzem als maitre d'hotel im Dienste Alisons stand, hatte schon seit langer Zeit wegen unerlaubten nächtlichen Umgangs mit Europäern die Aufmerksamkeit der Polizei auf sich gezogen, da dieselbe auch Kuppeleien für angesehne Personen unternommen hatte, wobei selbst Damen des kaiserlichen Harems und Prinzessinnen compromittirt wurden; daher jene Person plötzlich über Nacht aufgehoben und vor Gericht geschleppt wurde, dem sie, wenn sie die nöthige Summe zur Verfügung gehabt hatte, für diesmal glücklich hätte entrinnen können. Der Schah wollte ihr Pardon geben, mußte aber den [gebotne?] [Entschließung?] einiger Mullahs und sonstiger Tonangeber weichen und befahl, die arme Person in [...] zu wickeln und durch [...] zu erdrosseln; jedoch wurde noch vorher ein Act der Rohheit an ihr vollführt, in dem die Henker sich nach ihren Lüste an ihr abkühlten. Eine Mitschuldige wurde in einen Sack gebunden und in einen tiefen Brunnen geworfen.

Über die englische Mission. Die britische Regirung, bisher von der Idee geleitet, Persien eines Tages zwischen ihr und dem von Nord her immer mehr vordrängenden Rußland zu gleichen Theilen aufgehen zu sehen, ist neuer Zeit zur Überzeugung gekommen, daß die Ausdehnung ihres indischen Reiches von Osten her ihr besser convenire, da das dort zu erobernde Terrain einen zusammenhängenderen Ländercomplex biethen würde, das [einstens?] von Indien aus gegen Persien vorzuschreiten, dessen südlicher Theil vom Mutterlande zu sehr entfernt ist und wegen seiner allzu geringen Culturfähigkeit kein Verlangen nach seinem Besitze einflößt. In Erwägung dieser Umstände hat man also, das persische Reich in sich zerfallen zu lassen und dann die begierige Hand auszustrecken, die bisherige Politik aufgegeben und sucht nun durch gute Rathschläge und Tendenzen des Fortschritts das allzu schlecht verwaltete Reich aus der (2_06_030) Versumpfung herauszuziehen und einer glücklichen Zukunft entgegen zu führen.

Außerdem daß die englische Mission einen Beobachtungsposten vis á vis von Rußland einnimmt, hat sie noch den Zweck in Augen, die Verbindung über Persien zwischen Indien und Europa zu Lande, sei es vermittelst des Telegraphen oder durch Courire, zu unterhalten, die Förderung der vaterländischen Handelsinteressen jedoch hat die englische Gesandtschaft nie verstanden oder nicht genug beherzigt, da außer dem seit mehr als 30 Jahren etablirten in Täbris griechische Firma Ralli sich bis dato kein englisches Handlungshaus niedergelassen oder directe Geschäfte von England und Indien aus unternommen hätte. Es begreift sich somit, daß die Anzahl der hiesigen britischen Unterthanen nicht groß sei und sich somit auf das eigne Telegraphenpersonal, der kleinen nestorianischen Gemeinde in Urumi, endlich ein paar Kaufleuten und Profeßionisten beschränkt. Nebst der Gesandtschaft besteht auch ein Consulat zu Teheran, ein General Consulat zu Täbris, ein Consulat zu Rescht, ein von Indien abhängiger Resident zu Buschir, endlich eine Tirailleur Kette von Agenten in Schiras, Ispahan, Jesd, Kirman, Mesched, Hamadan, Kirmanschah, welche als vorgeschobne Posten auf der Lauer sind. Das persönliche Ansehen und größere Auftreten der englischen Mission steht unstreitig oben an, jedoch kann sich die persische Regirung in Folge der gemachten Erfahrung eines gewissen Mißtrauens gegen sie keineswegs entschlagen und ihr LocalEinfluß ist somit mehr moralischer als nachhaltiger Wirkung, da das Übergewicht in Waffengewalt empfunden wird.

Russische Mission. Ganz andrer Natur ist die Stellung einer limitrophen Regirung, welche zwar in weiten Umwegen, aber sichern Schrittes auf ihr Ziel vordringlich vorerst darauf bedacht ist, durch Communication aller Art mit dem Centrum der Monarchie in nähere Verbindung zu bringen, wendet alles auf, den Handel und die Industrie, die in neuer Zeit selbst in der georgischen Hauptstadt einen Aufschwung genommen haben, und die Regierung gewährt durch Privilegien jede mögliche Erleichterung, um den Transito über ihr Gebirge nach Persien zu leiten. Von Astrachan aus besteht über ganz Sibirien [Postenbildung?], während längs der [tartarischen?] Grenze hin bis zum chinesischen Reiche Militärposten aufgestellt sind, die das vorliegende feindliche Land hermetisch abschließen und den russischen Waffen das [sigreiche?] Fortschreiten erleichtern, deren neueste Errungenschaften dadurch ihre Rückwirkung auf

Persien äußern, daß die verschiedenen Turcomanenstämme, gedrängt durch den zu Mesched residirenden persischen Statthalter dem Schah Freundschafts- und Unter[würfigkeits?] Anträge gemacht haben.

Der russische Handel von den angrenzenden Provinzen Aderbeidschan, Ghilan und Masenderan ist im steten Zunehmen begriffen und wenigstens in den Händen von russischen Armeniern, deren Gemeinde zu Djulfa bei Ispahan auch unter russischem Schutze steht; wegen der Menge der Unterthanen begreift sich leicht, daß der Einfluß in Persien überwiegend geworden und die wechselseitigen Geschäfte eine große Ausdehnung genommen haben, daher man sich immer mehr mit dem Gedanken vertraut macht, daß über kurz oder lang der nordische Koloß seine Hand ausrecken und Iran verschlingen wird und bis zu jenem Zeitpunkt, den (2_06_031) man nach muselmännischer Art Gott anheim stellt, die rostige Regirungsmaschiene ohne System knurrend und träge fortarbeiten läßt. Der amtliche Wirkungskreis beschränkt sich außer der Gesandtschaft zu Teheran auf das General Consulat zu Tebris und Consulate zu Rescht und Asterabad. Seit einer längern Reihe von Jahren stehen alle östreichischen Unterthanen, die sich bis dato in Persien aufgehalten, unter russischem Schutze stehen und deren Protection im weitesten Sinn genießen.

Französische Mission. Wenn schon Rußland als Grenznachbarstaat und England wegen seiner indischen Besitzungen befähigt sind, in Persien Gesandtschaften zu unterhalten, so erscheint es a priori noch immer nicht begründet, daß auch Frankreich sich in die Reihe jener Staaten stellen möchte, wo es nichts zu suchen hat. Diesen Umstand wohl erkennend, glaubt nun die französische Mission, um nicht beschäftigungslos dazustehen, sich die Rolle des Vermittlers beilegen zu müssen und suchte anfangs, durch gelegentliche Einflüsterungen der persischen Regirung ihre Freundschaft zu beweisen und so ihr Dasein zu indiciren. So oft man Instructeure, Künstler, Professionisten oder andre industrielle Leute begehrte, war man gleich bei der Hand, selbe von Frankreich zu offeriren, und es war eine Zeit, wo man der Meinung war, daß man einzig und allein nur von dort aus mit Vortheil bedient werden könnte, aber der Erfolg rechtfertigte keineswegs die Erwartung und verkehrte mit einigen Ausnahmen die sanguinische Sympathie in offne Abneigung. Kein Wunder also, daß das Vertrauen geschwunden und nun eine wechselseitige Gleichgültigkeit eingetreten ist, als man andrerseits auch kein moralisches Übergewicht zu befürchten hat und daher der französische Einfluß sehr untergeordneter Natur, wenn nicht ganz Null geworden ist. Der französische Handel in Persien ist von keinem Belang. Trotzdem hat die französische Regirung, mehr um sich nicht aus dem Felde schlagen zu lassen als der Nothwendigkeit wegen, nebst der Gesandtschaft zu Teheran ein Consulat zu Täbris, [...] und Rescht errichtet, die aber beide nicht die nöthige Beschäftigung finden.

Türkische Mission. Während Persien in seinem angebornen Hochmuthe und Überhebung die Existenz des türkischen Reichs für zerrütteter und hülfloser hält als sich selbst, tritt andrerseits noch der unauslöschliche Haß der Religionssecten hinzu, da Schiiten und Sunniten, obgleich beide Muselmänner, sich schroffer entgegenstehen als gegen die christlichen Völker, so hat man den Grundsatz angenommen, die Türken als ganz gefahrlose Nachbarn zu betrachten und sie in ihrer [präservativen?] Unschuldigkeit ganz zu übersehen. Da [...di.t?] der internationale Handel von keiner großen Bedeutung und die Anzahl der türkischen Unterthanen auch nicht beträchtlich ist, so beschränken sich die Geschäfte der Mission größtentheils auf Grenzstreitigkeiten und Übergriffe, die stets ohne Resultate in's Unendliche verschleppt werden. Der Wirkungskreis der Gesandtschaft in Teheran wurde unlängst noch durch Errichtung eines General Consulates zu Täbris erweitert.

Wenn man obige Betrachtungen nochmals im Geiste die Revüe passiren läßt und bedenkt, daß Persien in Länder und Völkerkunde zu den unerhörten Dingen gehöre, es an Capacitäten und Geschäftstüchtigen Männern [überhaupt?] zugleich fehlt, statt Patriotismus und Sinn für Fortschritt nur Coruption und blinder Fanatismus der Priesterparthei die Triebfeder der Handlungen ist und eine systemartige, raffinirte Aussaugung von oben herab als Grundsatz gilt, so kann man sich kaum die Rathlosigkeit einer Regirung vorstellen, die sich im (2_06_032) Mittelpunkte der verschiedenartigsten Anforderungen befindet, die jede dieser 4 europäischen Gesandtschaften nach ihrer reciproken Stellung und Interessen an dieselbe richtet und je nach ihrem Einflusse mit mehr oder weniger Nachdruck unterstützt, um ihre Würde zu behaupten. Fügen wir noch die angeborne Faulheit und Arbeitsscheu der Behörden, das dem Muselman eigenthümliche Mißtrauen, die Unschlüssigkeit in der Aufrechthaltung der Gesetzgebung, die durch den Einfluß der Geistlichkeit neutralisirten Regierungsbeschlüsse hinzu, so wird man begreifen, daß man unter solchen Umständen in der Erledigung der geringsten Angelegenheit stets hingehalten und auf die Zukunft vertröstet wird. Unter solchen Umständen kann sich das Perserreich nicht auf die Dauer halten, zumal jetzt Geldnoth.

*Montag, 9. December.* Früh Besuch bei Dr. Dikson und Thomson wegen Recommendationen. Wetter herrlich, wie im Frühling. Abends zu Tisch geladen bei Dr. Tholozan, wo ich den Secretär des französischen Gesandten [Gueri?] fand, der die Entziffrung der Keilschriften leugnete; ein großer Schwätzer, aber alles leeres Stroh auf Franzosenart; seine junge Frau war einst in Paris mit einem Perser durchgegangen, [worauf?] dieser sie heirathete.

*Dinstag, 10. December.* Wetter warm, Himmel etwas bedeckt. Vergangnen Sonnabend schickte ich Briefe nach Genf an Boissier wegen Geld; an meine Altern und an Köhler.

*Mittwoch, 11.–Donerstag, 19. December.* Wetter meist warm, auch Nachts kein Frost. Die Elbruzgebirge bedecken sich immer weiter herab mit Schnee. Gestern den Tag über sogar sehr warm, heute aber kalt und stürmisch. Briefe geschrieben an Boissier wegen Wechsel von 2.000 Kran; an Weber nach Bagdad und an Dr. Bischoff. Besuch beim Prinzen Dschelaledin Mirsa, einem der 400 Kinder Feth Ali Schahs, wo ich den Schah der Bachtiari traf; beide versprechen mir Recommendation.

*Freitag, 20. December.* Herrliches Wetter, doch Nachts Frost. Besuch bei Malcolm, einem Armenier von Buschir, dessen Vater Agent einer dortigen englischen Schiffsgesellschaft ist; jeden 14. und 28. des Monats kommt ein Schiff in Buschir an; die Fracht ist billig, aber die Fahrt um's Cap der guten Hoffnung dauert meist 5–6 Monate. Zu meinem Erstaunen erkannte ich in ihm einen Bruder, der in der Freimaurerloge Bombay aufgenommen worden war. Er nannte mir als Bruder Mirsa Mohamed Risa und Mirsa Agha Mar in Schiras und Bruder Sultan Hussein Mirsa in Ispahan.

Die Freimaurerloge in Teheran wurde durch Melcum Chan gegründet und hatte großen Zulauf; dem Schah erschien dies gefährlich, da mehrere seiner Gegner in derselben großen Anfang hatten; er hob daher dieselbe auf, verbannte viele der Prinzen, und Melcum Chan selbst mußte flüchten. Der hiesige ist ein Cousin desselben, auch hat er einen Bruder hier. – Er wohnte im Hause eines gewissen Hadji Abbas, der aber [seit?] 10 Jahren schon todt; seine Frau stammt aus Orleans. Ich besuchte sie, was aber mit vielen Umwegen geschah, da sie völlig Perserin geworden, da sie schon seit 36 Jahren im Lande war. Ich fand sie in einem elegant eingerichteten Salon, die Füße in einen Wärmeschawl steckend, in grüner Sammtjacke, mit Schawl umsäumt, alles persisch, selbst (2_06_033) das Tuch um den Kopf, doch unverschleiert; sie ist eine Matrone von ca. 60 Jahren, doch auch voller Leben; früher muß sie hübsch gewesen sein. Nach ihrem Vaterlande hatte sie gar kein Verlangen, da sie hier alle ihre Freundinnen habe, namtlich im Harem des Schah. Ihre Tochter ist an einen Perser verheirathet, lebt aber bei ihr; sie hat sogar ein Piano. – Sie erzählte mir, daß der Schah 60 eigentliche Frauen habe, jede mit einem Gehalt von ca. 3–6.000 Tuman jährlich; jede derselben hat wieder 20 Dienerinnen, die ebenfalls vom Schah besoldet werden. Außerdem die vielen Geschenke, die er ihnen macht in Juwelen, Schawls etc. lassen schließen, wieviel Geld bei Hofe verschwendet wird. Auf jedem Auszuge des Schahs folgt ihm sein ganzer Harem nach in Kutschen oder [Tachtarawans?].

Der Minister des Rechnungswesens, Mustofi el Memalik, hat täglich 1.000 Dukaten Einkünfte zu verzehren, dabei keine Kinder; natürlich fällt nach seinem Tode alles dem Schah anheim. Seine Frau ist eine gewisse Petite, Tochter eines östreichisch-polnischen Emigranten Borowsky und ist die Schwester der Frau von Dr. Fagergreen in Schiras. Dabei ist ihr Mann ein erklärter Feind aller Europäer. – Der bis jetzt am längsten im Amte gebliebne Minister ist Mirsa Saïd Chan, Minister des Äußern, mit 16.000 Dukaten jährlich.

Die von Herrn von Gasteiger in [...] Jahren angelegte Chaussee von Teheran über die Gebirge zum Meere über Hassar tschamp (= 1.000 Hindernisse), eine Strecke von 21 Pharsach, kostete 28.000 Dukaten, dabei ein Tunnel von 33 Meter und 36 Brücken. Bei diesem Bau hatte er das Geld in Händen, hingegen bei der nur kurzen Strecke von 2 ½ Pharsach auf ebnen Terrain nach dem Lustschloß Niveran ging das Geld durch mehrere Hände, daher kam dieser Bau auf 3.000 Dukaten. (Silberwerth à Miskal 1 Kran; bei den kleinsten Agmünzen aber, wie Alexander, Antiochus etc., gibt man à Miskal 2–2 ½ Kran; bei großen Agmünzen gibt man 2 Kran für die Miskal, also das Doppelte an Werth.)

*Sonnabend, 21. December.* Herrliches Wetter. Besuch bei den Brüdern Dickhoff aus Petersburg, ebenfalls mit 2 Frauen von dort; sehr gute Leute, einer zeichnet.

*Sonntag, 22. December.* Besuch bei Dr. Schlimmer, der mit dem Schahsade von Ispahan hier angekommen war. Er machte keinen guten Eindruck mit seinem stiernen, unheimlichen Blick, noch dazu Opiumraucher und früher Spion für verschiedene Regirungen. Er hat eine nicht üble Armenierin aus Hamadan zur Frau, die aber nicht sehr treu sein soll. Der Dr. beschäftigte sich mit Anlegung eines Wörterbuches für wissenschaftliche und technische, meist noch unbekannte Ausdrücke. Er fand Polaks Werk ganz unvortheilhaft für Europäer geschrieben, da er sich zu viel über den Schah ausläßt, (2_06_034) denn das Werk soll übersetzt sein worden; er soll ganz zornig das Buch bei Seite geworfen haben, aber seit der Zeit die Europäer noch weniger dulden können. Dasselbe sei der Fall mit dem Buche Gobineau's gewesen. Während meiner Abwesenheit erhielt ich Besuch von Piersen, Thomson, dem Prinzen Dschelaledin Mirsa und Bruder Reymond.

Daß die Babi's die fürchterlichsten Qualen ohne Zeichen des Schmerzes erduldeden, schreibt man hier Räucherungen mit Anacardium orientale zu. Auf den Bazar in Teheran wurden Babis geführt, denen die Brust geöffnet und Lichter [hineingestekt?] waren, die darin zu Ende brannten. Aber kein Zeichen des Schmerzes geben sie kund, jeden Europäer oder Christen, der vorüberging, grüßten sie ehrerbietig. Ebenso soll Peganum Harmala, damit eingeräuchert, merkwürdige Hallucination hervorbringen. Den Gedanken, den man solchen Asphixirten eingibt, sollen sie monatelang behalten, so bei den Babis, die vorgeben, nach ihrem Tode in ¼ Stunde wieder aufzuleben.

Das von Dr. Polak gegründete Militärspital ist schon seit 4 Jahren wieder eingegangen, da die Verwaltung in persische Hände übergegangen war, während dasselbe früher unter Dr. Polak für 15 Tuman monatlich mit Einschluß von

Medicinen verwaltet wurde, stiegen die Ausgaben unter den Persern auf 300 Tuman monatlich. Als daher einst der König dasselbe besuchte und er statt der 25 berechneten Kranken nur ca. 13 in demselben vorfand, beschloß er, dieser Betrügerei ein Ende zu machen. Als Wache vor demselben wurden 20 Soldaten bezahlt; er fand aber nur 1 vor, und als er näher untersuchen ließ, wo die übrigen wären, stellte es sich heraus, daß sich dieselben auf den Betten bequem gemacht hatten, mithin gar keine Kranken vorhanden waren. Jetzt geht man wieder mit dem Gedanken um, ein neues einzurichten.

Über den Babismus. [Zit] (2_06_035–2_06_038) [Zit] (2_06_039) [Zit]

*Dinstag, 24. December,* heiliger Abend. Herrlicher Tag. Zum Abend hatten wir die Schweizer Reymond eingeladen, um wenigstens nicht allein zu sein. O wie oft dachte ich nach Weimar!

*Mittwoch, 25. December,* 1. Feiertag. Herrlicher Tag, sehr warm. Ich machte Besuche bei Dr. Schlimmer und Schreiber. Abends waren wir von der englischen Gesandtschaft eingeladen, wo 33 Personen Theil nahmen. Alles prächtig eingerichtet. Auch 2 Damen dabei.

*Donerstag, 26. December,* 2. Feiertag. Den ganzen Tag das Zimmer gehütet wegen Fieber. Regnerisches Wetter. Abends starker Fieberanfall.

*Freitag, 27. December.* Sehr schwach durch das Fieber; Zimmer gehütet. In der Nacht Regen.

1) Die Beludschen bedienen sich zum Klystieren der Wasserpfeifen-Röhren, an welche sie einen Hammel- oder Kameel-darm befestigen. Die Röhre wird in den Anus eingeführt und der 1–1 ½ Meter lange Schlauch in die Höhe gehalten, in welche man die Flüssigkeit schüttet, die dann leicht eindringt.

2) Die Universal-Medicin der Beludschen ist Schießpulver, derman genannt; sie sagen, weil das Schießpulver das beste Remedium gegen den äußern Feind sei, dasselbe innerlich genommen, ebenso alles schädliche vertreibe aus dem Körper.

3) Die Flintenkugeln der Beludschen sind aus Thon geformt, der den ganzen Winter hindurch geknetet und bearbeitet wird, d. h., den Winter hindurch kneten die Weiber 3mal täglich ca. 1 Stunde lang denselben, dabei die Feinde ihres Tribus verfluchend. Anfangs Sommer wird die Paste in Kugeln geformt, die in der Sonne getrocknet, mit ranziger Butter dann bestrichen werden. Die Schmerzen dieser Kugeln sind groß; man wäscht die Wunde mit viel Wasser, um die Schmerzen zu mildern und die Kugel herauszubringen, die durch das Blut in eine weiche Pulpe verwandelt wird. Sie verbinden dann die Wunde mit Honig.

4) Eine sehr nützliche Medicin im Süden Persiens (Jesd, Kerman, Schiras) gegen secundäre und tertiäre Syphilis ist Arsen. alb. in folgender Form: [San?] ul farre sefid (Acid. arsenicos.) 2 Miskals, Schwefel 12 Miskal; Aghurghura (Pyrethri.)

12 Miskal und Quecksilber 12 Miskal. Alles in ein feines Pulver verwandelt, (2_06_040) was man den Kranken in 7–10 Tagen verbrauchen läßt, refracte [dosi.?] Milchdiät und zum Trinken Milch statt Wasser.

5) Andre Formel gegen Syphilis, renomirt in Teheran: [Menig?] (schwarze Rosinen mit Kernen) 30 Miskal. Man zerstößt sie mit den Kernen und kocht dann 2 Stunden lang mit der gehörigen Menge Wasser, [m.?] filtriert und verdampft zu einem dicken Syrop, in den man mischt: 5 Miskal Sassaparille (Uschbi), von der Schaale befreit und in ein feines Pulver verwandelt; diese Dose wird 3 Tage hintereinander nüchtern genommen. Andrerseits nimmt man Henna (fol. Lawson. inermis) 10 Miskal, [Mage?] sebz (Galläpfel) 10 Miskal; Mercure 10 Miskal. Mit Reiswasser macht man davon 6 Pastillen für 6 Räucherungen; den 1. Tag die Räucherung Nachmittags, den 2ten Tag eine den Morgen und 1 Nachmittags; den 3. Tag wie der 2te und den 4ten Tag eine letzte Räucherung den Morgen. Den 4. Tag Nachmittags geht der Kranke ins Bad, unumgänglich nothwendig bei jeder persischen Kur. Während der 4 Tage der Behandlung wird der Mund fortwährend mit Essig und Sumach Schechi (Rhus Coriaria bacc.) gewaschen. Die Nahrung besteht nur in Gelée von Hammelsfüßen. Um einen Rückfall zu verhindern, darf man bis 3 Monate nach der Cur keine Säuren genießen.

6) Electuar. excitans von Feth Ali Schah. [Nimm?]: Aghurghurha (rad. Pyrethri) 4 Miskal; Kebabi [Gshini?] (Pip. Cubeb.) 4 Miskal; Dartschin (Cort. Cinnam.) 10 Miskal; Caranfil (Caryophyll.) 4 Miskal; Ode Kham (lign. Aloes) 4 Miskal; Kand (Zucker) 20 Miskal; Narghile (Cocos nuss) 20 Miskal. Alles fein gestoßen und in 80 Miskal ungekochten Honig gemischt (d. h., von dem das Wachs getrennt ist). Man gibt 3 Miskal den Morgen und 2 den Abend beim zu Bett gehen. Mit diesen ermüdet man 10 Frauen in einer Nacht, sagt der Autor dieser Formel.

7) Um den Samen-Ausguß beim Coitus zu verzögern und seine Dauer zu verlängern, bedienen sich die Perser der Samen von Temri hindi (Tamarinde), durch eine 2–3 tägige Maceration in Wasser von der Schaale befreit. Die Samen werden gestoßen und Miskalweise genommen mit ein wenig Zucker, 2 Stunden vor Frühstück.

8) Die jungen Wurzeln von Phonix dactilif. gelten als abortif.

9) Die gebrannten und wie Kaffe präparirten Dattelkerne in der Dose von 1 Unze täglich kalt genommen den Tag über, gelten als gutes Mittel gegen die chronische Dysenterie.

10) Behandlung des Grinds. Man brennt bis zu völliger Verkohlung Pferdehufspähne, die in feines Pulver verwandelt mit frischer Butter zu einer Salbe verwandelt wurden. Täglich reibt man den Kopf damit ein und wäscht alle 3 Tage mit Seifenwasser. Der Autor schreibt vor, die Carbonisation auf einer eisernen

Hacke zu bewirken, auf allen Seiten von glühenden Kohlen umgeben. Es ist dies von der selben Wirkung dann wie gelbes Blutlaugensalz; bei dem guten Erfolg, den ich bemerkte, könnte man die persische Formel durch eine Panade aus gelben Blutlaugensalz ersetzen oder [eine?] Lösung.

11) Purgir-Pillen. Von Kertschekke hindi (sem. Cataputia) 6 Miskal; man digerirt sie 4 Tage in Essig und befreit sie dann von der schwärzlichen Schaale. (2_06_041) Die geschälten Samen werden in eine Paste verwandelt, und immer stoßend, wird nach und nach folgendes zusammengemischtes Pulver hinzu gethan: Dschellep (Rad. Jalapp), Sabbre iskoteri (Aloe succ.), Semch arabi (Gum. arab.) und Zerumbet (rad. Zing. Zerumbet), au 2 ½ Miskal. [Mfpil.?] p. [griii.?] Dose: 3–4 Pillen den Abend bei Bettgehen, 4 Stunden nach dem Essen.

12) Syrup purgativ. Von Sennudschi Mekki (fol. Sennae) 3 Theile. Güle sork (rothe Rosen) 1 Theil. Mit 25 Theilen Wasser wird eine Nacht hindurch macerirt, dann ½ Stunde gekocht und filtrirt. Der Colatur fügt man 1 Theil Zucker zu und kocht von Neuem zur Sirupconsistenz. Dose: 1 Tasse. Es ist merkwürdig, daß die persischen Rosen abführend wirken, während sie in Europa adstringirend sind. Die purgative Eigenschaft derselben findet sich bestätigt in der sogenannten Rosenconserve (ghül kand), in der Rosenzeit bereitet aus den frischen Blättern in Zuckersyrup, den man der Sonne aussetzt, bis die Masse dick wird. Diese Conserve, gut bereitet, ist eine der am leichtesten zu nehmenden Purgative.

13) Gegen Vergiftung durch Opium, allgemein als Mittel von Selbstmord unter den Negern, die von ihren Herrn schlecht behandelt werden, wendet man mit großem Erfolg den stercus human. an (gho e adam), mit Wasser gemengt. Der Name und der Geruch dieser einfachen Präparation bewirken ein heftiges Erbrechen.

14) Behandlung des Salek (Aleppoknoten). Von Katte hindi (Cupr. sulf.) als feinstes Pulver gemischt mit dem Gelben vom Ei quantum satis um eine weiche Paste zu machen, die man auf den Salek legt und 5–6 Stunden drauf läßt. Danach verbindet man ihn einige Tage lang mit frischer Butter, und nach 5–6 Tagen erneuert man das Auflegen der Paste.

15) Fontanelle ohne Erbsen zu unterhalten. Man legt das frische Rückenmark von Hammeln als Paste auf das Fontanell, was das Vernarben verhindert.

16) Gegen Keuchhusten gibt man Ol. nuc. Jugl., welches man mit Mehl oder Stärke und einem Zucker oder Rosinensirup in ein süßes Gericht verwandelt, was man als tägliche Nahrung gibt, so viel als der Kranke will.

17) Um schlecht schmeckende Pulver etc. zu nehmen, bedienen sich die Perser der Rosinen ohne Kern, in welche sie dieselben einfüllen.

18) Ungt. Neapolit. Hg 25 Theile, Sublimat 2 Theile. Mit Speichel zusammengerieben, bis es ein graues Pulver wird; dann mengt man mit 25 Theilen frischer Butter, mit 2 Theilen Wachs zusammengeschmolzen. Diese Salbe ist in 1 Stunde gemacht und steht in der Wirkung der Europäischen nicht nach.

19) Gegen die angine laryngé (Bräune) bedienen sich die persischen Ärzte einer Infusion von Stercus canin. (Gho e sek) als Gargarisme. Das Pulver dieser Drogue zu gleichen Theilen mit Zucker gemengt, dient zum Vertilgen der Flecken auf der Coruna.

20) Um ätherische Öle zu verfälschen, bedienen sich die Perser des Petroleums von Baku, dem sie den schlechten Geruch nehmen durch Destiliren mit frischem Kraut wie Origanum Majorana oder Basilicum.

(2_06_042) Über Importation des Schießpulvers nach Circassie 1851. Es ist bekannt, daß im ganzen Territoire der Circassir weder S noch Salpeter vorkommt, daß daher das [Pulver?] von auswärts eingeführt wurde. Die einzigen Wege der Einfuhr beschränkten sich auf das schwarze und Caspische Meer und die Grenzen der Türkei und Persien. Um den langwirigen Kriege ein Ende zu machen, gab Rußland die strengsten Maaßregeln zur Verhinderung der Einfuhr; ja es stand Todesstrafe darauf. Aber alles war umsonst, fortwährend waren die Tscherkessen gut mit [Pulver?] versehen; hinter Felsen verborgen, schossen sie die russischen Officire weg. Dem Consul in Rescht wurde die größte Aufmerksamkeit anbefohlen, aber nichts konnte er entdecken. Durch Dr. Schlimmer kam es an den Tag. Er begab sich nach der Provinz Talisch, wo gar keine Duanenaufsicht herrschte, weil dort kein Handel [stad?] fand. Durch erheuchelte Freundschaft mit den Aufsehern des Chans gelang es ihm, vorgebend, daß er ein Feind Rußlands sei, die Wege zu entdecken, woher und wie das [Pulver?] seinen Weg nach Circassien nahm. Das [Pulver?] kam von Kaswin. Um die Duanen zu täuschen, füllte man kleine Säcke von 1 ½′, gut gewachst mit Pulver, die man dann in Reis- oder Rosinensäcke verbarg. Die russischen Duaniers bedinten sich zum Untersuchen spitzer Eisen, mit denen sie die Säcke anstießen. Natürlich konnten sie so das [Pulver?] nie entdecken. Kaum war dies durch Dr. Schlimmer bekannt worden, wurden gleich überall längs dieser Küste die [Pulver?]Ladungen aufgefangen und so nach kurzer Zeit dem Kriege ein Ende gemacht.

Über persischen Handel. Um nach Constantinopel auszuführen, findet man in Persien den Tombaki (Nicot. Persicum Lindl.), Rohseide von Ghilan, hauptsächlich für die Lyoneser Fabriken bestimmt und meistens durch das Haus Ralli ausgeführt, ferner Opium. Rußland erhält ebenfalls viel Rohseide, Baumwolle, Zinn von Banca, frische und trockne Früchte, Reis, Butter, Getreide, Traubensirup, Traganth, Salpeter, Oliven und Sesamöl, Leinöl, persische Seiden-

und Baumwollstoffe (hauptsächlich bestimmt für die fanatischen Moslims des russischen Reichs, die sich noch nicht in Stoffe kleiden wollen, durch Ungläubige verfertigt); ferner Ochsenhäute, die gegerbt und präparirt durch russische Fabrikanten zum großen Theil nach Persien zurückgehen, um daselbst zu gutem Preis verkauft zu werden; Wolfsfelle und Schakals für Pelzwerk; wenig Castoreum und viel Zimmerholz. Im Süd Persien besteht die Exportation nach Indien in Wein von Schiras und Ispahan, Sesamöl für die Hindu's, die sich nur von vegetabilen Substanzen nähren, Ziegenhaare und Wolle für die englischen Tuchfabriken, trockne Früchte, Borax, gesalzne Krabben und in den letzten Jahren selbst Baumwolle. Nach Bagdad existirt kein eigentlicher Export (? Tombaki), denn Bagdad selbst versieht die angrenzenden Provinzen in Hamadan, Kirmanschah und Schuster, die schon zu weit vom Caspischen Meere entfernt sind, mit englischen Eisen in Barren und versieht einen großen Theil Persiens mit Datteln.

(2_06_043) Von Indien kommt jährlich nach Persien für 100.000 persische Dukaten (10 % weniger werth als die holländischen Dukaten) Zinn von der holländischen Companie nach Banca, von dem über die Hälfte von neuem nach Rußland ausgeführt wird, wo es, als von Persien kommend, nur 5 % Eintrittszoll entrichtet. Ferner viele Quinquelleriewaren von England, Cotonnade und Eisen in Barren, Öl, Cocosnüsse. Rußland liefert an Persien eine beträchtliche Quantität Eisen in Barren und Gußeisen, rohes und bearbeitetes Kupfer, Crystall, Porzellan, Stearinkerzen, Papier, Quinquellerie. Über den Weg von Constantinopel, Trapezunt, Erzerum wird Persien durch griechische Häuser in Täbris, die über große Kapitalien verfügen, mit allen Arten Cotonnade von Manschester und Rübenzucker versehen. Die weniger reichen Negocianten importiren von Constantinopel europäische Tücher und alle Arten Kurzwaaren, meist deutschen Ursprungs, die viel begehrt sind. Die Armenier des Landes und einige Europäer verschiedener Nationalitäten versehen die persischen Märkte mit verschiedenen, in Constantinopel gekauften, europäischen Waaren, hauptsächlich Wein, Liqueure, [Käse?], Makkaroni, Cigarren, Handschuhe, Stiefeln und Schuhe, Flinten und belgische Pistolen etc.

Von Europa aus lohnen sich kleine Sendungen nicht. Vor 35 Jahren war der Handel mit englischen Cotonaden in den Händen einer unzähligen Menge persischer Kaufleute, die mit ihren kleinen Capital nach Constantinopel gingen, ihre Einkäufe machten und zurückkehrten. Da etablirte sich das Haus Ralli in Täbris, über ein Capital von 2 Millionen Liv. [Strelg?] verfügend, und durch die Stärke seiner colossalen Unternehmung nahm es von Constantinopel die Prärogative weg, den persischen Märkt mit englischen Waaren zu versehen, so daß die einheimischen Kaufleute sich glücklich preisen konnten, jetzt in Täbris zu den Preisen von Constantinopel die Waaren zu finden, die sie früher mit vieler

Mühe und Kosten von der Hauptstadt des ottomanischen Reiches herbeiholten. Jetzt steht das Haus Ralli auf unerschütterlicher Basis und erfreut sich sozusagen des Monopols für englische Manufacturen in Persien, ohne für Jahre hinaus eine Concurenz zu befürchten, denn wer darüber hinaus gewinnen wollte, müßte wenigstens mit einem doppelten Kapitale anfangen und müßte vorher jedenfalls beträchtliche Verluste erleiden, bevor er gründlich, wie die Ralli's, die gangbaren Artikel und die Beschaffenheit der persischen Märkte kennen würde. Etwas ähnliches wäre zu machen für alle europäischen Produkte: in großer Menge nach Persien gebracht und im Detail an die persischen Kaufleute und armenischen und europäischen Boutiquiers verkauft, aber billiger als sie dieselben aus 3ter und 4ter Hand von Constantinopel erhalten können, und es wäre dann möglich, mit einem Male auf persischem Boden den ganzen Detailhandel Persiens zu concentriren, dessen eigentlicher Profit sich jetzt in zahlreichen Häusern von Constantinopel befindet.

Europäische Handelshäuser und hauptsächlich Handels-Compagnien könnten mit großen Capitalien, befähigten Leuten und mit Ausdauer in Persien viel mehr machen als die Compagnie Neerlandaise (Niederländische Handels Compagnie) (2_06_044) einst in Jarus machte und in die andre holländische Compagnien ex- und importirend, aber hauptsächlich die uncultivirten Striche cultivirend und vergrößernd durch seine Capitalien die schon existirende Cultur der Colonien, denn Persien ist noch ein natürliches Culturland, fähig alles zu erzeugen durch die Verschiedenheit seines Terrains und die verschiedene Erhebung seiner bergigen Plateaus, schon jetzt reich an landwirthschaftlichen und mineralogischen Erzeugnissen, ein Reichthum, der verdoppelt und ver3facht werden könnte durch eine gute Verwaltung, welche unbekannt ist, so daß Persien in allen zurück ist, namtlich in Hinsicht auf politische Öconomie, aber sein jetziger Souverain ist wohl geneigt für die Civilisation und Fortschritt, und er würde es noch mehr sein, wenn die verschiedenen Versuche, die er während seiner Regirung unternommen hat, die aber durch unfähige Leute oder die nur sich zu bereichern gedachten auf die Unkosten der Unternehmung verwaltet waren, nicht alle gescheitert wären auf die beklagenswertheste Weise.

Persien ist ein Land, welches keiner fortwährenden Importation europäischer Waaren bedarf, durch große, gut placirte und gut verwaltete Kapitalien die Production des Landes durch Exportation ermuthigen, den Bedürfnissen, welche Persien fortwährend an europäischen Waaren hat, genügen durch Ausarbeitung in Persien selbst, da es die GrundMaterialien alle in Überfluß besitzt im Lande selbst, Fabriken auf europäischen Fuße etablirend, um eine unbesiegbare Concurenz der Einfuhr zu eröffnen, dies wäre der Zweck einer Compagnie, um die enormen Profite zu haben, die jetzt durch andre Länder und hauptsächlich durch Constantinopel absorbirt werden, und um immer mehr ein noch barbarischers Land zu civilisiren, was sich wohl der Mühe lohnte. Sie müßte z. B. mit Anlegung von großen Entrepot's beginnen mit allen Arten europäischer Waaren, die sich in Persien mit Profit verkaufen, indem man sie von den Quellen selbst direct bezieht, um sie billiger zu geben, als man sie jetzt aus 2ter und 3ter Hand in Constantinopel kauft. Dann gleich anfangs z. B. die Einfuhr von englischem und russischem Eisen neutralisiren durch Errichten im Norden und Süden Persiens von Schmelzereien und Öfen, für deren Verproviantirung das reichhaltigste Mineral überall in Menge zu finden ist. Das russische Stangeneisen wird jetzt am Caspischen Meere zu 1 ½ Kran der Batman verkauft; in Teheran, 6 Carawanentage weiter entfernt, kostet es schon 2 Kran; derselbe Preis für das englische Eisen, über den persischen Golf und Bagdad importirt. (1 Batman hat das Gewicht von 853 holländischen Dukaten und 24 gran medicinal Gewicht).

Die jährliche Eisen-Einfuhr nach einer Duanenliste ist folgende:

(2_06_045)

| | | |
|---|---|---|
| Englisches Eisen | (via Bagdad) . . . . . | 60.000 Dukaten |
| " " | (via persischer Golf) . . . . | 140.000 " |
| Russisches Eisen | (via Caspisches Meer) . . . | 400.000 " |
| | | 600.000 Dukaten |

Wenn man betrachtet, daß in Persien verschiedene Fe-mineralien in Menge bestehen, daß das Gouvernement gern einwilligen würde zur Errichtung von Fabriken auf Kosten Andrer und ohne selbst dazu ausgeben zu müssen, das Terrain, Mineral, Wasser hergeben würde und zum Glück des Landes, daß die Steinkohlen und das Holz weniger als in Europa gelten, daß die robusten Arbeiter nur ¾ [Frank?] täglich bezahlt werden, daß so der Preis des hier direct fabricirten Eisens niedriger ist als dasjenige von Rußland und England auf den Platz geliefert, daß jedenfalls, außer der Transportkosten über Meer, ein Ofen und Schmelzwerk in Persien selbst etablirt, die 5 % für die Exportation in Rußland bezahlt und die 5 % für die persische Duane gewinnen würde, daß der jetzige Verbrauch schon sehr beträchtlich ist und sich wenigstens ver3fachen würde, namtlich daß es dadurch billiger werden würde, so ist dann kein Zweifel mehr, welch enormen Gewinn ein solches Unternehmen abwerfen würde.

Etwas ähnliches. Rußland importirt jährlich für ca. 100.000 Tuman Krystall verschiedener Qualitäten und für ca. 20.000 Tuman Porzellan von untergeordneter Qualität. Persien ist aber in Besitz aller dazu nöthigen Materialien zur Bereitung, aber es fehlen die dazu fähigen Leute. Der Schah hat zwar von Europa Leute kommen lassen, aber der eine konnte nur blasen und der andre nur drehen, aber immer fehlte die eigentliche technische Wissenschaft, um die nöthigen Compositionen zu bilden. So schlug dies fehl, und die Arbeiter, mit großen

Kosten herbeigebracht und reich bezahlt, hatten sich mit weiter nichts als der Realisation ihrer Gehälter zu beschäftigen; so lebten sie nichtsthuend und sich ihres Lebens freuend, bis ihr Contract zu Ende ging. Aber der Schah, der alles für die Wohlfahrt seines Landes thun möchte, während ihm ergebne und befähigte Rathgeber fehlen, verlor den Muth zu reussiren, fortwährend die großen Opfer sehend, nicht allein ohne allen Profit, nein, völlig verloren.

Sehr dauerhafte persische Cotonnaden werden noch heute in fast ganz Persien auf sehr unvollkommne Weise erzeugt; die Baumwolle ist billig, denn man exportirt sie; die Arbeiter sind billiger als anderwärts. Im Anfang der Regirung ließ der Schah von Moskau mit 100.000 Tuman Unkosten vollständige englische Maschinen kommen für Baumwollspinnerei, aber die Maschinen waren gebraucht, alt; die Maschine und die Fabrik wurde durch einen deutschen (2_06_046) Ingenieur errichtet und in Bewegung gesetzt, aber Eifersucht überredete das persische Gouvernement, daß die jungen Landeskinder, die dem deutschen Ingenieur anvertraut waren, genug vorgeschritten wären, um die Fabrik zu leiten, daß man den nur zu gut bezahlten Fremden entbehren könne. Der Rath wurde angenommen und so die Fabrik den Persern anvertraut. Aber kaum nach 2 Monaten sprang die Dampfmaschine, nachdem sie vorher 2 Jahre unter dem Deutschen in fortwährender Arbeit begriffen gewesen war. Mit großen Kosten wurde wieder eine neue Maschine von Rußland gebracht, die 15 Tage nach ihrer Aufstellung von neuem sprang, weil die Perser, überzeugt von ihrer Stärke, sie mit aller Gewalt heizen zu müssen glaubten, um das Ganze besser gehen zu machen, aber statt dessen mußte der ganze Gang der Fabrik eingestellt werden, und aus Mangel an Aufsicht wurde die Maschine immer mehr zerstört. Sie war durch einen Russen errichtet worden für 2.000 Tuman.

Diese Fabrik, nach den Regeln der europäischen Manufacturen erbaut, könnte leicht vom Gouvernement gekauft oder gemiethet werden, oder auch man könnte sich zum Vortheil beider Theile arrangiren. Sicher ist, daß [der?] Faden dieser Fabrick des Schah unter der Leitung des Deutschen von den Persern zu demselben Preis gekauft wurde wie das englische Fabrikat. Hätte man nicht gegen den deutschen Director intriguirt, so war vorauszusehen, daß er die Importation der englischen Cotonnade unmöglich gemacht hätte in einigen Jahren; sie hätten nicht Concurenz halten können mit dem ebenso gut erzeugten Produkte im Lande selbst mit englischen Maschinen, da der Grundstoff billig war. Wenn man betrachtet, daß schon jetzt die einheimischen Weber mit ihren kläglichen Gewerbe die Concurenz mit der englischen Cotonade unterhalten, so kann man begreifen, was eine Fabrik, ebenso gut wie eine englische Fabrik geleitet, leisten könnte. Die Importation in Rußland mit englischen Manufacturen über Persien ist unter andern fast unmöglich gemacht, während die persischen Manufacturen freien Eintritt in Rußland haben mit 5 % Duane, und ihre Exportation für die Moslims in Rußland ist schon jetzt ziemlich beträchtlich.

Ein Etablissement des usines von Cu, welches Mineral in Menge vorhanden ist, dessen Minen aus Furcht des persischen Gouvernements, sich fortwährend betrogen gesehen in seinen schönsten Hoffnungen durch Abenteurer oder unfähige Leute, sind verlassen oder unbekannt, eine gut dirigirte Compagnie mit Disposition über Künstler und fähige Arbeiter könnte nicht allein Persien mit Cu versorgen, was es jetzt jährlich für ca. 100.000 Tuman einführt von Rußland, sondern Persien könnte sein eignes Cu in die benachbarten Länder ausführen, vielleicht bis nach Indien, denn das persische Cu würde durch den Reichthum der Minen sicher (2_06_047) billiger zu stehen kommen als das englische, dessen Mineral sehr arm ist, viel Feuerung und viel Arbeitshände kostet. Ebenso würde eine Papierfabrik excellente Geschäfte machen. Das Gouvernement ließ im Anfang der Regirung des Schah auf seine eigne Kosten eine Papierfabrik anlegen durch mit großen Kosten von Rußland gebrachte Fabrikanten. Einige Monate hindurch fabricirte sie gutes Papir, aber bald wurde die Arbeit eingestellt, denn 3 mal, einer nach dem andern von den Directoren, starben von Telirium tremens. Eine der größten Schwierigkeiten bestand in der Herbeischaffung von Lumpen, die geklebt und stark zusammengeklopft in Persien zur Fabrikation von sehr dauerhaften Schuhsoolen dienen. Aber Gerstenstroh und Reisstroh, Traganthsträucher, Lein- und Hanfstengel, die nach der Ärndte auf den Feldern verfaulen oder als Feuerung dienen, daher billig zu haben sind, könnten vortheilhaft die Lumpen ersetzen unter der Leitung eines Sachverständigen. Alles in Persien verbrauchte Papier kommt von Stambul und Rußland; man schätzt seinen Import auf 100–150.000 Dukaten.

Der Rohrzucker, in kleiner Quantität von Indien ganz roh eingeführt (30.000 Dukaten jährlich) und sehr unvollkommen im Lande selbst gereinigt, ist höchstens 5 % billiger als der französische Rübenzucker, der über Contantinopel eingeführt wird und zu 5–6 [Franks?] das Batman gewöhnlich verkauft wird. Die Rüben des Landes kosten nur 2 ½–3 Franks der Centner (à 100 Batman). Wäre das nicht auch ein Geschäft?

Die Ölsamen, Sesam, Hanf, Lein und Ricinus sind häufig cultivirt, aber die Gewinnung des Öls ist noch so unvollkommen, daß einige gute hydraulische Pressen guten Gewinn geben könnten. Die Lein- und Hanfstengel, anstatt wenigstens zur Papierfabrikation verwendet zu werden, liegen zum Verfaulen auf den Äckern oder dienen als Feuermaterial. Nach dem Calcül des deutschen Directors der Spinnerei, der es wohl kannte, könnte die kleine Provinz Simnan allein jährlich für 100.000 Dukaten rohen Lein und Hanf nach Rußland ausführen, während jetzt die Zerstörung der Stengel und der Mangel an allem zum vortheilhaften Auspressen des Öls nur einen Export von 8.000 Dukaten beträgt.

Eine europäisch-asiatische Handelsgesellschaft müßte dennoch trachten, im Lande zur Verarbeitung der Naturprodukte Fabriken zu gründen, deren mehrere auch Artikel zum Ausführen nach Rußland, Indien und die Türkei liefern müßten durch seine Verbindungen, die universell sein müßten, sie würde sein, vom ersten Jahre der Constitution an, selbst die Arsenale Persiens zu versorgen, welches jetzt jährlich sehr indirect für ca. 100.000 Dukaten Flinten, Munition, Soldatenkleider, Fe, Cu, Sn, Zn, Hanfstrick, Lein, Papier etc. kauft. Sie könnte das niederländische Indien mit S, Salpeter, Getreide, Butter, Wein, Wolle etc. versehen, von dort Zinn von Banca zurückbringen, was jetzt durch 3. oder 4. Hand in Persien anlangt etc.

(2_06_048) Dieses Auseinandergesetzte [überlegend?], so unvollkommen es auch ist, wird man vielleicht erstaunt sein, daß sich noch keiner der am Platze befindlichen Europäer mit ähnlichen Geschäften befaßt hat. Aber außer den europäischen Legationen, einigen Militär-Instructeuren und bei Arsenal in Teheran beschäftigte Leute so wie 3–4 kleine europäische Kaufleute gibt es Niemand in Persien, der sich dafür interessirte. Die 2 Legationen (englische und russische) bleiben meist nur 2–3 Jahre, verstehen meist die Sprache nicht und haben kaum die Zeit, sich zu installiren und sich allmählig von Neuem zur Abreise vorzubereiten; keiner hat Gelegenheit, Persien zu kennen, und obgleich es unter ihnen welche gibt, die Werke über Persien geschrieben haben, die aber gerade bezeugen, wie wenig sie Persien gekannt haben.

(2_06_049) Das classische Werk von Malcolm über persische Geschichte ist eines der besten über Persien erschienenen Werke. Ganz anders als dieser glaubte ein in diplomatischen Diensten stehender Franzose, Le Comte de Gobineau, erster Secretär der Gesandtschaft, dann bevollmächtigter Minister, gegen Persien auftreten zu müssen. Sein Werk, (2_06_050) „Trois ans en Asie, Paris, chez Hachette et Compagnie 1859“ ist voller schlecht [verstandner?] Sachen. Die einzige, halbe Wahrheit (d. h. anwendbar an die sich in Persien befindenden Fremden) findet sich Seite 436, „la morale de ceci est qu'en Perse tout le monde est disposé à se meler de ce qui ne le regarde pas“. Ist das nicht eine Schande für einen ersten Secretär, der immer in der freundschaftlichsten Weise vom Schah empfangen wurde in Rücksicht auf Napoleon, sich in die Haushaltsgeschäfte und den Harem des Schah zu mischen, zu sagen, daß der König seine Edelsteine, den Putz seiner Frauen versetzt?

Der Maler Flandin hat auch einige Artikel über Persien in der Revue de la Monde veröffentlicht und später auch ein Werk. Er war Maler, und als Maler muß man ihm gewisse Phantasien verzeihen, aber er sagt (Revue des 2 mondes September 52), „pour comprendre les interêts qu'a la france à faire tomber les barrières qui la séparent de la Perse on n'a qu'à se mettre devant les yeux les tentatives persistantes que l'Angleterre & la Russie ont de tout temps poussées pour lui fermer les routes [du?] [de?] pays“, dies ist, glaube ich, eine einfache reine Idee. Welchen Beweis in der That hatte er für die Existenz dieser Versuche? Die durch England an Persien bezahlte Summe, um einer französischen Armee nicht zu erlauben, auf dem Landwege nach Indien zu gehen? Aber das war in Zeiten von Krieg zwischen Frankreich und England, das war keine [einige?] Politik. Frankreich hat fast immer ebenso viel Gelegenheit gehabt als England und Rußland, die Augen in Persien zu öffnen. Seit 25 Jahren hintereinander die erste Person am Hofe des Schah, der Leibarzt des Schah, ist er nicht Franzose? Waren es nicht [Lebet?], Cloquet und jetzt Tholozan? Hat Frankreich nicht die hohe Prärogation gehabt in den Zeiten des verstorbnen Mohammed Schah und ein andermal auch während der Regirung des jetzigen Schah, nach Persien Militär-Missionen zur Armee-Instruction zu senden, die viel mehr als jede englische oder russische Mission die Mittel hatten, auf den Geist zu influenciren und die diplomatischen Details und andre des Hofes und die Hauptstadt zu kennen? Welches waren dann diese Barrieren? Die Übersetzung ins Persische des Werkes von Gobineau, auf Order des persischen Gouvernements, hat die gute allgemeine Meinung von Frankreich sehr herabgesetzt. Solche Werke machen mehr schlecht als gut, in denen sie sich die Mühe gaben, Persien lächerlich und verächtlich zu machen in mehrerlei Beziehungen.

(2_06_048) Die in persischen Diensten stehenden Europäer sind gewöhnlich Leute, die es für überflüssig halten, für die kurze Zeit ihres Contractes die Sprache zu erlernen, nur höchstens um ein Bataillon zu commandiren oder um die Arbeiten des Arsenals zu leiten, ihre Sprache ist vielmehr mimisch als glottisch, und wenn sie erst einige hundert Dukaten bei Seite legen können, beginnen sie einfach, ihr kleines Kapital auf Zeichen gegen Unterpfand zu 24 % auszuleihen. Die kleinen Kaufleute oder vielmehr Boutiquiers haben keine Capitale und wenig Credit; sie sind glücklich, wenn sie Pferde und Diener halten können, um wenigstens das Ansehen von Negocienten zu haben.

In Bezug auf landwirthschaftlichen Reichthum und Production scheint mir Persien eines der glücklichsten Länder der Welt zu sein. Obgleich es weder eine bekannte Au oder Ag mine besitzt, aber reiche Minen an Cu, Fe, Sn, Zn, die aber unbenutzt bleiben und von außen importirt werden, so hat Persien genug landwirthschaftliche Erzeugniße, um den Import von fremden Waaren das Gegengewicht zu halten, um nicht von Jahr zu Jahr zu verarmen. – Was die angefangnen und nicht beendeten Fabricken betrifft, oder beendet, deren Arbeit aber eingestellt wurde, könnte man Bücher schreiben über deren Ursachen, hier nur einige:

1) Persien fehlt in jeder Beziehung eine gute Verwaltung und ist durch gewisse Motife zu mißtrauisch geworden, um niemals einen europäischen Angestellten hinreichend Vollmacht zu geben,

2) das Fehlen einer guten Verwaltung macht die Arbeiter nicht zur rechten Zeit bezahlen, und da sie niemals zur Zeit völlig ausbezahlt werden, gehen sie weg und setzen so den europäischen Director in die traurige Nothwendigkeit, die Arbeit zu suspendiren. Es ist selbst vorgekommen, daß der Schah anzeigte, er würde kommen an dem und dem Tage, um die Spinnerei zu besichtigen; der deutsche Director benachrichtigte den Handels-Minister, daß nicht genug Kohlen vorhanden wären bis zu dem bestimmten Tage; der (2_06_049) Minister gab die Ordre, daß man herbeischaffe, aber Ordres ohne Geld und die Kameeltreiber, die aus alter Erfahrung wußten, wie man sie endlich bezahlen würde, brachten keine herbei. Den Tag vor des Schah Visite ließ der Director auf seine eigne Rechnung kaufen, um wenigstens einige Stunden länger die Maschine im Gange zu erhalten, um eine convenable Repräsentation zu geben. Der Director that es, um den Minister, unter dessen Order er stand, nicht zu compromittiren. Ähnliche Sachen von Nachlässigkeit sieht man fortwährend in der Verwaltung.

3) Die Personen, denen der Schah seine Absichten mittheilt, zweifeln nicht, daß z. B. zu einer Glasfabrik alles nöthige Material im Lande vorhanden sei. So engagirten sie in Paris einen Glasbläser für 700 Tuman jährlich und 800 Tuman für die Hin- und Herreise. Er kommt in Teheran an, verlangt die nöthigen Materialien und Utensilien, man kennt sie nicht; er hat reine Soda nöthig, Niemand kennt es oder will es nicht bereiten; er braucht refractorische Erden, die in Menge in Persien existirt, aber Niemand ist im Stande, die dazugehörige Erde zu unterscheiden; die gebrachte Erde erklärt der Arbeiter für schlecht, der gute Schah befiehlt, daß man 500 Ladungen von Frankreich bringe; die französische Erde kommt an, aber immer fehlt der sie zu bearbeitende fähige Arbeiter, und das Unternehmen scheitert. Der Schah verliert die Geduld und will nichts mehr hören. Natürlich um eine solche Fabrik zu etabliren, hätte man gleich anfangs durch gute Techniker die verschiednen Materialien, welche Persien selbst enthält, prüfen lassen, ihre Reinigung lernen, ihre Gemische etc., den Bläser von andern dazugehörigen Special-Arbeitern begleiten lassen, von denen er abhängt und die von ihm abhängen, um das Unternehmen zu Stande zu bringen. Der Franzose lärmte und schrie, daß nichts da wäre, was er brauche.

So ist dann von Persern selbst nichts zu hoffen in Bezug auf Administration; alles müßten Europäer sein, um das Werk zu Stande zu bringen; dann würde alles ganz gut gehen, denn geht einmal das kleinste Unternehmen, Niemand mehr wie der Schah würde disponirt sein, ehrlichen Leuten jede mögliche Hülfe zu leisten, die nicht nöthig hätten, sein Geld zu stehlen, die hauptsächlich seine Eigenliebe als Souverän nicht disapointirt hätten, jetzt unfähig das geringste Unternehmen zu Stande zu bringen durch seine Umgebung. – Um die verschiednen Hindernisse zu beseitigen, unüberwindlich für das persische

Gouvernement, welches noch lange das arme Persien hinter dem zurückhalten wird, was es sein könnte, müßte eine europäisch-organisirte Compagnie, durch Europäer geleitet und über große Capitalie verfügend, müßte die Initiation ergreifen, daß sie mit dem Schah selbst eine Art Association bildet, oder sie macht sich verbindlich, dem Schah einen gewissen Antheil an der Production zukommen zu lassen (denn der Schah ist nicht geizig, aber sehr interessirt), mit einem Wort, sie muß sich mit dem Schah und nicht mit dem Gouvernement arangiren, um sich zu etabliren. Hauptsächlich würde eine russische Compagnie sich am besten dazu eignen.

(2_06_050) *Sonnabend, 28. December–Dinstag, 31. December.* Fortwährend herrliches Wetter, doch die Nächte kühl. Vor dem Neuen Thore wurde Schlittschuh gelaufen auf dem zur Eisbildung angelegten Wasserreservoirs, die mit einer hohen Mauer gen Süd umgeben sind, so daß keine Sonne dazu kam. Eis bildet sich so sehr leicht. Man ist hier erstaunt, noch keine Schneeflocken in der Stadt selbst gesehen zu haben und befürchtet von daher ein trocknes Jahr, mit Typhus oder Cholera. – Den Sylvesterabend war ich mit Gasteiger zu den Herrn Reymond zu Tisch geladen, wo selbst wir das neue Jahr begrüßten. Freilich war es mir gar nicht wie Sylvester, wenn ich, was oft geschah, an die liebe Heimath dachte, wo man heute sicher auch meiner gedachte, die vorigen Feiertage hatte ich in Stambul, die jetzigen in Tehran verbracht, also in den beiden Capitalen des Islam.

(2_06_051) 1868. *Mittwoch, 1. Januar.* Herrlicher Tag, sogar sehr warm, doch Nachts Frost. Den ganzen Tag über wurden Besuche bei den Europäern abgestattet und empfangen, ein ewiges Gehen und Kommen. Den Abend waren wir 2 wieder allein zum englischen Gesandten zum Diner eingeladen. O wie oft dachte ich da an Weimar, wo alle Welt sich heute auf dem Balle amüsirt; wie einsam und verlassen kam ich mir da vor! Denn was kann der Orient dem Europäer bieten?

*Donnerstag, 2. Januar.* Klares Wetter wie vorher. In Gesellschaft des Herrn von Gasteiger, der 2 Brüder Dikhoff und des Herrn Schreiber brachen wir um 10 Uhr Vor Mittag nach dem 1 ½ Pharsach fernen Rhages auf. Hat man das Stadtthor Abdul Asim durchritten, so führt ein breiter, guter Weg zu dem berühmten Wallfahrtsorte und Asyl Schah Abdul Asim, auf den Ruinen von Rai erbaut. Rechts außerhalb des Thores zieht sich noch eine ganze Reihe Häuser entlang, dazwischen der Friedhof, auf dem eine Menge überbauter Gräber. Zahlreiches Volk und Carawanen lagerten hier behaglich in der warmen Wintersonne, erstere ihren Keif haltend, während zahlreiche kommende und gehende Pilger die Straße belebten, die aber trotz der Gräben an den Seiten noch keinen Anspruch auf den Namen Chaussee machen kann. Die Ebne, die der Weg durchschneidet, ist ähnlich öde und kahl, von zahlreichen Wasserrissen durchfurcht; links von ihr sollte die Eisenbahn nach Abdul Asim führen, die durch eine in [Paris?] durch einen Perser gegründete Schwindel-Gesellschaft gebaut werden sollte. Als sich aber der Schah, auf dem es abgesehen war, nicht dabei betheiligte, unterblieb es natürlich. Rechts ab verliert sich der Blick über eine weite Ebne, durch eine Menge kleiner, festungsartiger ummauerter Dörfer mit wenigen Baumgärten belebt; über ihr hinweg wird der Horizont durch jene lang gestreckten, meist vulkanischen Hügelzüge begrenzt, die auf dem Wege nach Hamadan passirt werden; namtlich schön erschien das dicht beschneite Novaran-Gebirge im Glanze der Sonne. Links ganz nahe erheben sich steile, nackte Kalkberge in der Normalrichtung streichend, als Vorlagerungen des mächtigen Elbursgebirges, an ihrem Südwestfuße lag die einst hochberühmte medische Capitale Rhages.

Der Elburs, vom Fuß bis zum Gipfel in Schnee gehüllt, erhebt sich wie eine gewaltige Mauer über Teheran, theilweise in Wolken gehüllt, die sich erst gegen Mittag zertheilten, bis dann endlich auch der wie ein Wachtposten des Landes erscheinende Riesenkegel des Demawend in majestätischer Schönheit zum Vorschein kam. Ungefähr halbwegs kam plötzlich ein junger, rüstiger Mann mit Flacons in den Händen aus seiner Erdwohnung herausgesprungen, um uns mit Rosenwasser zu besprengen. In unsanften Worten wiesen (2_06_052) wir den Tagedieb zurück, der sich in seinen Erwartungen bitter getäuscht fand.

Endlich erscheinen die Gärten von Abdul Asim, aus denen die goldne Kuppel der Moschee wie Strahlen der Sonne hervor leuchtete. Die Ebne senkt sich hier und wird von zahlreichen Wasserarmen bewässert, während vorher nur unterirdische Stollen dasselbe weiter führten. Das große Dorf, in dem sich zur Zeit ca. 300 Personen im Asyl befanden, ist von mit Mauern umgebnen Gärten versehen, weshalb es oft von den Städtern aufgesucht wird. Eine 2te Moschee befindet sich am Eingange des Dorfes, mit Kuppel aus blauglasirten Ziegeln. [Orte] Ein isolirter, 16? eckiger Thurm mit gewölbtem Eingang ist noch gut erhalten, aus gebrannten Ziegelsteinen erbaut, doch ohne Inschrift. Ein andrer Thurm erscheint am Fuße des Bergzuges. [Bau] Reste eines andern solchen Thurmes liegen in der Nähe; überhaupt schienen die ganzen Bergabhänge gut befestigt gewesen zu sein, denn der äußere Bergzug zeigt an seinem Fuße ebenfalls Festungsreste sowie darüber einen noch erhaltnen kleinern Steinthurm. [Fern?] einen der Bergabhänge weiter im Hintergrunde des Thales erblickt man deren 4 ganz nahe übereinander.

In diesem Thale rechts am Bergabhang liegt der runde, thurmartige Friedhof der [Guebern?], deren Todte auf Stäbe gelegt werden, so daß die Vögel kommen und das Fleisch abfressen, bis endlich die Knochen hindurch auf den Boden fallen. Geht man im Thale vom Inschriftsthurm aufwärts, so erblickt man am Bergabhange das große Grabmal einer Frau [...]. Von diesen Bergabhängen über die weite Ebne blickend, erhält man erst eine Idee von der Größe der Stadt, denn überall, wohin das Auge blikt, fällt es auf Reste von Mauern, Forts und dergleichen. Namtlich zeichnet sich ein gewaltiges Erdfort aus, mitten in der Ebne aufgeführt. Einer dieser auslaufenden Bergzüge war zu einer vollständigen Festung umgewandelt, durch mächtige Erdaufschüttungen auf den (2_06_053) Seiten und dem Rücken, in dem man noch manche Eingänge wahrnehmen konnte. Auf dieser Seite erblickt man noch die meisten Reste, namtlich dicke, aus Erdbackstein aufgeführte, noch gut erhaltne Wälle und Mauern. Von hier aus erblickt man auch die Sculptur Feth Ali Schah's in dem benachbarten Felsberge, eine Nachahmung der Sculpturen der Sassaniden. Das ganze Terrain wird von zahlreichen kleinern Wasserbächen durchrieselt, aber auch tiefe Wasserstollen durchziehen dasselbe. Eine Mühle hatte sich jetzt zwischen den Trümmern angesiedelt. – Die nahe als Vergnügungsort viel besuchte Quelle Tscheschme Ali konnten wir aus Zeitmangel nicht mehr besuchen, ebenso wenig das Dorf. Gegen Abend kommen wir wieder in Teheran an.

*Freitag, 3. Januar.* Besuch bei Dr. Schlimmer, um mit ihm über Abstammung verschiedener persischer Droguen zu verhandeln. Klares Wetter, doch kalt.

Teheran rechnet man zu 120.000 Einwohner mit 10–12.000 Häusern, davon sind 3.000 Juden, 4.000 Guebern, 800 Persische Armenier [und?] Chaldäer, 80 Persische Europäer. 1 Batman = 640 Miskal. 1 Batman = 5 6/10 [Dukaten?] – 1 Miskal = 24 Nochut. Gold kostet den Miskal 14 Kran, Silber à Miskal 17 Schahi. Perlen 4–100 Tuman das Miskal. – Die regelmäßige Armee besteht aus 70.000 Männern, à Mann 7 Tuman. 33.000 irregelmäßige Reiterei, die nur im Dienste Sold erhalten. – Der Staatshaushalt kostet jährlich 7 persische Millionen Tuman (1 persische Million = 20 ½ europäische Million). – Der Generalissimus der Armee, Serdar, ist der Kriegsminister Asis Chan mit ca. 40.000 Tuman Einkommen jährlich. Der Minister des Äußern, Mirsa Saïd Chan, mit 16.000 Tuman, schon seit 16 Jahren im Dienst. Minister des Innern, Feruch Chan, ca. 16.000 Tuman. Aber bei allen kann man 3 mal mehr annehmen durch ihre Nebenbeschäftigungen, durch Geschenke etc. Der täglich 1.000 Tuman Einkünfte habende heißt Mirsa Jusuf, Mustofi el memalik. – Der Minister der Finanzen, Duhst Ali Chan (Duhst = Freund), mit 150.000 Tuman. – Der Minister der Cultur, Ali Kuli Mirsa (Kuli = Diener), = 12.000 Tuman. – Der letzte der 400 Kinder oder der 136 Söhne Feth Ali Schah's ist der Prinz Dschelaledin Mirsa, der durch die Freimauerei in völlige Ungnade beim König gefallen ist und lange Zeit im Asyl in Schah Abdul Asim lebte.

*Sonnabend, 4. Januar.* Herrliches Wetter bis *10. Januar.* Einige Tage sehr kalt, doch klar. Heute Himmel bedeckt, auf dem Gebirge scheint der Schnee zu schmelzen, während dichte Wolken die Rücken derselben verhüllten. Gegen Abend fiel ein feiner Regen. Vorgestern Abend wieder bei Allison eingeladen.

Ein sehr bekanntes Individuum ist der Alirufer. Den ganzen Tag läuft oder reitet manchmal in den Straßen der Stadt umher, namtlich auf den Bazars, mit dem Stock in der Hand, fortwährend „Alijen“ rufend. Es ist ihm dies so zur Gewohnheit geworden, daß er den Kinnbackenkrampf hat. Er ist immer in ein weites, weißes Gewand verhüllt. Täglich erhält er vom Schah [5?] Kran. (2_06_054) Fortsetzung der Geschichte der Babi's [Zit] (2_06_055–2_06_063) [Zit] (2_06_064) [Orte]

Dem Beispiele der russischen Gesandtschaft folgend, die seit 2 Jahren ein neues Palais erbaute, hat nun auch die englische Legation die Summe von 50.000 Tuman zu gleichem Zwecke bewilligt erhalten. Die englische Legation hat vor kurzem im Auftrage ihrer Regirung dem Schah und den einflußreichsten Personen zahlreiche Geschenke von kostbaren Goldgefäßen und Geschmeiden gespendet, um das persische Gouvernement für die Wiedererneuerung der abgelaufnen Telegraphen Convention zu gewinnen, und ihren Zweck erreicht, obwohl die von englischem Personale in Stand gehaltne Linie nach Buschir enorme Summen verschlingt und deren Administration schon längst ihre totale [In...tät?] bewiesen hat.

Gleichzeitig befindet sich der in Tiflis residirende preußische Titular-Consul Siemens, Chef des in Wien, Berlin, London und Petersburg etablirten Hauses Siemens und Halske, hier, um für eine preußisch-russisch-englische Convention mit Persien die Ratificationen zu erhalten, laut welcher der Betrieb der Telegraphenlinie von der russischen [Gränze?] bei Djulfa bis Buschir auf die Dauer von 25 Jahren gänzlich in seine Hände überzugehen habe, wofür Siemens den 3ten Draht unentgeldlich der persischen Regirung abtrete und nebstbei an diese den jährlichen Betrag von 12.000 Dukaten zahle, nach obigen Zeitverlauf, aber die Leitung vollends der Eigenthum der persischen Regirung werden würde. – Nach dem überall, aber namtlich in Persien, bewahrten Grundsatze, wer nicht schmiert, der führt nicht, hat Siemens dort und da seinen Anliegen mit Geld und Au auf die Beine geholfen und auch dem Schah mehrere [prachtvolle?] Gewehre sammt andern kostbaren Geschenke dargebracht, daher er auch im raschen Trabe sein Ziel erreichte.

(2_10_019) Nachtrag zu Teheran. Die hohen Staatsbeamten des Schah sind folgende: Mirza Jusuf, genannt Mustofi el memalek, mit unbedingter Vollmacht vom Schah, der mit Unterbrechungen seit 20 Jahren diese Stelle bekleidet und seinem Vater in demselben Range nachfolgte. Er hat 40.000 Dukaten mit freier Apanage seiner Beamten und freien Tisch seiner Leute. 2) Der Kriegsminister Eschmededaule mit 40.000 Dukaten, vorher Gouverneur von Schuschter, jetzt erst gewählt an Stelle des Serdar Asis Chan, der früher gemeiner Soldat war und der erste war, der von dieser Stelle aus so hoch gestiegen war. 3) Minister des Äußern Mirsa Saïd Chan mit 15.000 Dukaten seit 17 Jahren. (Alle Mustofi werden keine Chans, ebenso wie die Militärs den Namen Mirsa nicht als Vornamen führen können). 4) Minister des Cultus und Handels, zugleich Director der seit 1850 gegründeten Militärschule, Ali Kuli Mirsa, Sohn von Feth Ali Schah, also Onkel vom jetzigen Schah, mit 10.000 Dukaten. 5) Justizminister und Ferrasch baschi des Schah, Kazim Chan, seit 1 Jahre. 6) Finanzminister Dost Ali Chan, zugleich Privatschatzmeister des Schah mit 10.000 Dukaten, seit 10 Jahren. 7) Ein Vorsitzender im Ministerrath, der dem Schah referirt, Pescha Chan, der gegenwärtig in Hausarrest sich befand wegen 10.000 Dukaten, der Erbschaft des frühern Kriegsministers.

Jeder Minister hat seinen Substituten und ein Heer von Schreibern, mirza. Wöchentlich 1mal halten die Minister Rath, so wie jeder wöchentlich 1mal Privataudienz beim Schah hat; aber seit dem jetzt der Schah einen Premierminister geschaffen hat, wird diesem nun alles an den Hals geworfen, der dadurch nun soviel zu thun hat, daß er eben gar nichts thut und die Geschäfte gehen läßt, wie sie wollen. Er vertritt den Schah im Sommer bei dessen Abwesenheit. – Das gesammte Einkommen Persiens ist 7 persische Millionen = 3 ½ europäische, der nicht gebrauchte Überfluß geht in die Privatkasse des Schah, ohne jemals zurückzugehen, dort bleibt er ohne alle Intressen liegen; seit Mohamed Schah liegen dort 38 europäische Millionen in Gold ohne Intressen.

Die Steuern sind nach der Ergiebigkeit der Provinzen vertheilt, die aber von den Gouverneuren aufs 3fache erhoben werden, weil er das bei Antritt seiner Regierung dem Schah gezahlte Pachtgeld sich wieder einbringen muß. Die reichsten Provinzen sind Fars, Ghilan und Arabistan, Ghilan ist aber zurückgegangen wegen Krankheit der Seidenwürmer. In jedem Orte mit Hakim oder Gouverneur wird Geld geschlagen, das dann nach Teheran zum Finanzminister als Steuern [zurückgeht?]. Dieser zahlt es dann auch nach den berat's oder Geldbogen, die früher der Schah selbst revidirte; bevor ein solcher ausgezahlt wird, muß er erst 14mal in den verschiednen Kanzleien gesiegelt werden. Früher kam dazu das Silber von Indien und Rußland, jetzt hat das aufgehört, da kein Export stattfindet, daher werden die Krans immer mehr verschlechtert; während früher der Ag Tuman 11 Franks, 65 Centimes in Europa angenommen wurde, kostet er dort nur 10 Franks, während der Au Tuman 12 ½ Franks gibt.

Alles Geld wird bis jetzt geschlagen, nicht geprägt; Maschinen wurden von Paris verschrieben, die aber am Strande bei Rescht und auf dem Wege zerstreut umher liegen, zu deren Aufstellung es auch nie kommen wird, wenn man nicht eine neue (2_10_020) kommen läßt. Seit 3 Jahren erhält gar ein Franzose Dawus mit seinen 2 Söhnen 2.000 Dukaten jährlich als Münzminister, was aber im März 69 abläuft, wo er dann zurück kehrt. Daß es nicht zur Aufstellung derselben kam, liegt am Finanzminister, der bei dem jetzigen System mehr Profit hat. Überhaupt ist die ganze Staatsmaschine rostig und abgenutzt wegen gänzlichen

Mangel an Industrie; alles Geld geht hinaus, nichts kommt herein, so verarmt das Land immer mehr, weil die Quellen aufhören, nur das schlechtere [Um?]-schlagen der Münzen muß einigermaßen das Deficit zugedekt werden; wenn auch das aufhört, muß das Land in andre Hände gehen. Würden Privilegien an Gesellschaften ausgetheilt ohne Mißtrauen, die die Schätze des Landes erschli-ßen, würde sich das Land bald [erheben?]. Die meisten Europäer sagen zwar, daß es keine Quellen gibt, das Land sei sterile Wüste; allerdings ist dies bei jetzigen Anblick so, was aber früher unter einer bessern Regierung nicht so war. Durch Wasservertheilung kann in Persien alles geschaffen werden, was man um Teheran selbst sehr gut sehen kann, wo seit 10 Jahren Dörfer mit Gärten und Alleen etc. existiren; allein die Bewässerung durch Canats ist zu künstlich und mühsam, weil man keine Röhren kennt; die Siphons sind aber seit alter Zeit hier bekannt.

Das Lustschloß Yauschan tepe = Hasenhügel existirt seit 12 Jahren, wo anfangs nur ein chinesischer Kiosk auf dem isolirten Felsenhügel errichtet worden war; seit 8 Jahren ist es aber nach und nach vergrößert worden, so daß der Ostabhang von oben bis unten mit Häusern, Ställen etc. bedekt ist (ebenso Zeltaniedabad oder gewöhnlich Sultanabad ausgesprochen, von zeltanied = Herrschaft). Am Fuße desselben weite Baumgärten, da der Schah mit vielen Unkosten einen kleinen Bach von den Bergen her leitete und dadurch in mitten der Wüste ein Paradies schuf; ringsherum dürfen die Wüstensträucher nicht gesammelt werden, um das Wild herbei zu locken, das hier vom Schah gejagt wird. – Die im vorigen Winter eröffnete Vergrößerung der Stadt ist viel zu groß angefangen und viel zu viel fortificatorisch gehalten, die dann eine zwecklose, große Garnison verlangt; ihre 12 Thore waren im Bau begriffen, und am neuen Stadtgraben wurde ununterbrochen gearbeitet, der dann 3 Pharsach Umfang haltenden neuen Stadt. Die Vergrößerung der Stadt war nothwendig, aber auch jetzt wird dem allgemeinen Wohl keine Rechnung getragen, so keine Ableitung der Excremente, jeder kann bauen, wie er will, weil die Einheit fehlt; der Schah meint es zwar gut, aber die Arbeit ist in den Händen des Stadtgouverneurs, der dadurch eine große Einkommensquelle hat, die er allein in seinen Geldbeutel fließen macht.

Das schönste Thor von Teheran ist das derbase Nasriye an der Nordostseite vom Arc, mit doppelter Mauer, in ihr die Wachen; besteht aus bunten, glasirten Ziegeln, mit Rustam und anderen Heldengemälden geschmükt. Eine breite, gepflasterte Straße führt von hier aus am Ark entlang (2_10_021) bis zum Bazar, auf beiden Seiten mit Bäumen bepflanzt. Der Schah ließ sich jetzt von Gasteiger ein Affenhaus projectiren für den zoologischen Garten, in dem sich einige Bären, Löwen, Hirsche befinden. Die Glas-, Papier-, Kerzen-fabrik so wie die Baumwollen- und Seidenweberei und Spinnerei sind alle in ihrer Entstehung wieder eingegangen, die Leute sind alle wider fort. Die Maschinen sind gestohlen oder verschleudert oder liegen bruchstückweise in der Rumpelkammer umher. Das Arsenal liefert nur wenig, aber gute Flinten; die Kanonengießerei und -dreherei liefert seit Rous Abreise nur noch wenig. – Die große, von Nadir Schah in Indien eroberte Kanone steht jetzt auf dem Maidan aufgepflanzt vor dem Wasserbassin vor dem Ark. Die Straße führt dort zwischen zu beiden Seiten schönen Gärten hindurch, die erst vor 3 Jahren angelegt wurden; sie standen jetzt im herrlichsten Blüthenschmuk von Pyrethrum indic., die herrlich gedeiht. Das Sonnengebäude schems el amaret mit 2 Thürmen und einer Thurmuhr; in chinesischem Geschmak erbaut. Die Straße nach Niaveran, mit Bäumen bepflanzt, vor 7 Jahren von Gasteiger gebaut. Die Straße von Teheran über Hassar tschamp längs des Flusses Tschalus nach Aliabad zum Meere, halbwegs zwischen Lenkerud und Balfurusch einmündend, führt durch schöne Gebirgsgegenden, aber die Straße ist von keinem Nutzen für den Handel, sondern nur eine Jagdstraße für den König; schon jetzt war die Seite nach dem Meere zu wieder ungangbar geworden, da eben nichts für Erhaltung gethan wird. Der Hafen von Balfurush ist nicht als solcher zu betrachten, da das Meer auf ½ Pharsach zu seicht ist. – Für die Soldaten wurden jetzt für 100.000 Franks Uniformen aller Gattungen bestellt in Paris.

Seit ½ Jahre wieder ein türkischer Gesandter hier, Riza Beg, ein Hypocrit, fanatisch; er verließ das von der frühern Mission bewohnte Haus, weil es armenisch war, und bezog ein persisches Haus. Die andern Minister halten sich von ihm fern. Die türkische Mission ist ohne allen Einfluß und nichts weiter als [Hall?]. Bis 1861 war die französische Mission angesehen, dann verfiel sie aber unter Gobineau bis heute, aus Mangel an Takt der Minister; der jetzige Minister hat seine Stellung durch Geiz unmöglich gemacht; es scheint, daß man die orientalischen Zustände ignorirt oder nicht hinreichend bewandert ist.

1858 wurde der erste Telegraph versuchsweise unter Kozisch eingeführt und 2 Pharsach weit bis zum Lustschloß Niaveran ausgedehnt. Dann wurde er von Teheran nach Täbris gebaut unter Ali Kuli Mirza von den Persern, aber so schlecht, daß er nicht arbeitete, bis dann der englische Telegraph zur Sprache kam. 1864 wurde er von Kuhrud nach Murgab von Gasteiger gebaut. 1866 waren beide englische Linien zum Verkehr fertig; aber er wird kostspielig und unpractisch betrieben, zu viel Superintendts etc.; die Perser haben dabei nichts weiter gelernt als die Einführung des Mursay'schen Apparats, (2_10_022) während die Perser früher mit Zeichenapparat arbeiteten. – Der Einfluß des Mullahs wurde durch den ehemaligen Emir Nizam viel beschränkter. In Persien sind 2 Rechte, das Inodal oder Gewohnheitsrecht, urf, von daher urbar und urbarium, von den Weißbärten und Kätchudas ausgeübt, das 2te das Religionsrecht oder scheriet, auf dem Koran beruhend, wird von den Mullahs geübt; diese haben die Civiljurisdiction; Kauf und Verkauf müssen sie signiren etc. –

Ehen werden nur im Hause geschlossen. – Die russische Mission seit 1828, die englische 1812, die französische 1845, die türkische ist neu. – Die Photographie wurde 1858 durch Karllian eingeführt zum Nachtheil der Photographen, denn jetzt photographirt jeder Prinz sowie der Schah, es ist freilich aber auch danach.

## VII Teheran–Ispahan (15.–30. Januar 1868)

(2_06_064) *Mittwoch, 15. Januar.* Heute soll von Teheran aufgebrochen werden. Gestern Abend verbrachte ich noch bei dem Englischen Minister bei Tisch. Nachmittags machte ich die Bekanntschaft des Mirsa Mohammed Arab, von Kirmanschah gebürtig, aber lange Zeit unter den Bachtiaren lebend, wo er eine Hauptperson war als Chef derselben. Vor 35 Jahren, als die Bachtiaren zur Zeit Mohamed Schah's nach dem Throne strebten, wurde Mataki Chan durch Menitschel Chan besiegt, worauf auch er seiner ganzen beträchtlichen Habe beraubt, nach Teheran gebracht wurde, was er seit dem noch nicht verlassen hatte. Er war von kleiner Statur, langer, schwarzer Bart, aber gebeugt durch (2_06_065) Unglück und Altersschwäche. Er recommandirte mich an seinen intimen Freund Mirsa Kelb Ali Chan, Gouverneur von Schuschter, der namtlich gut auch die Sprache der 4 Walis kennt. Ebenso ist Aslan Chan in Schuschter ein Freund von ihm, Chef der Bachtiaren; ferner Mehmud Taki Chan und Ali Naki Chan, seine Neffen. – Vorgestern den ganzen Tag heftige Regengüsse, doch gestern wieder schön, ebenso auch heute. Am *13.* war das russische Neujahr, wo ich in der russischen Gesandtschaft war. – Das Abschied nehmen will nicht enden.

Gegen Mittag wurde endlich aufgebrochen, nachdem 9 Tuman Backschisch gespendet worden waren, in Gesellschaft des Herrn von Gasteiger. Zum Thore von Schah Abdul Asim hinaus. Der Weg von 1 ½ Pharsach bis zum Dorfe schon früher beschrieben, bei Gräben längs dem Wege sehen oft Lavaschlacke hervor von grünlichem Aussehen, die in Stücken hervorsahen. Fortwährend war die Straße belebt, auch mehrere Kutschen einiger Großen so wie die Gesellschafts-Leiterwagen mit einer überspannten Leinwand, von einer eingegangnen Tiflis'er Gesellschaft stammend, die das pilgernde Publikum hin und her befördern. Das Dorf scheint sich zu vergrößern, wenigstens existirt jetzt ein neuer, hochgewölbter, luftiger Bazar aus Ziegelstein, auf dem man gut versehen war mit Waaren. Eine mächtige, hohle Platane erhebt sich auf dem Marktplatze. In einem gut eingerichteten Carawanserei stieg ich ab, dessen Hof voller Kameele stand. Abends heftige Kopfweh, die mich die Nacht nicht schlafen ließen.

*Donnertag, 16. Januar.* Mit Tagesanbruch wurde aufgebrochen, das weitläufige Dorf durchritten, in dem an vielen Stellen sich noch ziemlich hohe, dicke Erdwälle erheben. Um den Ort herum ziehen sich die Gärten der Großen, die hier im Asyl ihr Leben fristen müssen. Die hohe, vergoldete Kuppel, neben der sich noch eine andre in blauer Emaille erhebt, erglänzte im Strahl der Morgensonne. In Südwest Richtung zogen wir weiter, so daß das alte Rhages, das vom Dorfe aus sich ca. 1–1 ½ Pharsach nach westlich entlang zieht, rechts von uns bleibt. [Orte]

Nach ½ Stunde von Abdul Asim kommt links am Weg Baitawad, mit Baumgärten. Nach ca. 2 ½ Stunden senkt sich plötzlich die Ebne um ca. 30', deren Ende wie ein Wall erscheint an den Seiten; sie bildet nun ein ca. 1 Stunde breites, aber unbegrenzt langes Tiefthal, vollkommen flach, grünliche Mergel treten an den Seiten hervor. Da wo man abwärts reitet, liegt das Posthaus von Kärisek. (2_06_066) 1/4 Stunde davon links am Abhang liegt eine Grabkuppel, die auf Trümmern eines alten Ortes zu stehen scheint, was ich aber nicht ermitteln konnte. Diese Ebene wird von vielen kleinen Bächen durchzogen, die dieselbe jetzt zu einer schlechten Passage machten, denn das Wasser kann nur träge fließen. Es wimmelte von Kibitzen, Schnepfen, Reiher und Gänse einzeln. Auch diese gut bebaut, jetzt voller grüner Saatfelder. [Orte] Der Telegraph bleibt fortwährend in der Nähe des Weges. Nach ca. 1 1/2 Stunden war diese Ebne durchritten, und nun gings den Bergzug ganz allmählig hinan. Ein Dorf liegt an seinem Fuße, in dessen Chan sich eine Rotte Weiber zankend und schreiend balgten. [Orte, Pfl, Orte] Bald war der Rücken erstiegen, von dem man eine herrliche Aussicht genießt. [Orte]

Nach 1 Stunde war unser heutiges Konak, Kenaregird, erreicht, nachdem der Keretsch rud, daneben fließend, durchritten war worden, ca. 4′ tief und 30′ breit. Der Ort ist Carawanen und Poststation, in letztere stieg ich ab. Das Dorf zählt nur ca. 20 Häuser, aber desto mehr Ruinen. Nur wenig südlich vom Dorfe fließt erst der eigentliche Fluß, über den eine 100 Schritt breite Ziegelsteinbrücke führt; sie ist in der Mitte hoch gebaut; der Fluß war jetzt sehr wasserreich.

*Freitag, 17. Januar.* Noch bei Mondschein wurde am frühen Morgen aufgebrochen; alles Wasser hatte sich in der Nacht mit Eis bedeckt. Nach Überreiten der Brücke folgt nach 1/2 Stunde ein Dorf Issun, das letzte, was wir heute sahen auf unserm 7 Pharsach fernen Wege. Fortwährend geht es auf der Ebne fort, bis man nach einigen Stunden in ein ca. 1 1/2 Stunden breites Thal, Melikman daressi genannt, blickt, das einen merkwürdigen Anblick gewährt. Auf mehrern Punkten nämlich, namtlich aber am Fuße von den vorliegenden 2 Bergzügen, zwischen denen der Weg in die Ebne hindurchführt, haben sich weitläufige Gruppen von niedrigen (bis ca. 80–100′ hohen), ganz kegelförmigen, runden Hügeln gebildet aus Sand mit Mergel und Flußgeröll bestehend, (2_06_067) die durch ihr dichtes beisammenstehen in Gruppen oder langen Linien dem offnen weiten Thal einen eigenthümlichen Character verleihen. Ihre Seiten sind ringsum von Wasserrissen durchzogen; nur hin und wieder zeigen sich in ihnen dünne, [meist?] bis 1′ dicke, grünlich graue Schichten, gen Nord aufgerichtet in diesem Winkel [Zeich], eines leicht zerbröckelnden Sandsteins, oft an den Seiten höhlenartig ausgewaschen und mit dünnen Gypsadern durchzogen, auch Marienglas erscheint in dünnen Schichten. Efflorescenzen von $NaOSO^3$ bedecken überall den öden, kahlen Boden, nur hin und wieder einige Artemisia, Atraphaxis, Ephedra. Daß diese Hügel ihre Form durch Wasser erhielten, unterliegt keinem Zweifel; sie haben fast alle dieselbe Höhe, namtlich an einigen Stellen sieht man deutlich, wie das Wasser dieselben aus der Ebne gebildet hat durch Wegschwemmen. [Bau]

Den ganzen Tag starker kalter Westwind. Folgt ein isolirtes, aus Stein erbautes neues Carawanserei. Lange reitet man in dieser ganz allmählig aufsteigenden Ebne, bis man endlich von oben in der Ferne in der jenseitigen Einsenkung der Ebne Haus e sultan, unser heutiges Ziel, erblickt. Täuschen konnte man sich nicht darüber, denn soweit das Auge über die weiten, unermeßlichen Ebnen schweift, die in Mirage schwamm, erblickt es keine menschliche Wohnstätte; Gazellen zeigten sich in der Ferne. [Orte]

Ca. 3 Uhr kam ich in Hawas i sultan an, nach der großen Cisterne so genannt, die mit einem Ziegelsteindom überwölbt ist. Daneben steht das Carawanserei und das Tschepperchane, in letztern stieg ich ab. Ein 8rädriger, schwerer Wagen brachte von Yesd herrlichen, grünlich durchscheinenden Gyps, ein Stein 9′ dick, 10′ lang und 4′ breit, die nach Schah Abdul Asim bestimmt waren. [Orte]

(2_06_068) *Sonnabend, 18. Januar.* Mit Sonnenaufgang aufgebrochen; der ganze Himmel dicht bedeckt, nur im Osten war ein schmaler Streifen frei, durch den die Sonne prall ihre gelben Strahlen aussandte. Fortwährend ging es heute in trauriger Wüste, ohne Vegetation. [Orte] Eine Strecke war sehr schlecht zu durchziehen wegen den eingeweichten, zähen, salzgeschwängerten Thon, aus dem die Pferde nur mühsam die Beine herausziehen konnten. Nach 4 Pharsach kamen wir zum Carawanserei Sadrabad, ebenfalls nur aus dem Tschepperchane, dem Chan und einer gewölbten Cisterne bestehend, umgeben von trauriger Wüste. Hier ändert sich der Boden, der ein dunkles Aussehen annimmt, durch [rapillen?]artiges plutonisches Gestein, das in zerkleinertem Zustande die Ebene zu beiden Seiten des nun zu übersteigenden Bergzuges bedeckt. Dieser Zug zieht sich weit nach West und Ost und trägt ebenfalls den allgemeinen Character der frühern. Gegen den Bergzug erblikt man die schwarzen Zelte der Schahseven. Übergang sehr allmählig, unmerklich, aber Aussicht keine, da die ganze Gegend in Dunstwolken eingehüllt waren, die sich bald als dichter Schneefall entleerten. Von oben blickt man wieder in eine Ebene herab. [Orte] Ein breites Silberband durchzieht die weite Ebne, es ist der Strom von Hamadan, der seinem traurigen Schicksale, sich in der Wüste verlieren zu müssen, entgegen eilt.

Noch 1 Pharsach in Wüste fort und unser heutiges Ziel ist erreicht, Pul i Delack. In einem dunkeln Zimmer des Tschepperchane wurde einlogirt. Daneben befindet sich der Chan und eine Cisterne, daneben fließt der Strom vorüber, der jetzt ca. 60 Schritt breit war; eine Steinbrücke von 14 Bogen führt über denselben, von denen aber ein Theil eingefallen war. Fortwährend Schneefall.

*Sonntag, 19. Januar.* Die ganze Nacht hindurch schneite es, so daß am Morgen der Schnee einige Zoll hoch die Ebne bedeckte. Mit Sonnenaufgang wurde aufgebrochen, um das nur 4 Pharsach entfernte Kum zu erreichen. Etwas unterhalb der zu überschreitenden Steinbrücke mündet der Fluß von Chonsar in den von Hamadan, ersterer bleibt aber immer links in der Nähe des Weges bis nach Kum. [Orte] Nach und nach enthüllten die Berge hinter Kum ihre Gestalten, während die vergoldete Kuppel der [heiligen?] Fatmeh im Sonnenstrahl weithin erglänzte. Die Berge südlich von der Stadt mit ihren kegelförmigen Gestalten sowie die westlich sich wie ein Halbkreis herumziehenden Gebirge von Sawa geben der Umgegend der Stadt einen gewissen Reiz; von fern macht aber (2_06_069) dieselbe keinen Eindruck, da sie flach in der Ebne ausgebreitet ist. Dem jetzt brausend hinabschäumenden Strome kommt man bei der Stadt ganz nahe; sein Bett oft über 1/4 Stunde breit, mit Rollsteinen erfüllt.

Endlich war Kum erreicht; bei einer kleinen Moschee mit zugespitzten Thurm aus blauen Ziegeln wurde vorübergeritten, deren äußere Wände dicht mit kleinen Steinen erfüllt war als Zeichen eines heiligen Platzes. Im Tschepperchane wurde abgestiegen, vor der Stadt gelegen. Daneben führt eine 10bogige, gerade Steinbrücke über den Fluß zur Stadt hinüber. Die Umgegend prangte voll grüner Saatfelder, doch Gärten erblickt man keine, wenigstens keine ausgedehnten, denn die Bäume in den Gehöften zwischen den Häusern der Stadt kann man nicht rechnen. Das herrlichste Wetter noch heute, klar strahlte die Sonne wieder vom wolkenlosen, blauen Himmel herab. Dennoch beschloß ich aber, den morgenden Tag hier zu verbringen.

*Montag, 20. Januar.* Ein heftiger, kalter Ostwind wehte heute, so daß man sich selbst in den offnen Häusern nicht erwärmen konnte. Die Stadt Kum zählt ca. 3.000 Häuser, von denen ein großer Theil von im Asyl lebenden bewohnt wird. Mitten durch die Stadt zieht sich wie eine lange Ader der mit Kuppeln überwölbte Bazar, aus Ziegelstein erbaut, doch ist der ganz östliche Theil desselben, wohl die Hälfte des ganzen, unbesetzt und daher dem Verfall anheim gegeben. Die Schuhmacher und Kupferschmiede nehmen den größten Theil ein, während die Zeugverkäufer von europäischen Waaren meist in daneben befindlichen Carawansereis ihre Stoffe feil bieten. Gewürzkrämer, Conditor, Buchbinder, Fruchtverkäufer fehlen nicht, namtlich letztere viel vertreten, denen namtlich das nur 10 Pharsach ferne Sawa das meiste Obst liefert, also auch Kurud und Nathans. Wein wird hier nicht cultivirt. Das schönste Carawanserei der Kaufleute heißt tiandscheh, eine schöne große Ziegelsteinkuppel mit saracenischen Verzirungen in den Ecken.

An Moscheen hat Kum großen Überfluß, man zählt deren groß und klein gegen 500 und ebenso viel Bäder. Die Hauptmoschee ist aber die an der Westseite der Stadt befindliche Moschee der [heiligen?] Fatmeh mit 2 großen, mit

Platten gepflasterten Vorhöfen, schon verzierten (in Emaille) Portal und vergoldeter byzantinischer Kuppel. Außerdem bemerkt man noch einige mit blauer Emaille überkleidete Moscheenthürme, die wie ein Zuckerhut erbaut sind. Minarets erblickt man nur 2, die beieinander stehen, meidan minarah genannt. Sonst bemerkt man nichts besonders in der Stadt, deren Häuser auf den platten Dächern größtentheils mit kleinen Kuppeln versehen sind. Die Straßen sind schmutzig, ungepflastert, nur der reinlich gehaltne Bazar ausgenommen. Das Trinkwasser wird durch tiefe Wasserstollen herbeigeführt, zu denen tiefe Treppenfluchten hinabführen und das Wasser durch Hähne herausgelassen wird. Schulen sind ca. 50. Carawansereis 400, von denen manche sehr hübsch und großartig angelegt sind. Es ist Sitz eines Schahsade, unter dem ca. 1.000 Dörfer stehen, die zusammen 30.000 Tuman jährliche Abgaben dem Staatsschatz einbringen. Die um Kum umherziehenden Iliats sind: Schahseven, Kaini, Send, Arab, Leschini, Calhur, Abdul Meleki, Karchuneïn, Chaladsch und Kelleku. Über die Namen [Mugda?] [Kahn?], Karachahn und Karahamzali konnte ich nichts erfahren. Der District Ferachahn, hier Feraohn ausgesprochen, soll 20 Pharsach entfernt sein. [Orte] (2_06_070) [Orte]

Westlich ca. 3/4 Stunde von Kum erhebt sich in der Ebne ein niedriger, schwarzer Hügel, isolirt von der etwas weiter südlich sich erhebenden Bergkette; man nennt ihn Gidahngelmes, d. h. gegangen und nicht wieder kommend; man sagt, wer ihn bestiegen, solle nicht wieder zurückkehren; Salz soll auf ihm sein. Vielleicht ist diese Sage nicht ohne Grund, vulkanisch aufsteigende Gase können leicht so etwas bewirkt haben. [Orte]

*Dinstag, 21. Januar.* Mit Sonnenaufgang aufgebrochen und im Zickzack durch die winkligen Straßen der Stadt, voller Häuserruinen, geritten, zum Ostende derselben, wo 2 Grabcapellen mit conischen Thürmen, nur noch theilweise mit blauen Emaille bedeckt, mit Storchnestern. Hier befinden sich die Gärten der Stadt, voller Granatsträucher mit dazwischen stehenden Fraxinusbäumen; sie dienen zugleich als Ackerland, auf dem jetzt Saatfelder prangten. [Orte]

Der Weg führt heute in fortwährender Ebne längs dem Bergzuge entlang, rechts zeigen sich hin und wieder einige Häuser oder wenigstens deren Reste, ebenso weiterhin erblickt man links mehrere kleine Dörfer, alle ohne Bäume. Mehrere kleinere Wasserableitungen vom Flusse bei Kum her werden durchritten, zur Bewässerung der Felder dienend. Einen nach Kum abfließenden Bach passirt man aber nicht, wie irrig auf Kiepert's (2_06_071) Karte angegeben ist. Auf dem ganzen Wege daher erfreute mich der herrliche Anblick der Demawendgruppe, der von Ferne gesehen erst zeigt, wie riesig er sich über die Elbursberge erhebt, die wie Zwerge gegen ihn erscheinen. Nach 4 [Stunden?] kommt man bei dem ehemaligen, jetzt ruinirten Dorfe Lengurud an, schon von weitem kenntlich durch seine Obstgärten, aus denen 2 große, schön gewachsne

Pinus (wie die im Ark von Teheran) mich in Erstaunen versetzten; diesen so lange nicht gesehnen Baum hätte ich hier nicht vermuthet; es beweist aber, daß der Boden auf diesem Striche durchaus der Cultur nicht unfähig ist. Wie herrlich würde sich hier ein Pinuswald ausnehmen, wo jetzt nur dürre Wüste herrscht (ähnlich wie bei Beyruth). Salzefflorescenzen zeigen sich hier längs den Gebirgen nur sehr wenig und stellenweise; daher auch mehr Vegetation wie Hulthemia, [Pfl]. Vom Dorfe existirt nur noch das Carawanserei, an dem jetzt eine Kameelcaravane von Hamadan lagerte.

Von da noch 1 ½ Pharsach ist unser Menzil, Pasengan, erreicht, mitten in Wüste liegend und nur aus dem aus Stein erbauten Carawanserei, dem gegenüberliegenden Tschepperchane und 2 Cisternen bestehend. Eine Menge Repphühner mit schwarzer Brust, auch einige Züge von weiß und braun gefleckten Gänsen zeigten sich; überall aber Kolkraben, von denen ich einen schoß; merkwürdiges, zähes Leben, selbst beim Abziehen lebte er, bis ihm die Gurgel durchschnitten wurde. Da noch 2 Stunden bis Abend waren, so benutzte ich das herrliche, warme Wetter zu einem Spaziergang zu dem ½ Stunde nahen Bergzuge. [Orte] Näher dem Gebirge breiten sich Sandlager aus. Dort fand ich viele Muscheln in dem quarzigen Kalkstein, 4 Arten, von denen einige denen des Libanon bei Beyruth gleich sind. Leider fehlte mir die Zeit zum längern Suchen, jedoch gab mir dieser Fund die Gewißheit, daß einst diese ganze große Wüste, in welcher Yesd und Kerman in der Mitte liegen, vom Meere bedeckt war oder wenigstens von einem See, der aber dann durch die vulkanischen Erhebungen der Bergzüge verschwand. Schon der Blick auf die Karte zeigt an, daß einst hier ein See war, in den sich alle Flüsse der im Kreis ringsherum ziehenden Gebirge ergossen, die sich jetzt in der Wüste verlieren. [Orte, Pfl]

(2_06_072) *Mittwoch, 22. Januar*. Wieder ein köstlicher Tag, nur Vormittag wenig Ostluft, dann aber sehr warm. Mit Sonnenaufgang aufgebrochen. Links ½ Stunde liegt in der Ebne das ziemlich große Dorf, zu dem der Chan gehört. Nach einigen Stunden eines einförmigen Rittes gelangt man am Hügelzuge selbst an, dem man bisher immer fern geblieben war. [Orte] Einzelne Ziegenheerden weideten an den Bergabhängen, die wenigen dürren Kräuter verzehrend, die sie grün verschmähen, aber im Winter durch den Regen mürbe werden. Links ab weite Wüste, keine einzige menschliche Niederlassung. [Orte] Durch ein breites, ca. 30′ tief eingerissnes Strombett, in dem jetzt nur wenig salziges Wasser floß, erreicht man das Carawanserei Schurab = Salzwasser, reinlich gehalten und sogar mit einer kleinen Weidenanpflanzung daneben. Hier ist die Grenze zwischen Kum und Kaschan, und die höhern Gebirgszüge, die man nun erblickt, unter dem allgemeinen Namen Kuh Fihn bekannt, gehören schon zu letztern. Ihre Rücken alle scharf, aber nicht lang, Aussehen wie zerbrochen. Ca. 1 ½ Pharsach lang reitet man zwischen den Hügeln hindurch, die in ihren Vertiefungen sehr viel Salzauswittrungen zeigen, daher auch hier solche Vegetation wie Salicornia, [Pfl].

Abwärts gelangt man nun zu einem im Verfall begriffnen Carawanserei, Bache schah genannt, dessen Feld oder Gartenmauern größtentheils schon zerfallen sind. Käutzchen nisteten in denselben. Nach ½ Stunde endet das Hügelterrain, und man erblikt nun vor sich wieder eine mächtige Wüste nach Süd und Südost, da ein Bergzug sich noch dazwischen lagert; weite, weiße Salzefflorescenzen bedekten darin den Boden; doch längs ihrem Rande erblickt man längs den Gebirgen einzelne Niederlassungen und Dörfer. Die sich ineinander schiebenden [6?] Züge des Kuh Fihn erheben sich direct über dem Wüstenrande, und noch weit nach Süden, bis sie das Auge nicht mehr erreicht, ziehen sich dieselben. Ein klarer Bach kommt hier aus einem Wasserstollen hervor, mit Nasturt. offic. erfüllt; eine Menge solcher Wasserstollen zeigen sich hier am Hügelabhange, die das belebende Element der Ebne zuführen. Daneben zeigen sich die Trümmer eines zerfallnen Dorfes; hier waren die Abhänge grün, [Pfl].

Am Fuße dieser Hügel liegt etwas entfernt davon unser heutiges Konak, Sensen genannt, aus einem Chan und Tschepperchane bestehend; mehrere dazu gehörende Niederlassungen erblikt man in der Nähe. Ein klarer, aber warmer, sehr salziger Bach fließt daneben, von fern her vom Hügelzuge geleitet; in ihm sehr viele Fische; Potamogeton, 3 Algen, kleine Schnecken. An den Rändern blühte ein [mir?] [neuer?] Sonchus und Arenaria salina. (2_06_073) Das Dorf Maschkun südlich am Bergabhange ca. 1 Pharsach fern gelegen, während Nathans Südost liegt. Unser heutiger Marsch war 7 Pharsach.

*Donnerstag, 23. Januar.* Mit Sonnenaufgang aufgebrochen bei etwas bedecktem Himmel, doch warm. Die Elbursgebirge grell beleuchtet mit scharf hervortretenden Schatten der Thäler. Der Demawend herrlich. In fortwährender Ebene geht es bis Kaschan; nach 3 Pharsach wird Nasirabad erreicht mit großer Carawanserei aus Ziegelstein; das Dorf besteht aus ca. 200 Häusern, die in dieser Gegend von Kaschan alle mit Kuppeln auf den sonst platten Dächern versehen sind. Neben dem Orte wurde, wie auch um Kaschan, viel Eruca sativa gebaut, Mandan oder Mandap genannt, aus deren Samen man Brennöl bereitet; sie stand jetzt in Blüthe auf dem sandigen Boden. Sehr warmer Tag heute, Südluft. Wasserstollen durchziehen nach allen Richtungen hin die weite Ebene, die fast alle von den steil aufsteigenden Gebirgen kommen, deren Fuß von einer sich sanft neigenden Abdachung umgeben ist. Rechts gegen die Gebirge erblickt man eine Menge kleinerer Dörfer oder ummauerter Niederlassungen, während die größern Orte frei von solchen Mauern sind. Rechts ab ½ Stunde liegt Murdabad, links folgt dann ¼ Stunde ab Aliabad; weiter links liegt Nuschabad, ein großes Dorf mit ca. 200 Häusern und blaue Moscheenthürme. Dieses Dorf steht auf der Stelle des alten, durch ein Erdbeben zerstörten Kaschan. Rechts

3/4 Stunde ab liegt das große Dorf Rabend mit den 2 Dörfern Chosak und Scherchabad; diese gehören dem Lessan el muk in Teheran, dem Geschichtsschreiber, der seine Einkünfte davon bezieht. Zu Nuschabad gehören 50 Messereh oder Quellen, d. h. kleinere Niederlassungen zur Cultur des Bodens, deren Einwohner im Winter meist in der Stadt wohnen. [Orte]

Noch ca. 1 1/2 Pharsach von Kaschan erblickt man einen Minaretthurm der Stadt, während rechts am Gebirge sich der große Ort Fin ausdehnt mit seinem schönen Garten und herrlichen Wasser; weithin erblickt man seine Cypressenbäume. Vor Kaschan angekommen, reitet man auf einem sehr breiten, gepflasterten Wege zur Stadt ein, wobei links das hübsche, neue Haus des Telegraphen, mit Wasserbassin davor, sogleich auffällt. Der Straße folgend, reitet man durch ein kuppelartiges Thor in die Bazare ein, ich bog aber links ab zum Tschepperchane. Dasselbe ist sehr geräumig, mit hohen, gewölbten, großen, weiß angestrichnen Zimmern an den Seiten. Ich erhielt hier sogleich den Besuch des Telegraphisten Mr. Orford, der mich zu sich einlud, was ich aber nur theilweise annahm, d. h. das Essen. Den Abend verbrachte ich bei ihm, wo ich einen soeben von Paris zurückgekehrten Schüler traf, einen Fe-schmelzer, der 7 Jahre dort verbracht hatte.

*Freitag, 24. Januar.* Nur wenig wurde vorgenommen, da ich Nach Mittag einen Ritt mit Orford nach Fin beabsichtigte, der aber vereitelt wurde. Mein Mucker war krank und konnte nicht mehr weiter und wollte mich über Kurud, seiner Heimath, nach Ispahan begleiten. Da die Berge aber dahin voll Schnee lagen, willigte ich nicht ein, und so schickte er zu seinem Vater, damit derselbe mich begleiten solle. Ich muß daher auch Morgen noch hier verbringen.

(2_06_074) *Sonnabend, 25. Januar.* Mr. Orford verließ früh Kaschan um nach Kum zu gehen. Ich erkundigte mich über die Cobaltminen, die gen Kurud, 1 Pharsach fern vom Dorfe Chamsar liegen. Dieselben gehören einer Association von 50 Männern, meist Saids, die alle 2 Jahre einmal dieselben ausbauten und dann warten, bis alles verbraucht ist. Jetzt waren natürlich die Gruben mit Schnee bedeckt, daher konnte ich sie nicht besuchen. Die käufliche Erde, ladscheward genannt, ist von grauer Farbe, in ovale Klumpen zusammengeballt und mit Siegel versehen. Man unterscheidet 2 Arten. Ladscheward abi und ladscheward Kirmisi = blauer und rother Ladscheward. Die Substanz, aus der diese Klumpen geformt werden, ist wie Erde, die in Stollen aus dem Berge hervorgeholt wird. In Wasserkübeln zertheilt man die Erde durch Schlagen und läßt dann absetzen; der zu unterst sich absetzende Schlamm wird zu eben diesen Klumpen geformt. Man gebraucht dieselbe, um die blaue Glasur hervorzubringen, in dem man die in Wasser fein zertheilte Masse auf die Geschirre aufträgt und dann brennt, wodurch das Blau erst hervortritt. Die Erde selbst konnte ich hier nicht auftreiben, und die Masse wird zu theuern Preisen verkauft, à Okka [...] Kran, dennoch soll der jährliche Profit nur 200 Tuman ausmachen, was mir unbegreiflich scheint.

Der District und Stadt Kaschan gehören dem Staatsminister Amin edaule oder Feruchan, die 65.000 Tuman Abgaben einbringen. Der [Import?] der Duane beträgt 18.000 Tuman. Der hier residierende Gouverneur ist Ismael Mirsa. – Die Stadt liegt in völliger Ebene, Südwest durch die langen Gebirgsketten begrenzt, an der der Weg nach Nathans entlang führt. Die Stadt hat viele schöne Gebäude, denen Feruchchan viele neue hinzugefügt hat wie die Vergrößerung des Bazar, rechts beim Einreiten zu demselben, wo er eine ganze Straße in solche verwandelte, die sich durch ihre Höhe, Halle und Geräumigkeit auszeichnen, in der jetzt Cu schmiede arbeiten, deren Gehämmer sich von weitem hörbar macht. Die Bazare nehmen einen großen Theil der Stadt ein und zeigen vom Gewerbfleiß der Einwohner; hauptsächlich wird in Cu und Seide gearbeitet, auch schöner rother Sammt. Zur Cultur der Seidenraupen findet man fast rings um die Stadt Maulbeerbäume. Würden die Cupferarbeiter 1 Tag nicht arbeiten, so bringt das 500 Tuman Verlust, die jährlich 500.000 Man Rohkupfer in Barren verarbeiten. Die Juden beschäftigen sich hauptsächlich mit dem Seidenhandel, die hier eine Synagoge besitzen und weit zahlreicher sind als die Armenier; auch mit Wein und Arakfabrication beschäftigen sie sich, ersterer soll aber nicht vorzüglich sein, sondern stark mit Tabak versetzt sein. Opium und Tabak wird ebenfalls hier cultiviert. An vielen Orten sah ich Kameele große runde Steine im Kreise herumdrehen zum Pulverisiren der Hennablätter, des Indigofera und die Granatrinden.

Schöne Chane besitzt Kaschan mit elegant ausgeschmückten, großen Domen, deren geschickte Ausführung man bewundern muß, namtlich der neue, von Feruchchan erbaute, der noch nicht ganz vollendet war. Auch hier haben die Häuser diese kleinern Kuppeln auf den Dächern. Das schönste Gebäude, vielleicht außer einiger Moscheen, ist das königliche Collegium, in dem aber nur Arabisch gelehrt wird, und ein großer, mit Platten belegter Hof mit Wasserbecken, ringsum (2_06_075) laufen die Zimmer der Studirenden und Lehrer, darüber mit bunter Emaille schön ausgeführte Portale und Eingänge, die aber dem Ungläubigen verwehrt sind. [Orte]

Westlich von der Stadt liegt Fin, von woher das vom Korudgebirge herabkommende Wasser, durch seine Klarheit berühmt, herkommt. Man hat berechnet, daß dieses Wasser, welches Kaschan versieht, der Stadt täglich 1.000 Tuman einbringt. [Orte] Gen Ost sind Aruhm und Bidgol, beide nahe beisammen, fast eine kleine Stadt bildend, wo Seide und gute Früchte wie Melonen etc. herkommen; 1 Pharsach fern von Kaschan. Jedes derselben hat 33 Messereh oder Quellen. Orte, die keine Abgaben an die Regierung, sondern an Einzelne, wie an Minister etc., geben, nennt man Tojuldörfer. So gehört Nuschabad dem Isaak

Chan, Beglerbeg zu Teheran, Rahak dem Hadji Mirsa Seman Chan etc. – In Kaschan sind 100 Muschteheds und ebensoviel Pischnamas = Vorbeter. Kaschan hat 13.000 Häuser und 7 Thore. Um die Stadt herum standen die Saatfelder in strotzender Fülle, dazwischen blühten schon Muscari racemosum, [Pfl]. Heute wieder sehr warmer Tag; viel Gedenken nach Hause.

*Sonntag, 26. Januar.* Erst spät am Morgen aufgebrochen, mit dem gestern noch eingetroffnen Vater unsers kranken Katirtschi. Vor der Stadt theilen sich die Wege, der links führt über Busabad nach Nathans in fortwährender Ebene, ich wählte aber den rechts abgehenden. Herrlicher, warmer Tag. Die vorliegende Ebene ist nach allen Richtungen hin von zahlreichen Kerises durchschnitten. [Orte] Nach ca. 1 Pharsach liegt rechts am Wege eine neue, überbaute Cisterne oder vielmehr eine Wasserstelle, zu dem eine Treppenflucht hinabführt. [Orte] Nach ca. 2 ½ Pharsach reitet man in einen niedrigen Hügelzug ein, aus aufgeschwemmten Kies und plutonischen Geröllmassen des nahen Gebirgszuges bestehend; dieser bildet einen mehrere Pharsach breiten Wall, von vielen jetzt trocknen Wildbachbetten durchfurcht, daher hier fortwährend auf und abreitend. [Orte] (2_06_076) [Orte]

Kaum in den Zug eingeritten, liegt Choremtasch plötzlich vor uns, ein aus 50 Häusern bestehendes Dorf mit kuppelförmigen Dächern, 2 alte Cypressen stehen vor dem Carawanserei, und ebenso wie bei uns durch Abhauen verstümmelte Weiden- und Eschenbäume (hohl) umstanden das von einem klaren Bache durchströmte Dorf. Eine Ruine eines alten Chans aus Stein befindet sich neben dem Dorfe. Hier mußte Gerste gekauft werden, da in unserm heutigen Konak nichts zu finden ist. Saatfelder umstanden das Dorf, das mit einer Moschee mit kleinem, blauen Thurm versehen ist. [Orte] Der Demawend auch von hier aus sichtbar sowie ein Theil der Elbursberge. Auf dem heutigen Wege kein Salzboden, dennoch Vegetation von Artemis., Noea Arten etc. [Orte] Ein trocknes Wildbachbett wird durchritten, eine weite Strecke hin und zu den Seiten mit meist abgerundeten Granitblöcken dicht bestreut.

In ein von einem Bach durchrauschtes Thal reitet man hinab und erreicht jenseits aufgeritten plötzlich den Chan Robad, den man bisher noch nicht wahrgenommen hatte. Hier ist man dem Bergzuge ganz nahe, dessen Schnee bis zum Chan herabreichte. Derselbe ist aus rohen Steinen erbaut mit hübschen Portal, aber ganz in Verfall, da er unbewohnt ist. Ich fand eine Gesellschaft Katirtschis von Nathans in ihm. Thüren existirten nicht; in einer von allen Seiten offnen Stelle campirte ich die Nacht. Ankunft hier mit der Dämmerung. Einige wenige Häuser befinden sich weiter aufwärts etwas.

*Montag, 27. Januar.* Noch vor Sonnaufgang wurde aufgebrochen. Blutroth war der etwas bedekte Himmel. Unterhalb des Chans liegt in der Ebene ein kleines

Dorf; ein trocknes Salzstrombett zieht sich wie eine Silberader in der thalartigen Ebene gen Osten, gebildet durch einen isolirt sich erhebenden, vulkanischen Bergzug, dessen Seiten nur ganz allmählig abfallen zur weiten Ebne; nur in seiner Mitte ist dunkles, plutonisches Gestein hervorgestoßen. [Orte] (2_06_077) [Orte] Nach Osten dehnt sich unabsehbare Wüste aus, aus der nur die Salzflächen entgegenstrahlen. Man durchreitet nun einen mit Granitblöcken (sehr hell, nur wenig schwarze Körner) dicht überschütteten Abhang, die durch wilde Winterströme oder Regengüsse nach und nach aus den sie begraben habenden Rapillen und Sandmassen blosgelegt wurden. [Orte] Nach 3 Pharsach erreicht man einen wildabschießenden, klaren, kalten Bach, Hendscheng rud genannt, in einem ca. 100′ tief eingerissnen Thale, der den unterhalb liegenden Dörfern Childabad und Mechabad, deren Saatfelder hervor blinken, ihr belebendes Element zuführen. Ein kleines Dorf liegt dort (Hendscheng), wo er aus den Bergen hervortritt, nur 1/4 Stunde aufwärts. 1 Pharsach weiter, und man befindet sich direct unter dem steil aufsteigenden Gebirge, an dessen Nordabhange sich der Gouverneur von Nathans ein Sommerhaus erbaut hat. Klares, kaltes Wasser kommt von mehrern Seiten herab. Zerfallne Mauern beweisen schon frühere Ansiedlungen wie auch die schönen, schlank gewachsnen Pinus, die einen Abhang mit ihren pinienförmigen Formen bedeken. Neben dem Bache hatte man einen weiten, unterirdischen Raum geschaffen für Winter-Schaafstall. Auch Platanen fehlten hier nicht, freilich verkrüppelt durch Abhauen. Von hier aus steigt nun der Weg aufwärts, das Gebirge rechts lassend. [Orte]

Gerade aus blickt man in einen weiten, flachen Kessel voller Obstpflanzungen, Saatfelder und zerstreute Häuser. Es ist Natans, dessen Hauptgruppe man aber erst bemerkt, [von?] wenn man davor steht. Hier begegneten uns ein Zug Siebmacher, die durchaus nicht wie Zigeuner aussahen, auch werden sie von den Eingebornen von solchen unterschieden. (2_06_078) Die hageren Männer trugen [graue?] kurdische Filzkappen und eng anschließende Kleider; die Frauen blaue Röcke, ähnlich den Araberweibern, über den Kopf ein blaues Tuch gelegt, aber unverschleiert. Sie sagten uns, daß sie früher in Kaschan gewohnt hätten, über ihr wahres Abstammungsland scheinen sie selbst nichts zu wissen. – Der Kessel von Natans wird wieder von niedrigen Bergzügen umkreiset, namtlich nach Südost, wo ein steiles, helles Kalkgebirge massig hervorsteht. Der Ort dehnt sich aus von Nordwest–Südost längs dem Bache Bachesun rud (nach einem Dorfe oberhalb so genannt) aus, dem mehrere kleinere Bäche hier zueilen. Die Felder sind der Bewässrung wegen terassenförmig abgetheilt, während längs dem Bache alles voll Bäume steht, namtlich Salix und Fraxinus und Platanen, erstere beiden hier ebenfalls geköpft; die Gärten daneben voller Obstbäume, namtlich große Birnen, gulami, die weithin versandt werden und namtlich von dem nahen Dorfe Tahmes kommen. Die Häuser alle sehr hoch gebaut, einstöckig, mit platten Dächern ohne Kuppeln; doch sehr viele liegen in Ruinen, die an manchen Stellen durch Einstürzen die Straße versperrten; man läuft aber ruhig darüber, ohne den Schutt wegzuräumen. Über dem Orte erhebt sich auf steiler Felskuppe ein Kiosk mit Rundschau nach allen Seiten, ähnlich dem von Diarbekr; er soll noch von Schah Abbas sein.

Eine hell angestrichne Moschee isolirt liegt an dem Nordostliegenden niedrigen Berge. Vor allem aber intressirt das schöne Minaret aus Ziegelstein, mit bunter Glasur ausgeschmückt, so wie das daneben befindliche schön mit Emaille ausgelegte Portal mit Koransprüchen. Die Moschee selbst ist größtentheils zerfallen, aber das sehr hohe, runde Minaret sehr gut erhalten. Das Volk schreibt seine Erbauung dem Kai Kaus zu. Der Ort soll 1.000 Häuser mit 10.000 Einwohnern haben, zum District gehören 72 Dörfer, die meist in den Bergen liegen; ein Schahsade [g..u..it?] es. 4 Moscheen, 4 Bäder, 3 Carawansereis. In einem derselben stieg ich ab, von wo aus der Blick gerade auf das gegenüber sich steil erhebende Kärriesgebirge fällt, das mit wenigen Schnee versehen sein soll. Juden und Armenier fehlen. Sprache und Kleidung persisch. Vor einer Wohnung ein freier Platz mit großen Platanen und Celtis, die beide häufig sind. [Orte] Die Straßen sind winklig, eng, mit einigen Bazarboutiquen. Die Einwohner beschäftigen sich meist mit dem Verarbeiten von Baumwolle zu groben Zeugen zu eignem Gebrauch, Baumwolle viel cultivirt.

*Dinstag, 28. Januar.* Sehr kalter Morgen, Eis gefroren, da Nathans höher als die Wüste liegt. Mit Sonnenaufgang aufgebrochen und die kleine, ½ Stunde breite Ebene durchritten, bis man zu einem kleinen Paß gelangt. [Orte] Salix sygostomon stand stellenweise schon in Blüthe. Vom [genannten?] Passe herab reitet (2_06_079) man nun eine lange Strecke immer auf und ab in den plutonischen Zügen hin, die hier endigen, um links ein Kesselthal zu bilden. [Orte] Jenseits Nathans gen Südost erblikt man am Fuße jenes steilen Kalkfelszuges eine Menge kleiner, schwarzer Erhebungen in gerader Linie, die mich an die 10 verwandelten Zelte bei Sungur erinnerten. [Orte] Nach ca. 2 Pharsach erheben sich die plutonischen Bergmassen höher mit schwarzglänzenden, in 4eckige Stücke zerspringenden Gestein, aber ziemliche Vegetation, namtlich häufig eine Ephedra an den Felsen. Der aufwärts führende Weg gestattet nun wieder einen Blick auf eine kleine Ebene, von erstgenannten Bache durchflossen, von Bergzügen umkreiset, aber ohne Dörfer, nur ein Carawanserei liegt links abwärts am Hauptwege. [Orte] Am Bache aufwärts ziehend, war bald unser Konak erreicht, nur 4 Pharsach heute, ein isolirter Chan, Hamsa genannt, da der 1 Pharsach ferne Serdehan, das alte Quartier, in Ruinen liegt. [Orte] Hier mußte wieder Gerste für morgen gekauft werden.

(2_06_080) *Mittwoch, 29. Januar.* In der Morgendämmrung wurde aufgebrochen; ein kalter Nordwind machte die Glieder erstarren; es war, als würde man von Nadeln gestochen; dabei der Himmel klar. [Orte] Der Weg steigt allmählig immer mehr zwischen den Hügeln aufwärts, bis man den 1 Pharsach fernen Serdehan erreicht, der seinem Namen alle Ehre machte, denn auf diesen offnen Hochplateau war die Kälte sehr empfindlich. [Orte] Rechts ab blickt man in die viel tiefer liegende Ebene, an deren Rande sich steil die Bachtiarengebirge als lange Kette erheben, aus der im Nordwest der Elwend deutlich hervorragt mit seiner breiten Spitze. Mudschachar liegt ca. 2 Pharsach rechts in dieser Ebene.

Wieder geht es an einem ganz in Trümmern liegenden Carawanserei vorüber, wobei sich das Platau immer mehr senkt, bis man endlich bei dem einsamen Chan Tumbi, unserm heutigen 5 Pharsach fernen Konak, die platte Ebene erreicht. Ein salziger Bach wurde in seiner Nähe zu einem Bassin gestaut, es war daher sehr wohl gethan, daß wir uns heute Morgen mit gutem Wasser von Hamse versehen hatten. Der Chan ist sehr geräumig, mit ehemals hübschen Portal mit Emailleschriften. Die Stallungen geräumig, hoch gewölbt, mit Kuppeln, alles aus Ziegelstein, der Unterbau aus rohen Steinen. Ich logirte mit den Pferden im Stalle in einer erhöhten Nische, da die zu Zimmern bestimmten Abtheilungen alle ohne Thüren waren. Der Chan ist ganz in Verfall, von Niemand bewohnt, obgleich einige Bäume ihm zur Seite stehen. Das gleiche Schicksal hat ein gegenüber liegender Chan aus Erde. [Orte] (2_06_081) [Orte]

*Donnertag, 30. Januar.* Da heute 8 Pharsach zu machen waren bis zur Stadt, wurde noch in der Nacht 1 ½ Stunden vor Sonnenaufgang aufgebrochen, immer auf öder, ebner Straße fort, bis nach ca. 4 Pharsach rechts das Carawanserei Turmian liegt. Von hier an werden nun die Ruinenzerfallnen Dörfer immer häufiger, je näher der Stadt zu, von unzähligen Wasserstollen durchzogen. Eine Art Repphühner mit schwarzer Brust, [Djerboa's?], zeigten sich in größter Menge.

Nach 1 ½ Pharsach wurde der große Ort Scheherabad erreicht, schon von weitem durch seine 3 großen Taubenthürme sichtbar. Der Ort ist ringsum von einer Erdmauer umzogen, mit ca. 300 Häusern. Ein starker, tiefer Bach fließt am Orte vorüber, an dem sehr hübsche Mädchen saßen, ihre Kleider zu waschen. Neben dem Orte breiten sich rechts die Ruinen des alten Ortes aus, deren von hier aus mehrere Gruppen sichtbar waren. Obgleich aus Erde gebaut, widerstehen diese Ruinen doch sehr lange den Einflüssen des Wetters wegen der Trockenheit der Luft. Die Bauern waren mit Pflügen ihrer Äcker beschäftigt, mit Ochsen; sie trugen hier lange, graue Filzmützen, nach Art der schwarzen persischen Lammfellmütze; andre trugen dieselbe Form, aber aus gewöhnlichen bunten Zeug gefertigt. Von hier aus erblikte ich zuerst die Stadt, in Dunst gehüllt. Die Gegend wird immer bebauter, viele Dörfer zeigen sich zu beiden Seiten, so rechts Aminabad und Nermin, jedes von Obstbäumen umgeben und von einem Bache durchflossen. Immer näher treten die Berge jenseits Ispahan hervor, einzelne Minarets werden sichtbar. Viele tiefe Wassergräben werden auf Brücken überritten; eine Strecke von ¼ Stunde führt durch einen tief gelegnen

Morastboden mit stagnirenden, tiefen Wasser; eine erhöhte, breite Straße führt bequem durch denselben hindurch. Schnepfen in großer Menge, Kibitze, Enten belebten denselben. Nach 2 Stunden kam ich endlich vor der Stadt an, bei einem gräßlichen Sturm, der immense Staubwolken in der großen Ebene aufwirbelte, von West einherbrausend. Die nahen Gebirge rechts waren den Augen ganz entschwunden, so war die Luft mit dichtem Staub erfüllt.

Durch ein Thor reitet man zur Vorstadt ein, bis man vor das eigentliche Stadtthor kommt, von einem Paar persischer Granitlöwen, auf dem Boden stehend, bewacht. Ein Duanenwächter machte Schwierigkeiten, mich ohne Trinkgeld ziehen zu lassen, wovon mich aber meine Peitsche befreite. Gern hätte ich den Bazar vermieden, aber die Katirtschis lieben dermaßen, durch ihn zu ziehen, daß ich wohl oder übel ihnen folgen mußte, keinen andern Weg kennend, obgleich einer existirt durch den Tscheherbach, um nach Dschulfa zu gelangen. Schlagend und schreiend gings durch denselben, (2_06_082) von Menschen wimmelnd, bald durch eine Carawane aufgehalten, deren Kisten sich aneinander rieben, schreiende Menschen dazwischen, gestoßen von den Kisten etc.

Endlich nach 3/4 Stunde wurde der Königsplatz erreicht, durch einen langen, leeren, sehr hoch gebauten Bazar kam ich zum Tscherbach und endlich zur Brücke, die über den breiten Zarin rud führt, vor 200 Jahren von Schah Abbas erbaut und noch merkwürdig gut erhalten. Über Felder zog ich nach 1/4 Stunde in die Christenstadt von Dschulfa ein, von deren Kirchendomen überall die kleinen Kreutze herabschauten. Durch die langen, von Wasserkanälen durchzognen und dicht mit Bäumen bepflanzten Straßen ziehend, begab ich mich zur katholischen Kirche, dem ehemaligen Jesuitenkloster, zum Pater Pascal Arakelian, an den ich durch Pater Clement empfohlen war. Hier blieb ich noch für Morgen, da aber keine heizbaren Zimmer, ebenso keine Ställe für die Pferde vorhanden waren, miethete ich mir in der Nähe ein Haus, 2 Tuman per Monat.

## VIII Ispahan (31. Januar–22. Februar 1868)

Der Pater Pascal sprach etwas französisch, das er durch Selbststudium gelernt hatte, von Trebisond gebürtig, ein Armenier, der aber europäische Manieren sehr gut angenommen hatte. Bei ihm traf ich einen Chaldäer, der vorher bei Saramadaule in Kirmanschah als Lehrer der französischen Sprache gewesen war, aber durch eine eigenthümliche Krankheit seinen Abschied genommen hatte. Er hatte früher viel Arak getrunken, war dann gestürzt, wobei sein Gehirn derangirt wurde. Seit jener Zeit sagt er aus, daß eine Menge Stimmen, bald sehr tief, bald sehr hoch, wie vom Himmel her, ihm zurufen ohne Aufhören: Pierre, du [wirst?] ein Heiliger werden, du wirst Pabst; bald wieder andre: Nimm dich in Acht, du wirst von Hunden zerrissen und gefressen werden; dadurch hat er vor Hunden solche Furcht, daß er, als ihm einst eine Stimme zurief: Pierre, küsse die Pfote des Hundes, der neben dir ist, wenn nicht, wird er dich zerreissen, er dieselbe wirklich küßte etc. Er glaubte, es seien Teufel, die ihn plagten, bis sie ihn von seiner Krankheit überzeugten. Dabei war er aber durchaus nicht verrückt, sondern ein ganz gutmüthiger, zuverlässiger Mensch.

(2_06_084) Isperek, Reseda luteola, zum Gelbfärben für Seide und Baumwolle in Ispahan und Herat. Hennah um Schiras und Kerman, auch unzerkleinerte Wurzeln. Opium um Yesd, Kaschan und Ispahan. Ein Gummi, genannt Birzund (Benzoë?). Tokmi [Kaswin?], ein schwarzes Samenkorn zur Bereitung des grünen Chagrinleders, tirma namah, ein faconirter Seidenstoff mit schahlartigen Gewebe und Zeichnungen des Musters, 7/4 breit, aus Ispahan, beliebter Stoff für Damenkleider.

Les religions et les philosophies dans l'Asie centrale. Par le comte de Gobineau. Paris. Librairie académique Didier et Compagnie 1866.

3 ans en Asie (155–58) par Gobineau. Librairie Hachette et Compagnie à Paris.

Die Handelsverhältnisse Persiens in Bezug auf Absatz östreichischer Waaren. Von Albert Ritter von Gasteiger. Wien 1862, bei Le compagnie Sommer.

A Journal of 2 years travel in Persia, Ceylon, by Robert Binning. 2 volumes, London. W. H. Allen and Company 1857.

The history of Persia etc. by Colonel Malcolm. 2 volumes, London. John Murray.

Price's Mohamedan History.

Picard's Religious ceremonies.

Geschichte der Assyrier und Iranier vom 13–5. Jahrhundert v. Chr. von Jacob Kruger. Frankfurt a. M. bei L. Brönner 1856.

Rambles in the deserts of Syria and among the turkomans. London. John Murray 1864.

The history of the late revolution in Persia by father Krusinski, jesuit of Ispahan. London MDCC33.

Sammlung der vorzüglichen [neuern?] Reisebeschreibungen, herausgegeben von Dr. P. Kulb; Fr. Dubois de Montpereux, Reise um den Caucasus. [27..?] Darmstadt 1843 bei Leske. [Txt] (2_07_001) [Txt]

(2_07_003) *Samstag, 1. Februar 68.* Über Luristan erhielt ich in Ispahan folgende Notizen:

Was die Eintheilung Luristans betrifft, so haben die Provinzen Ispahan, Arabistan, Kirmanschah einen Theil davon inne: so gehören zu Ispahan die Armenierdörfer von Feridan, wo Feis ulla Chan und Abdullah Chan in Nanadikan die Walisprache reden. Dort ist der Dalankuh durch seine Vegetation berühmt, wo viel Gesengebin von Juli–August gesammelt wird, und zwar eine 3malige Ärndte, die erste liefert das beste. Die Dörfer von Tschuhar-Mahal liefern den Attars in Ispahan die meisten Medikamente. (Der Ort Puaschisch war hier nicht bekannt, der Name bedeuted Erbse.) Nehawend gehört zu Kirmanschah, dem Sohne von Emadedaule, Naib al ayala. – Bei Choromabad findet sich neben den Gärten ein großer Stein mit Inschriften. Bei Bebehan findet sich [Mumiaí?]. Die Sprache der Bachtiaren soll dem persischen, die [der?] Luren dem kurdischen näher stehen. Auch in Bebehan sehr verschiedner Dialect. In Schuschter finden sich viele Jacobiten, Sahabi genannt, die eine dem chaldäischen sehr ähnliche Sprache reden; sie haben Bücher, aber keine Kirchen, tauchen sich in's Wasser, essen nichts von Andern erhaltnes.

Der Chef der Haftleng ist Hussein Kule Chan, zu dem gehören Gotawand, Tschellekun, Kuschkek, Assere, Messilän, Schaweli, Felledschabad, auch der Serde Kuh zu ihm, durch seine Vegetation und seine Höhe bekannt. Der Chef der Tschuarleng (= 4 Hinkende) ist Ali Resa Chan in Kalai Tol, 5 Tage von Schuschter. – Von Choromabad–Schuschter wird die Laksprache gesprochen. – In der Umgegend von Nehawend bei Tschil Imam = 40 Gräber, am Gamasab, mit merkwürdiger Grotte über der Quelle; viele Pilger wandern hierher. 5 Pharsach vom Gamasab ist eine andre Quelle, genannt Serau i Gihan (von Keïhan, ein König?) wo Mehmed Chan und Hussein Chan Gouverneur sind, deren Vater Hadji Ismael Chan. – Der Import von Nehawend beträgt 29.000 Tuman, Choramabad 60.000 Tuman, durch Emadedaule an den Schah zu entrichten. Von Ispahan nach Kirmanschah rechnet man 15 Tage, und zwar über Anuschirwan, Tschalesia, Dehak, Tor, Guge, Chumein, Feresbe, Hassar, Döwletabad, Kengawer, Sahna, Kirmanschah.

Dschulfa liegt am Nordfuße des Kuh Sufa, in der Ebne, der die Stadt mit seinen kühnen Formen überragt, die von weitem fast wie eine riesige Sphinx erscheinen; gen Nord wird die Stadt durch den Senderud von Ispahan getrennt. Die

Stadt hat 450 armenische Häuser, mit 100 muselmännischen Häusern, die in einem besondern Viertel wohnen. 12 Kirchen und noch mehrere leere Kirchen, die aus Mangel an Personen zerfallen. (2_07_004) Die Straßen sind meist sehr eng, nicht gepflastert, jede von einem Wassergraben durchzogen, der mit Eschen, Weiden bepflanzt ist, auch mit Platanen. Dschulf ist in [...] Viertel getheilt, die Nachts durch Thore verschlossen werden. Aus Mangel an Arbeit ziehen immer mehr Familien weg von hier. 1 große, gerade Straße geht durch die ganze Stadt.

Die katholische Kirche befindet sich im ehemaligen Jesuitenkloster, bunt nach katholischer Art ausgestattet. Père Pascal beklagte sich sehr über seine Glaubensgefährten, nur 25 Familien hier, die nur aus Interesse Katholiken wären und so lange sie unterstützt würden. Im Klostergange befindet sich das Grab Borowsky, der im Kriege gegen Herat fiel. Das Grab des armen Aucher-Eloy befindet sich in einer Ecke des Hofes, ohne irgend ein Zeichen oder Stein. Die Schule befindet sich ebenfalls im Kloster, wo auch französisch gelehrt wird. Die Bibliothek war in großer Unordnung, sie sollte aber zusammengestellt werden. – Wegen des Telegraph befinden sich hier mehrere englische Familien [wie?] Clarks, Walton und Frau, MacDonald und Frau, Dr. Cuming, Höltzer u. a., letzterer leider gerade abwesend. Durch ihr barsches Auftreten, das oft an Brutalität grenzt, sind dieselben im Allgemeinen nicht beliebt, Hunde und Katzen schießen auf der Straße ist ihr Hauptvergnügen. Ich war jeden Abend bei ihnen eingeladen, zum Billard spielen. [...]

Im Tscheherbagh wurden viele der alten Platanen umgehauen, ohne ergänzt zu werden; die meisten Wasserbassins waren leer, und die Platten der Einfassung lagen zerstreut umher. Die Platanen waren meistens alle verstümmelt durch Abhauen der großen Äste. Der Palais von Tschilsitun ist prachtvoll durch seine Spiegel überall; es sind aber nur 20 hölzerne, sehr hohe Colonnen, die sich aber in einem daneben befindlichen Wasserbecken widerspiegeln, daher der Name 40 Säulen. [Bau] In den obern Räumen haben sich Maler nieder gelassen, die ihre Schmierereien zu theuren Preisen verkaufen. – Auf dem großen Königsplatze erhebt sich in der Mitte der Galgen. 2 schön verzierte Moscheen mit Emaille bilden den Hauptschmuck des Platzes. An einer derselben lehnte ein Gerüst, zum Ausbessern bestimmt, wozu es aber nie kommt. Die Bazare sind ungemein weitläufig und voller Waaren, reinlich gehalten und fortwährend vollgestopft von Menschen. Ich kaufte hier eine vollständige Rüstung für 25 Tuman, ferner eine gestickte Tischdecke für 9 Tuman und viele Droguen, die hier viel billiger sind als in Teheran, namtlich liefert Tschuarmahal und Feridan viel hierher.

(2_07_005) Ein anders schönes Palais mit weiten Gärten befindet sich am rechten Senderudufer, Haft dast = die 7 Gebäude, in dem gewöhnlich der König absteigt, auch dieses voller Gemälde und Spiegel verzirungen. (dast heißt auch Hand, hier aber Gebäude) Im Sommer kann Jedemann, wenn er eine Gesellschaft geben will, dasselbe miethen. Neben ihm befinden sich in den weiten Gartenflächen noch 2 ähnliche Gebäude. Da es Donnerstag Abends war, so zogen hier eine Menge Menschen zu Pferde zu den Gräbern, um ihre Gebete zu verrichten. Ich unternahm einen Spazierritt nach dem Kuh Sufa, der sich über Djulfa erhebt. An seinem Ostende ist ziemlich hoch ein Kiosk erbaut, der durch seine weiße Farbe weithin leuchtet. Aber auch dieser liegt in Ruinen, denn die ehemaligen Zimmer und Ställe sind zerfallen, nur der Kiosk steht noch, von dem man eine herrliche Aussicht genießt über die ganze Stadt, die die ganze vorliegende Ebene in der Breite ausfüllt mit ihren weiten Gärten und Dörfern, die in eins verschwimmen. Rechts erblickt man die weite Ebne mit dem Wege nach Schiras, der längs einer Bergkette mit zackigem Rücken hinführt. [Orte]

Das Gestein des Kuh Sufa besteht aus verschiednen Kalkstein, mit Quarz vielfach durchzogen; hauptsächlich aber ein dunkler, sehr fester, feinkörniger Kalk, der zu den Grabsteinen des an seinem Fuße liegenden armenischen Friedhofes verwandt wird. [S-kies?] und salzige Auswittrungen zeigten sich stellenweise. 2 alte Platanen fristeten nur kümmerlich ihr Leben, da eine kleine Quelle, die früher den Felsen entsprang, aufgehört hat, ihnen das nöthige Element zu geben. Von hier aus ritt ich längs der Berge etwas westlich, wo auf einem 2ten Bergzuge auf der Spitze der Tacht Rustam sich erhebt, ein neues Gemauer in Thurmform. [Orte] Das am breiten Wege nach Feridan gelegne Dorf Desgird wurde durchritten, wo auf einem Felsen eine mächtige Platane steht, von einer kleinen Terasse umgeben, wo das Volk die Gebete hält. In der Meinung des Volkes pflanzte einst Ali dieselbe. Nachdem die weiten Obstgärten durchritten, von zahlreichen Wasserströmen durchzogen, kam ich zu den Ufern des Senderud, den ich hier mit Hülfe eines Führers in 3 Armen durchritt.

Wieder durch weite Gärten, und das aus 100 Häusern bestehende Dorf Kuladun wurde erreicht, wo sich die schwingenden Minarets befinden. Nach Übersetzen über viele tiefe, abgeleitete (2_07_006) Wassergräben neben Obstgärten erblikt man endlich dieselben. Dieselben befinden sich auf beiden Seiten auf dem platten Dache einer Moschee, die aber wie die Moschee ein junges Aussehen zeigen; da dieselbe immer in Stand erhalten wird. Eine eigentliche Moschee ist es nicht, sondern nur das halb überbaute Grab eines Schech Abdullah, der in einem großen, steinernen Sarcophag hier beigesetzt ist, mit der Jahreszahl 566. Das Grab ist umgeben von Leuchtern aus Blech wie das auf dem Elwend. In jedes der ca. 20′ hohen Minarets stieg ein Mann, die dieselben in schwingende Bewegung versetzten, was sich dann auf das ganze Gebäude übertrug. Die bewohnenden Mullahs erklärten es als ein Wunder der Heiligen, ich halte aber den elastischen Mörtel für die Ursache; Moorgrund, wie viele wollen, ist hier nicht vorhanden; auch wenn dieser vorhanden, würden die Minarets, die ihre Schwingung erst den untern Theilen des Gebäudes mittheilen, dieselben nicht schwingen machen; bei Moorgrund müßten die Schwingungen vom Boden aus erfolgen, oder erst schwingen die Minarets, dann nach einer Weile das ganze Gebäude.

1/4 Stunde westlich vom Dorfe erhebt sich mitten in der Ebene ein isolirter Kalkfelsen, Ateschka genannt, von dem aus einst die Guebern Feuer über das Heer Alexanders sollen geworfen haben. [Orte, Bau] Auf der Spitze erhebt sich ein Erdkiosk mit 8 Durchsichten, die die herrlichste Aussicht darbieten, die ich um Ispahan getroffen habe. Rings um die grünen Saatfelder, von zahlreichen Gewässern durchzogen, die weiten Gärten mit ihren Bäumen und die Hunderte von Taubenthürmen; der Blick auf Ispahan, dessen Anfang man durch die vielen Dörfer, Ruinen und Gärten nicht ergründen kann, darin die weite Ebene bis zum Natansgebirge, der Kuh Sufa mit seinen wechselnden Gestalten, die Ebene Lendschun mit den vielen Dörfern, der Senderud rechts ein breites, blaues Band, dazu der blaue Himmel, von dem die Sonne in die so lachende Landschaft blickt, bieten ein Bild dar, das tief und unauslöschbar dem Beschauer bleiben wird. – In den Gärten blühten Salix sygostomon überall, aber nur männliche Exemplare, deren Blüthen in ca. 14 Tagen sorgfältig gesammelt werden als Bidmisk, (2_07_007) theils zu einem destillirten Wasser, theils um das Gesengebin darin zu verpacken. Auch Haselnußsträucher erblikt man theilweise in Blüthe; Ulmus campestris trifft man häufig als Baum, der seine Blüthen in einigen Tagen entfalten wird; Eschen und Pappeln treiben ihre Knospen, letztere ist eine verschiedene Art, wohl P. alba, Kawude genannt, mit weißen Stämmen, die meist hin und her gebogen sind. Platanen erblikt man überall, oft sehr alte Stämme. So sah ich einen Stamm auf der Rückkehr nach Djulfa, im Viertel Serun; am Wege steht da ein mächtiger Coloß, aus dessen hohlen Innern wieder mächtige Stämme emporgeschossen sind, ein wahrer Phoenix, der sich verjüngt.

Taubenthürme erblikt man überall, alle rund und sehr dick, aber nicht hoch; auf ihm erheben sich kleinre Baue, ganz von 4eckigen Löchern durchbohrt; sie sind an der Außenseite nicht mit Blumen verzirt in bunten Farben, denn die Tauben lieben die Scheuheit, sagt man. Ein solcher Thurm bringt jährlich ca. 50 Tuman ein, durch den Mist, der zur Düngung der Melonenfelder gut bezahlt wird; [man?] [nennt?] sie Kebuterchun burtsch. Mohn wird überall in den Gärten viel gebaut, die Felder der Bewässerung wegen in 4eckige Beete abgetheilt; überall erblikte ich die jungen Pflanzen, die weißen Mohn geben. – Über eine Steinbrücke von 30 Bogen, die glatt über den Zenderud führt, Pul Marnun genannt, nach dem Dorfe am linken Ufer, gelangte ich nach Djulfa, wo sich hier eine jetzt leere Kirche befindet.

*10. Februar.* Fortwährend herrliches Wetter, aber Nachts und im Schatten auch während des Tages starker Frost. Die Engländer liefen Schlittschuh. An den sandigen Ufern des Senderud entspringen unterhalb Djulfa mehrere kleine Quellen in salzigen Boden, dessen Salz sich an alle Pflanzen krustenförmig ansetzt. In dadurch gebildeten Tümpeln fand ich eine Menge Algen, unter andern auch eine schön fructificierende Nitella, die erste von mir in Asien gesehne, [Pfl]. Auf dem Bazar begegnete mir ein Gouvernementsbeamter mit zahlreicher Dienerschaft. Er frug mich, ob ich jenseits Ispahan das alte Schloß gesehen habe und lenkte dann das Gespräch auf Amerika, was ihn sehr interessire, dann meinte er, die Amerikaner sind Muselmännisch und sprechen eine dem persischen ganz ähnliche Sprache. Er glaubte dies, weil die in Amerika in persischer Sprache gedruckten Wissensbücher von dort aus Persien überschwemmen.

Ecbatana = Hamadan. Espadana des Ptolomeus = Ispahan. Nach persischen Geschichtsschreibern wurde Ispahan durch Tamuras, dem Dämonbezwinger, gegründet, der 4 Dörfer gründete, die unter Kei-Kobad vereinigt wurden, dem ersten Monarchen der Keikanier-Dynastie. Erst Schah Abbas machte es zu seiner Residenz, legte den Tschuharbach an, Tschilsitun u. a. (2_07_008) Der leere Bazar bei Tschuharbach heißt Basari Bulund, durch Schah Hussein erbaut, ähnlich dem Wekilbasar zu Schiras construirt, nur kleiner. Fragt man, warum in Ruinen? so erhält man die Antwort: es ist Niemand da, der es bewohnen will. – Die große Brücke des Chan Allawerdi gut erhalten, doch ein Pfeiler jetzt halb eingefallen. Mit 33 Bogen, mit 99 kleinern Bogen darüber, ganz gepflastert. Am Ufer gefärbte Stoffe ausgebreitet. In der Mitte der Brücke sind Alcoven angebracht, in denen Fruchtverkäufer, Kallianzubereiter saßen. Die Gärten von Hascht behescht [oder?] Eingang zum Paradiese, jeder mit einem Palaste, aber ruinirt. Die europäische Gestalt an der Wand ist ein gewisser Mr. Strachey, Attaché einer frühern englischen Gesandtschaft.

*Mittwoch, den 12. Februar 68.* In Begleitung des englischen Agenten Aginur und mehrern Cawassen begab ich mich gegen Mittag zum Gouverneur. Wieder führte der Weg durch den Tschuharbach bei der Medresse Matr Schah vorüber, bis ich zum obersten Thore, die alle mit offnen Häusern elegant, aber jetzt sehr ruinirt, überbaut sind, rechts in den Obstgarten von Heschte behescht = 7 Paradiese mit seinen eleganten, offnen Palais, einritt. Ein dunkler Gang führte aus denselben in die größern Gärten von Tschilsitun mit dem prachtvollsten Palaste Persiens. An diesen stößt das Palais des Gouverneur, zu dem hier ein Eingang führt. Über dem Thore erblickt man mehrere Figuren, in Lebensgröße gemalt, der rechts ohne Bart auf einem Stuhle sitzend, ist der Eunuche. Manudscher Chan, genannt Motammed eddaule, ein Armenier von Tiflis, einer der besten Gouverneure von Ispahan, zugleich die mächtigste und wichtigste Person in Persien. Er legte sich sogar königliche Abzeichen bei bei seinem öffentlichen Erscheinen, so daß ihn der König frug, mit welchen Recht er sich Schah nenne, und seine Antwort war: wenn du keine Schah's in deinem Lande hast, wie könntest du dich sonst Schahin schah nennen! Trotz aller Intriguen des Premierminister konnte ihn Niemand absetzen.

Wieder führt ein Bogen-Gang auf einen freien Platz, auf dem man rechts zum Gouverneur abbiegt. Der gepflasterte 4eckige Hof mit Blumenbeeten, ringsum von unansehnlichen Gebäuden umgeben, erscheint nach dem eben gesehnen sehr ärmlich; die Gouverneure ziehen den Aufenthalt hier aber den andern Palästen vor, da sie hier mehr abgeschlossen sind und den Harem in demselben Hause oder doch nahe haben. Das Empfangszimmer war sehr klein, ringsum saßen auf dem Boden die Schreiber und andere Beamte. Bei meinem Eintritt erhob er sich von seinem Stuhle, und nachdem Platz genommen, wurden wieder die gewöhnlichen Redensarten gewechselt. Er war ein alter Mann, schwarzer Bart, sehr abgelebt, er erschien mir halb todt, gelb an Farbe. Daher hat er auch durchaus keinen Einfluß aufs Volk. Der preußische Krieg mußte auch diesmal wieder herhalten und die Telegraphen-Convention von Siemens. Nachdem er meinen Firman und das Schreiben von Minister des Äußern gesehen, beorderte er seine Schreiber zum Ausfertigen eines Schreibens für seine ganze Provinz. Nachdem Caffe und Thee genommen, wurde aufgebrochen.

(2_07_009) Neben seiner Wohnung durch einen Gang getrennt, befindet sich aber der eigentliche Palast, der durch einen Prinzen Seffid eddaule gebaut wurde, der sich jetzt in Teheran befindet, vor ca. 40 Jahren erbaut wurde; das Bild des Erbauers befindet sich mehrmals an den Wänden. Dasselbe besteht aus 2 Abtheilungen, einem größern Saal mit großen Wasserbecken aus weiß-gelblichen Marmor mit 4 Säulen, deren Füße 4 Knaben bilden mit je 1 Löwenkopfe dazwischen, beide Wasserspeiend. Das Ganze ist wieder mit Spiegeln aus Crystall bekleidet, ebenso auch das daneben befindliche Zimmer. Im Sommer bei drückender Hitze muß hier ein herrlicher Aufenthalt sein. Der Name des Palastes ist Sarpuschide. Leider begann Regen, so daß ich mich eiligst aufmachte. Am frühen Morgen war der Himmel ganz mit Nebel bedeckt gewesen, der nun als Regenguß herabkam, aber schon nach 1 Stunde war alles vorüber und trocken. Merkwürdig sah es aus, als die Wolken den Kuh Sufa umzogen und nach und nach zur Ebene sich herabsenkten. Es erinnerte mich ganz an den Salève bei Genf, die beide in ihrer Lage zu den Städten übereinstimmen.

*Donnerstag, den 13. Februar 68.* Ich begab mich gegen Mittag nach Ispahan, um bei den Attars einige Einkäufe zu machen. Herrliches, warmes Wetter. Die Madresse der Mutter von Schah Abbas, an der man vorüber reitet, ist ein Prachtgebäude, alles mit bunter Emaille bekleidet, und unten um das ganze Gebäude herum sind die Wände mit gelblich weißen Marmorplatten belegt. Die Eingangsthüren zeigen noch jetzt ihre ciselirten Agplatten. Leider ist der Dom fast ganz seiner Emaille entkleidet.

Ich begab mich zu einem Attar, Saïd Hussein, bei dem ich große Mengen der verschiedensten Stoffe vorfand, ohne alle Ordnung bunt durcheinander; auf seinem Boden wurden die Kräuter in großen, irdnen, offnen Gefäßen aufbewahrt, voller Staub, ohne Namen, Arsenik, Mesenderan Zucker, Kräuter, Tabaschir, alles bunt durcheinander, und ein Holz-Löffel diente für alles! Sehr oft waren in einem Topfe gegen 30–40 Gegenstände, Rinden, Gummis, Hölzer etc. Alles wird in sehr lockeres Lumpenpapier gewickelt und mit schlechten, weißen Fäden zum Zusammenhalten umgeben. Ich fand die Drogen viel billiger hier als in Teheran. Bei einem Opiumhändler kaufte ich eine Probe Opium, das er auf einer Holzplatte vor meinen Augen mit einem Messer wohl 5mal aufstrich, um es gut zu mengen, wie er sagte. So zubereitet, würden dann direct Pillen daraus gedreht von verschiedener Größe, worauf es ja hier nicht ankommt. Merkwürdig ist, daß nicht mehr Vergiftungen hier vorkommen!

(2_07_010) *Freitag, den 14. Februar.* Herrliches Wetter, aber im Zimmer verbracht. Abends im katholischen Kloster, wo der Pater Pascal, ein Armenier, sich mit Pierre, einem Chaldäer, stritt, wessen Nation die älteste sei. In einem armenischen Dictionaire von Dschamdschian, Venedig bei den Mechataristen 1769 in 5 volumes, wurden 6 armenische Isaak erwähnt. [Zit] – Was den sogenannten Sultan Isaak belangt, dessen Grabmal in Hauroman verehrt wird, so konnte es wohl der obengenannte Isaak Sunni sein, der Krieg gegen die Yesiden in Kurdistan machte und dort starb. Sunni bezeichnet eine Landschaft bei Kars. Über eine Verpflanzung von Armeniern nach dem Schahu ist nichts bekannt, wenn nicht vielleicht unter Nadir Schah, wenn aber in dieser Zeit, so ist es nicht erklärlich, daß die Einwohner gänzlich ihre Sprache vergessen haben sollten.

*Sonnabend, den 15. Februar.* Am frühen Morgen brach ich in Begleitung [Aganoors?], Pascal's und mehrern dienstbaren Geistern auf nach Ispahan, um der Einladung zum Diner vom Imam dschuma Mohammed Said Hassan Folge zu leisten. Derselbe wohnt neben der ältesten Moschee von Ispahan, genannt Meschdschid e dschumah. Über eine Menge Bazare führte der Weg fortwährend, bis wir dort endlich ankamen. Enge, winklige Gassen, oft mit dunkeln Passagen führten uns erst zu dessen Bruder Mullah Said Husseïn, neben erstem wohnend. In einem kleinen, aber reichlich ausgeschmückten Zimmer empfing er mich. Stühle standen schon bereit, und bald war die große russische Theemaschine in Gange sowie die Kallians und Manilla-Cigarren, die er als eine Erbschaft von Herat empfangen hatte. Er war von kleiner Gestalt, mit langen, rothen Bart, in sehr einfacher Kleidung, umhüllt von einem schwarzen Abbas und weißen Turban. Er sprach und ging sehr gelassen, da er fortwährend von Astma geplagt war und mich dafür um Medicin anging. Das Zimmer war vollständig mit Spiegeln bedeckt, auf denen Blumen- und Gebinde aufgemalt waren; Fenster mit bunten Glas, Thüren und Zwischenräume zwischen den

Spiegeln vergoldet. Daneben führt eine Treppe zu den kühlen, unterirdischen Sommerruinen mit Wasserbassin, alles gewölbt. Dieses gab mir eine Ansicht der alten Wohnungen von Niniveh. Gänge führten zu einem 2. und 3. Hofe mit Zimmern jeder ringsum, einer für die Frauen. (2_07_011) Das Gebäude war aber noch im Bauen begriffen.

Er unterhielt uns über persische Geschichte, in der er sehr bewandert war; er rieth mir, die Geschichte Rosat ol Saffa an, die ich für 6 Tuman kaufte, auch wollte er mir mehrere Bücher in Pahlvi etc. verschaffen, woran ich aber zweifle. Nachdem wohl so 1 Stunde verflossen sein mochte, begaben wir uns zu seinem Bruder, dem Imam dschuma, der einflußreichsten Persönlichkeit in ganz Persien, der selbst für den Schah keine großen Complimente macht, denn als erblicher [Oberst?] der Religion ist sein Einfluß unermeßlich. Seine Familie hat diesen Titel und Rang erblich seit ca. 400 Jahren; jetzt ist er aber wegen der Nachkommenschaft besorgt, da sein einziger Sohn keine Kinder hat. Durch mehrere Höfe voller Diener kamen wir in den innersten Hof, der zwar nicht groß, aber sehr verzirt ringsum war an den Wänden der Zimmer. In einem Zimmer voller Goldverzirungen an den Wänden empfing er uns, gerade als alles zum Diner aufgetragen war. Er sowie sein Bruder, Sohn und Neffe speisten allein, während wir ebenfalls allein speisten, auf persische Art auf dem Boden sitzend und mit den Fingern zugreifend. Wohl gegen 20 Gerichte waren aufgetragen auf ein großes, vorgelegtes Tuch, alle Speisen ungemein fett bereitet, vorzüglich war der Pillau und die Fleischspeisen; Scharbat und andere Süßigkeiten, Trauben etc. fehlten nicht. Aber Wein fehlte, dem das Haupt der Religion aber im Geheimen gar nicht abhold sein soll.

Er ist ein Mann von ca. 60 Jahren, groß, macht aber nicht einen so vortheilhaften Eindruck wie sein Bruder; schwarzer, kurzer, dünner Bart, glattgeschorner Kopf, von einer langen, grauen persischen Tuchmütze bedeckt. Er frug den Priester, ob heute nicht ein Festtag sei, was derselbe verneinte, offenbar sehr glücklich darüber, denn er haute sehr gut in alle Gerichte ein. Sodann ließ er sich verschiedene Religionsgebräuche erklären und zeigte uns die eingerahmten Bilder von Jesus, Moses, Aron, aber sehr schlecht ausgeführt; das von Jesus drückte er gegen seine Stirn. Als ich ihn frug, warum die Muhamedaner ihre Hände vor dem Gebet waschen, sagte er, daß das durchaus nicht zum Gebete gehöre; Mohamed habe nur es mit der Religion verbunden, um sein Volk reinlich zu erhalten; eine ähnliche Bewandtniß habe es mit dem Weintrinken, dem man zur Zeit Mohameds sehr ergeben gewesen sein soll und in Folge dessen viel Streit und Uneinigkeit entstand; sie davon abzuhalten, das konnte er nur durch ein religiöses Verbot erhalten. Er wird hier überall schon bei Lebzeiten als ein Heiliger betrachtet. Jeder Vornehme ankommende drükte ehrerbietig seine Stirn mehrmals an seine Hände.

Nachdem so wohl wieder 1 Stunde bei Tafel vergangen sein mochte, (2_07_012) besichtigten wir seine Zimmer. Im hellen Hofe befindet sich ein prachtvolles Haus, ein Saal voller Crystalle und Gemälde, namtlich Fensterrahmen mit sehr feiner Holzarbeit. Da ist nicht der kleinste Platz, der frei wäre, alles ist voll Gold und Spiegel, und namtlich gefiel mir die Decke mit ihren großen Spiegeln und ein orchesterartiger Aufsatz mit 2 Spiegelbelegten Säulen. Daneben befindet sich ein in gleicher Weise herrlich ausgeschmücktes Zimmer mit weißen Marmorwasserbassin. Die Koran Inschriften sind alle aus Spiegel gebildet. Sehr gut macht sich der spiegelnde Neumond mit dem Stern so wie Löwenfiguren. In gleicher Weise soll auch der Harem eingerichtet sein. Die Ausschmückung dieser Zimmer hat ihm 12.000 Tuman gekostet, ein andrer hätte es aber nicht unter 40.000 Tuman thun können, da ihm die meiste Arbeit von seinen eignen Leuten errichtet wurde. Nicht der Geschmak, aber die immense Arbeit ist zu bewundern. – Hierauf verlangte ich, um ihm zu schmeicheln, seine Decorationen zu sehen. Das eine war eine goldne Dose mit Diamanten und darin Bildniß des Kaisers Alexander von Rußland. Das andre eine weiße Alabasterfigur, Athen [vorstellend?], vom Papst Pius erhalten. Gegen die Christen zeigt er sich sehr wohlwollend, durchaus nicht bigott. Mehrere Kranke benutzten die Gelegenheit, mich um Rath zu fragen, darunter auch wegen Impotenz. Daß ich von ihm zu Tisch geladen, wurde hier als große Gunst ausgelegt.

Von ihm aus begaben wir uns wieder ins Haus seines Bruders, wo noch einige Kallians geraucht und dann wieder nach Hause geritten wurde. Vom Königsplatze aus ritten wir durch das noch von den Afghanen her zerstörte Viertel, wo der alte, sehr hohe Bazar, genannt bazar boland (= hoher Bazar), voller Staub, durchritten wurde, aber ganz verödet und leer. Ein jetzt [vermauertes?] Thor führt von ihm aus in die Madresse Madr Schah, in der jetzt nur noch wenig Studenten sich befinden und nur, um die gewöhnlichen Gebete und Formeln zu erlernen. Nichts mehr ist von der frühern Regsamkeit übrig geblieben.

*Mittwoch, 19. Februar.* Nachts fortwährend Lärm, Schießen, Singen, Musik wegen des Carneval. Eine Menge Hochzeiten fanden jetzt statt. Heute verließ mich Mansur, der mehr Gehalt haben wollte, deswegen noch Streit mit dem Pater Pascal.

Die armenische Bevölkerung Persiens nach authentischen Quellen im Jahr 1851 war folgende: Peria (bei Feridan) 21 Dörfer, 893 Häuser, 2971 Männer, (2_07_013) 2581 Weiber, 5552 Total. – 2) Tschaharmahal 4 Dörfer, 1653 Total. 3) Kasas 29 Dörfer, 832 Häuser, 2726 Männer, 2384 Weiber. 5110 Total. – 4) Hamadan 110 Häuser, 265 Männer, 254 Weiber, 519 Total. 5) Teheran 118 Häuser, 281 Männer, 251 Weiber, 532 Total in 2 Districten mit 2 Kirchen. – 6) Dschulfa 355 Häuser, 1159 Männer, 1323 Weiber, 2482 Total in 8 Districten mit 12 Kirchen und 45 Priestern. 7) Schiras Total 20 Personen. Buschir 72 Personen. – Total 54 Dörfer, 2308 Häuser, 7402 Männer, 6793 Weiber, 15940 Total.

Der Bischof, aradschnord genannt, Moses (Thaddaeus sein Vorgänger) ist in einer sehr schwierigen Lage hier wegen den Persern; er ist aber dem vollkommen gewachsen und sucht auf alle Weise, seine Gemeinde zu beschützen, was da durch, daß er russischer Unterthan ist von Etschmiadsin, leichter ist den Persern gegenüber. Er ist allgemein geliebt und geachtet. Dschulfa ist jetzt in einem blühendern Zustande, als es 20 Jahre vorher war; viele haben sich jetzt Vermögen erworben, da sie nicht mehr von den Persern so unterdrückt sind. Das neben oder mit Dschulfa verbundne Viertel oder Dorf, genannt Husseinabad, an der Südwestseite ist von ehemaligen Guerbern bewohnt, daher auch Gabrabad genannt, die aber unter Schah Hussein zum Islam übertraten.

*Donnerstag, 20., und Freitag, 21. Februar.* Streit mit Mansur, der davon gelaufen war, in nächsten Monaten erhält er 30 Kran pro Monat. Ich miethete einen Katirtschi nach Schiras mit 2 Thieren à Tag 1 ½ Kran, die Reise bis dahin zu 14 Tagen gerechnet. Auf Morgen ist die Abreise festgesetzt. Fortwährend war herrliches Wetter. Narcissen erblikt man überall in den Häusern. Was die sogenannten Hauromanli's betrifft, so bin ich geneigt, sie nicht mehr für Armenier, sondern für Georgier zu halten, die in verschiednen Zeiten in Persien angesiedelt wurden. So sind auch 3 georgische Dörfer in Feridan, die völlig zum Islam übergetreten sind. Es ist nicht bekannt, daß ein ganzer Ort existire von Armenern, der gänzlich zum Islam übergetreten sei; dies thaten aber die Georgier sehr leicht. Wenn man die armenischen Frauen von Dschulfa und die der Hauromanlis vergleicht, so kann man sie nicht vereinigen: hier die Frauen meist klein, von plumper Gestalt, mit ausdrukslosen, rothen, runden Gesicht, noch mehr verunstaltet durch das vorgebundne Tuch, das Mund und oft Nase einhüllte. Hingegen die Hauromanli Frauen mit ihren freien Auftreten, unverschleiert, mit ausdrucksvollem Gesicht, funkelnden Augen, schlanker Gestalt erinnerten mich vielmehr an die Ansiedler von Ras el ain. Das tätowirte Kreuz auf Brust und Armen bei letztern allgemein.

*Sonnabend, 22. Februar.* Der Mukar kam nicht, daher erst Morgen Aufbruch.

Die gesamte Taxe von Djulfa beträgt 1075 Tuman, wozu aber Husseinabad nicht gehört. Davon kommen 324 Tuman auf das muhamedanische Viertel; 150 Tuman gibt davon das Gouvernement für den Erzbischof Moses der Armener. 945 Tuman gibt dasselbe an das armenische Nonnenkloster, wo 20 Nonnen eine Mädchenschule halten. (2_07_014) In der Provinz Feridan sind 7 georgische Dörfer, jetzt sehr fanatische Muhamedaner, vorher griechische Christen; noch heute sollen sie aber viele ihrer Gebräuche bewahrt haben wie das tätowirte Kreuz auf Brust etc., ihre eigne Sprache. [Orte]

Der Name Föleutscha in Ritter, 8. Theil, 3. Buch, S. 719, (Band 5, S. 290, 676–682) vielleicht ein Tribus der Belludschen. Dieser Name war im übrigen Persien unbekannt, nur bei ihnen selbst als allgemeiner Name aller dieser Tribus genannt. Zu ihnen auch die Duhm im Dalahugebirge bei Zohab, letzters gewöhnlich dort Sahau genannt. – Der Name Susmani bedeutet hier von suse = ziehen oder saugen und man (ban im türkischen) = mir, also so viel als „sauge mich aus, erschöpfe mich", jedenfalls in Hinsicht auf ihre Prostitution. Ebenso der Name Kauli bedeutet = ohne Ehre, aber erst eine Derivation von diesem Tribus. Der Name der Karatschi, ein ähnlicher Tribus, hat die Bedeutung von der Hartnäckigkeit, mit der sie Almosen fordern und dabei nicht wegzubringen sind, die sich anhängen wie Kletten, der Name bedeutet eigentlich die schwarze Gesellschaft, oder die schwarzen. Beide letztern Namen werden oft im gewöhnlichen Leben gebraucht zur Bezeichnung solcher Individuen. Die Mutriff sind die tanzenden Knaben.

Djulfa besteht aus 150 muhamedanischen Familien und ca. 400 armenischen und 25 Familien römisch-katholisch. Von den ehemaligen 24 Kirchen ist die Hälfte zerfallen oder stehen leer, ihren Verfall entgegen sehend. Die Katholiken hatten ehemals 3 Kirchen, jetzt nur noch 1 im Kloster. – Das Einkommen des Erzbischof Moses, vom Stammkloster zu Etschmiadsin abhängig, erhält hier sein Einkommen in Victualien, Früchte, Brod, Mehl, Eier, Holz etc., aber kein [Zold?]; auch besitzt er Gärten und Felder, von denen er Revenüen bezieht; sein Einkommen von Indien beträgt ca. 20.000 Rupien; in Batavia besitzt er ein Haus, dessen Einkünfte ihm gehören. Sein gesammtes Einkommen mag sich auf 20.000 Kran belaufen. Von einem Ohrenhause bei Ispahan konnte ich nichts erfahren, nur von einem sogenannten Bach gusch chane, das sogenannte Falkenschloß von Schah Abbas. Djulfa 7 Viertel und 12 äußere Thore.

Heute Abend war ich eingeladen zu dem Telegraphisten Greves zum Diner. Gegen 10 Uhr brachen wir insgesammt zu einer armenischen Hochzeit auf. Erst besuchten wir das Haus der Braut, ohne dieselbe aber zu Gesicht zu bekommen. Die Zimmer waren voller Gäste, namtlich hier viel Frauen. Verschiedene Musikanten auf Trommeln, Pfeifen und Schlagcither machten einen solchen Höllenlärm, daß mir die Ohren weh thaten, dabei das wüste Geschrei der betrunknen Männer machen keinen vortheilhaften Eindruck, Trinken und Lärmmachen war alles. Endlich kam eine hohe, in weißes Tuch eingehüllte Person mit einem Gestell tanzend herein, legte sich dann auf den Boden, während andre sich darüber legten in der unsittlichsten Weise.

Die Frauen verhielten sich alle sehr ruhig, in der andern Hälfte des Zimmers. Dieselben scheinen das russische rothe Tuch sehr zu lieben, viele trugen deren mit Pelz verbrämte weite Pelze. Auf dem Kopf hatten sie farbige Tücher geschlungen, die den Hals zugleich einwickelten. Das weiße Tuch hatten fast alle vor dem Munde. (2_07_015) Eine Menge Süßigkeiten und gebrannte Salz-Erbsen wurden präsentirt, endlich auch eine große Schüssel voll Hennabrei zum Färben der Nägel. Schießen und Feuerwerk im Hofe. Gegen Mitternacht brachen wir zum Hause des Bräutigams auf, wo es ebenso zuging wie im andern Hause, nur waren hier die Männer überwigend, daher noch viel mehr Lärm trotz der Gegenwart der 2 armenischen Priester. Der Bräutigam war ein junger, schmächtiger Bursche von 18 Jahren, der jetzt die Rolle eines Bedienten spielte und auf alle mögliche Weise seine Gäste zum Trinken nöthigte. Mir wurde diese Sache bald langweilig und zog mich daher gegen 2 Uhr zurück, doch die andern blieben bis zum Tagesanbruch, wann die Ceremonie statt fand. So geht es 3 Nächte hindurch. Welch Unterschied zwischen civilisirten und barbarischen Völkern!

Herrlicher Tag heute. Abends zum Diner bei Dr. Cumming. [Orte]

# IX Ispahan–Schiras (23. Februar–12. März 1868)

*Sonntag, 23. Februar.* Als eben die Sonne aufging, ritt ich zu den Thoren Djulfa's hinaus, und bald waren die langen, jetzt halbzerfallnen Mauern, die bis zum Fuße des Kuh Sofa reichen, durchritten, wo man nun allmählig aufsteigt, eine kurze Strecke ein welliges Terrain durchzieht, das mit der Erhebung des Sufa zusammenhängt, worauf man allmählig auf einer sich allmählig senkenden Ebne abwärts reitet. Noch einen Blik auf das langgestrekte Ispahan mit seinen Gärten und Dörfern, namtlich östlich davon 1 hohes Minaret mit Dorf und weiter hin Ispahanek, wo unzählige Taubenthürme die Ebne flankiren; der Senderud durchzieht als belebende Ader die weite Ebne. [Orte] Die Ebne wird quer durchritten auf ein Gebirge zu, auf dessen platten Rücken sich ein steiler, isolirter Gebirgszahn erhebt, mich ganz an den Pierre à voir im Wallis erinnernd. [Orte] Eine Menge Dörfer mit Gärten und vielen Taubenhäusern ziehen sich am Berge entlang. [Orte] Sie gehören, wie auch Marg, dem Imam Dschuma zu Ispahan, der wohl gegen 50 besitzen soll.

Fortwährend auf der Ebne reitend ist nach 3 Pharsach Marg erreicht, wo für heute (2_07_016) gerastet wird, der orientalischen Gewohnheit gemäß, den ersten Tag nur wenig zu marschiren. Marg ist ein einsamer kleiner Chan mit Tschepperchane, in der öden Ebne voller stachliger Pflanzen, das einzige Brennmaterial. Rechts ist der Bergzug auf 20 Minuten nahe, zu dem ich einen Spaziergang unternahm. [Orte] Repphühner und Steinklatschen schwarz und weiß an den Felsen. Steinumfriedigungen für Heerden, die den ganzen Winter hier im Freien campiren. Die Ebne etwas tiefer als Ispahan. Links ziehen sich in einer langen Reihe die oben genannten Dörfer hin ca. 1 Stunde fern von hier. Heute sehr kalter Tag, Himmel etwas bedeckt, kalter Westwind von den Bergen von Luristan her. Ich dachte Abends viel an die Heimath, wo sicher zum Ball gegangen wird als den letzten Sonntag vor den Fasten, während ich hier im elenden Carawanserei in einer offnen Rumpelkammer voller Holz und Stroh campire ganz allein. O du schöner Orient!

*Montag, 24. Februar.* Mit Sonnenaufgang aufgebrochen; nicht so kalt als gestern, ja nach einigen Stunden wurde es so warm, wie ich es in diesem Jahr noch nicht erlebt hatte. Quer die Ebne durchsetzend, gelangt man nach 1 Stunde an die Berge, die hier ein breites Thal bilden, aber nur kurz, denn bald lagern sich graue Kalkgebirge vor, die Ausläufer des Kuh Ordeschin (oder Pierre à voir), der aber nun nicht mehr in dieser Gestalt erblickt wird. Eine Heerde Gazellen nahmen beim Nahen die Flucht. Hier führt nun der Weg ziemlich steil aufwärts an den dunkeln Marmorwänden hin, die zur Construction des Weges weggesprengt werden mußten; an solchen Stellen sieht man in großer Menge Schichten von verquarzten Muscheln in dem festen, dichten Kalk, der gute Politur annimmt und der vorzügliche Säulen geben würde, da die Schichten sehr dick sind. An einer Stelle sind Treppen eingehauen für die Saumthiere, während der Weg, der am Nordwest Ende aufwärts führt, hier durch eine Steinmauer unterstützt ist. In 10 Minuten ist der nur kurze Paß überschritten, wo nun der Weg sich wieder in ein breites Thal hinab senkt. Links auf dem Berge steht ein isolirter Steinthurm, ehemalige Wächterstation. Eine überbaute Cisterne am Wege. Nirgends erblickt man Wasser, alles öde. Zwischen senkrecht abfallenden Felsen führt der Weg hin, bis man nach ½ Stunde in (2_07_017) die breite Thalebne einlenkt, in der man links aufwärts reitet. Rechts aufwärts ca. 1 ½ Pharsach fern erscheinen mehrere Dorfgruppen, Deh Surch genannt, aber links aufwärts erblickt man nichts als einige zerfallne Häuserruinen. Der Bergzug rechts ist von ganz gleicher Beschaffenheit wie der links, alles Berge ca. 600′ über der Ebne. (Der auf Kieperts Karte angegebne Kuh Urtschin ist im Vergleich seiner Höhe und zu den andern zu dunkel.)

Nach einigen Pharsach verengert sich das Thal auf ½ Stunde Breite durch einen links vorgelagerten Berg, an dem die Ruine eines zerfallnen Carawanserei. Dieser umritten, erblickt man vor sich den von weiten größer erscheinenden Ort Mayar, unsre heutige Station, 6 Pharsach von Marg, wo im Tschepperchane abgestiegen wurde. Der Ort liegt in der Ebne, aber ganz nahe am Fuße des Kuh Ordeschin, der sich steil darüber erhebt. Das Thal hier nur ½ Stunde breit, in dem sich der Ort der Länge nach hin zieht. Das eigentliche Dorf besteht nur aus 100 Häusern neben dem Tschepperchane beginnend. Beide mit einer hohen Erdmauer umgeben, die auf der Ostseite sich ausdehnenden ummauerten Felder und Ruinen geben dem Orte ein größres Aussehen. Gärten nicht, nur wenige Bäume erblikt man. Fließendes Wasser ist auch nicht vorhanden; nur eine große Pfütze stagnirenden Wassers neben dem Dorfe. Gegen Mittag erhob sich wieder der kalte Westwind. Über dem Orte ein zerfallnes Grab eines Imam, an dessen Wänden kupferne Leuchter und Scheuren von Rosenkränzen hingen. – Wie mag es heute in Köln hergehen zum Rosenmontag? Wie monoton ist doch das orientalische Leben! – Mayar liefert seine Taxe an den Schah, also kein Tujoldorf. Große Carawanserei von Schah Abbas. Gegen Abend erschien hier Dr. Cumming, nach Schiras gehend mit Tschepper.

*Dinstag, 25. Februar.* Früh sehr angenehm, sogar warm, dann begann aber der Wind wieder den ganzen Tag mit solcher Heftigkeit, daß die Pferde stehen blieben und sich umdrehten. [Orte] Wohl 4 Pharsach lang reitet man, ohne ein Dorf zu sehen, in dem breiten (ca. ¾ Stunde breit) Thale entlang, bis man links eine Mühle erblickt, aber ohne Wasser jetzt, die an dem Fuße einer beginnenden Bergreihe liegt. [Orte] (2_07_018) [Orte] Die Gegend ist hier von einigen Wasserkanälen durchzogen, doch kein eigentlicher Bach vorhanden. Diese Ebne wird wieder quer durchsetzt, wobei man einen Blick auf die Gebirge des Siya Kuh hat. Der bisher rechts liegende Bergzug endet dann, wo er dann umritten wird, und vor uns liegt nun Kumeschah. Der weite, ebene Thalkessel ist von vielen unterirdischen Wasserstollen durchzogen, die von den Bergen rechts herabkommen. Eine Menge Taubenthürme und einige Gärten mit Feldern zeigen sich; 2 Steinbrücken über jetzt trocken in den lockern Boden eingerissnen Schluchten werden überschritten, und man erblickt vor sich am Bergfuße gelegen die blaue Domkuppel eines Imam Risa, mit Baumgarten daneben und im Bau begriffnen Amaret. Mehrere Häuser mit Domkuppeln aus Erde haben sich daneben angesiedelt. Ein sehr großer Friedhof dehnt sich in der Nähe des Imam aus, viele Steine in Sarcophagform ausgearbeitet, andre mit Ziegel umgeben und eben damit überdeckt. Auch eine Thierfigur, sehr roh, lag am Wege. Von hier aus erblikt man nun erst das eigentliche Kumeschah, von fern ganz stattlich erscheinend durch die große Menge hübsch verzirter Taubenthürme, die von fern gesehen wie Festungsthürme erscheinen und eine wahre Zierde der Gegend sind.

Nach ½ Stunde ist die kleine Stadt erreicht, zu der man durch ein Thor einreitet, wo ich im Tschepperchane abstieg. Der Ort hat 4 Carawansereis, ist von außen mit einer sehr hohen Erdmauer rings umgeben, durch die 4 Thore, Nachts verschlossen, nach außen führen; ein trockner Graben ringsum dieselbe, der aber wohl erst entstanden ist durch das Aufführen der Mauer. Das Innre des Ortes zeigt bald weite, unebne [Räume?] durch Wegnahme der Erde, bald Ruinen, bald wieder sehr dicht zusammengeferchte Häusermassen aus Erde mit kleinen, runden Domen. Es soll 1.400 Häuser haben, wird durch einen von Ispahan abhängigen Hakim verwaltet, zu dem noch 20 Dörfer gehören. Die Einwohner beschäftigen sich mit Fabrikation von Lumpenschuhen (à Paar 2 Kran) und Löffelschnitzen. Die braune, lange, spitze Filzmütze hier allgemein statt der schwarzen Lammfellmütze. Die Ruinen des alten Ortes werden theilweise auf dem Wege nach Schiras durchritten, auch ein Inschriftstein. Ringsum den Ort gut bebaute Felder, von unterirdischen Wasserstollen vielfach durchzogen; die Gärten ½ Stunde vom Orte entfernt. [Orte] Nachts Geheul von Schakals auf der Straße. Heute Fastnachtstag!

(2_07_019) *Mittwoch, 26. Februar.* Mit Tagesanbruch aufgebrochen nach dem [...] Pharsach fernen Maksudbeg. [Orte] Es wehte heute ein so eiskalter Wind, der so schneidend auf den Körper eindrang, daß man kaum wagte, einen Blick aus der Umhüllung heraus zu werfen, dabei war der Himmel klar, aber gegen Mittag lagerten sich dicke, schwere Wolken auf die schon bis zum Fuß beschneiten Gebirge rechts, die Nachmittags das ganze Gebirge einhüllten und sich Abends bis auf den Zug links erstreckten. Häufige Wirbelwinde wehten den Staub zu mächtigen Säulen auf, während im Gebirge den Schnee. Heute bis jetzt der kälteste Tag. Vor 10 Tagen waren bei Dehbid 11 Menschen erfroren. Auch hier zeigen die Dörfer die genannten Taubenthürme.

Ganz erstarrt langte ich endlich im Tschepperchane von Maksudbeg an, was aber nicht im eigentlichen Orte, der 1/4 Stunde weiter aufwärts liegt, sondern neben dem Dorfe Beschare sich befindet. Eine hohe Mauer umschließt im 4eck den aus 300 dicht zusammengeferchten, mit domförmigen Dächern der Häuser versehnen Ort; ein salziger Bach fließt daneben, in dem eine Chara und Ulva intestinalis häufig. Von Vegetation zeigte sich noch nichts, alles war staubdürre durch den harten Frost; an Auffinden von Galban. war daher nicht zu denken. Asa foetida soll im Siyah Kuh häufig sein, der 6 Pharsach fern von hier, hinter dem 2 Pharsach fernen Kuh Sureh, der die Ebne rechts begrenzt, liegt. Panther, Wölfe, Füchse, Schakale und 2 Steinbocksarten sind dort häufig, namtlich letztere in großen Rudeln. Man brachte 2 eben dort erlegte Steinböcke, von denen ich die Köpfe nahm, ebenso die mir unbekannten Hörner eines ähnlichen Thieres, hier Kuhtsch Kugi genannt, während erstere pazer heißen. Im Sommer weiden dort die Gaschgai, ein turcomanischer Iliatstamm, ihre Heerden. – Bescharre zahlt 300 Tuman jährlich für den Schah und gehört wie das nahe Maksudbeg mit nur 200 Häusern, ebenfalls ummauert, zur Provinz Ispahan. Da die Zimmer des Tschepperchane nicht zum Verschließen waren, verbrachte ich die Nacht im warmen Pferdestalle einer eigens deshalb errichteten Erhöhung, auf der die Knechte gewöhnlich schlafen. Holz und Gerste sehr theuer hier. Den ganzen Abend brauste der eiskalte Wind. Ausgaben bis jetzt 14 Kran, für die ich eigentlich nichts hatte; was kann man dafür in Europa haben! Heute Aschermittwoch!

(2_07_020) *Donerstag, 27. Februar*. Nach Sonnenaufgang aufgebrochen nach dem [...] Pharsach fernen Jesdikast. Es schien, als wolle es heute wärmer werden, und wirklich, nach 2 Stunden war es sehr angenehm warm, aber ich sollte nicht den Tag vor dem Abend loben, denn kaum etwas erwärmt, fing der Sturm wieder mit solcher Gewalt von den immer näher kommenden Schneebergen herab zu blasen an, daß ich nicht wußte, wie ich mich erwärmen sollte. Die Luft war so schneidend, daß, wenn ich einen Blick aus meiner Umhüllung heraus that, die Augen sofort voller Wasser standen, was im Herabträufeln sogleich gefror. Den ganzen Tag bis zum Abend dauerte dieser kalte Wind. Um Maksudbeg erblickt man mehrere festungsartig ummauerte Dörfer zum Schutz der Überfälle vor den nahen Bachtiari. Fortwährend steigt die Ebene allmählig, ca. 2 Pharsach breit, von nun an, aber ohne Dörfer. [Orte] Die trockne Hochebne hat fast lauter stachlige Pflanzen aufzuweisen, darunter vorzüglich Astrag. vesic., [Pfl].

Nach 3 Pharsach war der Ort Aminabad erreicht, ebenfalls mit hoher Mauer versehen, zu dem nur eine niedrige Thür als Thorweg einführt. Des Sturmes wegen wollte der Muckar hier bleiben, als ich ihm aber sagte, daß ich dann diesen Tag nicht bezahlen wolle, ging er sofort weiter. [Orte] Ohne nun einen Ort zu erblicken, geht es 5 Pharsach lang auf gleicher Ebne fort, die nun etwas wellig wird, bis man endlich Jesdekast erblickt, wenn man ½ Stunde davon ist. Der Ort liegt in einem tiefen, ca. 300 Schritt breiten Wasserriß, auf einem aus Conglomerat zusammengebacknen Felsenrücken, der sich fast in der Mitte dieses Thales erhebt.

An den Seiten des Thales sind weite Höhlen zwischen den Schichten der Geröllmassen angelegt zum Schutz der Heerden, ebenso auch der Fels unterhalb des Ortes. Der Ort liegt von Süd–Nord auf dem schmalen, ringsum senkrecht abfallenden Geröllrücken, ein merkwürdiges Ansehen gewährend. Die aus Erde erbauten Häuser mit platten Dächern mit einer Menge Luken nach außen versehen, was man bei den orientalischen Häusern sonst immer vermißt, und oft mit 3–4 Balconen über einander an demselben Hause versehen, d. h. hervorstehende (2_07_021) Balken mit Zweigen und Erde bedeckt, als Aufbewahrungsorte dienend. Sehr luftige Balcone das, die mir aber grade nicht sehr geheuer scheinen, um auf ihnen Keif zu halten. Einige der Häuser sind jedoch sehr hübsch eingerichtet, mit Vorhalle mit Aussicht. Der Ort soll nur 100 Häuser zählen, dafür aber 2.000 Einwohner haben. Er gehört schon zum Schiras District. Auf dem linken Thalrande erhebt sich eine kleine Moschee mit Kuppel, die von weitem gesehen mit dem Orte in gleichem Niveau steht, da man den Thalspalt dann nicht bemerkt.

Am Nordende des Ortes liegt unterhalb der Tschepperchane, wo ich abstieg, während der Chan, gut erhalten, aus Ziegelstein erbaut mit hübschem Thor und blauer Emailleschrift darüber, am rechten Ufer des Flusses liegt; derselbe war hier ca. 15 Schritt breit, aber nicht tief, stellenweise zugefroren. Ich schoß eine Schnepfe und einen Kiebitz. Fluß abwärts zeigen sich einige Gärten, während niedriges Weidengebüsch, Tamarisken und ein stachliger Strauch mit Leguminos. Früchten sehr häufig war, der das gewöhnliche Brennmaterial liefert (derselbe auch bei Hamadan). [Pfl] erfüllten den Fluß, der seine Quellen am Berge Merwari haben soll 8 Pharsach fern. (Felat 10 Pharsach von hier). Gegen Abend umzogen sich die Berge im Südwesten wieder mit dicken Wolken.

*Freitag, 28. Februar.* Am Morgen erklärte der Muckar, nicht marschiren zu können; dicke Wolken bedekten den ganzen Horizont, dabei derselbe kalte Wind von gestern. Bald schneite es, und zwar so stark, daß die Gegend fußhoch mit Schnee bedeckt war; das Schneewetter hielt den ganzen Tag an, so daß ich froh war, nicht gegangen zu sein. Bei dieser Kälte und fortwährend Schneesturm ins Gesicht ist hier keine Kleinigkeit. Ich vertrieb die Zeit mit Schießen von Lerchen, Emmerlichen und Schnepfen, die Abends einen famosen Braten geben. Auch besichtigte ich das Innre der Stadt. Auf der Südseite derselben befindet sich die Brücke aus Stämmen, die einerseits auf einem Vorbau aufligt, anderseits zum engen Thore einführt. Die Zugbrücke fehlte aber jetzt, denn die jetzige bestand nur aus roh nebeneinander gelegten Stämmen. Das Innere zeigt nur eine winklige, sehr schmale Straße, auf deren Seiten die Häuser aus Erde erbaut sind. In den Ecken saßen die Männer, um ein Feuer versammelt, während die verhüllten Frauen von den Stiegen herab den Firengi betrachteten. Jede Reihe scheint gleichsam ein Haus zu bilden, so ist alles dicht zusammengekeilt; oft ist die Straße auch davon überbaut. Es sollen 200 Häuser mit 1.500 Einwohnern sein; der Ort stellt 200 Tufenkschis nach Schiras und zahlt 3.000 Tuman Abgaben. Beschäftigung mit Lumpenschuhen.

Der Kutchude führte mich zu einer alten Moschee mit Kuppel, deren Inners aber nichts als die 4 nackten, weißen Wände zeigte, an der ein Aufstig zum Predigen angebracht war. Vor dem Eingange ein altes Holzgitter mit persischer Schrift, das sehr alt sein soll. Auch ein Bad befindet sich hier, aus Stein erbaut, mit 2 Kuppeln. In der Nähe ist ein Ziehbrunnen, der die ganze Stadt mit Wasser versieht. Wirklich für hier eine uneinnehmbare Festung. Man erzählte, daß der Ort (2_07_022) vor alter Zeit von den Guebern erbaut sei und daß hier einst ein Ateschge gestanden habe; der Name sei eigentlich Issid Kast (Kast gleich = gut). Der Fluß, von Merwari oder Kuh Däna herabkommend, soll nach 8 Pharsach unterhalb sich in einer großen Salzfläche verlieren, dann aber 40 Pharsach weiter bei Gabchuni wieder zum Vorschein kommen und sich mit dem Senderud vereinigen. [Orte]

Auf dem Kuh Däna oder Merwari sind im Sommer der Tribus der Gaschgai, ein Turcomanenstamm mit ca. 40.000 Zelten (übertrieben), die im Winter um Bender Abbas lagern; ihr Chef ist Sultan Mahmud Chan. Von alten Ruinen in hiesiger Nähe wurden mir genannt: Schah Lator 1 Pharsach mit sehr großen, behaunen Steinen; Kala dapu 1; Deh Koi 5, Arun 8. Kala Sengi 8. Die [Gummipflanze?] auf dem Merwari häufig. – Das ganze Flußthal ist jetzt voller Saatfelder, aber auf dessen Anhöhen uncultivirt.

*Sonnabend, 29. Februar.* Wegen der Kälte beschloß ich, Tschepper zu reiten bis Abadeh, um dort einige Tage zu verbringen mit dem englischen Telegraphisten Brock. Ein strammer, mächtiger Bursche von Schemachi schloß sich mir hier an, und so machten wir uns bald auf den Weg nach dem 6 Pharsach fernen Schulgistan. Von Yesdekast aus führt der Weg anfangs etwas im Thale abwärts, dann steil den ca. 150′ hohen Uferrand hinan, was wegen des Eises jetzt auf den Steinen sehr schwierig war. Oben breitete sich nun wieder die weite, spiegelglatte Thalebne aus, auf der der Schnee vom Winde zu dichten Wehen angehäuft war. Das Wetter änderte sich aber nun, denn von hier an hatte ich den kalten Wind im Rücken, während die Sonne vom blauen Himmel herab schien. Rechts und links gegen die Berge erblikt man nirgends ein Dorf, bis man endlich Schulgistan erreicht, mit ca. 100 Häusern, aus denen eine blaue Kapellkuppel hervorblickt. Neben dem Orte fließt ein Kanat, der denselben mit Wasser versieht. Hier angekommen, wurden die Pferde gewechselt, und weiter gings auf derselben einförmigen Ebene nach dem 5 Pharsach fernen Abadeh. [Orte] Nach einigen Pharsach von Schulgistan wird die sich erweiternde Ebne freundlicher; zahlreiche ummauerte Gärten mit Obstbäumen, die ihre Blüthen entwickelten, erscheinen nun, namtlich näher gen Abadeh. Dörfer und Ruinen beleben die Ebene, von zahlreichen Wasserstollen durchfurcht, die den Saatfeldern das belebende Princip zuführen.

Hier begegnete mir Herr Höltzer, es war aber so kalt, daß uns wirklich die Gedanken mußten erfroren sein; er übernachtete in Schulgistan, während ich in Abadeh ein Quartier nahm. Im Tschepper chane angekommen, kam sogleich Herr Brock, der mich in sein Haus führte, wo ich nun für einige Tage Quartier nahm. Er ist der längste Telegraphist in ganz Persien. Abends kam die Post von Teheran an, ich erhielt Briefe von Brodbeck, Roggen in Bagdad, Streiff in Aleppo, Blanche in Tripolis, Dr. Schlimmer in Teheran, Reymond in Teheran und zugleich einen von Herrn Höltzer.

(2_07_023) *Sonntag, 1. März*. Beantwortung der Briefe nach Teheran an Reymond und Wechsel zurückgeschickt über 2.000 Kran; ferner Gasteiger, Schlimmer, Höltzer geschrieben.

Die Kassaba Abadeh liegt mitten in völliger Ebne des ca. 2 Stunden breiten Thales; eine hohe Mauer aus Erde umgibt den ganzen Ort, zu dem nur ein großes Thor auf der Südseite in dasselbe einführt, von einer Hauptstraße von da aus durchschnitten. Halbrunde Erdthürme flankiren die Mauer. Das Innre zeigt nichts erwähnenswerthes und bildet ein Conglomerat von Häusern, deren hier [...] sein sollen. Die hier herum Ansässigen theilen sich in 2 Stämme, Aragi und Harandi, beide mit persischer Sprache; aber auch Turcomanen wohnen in den Dörfern zerstreut, die mit ihren Kameelen umherwandern. Auch hier trägt man allgemein die braune, dünne, hohe Filzmütze statt der aus schwarzen Lammfell, die nur die Vornehmen tragen. Die Turcomanen haben die niedrige, runde, braune Filzkappe. Die Frauen der niedern Classe haben über dem Kopf und Gestalt nur den weißen [Tschedyr?], während die Vornehmen den blauseidenen Tschedyr mit weißen, dichten Schleier tragen. Neben dem Orte auf der Südseite liegt außerhalb der Tschepperchane so wie 2 Carawansereis. Ein regelmäßiger Bach ist hier nicht vorhanden, nur Kerises durchziehen den Boden, von den Bergen herabgeleitet.

Nachmittag besuchte ich den Serheng, den Gouverneur von hier, der uns im feinen persischen Kostüm empfing; sehr reich, aber arm an Worten. Bei ihm trafen wir einen alten Dr., gewöhnlich Hakimbaschi genannt, der selbst aussagte, daß er nichts davon verstehe. Er kannte die Gegend sehr gut, namtlich war er mit den Gaschgai tribus gut Freund, deren Zahl er ebenfalls auf 40.000 Zelte angab; sie sollen gewandte Diebe sein und die ganzen Hochgebirgsketten des Kuh Daena, Kuh Pul etc. im Sommer einnehmen. Er schrieb mir eine Empfehlung an sie. Großer Pflanzenreichthum dieser Ketten. [Orte]

Hinter dem Kuh Pul liegt der Ort Schermian, während der große Ort Eklid davor liegt in dem diesseitigen Thale; dort werden ebenfalls viel Holzarbeiten, Löffel, Kalamdans etc. verfertigt wie in Abadeh und Kumischah. Die Bergkette nördlich von Abadeh wurde mit dem allgemeinen Namen Schie Kuh bezeichnet = weiblicher Berg; er gilt als germesir, da auf seinen dunkeln Kalkbergen der Schnee nicht liegen bleibt; auf ihm viel Asa foetida. [Orte] Der District Abadeh zahlt jährlich 20.000 Tuman Abgaben. Am Morgen waren eine Anzahl Männer mit Windspielen auf die Jagd gegangen, gegen den Chan gol Kuh: sie brachten Abends 3 Argali mit zurückgebognen Widderhörnern, die hier häufig sind. Ebenso häufig sind hier Steinböcke, Antilopen mit sehr großen, grade aufstehenden Hörnern; Gazellen; Hasen, Füchse, Schakale, Leoparden, Hyänen, Wölfe und wilde Esel in der Ebne Batumi. Stachelschweine.

(2_07_024) *Montag, 2. März.* Besuch beim Hakimbaschi in Edrisabad, welcher Ort 600 Jahre alt sein soll; ebenfalls wie alle übrigen von festungsähnlicher Mauer umgeben. Er erzählte mir, daß einst die Bachtiaren eine Theeladung aufgefangen hätten; da sie aber nicht wußten, denselben zu bereiten, kochten sie denselben, schütteten das Wasser weg und verzehrten denselben als Gemüse.

Nachts gingen wir auf den Anstand. Ein altes Carawanserei war unser Versteck; einige [Luchlöcher?] waren vorher in der Mauer angebracht und davor ca. 3 Schritt fern ein crepirtes Maulthier gelegt. Wir brauchten nicht lange zu warten, bald kamen 2 Hyänen, erst in weiten Kreisen das Aas umschwirrend, endlich sich daran festsetzend. Ein Schuß streckte eine derselben nieder. Die Wölfe kamen nie zusammen zum Aas; immer einer allein, während die übrigen sich in respectvoller Entfernung hielten. Wir hatten auf heute eine Jagdparthie auf die Berge des Schieh Kuh veranstalten wollen, allein die Perser verzögerten den Abmarsch so, daß es für heute zu spät wurde und es auf Morgen festgesetzt wurde.

*Dinstag, 3. März.* Am frühen Morgen wurde 20 Mann hoch, nebst 3 Eseln für die Effecten, aufgebrochen. Nach ca. 1 Pharsach wurden die Berge erreicht, in denen es nun fortwährend 5 Pharsach lang in Zickzack hinführt. [Orte] Nach 3 Pharsach wurde unser erstes Lager gehalten zum Frühstück neben einem Wasserstollen, der uns mit etwas salzigen Wasser versah. Hier brachen in verschiednen, meist senkrecht empor gehobnen Schichten schwarze, schiefrige Gesteine hervor, sehr schwer und Fe-reich; auch geschmolzne Eisenschlacken; ferner ein feiner Glimmer, der von den Eingebornen für Ag gehalten wurde; auch Granit stellenweise, mit gelblichen Glimmerblöckchen versehen, der Au sein sollte.

[Orte] Die Berge meist steil sich erhebend, ohne Humus, daher auch ohne Vegetation; kein einziges erfrischendes Wasser in den weiten Bergebnen. [Pfl]

Endlich waren die Berge durchritten, und wir kamen nun auf eine weite Ebne, über die hinweg der Blick nach Nord wieder auf hohe Gebirge mit Schnee fällt, aber namtlich nach Nordost dehnt sich eine weite, unbegrenzte Wüste hin, die auf dem Wege nach Jesd durchzogen wird. Auf ihr zogen wir 1 Stunde längs den Bergen gen West bis zu einem Platz Tschadschewen genannt, wo für heute unser Lager aufgeschlagen wurde. Am Bergabhange befindet sich ein kleiner Brunnen guten Wassers, daher hier gewöhnlicher Aufenthalt der sparsamen Pilger. Nur selten wird diese Ebene betreten, selbst die Iliats vermeiden sie wegen gänzlichen Wassermangels; (2_07_025) zudem ist sie auch sehr den Räubergesindel ausgesetzt, namtlich den Bachtiaren, die auf ihrem Wege nach Ispahan dieselbe durchsetzen. Am Fuße des Berges war eine kleine Ummauerung nebst viel Brennmaterial aufgehäuft. Hier wurden die Teppiche ausgebreitet, bald loderten mächtige Feuer der salpeterreichen Artemisien empor, um die wir uns nun gruppirten. Ein Thee erquickte unsre müden Glieder, während die Begleiter sich mit Gesang, begleitet von einem Tamburin, unterhielten. Hell funkelten die Sterne vom reinen Himmel hernieder, der zunehmende Mond erhellte die weite Wüste und ließ in der Ferne die gespenstigen Schneehäupter der Berge zu Jesd erscheinen. Eine solche Nacht hat einen unbeschreiblichen Reiz, mitten in dieser Wüste. In der Ferne loderte ebenfalls ein Feuer auf, und da man solchen Orten einer dem andern mistraut, so erschienen nach einigen Stunden 4 wild aussehende Gesellen, Bachtiaren, um zu fragen, ob wir gute oder schlechte Absichten hätten. Da sie unsre zahlreiche Gesellschaft bemerkten, verzogen sie sich bald wieder. Die Nacht war sehr angenehm, nicht kalt.

*Mittwoch, 4. März.* Am Morgen brach Herr Brock nach dem Kuh Gule Batumi auf, weiter gen Nordwest gelegen und am Rande der Wüste aufsteigend, der reich an Wild aller Art sein soll. Ich zog aber vor, mich nach Abadeh zurückzubegeben, und zwar ganz allein. Die Ebene ist hier voller Vegetation, [Pfl], Amygdalus spinosus, der seine kleinen, außen bekleideten, rothen Blüthen entwickelte; in Menge Artemisia fragrans, häufig mit einem weißwolligen Auswuchs, die wohl die sogenannte Moxa sein könnte, von denen ich eine Parthie sammelte; außerdem bemerkte ich hier noch eine Menge mir bisher unbekannter Pflanzen, [Pfl]. Die Ebene senkt sich nach Nordost, aus der nur niedrige Parallelhügelzüge emporragen mit weiten Thälern dazwischen. [Orte]

*Donnerstag, 5. März.* Heute Himmel bedeckt, sogar einige Tropfen Regen. Ich warte für den noch abwesenden Brock. – Wurzeln von anguseh und uschek wurden mir gebracht, aber alle zerbrochen, erstere mit erhärteter Milch dicht bedeckt.

*Freitag und Sonnabend, 7. März.* Gestern Abend war Brock erst zurückgekehrt mit 8 Steinböcken, die dort auf dem Berge Kuh Batumi in großer Anzahl sein sollen; ebenso häufig waren dort wilde Esel. Erst gegen Mittag konnte ich von hier aufbrechen. (2_07_026) Links bleibt man immer dem Bergzuge nahe, an dem eine Menge ummauerter Ortschaften liegen, mit Obstbäumen, während rechts ab in der sich bis Surmeh immer mehr erweiternden Ebene keine Dörfer zeigen. Kein Bach durchzieht dieselben, alles Wasser wird durch unterirdische Stollen herbeigeführt. Nach 3 Pharsach ist Surmeh erreicht, wo das Pferd gewechselt wurde. Der Ort ist ziemlich groß, an der Westseite viele aus Erde aufgeführte Grabcuppeln, daneben ein altes Gemäuer, einem großen Erdhaufen gleich, aus 2 Abtheilungen bestehend, einem untern größern, runden, mit Löchern ringsherum wie Thüren, einem kleinern runden als Aufsatz. Am Morgen hatte es geregnet, aber um Mittag wieder klares, warmes Wetter, nur windig, aber derselbe im Rücken. [Orte] Erst spät in der Nacht wurde Chane Chore erreicht, wo ich mich für einige Stunden am Feuer erholte.

*Sonntag, 8. März.* Ein Dorf ist nicht hier, sondern nur ein aus Stein erbauter 8eckiger Chan, mit einem Tschepperchane daneben. 2 Quellen entspringen hier auf diesem Hochplateau, der Chan gehört noch zu Surmeh. Hier mit einem neuen Pferd versehen, gings wieder in der Nacht weiter, ganz allein, obgleich man von Wölfen etc. sprach. [Orte] Schnee bedekte überall die Ebene, ich ließ aber dem Pferde freien Lauf, und so war ein Irren nicht möglich. Zum Glük war es eine windstille Nacht, sonst muß die Kälte hier außerordentlich sein. Die Nacht hinderte mir alle Beobachtung. Beim Grauen des Morgens ritt ich zu dem sich etwas senkenden Hochplateau [nach?] 5 Pharsach zu Dehbid ein, nur aus einem Steinchan und Tschepperchane bestehend. Schnee war nun nicht mehr vorhanden, wohl hatten sich aber stellenweise tiefe Wassertümpel gesammelt durch das Regenwetter in der vorigen Nacht, während jenseits des Zuges es nur ganz unbedeutend gewesen war. (2_07_027) Hier erhielt ich leider ein sehr schlechtes Pferd, das nur mit größter Mühe fortzubringen war, weshalb ich auch erst gegen Abend in dem 7 ½ Pharsach fernen Murgab anlangte. [Orte] Von Dehbid 2 Pharsach Südwest liegt in der Ebene am Bache das Dorf Kuschk, während dahinter in West die Kuh Pul kette das Hochthal begrenzt. [Orte]

Der im Verfall begriffne Steinchan am rechten Ufer des brausend abschießenden Stromes ist unbewohnt. Eine neue hübsche Brücke aus Stein, 100 Schritt breit, führt mit 5 Bogen aufsteigend über den Strom, an den Enden mit je 2 runden Pfeilern versehen. Von hier noch 4 Pharsach nach Murgab; in fortwährenden Zickzackwendungen führt nun der Weg zwischen den Bergen hindurch, deren Abhänge mit Daphne virid., [Pfl]. Rebhühner, bulbul, ließen ihre Stimme in den nun wärmer werdenden Thälern erschallen; stellenweise blühte Iris persica, Iris unguicularis häufig dort. [Orte] Jenseits des Bergzuges setzt der

Weg immer in engen Felsenthälern fort, bis man endlich zu einem großen Quellenbassin kommt, die sich sogleich vereinigen und einen starken Bach bilden, der wieder ein Bassin voller Phragmites com. bildet, dann aber reißend abfließt. [Orte]

Ein sanfter Abstieg führt zur Ebene von Murgab, an deren Nord-West-Ende das Dorf gleichen Namens mit 200 Häusern liegt, am Abhang des Hügels erbaut. Leider hatten meine Leute heute früh das Dorf verlassen, so daß ich einen Mann nachschicken mußte, der sie zurückbringen soll, denn nach dem 8 Pharsach fernen Gamabad führt kein Tschepper, ebenso wenig nach dem 2 Pharsach fernen Mesched i mader Saloman.

(2_07_028) *Montag und Dinstag, 10. März.* Ich warte auf die Rückkehr des Boten wegen den Dienern, erst heute Abend kam er zurück mit der Meldung, dieselben nicht gefunden zu haben. Die Umgegend des Dorfes Murgab ist gut bewässert, es hatte sich ein tiefer Sumpf neben dem Orte gebildet mit [Pfl]. Die Ebene von Murgab bis zum Bergpaß beim Dorfe Mater Soliman ist 2 Pharsach breit, dehnt sich aber dann dort längs dem Gebirge sehr lang aus, vorher durch niedrige Kalkhügelzüge, die aber meistens den schwarzen, festen Kalkstein zeigen, vielfach durchzogen und begrenzt. Dieselben erinnerten mich an die Gegend Nordost von Aintab, über die der Blick über gleiche Einöde schweift wie hier. Die meisten sind hier mit Gebüsch bestanden, doch licht, bennae Früchte von Pistacia. Neben dem Dorfe befinden sich ummauerte Gärten mit Wein, von Weiden und Pappeln umhegt. Zu Murgab gehören 5 Dörfer, Murgab, Katirabad, Dehno, Mater Soliman und Kurschu, zusammen 1.000 Tuman Abgaben an den Schah zahlend. Die Quelle über dem Dorfe heißt tscheschme bonnoh. Die Brücke bei Chan Kerian wurde von Hadji Mesadik Ispahanli vor 2 Jahren erbaut. (Dehbid zu Chunguri gehörend). Am Morgen brachte man 20 desertirte Soldaten von Teheran hier durch, um nach Schiras transportirt zu werden; es waren Leute von Ardebil, mit wilden Gesichtern. Durch eine Kette, um den Hals gelegt, waren sie zusammen gebunden, was mich an die Sculptur von Bisutun erinnerte. Wetter heute sehr veränderlich. Himmel dicht bedeckt und Sturm.

Am Mittag brach ich nach Mater Suliman auf, da mich mein morgiger Weg nicht dort vorüber führt. Der Weg geht immer in Ebne gen Süd längs dem Bache von Murgab, bis man nach ca. 1 Pharsach nahe zu den Hügeln links kommt, zwischen denen der Strom von Katirabad und der von Chane Kerian vereinigt herkommen und durch die Ebene zum Paß von Mater Soliman ziehen. [Orte]

Nach 2 Pharsach ist die berühmte Ruinenstätte des alten Pasargadae erreicht. Schon von weitem erscheinen die Reste, namentlich die schöne, runde Säule eines Tempels. Von diesem ist noch am meisten erhalten. Er ist auf einem jener kleinern Hügel erbaut, der aber abgetragen wurde, und zwar so, daß das feste, dunkle Gestein zu Eingängen und als Säulenfüße benutzt werden konnte. [Bau] (2_07_029) [Bau] – Einige Minuten östlich davon befand sich ein kleines Gebäude, ebenfalls auf dem Fuße eines ehemaligen kleinen Hügels errichtet, das vielleicht mit diesem in Verbindung stand. Deren Verbindung ist zwar nicht mehr sichtbar, da alles ringsum zu Saatfeldern umgewandelt worden ist, und nur da, wo ehemals Hügel standen, also noch jetzt steiniger Boden ist, haben sich diese Reste noch erhalten. [Bau, Orte]

(2_07_030) Das merkwürdigste ist aber das Grab des Cyrus am Dorfe Mater Soliman oder das Grab der Mutter Solimans, wie es hier heißt. Das jetzige Dorf mit ca. 120 Häusern ist auf den Trümmern der alten Stadt erbaut, und noch erblickt man mitten darin wie eine Perle in Mist die Mauerreste aus weißen Marmor, umgeben von den elenden Hütten der schiitischen arabischen Bewohner. Die Frauen drängten sich alle neugierig heran, durchaus nicht wie die andern Dorfbewohner, sich scheu zurück ziehend oder ihr Gesicht verbergend. Beschäftigung von Verfertigen schwarzer Zelte. Das Grab, von Säulen ehemals umgeben, deren nur noch die hellen zu sehen sind, ist ringsum von einer elenden Erdmauer verbunden; Eingänge aus weißen Marmor durch die Säulenreihen. Das Innre voller Säulenreste und Quadern; jetzt auch Begräbnißstätte; eine Säule mit Pahlvi-inschrift, eine andre Pahlvi-schrift am Grabe selbst auf der Nordseite. Treppe aus mächtigen Quadern auf der Westseite, eine kleine Thür führt ins dunkle Innre, wo auf dessen Südseite eine Art Kibla errichtet wurde mit arabischer Inschrift. Koranblätter steken in den Ecken. Auf dem Dache oben wucherte ein Busch, ein andrer mehr unterhalb, mit Fetzen behangen. Im Innern hingen Lampen. Man wollte mich anfangs nicht gleich einlassen, als man aber sah, daß ich gar nicht fragte, ob sie wollten oder nicht, und gleich hinauf stieg, ließen sie mich ruhig geheißen. Oberhalb des Thüreingangs waren Rich und Hyde 1821 eingegraben. Ich zweifle nicht, daß hier das Grab eines persischen Königs, und zwar Cyrus, der in Pasargadae begraben wurde. Die Einwohner des Dorfes sind arabischer Abstammung, kleiden sich aber persisch, namtlich die Frauen ganz wie in Sihna. Abends war ich wieder zurück in Murgab, um in der Nacht nach dem 8 Pharsach fernen Seytun, dann nach Sercha 8 Pharsach, Schiras 5 Pharsach aufzubrechen.

*Mittwoch, 11. März*. Wieder wurde die fruchtbare Murgab-Ebene durchritten. [Orte] Herrlicher, klarer Tag. Nach ca. 1 Stunde erreicht man den Fuß der nun zu übersteigenden Bergkette, über welche der Weg auf und abwärts steigend, ohne Wasser zu erblicken, auf nicht beschwerlichen Pfaden darüber führt. Die zwergartige Amygdal. spinos. mit ihren kleinen, rosenrothen, oft außen bekleideten Blüthchen, dazwischen eine Art mit größern Blüthen und größern Büschen derselben Farbe schmückten alle Abhänge und erinnerten mich an unser Daphne Mezereum. Häufig war stellenweise auch eine noch nicht blühende Amygdal. scopar. Überall aber überziehen die Berglehnen Gebüsche von Acer monspes. und Bäume von Pistacia von Gestalt unsrer Pflaumenbäume; bei weitem aber nicht so dicke Stämme wie im Taurus bei Marasch. Sakkis scheint hier nicht gesammelt zu werden, denn nirgends sah ich alte Einschnitte, aber ihre Früchte werden von der Einwohnerschaft unter dem Namen bennae häufig und gern gegessen. Es ist dies derselbe Baum, von dem Le Brun eine Abbildung gibt unter dem Namen Sakas. Fast nirgends treten hier bedeutendere Felsbildungen auf; der Zug besteht aus abgerundeten breiten Bergen. Von ihm aus erblikt man links ein breites, ebenes Thal mit großer Carawanserei in der Fortsetzung der Murgab Ebene; im fernen Hintergrunde mit Schneegebirgen. Allmählig abwärts steigend, wird der Boden felsig, über glattes Kalkgestein führend. [Txt]

(2_07_031) Hier erblikt man nun vor sich wieder ein ca. 1 ½ Stunden breites, ebenes Thal, jenseits von höhern Bergzügen begrenzt, zwischen denen man in einer Einsenkung den Weg nach Schiras deutlich erkennt. Ein Bach klaren Wassers gen Nordwest fließend, von dem sogleich ein Theil zu einem Kanat weggeführt wird, läuft am Ausgange des Thales nach dem dicht dabei gelegnen Dorfe Killik, das mit seinen weiten Gartenmauern viel größer erscheint, als es wirklich ist. Ein Weg führt links im engen Thale vom Dorfe nach jenen genannten Karavanserei. 2 schöne Cypressen entzücken den Wandrer über den lange nicht gesehnen Baum; auch einzelne Platanen und Obstbäume. Die breite Straße führt mitten durch das Dorf zwischen langen Mauern entlang, und man durchsetzt nun die flache, fruchtbare Ebene, aus der mehrere Kala's hervorblicken. Doch nur ein kleiner Theil ist cultiviert, der übrige Theil ist dicht mit einer Ambrosia ähnlichen grünen Pflanzen bedeckt. Salz zeigte sich hier nicht, ebenso nicht bei Murgab. Das ErdFort eines Hadji bleibt rechts; der Blick nach Nordwest wird nach ca. 3 Pharsach durch vorgelagerte, mit Schnee bedekte Berge geschlossen, während links die Ebene sich etwas hebt und durch einen vorgelagerten Berg des überstiegnen Zuges sich verengert. Kein Bach durchfließt die Ebene. Am Zuge angelangt, führt der Weg zu einem niedrigen Passe empor, auf beiden Seiten mit schneebedeckten Zügen, der rechte wurde Kemmin, der linke Arundschun Kuh, Arsendjan oder auch Kuh Paru genannt. Der Weg führt nun in einem öden Thale, aber voller Pistacien und blühender Mandelgebüsche, entlang, links steil aufsteigende Felsenmassen zeigend.

Wieder allmählig aufwärts steigend, kommt man nun nach einigen Stunden (von Kellek aus) zu dem Teng Paru genannten Passe. Der Weg senkt sich nun immer mehr und zeigt dadurch, wie hoch man sich, ohne zu ahnen, befand. Ein steiniger Pfad, oft über glatte Kalkfelswände hinweg, führt immer mehr in den engen Paß ein. Wild starren senkrecht auf beiden Seiten die Felsen mehrere tausend Fuß empor, dem Wege oft nur so viel Platz lassend, daß ein Reiter hindurch kann. Für Lastthiere ist der Weg unpracticabel. [Orte] Lange hatte ich nicht einen solchen wilden Paß gesehen. Überall waren, namtlich am Ein- und Ausgange, hohe Steinhaufen aufgeschichtet, als Gelübde von glücklich durchgekommnen Pilgern errichtet (siehe Moses). Hier in diesen Felsenspalten bemerkte ich manche mir unbekannte Pflanze, [Pfl]. Nachdem man wohl 3/4 Stunde lang in diesem Paß allmählig abwärts gestiegen ist, erweitert sich das Thal, rechts mehrere Höhlen erblickend, und plötzlich mit einer Biegung des Thales nach rechts erblickt man vor sich die weiten Gärten des Dorfes Paru, nach dem der Paß [genannt?] ist. Pfirsichen und Apricosenbäume standen hier in voller Blüthe, einen köstlichen Anblick gewährend; drüber der reizend blaue Himmel, die warme Luft.

(2_07_032) Von hier aus führt der Weg längs dem Gebirge entlang ca. 3/4 Stunde lang gen Nordwest nach dem großen Dorfe Seytun, am Fuße des Bergzuges gelegen und in einen Obsthain gehüllt. Auch viel Wein wird hier cultiviert, Apricosen, Mandeln, Pfirsichen, Pappeln, Weiden, Eschen; sehr viel Granaten, Juglans, Platanen. Wieder breitet sich ein ca. 2 Stunden breites, ebenes Thal aus, voller Cultur, von einem Bergzuge, Kuh Rachman, gen Süd begrenzt, hinter dem Persepolis liegt. 15 Dörfer erblickt man in ihr, von vielen Kanats durchzogen. Im Tschepperchane fand ich auch hier meine Leute nicht vor, so daß ich mich mit schweren Herzen zur Weiterreise entschließen mußte. Die Nacht brach an, doch ruhte ich noch einige Stunden, bis der Mond aufging. Der aus 200 Häusern bestehende Ort ist weitläufig gebaut, mit freien Platz vor dem Posthause; viele Häuser mit einem Aufsatz wie die Posthäuser. 250 Dörfer gehören zu seinem District, die zusammen 2.000 Tuman Abgaben an den Schah entrichten. Über dem Orte erheben sich steile Kalkfelsen, an denen man Eingänge zu Höhlen bemerkt, von denen namtlich einer sehr groß ist, gleich über dem Orte, und die sich sehr weit, 10 Pharsach sagt man, erstrecken soll. Eine Menge Kutti-Araber hatten am Abhange ihre schwarzen Zelte aufgeschlagen, viele wohnten jedoch in Schilfhütten [Zeich]. [Orte] Dunkle Myrthengebüsche, Murt genannt, umstanden in großer Menge das Dorf. Auch hier tragen die Einwohner die grauen, hohen Filzmützen statt der schwarzen.

Mit einem nach Sergun zurückgehenden Postknecht trat ich die Weiterreise an. Obgleich der Mond schien, konnte ich doch keine Beobachtungen machen, auch war ich so müde, daß ich fast den ganzen Weg geschlafen habe. [Orte] Lange wurde auf der [Merdascht] Ebene fortgeritten, an mehrern tiefen Wassercanälen vorüber; an einem derselben bemerkte ich ganz nahe einen Fischotter, während Enten und Sumpfvögel erschrekt aufflogen. Hier erschlug ich einen famosen Flamingo, der am Ufer eingeschlafen dastand. Bald darauf wurde die mächtige Pul i Chan erreicht, unter der der schäumende Strom seine Wassermenge brausend hindurch wälzte. Wieder auf weiter Ebene fort, bis ich endlich zu einer mächtigen (2_07_033) Wasseransammlung, einem weiten See vergleichbar, kam am Ende des Berges, durch den jedoch ein erhöhter, sehr langer Steinweg so wie Brücken führen, mehrere tausend Schritte Durchmesser. Nach ¾ Stunde war nun Sergun erreicht, am Fuße eines den Ort steil überragenden Bergzuges gelegen. Von hier aus brach ich nun, nach dem das Pferd gewechselt, allein nach Schiras auf, 5 Pharsach fern.

*Donerstag, 12. März.* [Orte] Fortwährend geht es nun zwischen Bergen hin, von relativ sehr geringer Höhe, bis man endlich plötzlich zu den Füßen durch einen Spalt des Gebirges, dem Teng Allah akbar, die Stadt Schiras zu den Füßen erblikt. Herrlich ist der Blick von dieser Höhe, im Vordergrunde die dicht stehenden Cypressen. Der Strom von Roknabad stürzt schäumend die Felsen links herab, wo eine kleine Ville gebaut war. Rechts am Felsen eine Ville. Durch ein hohes Thor reitet man aus dem Paß heraus und betritt nun eine lange Avenue, auf beiden Seiten von Gärten mit Villes begrenzt, durch welche hindurch man gerade auf die blaue Kuppel einer Moschee blickt. Im Tschepperchane angekommen, fand ich zu meinem Erstaunen auch hier meine Leute noch nicht angekommen. Zum Glük kam bald Dr. Cumming und nahm mich in sein Haus zu Mr. Lovett, wo ich den ersten Abend verbrachte. Der englische Agent, der Nabob, bot mir sogleich das Haus neben dem Prinzen zu meiner Wohnung an, was ich gern annahm. Zu gleicher Zeit sandte ich einen Mann nach meinen verloren gegangnen Dienern aus, die am folgenden Morgen eintrafen.

## X Schiras (13.–28. März 1868)

*Freitag, 13. März.* Mit Anordnen meiner Sachen beschäftigt zum Niederlassen. Ich machte Besuche bei Lovett, [Superintentand?] des hiesigen Telegraphen, ein sehr netter Mann, durchaus nicht zu vergleichen mit Walton; namtlich auch Interesse für Botanik und Geographie, weil Mitglied der Societé asiatique zu Calcutta. Ferner Hamilton, ebenfalls für Geographie Interesse. Die Häuser von Schiras zeigen meist die selbe Einrichtung wie in Ispahan; ringsum gepflasterte Höfe mit 4eckig vertieften Gartenbeeten, in der Mitte Wasserbassin, über das hier oft Holzgestelle gebaut sind, um im Sommer darauf zu schlafen. Was aber den Höfen einen eignen Reiz verleiht, sind die hohen Orangenbäume in denselben, mit Früchten jetzt reichlich bedekt, ohne Blüthen jetzt. Die immerblühenden, rothen Rosen überall, Mentha piper., Platanen und Ulmen ebenfalls oft in den Haushöfen. Die Dächer platt, meist ohne Ummauerung; im Sommer dient eine Terrasse als Schlafort. Das Wasser [nicht?] schlecht, muß erst filtrirt werden. Zu Schiras rechnet man 8.000 Häuser; die ganze Provinz Fars zahlt 1 Kurud Abgaben. – Auch heute wieder das köstlichste warme Frühlingswetter, namtlich schöne Morgen, am Mittag schon heiß.

(2_07_034) *Sonnabend, 14. März.* Besuch bei Dr. Fagergreen, ein Schwede, der seit 22 Jahren hier im Dienste des persischen Gouvernements. Sein Alter von 60 Jahren sieht man ihm nicht an, noch in voller Manneskraft. Sein Haus zeigt seine ehmalige Profession, alles voller Bilder, gemalt und [beklebt?]. Seine 45jährige Frau, eine Tochter des bei Herat gefallnen Polen Borovsky, voller Leben. Beide haben sich so an persisches Leben gewöhnt, daß sie diese Sprache besser sprechen als die europäischen Sprachen. Mit beiden sprach ich deutsch. Heute Abend Einladung zum Diner bei Lovett, woran auch der Nabob mit seinem Bruder, der den Engländern als Dollmetscher dient, Theil nehmen. [Orte]

*Sonntag, 15. März.* Spazierritt zu den Gärten Afivabad, Südwest von Schiras. Ersterer wieder neu angelegt mit Wasserbassins und schönen Cypressen, zu beiden Seiten des Hauptweges Apricosen und Weinpflanzungen. In mitten des Gartens ein kleiner Pavillon und Tacht zum Wasserpfeifen rauchen. Der 2te am Bergabhang gelegen, Bagh e tacht, zeigt auf der Südseite des Palastes eine Terrasse voller Orangenbäume, die aber etwas vom Froste gelitten hatten, in 7 Mauern; davor großes, 4eckiges Wasserbassin. In ihm versammeln sich die Schirasli zum [Keif?], da alle Gärten öffendlich sind. Gleich neben ihm am Bergfuße befindet sich das mit viel Unkosten von Dr. Fagergrén erbaute Grabcapelle von Minutoli, der 1860 hier starb. Weiter aufwärts am Berge eine mit Cypressen umstandne Derwisch-Capelle, daneben ehemals künstlicher Wasserfall durch eine schräge Mauer. – Die Vegetation üppig um die Stadt; schon wird die Saat als Futter für die Pferde auf dem Bazar verkauft, die auf den Feldern ½′ hoch war, doch zeigte sich kein großer Pflanzenreichthum dazwischen. [Pfl] Von Bäumen sind die Mandeln im Verblühen, aber die Pfirsischen, Apricosen mit kleinern weißlichen Blüthen so wie eine Art Reineclaude mit gestielten Blüthen, gardsch genannt, in bester Blüthe; Granaten häufig cultiviert. In Gärten blühen Hyacinthus orient., [Pfl]. Äpfel in Blüthe. Narcissen in allen Hausgärten.

(2_07_035) *Dinstag, 17. März.* Am Morgen wurde bei herrlichstem Wetter aufgebrochen, nur in Begleitung von Mansur, um Persepolis zu besichtigen. Der Weg führte mich zum [...] Thore hinaus, bis nach ½ Stunde der Bergabhang erreicht wurde, fortwährend zwischen grünen Saatfeldern hin, in denen die blaue Muscari racemosum, [Pfl] etc. in vollster Blüthe standen. Das breite, mit Rollsteinen dicht erfüllte Bette des Stromes war jetzt ganz trocken, auf beiden Seiten aber zum Schutz der Felder mit einer niedrigen Steinmauer umzogen; eine Brücke mit Bogen führt auf dem breiten Ispahanwege darüber hinweg. Allmählig führt der Weg aufwärts im teng allah ökbör. [Orte]

Oben angelangt, geht der Weg zwischen Hügeln fort, bis der vorliegende Berg den Weg links ablenkt und man bald zu jener Stelle kommt, Kalaat Puscht, bis zu welcher die Gouverneure den vom Schah geschickten Ehrenkleidern entgegen kommen müssen. Mehrere aus Stein erbaute, kleine Häuser, halb zerfallen, sowie 1 Morus bezeichnen dieselbe. Das klare Wässerchen wird hier durchsetzt, an dem man immer aufwärts reitet, bis man zu der Zollstätte kommt, wo Duanen Wächter am Wege stationiert sind. 5 alte Platanen etwas unterhalb am Bache, der hier aus einem Felsenthale rechts hervorkommt. Früher muß hier mehr Cultur gewesen sein, denn verwilderte Granatgebüsche umstanden die Zollstätte. Ein weißes Erythronium blühte am Wege, der nun steigt über einen kleinen Paß, dessen Abstieg zu dem isolirten SteinCarawanserei Badschgar führt. Eine Platane und ein Morus beschatten davor eine kleine Plattform, in deren Schatten die Reisenden sich ein wenig ausruhen, während ein klares Bächlein davor hinfließt. [Orte, Pfl] Häufig begegneten mir die Dörfler, in geflochtnen Holzkörben ihre Hühner nach der Stadt bringend, die zu beiden Seiten des Esels herabhingen. Die Männer alle von dunkler Gesichtsfarbe, mit grauen, hohen Filzmützen. Das Thal rechts erweitert sich, aber bald durch 2 vorgelagerte Züge wieder verengt, die bis Zergun reichen und dort das Thal beschließen.

Auf völliger Ebene wird nun Sergun erreicht, am Fuße eines sich senkrecht darüber erhebenden Kalkgebirges gelegen mit ca. 1.000 Häusern mit platten Dächern, aus Schilflagen mit Erde bestehend. Der Ort zahlt 3.000 Tuman Abgaben an den Schah, ohne daß Dörfer dazu gehörten. Von hier nach Schiras 5 Pharsach; ist Poststation. (2_07_036) Ohne jetzt Sergun zu berühren, bog ich links ab gerade auf das Bergende los und durchschnitt das breite Thal, das sich weit nach West fortsetzt durch einen ca. 1 Pharsach fernen Bergzug, der sich dort wieder erhebt. Der Weg führt nun um den Sergunberg herum, an dessen senkrecht abfallender Nordseite anfangs entlang, bis man das Ende des jetzt die ganze weite Ebene bedeckenden Sumpfes erreicht hat. Zahlreiche kleinere Quellen ergießen sich in ihn. Hauptsächlich aber wird er durch das schmelzende Schneewasser der umliegenden Berge gebildet; im Sommer ist er meist trocken, jetzt aber floß er zum Dorfe Bendamir ab. Von Wasservögeln aller Art lebte es jetzt, schwarze Enten, Flamingos, Löffelgänse, Schnepfen, Möwen u. v. a. Phragmites com. erfüllte ihn, der zum Dachdecken dient. Wild starren hier die senkrechten Felsen empor. [Orte]

Der aus 500 Häusern bestehende Ort Bendemir gegen Abend erreicht. Das Dorf liegt zu beiden Seiten des Flusses. [Orte] Auf der Südseite läuft ein tiefer, breiter Graben, ganz mit Steinen gemauert, sich in das breite Becken des Hauptstromes ergießend. Über denselben führt eine Zweigbrücke, mit Erde bedeckt, zu einer ringsum umflossnen kleinen Insel, auf der sich das kleine Carawanserei befindet, in dem ich abstieg, nebst mehrern andren Häusern und eine Menge Mühlen, deren 22 sich hier befinden. Der Ort zahlt 400 Tuman Abgaben und gehört zum District Kurbal, zu dem 40–50 Dörfer gehören; der Tribus nannte sich Kurbal Pui. – 3 Pharsach abwärts soll Bend Feisabad, 6 Pharsach Bend Tuleki und 9 Pharsach Bend Choschke liegen; 6 Pharsach von letztern soll der Fluß beim Dorfe Sulfa in der Erde verschwinden, dann aber wieder nach 6 Pharsach zum Vorschein kommen und in den Salzsee, deria nemek genannt, sich ergießen.

Der Musikfels Dschemschids, nackara chaneh genannt, ist weiter nichts als ein hervorstehender Felszacken aus dem nahen Bergzuge, deren senkrechte Felswände dort vielfach von Natur geglättet sind. Ob je die Musiker Dschemschids auf demselben gesessen, um ihrem Herrscher auf dem 3 Pharsach fernen Palaste mit Musik zu erfreuen, ist wohl mehr als zweifelhaft; doch war ich erstaunt, als ich den Palast dort durchwanderte, ganz deutlich Hochzeitsmusik von Bendemir her zu vernehmen, was mich lebhaft an diese Sage erinnerte. Weidengebüsch umsäumt um das Dorf herum überall die Ufer. Dieser Damm wurde durch Asadad-dövlet, einem Dilamiten im 10. Jahrhundert erbaut († 983). Assad el daule, der auch das große Wasserbecken auf Kuh Istachr anfertigen ließ. Pfeilspitzen und Münzen konnte ich hier sowohl als in Persepolis nicht auftreiben. Mit freien Augen kann man die Säulenhalle von hier aus nicht erblicken. (2_07_037) [Orte] Herrlich schlief ich die Nacht, eingewiegt durch das Brausen des tosenden Wasserfalles. Große Fische in Menge hier.

*Mittwoch, 18. März.* Beim herrlichsten, klaren Wetter wurde am frühen Morgen aufgebrochen. Der Weg führt fortwährend in der Ebene fort, die viel zu wenig bebaut ist, gegen den Gebirgsspalt zu, wo Persepolis rechts davon liegt. Die 3 Berge im Westen nehmen von hier aus nun eine andre Gestalt an, in dem man jeden nun einzeln erblickt, namtlich fällt der Kuh Schahrek, der hinter dem Miankuh hervorragt, durch seine ringsum senkrecht abfallenden Felsenwände auf. Auf diesem sieht man noch Reste von Bauwerken, tiefe Brunnen; einst war die Ebene auf ihm gut bebaut ähnlich dem Königstein in Sachsen. [Orte] Ankunft in Kenareh in 3 Pharsach von Bendemir. Von hier noch ½ Stunde zum Tacht Dschemschid, dessen Säulen sich am Fuße des Berges erheben. Die Häuser der Dörfer alle platt, mit einer Rohrschicht mit Erde bedekt. In einem der Häuser miethete ich ein Zimmer und brach sogleich nach Persepolis auf, was in ½ Stunde erreicht ist. [Orte]

Man ist erstaunt über die mächtigen Quadern, die hier zu Bausteinen verwendet sind, daher ihre gute Erhaltung, wo sie nicht mit Gewalt zertrümmert wurden, wie man das an fast allen Figuren bemerkt. Das Gestein, hellgrauer, dichter, klingender Kalkstein aus den Bergzügen darüber, ist so fest, daß selbst die Zerstörer der Figurengesichter viel Arbeit damit hatten. Rings um die ca. 40′ hohe Ringmauer, in rechten Winkeln [einspringend?], ist viel Schutt aufgehäuft, aus dem mehrere Capitäle der Säulenterrasse herausragen. Die Treppen gut erhalten, aus mächtigen Quadern bestehend, nicht viel abgelaufen, da das Gestein zu hart ist. Von den Säulen nur eine noch vollständig, von den andern sind die 6 (2_07_038) Aufsätze mehr oder weniger abgefallen, namtlich der oberste. Storchnester keine hier. [Bau] Daß die Säulen ein luftiges Holzdach trugen, ähnlich dem Tschilsutun in Ispahan, ist wohl außer allem Zweifel, welches jedenfalls durch Alexander verbrannt wurde. Aus jener Zeit noch Feuerspuren zum Beweis des Brandes auffinden zu wollen, ist eine Unmöglichkeit, denn das Stammwerk konnte dadurch nicht einstürzen, das bisher selbst allen Erdbeben widerstanden hat. Brandspuren an Gestein kann man auch nicht sehen, da nur das Dach brannte, ohne die Steine zu berühren, und wenn früher auch solche vorhanden waren, so mußten sie durch die Witterungseinflüsse bald verschwinden.

Auf der Terrasse hat sich nur wenig vom Schutt erhalten können, da er durch Wind bald weggefegt wurde. Nur einige kleinere Hügel finden sich in denselben, so in einem der königlichen Wohngebäude. Schöne Politur der offnen Nischen, in ihnen viele kufische, persische und arabische Inschriften; in ihnen die meisten Namen der Europäer, von denen viele jetzt mit Ruhm bedeckt sind. (Es erinnerte mich an das Gedicht vom Straßburger Münster). Daß im 10.–15. Jahrhundert die Terasse von Persepolis als Aufenthaltsort fürstlicher Personen und zu Heereslagern diente, ist durchaus kein Beweis für die völlige Existenz der Gebäude, denn dieselben haben alle in Zelten campirt. Was die über der Terrasse in den Felsen eingehaunen Grotten betrifft mit den Sculpturen, so hält sie Gobineau für Wasserleitungen, weil bei der einen Granatgebüsche davor stehen. Daß dies eine ganz irrige Ansicht ist, bin ich überzeugt. Ihre vollkommne Übereinstimmung mit den 4 Achameniden Gräbern zu Nakschi Rustam lassen keinen Zweifel aufkommen, daß diese nicht ebenfalls solche waren. Daß die 3 Grottenabtheilungen hinter den Sculpturen nicht verziert sind, ist kein Beweis, waren dieselben doch an den Außenseiten genug und wahrhaft königlich verziert. Vielleicht war dies absichtlich so gehalten, um dem Contrast zwischen Leben und Tod recht lebhaft vorzuführen und zu zeigen, daß nach dem Tode König und Bettler im Grabe gleich sind. [Bau] In einem der Gräber tropft allerdings Wasser durch den Felsen, aber von einer Quelle, wie Gobineau sagt, ist hier nie eine Rede gewesen. Durch den am Eingange aufgehäuften Schutt, wie ein kleiner Wall, wird die Feuchtigkeit zurückgehalten, daher hier die Vegetation. Von hier aus kehrte ich wieder nach Kenarah zurück, wo ich Mr. Hamilton traf und mit ihm die Nacht hier verbrachte. [Orte, Zit?] (2_07_039) [Orte]

*Donnerstag, 19. März.* Am Morgen nach Nakschi Rustam aufgebrochen. Nach ½ Stunde wird ein isolirt in der Ebene sich erhebendes Ziegelgebäude erreicht, talar genannt, von Schech Ali Chan, einem Bruder Kerim Khans, erbaut; ist 2 Stockwerk hoch, mit hübschem Bogen, rechts und links führen Treppen zu mehrern Zimmern; aber ganz in Verfall. Persepolis bleibt ½ Stunde rechts liegen, bis man endlich an den Ausläufer des Berges kommt, wo man nun in das Thal von Hadjiabad eintritt, der erste vorliegende Berg ist dem Hauptzuge vorgelagert, an seinem Ostende bildet er ein halbrundes Thal (im [Nord?]West von der Terasse), das mit Schutt erfüllt ist; noch 2 Pfeiler eines Thoreinganges haben sich dort erhalten. Vielleicht lag die Stadt in diesem Bergwinkel. In der der Terrasse vorliegenden Ebene lassen sich gar keine Reste alter Häuser wahrnehmen, selbst bei den tiefen Gräben des Kanats nicht, weder Scherben noch Steine, so daß ich glaube, die eigentliche Stadt lag weiter im Thale von Hadjiabad. Jedenfalls bestand auch schon damals der größte Theil der Häuser aus Erde, und nur die vorzüglichsten Hauptgebäude bestanden aus Stein, ganz ebenso in Pasargadae, dem heutigen Murgab (= Enten), beide aus gleicher Periode. Ist man an der ersten Bergecke vorüber, kommt man zugleich zu einem zweiten Parallelzuge, an ihm einige 100 Schritte entlang, und man kommt rechts zu einer Stelle, wo die Felsen etwas zurücktreten und ein kleines Thälchen bildet, an dessen hinterster Wand die Sculpturen von Nakschi Redscheb sich befinden, vom Wege aus freilich nicht bemerkbar. Diese Felsvertiefung, gleichsam eine natürliche, offne Felsenkammer bildend, zeigt 3 Sculpturfelder in Relief mit colossalen menschlichen Figuren der Sassanidenzeit. [Bau] Thomas Moore's veiled Prophet of Chorassan in Gedicht Lalla Rookh.

Eine kleine Viertelstunde unterhalb Nakschi Redscheb erblickt man in der Ebene eine 4eckige (2_07_040) Plattform aus weißen Marmorquadern, zu der man von dieser Seite aus aber nur durch einen Umweg gelangen kann, da ein tiefes Canalbette davon trennt, das vom Flusse aus, dort wo man ihn durchsetzt, beginnt. Einige Minuten längs dem Felsen führen zum Flusse Pulvar. Hier bemerkt man an den Felswänden mehrere künstlich eingehaune, kleine Vertiefungen, und gleich darauf ist der Ispahan Weg selbst durch den Felsen gehauen. Der hier ca. 20 Schritt breite Pulvar reichte den Pferden jetzt doch bis zum Bauche bei der Fuhrt. Eine Menge kleine Wasserrinnen durchziehen diese Ebne, die viel mit Eruca sativa bebaut war.

Nach ½ Stunde vom Flusse ist die mächtige Felswand des Nakschi Rustam erreicht, von dem ½ Stunde aufwärts im Thale das Dorf Hadjiabad mit Baumgärten erblikt wird mit dem großen Walle, der sich quer durch das Thal zieht. Die Felswand erscheint fast vom Gipfel bis zum Fuße wie von Menschenhand geglättet, ist aber natürlich. An ihrem Südende befinden sich die berühmten Sculpturen der 4 Achemeniden-Gräber und die Sassaniden-Sculpturen darunter. [Bau] Das Gestein dieser Felswand heller, oft röthlich. Die Berge bilden hier eine weite Ebne, in der ein Dorf liegt. Darüber hinaus führt der Weg zu den Engpässen von Main.

Gegen Nachmittag brach ich wieder von hier auf, nachdem ich auch die Kaba des Zoroaster, wie man es nennt, besuchte; außen mit vielen kleinen Nischen, innen ein dunkles Zimmer, ca. 12′ über dem Boden der Eingang, aus mächtigen Quadern weißen Marmors bestehend. [Orte] Fortwährend führt der Weg an einer Ableitung des [Pulvar-]Flusses, einen Bach bildend, (2_07_041) entlang, bis dieser endlich in der Ebne zu einer Menge Kanats vertheilt wird. Hin und wieder kam ich zu Zeltlagern von Gaschgai-Turcomanen, mit schönen Pferden, die jetzt erst hier angelangt waren; ebensolche auch neben Persepolis. Gegen Abend erst erreichte ich die schöne Pul i Chan, von beiden Seiten aufsteigend, in der Mitte aber glatt und aus Ziegelstein bestehend, während die andern Bogen aus rohen Quaderstein, 2 große Spitzbogen und 3 kleinere. Der östliche Theil derselben war neu reparirt. Rechts mündet hier der Pulvar ein. Majestätisch wälzte jetzt der Araxes seine Wasserfälle brausend abwärts. Von hier noch ca. 2 Pharsach nach Sergun, wo ich in der Nacht ankam und dort schlief.

*Freitag, 20. März.* Aufbruch nach dem 5 Pharsach fernen Schiras.

*Sonnabend, 21. März.* Abends bei Lovett, der den Tag darauf Schiras verließ. Montag und Dinstag starkes Regenwetter mit Gewitter in der Nacht, die die zögernde Vegetation wie durch Zauberschlag hervorschafften. – Seit 7 Jahren keine Cholera in Schiras. Von häufigen Krankheiten hier sind zu nennen: Typhus, Wechselfieber, Hydrophie viel, Gangraena, viel Augenkranke, doch nicht so häufig wie in der Türkei, Steinkranke fast gar nicht; Salek auch hier allgemein. – Starker Frost Mitte März, daß Eis auf den Straßen sich zeigte, daher die Orangen etwas erfroren. – 10 Tage vor meiner Ankunft kleines Erdbeben, die hier sehr häufig sind; alle Einwohner haben Furcht davor, namtlich fürchterlich am 3. Osterfeiertag vor 15 Jahren im Monat Redjeb, wobei 13.000 Menschen umkamen durch Einsturz der Häuser, von denen fast jedes beschädigt war. 5 bis 6 Tage lang grub man die Todten aus und band sie zu 5–6 auf ein Bündel zur Bestattung; als 2te Plage kamen dann die Räuber hinzu. Namentlich ein starker Stoß um Mitternacht und dem folgenden Tag um Mittag. Alle Stöße immer von Nord–Süd, doch scheinen sich dieselben nicht über Sergun hinaus zu erstrecken, dann aber bis Kaserun etc., wo sie sehr stark auftreten. An den Bergen um Schiras, z. B. über Bagh Dilkuscha, sieht man noch ihre Wirkung, wo die Felsen herabstürzten. Man sagt, daß sie sich durch Steigen oder Fallen des Wassers ankündigen.

*Sonntag, 22. März.* Mit Dr. Fagergrén sehr angenehme Stunden erlebt, ja ich wohnte halb in seinem Hause, namtlich seine Frau sehr lustig, sprach deutsch, obgleich Französin. Will in 3 Jahren nach Deutschland gehen; hat hier 600 Dukaten Gehalt. Wir unternahmen en famille Spaziergänge heute nach Dilkuscha. Der Weg führt durch das unscheinbare Thor von Saadi, vor dem ein Tacht mit Bäumen, wo Sammelplatz von Bettlern und Derwischen. Bald darauf durchschreitet man das breite, trockne Wildstrombette, über das etwas unterhalb die Brücke Ispahan drüber führt. Auch hier führt eine Brücke, Pul i Saadi genannt, mit 5 Bogen darüber, doch so in Verfall, daß sie nicht mehr passirbar ist, daher die Carawanen oft 10 Tage warten müssen, bis das Wildwasser verlaufen ist. Zwischen üppigen Feldern gelangt man nach 1 Stunde Gehens zum Garten Dilkuscha, den Herzerweiternden; mit viel Obstbäumen und Orangen, regelmäßig gepflanzt, dazwischen Wasserbassins und lange, offne Wasserleitung.

(2_07_042) In der Mitte großer Salon mit Zimmern und Wasserbecken. Er liegt am Eingang eines Thales, in dem der Weg nach [Darab?] geht; einige Minuten in ihm aufwärts kommt man zum Grabe von Saadi, mit ummauerten Garten mit Cypressen. Daneben das gleichnamige Dorf mit ca. 60 Häusern; daneben Zeltlager von Kauli, Siebe und Schmiedearbeiten verfertigend. Ein klarer Bach mit Fischen tritt hier zu Tage aus dem Kanat. Darüber rechts erhebt sich der Berg Kala Bender, mit natürlichen Höhlen am Fuße und tiefen, in den Fels gehaunen Brunnen auf der Nordseite. [Orte] Nur noch geringe Reste alter, aber muhamedanischer Mauern sind noch sichtbar; merkwürdig ist aber der tiefe Brunnen auf ihm, in 4eck ausgehauen in den Fels, bis 12 [zählen?]. In ihm hatte man vor einer Woche eine Hure lebendig, aber gebunden, hinabgeworfen, [umstanden?] von großen Menschenmassen; mit dem Rufe ya Ali stürzte sie hinab. Auf ihm Sideritis etc.

*Montag, 23. März.* Die Gaschgai wurden von Emir Timor aus Turkestan gebracht; jetzt über 40.000 Zelte, nach Aussage des Nobab Dschafer Kule Chan, der ein Verwandter des Ilchani ist. Sie sind Schiiten und bezahlten früher 9.000 Tuman an die Regirung, seitdem aber der alte todt ist und sein Sohn noch sehr jung, müssen sie jetzt das doppelte entrichten; ersterer, d. h. der Todte, hieß Mehmed Kuli Chan, sein Sohn Sultan Mehmed Chan. Jetzt ist Surab Chan der einflußreichste unter ihnen, ein Verwandter vom alten. Im Sommer sind sie im Kuh Batend. Der Nobab gab mir 3 Briefe an dieselben. – Attarbezeichnungen: [SprPfl]

Auf dem Bazar findet man jetzt häufig die jungen Sprossen von Gundelia Tournef., hier Känker genannt, die gekocht und mit Sauermilch gemischt, beliebtes Gericht sind. Auch weiße Schwämme kommen heute zum ersten male nach der Stadt, dieselbe Art in Teheran. Nur 1 Dattelpalme erblickt man in der Stadt; Cypressen pflanzt man jetzt mehr wieder an. Schiras hat 7 Thore, keine Festungsmauern mehr, die durch Agha Mohamed Chan niedergerissen wurden. 14 Stadtviertel; 85 Bäder, 3 große Carawansereis und 150 kleine und eine große Menge kleiner; 1 große Medresse; 4 große Moscheen. Von Armeniern nur 4 Familien in ca. 30 Individuen, doch mit neuer Kirche; in ihr ein Christusbild von der Frau des Baron von Minutoli geschickt. Wegen Geiz ist die preußische Gesandtschaft nicht in besten Andenken, namtlich Grollmann, aber über Minutoli herrscht nur eine (2_07_043) Stimme, daß er der bravste Mann war. Viel Ausgaben von Fagergren für dieselbe, die ihm nur 15 Dukaten schickte, was nicht einmal dem Pfaffen genug war für Bestattung. Jedes Ostern versammeln sich die Christen dort am Berge, wo der Pfaffe eine Messe ließt, wobei die Familie Fagergren den gesandten Rosenkranz aufs Grab legt. Trotz vieler Mühe haben Bäume dort nicht reussirt wegen Wassermangel.

*Dinstag, 24. März.* Alte Münzen jetzt sehr wenig aufzutreiben. Ich kaufte 2 Mosaikkasten, Leopardfelle 3 Stück für 18 Kran, 3 Paar Strümpfe, 1 weiblichen Schleier, 1 Paar [Frauenschuhe?], hölzerne Löffel, 1 Art Flöte; eine silberne Nargileh für 13 Tuman, die hier 11 Tuman Ag hat. Rauchtabak hier gar nicht aufzutreiben; ich war froh, daß ich ein wenig Pulver davon fand. [Hussein?] Kule Chanstoff hier mehr zu finden bei den Guebern im Chan. – Schmutziges Judenviertel, stinkend. Frauen der Perser sehr keck und frei; gemeine Unterhaltung derselben unter sich. Regen heute.

*Mittwoch, 25. März.* Herrliches, klares Wetter, fruchtbar; dies war der erste Regen, den ich in diesem Jahre gesehen hatte.

*Sonnabend, 28. März.* Mit Familie Fagergrén am frühen Morgen Spaziergang zu den Gärten Bach e no, sehr schön, groß, mit großen Pavillons, daneben der Bach dschehannama, ebenso mit großen Pavillons, in denen erst der Telegraph eingerichtet werden sollte, daher viel repariert mit 300 Dukaten, nachher gab man ihn aber nicht her. Herrliche Aussicht von einem der Zimmer über das Thal von Schiras. Schöne, dicke Cypressen, doch nicht so alt wie in Stambul. In der Nähe ist tschilten, in welchem 40 Derwische beerdigt sind, daher der Name; in ihm eine Art Kaffehaus für Thee und Kallian. – Das Grab von Hafis in der

Nähe, mit vielen andren Gräbern umringt; durch Steine aus prachtvollen durchscheinenden Jesdmarmor. Ein andrer [Punkt?] heißt Heften, am Bergabhange gelegen, als weißes Haus erscheinend, in ihm die Porträts von Hafis und Saadi. Im Bach dschehanema hielten wir uns lange auf, sehr groß, viel Porträts von Feth Ali Schah im großen Talar, davor große Wasserbecken.

Hier erhielt ich Briefe durch die Post von Boissier, Reymond, Weber, Brodbek, C. B. und von Carl und Robert [Schwager?] und Höltzer. – Ich beantwortete Höltzer, Reymond und Brock in Abadeh wegen Asa foetida. Auch fand ich einen Katirtschi, so daß auf Morgen die Abreise festgesetzt wurde, der in 10 Tagen für 50 Kran für 2 Thiere nach Buschir mich bringen will.

## XI Schiras–Buschir (29. März–18. April 1868)

*Sonntag, 29. März.* Vormittag Abschied genommen und Vorbereitungen. Langes Gespräch mit dem Nobab, den ich erst noch betrunken machte. Herrliches Wetter. Nachmittag Aufbruch, nachdem ich 60 Kran Trinkgeld gegeben hatte. Weg in fortwährender Ebne, rechts und links Saatfelder und Gärten mit Dörfern dazwischen, so rechts Kuschk, bis endlich nach 2 Pharsach das isolirte Carawanserei von Tschinaradah erreicht wurde, [Orte] (2_07_044) [Orte] von der Schwester des gestorbnen Ilchani der Gaschgai erbaut; weil neu, ist er in guten Zustand, hohe Zimmer, reinlich, aber keine Thüren, großer Hof. Nachts starker Wind.

*Montag, 30. März.* Vor Sonnenaufgang aufgebrochen und sogleich die 90 Schritt lange, neue, ebene Steinbrücke überritten, wo nun am linken Ufer aufwärts geritten wird, bestanden mit Nerium Oleander und Typha. [Orte] Wieder steigt man aufwärts, bis man zu einer Stelle kommt mit vielen zusammengetragnen Steinhaufen, ein Tepe salam am Wege, von wo aus man Schiras zum letzten mal erblickt. Hier thut sich nun rechts der Blick auf über die lange Gebirgskette links, auch Kuh nahr genannt. Im weiten Thale reitet man fort auf das schon von weitem sichtbare Chan Senjun los und kommt an einem breiten Strom, Karagatsch genannt, klares, grünes Wasser, in rauschigen Lauf, jetzt tief und breit, aber sein Bette ca. 500 Schritt breit. Im Chan Sendjun angekommen, viel Carawanen. [Orte]

Alle Berge ein graues Ansehen durch den häufigen Astrag. vesicar., der hier noch ganz dürr da stand, während er um Schiras in Blüthe stand. (2_07_045) Außerdem erfreute mich in großer Menge eine kleine, weiße Tulpe, der T. Clusiana verwandt, mit sehr wohlriechenden, unterseits bläulich grau gestreiften Blüthen. [Pfl]; am Flußufer eine stark riechende Pflanze Kändäll genannt, Salvia hypoleuca, in Entwicklung. Fischreiher und sehr häufig Kukuke, die fortwährend riefen. (Schwalben sah ich zum erstmale wieder bei Murgab). Ich aß gekochte Gundeliasprossen mit Sauermilch, sehr gut; an Artischocken erinnernd, daher letztere auch Känker frengi genannt werden.

*Dinstag, 31. März.* Auf Ebene weiter, bis nach 1 Stunde der Fluß Karagatsch einen Bogen machte und nun durchritten werden muß. Eine Brücke existirt nicht, da das reißende Wasser persisches Machwerk nicht leiden kann. Häufig kommen hier Lastthiere und Menschen um. Auch jetzt reichte das Wasser den Pferden bis an den Bauch, wild rauschend über das mit Rollsteinen belegte Bette; er bleibt nun anfangs rechts, bis er dann ganz rechts abgeht. Zwischen bebuschten Abhängen der linken Kette biegt nun der Weg nach links, und man kommt nun zum Kotel Suhn sefid, über welchem die erste Bergreihe überritten wird; kleine Bäche kommen von den Thälern hervor, während am Eingange die Steintrümmer eines Chans sich zeigen, der nicht wieder ersetzt wurde. [Pfl]

Nach ½ Stunde war der Paß erstiegen, der nun einen hübschen Blick darbot auf das rechts sich ausbreitende, tiefer liegende, weite, hügliche Thal von Tasek, in der der Fluß Karagatsch herkommt. [Orte]

(2_07_046) Der Weg senkt sich zu der flachen, länglichen Hochebene von Descht Ardschun hinab, in der links der Schilfsee erblickt wird, der sehr fischreich ist; eine ganze Caravane, mit Fischen beladen, begegnete uns hier auf dem Wege nach Schiras. Der allmählig abführende Weg geht auf das rechts am Bergfuße gelegne Dorf zu, aus nur noch ca. 30 bewohnten SteinHäusern bestehend, aber ¾ sind ganz zerfallen. Man sagt, daß die Einwohner genöthigt wurden, denselben zu verlassen, aus Strafe, daß sie einen mit Eintreibung der Steuern beauftragten persischen Officier durchgehauen hatten. Ein großer Friedhof dehnt sich in der Nähe aus, auf dem man einige rohe Löwenfiguren erblikt, aber persisches modernes Machwerk. Die Bergseite über dem Dorfe fällt senkrecht ab und zeigt eine Menge natürlicher Einhöhlungen, die sich aber nicht zu Grotten erweitern. Aber über einer von Bäumen umstandnen Capelle zeigt sich der Eingang zu einer solchen, die man Bastard-Höhle nennt, Harumsade; man erzählt, wenn man sehen will, ob einer ein Bastard ist oder nicht, so läßt man ihn hindurchkriechen; kann er hier durchkriechen, ist er keiner, gelingt es ihm aber nicht, so wird er als solcher angesehen.

Eine Menge starker, klarer Quellen des besten Wassers entspringen hier am Fuße dieser Felswand, rasch dem ca. 2 Stunden entfernten See mitten durch die Ebne zueilend. Eine Mühle wird von ihnen getrieben, vor der sich, mit Krans behangen, Frauen ihre Toilette machten. Ein Wasserfall stürzte schäumend von den Felsen herab, sogleich sich in ein Loch verlierend, um unterirdisch den See zu erreichen. Ein 2ter solcher zeigte sich an der gegenüberliegenden linken Felswand; dieser hier erinnerte mich an die Pissevache. Die grüne Ebne voller Kühe, ca. 3 Stunden lang, 1 ½ Stunden breit. Die Ebne wird durchritten, immer am südlichen Theile derselben entlang in einem Halbbogen, wo das isolirte Kala Muschir, ein Erdbau in Ruinen zerfallend, sich befindet. Nach ca. 2 ½ Stunden ist der sanftere Aufstieg zum Kotel Pirasan, d. h. altes Weib, erreicht, wo nun der Weg zwischen dichten Eichenwald, Q. Vallonia, aufwärts führt. Große, dicke Traganthstöcke zeigten sich, dazwischen Euphorb. rubra, Fritillaria in größter Menge und in bester Blüthe; Keklik häufig, Amseln, Meisen, Tauben girrten auf den Bäumen, während der Kukuk auch hier seinen Ruf ertönen ließ. [Orte] Das Hinabsteigen in diesem großen Treppenhause Irans ist viel weniger beschwerlich als das Aufsteigen, dieser Climax mogale des Plinius. Nun führt der Weg steil abwärts 2 Stunden lang auf steinigem Pfad bis zu einem Felsenthale, wo man auf einer Spitze den kühn von Klippe zu Klippe gehenden Telegraph erblickt, der hier eine Spannung von 1.000 Yards hat. Fritillaria und Corydalis an den Felsen. [Txt]

Aus dem Thale heraus getreten, erblickt man nun mit einemmale den Chan, Kotel Mian genannt, auf einem grünen Felsvorsprunge erbaut. Ein Bach klaren Wassers ist in der Nähe des Chans vorüber geleitet. 2 solcher Chans, ein neuer und ein alter, ich stieg in erstern ab. Lange saß ich abends auf dem Dache, Rundschau haltend in diesem herrlichen Thale; zu den Füßen ein langgestrecktes Thal voller Eichenbäume, dazwischen der grüne Rasen ließen mir dessen Thalfläche wie einen Garten erscheinen, durch welchen ein (2_07_047) trocknes Strombett zieht, von den Bergen in Südost herabkommend, deren Schneerücken, Kuh Dischk genannt, im Glanze der untergehenden Sonne glitzerten, welche Bergmasse man deutlich von Buschir erkennen kann. [Orte] Das Carawanserei schien der Versammlungsplatz aller Hausschwalben zu sein, die zu vielen tausenden hier nisteten und ihre Nester ringsum angeklebt hatten. Eine Menge Mandelbäume standen in Blüthe und verliehen den Felsen Leben, dazwischen Medicago Arten, [Pfl].

*Mittwoch, 1. April.* In Descht Ardschun sollen sich nicht selten Löwen zeigen, so wurde im vergangnen Jahre dort Herr [Sindschen?] von einem angefallen, und der Kutchude dieses Ortes zeigt noch jetzt Jedermann die Spuren eines solchen auf seinem Hintern, wo er ihn gepackt hatte. Am frühen Morgen aufgebrochen, und bald war die flache, ca. ½ Stunde breite Thalebne erreicht, mit dicht stehenden Wallonen erfüllt, das in 1 Stunde durchritten war. Der Himmel bedeckt, doch warm. Die 2 Dörfer Kalluni und Abdui liegen rechts jenseits am Bergabhange in romantischer Lage, eines mit einer Cypresse; dahinter dehnt sich eine Felsenschlucht aus. Das Thal schließt sich nach ca. 1 ½ Pharsach gen Nordwest, während ein höherer Rücken dahinter hervorragt. Heerden von Zeltwechselnden Allahkurdi begegneten uns hier mit Weibern und Kindern etc. Ohne Aufstieg führt nun der Weg in einem offnen Thale südlich, voller blühender Amygd. scop. und herrlichen Astragal. vesicarius in schönster Entwicklung, eine wahre Zierde. Am Zollhause, rahdar genannt, vorüber, kommt man dann ganz unerwartet zu einem steilen Abstieg, Kotel Dochter genannt, zu dessen fast senkrecht abfallenden Felsen ein in Zickzack hinabführender Weg eingehauen ist. Von ihm überschaut man nun die ganze weite Kaserun Ebene. Ich verließ den Hauptweg und kletterte von Felsen zu Felsen hinab, da mich hier die reichste Vegetation begrüßte: An Felswänden hing alles voll eines gelben Echium, [Pfl].

Nachdem mit Mühe die Felsen überwunden und der Fuß des Überganges erreicht, wurde gleich darauf Nakschi Timur erreicht, wo ich mich einige Stunden aufhielt. Die Sculptur des Kadscharen-Prinzen ist sehr roh, [auch?] verstümmelt; am Fuße einer Felsenecke angebracht und von den Mauern eines kleinen Chans umgeben. Zeltgruppen hatten sich daneben angesiedelt. (2_07_048) [Pfl, Orte] Nun geht der Weg rechts im Thale aufwärts, theils grün durch die Rasenplätze, auf denen zahlreiche Carawanen und Heerden von Kühen weideten, theils von der Menge der Saatfelder auf dem üppigen Boden, denen die feuchten Niederschläge nicht mehr fehlen. Doch erblickt man auch hier eine Menge unterirdischer Canäle. Matricaria Chamomilla in größter Menge überall. [Pfl] Die Gerste trieb Ähren.

Nach 2 ½ Stunden kommt man endlich in die Nähe von Kaserun und durchreitet nun die Trümmer der alten Stadt, jetzt durch Saatfelder ganz verdeckt, doch ragen noch viele alte, aber schlecht gebaute Mauer- und Häuserreste mit Bogen heraus. Links erblickt man einen großen, 4eckigen künstlichen Hügel, auf dem wohl einst ein Schloß stand; man nennt ihn den Juden-Friedhof. Vorher erblickt man noch mitten in der Ebne einige große Gärten mit Dattelpalmen, Orangen und Granaten. In dem auf der Westseite des Ortes gelegnen telegraph chane stieg ich ab, wo ich den dort stationirten Herrn Thompson und Herrn Norman-Harrison von Buschir fand, erster auch mit einer Armenierin verheirathet. – Spannung des Telegraphen in Kotel Dochter 800 englische Yards.

*Donnerstag, 2. April.* Kaserun. Vormittags Pflanzen arrangirt. Von weitem gesehen bietet das weitläufige Kaserun, eine Kessebe, die aber die Anwohner mit dem Titel scheher belegen, einen hübschen Anblick dar, denn hier erblickt man zum ersten male wieder die schlanke Dattelpalme, die aus allen Gärten und Höfen hervorblickt. Sie trieben jetzt ihre Blüthenscheiden, von denen nur erst wenige aufgebrochen waren; auch hier hat man die künstliche Befruchtung, in dem man einen kleinen Zweig der männlichen Blüthen vor dem Verstäuben in die weibliche Blüthenscheide legt; ohne dieselbe soll es nur kümmerliche Datteln geben. Die Häuser mit ihren platten Dächern alle aus Stein gebaut, zwischen denen mehrere Domkuppeln sich erheben. Das Innre des Ortes aber voller Ruinen, und bei Spaziergängen muß man sich immer in Acht nehmen, nicht in einem der zahlreichen Löcher zu versinken. Höchstens 2.000 Häuser mit 3–4.000 Einwohnern. Ein Neffe des Gouverneur von Schiras, Emir sade genannt, war hier Gouverneur, über den man sich wegen seiner Habgier sehr beklagte. Von dem dort einst blühenden Pferdemarkt ist jetzt keine Spur mehr geblieben.

Das schönste von Kaserun ist aber der Orangengarten (2_07_049) auf seiner Südseite, ganz benachbart. Eine prachtvolle Allee mit sich kreuzenden Wegen von dichten Orangenbäumen, deren Blätterwerk einen dichten Schatten gewähren und aus dem die goldnen Früchte der Hesperiden hervorleuchten, zieht sich mitten durch denselben, doch sind ihre Früchte sauer; daneben werden aber auch süße gezogen so wie Granaten, Äpfel und eine schöne Gruppe Dattelbäume; in der Mitte der Allee erweitert sich der Platz zu einem Rundtheil, in dem Wasserbecken. Herrlicher Garten zu Concert! Am hintren Ende befindet sich ein Haus mit vielen Zimmern, in dem gewöhnlich die Europäer sich niederlassen; eine Menge europäischer Namen darin an den Wänden. Der Garten von Timur Chan angelegt. Mehrere Gärten erblikt man in der Nähe.

Längs dem nördlichen Zuge des Gebirges läuft eine kleine Kette von Hügeln entlang, auf denen man Reste einiger Thürme wahrnimmt. Die südliche Kette bietet einen merkwürdigen Anblik dar, in dem dieselbe von unten nach oben in eine große Menge meist mehr oder weniger parallelen Spalten zerrissen ist, sicher durch Erdbeben, die hier häufig sind. – Trinkwasser wird auch hier durch Kanats herbeigeleitet. – Sehr warm; in Südost Gewitterwolken.

Gegen Abend brach ich mit Herrn Norman nach dem 2 Pharsach entfernten Dehris auf. In der Thalebne gen Nordwest fortreitend, erblickt man gleich beim Austritt links am Bergfuß gelegen das Dorf Kasekun so wie mehrere Gärten mit Datteln. Eine weitläufige Trümmerstätte eines einst großen Ortes wird durchritten, mit Mauerresten, Wasserbassins etc., und man kommt zu einer Abtheilung des Dorfes Dehris, das aus vielen gestreut liegenden Gruppen besteht, daher sein Name = zerrissnes Dorf. Am Abend dort angekommen, wo wir schon alles durch die voraus geschickten Diener vorbereitet fanden in einem Privathause. Der Ort mit nur ca. 15 Häusern bildet einen Steintrümmerhaufen, in dem die arme Bevölkerung haust, auf denen eine üppige Vegetation wucherte; ebenso in der Umgegend war die Gerste 4′ hoch. [Pfl, Orte]

*Freitag, 3. April.* Bei schönstem Wetter aufgebrochen, aber [nur?] zu warm. Auf der hier etwas ungleichen Ebene wird gerade auf den Gebirgsspalt von Schahpur losgeritten, ca. 2 Pharsach fern, bis sich dann die Ebene etwas senkt zu einer völlig flachen Ebene, in der mehrere Bäche entspringen und die weiter in West vom Schahpurflusse durchzogen wird. [Orte] Große Sträucher und selbst alte Bäume von Zyzyphus Lotus, wilde Feigenbäume mit Ephedra graeca dazwischen bestanden die Ebene, während Astrag. vesicar., Gentiana Olivieri und vor allem Ranunculus asiaticus (einzeln auch die Var. mit flor. aurant.) aus dem grünen Grasteppich hervorblitzten. Salix fragil. stand längs den Bächen in Blüthe, während Myrtus communis weite Strecken heerdenweise erfüllte. An einem Bache ritten wir entlang, in dessen Nähe sich ein zerfallnes Fort, Burtsch Muladen genannt, sich zeigte. Schwarze Zelte des Iliats in der Ebene in kleinen Gruppen zerstreut.

An der Bergecke angekommen, erblickt man auf der Bergecke die weitläufigen Trümmermassen des Kala Dochter (2_07_050) aus rohen, kleinen Steinen bestehend; Reste von Thürmen und kleinen, gewölbten Zellen noch sichtbar; doch dehnen sich diese Trümmer auch auf die andre Seite des Berges aus, wo ihre an senkrechte Felswände angeklebten Mauern die Bewunderung erregen. Am Fuße dieses Castells entspringt eine starke Quelle, die jetzt aber einen mit Phragmites erfüllten Sumpf bildet, während sie früher ein Lieblingsversammlungsort der Einwohner war, denn noch jetzt erkennt man ihre Ummauerung, von denen noch verzierte Steine am Rande liegen. Ein tiefer Wallgraben zog sich von hier aus um die Hälfte der Stadt außerhalb längs der Stadtmauer, bis er in den Schahpurfluß mündete; die Trümmer der Stadt breiten sich nun dem Auge dar, deren Steinhäuser einst ziemlich weitläufig mögen gestanden haben, nach den isolirten, aber Reihenweise aufeinanderfolgenden Trümmerhaufen zu schließen, zwischen denen gerade Straßen hindurchführten. [Bau]

Ist man dem Berge entlang gezogen und hat nach 1/4 Stunde sein Ende erreicht, erblickt man plötzlich rechts einen Bergspalt, aus dem der Fluß schäumend hervorbricht, der erstrer sich dann gleich zu einer ovalen Ebene erweitert, bis dieselbe dann nach 3/4 Stunde wieder durch einen Engspalt geschlossen wird, hinter dem ein hoher, breiter Bergzug wegstreicht, an dem die Höhle mit Schahpur's Statue sich befindet. Die Sculpturen auf dem rechten Ufer des Flusses erblickt man schon von weitem. Die über senkrechten Felsabstürzen sich zeigenden Mauerreste des Kala Dochter ziehen sich auch auf dieser Bergseite entlang. Folgt man dem linken Ufer aufwärts, so zeigt sich gleich am Wege eine sehr beschädigte Sculptur von 2 Reitern. [Bau] Der rauschende Strom ist dicht bestanden mit Salix fragil., Tamarix und Nerium Oleander (wohl das Rhododendron bei Morier, die hier aber nicht vorkommen), während an den Felsen große Büsche von Ceratonia Siliqua sich schon von weitem durch ihr dunkles Grün auszeichnen. Durchsetzt man den Strom, um zum rechten Ufer zu gelangen, so kommt man zu einem auf einer Flußhalbinsel erbauten 4eckigen Gebäude, burtsch Sassan genannt, aber erst vor 15 Jahren von dem Besitzer des Schahpurthales, ein Said Mir Abdul Wafa, erbaut. Gleich darauf (2_07_051) kommt man zu einem mächtigen, klaren Quellenverein, die dem Fuße der Felswand entströmen und rauschend als Strom abschießen, sich bald darauf mit dem eigentlichen Strom vereinend; eine große Höhle zeigt sich über denselben in dem fast senkrechten Felsenabsturz. Die Pferde müssen nun auf der Insel bleiben; erst unterhalb der Felsenecke konnten sie zum rechten Ufer empor. Folgt man nun dem rechten Ufer abwärts, so kommt man bald zu einer Wasserleitung, theilweise gemauert, theils in den Felsen 4eckig eingehauen, durch die man hindurch kriechen mußte, um zu den Sculpturen zu gelangen. [Bau] Die Sculpturen von Schah Bahram sollen 8 Pharsach weit sein, auf dem Wege nach Bebehan, in jenem großen Thale, das man nördlich von hier erblikt; die Figuren sollen über einer Quelle sich befinden.

(2_07_052) Von hier aus wollte ich die noch 2 Pharsach weite Höhle der Schahpurstatue besuchen, aber ein heftiges Gewitter überraschte uns hier, so daß es aufgegeben werden mußte. Die Stadt dehnte sich hauptsächlich auf dem rechten Ufer des Flusses aus, von der noch mehr Überreste zu erblicken sind; eine Menge tiefer Kanats durchziehen die Stadt, viele noch jetzt mit Wasser, die beim Durchziehen der Trümmer Vorsicht erheischen, Quadermauern, Bogen etc. noch jetzt. Ein merkwürdiges plötzliches Geräusch machte sich vernehmbar, als wenn die Gipfel der Berge rasselnd herabgestürzt kämen, eine Windsbraut, Wirbelwinde, die gegen die hohen, senkrechten Felswände wie ein harter Körper anschlugen und sich rasselnd rasch weiter bewegten. Nie hatte ich es vorher so beobachtet als in dieser Engschlucht. Die einstigen Räuber der Mameseni sind nicht mehr hier, sie wohnen jetzt um Schulistan. Vorzügliches Jagdrevier hier, namtlich viel Schweine.

Das Gewitter brach los, so daß wir uns nur mit Mühe noch in ein altes Haus flüchten konnten, das nur durch den dasselbe umgebenden Schutt seine Erhaltung verdankte; da aber der Eingang höhlenartig nach unten führte, so dauerte es nicht lange, und das Wasser floß von allen Seiten zu uns hinab. Nachdem der Fluß wieder durchritten und wir zum linken Ufer gelangt, durchritten wir die Ruinen auf einer einstigen Stadtstraße, die zu einem Thore führte, von dem noch Bogenreste sichtbar, während links davon Festungsthürme der Stadtmauer sich zeigten. Unaufhörlich zuckte der Blitz und rollte der Donner, durch das Echo in den Bergen noch verstärkt. Abermals brach ein 2ter Guß los, dem wir glücklich noch entgingen, in dem wir uns in einem alten, zerfallnen Stall retirirten in der Nähe des Flusses. Das Dorf Mirsa dakeh erscheint über dem rechten Uferabhang, voller Gebüsch. Den Weg durch die Ebene machend, bleibt das Dorf Mulladahn links, und bald darauf wird das Dorf Schahpur erreicht, da gelegen, wo man wieder in die Berge aufreitet. Da ein 3tes Gewitter drohte, nahmen wir für 1 Stunde im auf einer Anhöhe gelegnes SteinCarawanserei unsre Zuflucht. Das Dorf mag ca. 50 Häuser zählen, meistens aus Hütten von Schilf bestehend. – Die Flora von Schahpur bestand in am Felsen blühende gelbe Ferula, [Pfl]. Schwarze Repphühner.

(2_07_053) Vom Dorfe Schahpur steigt bald der Weg eine Anhöhe hinan [von?] einem Thale, nachdem ein jetzt starker Mühlenbach durchsetzt, in dessen Ufergebüsch eine Menge Nachtigallen; der sich etwas unterhalb mit dem Schahpurflusse vereint. [Orte] Der Weg verengt sich immer mehr, links steigen mächtige, jähe Felswände empor, während rechts ein mit Erde mehr bedekter, niedriger Zug sich entlang zieht, beide aber voller Vegetation, namtlich in Menge die Pistazienbäume, die hier Blüthen und Blätter zugleich entwickelten. Die schöne Salvia hypoleuca gruppenweise und [Pfl]. Dieses Thal bot jetzt nach dem erfrischenden Regen einen reizenden Anblick dar, aber der Weg schlecht, oft über von den Carawanen geglättete Kalkabsätze hinweg. Bald aber erweitert sich das Hochthal weiterhin immer mehr, und fleißiger Anbau zeigt sich auf der ganzen Ebene. [Orte]

Kumaredsch ist erreicht, wo wir in der Nacht ankamen. Hier ist die Hälfte zwischen Schiras und Buschir, aber erst vom rahdar aus setzt man nun den Weg in gleicher Richtung bis Buschir fort. Der Ort besteht aus 150 Häusern mit ca. 1.000 Einwohnern, aus dem das des Kaetchuda besonders hervorragt. 16 Dattelbäume verleihen dem Dorfe etwas Leben, während die Steinmauern der Häuser, mit Moos bedeckt, die Annäherung an ein feuchtes Clima verrathen. Im Carawanserei wurde abgestiegen, wo wir ein großes Zimmer einnahmen. Die ganze Nacht hindurch Gewitter und heftige Regen. Von Kaserun bis Kumaredsch 6 Pharsach.

*Sonnabend, 4. April.* Beim Dorfe beginnt gleich kurzes Aufsteigen zu Conglomerathügeln, die dann aber bald zu dem Kotel Kumaredsch abfallen. [Pfl] Der Weg fällt steil ab zu einem Bache, an dem man entlang reitet; stellenweise sieht man Mauern an den steilsten Felsenbrüstungen, wahrscheinlich noch Sassanidischen Ursprungs, wenigstens ganz so wie die Schahpurmauern gebaut. Gyps und ein aschgrauer, verhärteter Mergelkalk bilden das Gestein. An den Gypswänden Gypsophila Singara. [Pfl] (2_07_054) [Pfl] Überall war die Vegetation in üppigster Entwicklung, während am Bache Nerium Oleander und Tamarix die Ufer schmükten. Ein rahdar auf dem Kotel. Ins Thal hinabgeritten, erblickt man rechts den spitzen, schon gestern gesehnen Kuh Surch, und weiterhin kommt man in einen Thalkessel, in dem jetzt der schäumende, wildtosende Schahpurfluß sich hindurch windet, dessen Salzwasser einen unangenehmen Geruch verbreitete. Der Weg führt an einer Stelle dicht am Flusse hin, aber jetzt unter Wasser, und als wir um die Felsenecke gebogen hatten, lag das aus Schilfhütten bestehende kleine Dorf Chan Kawar neben uns, von den Einwohnern schon jetzt verlassen, dicht mit Salvia hypoleuca bestanden. [Pfl] In den Auswaschungen des sandigen Mergels viele schön erhaltne Pecten. [Pfl] Zwischen Bergen wird entlang geritten, und während der Fluß rechts ablenkt, [fällt?] dann der Weg ein wenig, und die große Ebene von Chischt liegt vor uns, von Dattelwäldern erfüllt.

Bald folgt das Hüttendorf Dschefferdihn und ½ Stunde weiter zwischen üppigen Saatfeldern Konar tacht, unser heutiges Ziel. 1.800′ ü. M. Neben dem Orte liegt ein großes Steincarawanserei, wo wir uns niederließen, von dessen Dach hübsche Aussicht über diese schöne Ebene, die ihren Namen von den zahlreichen Zyzyphus Lotus erhalten hat. Der Ort besteht aus lauter 3eckigen Palmenhütten, unter zahlreichen Palmenbäumen, ebenso das nur einige Minuten entfernte Beneki; die Häuser aus Erde oder Steinmauern, aber mit Palmenblättern bedeckt. [Orte, Pfl] (2_07_055) [Orte] Im Chan waren 14 Bündel Telegraphendraht gestohlen worden, der Kätchuda des Ortes war daher nicht aufzufinden, sondern hatte die Flucht ergriffen.

*Sonntag, 5. April.* Nachdem in ¾ Stunde die Ebene vollends durchritten, langten wir am Kotel Mallu an, der in steilen Absätzen auf scheußlichen Wegen zum Dalakiflusse führt. Dieser war aber so angeschwollen, daß keine Möglickeit war, denselben zu durchsetzen. Auf beiden Seiten warteten die Carawanen, während einige Männer wehklagend am Ufer umherliefen, den Tod ihres Vaters beklagend, der einige Stunden vorher vom Flusse war weggerissen worden. Trümmer einer Steinbrücke, mit noch 2 Bogen, stehen am Ufer, die vor 60 Jahren gebaut wurde, aber nur 5 Jahre gehalten hat. Am rechten Ufer des Flusses zogen wir ca. ½ Stunde abwärts längs dem Bergfuße, bis wir zu einer Stelle kamen, wo eine neue Brücke gebaut wurde durch den Muschir von Schiras. Der Bau wurde durch einen Hadschi von Ispahan geleitet, der heute Morgen sein Bein gebrochen hatte; er sandte deshalb gleich zu mir, damit gleich [eine?] [Henne?] verbindend als Geschenk.

Herr Norman schlug hier sein großes Zelt auf, und so waren wir ganz comfortabel. Von der Brücke waren die 4 Pfeiler errichtet, aber die Spannung fehlte noch. Leider wird auch diese nicht lange halten, denn das Gestein, was dazu verwandt wird, ist viel zu weich. Die Engländer schlugen den Persern vor, eine eiserne Brücke von England kommen zu lassen, allein man schlug es aus. Nur wenig weiter abwärts davon erblickt man am Eingang zu einer Schlucht die Reste einer 3ten Brücke, die vor 45 Jahren gebaut wurde, die aber gerade so lange gehalten hat, daß nur 1 Maulthiertreiber dieselbe passirt hatte. Der Fluß ist allerdings im Frühjahr ein wilder Strom, namtlich wenn Gewitter sich in den Bergen ergießen, deren Wasser von den zum Flusse alle direct abfallenden Bergketten denselben sehr rasch anschwellen. Am Morgen hatte der Wasserstand 12′ erreicht. Das rechte Ufer besteht aus zertrümmerten Gypsbergen, steil abfallend, aber mit viel Vegetation: [Pfl]. (2_07_056) [Pfl] Die sandigen Flußufer zeigten in Menge Tamarix, [Pfl]. Der heutige Tag war der pflanzenreichste, aber das Papier fehlte mir. [Orte]

Der Nachmittag wurde botanisirend verbracht, gegen Abend stattete ich aber dem Hadji einen Besuch ab, der uns mit gutem Thee tractirte. Neben seinem Hause hatten sich noch einige 20 Schilfhütten etablirt der Brückenarbeiter. Kukuke auch hier. Wir trafen hier den Kätchude von Descht Ardschin, der uns auf seinem Hintern die Löwenklaue zeigte. Nachts saßen wir noch lange vor dem Zelte; eine wunderschöne Nacht, am wolkenlosen, reinen Himmel der fast volle Mond, das Brausen des Stromes zu den Füßen, die Feuer an den Bergabhängen der Carawanen und Brückenbauer, die sich im Flusse wiederspiegelten, die ernsten Gebirgshäupter darüber, die laue, warme Luft etc. Heute Palmsonntag!

*Montag, 6. April.* Um 8 Uhr wurde der Fluß durchritten, nachdem wir wieder ¼ Stunde aufwärts geritten waren; das Wasser war noch sehr reißend und reichte den Pferden aber nur bis zum Bauch. Auf dem jenseitigen Ufer steigt der Weg auf dem steil abfallenden Berge des Kotel Bakerchani aufwärts. [Orte] (2_07_057) [Pfl] Nachdem der Berg auf plattigen Gestein überritten ohne Mühe, biegt der Weg links ab, und man erblikt nun das nahe Dalaki, am Fuße der

Bergkette gelegen, die alle in lebhaftes Grün, aber buschlos, gekleidet waren. Hier zeigen sich nun wieder die characteristischen Hütten aus Palmengeflechten, aus denen der Ort besteht, mit Ausnahme des geräumigen Karawansereis, aus Stein erbaut, in welchem wir ½ Stunde abstiegen zum Frühstük. Datteln machen hier die Hauptnahrung aus und ersetzen das Brod. Eine Menge ca. 10′ hoher Sträucher einer breitblättrigen Asclepias bestanden die weite Ebne, während dicke, sehr alte Tamarixbäume sich um das Dorf erheben neben Dattelpalmen. Physalis somnifera bildete hier wahre Hecken, Peganum Harmala bereits in Blüthe und die Gerste auf den Feldern zum Mähen bereit.

Eine ½ Stunde nach Dalaki kommt man dort, wo die Felsen näher herantreten, an einen klaren, 8 Schritt breiten Bach, der die ganze Luft ringsum verpestete mit seinem starken HS-geruch, während große, runde Augen von schwarzem Naphta auf ihm schwammen; er entspringt links nahe, am Fuße von Gypsfelsen und treibt gleich darauf eine Mühle. Die Naphta wird aber nicht benutzt. 2 Wege führen von Dalaki nach Borasdschun, wir wählten den links abgehenden sogenannten Winterweg, da der rechte oft viel Wasser zu durchsetzen hat. Der Dalakifluß bleibt immer rechts einige Stunden fern. Bald darauf geht es wieder an solch einer HS-quelle vorüber, und ein 2ter starker Bach von HS wird durchsetzt mit vielen Quellen. Salzpflanzen machen sich hier auf diesem ganzen Striche bemerkbar. [Pfl] Der ganze Fuß des Bergzuges scheint sehr S-reich zu sein, denn noch an vielen sumpfigen Quellen von HS, die die Luft verpesteten, führt der Weg vorüber, immer ½ Stunde fern von den Bergen, bis sich 2 Pharsach vor Borasdschun der Weg gerade aus wendet, erst durch eine etwas unebne Fläche, aber voller Vegetation. [Pfl]

Am kleinen Hüttendorfe Saribische = Anfang des Waldes führt der Weg entlang, bis endlich das von Dalaki 4 Pharsach ferne Borasdschun erreicht war. Hier ist eine Telegraphenstation, wo ein Armenier, englisch sprechend, den Dienst versah. Dort stiegen wir für heute ab. Der Ort besteht aus Steinhäusern mit platten Dächern, mit einzelnen Datteln dazwischen, der aber weiter hin einen großen Wald bildet, aus dem viel Arrak gewonnen wird, daher billig. Die Gerste fast reif. Gazellen und Antilopen häufig auf dieser Ebene; letztere vorzüglicher Braten Abends; als Desert dienten uns mit Zucker gekochte Konar-Früchte mit etwas faden Geschmak. [Orte] Norman telegraphirte von hier nach Buschir, um Morgen ein Boot in Tschief zu finden. Die Datteln hatten hier schon kleine Früchte angesetzt (Auf Sindschans Karte liegt Borasdjun zu nahe am Berge, ebenso die Straße.)

(2_07_058) *Dinstag, 7. April.* Am frühen Morgen aufgebrochen, aber für hier außerordentlich kalt, nach dem 7 ½ Pharsach fernen Tschief. Auf sehr gut bebauter Ebne mit zahlreichen Dörfern, von Palmengruppen umstanden, führt der Weg gleich nach Borasdjun durch einen Palmenwald, dann Ebene mit Dörfern bis Nogall, wo nun der Boden immer salziger wird und nur kleine Salzpflanzen den Boden bedecken, der aber oft weite Strecken keine einzige Pflanze nährt. Die Mirage zauberte hier allerlei Gestalten uns vor; so 4 Esel hielten wir erst für ein Dorf, dann für Kameele, dann Männer, erst, bis wir nahe kamen, erkannten wir unsern Irrthum. Nach und nach wurde das Terrain sumpfig ohne Vegetation, bis endlich die ganze weite Strecke, fast 3 Pharsach, von einigen Zollhohen Wasser bedekt war, durch Springfluthen und Fluth herbeigebracht.

Endlich wurde das einsam am Ufer liegende Zollhaus, Schief genannt, erreicht, wo wir das bestellte Boot vorfanden, aber wegen der Ebbe so weit weg, daß wir bis gegen Abend zum Eintritt der Fluth warten mußten. [Pfl, Orte] Viele Caravanen nach Schiras lassen hier ihre Waaren übersetzen, da sie dadurch 1 Tag sparen, in dem der Weg über Tschaketak einen großen Bogen beschreibt und sie auf ersterm Wege von Buschir nach Borasdjun in 1 Tage gehen können. Buschir erblickten wir von hier als einen dunkeln Flecken im Meere. Etwas vor Sonnenuntergang war die Fluth so weit eingetreten (die hier 7′ beträgt), daß die Barke nahe ans Ufer kommen konnte, zu welcher wir getragen wurden. Der Weg geht dann längs einer kleinen, niedrigen Insel entlang, Dschesireh genannt, von einem Dorfe bestanden, deren arabische Einwohner aber vor einigen Tagen dasselbe verlassen und nach Bassra gegangen waren wegen Vexation des Gouverneurs. Um die Spitze der Insel herumgekommen, blies ein starker Wind, das 3eckige Segel wurde aufgezogen, und munter segelten die nur mit einem langen, weißen Hemde bekleideten Matrosen tapfer drauflos, unter dem steten gemeinschaftlich ausgesprochnen „ela hilla hilla lak“, abwechselnd mit e stafrulla. Bei hellen Mondschein erreichten wir nach einigen Stunden endlich Buschir, wo wir, obgleich es verboten ist, dennoch ausstiegen. Im Hause des Herrn Norman fand ich die beste Aufnahme.

*Mittwoch, 8. April.* Die aus ca. 600 Häusern bestehende Stadt Buschir bietet durchaus nichts besondres dar von Außen; ihre Häuser aus Stein erbaut, aus verhärteten Muschelsand bestehend von jüngster Bildung, aber dennoch dauerhaft, platte Dächer. Die Straßen eng, schmutzig, Bazar unbedeutend. Hitze groß im Sommer. Rings um die Stadt öde Sandwüste, nur die West- und Südseite vom Meere bespült, das immer mehr Sand ansetzt. Erst ½ Stunde gegen die Südseite liegen mehrere Dörfer mit einzelnen Palmengruppen, von wenigen Getreidefeldern, Weizen und Gerste, beide reif, umgeben sind; überall tritt das Salz auf der Ebene hervor, daher alles Wasser schlecht; Cisternen sieht man überall in der Ebene zerstreut, von weitem durch ihre Mauern an den Seiten erkenntlich, mit einer Kurbel zum Heraufziehen. (2_07_059) [Pfl]

Die Residenz des Colonel Pelly liegt am Westende der Stadt am Meere, durch eine Flaggenstange bezeichnet, wie ebenso die des Gouverneurs am entgegengesetzten Ende. Ein Kanonenboot mit 3 Kanonen liegt fortwährend im Hafen zum Schutz der Engländer. Der Resident ist hier der Tonangebende, alles von der europäischen Gesellschaft richtet sich nach ihm. Unter ihm steht der Vice-Resident, Mr. Edwards, ein Armenier, der ein großes Haus daneben bewohnt. Die europäische Gesellschaft, die aus den Leuten von Telegraphen und vom [Kabel?] besteht, ist aber sehr getrennt voneinander, einer beobachtet den andern, so daß Niemand etwas thun kann, ohne daß es nicht die ganze Stadt wüßte. Die meisten verkehren gar nicht miteinander. Der Schiffsverkehr ist nur gering; ein holländisches Segelschiff von Batavia kommend, lag vor Anker, Zucker ausladend. Die Perser selbst haben nur Barken, keine Schiffe, dennoch aber einen in Schiras residirenden Flotten-Admiral. Fischfang beschäftigt viele der Einwohner, deren Barken mit ihren 3eckigen Segeln die See beleben. Ebenso bietet der Hafen kein erfreuliches Bild dar, alles öde, wie todt; da sieht man keine aufgespeicherten Waaren, keine Winden rasseln empor. Reste einer Maschine liegen am Ufer. Ein Armenier und ein Jude sind die einzigen, bei denen einige europäische Artikel zu haben sind, aber ihre Läden sind fast immer verschlossen. Bier findet man genug, die Flasche zu 1 ½ Kran, Sherry zu 7 Kran, Manilla Cigarren; aber auch hier kein türkischer Tabak. Die Sprache arabisch oder schlecht persisch. Mehrere Stadttheile voller Palmhütten, so gerade neben unsrem Hause, von schmutzigem Volke bewohnt; mit Nasenringen, unverschleiert.

*Donerstag, 9. April.* Grüner Donnerstag. Ich machte Besuch beim Vice-Resident Edwards, ein kleiner, aber dicker Mann; seine 4 Töchter, überall mit dicken, goldnen Ketten behangen, waren vor uns aufpostirt.

(2_07_060) *Charfreitag, den 10. April.* Heftige Regengüsse mit starken Gewittern, ebenso den folgenden Tag.

*Sonntag, den 12. April.* Zum ersten Osterfeiertag starker Gewitterregen; ich schrieb Briefe nach Haus. Den 2ten Feiertag war das Wetter wieder wunderschön. O, wie oft dachte ich da an die Heimath; da wäre ich lieber auf den Ball gegangen, statt im elenden Buschir zu verbleiben. Ich machte Besuch beim Resident, ein Mann von ca. 45 Jahren, unverheirathet; ich nahm bei ihm das Frühstück. Gewöhnlich ist er im Sommer auf seinem 6 miles fernen Landgute, daher nur wenig hier. Nach Tisch wurde Billard gespielt mit Dr. Hojer, Edwards und Patten. Indische Soldaten stehen vor dem Thore Wache, mit dunkeln, kurzen Rock und Hosen, rother Turban, von dunkler Hautfarbe. – Abends bei Röschten zum Diner eingeladen, der in kurzem eine Armenierin heirathen will, was übrigens die Armenier sehr gern thun. Die jungen Leute sind aber sehr dumm zu [verdenken?], denn diese jungen Mädchen sind ohne alle Bildung, sehr wenige können einige Brocken englisch sprechen, und für's Haus haben sie gar keinen Sinn; Putz und Kinder machen ist ihr Liebstes. – Mein Diener Mansur sandte ich hier definitiv fort, da sein [Eigensinn?] und seine Dummheit unerträglich wurde.

*Donnerstag, 16. April.* Nachmittags und Abends fürchterlicher Sturm mit heftigen Gewitter.

*Freitag, 17. April.* Abends bei Herrn Gutbun zum Diner eingeladen, während ich gestern zum Frühstück bei Herrn Patten war, der mit einer Engländerin verheirathet ist. Morgen soll der Dampfer ankommen nach Bassra.

*Sonnabend, 18. April.* Herrlicher Tag. Vormittag erhielt ich den Besuch von Colonel Pelly, gefolgt von seinem dunkelfarbigen Soldaten. Nachdem Schery und Kaffe genommen, lud er mich zum Frühstück ein, wo Edwards, Dr. Hojer, der Capitain Theil nahmen. Nach Tisch Billard gespielt. Abends Einladung zum Diner. Gespräch über sein Buch und seine Reise zu den Wahabis und durch Beludschistan; er glaubt, daß ein Europäer überall jetzt reisen könne. Abends spät kam der Dampfer an. Den Abend wieder zum Diner bei Colonel Pelly.

## XII Exkursion nach Basra und Bagdad (19. April–31. Mai 1868)

*Sonntag, 19. April.* Zum Frühstück um 9 Uhr bei Pelly, ebenso um 1 Uhr zum Lunch. Um 2 Uhr begab ich mich ans Boot. Pelly hatte mir zum Ufer fahren das seinige zur Verfügung gestellt, begleitet von einem Officier, [Preatt?], mit 8 Matrosen. Der Mail-Dampfer Comorin lag ½ Stunde weit vor Anker neben dem holländischen Segelschiff und dem englischen Kanonenboote. Von Passagieren fand ich nur einen englischen Telegraphen, Superintendent Keating, der sich nach Fao begab, ein netter Mann. Das Wetter war gut, nur 85 °F.

Erst um 6 Uhr wurde der Anker aufgezogen; bald erblickt man einen einmastigen Segler, halb versenkt, der von den Engländern vor einigen Jahren Seeräubern von den Bahrein-Inseln weggenommen wurde. Das Cu daran war überall gestohlen, doch das große Seil lag noch darauf. Beim Verlassen von Buschir 2 Erdbebenstöße kurz hintereinander, die aber auf dem Schiffe nicht bemerkt worden waren. Bald folgt rechts die Insel Karak, wohin sich während des persisch-englischen Krieges die meisten Europäer begaben. Noch jetzt sind deren Häuser dort; gutes Quellwasser so wie Früchte aller Art gedeihen auf ihr; sie erhebt sich nur ca. 284′ über Meer. Kharg mit Grab auf der Spitze. – Auf dem Schiff müssen Europäer alle I. Classe reisen, da keine 2te existirt, und mit den schmutzigen Eingebornen zusammenzuliegen, kann einem nicht zugemuthet werden. Über der I. Classe befindet sich der Pool, mit Zelt überdacht, zum Aufenthalt der Passagire I. Classe. Das Essen ist sehr mittelmäßig, trotzdem sehr theure Überfahrt; ohne Wein und ohne Bier; Thee sehr schlecht. Kein Piano, (2_07_061) wie z. B. die Messagerie einst, überhaupt damit nicht zu vergleichen. Die Britisch India Steam Navigation Company hat hier das Monopol, daher kann sie thun, was sie will. Bald ging wunderschön die Sonne unter, und nachdem das Diner und der Thee genommen, begaben auch wir uns zur Ruhe.

*Montag, 20. April.* Gegen 9 Uhr erblickten wir das Land, schmale, lange, flache Streifen, und bald sahen wir deutlich das Einfließen des süßen Wassers in das des Meeres, wohl das salzigste aller Meere, beide deutlich geschieden durch eine scharf begrenzte Linie. Vögel suchten vorher Zuflucht auf dem Schiffe, so abgemattet, daß man sie ergreifen konnte, es waren Sperlinge, Rothschwänze und gelbe Bachstelzen. Wir legten 8 miles zurück, trotzdem wir fortwährend Gegenwind hatten. Hier am Eingang zu Flusse ist sehr schlechte Stelle wegen der Sandbänke, an einer Stelle nur schmale Passage. Durch das Khor Khafgeh zwischen rechts dem Maidan Ali, links von der Abadan Bank begrenzt. Türkisches Kanonenboot mit 4 Kanonen; türkische Flagge auf der Station. Schwimmende boy's bezeichnen den Cours für die Schiffe, erst seit 4 Jahren von England errichtet. Neben Maidan Ali geht ein Curs in den Shat el Arab, wir umschifften aber die Abadan Bank und zogen zwischen ihr und der Abdallah Bank aufwärts in den Strom.

Nachdem rechts das flache Ras el Bische erblickt, gewahrt man in der Ferne die Telegraphen Station Fao. Fao besteht nur aus den 2 Telegraphenhäusern, aus Holz erbaut in europäischen Styl, mit den Treppen von außen mich an die Schweitzerhäuser erinnernd. Daneben elendes Hüttendorf, aber prachtvoller Palmenwald mit Granaten etc. Hier wurde nur ½ Stunde gehalten. Herr Keeting stieg hier aus, und ich blieb nun allein. Die Ufer aufwärts dicht mit Palmen bestanden, mit einzelnen Hütten elender Dörfer dazwischen. Die Deckpassagire waren fortwährend beschäftigt, Wasser heraufzuziehen, um ihren Durst nun gründlich zu stillen. Etwas weiter folgt rechts Dorf Kusbeh, während links die Telegraphenstangen wie in Wasser zu stehen schwimmen wegen der mirage, die nicht nur allein Nachmittags, sondern den ganzen Tag sichtbar ist. Hier am Meere ist natürlich die mirage noch stärker als am Lande. Links Méamer, weiterhin rechts Manyuly mit weniger Dattelwald auf dieser Seite. Links [aufwärts?] Ed doureh mit einer Insel im Flusse, und weiterhin aufwärts liegt Duasir, von dichtem Dattelwald umgeben; ihm schräg gegenüber auf dem linken Ufer bemerkt man ein einzelnes Grab, [von?] dem aufwärts Shat eyt liegt. [Orte, Zit?] (2_07_062) [Zit?]

32 ½ stand das Schiff Aneroid bei Mohammera und 29 ½ das Hgbarometer bei 85° Fahrenheit. Himmel bedeckt schwach den ganzen Tag. Fahrt von Buschir bis Basra 35 Rupies (à 2 ½ Kran), früher 50 Rupies, sehr theuer für die 25 Stunden. Mohammera erblickt man nicht eher, als bis man nahe davor ist, denn es liegt rechts ab in einer dicht auf beiden Seiten mit Palmen bestandnen Flüssearme. Noch jetzt sieht man die Erdwälle, die die Perser errichteten beim Bombardement durch die Engländer. Links auf dem rechten Ufer mehrere Inseln flach, die aber gut bebaut und überall bewässert sind. Man erblickt die 2 Grabcapellen von Tubbe, eine conisch und sehr hoch zugespitzt, ringsum wie mit Ziegeln bedeckt. Es scheint dort eine alte Stadt gestanden zu haben, wenigstens zeigten sich zahlreiche Hügel, wie Trümmerhügel. Auf dem linken Ufer aufwärts erblickt man ganz nahe, da das Schiff nur einige 100 Schritte bleibt, ein großes anderes Gebäude mit 3 kleinen Thürmen; es ist der Harem des Chefs von Mohammera. Aufwärts werden die Palmen immer dichter stehend, mit Granaten untermischt, Dörfer dazwischen, bis man endlich das von Mohammera nur 20 miles ferne Basra erblikt.

Gegen Abend dort angekommen, wurde in Ma-kill gehalten, dem Landungsplatz für Basra, das ½ Stunde weiter liegt. Ich stieg hier aus und landete bei der Quarantäne, da ich aber den Dr. Asche hier nicht mehr fand, setzte ich wieder über den Canal und begab mich zur Stadt. Unterdessen wurde es Nacht, bis ich endlich das Haus desselben fand. Der frühere Quarantänearzt Dr. Asche war abgesetzt und nach Bagdad gezogen, und sein Bruder, der gar kein Arzt war, versah dessen Stelle. Ich wurde sehr freundlich empfangen, obgleich ich keine Recommendation an ihn hatte. Er ist ein Preuße, mit einer Frau von Bukarest verheirathet. Ich fand bei ihm die Frau des Verstorbenen Dr. Duthical, eine sehr hübsche junge Frau von 25 Jahren, ohne Kinder, ebenfalls von Bukarest; sie stand im Begriff, nach Dordogne zu gehen zu (2_07_063) ihren Bruder. Der Abend wurde sehr heiter zugebracht.

*Dinstag, 21. April.* Da der Dampfer erst Abends weiter ging, hatte ich Zeit genug, mich ein wenig umzusehen. ich blieb aber im Hause und unterhielt mich mit Mad. Duthical. Sie hatte die Manuscripte ihres Mannes fortgeschickt zum Drucken, nur erst theilweise von ihrem Mann dazu vorbereitet. Die große Münzsammlung von 2.000 Stück, ohne die Steine und Cylinder, war nach London zum Verkauf gesandt. Für 30.000 Francs. Erst um 3 Uhr verabschiedete ich mich und begab mich zur Quarantäne, der Weg dahin sehr angenehm, da ich ein Boot nahm auf dem Canal. Auf beiden Seiten voller Dattelbäume, alles grün, während die Maulbeerbäume dicht voller schwarzer Früchte hingen, aber von der kleinern Art, der Morus alba aff. Die Granaten standen in Blüthe wie auch am ganzen Ufer entlang vor der Ankunft in Basra, mit lieblichen Landhäusern dazwischen. [Pfl]

Nachdem ich mich noch in der Quarantäne einige Stunden aufgehalten, setzte ich mit Freund Asche zum Schiff über. Diese Schiffe von hier nach Bagdad haben ein sehr nettes Äußere, wurden in Belgien gebaut und gehören der Gesellschaft Lynch und [Antor?] in Bagdad. Auch hier mußte ich I. Classe nehmen, obgleich Cabinen II. Classe existiren, die aber kein Essen haben. Jeder der I. Classe erhält eine Cabine, aber ohne Bett, daher mitbringen nöthig; bis Bagdad 70 Kran ohne Essen, was letzters pro Tag 12 Kran beträgt mit Bier oder Sherry nach Belieben. Zum Spaziren bleibt nur ein kleiner Theil des hintersten Schiffes neben dem kleinen Speisesaal, der auch oben ist; das Schiff geht nur 3′ tief wegen der Untiefen des Flusses. Das Verdeck voller Passagire, namtlich Juden, die sich zum Grabe Esra's begeben; auch die abesynischen Maulthiertreiber fuhren hier mit weiter; gestern Morgen hatten sie einen förmlichen Kampf zusammen mit Flaschen, Messern etc., mehrere hatte tiefe Wunden auf dem Kopfe. Ein [Beylerbeg?] befand sich mit auf dem Schiffe in II. Classe, der sich beschwerte, daß man ihn nicht wolle spaziren gehen lassen auf dem I. Platze; er, der Napoleon, den Sultan, den Schah gesehen, ihn wolle man verhindern?, es half ihm aber nichts, er mußte auf seinem Platze bleiben oder I. Platz bezahlen, was er aber nicht that. Mehrere Türken befanden sich da, die sich Abends die Zeit mit Musiciren auf einer Art Geige vertrieben. Erst um 11 Uhr Nachts wurde abgefahren.

(2_07_064) *Mittwoch, 22. April.* Auf dem linken Ufer von Mohamera aufwärts liegen: Kozonar, [Salclien?], Girdelan, Schech Rathi, Abu Kelab, Nahr Istaban, bis hierher von dort voller Datteln; weiter folgt Neschud, bis dahin ohne dieselben, dann folgt die Mündung des Sueib Stromes, weiter Mezairah in Palmen, dann vis à vis Kurnah liegt auf dem rechten Ufer. Auf dem rechten Ufer von Mohamera aufwärts liegen: Dabber, Alm [Fasi?], Hamdan Jahudi, Sera, dann Bassra mit dem Landungsplatze Mahgil. Dem Dorfe Neschud gegenüber liegt dann Sahibeg Zemare, Aedra, das Grab von Soliman, dann Derberiyek, und man kommt zur Mündung des Euphrat, zwischen beiden liegt Kornah, das alte Paradies; auf beiden Seiten des Flusses voller Datteln, Granaten etc., unter 34 Längengrad gelegen. Mit hier hören nun die schönen Dattelwälder auf, öde und flache Ufer bezeichnen nun den Lauf des Tigris, nur um einzelne Dörfer gewahrt man Gartengruppen.

Von hier an zeigen sich auf dem rechten Ufer, von El [Ou?] Mohammed-Arabern bewohnt, eine Menge weiter Sümpfe, deren Mündungen mit ihren klaren, blauen Wasser stark gegen das trübe, schlammige Wasser des Tigris [absteigen?]. Dieselben sind dicht bestanden mit Typha, während Batrachium aquat. dieselben wie mit Schnee bedeckt erscheinen ließ. Wilde Schweine in Menge, und am Morgen bei Tagesanbruch gewahrte ich ganz nahe am Ufer einen Löwen majestätisch einherwandeln. Wir amüsirten uns vom Schiffe aus, die Schweine zu schießen. Auffallend ist die große Menge Vögel, namtlich schöne Alcedo weiß und schwarz, Pelicane, Taucher, Enten, Weißbehalste Mandelkrähen, schwarze Kraniche, Möven u. v. a. Die beiden Ufer voller Schilfhütten der Araber [Zeich], in vielen Gruppen vereinigt. Von allen Dörfern liefen die Kinder, Alt und Jung, herbei, schreiend und lärmend, um Geschenke bettelnd. Die Jungen ganz nackt, sich mit dem Kopfe voran in den Fluß stürzend; die Frauen in blau gekleidet, die Männer mit langen, weißen Hemd.

Auf dem linken Ufer von Mezairah aufwärts liegen Burbukh, Um el Jaradiyeh, Kubber el Sadjr, Abdullah ibn Ali und dann ein vor einigen Jahren erbauter Erdthurm nebst zahlreichen Schilfhütten eines Ortes, nach dem jetzigen Schech Kala Schech Sala genannt. Von solchen Orten eine Karte zu zeichnen, sehr schwierig, denn die wandernden Araber ändern deren Namen fortwährend nach ihrem Schech oder sonstigen Begebenheiten, wie z. B. dem Tod eines alten Weibes, das Tödten eines Löwen; ebenso geben sie den Europäern solche Namen, so nannte man unsern Capitän „den Löwen des Flusses“, weil er zuerst den Fluß auch des Nachts befuhr, auch nannte man ihn den Capitän mit 2 Schloten, weil sein Dampfer 2 Schlote hatte; einen andern nannte man „den Vater mit 2 Bärten“, weil er Wiskers trug; auch nach der Kleidung gibt man viele Namen. Weiter auf dem linken Ufer liegen die Ruinen Um Simsim. Der Fluß hatte hier 6′ über seinem gewöhnlichen Stand, während er weiter aufwärts zwischen den höhern Ufern bei Ali Ghurbi 20′ höher steht. Die vielen Wasserauslässe in die Marschen lassen ihn hier weniger tief enden, Reis und Getreide überall längs den Ufern, doch nirgends fast ein Baum.

(2_07_065) Zahlreiche Heerden von Kühen, meist braune oder weiße, belebten die Flächen, während schwarze Büffel sich's behaglich machten in den Sümpfen; Schaafheerden sah man weniger. Auf dem rechten Ufer aufwärts von Kurun liegen El Setschia dschedid, Kiragra, El Setschia antik, Abu Thor, von hier aus erblikt man schon von weitem das blaue, emaillirte Grabdom von Esra's Grabe. Hier wurde etwas gehalten, um mehrere Judenfamilien auszusetzen, die sich zur Pilgerschaft hierher begeben und sich 20 Tage hier aufhalten müssen. Sie fanden schon eine Menge Juden vor, die sie freudig am Ufer begrüßten. Eine hohe Ziegelmauer umschließt einen großen Hof; in der Capelle wird ein mit Ag reich besetzter Talmud aufbewahrt. Nach Ostern setzen sich jedes Jahr große Züge von Juden in Bewegung nach hier. Araberhütten, mit geflochtnen Decken behangen, umgeben den Ort; alle Frauen mit Nasenringen, meist blaue Steine darin. Der Fluß macht eine Menge Biegungen, die die Schiffahrt schwierig machen. [Orte] Die ganze rechte Uferseite wird von den El bu Mohammed Arabern bewohnt, die Büffel haben und Reis cultiviren, daher den ganzen Sommer hier campiren. Von hier aufwärts wohnen auf beiden Seiten Beni Lam Araber. [Orte] – Die Nacht war herrlich, aber Mosquitos sehr lästig. Die Feuer der Araber leuchteten in die Nacht hinein. [Orte]

*Donnerstag, 23. April.* In der Nacht wurden mehrere Stunden gehalten bei der Mündung des Hudstromes bei dem Orte Orti von den Arabern, oder Elamara von den Türken genannt, auf dem linken Ufer. Viel Geschrei der neu hinzu gekommnen Araber, daß man nicht schlafen konnte. Mit hier beginnt das Terrain der Beni Lam, die in schwarzen Zelten wohnen, die Schilfhütten verschwinden hier. Um 7 Uhr lag am linken Ufer ein halbzerfallnes, vor einigen Jahren von den Beni Lam erbautes Erdfort, Kala Sultan genannt, welches errichtet wurde als Namik Pascha gegen sie auszog; einer der rebellischen Chefs, Masban, flüchtete auf persisches Gebiet, aber die türkischen Truppen überschritten die Grenze in der Gegend von Haweisa, plünderten seine Familie, Masban selbst aber entschlüpfte und wohnt jetzt in Haweisa auf persischem Gebiet. Die Türken leugnen, in Persien eingedrungen zu sein, sie wären nur auf Gebiet gewesen, von dem man nicht wisse, wem es gehöre. Dies war der Hauptgrund der Streitigkeiten zwischen Persien (2_07_066) und der Türkei; in Folge dessen der Schah den Befehl gab, die Pilgerfahrten nach Kerbela aufhören zu lassen; noch jetzt sind die Streitigkeiten noch nicht geschlichtet, obgleich Namik Pascha nach Constantinopel versetzt worden ist, nach türkischer Art hat er avancirt, und zwar als Kriegsminister, was er aber wahrscheinlich nur für kurze Zeit bleiben wird, dann erhält er seine Demission, und seine Kraft ist dahin, denn in Constantinopel traute man ihm nicht mehr.

Jetzt war Takietin Pascha von Kerkuk an seine Stelle als [interimistischer?] Kaimakam, der aber nicht als Pascha bestätigt werden wird. Unter Namik Pascha ist das Land sehr verarmt wegen der schweren Taxen, die Hälfte der Produkte mussten durch die Schechs an den Tribus abgeliefert werden; er war 8 Jahre in Bagdad, man sagt, daß er von den Janitscharen abstamme von Constantinopel; er spricht geläufig französisch, da er Gesandter in Paris war, kennt vollkommen europäische Manieren, aber haßt alle Europäer, auf die er eifersüchtig ist, weil er glaubt, daß wir die Türkei nehmen werden. Allen Einfuhren von Maschienen, selbst der Flußschiffahrt, widersetzte er sich, und als das ihm nicht gelang, schaffte er noch 2 türkische Dampfer an, um die Compagnie von Lynch zu ruiniren. Obgleich ein Mann von Talent und Energie, hat er aber in der Verwaltung viel Mißgriffe gethan. 16.000 regelmäßige Soldaten in der Provinz Bagdad, von dem Bassra, Sulimanie, Kerkuk, Mossul abhängen.

Die Ufer des Tigris erscheinen hier überall flach, während weiter hin das Land noch tiefer liegt. Auf dem linken Ufer erscheint die Baumgruppe von Ali Schergi, aus Populus Euphrat. bestehend, von Zelten der Beni Lam überall umgeben. Um 2 Uhr lag am linken Ufer ein vor 4 Monaten von den Türken angefangnes Fort zur Beherrschung der Beni Lam. Die schon am Morgen erschinen Berge von Luristan zeigen keine besondre Formen, sondern einförmige, langgestreckte Züge. [Txt] Auf dem rechten Ufer aufwärts erblickt man einen kleinen Hügel, der aber einst eine von Alexander erbaute Brücke trug; die Araber erzählen, daß dieselbe von Fläfli erbaut wurde, einer Prinzessin, die mit einem gewissen Surat in Liebschaft stand. Dieser schwamm jeden Abend zu ihr durch den Fluß und machte es ihr 52 mal; als aber die kalte Jahreszeit kam, ließ sie ihm die Brücke erbauen, aber siehe da, er konnte es jetzt nur 10 mal thun.

Die Ufer mit Tamariskengebüsch bestanden, mit Schweinen. Der Himmel seit Mittag bewölkt und schwacher Regen. Um 5 Uhr auf dem rechten Ufer wieder Gruppen von Popul. Euphrat., gen Ali Ghurba, wo gehalten wurde, um ein Schaaf zu kaufen; anfangs rissen die Schaafhirten aus, glaubend wir wollten sie ihnen rauben. Eine Grabcapelle zwischen den 2 Gruppen Pop. Euphrat., rorab arabisch genannt, alle niedrig, von unregelmäßigem Wachsthum, jetzt alle in Frucht. Sie werden von den Arabern heilig gehalten, wer einen Zweig schneidet, wird den Arm verlieren. Ali Gerbi = westlicher Ali, Ali Schergi der östliche, am Morgen passirte. Auf dem linken Ufer breiteten sich weite Zeltlager aus. Schlechte, langsame Fahrt, weil gegen starken Wassercurs, wodurch das nur wenig eintauchende Schiff leicht auf Bänke getrieben wird. Ein (2_07_067) wenig aufwärts liegt ein Erdfort für einen türkischen Mudir zum Eintreiben der Taxe. Weiter aufwärts am rechten Ufer liegt die Baumgruppe Magese, wo uns Regenwetter überraschte; die Nacht war so dunkel, daß wir hier bis um Mitternacht liegen bleiben mußten, bis sich der Himmel wieder aufheiterte. – Die allgemeine Windrichtung ist Nordwest–Südost. Stechende Fliegen und Mosquitos in Menge.

*Freitag, 24. April.* Um Mitternacht wurde wieder aufgebrochen, da der Himmel sich aufgeheitert hatte. Fortwährend flache Ufer. Um 8 Uhr wurde Um el henna erreicht, die Hälfte des Weges zwischen Basra und Bagdad, auf dem rechten Ufer gelegen. Hier ist der Fluß ¼ Stunde breit, wie ein See erscheinend, sehr tief, mit sehr reißenden Strom, der oft Barken an's Ufer wirft. Die eigenthümliche Richtung des Wasserlaufs gegen das sehr niedrige rechte Ufer verursacht oft weite Überschwemmungen der Küste, daher ist dort ein aus Dornen und Erde errichteter Damm aufgeführt, der jedes Jahr von der türkischen Regirung reparirt wird. Die Ufer sind mit Tamarix bestanden. Weiter aufwärts erscheint auf dem linken Ufer der Nahrwan, ein Canal mit hohen, alten Dämmen, der aber an seinen Anfange viel breiter ist als hier an seinem Ende, das Wasser bis [Digela?] mit dem Tigris mengend. Trümmerhügel zeigen hier eine alte Stadt an. Er soll von Alexander erbaut worden sein.

Um 2 Uhr wurde Kut el amahra erreicht, auf dem linken Ufer gelegen, vor 4 Jahren von den Türken erbaut mit Residenz eines Mudir. Die Bevölkerung des Ortes war längs dem Ufer angepflanzt, uns neugierig betrachtend, Hühner, Eier etc. zum Verkauf anbietend. Der aus ca. 350 Erdhäusern mit platten Dächern bestehende Ort zieht sich längs dem Ufer hin, dahinter von Feldern umgeben. Der Heistrom trennt sich hier von Tigris. Ein Bazar mit ca. 40 Boutiquen enthält die nöthigen Bedürfnisse der Einwohner, die eine sehr gemischte Bevölkerung sind, aus Arabern verschiedendster Stämme bestehend, mit Kurden von Luristan, dann einige persische Kaufleute. Der Ort nimmt immer mehr zu durch die Schiffahrt, ebenso der Ort Orti = Zeltlager, weil früher vor 5 Jahren nur solches dort war; jetzt 3mal so groß als Kute el amahra. Orti heißt auch Dufas, nach dem auf dem rechten Ufer gelegnen Gebüsch, während der neue Ort, der mit Bazar versehen ist, auf dem linken Ufer liegt im Winkel zwischen der Mündung des Hutstromes und des Tigris; unser Schiff hielt hier vorige Nacht um Mitternacht, um Passagire auszusetzen. 18 Stunden von Kutelamahra gegen die Berge liegt der Ort Bettrawa, der alt sein soll.

Ich stieg hier ans Land und machte dem Mudir einen Besuch, der mich mit Kaffe tractirte. Wir hielten hier 2 Stunden, um Kohlen einzunehmen, für die sich hier ein Reservoir befindet. Mit Bitumen zu heitzen, hat man versucht, ist aber davon abgekommen, da die Flamme das Eisen zerstörte. Der Himmel bedeckte sich immer mehr mit Wolken, Abends Regen mit Gewitter; plötzlich kam ein so heftiger Windstoß von Südwest, gegen 7 Uhr, daß das Schiff augenblicklich still halten mußte; dabei so dicker Staub, daß man kaum athmen konnte; woher der Staub kam, jetzt wo die Wüste überall (2_07_068) feucht war durch Regen, ist mir nicht erklärlich. Ein fürchterlicher Windstoß überraschte das Schiff am 26. März 67, von Westsüdwest bei Esra's Grabe, mit Gewitter und Hagel verbunden, um 6 Uhr 40 Minuten Abends; die 4 Secunden dauernde Stöße zerrissen die Zelte auf dem Hinterdeck und überschwemmten das Schiff. Wir hielten hier bis 2 Uhr wegen der Dunkelheit in der Nähe von Kala Schech Dschehad, um nicht auf eine Bank zu gerathen, da das Schiff nur 2′, jetzt aber 3′ im Wasser ging, weil es sehr beladen war.

Oberhalb Basra bis Schuch el Schuch wohnen stellenweise Yachiani, sogenannte Johannischristen. Die Selaib-Araber werden wie von andern Arabern angegriffen, sie sind gleichsam geheiligt; nähren sich von Jagd und dienen als gute Führer in der Wüste; Diebstahl ist bei ihnen nicht gebräuchlich. Die Montefik und Beni Lam werden nicht zu den Beduinen gerechnet; erstere sind Schia, aber ihre Schechfamilie ist Sunai; sie mögen ca. 30.000 Zelte haben.

*Sonnabend, 25. April.* Herrlicher, klarer Tag, aber dann sehr warm. Ufer fortwährend flach, häufig auf dem linken Ufer weite, unabsehbare Flächen überschwemmt. Gegen Mittag wurde Husseine erreicht, wo der Fluß einen solchen Bogen macht, daß man nach 3stündiger Fahrt wieder zum [nämlichen?] Orte kommt, nur vom Flusse durch eine ca. 2 Minuten breite Landenge getrennt. Trümmer von Erdforts. Ein im Sommer trockner Canal verbindet die beiden Stellen, man brauchte ihn nur zu erweitern, und man würde dadurch jährlich viel Geld für die Kohlen zum Dampfer ersparen. Die türkische Regierung will aber nicht. Gegen Abend wurde der Himmel wieder dunkel, Sturm; wir setzten aber den Weg fort die ganze Nacht hindurch.

*Sonntag, 26. April.* Mit dem Morgen lag das mächtige Ziegelgebäude von Ctesiphon am linken Ufer, ganz nahe. Der Fluß macht hier einen solchen Bogen, daß man nach 1 ½ Stunden ihm wieder ebenso nahe kommt. Die Moschee über dem Grabe einer Frau [...] mit 4 darüber hervorragenden Dattelpalmen liegt weiter zurück, ebenso die kleinere Moschee mit dem Grabe von Mohammeds Barbier. Heute prachtvolles Wetter. Von hier noch 8 Stunden nach Bagdad. Die beiden Moscheen liegen dann am Ufer. Fortwährend flache Ufer, bis endlich Bagdad erscheint. Die Palmen erscheinen nun wieder, gen Bagdad immer mehr zunehmend. Bei der hübschen Facade der Häuser bei englischen Consulat wurde gehalten, und wir stiegen bei der Duane aus. Im Hause Weber, von Herrn Jäger bewohnt, stieg ich zuerst ab.

*Montag, 27. April–8. Mai 68* mein Aufenthalt in Bagdad. Da Herr Jäger unterdeß nach Damaskus und Europa abreiste, nahm ich Logis im Hause des Herrn Dr. Asche, der mit seinem Apotheker Eksar zusammenwohnt. Mit Herrn Roggen konnte ich nur wenig zusammenkommen, da er jetzt allein im Geschäft war, außerdem seine Frau im Kindbett lag. Ich nahm von ihm die 3.000 Kran, außerdem Briefe an seine (2_07_069) Agenten in Basra und Buschir. Papier kaufte ich für 890 Piaster, was ich in 3 Kisten nach Buschir schicke. Außerdem machte ich eine lange Kiste fertig zum Versenden ums Cap herum, enthaltend 2 Teppiche, Sammlungen von Duthical, Schlangen etc. Den 8. *Mai* nahm ich den Diener [...] an, monatlich 30 Kran, Essen und Rückkehr nach Sihna.

Das Wetter fortwährend angenehm, nie Regen; es war dieses Jahr kühler als sonst. Der französische Consul Pelissier hatte 2 Jahre lang thermometrische und Aneroid Beobachtungen gemacht, die in Paris veröffentlicht wurden. Ebenso hat er die in seinem Hause gefangnen Scorpione aufgezählt, in einem Sommer gegen 500 Stück. – Der englische Consul Colonel Cambell ist ein sehr gebildeter Mann, leider konnte ich seine interessante Gesellschaft nur wenig genießen, da ich zu viel zu besorgen hatte; ich war von ihm für immer zum Diner geladen, konnte es aber nur 2mal annehmen. Von ihm erfuhr ich, daß vor einigen Monaten ein persischer Prinz Ferchad Mirsa sich in die Nähe des Hauroman begab nach Bailo bei Bena, dort Hassan Sultan in sein Zelt einlud, ihn mit Thee bewirthete und dann erdrosseln ließ; an seiner Statt ist jetzt ein gewisser Achmed Beg. Hassan Sultan war bei meiner Anwesenheit mehr auf Seite der Türken, daher vielleicht der Grund seiner Erdrosslung. Mohammed Said Sultan soll noch in seiner Stelle sein, aber völlig dem persischen Gouvernement ergeben. – Ein andrer Grund der persisch-türkischen Streitigkeiten war der räuberische Einfall eines gewissen Hamsa Agha in Soukbulag, der fürchterlich dort soll gehaust haben.

Ich beabsichtigte erst, da ich 8 Tage Zeit hatte, einen Besuch nach Babylon zu unternehmen, in Gesellschaft des erst kürzlich von Constantinopel angekommnen Dr. Millingen, Quarantänearzt, ein Coleopteren-Mann, aber das Finden eines passenden Dieners hielt mich zurück. Die angenehmsten Stunden verbrachte ich im Hause eines Belgiers, Ingenieur der türkischen Dampfer, Herr Van Medding, mit seiner dicken Frau und deren 2 Schwestern Elisa und Rabka = Rebekka; einige Touren in die Gärten wurden unternommen, wo die Orangen und Cedrate in Blüthe, [meist?] [viele?], standen.

Nach den thermometrischen Beobachtungen Swobodah's auf dem Dampfer Tidschle war im Jahre 1866 um 4 Uhr Nach Mittag die größte Wärme: Januar 70°, Februar 77°, März 89°, April 95, Mai 102, Juni 104, Juli 115, August 112, September 111, October 100, November 93, December 79°. Nordwest ist die vorherrschende Windrichtung. – Von Dr. Duthical fand ich noch einige Paquete Pflanzen vor nebst Steinen, auch von Swobodah ein Paquet für Kotschy einst gesammelt, an den sich noch ein Armenier in Buschir (Schwiegervater von Röschten) und Swobodah in Bagdad erinnerten; letzterer erzählte mir von der Reisenden Frau Pfeifer. [Orte] Mit Pascal machte ich eine Tour de plaisir in die Stadt. Außerdem lernte ich noch kennen Mr. Paduani, Inspector der Quarantäne;

[Williann?], Telegraphenbeamter mit hübscher Griechin. – Antiquen sehr theuer jetzt, namtlich die Cylinder, da alles von eignen Aufkäufern aufgekauft wird.

Bagdad ist von lieblichen Gärten umgeben, namtlich voller Orangen und Palmen. (2_07_070) Häufig erblikt man sehr alte Bäume von Zyzyphus Lotus, deren gelb röthliche Früchte gegessen werden, von weitem an Kirschen erinnernd, wenn die Früchte reif sind. Überall Lycium europ.; ein schöner, hoher Baum von Popul. Euphrat. am Südende der Stadt neben der Stadtmauer. In Gärten Delphinium hort., [Pfl]. Die Rosen überall in Blüthe, die zu Rosenwasser gebraucht werden, die ganzen Bazars dufteten jetzt davon von den Sträußen; aber keine Nastaran-rosen. In den Feldern blüht jetzt Ajuga chia vill. [Pfl]

Das Tagesgespräch bildete der Regierungswechsel. Der durch sein Aussaugesystem verhaftete Namik Pascha war als Kriegsminister nach Constantinopel berufen worden; sein Stellvertreter wurde Takietin Pascha von Kerkuk, der dann auch als Muschir und Oberster über alle Soldaten eingesetzt wurde; er ist eine Creatur des vorigen, daher ist man nicht sehr erfreut darüber; man hofft aber, daß beide nicht lange in ihren Ämtern bleiben werden, denn Namik's Auftreten wird sich bald die Feindschaft der Gesandten zuziehen, dadurch sein Fall unvermeidlich, der sogleich Takietin's Fall mit sich ziehen wird. Die Türken schickten jetzt Militär von Diarbekr und Mossul in die Wüste gegen Abdul Resak unter Ferchan's Leitung selbst; Abdul Kerim ist ruhig.

*Sonnabend, 9. Mai.* Gestern Abend begab ich mich, begleitet von Dr. Asche, Dr. Mellingen und Eksar an Bord des Dampfers Didschle, der Morgens 4 Uhr Bagdad verläßt. Ich nahm eine Cabine II. Classe, wofür ich 30 Kran bezahlte und 10 Kran für den Diener. Essen hatte ich selbst bei mir. Ctesiphon bildete den Vormittag die Hauptscene, wo etwas gehalten wurde, da Indier ausstiegen, um am Grabe von Muhammeds Barbier ihr Gebet zu verrichten. Außerdem hatten wir an Bord ca. 300 jüdische Passagiere, meist Frauen mit ihren Kindern, die sich nach Esra's Grabe begaben; geschmükt mit ihren dicken, goldnen oder silbernen Halsketten und Ringen. In Kut el amara wurde nur 1 Stunde gehalten. Namik Pascha hatte hier mit den Beni Lam Krieg gehabt, die aber in die Berge flohen; der Sohn des Chef nahm die von den Türken angebotne Schefstelle nicht an. Am Abend wurde bei der Stelle Mamla = Salzmorast gehalten, wo Holz eingenommen wurde, das auf dem Ufer frei aufgestapelt war. Wir fanden dabei 2 junge wilde Katzen, 1 Hyäne. Ein Ort ist hier nicht, nur ein kleines Wachthaus aus Erde. [Pfl]

*Sonntag, 10. Mai.* Früh 4 Uhr wieder aufgebrochen und erst am Abend wieder angehalten bei Amara oder Ortu, ein erst seit 8 Jahren durch die Araber-Kämpfe entstandner Ort. Nach dem Tode des alten Schech Fesi stritten sich die 2 Brüder um dessen Stelle; dies benutzten die Türken und schickten Soldaten her,

(2_07_071) die Araber hatten 9 Kanonen, mußten aber bald den Türken weichen; seit der Zeit wurde der Ort gegründet, der schnell empor wächst, der Schech wurde von den Türken bestätigt und wohnt im Orte; er erhält monatlich 600 Kran Gehalt, die Araber zu beherrschen und den Tribut an die Regirung einzubringen. Außerdem wohnt hier ein Mudir. Die aus gebrannten Ziegelsteinen erbaute Caserne mit Spital präsentirt sich ganz stattlich am Ufer des Flusses; jetzt waren nur 500 Soldaten hier, die mich neugirig nach den politischen Neuigkeiten Bagdads fragten. Ein gerader Bazar enthielt die nöthigen Bedürfnisse; Einwohner aller Religionen bewohnen den Ort, meist aus Handelsinteressen mit den Arabern, in dieser Beziehung sehr wichtig und wird der Ort einst sicher bedeutend werden, wenn ihn nicht Überschwemmungen erreichten. Ein Minaret einer Moschee übersieht die Cassaba. – Am jenseitigen Ufer waren Araberhütten, oben abgerundet, überall aufgeschlagen, deren Feuer sich Nachts im Flusse widerspiegelten, während weiter abwärts eine schöne Baumgruppe von Popul. Euphratica und einige Dattelbäume die Ufer schmücken. Den ganzen Abend stand die Bevölkerung, als Diebe bekannt, dicht gedrängt am Ufer; wir konnten so nahe ans Ufer fahren, daß einer vom Schiff aus auf's Land springen konnte. Der Fluß ist immer noch hoch, sein Bett ist nicht zu sehen, sehr oft alles überfluthet. Heute 36 °C im Schatten.

*Montag, 11. Mai.* Um 9 Uhr wurde Esra's Grab erreicht, wo uns die Juden verließen; sie wurden mit bunten, seidnen Fahnen und mit lauten, schrillenden Geschrei von den Frauen begrüßt. Das Grab Esra's, über dem sich eine blaue Kuppel erhebt, ist von einem weiten Chan umgeben, in dem die meisten Pilger wohnen. Das Gelände darüber ist neu, mit goldnen hebräischen Schriften bemalt. Das Innre zeigt einen 18′ langen, hölzernen Sarcophag, 3eckig, Sargähnlich, mit eingeschnittnen hebräischen Characteren bedekt; außen mit blauen Tuch belegt und mit seidnen Fähnchen [umstellt?]. Die Juden umgingen den Sarg, fortwährend denselben küssend. Der Boden mit glasirten Ziegeln belegt. Daneben breiten sich eine Menge Schilfhütten aus, mit platten Schilfdächern, während das Innere durch zusammengebundne Schilfstempel säulenartig getragen wird. Alle trugen mit blauen Stein besetzte Nasenringe. In dem sumpfigen Terrain neben dem Orte war häufig Lemna, [Pfl]. Von hier abwärts breiten sich nun auf dem linken Ufer unübersehbare Sümpfe aus, [Pfl]; Büffel bis an den Hals darin liegend, thun sich gütlich darin.

(2_07_072) Gegen Mittag erschienen in der Ferne ganz in mirage schwimmend die Palmenhaine von Korna, die nach 1 Stunde erreicht wurden. Das Wasser des Tigris war dick, schlammig, trübe, während das Euphratwasser grünlich, aber klar war. Beide Ufer dicht mit Datteln bestanden, ebenso die 3eckige Landspitze auf der Korna ganz in Palmen versteckt liegt. Nur einige Minuten Aufenthalt. Himmel heute etwas bedeckt, angenehm, 30 °C. Gegen 5 Uhr Ankunft in Bassra. Ich stieg wieder bei Herrn Jul. Asche ab, dem Quarantäne-Inspector.

*Dinstag, 12. Mai.* Ich machte mit Herrn Asche Besuche beim Kaimakam Suliman Beg, gebürtig von Bagdad, ein Mann von gutmüthigen Äußern, kurz grauen Backenbart, blauen Schlafrock, europäische gelbe Weste, weiße Hosen etc. Man machte ihm eben Anzeige, daß man Salz zu den Thoren hatte einschmuggeln wollen. Es befindet sich hier nur ein englisches Consulat, das französische ist vor [...] Jahren verlassen worden, seit welcher Zeit es durch einen Eingebornen, [Riscalla?], in der Weise verwaltet wurde, daß er jeden Sonntag die Flagge auf den Flaggstaff aufzog. Aber seit [...] Jahren hat auch dieser aufgehört, nur die Flaggstange erinnert noch daran.

Mit Herrn Asche unternahm ich einen Spaziergang in die Gärten von [...]. Der Weg führte durch die geraden, schattigen Bazare, die aber nicht viel enthalten; denn alles concentrirt sich im nahen Bagdad. Es folgen dann weite, öde Plätze voller Schutthaufen eingesunkner Häuser von mehrern Vierteln; nur einzeln steht noch ein Bogen hin und wieder, unter dem Krämer ihre Boutique aufgeschlagen haben. Nach ziemlichen Marsche kommt man vor der Stadtmauer an, jetzt ganz zerfallen, deren Erdmauern einst aber ziemlich dick waren. Gärten breiten sich innerhalb und außerhalb des Thores aus, in dem Zollwächter sitzen. Mehrere überbrückte, tiefe Canäle versehen die Gärten mit dem belebenden Naß, das durch viele kleinere Gräben im Viereck vertheilt wird. Einen reizendern Anblick, als den jetzt die Gärten gewähren, kann man sich kaum vorstellen: wohin das Auge blikt, fällt es auf die schlanken Dattelpalmen, deren Rispen jetzt straußförmig zusammengebunden wurden.

Unter ihnen gedeihen Feigen, Granaten, die noch in Blüthe stehen; hin und wider zeigen sich noch einzelne Rosen (R. acutifolia v. simplicior), deren Blüthenblätter zu Rosenwasser, deren Knospen aber getrocknet zu Schnüren etc. gebraucht werden. Myrthengebüsch sproßt überall hervor; Apricosen, eine kleine Art, hingen voller reifer Früchte, die jetzt überall auf dem Markte zu finden waren. Von Morus gibt es hier jetzt die weißen und die schwarzen, die letztern nur eine Varietät der weißen zu sein scheinen, von ganz gleichen Aussehen, auch die Blätter; aber in Bassrah sind dieselben sehr fade; sie sind jetzt beide reif. An den Canälen erblickt man gruppenweise die bis 20′ hohen Stengel von Musa paradisiaca, die mit ihren breiten Blättern, die beim Altern sich aufschlitzen, träumend sich in der schwülen Luft wiegen, einen tropischen Eindruk machend. Sie waren theils verblüht, denn überall erblickte man die herabhängenden, grünen (2_07_073) Fruchtrispen, an deren Ende sich eine zweite Fruchtserie meist entwickelt, daran noch geschlossne, konische Zapfen herabhängen. [Pfl] In den Baumgärten zwischen den dichten Rasen von verblühter Imperata cylindrica sammelte ich: Foeniculum dulce, [Pfl].

*Mittwoch, 13. Mai.* Im Hause verbracht und an Blanche, Bischoff und Boissier geschrieben.

*Donnerstag, 14. Mai.* Von den Datteln unterscheidet man hier folgende Arten: 1) Samaran, gelb, von nicht sehr süßen Geschmack; diese werden besonders nach Europa, Indien versandt, auch zu den Bahrein-Inseln gegen Perlen-Austausch. Hier bereitet man aus dieser den Raki, und sie heißt auch seier. [Pfl] (2_07_074) [Pfl] Von Granaten hat man hier ebenfalls 3 Varietäten, die ganz süße, die saure und die weder süße noch saure, welches die angenehmste ist. (Sollte das Gebirge Hauroman seinen Namen von den dort in größter Menge wildwachsenden Granaten (rimon) haben?) Dieselben sind in Basra aber nicht so gut als die Bagdader. Von Maulbeeren werden hier 3 Varietäten hauptsächlich cultiviert, die Varietäten von Morus alba sind, nämlich ein mit schwarzen, rothen und weißlichen Beeren; sie sind hier aber klein und schlecht von faden, wässrigen Geschmak.

Zur Seidencultur zieht man die Bäume [vor?] ohne Frucht, deren Blätter dünner, aber von festerer Textur sind. [Pfl] Von Weinbeeren unterscheidet man hauptsächlich folgende Varietäten: 1) Schami, dunkelblau, rund oder lang. 2) Dschirschi, kleine Samenkernen, sehr süß, gelblich. 3) Sultani, lang, gelb, dünnschalig. 4) achmar, röthlich, schlechteste Qualität, meist unreif zum Kochen der Gerichte verbraucht. Von Apricosen unterscheidet man die Kaisi als beste Qualität, mit süßer Nuß; hier aber nur wenig; dahingegen ist die kleinere Art, die mischmisch, die allgemein verbreitete, deren Kern bitter ist. Letztere scheint die halbwilde zu sein.

*Freitag, 15. Mai.* Ich konnte nur wenig ausgehen, da Mad. Duthical aus Versehen Laudanum genommen hatte, was sie sehr krank machte; daher blieb ich meist im Hause. Die Hitze wurde jetzt in den Zimmern unerträglich, meist 35 °C, daher Aufenthalt in den kühlern Serdab, wo meist 29 °C waren. Jetzt fängt man an, Nachts auf dem Dache zu schlafen, doch wurden wir vorige Nacht gegen Morgen durch heftiges Gewitter mit Regen aus dem süßen Schlummer aufgeschreckt und zur Retirade gezwungen. Mischmisch, Gurken und fast reife, kleine Äpfel überall auf den Bazars feilgeboten.

*Sonntag, 17. Mai.* Über die Unterwerfung der Montefik Araber erzählte mir Herr Jul. Asche: Ein gewisser Mansur beg, Schech dieses Tribus, hatte sich in's Vertrauen Namik Pascha's einzuschmeicheln gewußt, in Folge dessen er Mitglied des großen Raths in Bagdad wurde. Er spiegelte dem Pascha vor, seinen Tribus zu unterwerfen, worauf hin er zum Gouverneur derselben ernannt wurde mit 30.000 Piaster monatlich, während die Revenüen dem türkischen Gouvernement zuflossen, wie das überall in der Türkei eingeführt ist. Beim Tribus angekommen, revoltirte er gegen die Regierung, die gegen ihn nun

Truppen aussandte; am Heiflusse kam es zu mehrern Treffen, in denen die Montefik mit Ausnahme eines einzigen geschlagen wurden. Der Schech entfloh und irrte 1 Jahr lang in der Wüste umher, er wurde dann aber begnadigt und lebt nun in Bagdad, was er nicht verlassen darf; ein Theil seines confiscirten Vermögens wurde ihm zurückerstattet. Sein Bruder, (2_07_075) der früher schon einmal Chech gewesen war, Nasr genannt, mit Paschatitel, ist jetzt Chech mit Paschatitel derselben und zahlt nun der Regierung eine gewisse Pachtsumme. Diese Verwaltung durch Chechs ist für die Araber viel unvortheilhafter, da sie dieselben ausziehen; erst da, wo sie längere Zeit durch die Regirung verwaltet wurden, sehen sie den Vortheil ein.

Die Beni Lam, die eine Abtheilung der Montefik sein sollen, stehen unter einem andern Chech, der der Regirung eine Pachtsumme zahlt. Im Nothfall werden dann die Chechs durch die Regirung mit Truppen unterstützt. Vor 2 ½ Jahren hatten die Beni Lam Streit untereinander, 2 Brüder gegeneinander; die Regirung [hielt's?] mit einem Theile derselben und schickte gegen den andren Truppen, der letzterer dann nach Persien floh und noch jetzt zwischen Hawesa und Disful sich aufhält in Nebi Daniel. Sie sind im Streit zwischen der Türkei und Persien. – Von den Arabern von Bagdad an bis an die persisch-türkischen Grenzgebirge sind wohl ¾ Schia; die unter Persien stehenden Araber lieben dieses Regiment noch inniger als das türkische, so z. B. die Bauwiya, die um Achwas bei Schuster seit alten Zeiten wohnen.

Seit 7 Jahren befährt die Dampfschiffahrtsgesellschaft von Lynch & Cp. in Bagdad den Tigris bis Basra; ist eine englische Compagnie, nebst einigen Mitgliedern in Bagdad. Sie besitzt 2 Dampfschiffe, die City of London und die Didschle, letztere erst seit 3 Jahren; beide sind jetzt fast ganz bezahlt, da keine Concurrenz statt fand und die Compagnie das Privilegium der Post hat; alle 10 Tage kommt ein Schiff davon an und trifft alle 14 Tage mit der von Bombay ankommenden Mail zusammen in Basra. Die englische Regierung zahlt die Gesellschaft für die Post so gut, daß die Spesen derselben fast dadurch gedeckt werden. – Vor Lynch war schon lange ein englischer Regierungsdampfer, der Comet, der die Fahrt auf dem Tigris und Schat el arab machte und die Postverbindung zwischen Bagdad, Basra und Buschir unterhielt. Die Post von Buschir wurde durch ein Segelboot desservirt, das die Reise alle 6 Wochen einmal machte. Passagiere nahm es nur aus Gefälligkeit, Geldsendungen gegen Zahlung von ½ %. – Nach dem Comet kamen die türkischen Regierungsdampfer Bagdad und Bassra seit 1857, in Belgien gebaut; von dort waren jetzt hier 3 neue weitere Dampfer angelangt, um Concurrenz dem Lynch zu machen; dieselben sind besser für die Passagiere eingerichtet, auch stellt man billigere Preise. Bassra ist türkische Marinestation mit einem hier residirenden Commodore; sie haben 2 Dampfercorvetten, eine davon seit 1 Jahre nach dem rothen

Meere gegangen und jetzt zurück erwartet; die andre liegt bei Kut el frengi oder auch Maghill genannt; beide machten die Reise von Constantinopel nur um's Cap. Beide wurden in England gebaut, jede mit 14 Kanonen, und vom Bagdader Tresor bezahlt, Brussa und Ismir genannt. Bei Fao liegt eine 3te, aber verfehlte Corvette, hier gebaut, aus Tekholz, die dort eine schon vorher stationierte englische Corvette ablöste zum Schutz der Station. Außerdem sind noch 8 kleinre Kanonenboote auf dem Shat el arab. Im Kanal Aschar bei Bassra lag jetzt eine ruinierte Corvette, nach Omar Pascha [Ludfie?], die aber das Zeitliche gesegnet hatte und ihre Auslösung erwartete. (2_07_076) Die vom Meere aus kommenden Schiffe (d. h. arabische Segler) betragen ca. 3.000 jährlich, die ca. 45.000 Tonnen enthalten. Außerdem noch 3.000 Schiffe von Nord (Eufrat etc.). Durch diese Schiffe wurden importirt von Süd und Nord: [Zit?].

(2_07_077a bzw. 2_07_077b) Die Datteln, das Hauptprodukt von Bassra, beträgt gewöhnlich 1.500.000 Körbe (à 50 Constantinopel Okka). Im Jahre 1866 betrug die Ärndte nur 600.000 Körbe, da die Heuschrecken alles verheert hatten. Die Folgen waren daher traurig für den Handel, der null wurde. Das Einkommen des Gouvernements, das von den Datteln derivirt, litt gleichfalls darunter und belief sich auf 4.500.000 bis 5.000.000 Piaster. Ein Drittel der Datteln bleibt hier zur Consumption, ⅔ werden ausgeführt. Die Revenüen der Duane ohne obige Summe betragen fürs Gouvernement: [Zit?].

Der Boden von Bassra ist sehr fruchtbar, Baumwolle wurde mit großem Erfolg cultivirt, aber Unternehmungsgeist fehlt gänzlich hier, daher fast ganz verlassen wieder. Die Indigo Cultur wurde aus gleichen Gründen verlassen, obgleich der hiesige Indigo gut ist. In letzter Zeit hat man auch angefangen, Seide zu cultivieren, mit Erfolg. [Zit] (2_07_086–2_07_080) [Zit, Zit?]

(2_07_087) Capit. Jones in Transactions of Bombay. Tribus der Araber.

Le tour du monde: Voyage dans la Babylonie p. Guill. Lejean. 1866.

Reisen im Orient von H. Petermann. Leipzig. Veit & Cp. 1865.

Memoirs by Commander Felix Jones (Bagdad, Nahrwan, Frontier of Persia & Turkey, Median wall, Opis, Niniveh etc.). Bombay. Gouvernements records. 7 Rupis.

L'univers. (Chaldena Assyria, Media, Babyl., Mesop., Phoenic., Palmyra) par Ferd. Höfer. Paris, Didot frères.

Revue de 2 mondes, 15 Mars 1868, sur Niniveh & Babylon d'après les recents decouverts archeolog. [Orte]

(2_08_001) *Montag, 18. Mai.* Am Morgen unternahm ich in Begleitung des Herrn Jul. Asche eine Spazierfahrt stromabwärts zum Garten eines gewissen Mohammed el Seïr tschelebi, von Nedsched stammend, hier aber in eine Revolte gegen die Regierung verwickelt, floh er nach Aleppo und kehrte dann später wieder nach hier zurück. Der Weg dahin führte den Canal Aschar abwärts, der alle 24 Stunden fast trocken wird durch das Rücktreten des Wassers; weiter als Bassra macht sich aufwärts die Fluth und Ebbe nicht mehr so sichtbar. Die Weingehänge an den Ufern voller blühender Rubus sanctus, blühende Granaten mit Früchten, eine gelbe Legum.strauch, Hecken von Mimosa Julibrissin etc. bilden die lieblichste Fahrt. Der Wein überall voller Trauben, obgleich er bei der Abreise nach Bagdad kaum in Blüthe stand. Bei der Quarantäne gings vorüber, dann abwärts längs dem Ufer, liebliche Vegetationsscenarien gewährend, von dichten Palmen [ernst?] überragt. Eine Menge Canäle führen aufwärts durch die dichten Gärten, so der Canal nähär Saradschi, nach dem gleichnamigen Thore genannt. Die Vornehmen der Stadt zogen sich jetzt in ihre Gärten zurück, wo sie an den Ufern auf Dattelstämmen ruhende Vorbauten, sogenannte mohaule's, errichtet haben, die in den Fluß vorspringen und mit Morus und anderen Bäumen bestanden sind. Unter ihrem Schatten sind nette, zierliche Schilfhäuser, luftig erbaut, der angenehmste Sommeraufenthalt. Daneben stehen die mit Gase umspannten Betten aufgeschlagen, mit Gläsern bestanden, Tische etc. Die Ufer mit Salix dracunculif., [Pfl] während Phragmites, [Pfl] stellenweise grüne Flecken bilden längs den Ufern, die voller Löcher sind von kleinen Krabben, abu dscheneht genannt. [Pfl]

Nach ¾ stündiger Fahrt, da wir das herankommende Wasser gegen uns hatten, war endlich der Garten erreicht. Leider war der Vater nicht dort, sondern nur sein Sohn, der eben mit Seidenspinnerei beschäftigt war. In luftigen, einige Fuß über der Erde erhabnen Palmhütten waren die Seidenraupen auf übereinander geschichteten Moruszweigen; sie waren völlig erwachsen und theilweise schon eingesponnen. Er cultivirte 2 Varietäten, die sogenannte von Bagdad und die von Bassra. Erst seit 3 Jahren betreibt er dieselbe, daher noch nicht im Großen, weil er erst angepflanzt hat. Er ist übrigens der einzige hier, der Seide zieht. Im vorigen Jahre producirte er 13 Okka feine und 36 Okka gröbere Seide; in diesem Jahre schon 30 Okka. Die Würmer von Bassra sind länger und dünner als die von Bagdad, ebenso ist auch der Schmetterling von letztern größer, der gelbe Samen producirt, während der von Basra braune Eier hat. In der letzten Hälfte Aprils kriechen die Würmer aus den Eiern in die Palmhütten, wo sie sich jetzt einpuppten. Die zu Samen bestimmten Cocons werden dann im Schatten aufbewahrt, im obern Stocke des Hauses, wo in großen, rohen, platten Erdgefäßen jetzt alles voller Schmetterlinge war, während die zur Seide bestimmten Cocons in der Sonne ausgebreitet werden, um die Puppen zu tödten. Die ausgekrochnen (2_08_002) Cocons liefern eine geringere Seide, da sie im Wasser nicht mehr untertauchen.

Die Cocons von Basra sind dünner, länger, an beiden Enden zugespitzt, während die von Bagdad viel größer und mehr walzenförmig sind; von beiden gibt es weiße oder gelbe. Cocons auf arabisch dschohs, Kossak türkisch. Die Außenseite des Cocons gibt geringe Seide. In einigen Tagen soll alles vorüber sein, die Eier bleiben dann bis zum nächsten Jahre, die hier nach dem Gewichte von Hühnereiern verkauft werden von 1–1 ½ Piaster à [...?]. Man kann sie auch mit Salat füttern, in Anadolia auch mit Malven. Das Abwickeln von den Cocons geschah auf eine sehr einfache Weise: In einen großen, eingemauerten Kessel mit heißen Wasser wurden die Cocons eingerührt, ein Brett mit mehrern Haken darüber, in welche die Fäden eingehakt wurden, die dann auf sich drehenden Walzen darüber hinweg geleitet wurden zu einer Winde, die mit dem Fuße getreten wurde. 1 Mann konnte hierauf in [1?] Tage 4 Constantinopel Okka Seide liefern, die allerdings grob ist, da man hier dieselbe so verlangt; sie sieht gelb aus. Von allen gab er mir bereit[willig?] Proben.

In seinen weitläufigen Gärten hat er eine Menge Pflanzen ein zu führen versucht, namtlich beschäftigt er sich auch mit Indigo Cultur, was ihm nicht weniger als schon 30.000 Kran Ausgaben verursacht hatte. Viel hängt vom Terrain ab, mit viel Wasser; zwischen Datteln darf man es nicht bringen, da es ihnen schadet; auf einem Terrain hatte er einmal von 54 Okka Samen nur 2 Okka Indigo bekommen, dagegen von einem andren Terrain von 4 Okka Samen 2 Okka Indigo. Den besten Indigo, Nil genannt, soll der Samen von Bengalen geben, aber der sogenannte persische Samen gibt mehr. Wer die Indigo Cultur hier mit bezahlten Leuten thun wolle, würde viel verlieren oder es müßte großartig betrieben werden; er thut es mit seinen Sclaven. Zur Gewinnung des Indigos hat er mehrere in Verbindung stehende Reservoirs im Garten, in denen die Pflanze ausgepreßt etc. wird. Ende Mai wird erst der Same ausgesäht.

Die schon seit lange eingeführte Cotton American, Gossyp. fruticos., gedeiht hier sehr gut; er hatte sich 3 französische und 1 amerikanische Reinigungsmaschine kommen lassen. G. herbac. cultivirt man hier nicht. Auch Kartoffeln cultivirt er; dieselben werden zwar sehr groß, aber bleiben wässrig und sind überhaupt als Neuerung nicht beliebt. In Menge sah ich in seinem Garten eine bekleidete Physalis mit grünen Kelchen, Muschiri genannt, da sie durch einen Muschir vor einigen Jahren eingeführt wurde. Die Früchte sehr angenehm säuerlich. Auch mit der Cultur des Zuckerrohrs, von Mascat und Indien gebracht, beschäftigte er sich; Kassab scheker; doch war er noch im Anpflanzen begriffen, durch in den Boden gelegte Halme, ohne schon Zucker dargestellt zu haben. In Schuster jetzt nichts mehr zu finden.

(2_08_003) Opium cultivirt er gleichfalls, doch waren die Mohnköpfe sehr klein. Kaffee versuchte er 30 mal anzupflanzen, nie gelang es aber. Hennasträucher in ziemlicher Menge, mit deren Blättern er die hier ansässigen Perser beschenkt.

Mango waren noch nicht erwachsen, von Indien eingeführt. Bananen in sehr großer Menge in seinem Garten. Nur die 3 ersten Reihen = Moos des Blüthenzapfens entwickeln sich gewöhnlich zu Früchten, die andren fallen alle ab, daher entfernt man nach Ansetzen der Früchte den übrigen Theil der Blüthe. Viele derselben waren fast reif, mit denen er uns beschenkte, dabei wurde gleich der ganze Stamm abgeschnitten, der dann keine Frucht mehr bringen soll, an seiner Statt kommen dann viele neue Sprossen heraus, die auf gutem Boden schon im 2ten Jahre Frucht tragen. Sie scheinen schon seit sehr langer Zeit hier eingeführt zu sein. Auf den Bazars sieht man aber keine, da es doch zu wenig gibt. Sehr tanninreicher Saft. Ein niedriger Strauch mit weißen, Jasminähnlichen, aber gefüllten Blüthen, mit feinen Jasmingeruch, wird häufig cultivirt unter dem Namen Raski = Jasmin. Sambac., aus denen man ein noch mehr als Rosenwasser geschätztes Wasser destillirt.

Von Bedlindschan frengi cultivirt er die holzartige, strauchige Art. In großer Menge gibt es jetzt eine Art Äpfel auf niedrigen Sträuchern, eine Art Franzobst, grün und klein, oft rispenartig die Stengel besetzend. Die Rosen waren verblüht. R. centifolia var. simplicior, deren Conserve auch hier purgirend wirkt. Artischocken cultivirt man ebenfalls hier wie in Bagdad, artischok in arabisch genannt, türkisch enginar. Sehr schön machten sich jetzt die in Blüthen stehenden Althaea rosea, chatmi genannt. Die Quitten sind hier nicht besonders; die Feigen klein, aber süß.

Palmenbäume (Dattel, Cocos) nennt man nachl, zum Gegensatz von gewöhnlichen Bäumen, sidschar. Melia Azedarach = sahur. Zyzyphus Lotus, hier sehr häufig als Baum = nabuk; Salix = gharab. Ficus Lotus? = bombar, deren kleine Früchte gegessen werden. Rubus sanctus = alga. Phragmites = Kassab. Carduus marian. = schok, hier sehr häufig wild anstatt der Notobasis syriaca. Carduus Estralonicus häufig. Klee, Medicago sativa, wird häufig cultivirt, dschedd genannt, hier 4 Jahre dauernd.

Basra ca. 1.200 Häuser mit ca. 6.000 Einwohnern. Von Juden 10 Familien, von Christen 18 Familien hier, davon 3 armenisch. Die letztern haben eine Kirche mit 1 Geistlichen, die andern mit 1 chaldäischen Priester und einer Kirche, die in der Zeit, als hier noch ein französisches Consulat existirte, erbaut wurde; sie besitzt Häuser und Gärten als Revenuen.

(2_08_004) Als Erzeugnisse von Disful wurden mir angegeben: Indigo, Opium (100 Miskal 10–12 Kran), Schreibrohr, Tombaki, Weiße Naphta, [terle?] Gawsaban, Weizen, Gerste, ordinäre Teppiche und Filzteppiche, rothe [Jes?] für arabische Frauenhemden, Abbas, persische Kalemdans, Süße Limonen und Narindsch, Mere Kawad.

*Dinstag, 19. Mai.* Heute endlich wieder klarer, tiefblauer Himmel, nachdem schon mehrere Tage lang dunstige Atmosphäre war, daher drückend. Die Mail wird heute von Buschir erwartet; gegen Mittag kam sie an. Obgleich der Sclavenhandel durch Vertrag mit England und der Türkei verboten ist, so findet er aber dennoch hier noch sehr öffendlich statt. Denn jedes Jahr kommen hier gegen 400 Sclaven an, meist in der Dattelzeit, weil sie durch arabische Schiffe von Bahrein gegen solche umgetauscht werden. Der Preis derselben ist gegen früher sehr gestiegen, anfangs 100, jetzt 500 Kran. Da man deren hier in jeder Familie findet, so ist dadurch die Bevölkerung von Basra sehr gemischt, namtlich sind dafür die Abessynier sehr gesucht und daher viel theurer; sie sind feiner, intellectueller und treuer als die Mumbasi aus der Nähe von Maskat kommend, mit breiten, aufgeworfnen Lippen. Die Christen, auch Europäer, kaufen Sclaven, geben ihnen aber beim Wechseln des Ortes die Freiheit, die ihnen aber dann nicht immer zum Vortheil gereicht. Auf dem Bazar findet sich hier viel eine zum Waschen gebrauchte Pflanze, schnahl genannt, = die strauchartige Anabasis, an den Ufern des Tigris; diese Pflanze verbrannt, findet man in Klumpen zusammengebacken unter dem Namen gillu, von den Hausfrauen gebraucht, um Seife zu ersparen. – Nachts angenehm.

*Mittwoch, 20. Mai.* Tief blauer Himmel, luftig. Merkwürdig, daß hier keine Scorpione gibt, die doch in Bagdad so häufig sind, aber Schlangen gibt es dafür desto mehr in allen Häusern. Kleine, graue Eidechsen an allen Wänden der Zimmer. In größter Menge hier die großen, gelben Wespen, die oft in den Stuben ihre Nester an einem Stiel herabhängen haben. Eine schwarze Fliege klebt ihre Nester aus Erde in die Ecken der Zimmer. Von Ratten ist auch hier die gewöhnliche Ratte sehr häufig, ebenfalls die Moschusratte häufig. Die Dattelratten [munjo's?] sind nicht selten; Schweine, Stachelschweine, Schakale, Hyänen, Löwen, wilde Katzen finden sich in der Wüste. – Die Fluth ist im Monat April zur Zeit der Schneeschmelze und Regen am höchsten, gewöhnlich aber ist sie hier 9′, bis Esra's Grab macht sie sich stromaufwärts bemerkbar. – An Moscheen sind in Basra eine große und ca. 10 kleinere, 2 große öffendliche Bäder und ca. 15 Chans. – Das Alter der Dattelbäume mag bis ca. 200 Jahre sein. – Der fortgehende Schiffer begrüßt den Ankommenden mit salam. Der Boden von Basra sehr stark salzhaltig, daher keine Brunnen und nur wenig Cisternen in den Häusern zu Bädern. Keine Wasserbassins in den Höfen, weil keine Wasserleitung.

(2_08_005) *Mittwoch, 20. Mai.* Mit J. Asche in der Quarantäne verbracht und erst Abends wieder nach Hause gekehrt mit Pascall.

*Donerstag, 21. Mai,* Himmelfahrt. Heute abend muß ich mich an Bord der Mail begeben zur Abfahrt nach Buschir. Wetter prachtvoll, klar, früh 29 °C. [Zit?]

Die Getreide-Ausfuhr von Bassra nach dem rothen Meere jährlich 10.000 Tonnen, außerdem noch nach dem persischen Golf. – Öl wird hier nicht producirt, weder Sesam, Ricinus, noch Oliven; alles Sesamöl kommt von Persien. – In Bassra sind die Rosen sehr billig, 1.000 Blüthen werden mit 1 Piaster bezahlt; Rosenwasser wird viel bereitet, und jetzt hat man auch angefangen, Öl zu produciren.

Das Alter eines Dattelbaums schätzt man etwas über 100 Jahre. Im vergangnen Jahre hat man hier eine neue Varietät eingeführt von Lachsa in Nedsched, die vorzüglich ist. Die Datteln werden meist durch Sprossen vermehrt, die aus den Wurzeln heraus wachsen. Durch Samen erzogen, liefern schlechtere Früchte, auch wird dadurch nicht die Varietät fortgepflanzt; wenn man aber bei angehender Dattelreife die ganze Rispe abschneidet und sie zerschneidet und mit dem Holze in die Erde legt, so sollen dieselben die gleiche Varietät erzeugen; im 2ten Jahre keimen, und im 3ten Jahre werden sie vorgepflanzt. Die Dattelpalme liebt einen mit Sand gemengten Boden, Feuchtigkeit und etwas Salz. Der etwas salzige Boden bedarf keiner Düngung, wohl aber die Dattelbäume, die am Wasser stehen. Künstliche Befruchtung nöthig; ohne dieselbe entwickeln sich dieselben zu einer kleinen, steinlosen, geschmacklosen Frucht. Ein gut tragender Dattelbaum liefert bis 4 Batman Früchte, die je nach Varietät bis 35 Piaster pro Baum jährlich einbringen; im Durchschnitt kann man die jährliche Einnahme durch 1 Baum auf 15 Piaster anschlagen. Die wohlriechende Blüthenscheide wird zu destillirtem Wasser, gegen Magenleiden gebraucht, verwandt; auch mischt man sie, nekach genannt, mit einem Waschthon oder grünlichem Mergel, genannt [tilhane?], die man von Bahrein bringt, und mit Rosen, um das Kopfhaar zu waschen.

(2_08_006) Fischfang findet im Flusse nur wenig statt, die eingesalzen werden; die getrockneten kommen aus dem persischen Meere. Kleinere Haifische hat man mehrmals beobachtet, Kosedsch genannt, die Menschen beim Durchschwimmen angreifen.

Der jetzt nach Constantinopel als Kriegsminister versetzte Ex-Gouverneur von Bagdad, Namik Pascha, war einer der wenigen Türken, der sein Vaterland patriotisch liebte und es auf alle Weise zu haben suchte, obgleich die Mittel nicht immer die besten waren. Er bekleidete den Gesandtschaftsposten in London und wurde Gouverneur in Dschedda, wo er beim Massacre die Hand im Spiele soll gehabt haben, obgleich er beim Ausbruch desselben sich in Mecca befand. Er war dann 3 Monate Kriegsminister und kam dann als muschir nach Bagdad, wo er 7 Jahre verblieb. Seine Haupttugend war, daß er nicht stahl, obgleich unter seiner Verwaltung die Angestellten wie vorher stahlen. Obgleich er [bei?] seinem Antritt die Provinz in schlechten Zustand vorfand, so schickte er doch jährlich viel Geld nach Constantinopel; was seine Vorgänger nicht thaten.

Auch kaufte der Tresor von Bagdad die 3 Dampfer, 2 Corvetten; er stellte die Tigrisbrücke bei Mossul voriges Jahr wieder her, und jetzt ging er damit um, den großen Damm bei Dschesair herzustellen, der von den Montefiks immer wieder zerstört wurde, da man ihnen dann in den Sümpfen weniger anhaben konnte. Durch denselben ging viel Wasser dem Flusse zur Schiffahrt verloren; er ist der Grund der weiten Sümpfe bei Bassra. Die Soldaten, deren die Provinz 20.000 regelmäßige Mann unterhält, wurden regelmäßig bezahlt. Gegen Europäer ist er sehr fanatisch wie alle Türken, die Europa mit eignen Augen gesehen haben; er ist starrköpfig und grausam gegen solche, die seinen Befehlen nicht gleich nachkommen, überhaupt zu streng, ohne Capacität, aber ehrlich. Spricht französisch. Sein Nachfolger, ein Anhänger seines Regimentes, Takietin Pascha, hat wohl die Functionen eines Muschir = Marschall, kann aber diesen Titel nicht haben, da er kein Militär ist; er ist Nasir = Civil- und Militär-Gouverneur der Provinz jetzt. Früher war er Mufti in Aleppo, wo er bei der Christenverfolgung die Hand im Spiele soll gehabt haben, wurde nach Stambul berufen, kam dann nach Orfa, Kars und Kerkuk, von dort nach Bagdad. – Namik Pascha hatte 120.000 Piaster monatlich. Der hiesige Gouverneur Suliman beg hat nur 10.000 Piaster monatlich. Aber durch die März-Verordnung vorigen Jahres geht jetzt der 6te Theil aller Gehalte unter 10.000 Piaster ab, von 10–20.000 Piaster der 5te Theil, von 20.000 und höher der 4te Theil ab. 1 Jahr früher wurde allen Angestellten der Monat August abgezogen.

*Freitag, 22. Mai.* Bei klaren Wetter wurde 5 Uhr früh aufgebrochen und um 11 in Fao einige Minuten gehalten. Eine Brise ließ uns die Hitze weniger spüren; in den Cabinen konnte man es aber nicht aushalten, daher hatte ich mit Abdullah Deckplatz genommen für 25 Kran beide an Bord des Penang. Beim Einfahren ins Meer wurde die Luft (2_08_007) viel kühler und angenehmer; eine Menge Libellen hatten sich aufs Schiff geflüchtet, vor Hunger und Durst bald sterbend; auch einige Vögel. Eine Menge Apricosen und Äpfel an Bord, daher hielten sich die Officiere immer in deren Nähe. Das Schiff hatte Maulthiertreiber von Abyssinien zurückgebracht, da der Krieg beendet war. Jetzt hatten wir eine Menge Hindu's an Bord, die von ihrer Pilgerreise zurück kehrten. Es waren lauter kleine Gestalten mit dunkler Hautfarbe, kleinen, rundlichen Gesichtern, geschornen Kopf, mit kleiner, leichter, weißer Kappe bedeckt, meist dünnen, schwarzen Backenbärte und durchgängig schmal entwickelter Schnurbart. Den Tag über waren sie mit Lesen ihrer religiösen Bücher oder mit Beten beschäftigt, ebenso die Frauen, die alle lesen konnten; aber alle häßlich, in lange, blaue oder rothe Gewänder gehüllt. Sie trugen breite Nasenringe. Auch Schwarze Frauen von Mascat befanden sich an Bord, meist kleine Statur; vor der Nase und der Stirn ein Band, durch ein Mittelband zusammengehalten. Abends unterhielt ich mich noch lange mit einigen Officieren, namtlich mit Bruder Alfred Hemschir, dem ich 45 Kran gab für Besorgung eines Stuhles für

Asche in Basra. Musicirend und erzählend verging der Abend, zumal der Capitän und 1. Officier auch [Bruder?] waren. Eine angenehme Brise wehte die Nacht über; ich träumte aber und fiel einmal von meinem Lager herab zwischen die erschroknen Hindus.

*Sonnabend, 23. Mai.* Am frühen Morgen kamen wir in Buschir an, wo ich mich mit einem Officier gleich an Land begab. Herr Norman war leider vor 6 Tagen nach Kaserun abgereist; die Bagdadi hatte ein Chan zu sich genommen. Sandte Briefe von Roggen an seinen Agenten hier: Hadji Abdullah Nebi, Riskalla's Agent in Mohammera heißt Agha Molla rida. Das Clima war hier seitdem sehr verändert; morgens angenehm, aber die Nächte sehr heiß, ohne den geringsten Luftzug. Früh im Zimmer 29 °C, Mittag 36 °C.

*Sonntag, 24. Mai.* Früh 28 °C. Mittag 31°. Abends 4 Uhr 33°. Die Flaggstaff des Residenten dicht behangen, denn heute Geburtstag der Königin, gab aber kein Diner, indem er vorzog, außerhalb zu verbringen.

*Montag, 25.–Donnerstag, 28. Mai.* Mit Einpacken der Effecten beschäftigt; meine Sachen werde ich in 2 Kisten mit Fe-Blech von innen verpackt dem Abdullah Nebi übergeben, um sie nach Bombay zu senden; von dort aus mit Segelschiff ums Cap. Eine 3te Kiste mit Pflanzen ebenfalls nach Bombay, von dort mit Steamer nach Marseille. Ich machte Besuch bei Pelly, wo ich mehrmals speiste; ich traf bei ihm einen Capitän der neu angekommnen Cygne, der nebst seinem Officier Bruder war vom [Zeich] [Aden?]. Gestern und heute Abend angenehme Brise. Gurken, lange Gurkenart, findet man auf den Bazars. [Orte] (2_08_008) [Orte]

*Freitag, 29. Mai.* Der hier vorherrschende Wind ist der Nordwestwind, schumahl genannt; morgens weht er bis gegen 10 Uhr von Ost, dann wechselt er in Nordwest um, gegen Abend meist Westwind, nur ausnahmsweise weht in NachMittag Südostwind. Der Nordwestwind ist der heiße Wind im August, sehr trocken; bei 105° fühlt man sich noch ganz wohl und zur Arbeit aufgelegt, während der Südwind, baht chohs genannt, bei 97–98° so erschlaffend wirkt, daß man sich zu aller Arbeit unfähig fühlt; dabei ist die Luft feucht, er bringt viel Staub und weht in den Monaten Juli–September ca. 9 Tage jeden Monat. In December–Februar fast jeden Tag heftige Gewitter mit starken Platzregen. Seit 40 Jahren war hier kein Schnee beobachtet, nur diesen Winter, wo sich das Wasser in den Straßen mit Eis belegt hatte.

In Fao weht der Nordwestwind bei 110–120° mit Sandsturm, dennoch incomodirt er nicht, und man fühlt sich mäßig, wenn aber der Südwind bei 85–89° weht, wird alles faul und krank, namtlich intermittirendes Fieber; er heißt der Dattelwind, weil er dieselben dann in wenigen Tagen reift; er weht für 16 Tage von Ende August–Anfang September. Seit 1851 keine Cholera mehr hier, in welchem Jahre aber hier in 2 Monaten 300 Personen starben; sie heißt wawä. –

Guineawürmer, bejuk genannt, erst seit 2 Jahren hier einheimisch, früher nur eingeschleppt. Es ist dies dadurch bedingt, daß man Cisternen gegraben hat für Regenwasser; erst im Monat Moharram läßt man das Wasser von den Armen trinken, als eine Wohlthat; dafür müssen sie aber nachher leiden, denn das Wasser ist voller kleiner Würmer, die sogar beim Waschen sich festsetzen können. Eine Frau hier hatte deren 12 Stück auf einmal. – Remittirende und intermittirende Fieber, Diarrhoea und Dysenterie sind die vorherrschenden Krankheiten. Buschir hat 6.000 Häuser mit ca. 15.000 Einwohnern.

(2_08_009) *Sonnabend, 30. Mai.* Vorbereitung zur Abreise.

*Sonntag, 31. Mai.* Ankunft der Mail. 1. Pfingstfeiertag. Viel Arbeit mit Vorbereitungen zur Abreise. Ich sandte noch 3 Büchsen Confitüre an Asche in Bassra. Mit Hadji Abdullah Nebi Rücksprache und Briefe nach Bebehan. Ankunft von Norman.

## XIII Buschir–Dilem–Bebehan (1.–25. Juni 1868)

*Montag, 1. Juni,* 2. Feiertag. Vor Sonnenaufgang schon munter und alles zum bachla geschafft, 5 Kisten und die 2 Pferde, wofür ich bis Bender Dilam 50 Kran zu bezahlen habe. Ich hatte beim Einschiffen noch Unannehmlichkeiten mit der Duane wegen den Pferden; doch half mir dann ein vom [Residency?] geschikter Paß dann aus. Erst 1 Stunde vor Sonnenuntergang, als die Fluth nach außen trat und der Wind sich änderte, wurde aufgebrochen. Die Luft wehte frisch und erquickend. Die Gebirge jenseits Daschtistan in duftiges Gewand gehüllt, während Station Schief am nördlichen Ufer erschien. Welch trauriger 2. Pfingsttag; ach, wie schmerzlich dachte ich den ganzen Tag an meine liebe Heimath, wie mag es dort wohl gehen? Heute Abend sicher Ball, während ich hier in einer elenden arabischen Barke ein Spiel der Wellen bin. Wäre ich nur erst wieder in meiner Arbeit, um vergessen zu können! Das nächste Pfingsten wird mich hoffendlich in andren Umständen finden.

*Dinstag, 2. Juni.* Am Morgen waren wir zu meinem Erstaunen noch immer in der Nähe der Dampfschiffe, der starke Nordwestwind hatte uns am Weitergehen verhindert. Nur langsam gings weiter, da die See sehr aufgeregt war und das kleine Bachla hin und her tanzte, was bewirkte, daß Elias und Abdullah den ganzen Tag seekrank waren. Bei mir zeigten sich die Folgen von Bassra in 2erlei Weise, was mich sehr genirt [am?] [Gehen?]. Nichts zeigte sich den ganzen Tag über, weder das Ufer noch 1 Schiff.

*Mittwoch, 3. Juni.* Am Morgen erblikten wir nahe vor uns die einige hundert' felsig abfallende Küste der kleinen Insel Chari, ganz nackt sich darstellend. Die See erschien förmlich schwarz, weil tief. Erst gegen Mittag langten wir in der kleinen Bucht an von Chari, in der mehrere bachla's und ein 3master vor Anker lagen. Die kleine flache Insel Chweri erscheint gegenüber wie ein weißes Salzfeld von der Ferne. Der Ort aus 200 Häusern bestehend, die sich theilweise längs dem Ufer hinziehen, verdankt seine Entstehung oder viel mehr Blüthe dem englisch-persischen Kriege. Noch steht hier an der Spitze der Insel das aus Stein erbaute niedrige Fort. Einige Palmengärten geben dem Orte etwas Leben, während einige andre Gärten noch aufwärts sich zeigen auf dem flachen Ufer. Die Mitte der Insel durchzieht ein felsiger Grad, auf dem eine Capelle erscheint, unter der sich ein andres Grab zeigt in (2_08_010) Form des [Eobeide?]-Grabs zu Bagdad. Wir hielten hier lange, theils des heftigen Windes halber, theils, um süßes Wasser einzunehmen. Gurken, Gerste waren hier zu finden. Auch ein kleiner Bazar existirt hier.

Mein Capitän des bachla, Salehh, ein Einwohner von Bahrein, war eine hagere, muskulöse, dunkelbraune Gestalt mit kurzen, [gereinigten?] Barte, den Kopf mit einem weißen Tuche ohne Strik umhüllt, dessen Enden auf beiden Seiten herabfielen. Ein weißes, langes Hemd hüllte die ganze Gestalt ein. Er sprach sehr entzückt von seiner Insel, die der Garten des persischen Golfes sei, alle dort sind Sunni-Araber. Sie scheinen sich sehr mit Negern gemischt zu haben, denn die Matrosen wußte man nicht zu welcher Classe zu rechnen, völlige Hybriden zwischen Beiden. Die Bahrein-Araber gehören zum Tribus Mohamed Chalifa. Mein Aufenthaltsort im bachla war im Hintertheil des Schiffes unterhalb des Steuerrades, doch nur so hoch, daß man sitzen konnte; das Heraus- und Hereinkriechen war nicht minder beschwerlich; auch stand alles voller Koffer, so daß ich mich hier im wahren Sinne des Wortes eingefercht sah. Für die Pferde waren 2 Öffnungen im Deck, so daß sie gerade stehen konnten, ohne sich rühren zu können; durch Winden wurden sie heraufgezogen. Ein aus Erde erbauter Feuerherd befand sich in mitten des Decks, auf dem ein Schwarzer fortwährend beschäftigt war, Kaffee zu kochen und die einfache Nargileh zu rauchen, die aus einer Flasche bestand, mit einem Loch in der Seite zum Hineinstecken des Rohres.

*Donnerstag, 4. Juni.* Am Morgen bließ der Wind mit aller Kraft noch aus derselben Richtung, so daß keine Aussicht zum Fortkommen da war. Ich stieg an's Land, um den aus 200 Häusern bestehenden Ort zu besichtigen. Die Seeseite war ehemals mit einer Mauer umgeben, jetzt eingefallen; am Vorsprunge das Kala, von den Engländern errichtet vor 28 und 8 Jahren. Die einst aus Arabern bestehende Bevölkerung zahlt pro Haus jährlich 30 Kran, mit andern Abgaben ca. 14.000 Tuman. Die Insel besteht aus den zu Pulver oder Sand reducirten Muschelschaalen, die sich wieder verhärten und einen porösen Baustein bilden, aus dem alle Häuser bestehen; in den Mauern bemerkt man auch große Corallenstücke. Längs dem Ufer zeigt sich eine 3′ dicke Austernschaalenschicht, gut erhalten, überhaupt zeigen sich im Gestein nur Arten, die noch jetzt leben.

Einzelne Stücke eines dunkeln, schweren, glänzenden Steines lagen auf der Fläche zerstreut, wahrscheinlich vom Höhenzuge herabgerollt. Eine Menge Cisternen und gegen 20 Quellen süßen Wassers versehen die Insel und die Gärten. Dieselben in den Gärten haben eine Mauer an der Seite; ein Strick hängt darüber mit Lederschlauch; durch Buckelkühe wird das Wasser heraufgezogen, welches sich in einen Trog entleert und so in den Gärten vertheilt wird zur Cultur von Gurken, namtlich die lange Sorte hier; für Wassermelonen und etwas Mais. In Menge zeigt sich der (2_08_011) schönblättrige Feigenbaum, lulek oder rohl genannt, eine Höhe von 40′ erreichend mit aufgerichteten Zweigen; kleine, röthliche, ungenießbare Früchte. Ficus Carica zeigt sich nur einzeln, ebenso wird nur selten Narindsch gepflanzt; die gelbe Mimose von Basra war hier seit kurzem erst von Indien eingeführt, dschengel genannt. Der Bombar-baum hing hier voller Früchte, die, beim Reifen gelb werden, gegessen werden. Man unterschied 2 Varietäten, eine mit kleinen, andre mit größern Früchten, sebestuni kutschuk und sebestuni buzurg. Orangen gedeihen [ziemlich?], ebenso die Dattel. Auf dem sandigen Boden erblikte ich Alhagi camelorum, chahr shutohr genannt. [Pfl]

Das hohe Grabmal am Berge ist das eines Schahsade Mohammed, der auf einer Pilgerfahrt hier starb. Auf einigen Plätzen im Orte erblickt man Säulen in Form eines penis, an denen das Volk seine Gebete hält [Zeich]. Sie erinnerte mich lebhaft an den Gedanken, daß die Säulenform ihre Entstehung dem Culte des Priap verdanke. Die Insel gehört zu Buschir. Erst Nachmittag wurde wieder aufgebrochen, doch den Abend wieder auf offner See gehalten.

*Freitag, 5. Juni.* Am Morgen aufgebrochen, langweilige Fahrt.

*Sonnabend, 6. Juni.* Endlich erschien die Küste, ein langgestrektes, nacktes Gebirge, Kuh Benk genannt, schiebt sich bis nahe ans Meer heran. Das Dorf Sini liegt links von ihm ab. Gegen Mittag langte ich endlich in Bender Dilem an. Gegen 10 bachla's lagen hier vor Anker. Der aus 200 Häusern bestehende Ort mit aus Erdbaksteinen erbauten Häusern mit platten Dächern zeigt durchaus nichts besonders; ohne Gärten, ohne Grün liegt der Ort flach ausgebreitet am Strande. Beim Kätchuda, der von Bebehan abhängt, stieg ich ab, wo mir ein Stall eingeräumt wurde, der einer der 4 Thürme war des Chans. Ich fühlte mich sehr schlecht heute, fieberisch und Kopfweh, vermehrt noch durch die drückende Hitze. Das Trinkwasser wird [...] weit hergebracht, dennoch brakisch und trübe. Guineawürmer sind hier nicht, aber Scorpione in den Häusern.

*Sonntag, 7. Juni.* Vormittag Windstille. Der Blick auf die hinter dem Orte mehrere Pharsach entfernt wegstreichenden Gebirgszüge gibt der Landschaft etwas Leben; eine Menge Kuppen erheben sich daraus. Der Kuh Nur gen Bebehan soll sehr pflanzenreich sein, ebenso der Kuh Chawis, 2 Pharsach von Bebehan. Der Berg Dinnah Daena 30 Pharsach. Bei Teng i Serwek, 3 Pharsach von Bebehan, alte Sculpturen. Der Schah Bahram soll 12 Pharsach von Bebehan sein. Leider hörte ich, daß der Shahsade jetzt nicht in Bebehan, sondern in Serhad sei, im Gebirge Kuh Desudsch in der Kette des Kuh Daena, 3 Tage fern von Bebehan. Auf dem Kuh Sefid sollen Goldsteine gefunden werden.

Das Volk ist hier sehr fanatisch, Schiiten; denn als ich vom Chan aus das Meer betrachtete, die eingefallne Mauer mir aber einen Blick in das Haus daneben gestattete, (2_08_012) gerieth der Nachbar außer sich vor Wuth. Der Schef rief mir Abends salam aleikum zu; gleich sagten ihm andre, das mußt du nicht sagen, nur salam. Das Aneroid stand hier 75 ½. Maulthiere heute nicht aufzutreiben.

Fortwährend erhielt ich Krankenbesuche und namtlich in schrecklicher Menge triefende Augen und viel Hautgeschwüre. So die Schwester meines Schech Abdullah, deren Körper ganz bedekt war. Die Frauen alle sehr ängstlich, sich nicht sehen zu lassen; sie trugen ihren Überwurf über dem Kopfe. Der Schech hatte einen Beludschen als Cawaß, der sich drollig [genug?] ausnahm mit großer Pistole, damascenirten Messer, Pulverhorn und Damastsäbel im Gürtel und an der Seite; Haare lang, mit Nest auf dem Hinterkopfe [in?] Flechten, Scheitel in der Mitte; kleinen rothen Fez ohne Quaste. Aneroid 76,6 bei 34 °C.

*Montag, 8. Juni.* Bei Sonnenaufgang 24 °C. Mittag 35°, Abends bei Sonnenuntergang 32°. Aneroid Abends 76,4.

*Dinstag, 9. Juni.* Bei Sonnenaufgang 25°. Aneroid 76,5. Ich miethe heute 5 Maulthiere für 30 Kran bis Bebehan. Mittag 37 °C. Aneroid 76,4 ½.

*Mittwoch, 10. Juni.* Noch bei Mondschein wurde 1 Stunde vor Sonnenaufgang aufgebrochen bei 27 °C. Der District Lirawi mit 3 Division: 1) Lirawi, 2) Tuyul Hadji Abbas, 3) Chisri, alle 3 zusammen mit 32 Dörfern. Nur 5–6 Dattelbäume sind in Dilem sichtbar, aber alles ringsherum ist traurige Einöde, weiß von Salz in Krustationen, in denen keine Pflanze gedeiht. Nach ½ Stunde wird es besser, wenn man das in Verfall begriffne Erdfort Kala Saïd, richtig aber Kala Tunup, erreicht, von einigen Gurkenfeldern umgeben nebst vielen Schilfhütten. Von hier kommt alles Trinkwasser nach Dilem so wie auch von dem benachbarten Bender No. Auf einem Platz sind gegen 30 Brunnen gegraben, deren Wasser durch Quellen entsteht. Frauen wollten uns verwehren, unsren Wasserschlauch zu füllen, um die Quelle nicht zu verunreinigen. Das Wasser ist trübe, aber nicht brakisch. Der Saïd kam selbst heraus, ein gutmüthiger, alter Greis mit rothen Bart und weißen Turban. Eine Menge Getreidehaufen um das Schloß herum, die von der Spreu befreit wurden. Von hier beginnt nun reichliche Salzvegetation: Salicornia radicosa und fruticosa, [Pfl].

Nach 2 Pharsach von Dilem ist unser Konak Daudi (2_08_013) erreicht, wo ich beim Schech Kerim Chan freundlich aufgenommen wurde. Die 50 Häuser bestehen halb aus Erde, halb sind es Hütten. Der Chan beklagte sich, daß sein Dorf 300 Tuman jährlich abgeben müsse. Nur wenige Bäume und Zyzyph. Lotus und ein Tamarix umgeben den Ort. 2 Pharsach westlich beginnen bei Schech Abdullah (ibn Mohammed Baker) bei Hindigan die Tschaab Araber, deren Schech Fahres zu Fellahiya residirt. Die Einwohner des Districtes nennen sich nach dem District Lirawi; sie trugen braune, rundliche Filzkappen, voller dunkler Bart, funkelnde Augen, große, starke Gestalt. Nachmittag heftig starker Nordwestwind, glühend heiß, mächtige Staubwolken aufwirbelnd. Im Schatten 38°, in der Sonne 50°. Aneroid 76,2 ½ bei 38°. Aus Cichorienkraut, chasni genannt, wird hier ein Arak destillirt. [Orte]

*Donnerstag, 11. Juni.* Mit Mondaufgang aufgebrochen, durch die gleiche Ebene weiter, bis nach ½ Stunde ein nur wenig höheres, welliges Sandterrain erreicht wird mit vielen einzelnen Sandtepes. Diese niedrigen, welligen Sandhügel, die sich von Maschur bis Buschirdistrict, von Schapur an, erstrecken, nennt man

Mahur Meïladi, in dem sich Niemand zurechtfindet, daher Zufluchtsort von Räubern. Bald darauf reitet man in den Paß ein, an dessen Eingange ein Haufen Steine, an dem die [Tscherveders?] erst ihre Gebete verrichteten. [Orte]

Oben [auf dem Kotel Sevel] angelangt, breitet sich plötzlich der Blick auf das freundliche Thal von (2_08_014) Seitun aus, ca. 1 Pharsach breit; mitten durch zieht sich das belebende Land des Zabflusses, von Gebüsch umzogen, während die Ebene selbst mit alten Konargesträuchen bestanden ist. 1/4 Stunde vor dem Flusse hält die Karavane für heute; ich ließ mich unter einem alten Konar nieder. Nachts kam eine große Schlange mir ins Gesicht, so daß ich dann den Platz wechselte. Die Vegetation zeigt große Übereinstimmung mit dem Aufgang bei Dalaki, so waren hier: der merkwürdige Legum.strauch, [Pfl]. Das Girren der zahlreichen Turteltauben und das Kirren der Repphühner erfüllt die Luft. [Orte] Der hohe Bergzug rechts ab wurde hier Chansi genannt, wo die Mameseni benachbart sind. Vormittag Aneroid hier 75,1 bei 37 1/2 im Schatten, plötzlich gegen Mittag kam ein heftiger, heißer Nordwestwind, glühend wie ein Ofen, so daß Thermometer auf 42° stieg. Nachmittag 4 Uhr bei 44° im Schatten das Aneroid 75,1. Die Dattelbäume von Tscham fallen sogleich in die Augen, links ab gelegen jenseits des Flusses.

*Freitag, 12. Juni.* Am Abend gestern gesellten sich Tufenktschi's zu uns, um uns zu bewachen; ich erklärte ihnen aber, daß ich ihrer Hülfe nicht bedürfe, denn es war ja doch nur auf ein Trinkgeld abgesehen. Am Morgen erst kurz vor Sonnenaufgang wurde aufgebrochen und gleich darauf der schnell fließende Zabstrom erreicht. [Pfl] Bei dem am jenseitigen Ufer liegenden Dorfe Eskerri wurde der Strom durchsetzt, dessen Wasser den Pferden bis an den Leib reichte und ca. [190?] Schritt breit war. [Pfl] Auf dem rechten Ufer zogen wir nun abwärts zu dem 1 Stunde entfernten Dorfe Tscham, von Datteln umgeben. Theilweise stand die Gerste und Weizen noch in (2_08_015) Ähren; die fruchtbare Ebene war gut bebaut. Carawanen von Büffelochsen, die theils zum Lasttragen, theils zum Reiten verwandt wurden, lagerten hier.

Vor dem nur aus 10 Erdhäusern bestehenden Orte Tscham fand ich eine große Zweighütte aufgeschlagen, mit Wasserbassins, Teppichen ausgelegt, in der Mitte ein erhöhter Platz zum Schlafen etc. Ohne zu wissen, wem es gehöre, hielt ich davor still, und sogleich kamen eine Menge Diener herbei, mich einladend, als wenn sie mich schon lange erwartet hätten. Es war das Laubzelt des Gouverneurs Hadji Mohamed, ein Teheraner, der vom Gouverneur in Bebehan von meiner bevorstehenden Ankunft gehört hatte. Er kam gleich selbst herbei und stellte mir alles zur Verfügung; Thee wurde gleich im großen Samowar gebraut, Gurken ins Wasserbassin gelegt und bald ein gutes Frühstück bereitet mit gebratnen Repphühnern etc. Selbst Kallian offerirt, den man in Dilem auf keinen Fall mir gegeben hätte. [Orte]

Der District Seytun kann 1.000 Tufenktschi stellen und zahlt 3.000 Tuman Abgaben. Mehrere Imamsades erblickt man im weiten Thale. Der District ca. 6 Pharsach [lang?]. Mittags bis Abend heißer Wind 44°; Aneroïd 75,3. [Orte] An den Ufern [des Sochre] Schweine in unerhörter Menge. Nach dem Abendessen wurde gegen 10 Uhr aufgebrochen.

*Sonnabend 13. Juni.* In der Dunkelheit der Nacht ließ sich natürlich nichts erkennen, doch kamen wir nach ca. 1 Stunde an die Berge, zwischen denen der Weg anfangs hinführt, bis zu einem Kotel, der zwar niedrig, aber steil aufsteigt. Ihm folgte bald darauf ein 2ter bedeutend höherer, Kotel Bebehan genannt, der uns nun auf eine weite Hochebene brachte, die von zahlreichen kleinen Thälern wellig durchzogen war. Am Morgen kamen wir zu einem Imamsade Tscha Hasreti Ali, wo ein Brunnen vortrefflichen Wassers war. Der Katirtschi hielt hier, doch mich schmerzte das Geschwür so, daß ich beschloß, in einer Tour nach dem noch 2 Pharsach fernen Bebehan aufzubrechen. [Pfl]

(2_08_016) [Nuser?], ein Sohn [Manuschehers?], ein schwacher Fürst, der nach einer 7jährigen Regierung Persiens von Afrasiab, König von Turan, entthront wurde; der letztere Persien 12 Jahre lang beherrschte.

Die Weizenärndte war eben im Gange, und überall kamen die Schnitter herbeigelaufen, Bündel voll Weizen den Pferden hinhaltend, um ein Geschenk zu erhalten. Die Ebene senkt sich allmählig, und bald darauf erblickt man im fernen Hintergrunde die Stadt Bebehan im weiten Thale ausgebreitet. Wieder gehts an einem Imamsade vorüber, und bald ist die Stadt erreicht. Durch vorausgeschickte Boten war der Ferrasch baschi schon in Kenntniß gesetzt; am Thore nahmen mich daher gleich mehrere Diener in Empfang und führten mich zu dem am Ostende gelegnen Serail. Der Gouverneur war in [Serhad?], hatte aber alle Order gegeben, mich so gut als möglich zu empfangen. Ein luftiges, gewölbtes Zimmer im obern Stock war mir angewiesen; hier ließ ich mich gleich nieder, um für lange Zeit zu liegen, ehe das Geschwür besser wurde. Der Deftardar schickte mir sogleich 3 Hüte Zucker und Eis, die ich aber nicht annahm.

*Sonntag, 14. Juni.* Bei Sonnenaufgang 31 °C, windstill, Aneroid 73,9. Gegen Mittag beginnt der heiße Wind bis gegen Abend. Nacht windstill, angenehm.

*15. Juni.* Vor Mittag 38° bei 73,9.

*16. Juni.* Sonnenaufgang 31° bei 73,8. Nach Mittag 37° bei 73,9. Bei Sonnenuntergang 35° bei 73,9. Kein heißer Wind heute, nur einzelne heftige Windstöße.

*17. Juni.* Sonnenaufgang 32° bei 73,8, windstill, ebenso die Nacht.

*18. Juni.* Früh 32° bei 73,7 1/4, angenehmes Wehen der Luft.

*19. Juni.* Mittag warmer Wind, 44 °C. Öffnung des Geschwüres.

*20. Juni.* Früh 29° bei 73,8 ½.

*21. Juni Sonntag.* Sonnenaufgang 30° bei 73,8. Die Vormittage alle sehr angenehm, windstill. Mittag 39°. Abends bei Sonnenuntergang 36° bei 74 Aneroid. Das Amarat des Gouverneurs Sultan Owais Mirsa wurde durch ihn vor 4 Jahren erbaut. Es bildet ein 4eck, mit Hof, zu beiden Seiten Gartenbeete mit Mirabilis und Klee besäht; einzelne Konarbäume. Durch einen Gang, über dem ich wohnte, gelangt man in den ebenso alten Garten mit Datteln, Konarbäumen, Rosengebüsch, namtlich die kleinen reichblüthigen gul e reschti. Viel Besucher kamen, denen ich aber keine Aufmerksamkeit schenken konnte, da ich selbst sehr leidend war. Teppiche mit rothen Grund und hübschen Muster werden hier wie in Sihna verfertigt.

Man brachte mir einen kleinen Ledersack voll Mumiai, die ich für 3 Kran kaufte. Sie kommt von den Bergen von Nasikun, 12 Pharsach östlich von hier, wo sie mit Wasser hervortritt. Von alten Orten wurden mir genannt: das benachbarte Araghun; Dehideschť auf dem Wege zum [Serhad?] Teng e Saulek, 2 Tagereisen, wo [Schutztürme?] und Inschriften. Teng Saulek ist die triviale Aussprache, richtig ist Serwek, denn der Engpaß ist nach den dort in großer Menge wild wachsenden Cypressen = serw genannt; sie sollen von großen Umfang sein, von derselben Art wie in Schiras. Schah Bahram 12 Pharsach von hier, ebenfalls Sculpturen und Inschriften, dort der Imamsade Said ala, der in großer Verehrung steht; liegt auf dem Wege gen Kaserun. Einen nahen Weg nach Ispahan gab man mir an: Teng Tekab 1 Pharsach, bis zu dessen Ende 3 Pharsach. [Orte] (2_08_017) [Orte]

Von Iliaten zwischen hier und Kaserun wurden mir genannt: Dschoi, Bekesch, Geschin, Mamesenni, die Lursprache reden. Im Kuh Kiluyeh wurden mir folgende Lurstämme genannt: Taïwi, Bahmei, Nui, Tuschmensiari, Poyir Achmed, Bauwi. (2_08_031) Über die Lurstämme im Kuh Gelu gab er mir an: 1) Babui in Bascht, Bawi oder Babui, 1.500 Zelte, 2.000 Tuman Abgaben. 2) die Bower Achmed, gewöhnlich Pairami genannt, die sich in Germesiri und Serhadi eintheilen. Die Germesiri mit 250 Zelten, 500 Tuman im Kuh Dil; ihr Gouverneur hat noch mehrere Dörfer unter sich mit ca. 150 Häusern, die ebenfalls 500 Tuman geben, aber keine Powir Achmed sind. Die Serhadi mit 800 Zelten zahlen mit noch andern darunter stehenden Familien 1.000 Tuman; Sadat und Tschinar gehört dazu; sie werden durch den Chyrsan Fluß von den Bachtiaren getrennt. 3) Duschmensiari 200 Zelte, 450 Tuman, in Kelaht gegen die Bachtiaren zu. 4) Tayibi, und zwar Serhadi in Tscharuse mit 600 Zelten und Germesiri in Lintä hinter Kala Pellik mit 600 Zelten, zusammen 1.150 Tuman zahlend. 5) [Bahmei?] 2.000 Zelte, 3.000 Tuman in Kala Dischmuk, Kala Allah, Dalun. 6) Nui 300 Zelte, 550 Tuman [um?] Kala Pellik. 7) Dschurumi 950 Tuman in Tullegird mit Zelten und Dörfern, zusammen ca. 250 Familien. (2_08_017) [Orte]

Ich erhielt Besuch vom Sohn des frühern Gouverneurs hier, Mirsa Sultan Mahmud Chan, der damals keine Steuern zahlen wollte; durch den Gouverneur von Schiras wurde er aber eines andern belehrt und nach Schiras gebracht, wo er noch jetzt in Gefangenschaft ist; an seinen Statt kam Sultan Owais Mirsa, der jetzige Emirsade, dessen Vater jetzt Gouverneur von Kurdistan ist an Stelle des verstorbnen Wali.

Von hier vorkommenden Thieren wurden mir genannt: Löwen, ziemlich viel, pallenk, (yüs pallenk, klein gefleckt und kleiner Kopf, aber nicht hier;) ahu Gazellen in Lirian; pasan Steinbock, guhdsch mit [grauenden?] Hörnern. Wilde Schweine, Bären nicht, aber im Kuh Gelu.

*Montag, 22. Juni.* Bei Sonnenaufgang 24°, bei 73,9. Kein Thau fällt hier. Störche nisteten auf den 4eckigen Thürmen des Amarat. Mücken bemerkte ich hier gar nicht, aber eine kleine Sandfliege wurde namtlich Morgens sehr lästig.

*Dinstag und Mittwoch, 24. Juni.* Am Nach Mittag 2 Uhr bis gegen Abend heißer Wind, bis 42° bei 74,1. Heute mit einem [Tscharveder?] abgeschlossen für 7 Thiere à 1 ½ Kran und 5 Tage zum [Serhad?]. Münzen waren hier nicht zu finden. Der hier häufig cultivirte Tombaki, Nicot. rustica, jetzt in Blüthe stehend, ist nicht so gut als der von Schiras.

Rengalli, eine bläulich grünliche Farbe, wird hier bereitet, mit ihr gefärbte Stoffe werden viel ausgeführt. Eine rothe Farbe, guli genannt, ist der Carthamus tinct., mit dem viel gefärbt wird. Namtlich Getreide, ferner Käse, Butter, Tombaki und Datteln, letztere von den Orten Kalin, Kardistan u. v. a., bilden die Ausfuhr über Dilem, wohin fortwährend Carawanen gehen. 3 Carawansereis, 5 Muhallas mit je 1 Kätchude. Viele Moscheen und 5 Imamsade's, von letztern zeichnet sich das von Dschafer durch seine blaue Cupola aus, 10 Bäder. Juden und Christen nicht hier, lauter Schiiten. Circa 100 Bazarbutiquen. 20.000 Tuman jährliche Abgaben vom District Bebehan.

(2_08_018) *Donnerstag, 25. Juni.* [Orte] Bevor die Stadt Bebehan existirte, sollen an der Stelle nur schwarze Zelte gewesen sein, die in Lursprache Bobun genannt werden; als man dann Häuser baute und der Ort heranwuchs, sagte man Be Bobun, wodurch durch Contraction der Name Bebehan entstanden sein soll = besser als schwarzes Zelt. Die Stadt Bebehan, die sich der Länge nach im breiten, gut cultivirten Thale ausdehnt, besteht nur aus ca. 2.000 Erdhäusern, die mit einer zerfallnen Erdmauer umgeben sind. Um die Stadt herum die Gräber, die in dieser Gegend eine eigenthümliche Form haben. Das Grab wird mit einer [ca.?] ½′ hohen, 4eckigen Kalkschicht umgeben, in dessen Mitte sich dann eine Erhöhung in länglicher PyramidenSarcophagsform, ca. ½′ hoch, erhebt, alles weiß angestrichen, was ihm reinliches Ansehen gibt; meistens viele Gräber durch die Ummauerung vereinigt; die Erhöhung ist mit kleinen Steinen ausgefüllt; Inschriften wenige. Gräber von angesehnen Personen mit einer 4eckigen, ca. 4' hohen Mauer ringsum und oben verschlossen. – Jede Nacht durchzogen 3mal Patrouillen die Straßen trommelnd; beim 3ten Male muß sich alles zurückgezogen haben. Das Wasser zum Trinken ist nicht besonders, da meist Cisternenwasser getrunken wird, daher gibt es auch Guineawürmer. Um das Wasser vom ½ Stunden fernen Flusse zu holen, ist man zu bequem; es gibt zwar Wasserleitungen, die das Flußwasser in die 4eckigen Wasserbassins in die Höfe bringen, zu dem Zweck muß der Fluß aber erst gestaut werden. Heute brachte man zum ersten Male blaue Trauben zum Essen, die von Teng Tekan kamen. Morgen früh Abreise.

## XIV Bebehan–Kuh Daena–Malamir (26. Juni–2. September 1868)

(2_08_019) *Freitag, 26. Juni.* [Circa?] ½ Stunde vor Sonnenaufgang wurde aufgebrochen nach dem 1 Pharsach fernen Mansuriye, da ich von dort Aragun besuchen wollte. Vor der Stadt wird an einem Dattelgebüsch vorübergeritten und dann fortwährend durch Felder, auf denen stellenweise der Weizen noch stand. Zwischen Bebehan und Mansuriye 1 Pharsach lang der Narzissenplatz, narkis [...] genannt, der im Frühling dicht bedekt ist damit, mit 4 Varietäten, [zweifach?], gefüllt, größer oder kleiner. Alles war bedekt außerdem mit der holzigen Crucifere. [Pfl] Richtung auf einen Dattelgarten zu, Eigenthum des frühern Gouverneur, der dort auch Granaten angepflanzt hatte, die gut gediehen.

Gleich darauf wird das aus 100 Erdhäusern bestehende Mansuriye erreicht, wo der Kätchude mich in der Moschee unterbrachte. Dieselbe sehr einfach, mit Kybla; es bildete nur ein Gewölbe mit einigen Strohmatratzen. Nach dem ein wenig ausgeruht, brach ich nach dem ¾ Stunde Nordwest gelegnen Aragun auf. Die Stadt soll früher Aradschun geheißen und von Kobad ebn Firus ebn Sassan erbaut worden sein. (1_03_060) Kobad, der 17te der Sassaniden-Herrscher, wird in Tarich Djihan Ara als Gründer von Ardjan Gareh in Giluyeh genannt. Im Tarich Djihan Ara wird hingegen Kobad, der 17. der sassanidischen Herrscher genannt, welcher Ardjan Gureh in Giluyeh sein Werk als Reste seiner Thaten hinterlassen haben soll, welche Stadt er wahrscheinlich [aber?] erweitert und befestigt haben mag.

(2_08_019) Eine in Trümmern liegende Brücke, Pul Bekan genannt, führte von der Stadt aus über den Fluß, in dessen Nähe der Ort Tambur lag, dessen Einwohner-Gesindel die Stadt zum Falle sollen gebracht haben. Die 3-bogige Brücke von Ardeschir Babegan erbaut; noch jetzt heißt der Weg ra Bakan. Ein Schech Abul Hussein Schirasi hat sein Grab hier. Eine 2te Brücke war ca. 1.000 Schritt weiter abwärts. Die Leute wollten mich auf alle Weise verhindern durch Erzählungen von Iliats etc., ich begab mich aber allein hin, bald kamen der Kätchude und andere hinterdrein. Die Ruinen dehnen sich weit im Thale aus, wohl 2 ½ Stunden Umfang; der Schutt ist hoch aufgehäuft, namtlich bildet er eine Menge Schutthügel, doch ist gar nichts mehr erhalten, nur die Grundreste von Mauern und Häusern erblickt man noch, deren rohe, kleine Steine mit Kalkmörtel zusammengefügt sind. Zahlreiche Kerises durchzogen die Stadt, von denen einer noch das Wasser vom Flusse durchleitet; sie sind gemauert wie die in Schahpur. Ein Grabenähnlicher Einschnitt zeigt noch eine Bazarreihe an, sonst ist nichts mehr zu erkennen. Die Stellen zwischen den Mauern wurden zur Cultur benutzt, namtlich gediehen jetzt vorzügliche Melonen und Gurken.

Zum Bergzuge hat man noch ca. ½ Stunde, die Stadt liegt links am Eingang des Teng Tekan.

Nachmittag brach ich nach dem 1 Pharsach fernen Teng Tekan auf. Die hohen, grauen Filzmützen sind hier allgemein; das Volk ist weniger fanatisch und scheut sich nicht so vor unsrer Berührung. Nachmittag wurde wieder aufgebrochen in Nordwest-Richtung von Mansuriye auf allmählig aufsteigender Ebene, bis nach 1 Stunde man in die erste niedrige Bergreihe, aus Gyps und Kalk bestehend, kommt, die [auf?] einem steilen, kurzen Abstieg zu einem kleinen Thalkessel führt an den Fluß, (2_08_020) der brausend aus dem Teng Tekan hervorbricht. An seinem Ufer wurde hier die Nacht das Lager aufgeschlagen neben einer Weinpflanzung. Eine alte Ruine, ein ehemaliger [Rahdar?], mit Bogen, in sassanidischem Styl erbaut, beherrschte den Eingang zum Engpaß. Der mit Scirpus lacustris an den Ufern bestandne Fluß hier ca. 150 Schritt breit, mit blauem Wasser, steilen Ufern von Flußgeröll, während steile Felsenwände darüber empor ragen. Sein Wasser ist süß. Blühender, süß duftender Oleander und einzeln Tamarix, weiter hinauf auch Bäume von Populus Euphratica bestanden seine Ufer. Am Flußufer zeigte früh das Aneroid 73,6 bei 29 °C.

*Sonnabend, 27. Juni.* Noch vor Sonnenaufgang wurde aufgebrochen, allein mit den großen Kisten kam ich nur sehr langsam vorwärts. Steil führt gleich der Weg aufwärts, bis man dann ca. 200′ über dem Fluß entlang reitet in das Thal hinein, auf beiden Seiten des Flusses von senkrechten Kalkfelsen überragt. Bei Bebehan heißt der Fluß rudchane Kurdistan, im Oberlaufe nennen ihn die Luren ru Marun. Rechts erscheint hoch oben unter der Felswand auf einer hervorspringenden Terrasse das Dorf Teng Tekan mit Weinbergen und Dattelbäumen, die letztern hier auf diesem Felsenterrain einen merkwürdigen Eindruck machen. Gegenüber auf dem rechten Ufer erscheint über dem Flusse das kleine Dorf Peschker, ebenfalls von Datteln umgeben. Oben auf dem sich bald mehr oder weniger senkenden Platau über dem Flusse angekommen, bemerkt man mehrere alte Festungsreste, so gleich beim Eingange eine Art Thor, durch welches der Paß abgeschlossen wurde, außerdem noch mehrere rohe Reste, alle aus der Zeit der Kajanier stammend, die diesen Weg nach Ispahan bauten.

Zum Fluß zurückblickend, sah ich unten am linken Flußufer ganz am Wasser 2 Stellen der blosgelegten Kanats in den Felsen. Alte Wasserleitungen, sehr tief hinab reichend, gemauert, ganz im Styl von Schahpur bei Kaserun, ziehen sich hier entlang, die das Wasser nach Mansuriye leiten. Vegetation: Centaur. Squarrosa, [Pfl], Ficus longepeduncul. fol. [lacin.?], deren kleine Früchte süß sind und viel von den Einwohnern gesammelt und in runde Kuchen gepreßt, verkauft werden. [Pfl] Oberhalb des Dorfes entquillt den Felsen [Mamiaee?]. Auch eine ca. 200′ lange Höhle mit petrificirenden, herabtropfenden Wasser findet sich dort, mit Stalactiten im Innern, genannt schekaft Kuh Chawis. [Orte] (2_08_021) [Orte]

Absteigend gelangt man zu einer Stelle mit überragenden Felsen, wo Wasser aus denselben tropft in einen darunter befindlichen Trog; ein Gebets-tacht ist daneben und eine neue persische Inschrift in Felsen gehauen. Die Inschrift sagt aus, daß der Weg durch Nadschef Kuli Mirsa verbessert worden sei, Wali von Bebehan, vor 40 Jahren. Seit jener Zeit wurde der Weg erst durch Uais Mirsa wieder ausgebessert, damit er bequem zum Serhad ziehen kann. Ein sehr hübscher Platz, der dem Engpaß seinen Namen gegeben hat, denn der Name kommt von Tok = tropfen und ab = Wasser, weil das Wasser aus den Felsen in einen Trog tropft. Tok in Lursprache. Ricinus Palm. Christi wucherten an den feuchten Abhängen, [Pfl]. Darüber ragen hohe, senkrechte Felsen empor, an denen Rauchschwalben ihre unzähligen Nester aufgebaut hatten; auch Thurmschwalben. Junges Dattelgesträuch kam aus den Felsen heraus. Wieder führt ein steiler, gepflasterter Aufstieg hoch längs dem Flusse, der Weg durch Felsen oft so eng, daß die Kisten nicht durch konnten. [Orte]

Zwischen den Felsen hatten wir eine junge Gazelle gefangen, doch als wir hier ankamen, reclamirte man dieselbe, was zu lebhaftem Streite führte; um es zu beendigen, ließ ich sie zurückgeben, dafür führte aber der Tscherveder 2 junge Ziegen dieser Leute weg und schlachtete gleich eine ab, aus der wir uns für heute das Nachtmahl bereiteten. Hier verlassen wir nun den Fluß, in dem wir rechts abbiegen, bei einer alten Carawanserei aus Stein vorüber, um den steilen, festungsartigen Berg herum, zu dem ein sehr schlechter, steiler Weg aufwärts führte; die Lasten mußten abgenommen und getragen werden. Nach vieler Mühe kamen wir endlich zu einem überhängenden Felsen, wo unten im Thale ein kleines Gurkenfeld war und eine Quelle. Hier rasteten wir, Des genannt. [Orte] Unser Haltplatz bestand aus verhärtetem Mergel voller Muscheln, namtlich Pecten. Das Aneroid zeigt hier 71,7 bei 41 °C im Schatten. [Pfl] (2_08_022) [Pfl]

*Sonntag, 28. Juni.* Nach einigen hundert Fuß führt der Weg aufwärts zu dem Übergang, was aber wenigstens 1 ½ Stunden Zeit nahm, da die Lasten jeden Augenblick fielen. Auf seinem breiten Gipfel finden sich noch 4 alte Wasserbassins in Felsen gehauen; Räuber oder Verfolgte hielten sich hier früher auf. [Orte] Auf beiden Seiten des Überganges waren Wächterstationen. [Orte] Hier geht es nun wieder abwärts, bis dann der Weg am Fluße Chaschab rechts ab aufwärts geht. Sein Wasser war brakisch, sein Ufer weiß von Efflorescenzen der Gypsregion, die überall hervortritt. Oleander, charsale genannt, stand in schönster Blüthe, bald dunkel, bald blaßroth, süß duftend, aber giftig.

Nach dem einige Stunden geritten, da wir langsam vorwärts kamen, gelangten wir zu einem Platz, wo auf seinem rechten Ufer ein kleiner Quellbach süßen Wassers vom Abhange herabkam, dicht mit hohen Phragmites bestanden. Hier rasteten wir, um die Hitz zu vermeiden. Aneroïd 72,4 bei 40° im kühlen Schatten am Wasser. Weiter [abwärts?] waren die Ufer dicht mit Populus Euphrat. bestanden, [Pfl] etc. Ein angezündetes Feuer griff mit solcher Schnelligkeit um sich, daß im Nu der ganze Bergabhang in Feuer stand, namtlich die Phragmites und Sacchar. Rav.stöcke knackerten wie Pistolenfeuer. Gleich darauf erschienen die Eingebornen, das Feuer zu bekämpfen; sie gehörten zu dem Taife Gibe dschermi, deren Dorf aufwärts südlich liegt ca. 1 Stunde. Junges Dattelgestrüpp längs dem Flusse am Felsen, die zum Schutz gegen Räuber hierher gesetzt wurden. Gegen 4 Uhr wurde aufgebrochen und längs dem Salzbache entlang gezogen, der von links her einen Nebenbach aufnimmt, an dem es nun entlang ging. [Pfl] Sein Bett war dicht mit Phragmites erfüllt, das an manchen Stellen die ungewöhnliche Höhe von 20′ erreichte. Nach ca. 1 ½ Stunden kam ich an einem kleinen, zerfallnen Carawanserei vorüber, wo viel Achillea lutea. Gleich darauf kommt man zum Fuß des steilen Kotels, genannt gedsch derbase = Gypsthür, der seinen Namen von seinem Gyps erhalten hat. Ungemein steil führt hier der Weg aufwärts, doch zog ich [voran?], (2_08_023) da der Muckar zurückgeblieben war.

Mit Sonnenuntergang erreichte ich den Übergang, wo der Weg erweitert worden ist durch den Emirsade. Vor uns breitet sich nun eine lange Ebene aus, die sich nur wenig senkt, bis sie nach 1 Stunde durch einen niedrigern Hügelzug begrenzt wird, an dem links das Dorf Buba liegt (Buak der Karte) mit einem Bach süßen Wassers gleichen Namens, die Ebene voller Konarbüsche, doch cultivirt, die Nacht erreichte uns hier, doch setzte ich den Weg fort; nachdem der Zug überstiegen, ging's wieder auf einer sich allmählig bis wenig senkenden Ebene weiter, wobei mehrere trockne Strombetten voller Vitex durchritten wurden, wo wieder ein mit Phragmites bestandner Bach durchritten wurde, Tschahrme genannt. [Orte] Wieder führt der Weg über einen Hügelzug, auf dessen Höhe sich ein altes Gebäude zeigte, ein Chidr ebn Musa Kasim, nebst vielen andern kleinern Gewölbhallen daneben. Mit einem male breitet sich nun am Fuße des Hügelzuges Dehidescht aus, deren Ruinen vom Monde beleuchtet gespenstisch hervortreten. Durch gewölbte Straßen wurde das Haus des Kätchude erreicht, wo ich auf der Terrasse mein Lager aufschlug. Ein Eiergericht stillte meinen nicht geringen Hunger, und bald wiegte mich süßer Schlummer ein.

*Montag, 29. Juni.* Der Ort Dehidescht (= Dorfe der Ebene, im Gegensatz zu den rings umgebenden Gebirgen) war früher eine Stadt mit ca. 5.000 Häusern mit 6 Vierteln, davon eins für die Juden. Man sagt, daß die Stadt durch einen Yahudi ebn pisser Jacub gegründet worden sein soll und daß sie dann später eine Stadt der Sassaniden wurde, nach denen noch heute der District den Namen belad e Schapur führt. Unter Kerim Chan wurde sie vor ca. 100 Jahren zerstört, theilweise, bis sie dann vor ca. 60 Jahren durch Pest? [und?] durch Einfälle der umwohnenden Luren unter Kasim Chan dscherumi, Nahmed dschafer Chan Powir Achmedi, Ka Abdul Risa, Ali Mehmed Chan dscherumi, Kerim Chan und Abdullah Chan vollends zerstört wurde. Der Gouverneur war damals in Dehedescht ein gewisser Mirsa Mansur Chan. Die Einwohner verließen sämtlich den Ort und zogen sich nach Ispahan und Schiras zurück. Es gehörten ehemals zum Districte 363 Dörfer, die jetzt fast alle in Ruinen liegen. Die Stadt war mit Festungsmauer umgeben, mit 25 festen Thürmen und 4 Thoren; 2 große Carawansereis; 3 Bazare, 9 Moscheen, 10 Bäder und 1 Medresse. Erst seit 7 Jahren hat der Gouverneur von Bebehan angefangen, den Ort wieder in's Leben zu rufen, in dem er meinen Wirth Mir Abdul Hassan als Kätchuda dort einsetzte (2_08_024) und mit ihm Leute von Bebehan hinsandte zur Niederlassung, die sich jetzt, 60 Familien, mit Agricultur beschäftigen. Opium gedeiht gut, wird aber nur zum Selbstgebrauch cultivirt. Die Abgaben bestehen nicht in Geld, sondern in Naturalien, und zwar jährlich 100 Charwar (1 Charwar = 3 Pferdelasten) Getreide und Stroh.

Die Häuser der Stadt meistens noch ganz erhalten, so daß man das Leben der einstigen Bewohner deutlich sehen kann. Alle aus rohen Steinen erbaut, die durch einen sehr dauerhaften Gypsmörtel verbunden sind, der selbst wie Stein erhärtet. Alle Wände und die Fußböden der Häuser mit dicker Gypsschicht überkleidet; in denen der Großen sieht man oft blumenartige Gewinde und Verzierungen in die Gypsschicht eingedrückt, aber nirgends Inschriften; nur einige Imamsade's und Moscheen, die erstern sich durch ihre weißen Cupules auszeichnen, sieht man eigene Inschriftssteine, aber neupersisch. Da kein Bach oder Fluß die Stadt durchzog, so hat fast jedes Haus seinen eignen gemauerten Brunnen (= tschah), deren Wasser aber mit der Zeit brakisch geworden ist; nur noch 2 hatten süßes Wasser. Durch Kanats wurde Wasser in die 4eckigen, aus Stein gehaunen Wasserbassins geleitet wie in den Moscheen und Häusern der Großen. Die Straßen ziemlich eng, meist mit Bogen überwölbt, so daß man wie in einem Gewölbe wandelt; die Häuser hoch, mit niedrigen Eingang; über dem Erdgeschoß das Balachane, unter ersterm der Serdab. Die beiden erstern in Communication mit doppelt ringsum laufenden Zimmern, die alle in den Wänden eine Menge kleiner Nischen zeigen. Jedes Haus hat seine gewölbte Vorhalle auf dem Balachane, um dort frische Luft zu genießen. Auch ich hatte mein Lager in denselben aufgeschlagen, von dessen platten Dache aus sich der Blick über die ganze Stadt ausdehnte. Mit der Zeit haben sich die Straßen und Höfe mit Schutt gefüllt, ebenso viele der untern Räume, aber alles gewölbt. Nur hin und wieder erblickt man einige Feigen oder Granatensträucher zwischen den Ruinen. [Pfl]

Lange wandelte ich in den öden Straßen mit dem Kätchuda umher, deren Öde und unheimliche Stille nur durch Hervorbrechen von Käutzen oder Tauben, im Innern Fledermäuse, unterbrochen wird. Schlangen, Scorpione, große Spinnen, Phalanx, sind in Menge da; Solpugo; ein Mann war von einer Schlange vor 4 Monaten in die Hand gebissen, deren Finger von Eiter ganz zerfressen waren. Löwen sollen früher viel hier gehaust haben, sind aber seitdem der Ort wieder von Menschen etwas belebt wird, weiter gezogen.

(2_08_025) Die umwohnenden Lur sprechen alle ein schlechtes persisch und haben keine eigne Sprache; von Religion wissen sie nichts, sie sagen zwar, daß sie Schiiten sind, ist aber nur äußerlich. Man nannte mir hier 6 Taife derselben: 1) Taibi 2.000 Zelte, 1.500 Tuman Abgaben, 2) Duschmensiari 500 Zelte, 500 Tuman, 3) Nui 100 Zelte, 500 Tuman, 4) Pairama, von Puir Achmed, 2.000 Zelte und 2.000 Tuman, 5) Dscheruhm 300 Zelte, 1.000 Tuman, 6) Bahmei oder Bobi 4.000 Zelte, 3.000 Tuman. Chizil = Chizr, Name des Elias bei Kurden.

Auf der Südseite der Stadt zieht sich der schon genannte Hügelzug hin, auf dem man 2 Imamsades erblickt; das erstere, was am Wege liegt und von einem alten Konarbaume überschattet wird, enthält das Grab des Sohnes von Imam Musa Kasim, das andre, westlich benachbarte heißt Chidr Elias, und zwar der die Wache über das Land hat, = Prophet Elias Chidr = Kazar El = immer lebender. [Bau] Unterhalb dieses Chidr erblikt man ein kleiners, 8eckiges Grabcapelle, in der 2 lange Grabsteine lagen mit vermischten persischen Schriften; das Volk hält dieses für das Grab von Schahpur, was natürlich ein Unsinn ist. Weiter abwärts gelangt man zu jetzt isolirt stehenden Begräbnißcapellen; die eine enthielt 2 Begräbnißplätze, jeder ca. 4′ hoch gemauert und 8′ lang; der eine war offen, der andre durch eine darüber gelegte Mauerschicht verschlossen. 1/4 Stunde westlich von der Stadt erblickt man einen isolirten Theil der Stadt, ebenso in Ruinen.

Nachmittag wehte hier heißer Wind, 42° bei 69,6 Aneroid. Von Gärten um die Stadt ist nichts mehr vorhanden, wohl erblickt man aber große, runde, im Innern gemauerte Wasserbehälter, die zum Bewässern derselben gedient hatten; jetzt zum Theil ohne Wasser lagen. Da ich in der Nacht weiter ziehen wollte, schlug ich mein Lager nachts unter den Palmen auf; konnte aber nicht schlafen, da eine Menge Ungeziefer den Boden belebte; ich fing neben meinem Bette 3 Scorpione. Ein uns von Bebehan aus begleitender Derwisch erzählte mir seine Lebensgeschichte; er hatte eine Frau und liebte sie sehr, war aber impotent, und er verließ dieselbe; er konnte sie aber nicht vergessen, (2_08_026) die Liebe zu ihr verzehrte ihn, und so wurde er Derwisch. Seine Cocostrinkschaale an Kette, spitze Kappe und ein langes Gewand war alles, was er besaß nebst einem Kallian. – Vom Dache meiner Wohnung in Dehidescht aus lagen: Teng Tokab 85, von wo aus sich der Kuh Chawis gen Südost zieht, durch seinen Feigenreichthum berühmt. In 335 bis 315 erblickt man eine Gebirgsmasse, durch welche ein Durchgang führt, Teng Arend genannt; ersterer heißt Kuh Dil und enthält Quellen des Seytunflusses. Der 2te ist der Aufenthalt der Bawui-Luren. In 290 erblickt man die Gebirgsmassen der Dschurum-Luren, welches sich an die Gebirge von Teng Bir Resa östlich anschließt. In 265–215 erscheint, hinter den andern Gebirgen hervorragend, der Schneerücken des Kuh Nur oder auch Daesi genannt, dem sich die Gebirge zu beiden Seiten des Teng Bir Resa vorlagern, und zwar rechts wohnen die Puir Achmed, links die Nui. [Orte]

Trotz des beschwerlichen Aufstieges des gedsche derbase kam der Maulthiertreiber doch gegen Morgen an, da er wohl gesehen hatte, daß ich seine Gedanken, einige Tage mehr zu nehmen, durchschaut hatte. So beschloß ich dann auf die Nacht meine Abreise und verbrachte den Abend bis Mitternacht unter der Palmengruppe.

*Dinstag, 30. Juni.* Bei Mondschein wurde aufgebrochen und nach ca. 1 Stunde das aus gleicher Periode wie Dehidescht stammende Ruinendorf Desgird erreicht, mit einem Imamsade am Wege mit Kuppel; nach ca. ½ Stunde kommt man zu einer Anpflanzung von Weinstöcken, Bindalek genannt, wo einige Gruppen italienischer Pappeln und Birnbäume mich an die Heimath erinnerten. Es hatten sich uns mehrere Angestellte des Emirsade angeschlossen, die hier bis zum Morgen auszuruhen beschlossen. Mit Tagesgrauen fielen sie wie Heuschrecken über die ganz grünen, unreifen Trauben her, ihre Tücher füllend trotz des Schreiens des zu spät erwachten Wächters. Die Gegend ist nur hüglich, hingegen weit ab rechts erscheinen die Gebirge der Dscherumi. Ein Abstieg führt bald darauf zu dem Garten von Dimbi, ebenfalls alter Ort in Trümmern, der sich zwischen Weinbergen, Granaten und Feigen erhebt. Links einige Minuten am Wege erblickt man den Thurm des Kala Pellik. Hier tritt (2_08_027) man nun ein in den Teng Bir Resa, anfangs längs dem Zabflusse aufwärts im ¼ Stunde breiten Thale; aber bald tritt man in den engen Gebirgsspalt ein voll schauerlicher, senkrechter Felsenabstürze, zwischen denen der Cheirabadstrom brausend hindurcheilt. [Orte]

Nach ca. 2 Stunden langsamen Reitens oder Gehens wird endlich die Schlucht weiter, die beengenden, senkrechten Felswände hören plötzlich auf, und man tritt in eine kleine Ebene ein, von den zur Seite ziehenden Bergen umgeben. Hier am Ufer des Flusses wurde im Schatten von Querc. Vallonia Bäumen bis Nachmittag gerastet. Ein warmer Wind wehte heute, so daß das Thermometer 42 °C zeigte, Aneroïd 68,6. Das Thal und die Abhänge sind mit Wallonen und Pistazien (bennä), davon eine Varietät mit breiten, die andre mit schmalen Blättern, gut bestanden, doch zu licht, um Wälder genannt zu werden. Die Blätter der letztern hingen voller Sakkistropfen, ebenso aus dem Stamme quoll an vielen Stellen das Harz heraus, das hier von den Luren nicht gesammelt wird. [Pfl] Nui Luren wohnen hier links, rechts die Dschurum, doch nirgends erblickte man ein Zelt, da sie alle hoch oben waren; der Berg zu beiden Seiten des Teng wird Siyah Kuh genannt. Links ab, hinter erstern, ragt der langgestrekte, sanfte Rücken des Kuh Nur mit seinem Schnee hervor. Große, graue Heuschrecken, [melläck?] genannt, besetzten in größter Menge alle Sträucher, namtlich Vitex, doch ohne Schaden anzurichten; auch die kleinen, rothgeflügelten Heuschrecken waren häufig. [Orte]

(2_08_028) Wieder aufgebrochen, wurde in Südost Richtung im Thale voller Wallonen aufwärts geritten längs dem Flusse, voller Geröllblöcke und Flussgeschiebe, die das Thal hoch angefüllt hatten; bald kommt man zu einem verfallnen Imamsade, vom Friedhof umgeben, der verschiedene Arten der Grabsteine zeigte. [Bau] Es ist dies der Friedhof des ehemalig bedeutenden Ortes Safariab. Man nannte den Platz Kurukur. Gleich darauf wird der Fluß durchritten, so daß man auf seinem rechten Ufer aufwärts zieht, und man kommt nach ca. 1 Stunde nach Serfariab, in einer Erweiterung des Thales gelegen. Der aus ca. 20 Häusern bestehende Ort war ganz leer, Niemand zu finden. Die Häuser oder vielmehr Hütten mit Wänden aus roh aufgeschichteten Steinen bestehend, mit Zweigdach und niedrigen Eingang. Ringsumher erblickt man Reste des alten Ortes so wie die Stelle eines Kala. Wasser ist überall umher vertheilt zur Bewässerung von Reis und Kichererbsen.

Hier wurde die Nacht auf [freiem?] Felde zugebracht, ohne Brod, nur geröstete Weizenkörner waren unsere Mahlzeit. Eine Fliege stach mich auf die Hand, die sich in Reis aufhalten, was zu einer großen Blase voll Wasser anschwoll, was wohl [11?] Tage zur Heilung bedurfte. [Pfl] Aneroid 66,5 bei 20° früh. Der Ort Safaria liegt dicht unterhalb des Kuh Nur, zu beiden Seiten nur eine niedrige Vorkette. Kalte Nacht. Leuchten der Feuer auf den Bergen.

*Mittwoch, 1. Juli.* Der Weg führt im Thale links aufwärts längs dem Bache, der bei Safaria einen andern Bach aufnimmt, beide durch einen eingeschobnen Berg, die Vorberge des Nordwest Endes vom Eschker, mit steilen Abhängen getrennt. Eine üppige Vegetation entwickelte sich in diesem Thale: Myrtusgebüsche in Blüthe, Granatensträucher, [Pfl]. Der Weg steigt immer höher auf zum Teng Nali. [Pfl] (2_08_029) [Pfl] Auf dem plateauartigen Rücken angekommen, alles in bester Entwicklung. [Pfl] An einem kleinen Bache ruhte ich einige Stunden, um die Pflanzen einzulegen. Aneroïd leider verdorben. Gen West ganz nahe die Schneefelder des Kuh Nur. Leider war der Emirsade vor einigen Tagen von hier weggegangen, so daß die Richtung geändert wurde. Da wir nichts zu essen bei uns hatten, brachen wir bald wieder auf und ritten den Berg an seiner Nordseite abwärts, wo reichlich Vegetation. [Pfl]

Den Berg nördlich abwärts geritten, bogen wir wieder rechts ab im Thale aufwärts, Ronkek = rascher Abfall genannt, und erreichten dann wieder abwärts reitend zwischen 2 hohen Gebirgen, von denen das rechts der Kuh Eschker, das links der Kuh Sawers ist, wieder wenig abwärts reitend das Zeltlager einer Abtheilung der Powir Achmed, gewöhnlich Pairami genannt, deren Lager unter der Spitze des Kuh Eschker war, wo in der Nähe aus einer Schlucht ein Bach herabkommt, der das ganze Thal nach Südost durchfließt. Die Nacht war sehr kalt, am Abend nur 14 °C. Die Männer trugen alle die hohen, grauen Filzmützen, mit Abbasumhang. Die Frauen kleine Nasenringe, und ganze Schnüren von Agstücken und Amuletten wurden umgehangen. (2_08_030) Sie trugen blauen Rock mit blauem Überwurf über die ganze Gestalt. Einige derselben waren sehr schön mit regelmäßigen Zügen, etwas gebogner Nase, von kräftiger Figur, funkelnde Augen. Die meisten jedoch waren von kleiner Gestalt ebenso wie auch die Männer, schmächtig, aber kräftig. Um ein großes Feuer herum wurde Nachts gelagert, und überall leuchteten an den Bergabhängen dieselben durch die Nacht.

*Donnerstag, 2. Juli.* Um unser Lager herum stand alles voller Ammoniakpflanzen? in Frucht, hier bidschell genannt, Smyrniopsis Aucheri Boiss. [Pfl] Am Morgen brach auch das Lager auf, dessen Zug mich an die Wüste erinnerte. Die Kinder mit den Kesseln auf dem Kopfe, Schüsseln, Hunde etc. Nach circa 1 ½ Stunde gelangt man zu einem ehemaligen Orte Daesi in gewöhnlicher Aussprache, richtig aber Daesuktsch genannt. Im sich wenig erweiternden Thale, vom kalten, klaren Flusse durchrauscht, gewahrt man eine Gruppe von Juglansbäumen und mehrere Mühlen. Die Weizenfelder standen hier noch grün in Ähren, während Saatfelder von Hirsen, ersenn genannt. Linum perenne wird nun häufig.

Im gleichen Thale fortgeritten, gelangt man nach circa 1 Stunde zu unserm Quartier; man gewahrt links am Bergabhange ein Imamsade und dahinter die Reste des ehemaligen festen Dorfes Gulbar, über dem der Emir Sade Oais Mirsa sein Zeltlager aufgeschlagen hatte. Hier fand ich schon alles bereit für mich, ein geräumiges, weißes Zelt, daneben eine große, 4eckige Laubhütte zum Aufenthalt für den warmen Tag. Wasserbassins waren vor allen Zelten gegraben, von hergeleiteten, kleinen Wasserbächen erfüllt; ringsum an den Abhängen reiche Vegetation, während sehr vernachlässigte Weinberge mit alten Juglansbäumen dazwischen in Menge vorhanden waren. Am ganzen Bergabhange waren die Zelte zerstreut, dazwischen die weidenden Pferde und Maulthiere. Der ganze Hof des Emir sade war hier, so der Hakim baschi, der aber nichts verstand, Mullahs, Schah sade's und andere sowie sein ganzer Haram, der ringsum von Leinwand umzogen war. Gegen Abend machte ich ihm meinen Besuch. (2_08_031) Er ist seit 5 Jahren in Bebehan und ist Sohn von [...] in Teheran, ebenso seine Frau von Teheran, Tochter von Hussein Sultan. Er ist von großer Gestalt, mit wundervollen Gesicht, circa 35 Jahre alt. Er trug stets einen kurzen, mit Goldschnüren dicht besetzten Rock, schwarze Pelzmütze.

*Freitag, 3. Juli.* Der Schahsade Haidr Mirsa, Verwandter von Emad el daule, gab mir über vielerlei Auskunft über hiesige Gegend, da er viel gereist war. Die Mamesenni gab er mir an in 4 Taife: 1) die Rustami 1.000 Zelte in Dehdi, Dascht,

Sarabsia, Rustam und Faliun, in letzterm Orte beständig niedergelassen, die andern nomadisirend. 2) Dschawi 500 Zelte in Dschuwun und Tengi Chas. 3) Bekesch 1.000 Zelte um Nurabad (= Naubindschan), 4) die Duschmensiari 600 Zelte, zusammen zahlen sie jährlich 7.000 Tuman, was aber durch die Gouverneure bis auf 16.000 Tuman gesteigert wird. Zusammen circa 7.000 Zelte des Kuh Gelu.

Mungascht gehört den Bamei und steht unter Bebehan; da aber der Emirsade den dortigen Gouverneur absetzen wollte und noch kein andrer hingesandt war, so rieth er mir, nicht hinzugehen, da es deshalb dort zu unsicher sei. Der Emirsade von Bebehan gibt jährlich 22.000 Tuman nach Teheran. Soldaten liefert die Provinz nicht, kann aber im Fall der Noth ca. 10.000 Mann mit Flinten versehne Atli, Reiter, stellen. – Der Tribus der Scheban Karre-Luren wohnt um Darab, Fassa und Schehrum in Fars; außerdem existirt noch ein Dorf gleichen Namens bei Buschir. Die Provinz Bebehan wird in 11 Districte getheilt, jeder mit einem kleinen Gouverneur, und zwar 1) Bebehan, die umliegenden dazu gehörenden Orte und Berge werde Huma genannt, ein Ort gleichen Namens existirt nicht. 2) Lirawi 3.500 Tuman, (2_08_032) dazu Bender Dilem, 3) Seytun 3.000 Tuman. 4) Belad [e?] Schahpur, dazu Dehidescht, 5) der District der Bamei, 6) der Tayebi, 7) der Powir Achmed, 8) der Dschurum, 9) der Nui, 10) Duschmensiari, 11) und der Babui.

*Sonnabend, 4. Juli.* [Orte] Die nahen Abhänge lieferten mir für einige Tage Arbeit vollauf, um alle Pflanzen zu trocknen. An nassen Stellen überall Juncus glaucus, [Pfl], längs den Bächen in Menge ein Epipactis, ein Orchis mit 5 theiliger Wurzel, die mit einer Orchis der trocknen Abhänge mit knolliger Wurzel die beiden Salep-Arten liefert, die von diesen Gebirgen in größter Menge gesammelt werden. Die Wurzeln werden nur in Milch aufgekocht und getrocknet. In größter Menge steht an den [Wasserbächen?] ein Epipactis. [Pfl] An den Abhängen, deren Thaleinsenkungen meistens von niedrigen Weinstöcken eingenommen sind, die aber ohne die geringste Pflege wie wild dastehen, erblickt man Daucus persicus mit großen, weißen Dolden. [Pfl] (2_08_033) [Pfl]

Vormittag gegen 10 Uhr kommen gewöhnlich mehrere heftige Windstöße von Südost, bis Mittag; dann ruhig bis Nachmittag 4 Uhr, wo wieder Windstöße eintreten bis gegen Abend; die Nächte stets ruhig. [Txt] – Graue Schlangen wurden mehrere hier gefangen, ebenso sah ich öfters grünliche Scorpione beim Ausgraben von Wurzeln. Die Luren haben die Gewohnheit, wie auch die Perser um Bebehan, für die Todten oft viel Ausgaben zu machen; stirbt z. B. einer an einem fremden Platze und wird dort begraben, so wird ihm danach auch in der Heimath ein Grab mit Stein errichtet; an ihm macht man dann ebenso die Wehklagen, als wenn der Todte wirklich hier läge.

*Sonntag, 5. Juli.* Der Emirsade ließ mich am Morgen in seinen ringsum von einer Zeltwand umgebnen Harem rufen, der einen weiten Platz einnahm mit Gurkenbeeten, Wasserreservoirs, Zelte und Laubhütten. Seine Frau hatte nach einer Geschlechtskrankheit keine Kinder mehr bekommen, jetzt sollten nun Medizinen ihr wieder solche verschaffen. Sie war dicht von oben bis unten in ein dünnes Tuch verhüllt, so daß nichts zu erkennen war. Ich schlug ihr Eisenamin zur Kräftigung vor, davon wollte sie aber nichts wissen, da sie nach der Pilgerfahrt nach Kerbela sehr religiös geworden war; früher in Teheran hatte sie derselben sehr häufig zugesprochen. Der Emirsade sandte mir dann 3 Schirasweinflaschen, die ich präparirte, sie erkannte es aber dennoch als Wein und wollte sich durchaus nicht zum Trinken bewegen. Da drohte ihr der Emirsade, eine andre Frau zu heirathen, denn er wolle nicht kinderlos bleiben. Das wirkte, und sogleich frug sie mich, ob sie nicht mehr als die vorgeschriebne Quantität trinken dürfe, denn wenn sie einmal das Gebot überschreite, sei es ja ganz gleich. Als ich ihm erzählte, daß in Steiermark die Leute Arsenik essen und blühend und kräftig wären, äußerte sie sogleich lebhaft den Wunsch, ich möge ihr eine solche Medicin zurecht machen, daß sie stark würde. Als ich sie dann frug, ihr Gesicht sehen zu lassen, lehnte sie es trotz der Bitten des Ehemannes hartnäckig ab; ich machte unterdeß (2_08_034) ruhig mit dem Emirsade an der Karte der Umgegend weiter und ließ es ganz fallen, sie sehen zu wollen. Da frug sie, ob sie die Augen zumachen dürfe, dann wolle sie es thun. Ich willigte ein, es kostete aber dennoch Mühe, sie dazu zu bewegen, dann mit einer hastigen Bewegung öffnete sie das Tuch, die Augen fest zugedrückt und als ich sagte, es ist genug, rannte sie wie besessen davon. Sie war übrigens durchaus nicht hübsch, mager und gelb, daher das Sträuben.

Am Emirsade fand ich einen der gebildesten und über religiöse Dinge frei denkenden Perser, gepaart mit außerordentlicher Herzensgüte. Er zeigte mir seine Photographien, die er früher in Teheran verfertigt hatte, und beschenkte mich mit einigen derselben. Auch hatte er eine Zeichnung der Figuren im Teng Serwek, von denen ich Copie nahm. Über seine Provinz war er sehr gut unterrichtet, so daß ich nach seinen Angaben eine Karte danach entwerfen konnte, bei der er mir mit Eifer mich unterstützte. Andre Gouverneure Persiens wußten oft kaum über die gewöhnlichsten Dinge ihrer Provinz Auskunft zu geben.

Als ich ihm meine Photographien zeigte und unter andren auch die von Melcum Chan erblickte, die er lange betrachtete, fragte ich ihn, ob er mit ihm näher bekannt gewesen sei. Er erwiederte, daß er sein [bester?] Freund sei und in Teheran viel mit ihm zusammengekommen sei. Da ich daraus schloß, daß er Freimaurer war, gab ich ihm ein Zeichen, und sogleich hielt er mir vor allen Leuten seine Hand hin und rief: vous étes mon frère, tous ce que vous desirez est à votre disposition. Vom wahren Zwek der Maurerei war er aber nicht unterrichtet, alles was er davon kannte, war, daß gewisse Zeichen existiren und daß man sich Bruder nennt. Ich kann ihm aber das Zeugnis geben, daß er auch ohne [Schutz?] ein Freimaurer im wahren Sinne des Wortes war. Als ihn der König einst frug, ob er Maurer sei, bejahte er es, und als er weiter frug, wieviel mal er dort gewesen sei, sagte er: einmal; wenn der König aber wünsche, daß er nicht wieder hingehen solle, so würde ihm dies ein Befehl sein, dem er gehorchen werde. Auf diese Art kam er nicht in Ungnade. An der Schließung der Loge, der Faramusch chane, soll allein Yechia Chan Schuld sein, der dem König zuflüsterte, es sei eine Verschwörung von Babis, dieser vom König so gefürchteten Secte.

Als in einem öffendlichen Salam einst gegen Abend der Hakim baschi eintrat mit dem Gruße salam aleikum und ich ihm erwiederte, aleikum salam rachmet allah el baraket, brach er in ein helles (2_08_035) Gelächter aus und rief: comment, mon cher ami, vous étes muselman? Ich erwiederte ihm aber, daß dies nicht der Fall sei, man habe mir den muselmänischen Gruß geboten und so habe ich denselben wieder zurück gegeben. Es entsponn sich nun ein langes religiöses Gespräch über Gott und seine angeblichen Heiligen. Über Gott stimten sie alle wohlgefällig bei, als aber die Reihe an die Heiligen kam, änderte es sich, denn ich leugnete alle Wunder der Heiligen aller Religionen. Sogleich frugen sie mich, ob ich nicht glaube, daß Mohamed und Ali Wunder verrichtet hätten, erklärte ich ihnen, daß es durchaus nicht wahr sei, denn wenn solche Dinge je in der Welt passirt wären, stünde unsre Erde nicht mehr. Da verzogen sich die Gesichter, denn sie konnten mir keine Beweise vom Gegentheil beibringen, der Gouverneur aber lachte und freute sich, daß ich die andern so in die Enge getrieben hatte.

Jeden Abend bei Sonnenuntergang verkündete ein in die Berge donnernder Kanonenschuß das Mogreb. Unangenehm war mir das späte Essen, was übrigens von Dilem bis hierher der Fall war. Am Morgen Thee ohne Essen, dann das Mittagessen, was auf einer großen, runden Zinnschüssel herbeigetragen wurde, bestehend aus [gebratner?] Huhn mit Sauce, Pillau, ausgeschlagne Eier, am Spieß gebratner? [Kebwab?], Sauermilch und Sharbat. Die 2te Mahlzeit fand erst abends 10 Uhr statt, worauf man dann gleich zu Bett geht. Öfters sandte mir der Emirsade Gerichte von seiner Tafel, bald frische Butter mit Eis umlegt oder Coteletts von Gazellen oder Steinbock. Auf Morgen früh wird die Abreise nach dem höchsten Rücken des Sawers festgesetzt.

Sultan Owais Mirsa war früher 2 Jahre Gouverneur von Koromabad; sein Vater Ferhad Mirsa Modamededaule ist jetzt Gouverneur von Kurdistan an Stelle des verstorbnen Wali. Als in der Zeit des [Interregime's?] nach Schah Mehmed's Tode sich vor ca. 21 Jahren eine Abtheilung Soldaten, ca. 250 Mann, des Tribus Ferachani, von Schuster nach Buschir begeben wollte, wurden sie im Teng Pir

Risa von Luren der Tribus Duschmensiari, Nui und Powir Achmed Germasiri (2_08_036) räuberisch überfallen; dieselben hatten sich hinter Felsen auf den Höhen postirt und beschossen die Soldaten so, daß dieselben um Gnade bliesen; ihr Serbas, ein gewisser Hussein Sultan, wurde, auf einer Anhöhe stehend und die Soldaten anfeuernd, erschossen. Die Luren verstanden das Pardonzeichen aber nicht und fielen über den Rest der Soldaten her, sie rein ausplündernd. – Auch späterhin wurde dieser Überfall nicht gerächt, denn Nasreddin hatte genug mit Chorasun und den Babi zu thun. Der Vorgänger von Ovais Mirsa konnte von den Luren fast gar kein Tribut erhalten, da die meisten Lurstämme des Kuh Gelu unter einem gewissen Kerim Chan vereinigt waren. Durch Theilung dieser Stämme unter vielen kleinern Gouverneuren schwächte er dieselben so, daß sie jetzt ganz ohnmächtig sind und den Befehlen von Bebehan gehorchen müssen; Widerspänstige wurden geköpft und andre Vergehen mit Abschneiden von Ohren etc. bestraft. Einen der Kätchudes vom Tribus der Bawui von Baschti war das letztere widerfahren; um es nicht sehen zu lassen, trug er jetzt die Haare lang darüber. Die Bamei beabsichtigte er jetzt einzutheilen unter mehrere Hakims, um sie für immer unschädlich zu machen und ihren Räubereien ein Ende zu machen. – Owais Mirsa traf ich gerade beschäftigt, einen Plan ausarbeitend für ein Steinfort für die in der Bulfaris Ebene angesiedelten Schireli, um sie gegen die Bamei zu schützen.

Gaschgai Turkmanen sind im Kuh Gelu keine; sie haben die Nordseite des Kuh Daena inne. Sie theilen sich in viele kleinere Taife's, so in Keschkuli, Dereschuli, Farsimerdun, Schischpuluki, Karatschai, Sefidchani, Dedekehi etc., die alle zum Schirasdepartement gehören. Im Departement Choromabad sind die Feïli oder Lak, die sich in 2 große Tribus theilen, Selsele und Delfun, deren jeder sich wieder in 10–13 Taife untertheilt; so Bairanawend in der Ebene Horru, Sekwend in Tschinarkol im Sommer etc. Die Endung wend bezeichnet so viel als Familie. Die erstere Abtheilung wohnt gegen Burudjird und Nehawend, die letztere gegen Kirmanschah. Im Winter ziehen sie sich um Seimarrah und Puschtikuh zurück, im Sommer in Alischter etc.

In Bebehan häufig Erdbebenstöße, in der Zeit von 5 Jahren bemerkte der Gouverneur 15. In Bebehan und Dehidescht fällt im Winter kein Schnee, im vergangnen Winter aber kam er für einige Stunden, selbst in Buschir war Schnee gefallen, wo viele gar nicht wußten, was das sei. (2_09_002) [Zit]

(2_09_003) *Montag, den 6. Juli 1868.* Nachdem alles in Bereitschaft gesetzt, die Zelte des Emirsade nebst meinem Gepäck, bestehend in einer Ladung Papier, vorausgesandt, wurde mit großem Gefolge aufgebrochen gegen Mittag. Gerade aufwärts führte der Weg Südost vom Lager, wo uns der steile Weg zwischen Eichen etc. hinführte, am Rande einer Schlucht hin, die die Vorberge des Kuh Sawers zur Rechten bilden. Nach 1 ½ Stunden steilen Steigens mit den Pferden kommt man in ein liebliches Thal voller Bäume, zwischen denen der Prangos Üchtritzii af. in bester Fruchtentwicklung stand. Der Hakim baschi nannte es barset und meinte, daß nur die [jungen?] Pflanzen Gummi ausschwitzten, wenn die Stengel abgeschnitten werden; ich konnte aber nur wenig an den Stengeln bemerken, jetzt auch keine Milch darin. In Menge stand in Frucht Fritillaria imper., die er gule sernegun nannte. Ferner Smyrnium cordifolium B., deren junge Sprossen wie Gundelia gegessen werden; in Kirmanshah nennt man sie Kunur, in Luristan Painameh, auf persisch awendul. Außerdem ein gelbes Verbasc. fol. angustis, das man mehi sahhre nennt, ins Wasser geworfen, soll es die Fische betäuben wie Kokelskörner; auch heißt es auf griechisch Kalumes nach dem Dr., ferner gusche berre und in Teheran charkuschek. Aufwärts steigend im Thale, über dem sich nun fast senkrecht die Felsenmasse des Hochrückens erhebt, fand ich eine 8′ hohe Ammoniakpflanze in Frucht.

Nach ca. 1 ½ Stunden war der steile Aufstieg überwunden, und auf dem Platau des Sawers ritten wir nun etwas gen West zu einer Einsenkung, wo noch ein Schneefeld lag, dessen Wasserabfluß uns mit Wasser versorgte. Die Zelte waren bereits aufgeschlagen und alles bereit zur Mahlzeit für unsre hungrigen Magen. Hier fand ich mich so recht in meinem Elemente, großartige Gebirgsaussicht, prächtige Flora, frische, kühle Luft. Leider konnte ich heute nichts vornehmen, da mich eine heftige Kolik plagte.

*Dinstag, den 7. Juli.* Am Morgen unternahm ich kleine Excursion auf den Platau des Berges. In größter Menge stand hier überall ein –2′ hohe Umbellifere, die der Dr. mir als Kuma bezeichnete; ferner der dschinur des Schahu, hier dschewil genannt, in bester Blüthe stehend, aber an den Schneefeldern ebenso wie erstere erst Blätter treibend; ihre Stengel waren mit einem roth-braunen, aromatischen Gummi bedekt, der Traganth Astragalus war in großer Menge vorhanden, die trocknen Abhänge liebend; er ist dieselbe spec. wie die im Schahu, hier aber noch nicht in Blüthe. [Pfl] (2_09_004) [Pfl] 2erlei Tulipa zeigten sich häufig in Frucht an trocknern Stellen zwischen dem Gebüsch, eine mit rothen Blüthen, die andre mit weißen, kleinern Blüthen und nicht fasriger Wurzel, wohl dieselbe wie die von Schiras. Colchicum vertrocknet in Blättern, selbst am Schnee zeigte sie sich nicht. Die Südseite zeigte namtlich viel Gebüsch, während auf dem Platau sich nicht ein einziger Strauch zeigte; so Lonicera nummulariaefol. in Blüthe, von der ich einen Stamm von 3′ Durchmesser sah auf Felsen. Interessant ist das Vorkommen von Cupressus depressus, die an dürren Felsen des Kalkgesteins sich angesiedelt hat; ihre Zweige niederliegend und aufsteigend, ganz an Knieholz erinnernd; wo sich ein ca. 20–30′ hoher Baum zeigte, waren die Gipfel durch die häufigen Stürme zerbrochen; man nennt ihn wors auf persisch, die Luren aber wohl, arabisch abhal. Die im Teng Serwek vorkommende soll dieselbe Art wie die in Schiras sein, serw genannt; dort

Stämme von großem Umfang und völlig wild. Erstere Art auch auf dem Aufsteigen zum Kuh Nur; in Chorasan soll dieselbe ebenfalls sehr häufig sein so wie in Masenderan. [Pfl] Unter sisalius, von dem es 7 Arten geben soll, nannte der Dr. die Kuma als eine Art, die für Pferde, Maulthire und Esel sein soll. Als 2te Art bezeichnete er dschewil, die für die Hammel ist. Auf den trocknen Platau stand zerstreut umher [Pfl]. (2_09_005) [Pfl, SprPfl] (2_09_006) [Pfl]

So wie in der Schweiz neben den Gletschern die üppigste Flora anzutreffen, ist es hier nicht; der schmelzende Schnee wird sogleich von der trocknen Luft und der Erde absorbirt, ohne eigentliche Abflüsse bilden zu können; nur Nachmittags floß an einigen Stellen etwas Wasser ab, verlor sich aber bald. Gegen Abend war alles Wasser wieder vertrocknet, und in der Nacht bedeckte sich der Boden dort mit Eis.

(2_09_007) *Mittwoch, den 8. Juli.* Die großartigste ausgedehnteste Gebirgsansicht bietet sich hier von dem benachbarten Gipfelrücken dar. Wie auf einer Landkarte überblickt man die langgestreckten, alle in gleicher Richtung streichenden Gebirgszüge. Vor allem aber nimmt die gewaltige Riesenmauer des Kuh Daena in Nordost die Aufmerksamkeit in Anspruch, dessen lang gestreckter Zug von 204–267 sich ausdehnt. Durch den Engpaß Mulle Bischeng wird er in 246 gleichsam in 2 Theile getheilt. Hier soll es sein, wo einst Kai Kosru von Schneesturm überfallen sich in einer Grotte verirrte und nicht wieder zum Vorschein kam, während seine Begleiter im Sturme verunglückten, wie das Schahnahna[h?] erzählte, nachdem er am Fuße des Gebirges seine Königsinsignien dem Lorasp übergeben und zum Andenken daran dort einen großen Hügel errichtet hatte, der noch jetzt Tolle Kosro genannt wird. Starke Stürme sollen dort oft plötzlich hervorbrechen, und erst vor 2 Monaten waren dort 3 Männer mit ihren Eseln von einem solchen Orkan in die Tiefe hinabgeschleudert worden. Das Gebirge erscheint so nahe, daß man es in 1 Tage zu erreichen meint, aber durch die niedrigern vorliegenden Bergzüge braucht man immer 4 Tage dazu. [Orte]

Das warme Tiefthal am Südfuße des Kuh Daena wird von Powir Achmed Luren bewohnt, mit einigen Dörfern, während der Nordfuß von den Gaschgai Turkmanen eingenommen ist. Kieperts Kartenzeichnung ist ganz falsch, denn er bildet keinen Gebirgsstock wie z. B. der Gotthardt, sondern ist ein in gleicher Richtung streichendes Längen-Gebirge, auch ist er viel zu weit südlich placirt, auf der Karte müßte ich ihn schon passirt haben, er liegt aber von hieraus nördlich. [Orte] Ost von Ardekun entspringt in einem Teng halbwegs zwischen Bahka eine große Quelle, abi Scheschpir genannt, die in den Fluß von Pul Murt abgeht; unter Mehmed Schah hatte der dortige Hakim Hussein Chan Nisam eddaule 20.000 Tuman verausgabt, um das Wasser dieser Quelle durch einen Kanat nach Schiras zu leiten; vor Chuler verschwand aber das Wasser in der Erde. [Orte]

Nachdem in Cheirabad der von Dilegun kommende Cheirabadstrom durchsetzt ist, an dem links aufwärts die alte Medresse Schah Solimon liegt am Fuße des Kuh Surck, etwas oberhalb der Medresse eine große, ca. 400 Jahre alte Brücke in Verfall, mit einem zerbrochnen persischen Inschriftsstein; in der Nähe Reste einer ältern Brücke aus der Kajaniner-Zeit, tritt man ein in die Ebene Lischter, und zwar Ober und Unter Lischter = Lischter olia, wo kein Wasser, und Lischter sofla, wo wenig Trinkwasser sich vorfindet, und gelangt in 6 Pharsach von Cheirabad aus nach Kala Dogumbesun, nachdem man 4 Pharsach vorher den Schemsedin arab Bach passirt hat. Hier wohnen die Babui. In 8 Pharsach führt der Weg nach Bascht, in 2 Pharsach nach Tschalemure über einen Bergrücken, von dort 2 Pharsach zum Sarabsiastrome, wo ein Ataschka stand, dessen Feuer aber bei Erscheinen Mohammeds durch hervorgebrochnes Wasser soll ausgelöscht worden sein. An seinen Ufern sollen viele Ruinen alter Dörfer sich vorfinden, jetzt nur noch 3 bewohnt; er hat seine Quellen in den Gebirgen um Ardekun, fließt bei Pul Murt nach Kala Sefid, Sarabsiya, durchfließt dann abwärts ein weites Hügelland, Mahur, das im Frühjahr von Gaschgai Türkmanen eingenommen ist, in ihm das Imamsade Babamunir; abwärts heißt er Sochre-Fluß, bis er sich unterhalb Kala (2_09_009) [SprPfl] (2_09_010) Gulab mit dem Cheirabadstrome vereint und so den Zab bildet. [Orte]

In der Richtung gegen den Kuh Daena blickend, vom Sawers aus, gewahrt man zu den Füßen das Thal Dilegun, aus dem der Salzbach hervorkommt, der um den Sawers oder vielmehr den davon getrennten Kuh Payar fließt, auf seinem linken Ufer der Kuh Nermo, bis er sich mit dem von Ronkek kommenden Bache vor der Engschlucht Serastane zwischen Eschker und Elburs vereinigt, um den hohen Kuh Dil vorüberfließt und dem Kuh Aru, zwischen beiden Gebirgen die Powir Achmed Germesiri. [Orte]

Von Sadat, an der Nordseite des Südostendes vom Kuh Nur in 137 gelegen, führt ein Weg [Orte] in 3 Pharsach nach Sakawa. [Orte] Sakawa bildet ein von Hügelland, mahur, umzogne Ebene, von Powir Achmed Serhadi bewohnt. Längs dem Kuh Daena fließt der am Südostende entspringende Rudebeschar, [Orte] bis er bei [...] den von der Nordseite des Kuh Daena herkommenden Chyrsan aufnimmt, zu den Gebirgen der Bachtiaren abfließend. [Orte] (2_09_011) [Orte] Nordwest längs der Nordseite des Kuh Nur entlang blickend, dessen helle Breite von hier aus von 121–134 erscheint, fällt erst der Blick auf das Thal von Sadat, hinter dem ein spitzer, aber niedriger Rücken hervorragt, bis über Gebirge hinweg der Horizont durch die schneebedeckten Gebirgsmassen der Bameï begrenzt wird in 137. [Orte] An der Südseite [des Kuh Nur] entlang blickend, fällt der Blick auf eine breite Bergpyramide des Kuh Sefid in 121, zu den Duschmensiari gehörend, hinter denen Rumes oder Ram Hormus liegt. [Orte] In 350 erhebt sich am Ende des Eschker, durch den Teng Serastane getrennt, die breitbasige Pyramide des Elburs?, an dessen SüdSteilseite eine natürliche Höhle, genannt Kai Kobad, sich befinden soll, der man sich aber nur durch lange Seile nähern kann. Sein Zug reicht bis 326, mit dem Sawers parallel streichend, vom Teng aus steigt aber das gut bebuschte Thal etwas. An seinem Ende bei Dehti beginnt das Territorium der Mamaseni, die die Ebene von Deschti Rum einnehmen bis Bascht etc. [Orte] (2_09_012) [Orte]

Heute sollte wieder der Rückweg angetreten werden, da ich aber noch mancherlei einsammeln wollte, erbat ich den Gouverneur, mich zu entschuldigen, wenn ich heute noch hier bliebe, ich möchte erst Morgen wieder unten eintreffen. Sogleich sagte er, daß er dann auch bleiben würde, und sofort brachen Leute auf, um die erschöpften Victualien durch neue von unten [herauf?] zu ersetzen. Auf meinen Wunsch verfertigte der Gouverneur eine Zeichnung des Kuh Daena. Abends war es so kalt, daß man nicht wußte, wie sich erwärmen; überall loderten mächtige Feuer auf, um die herum sich alles in Gruppen lagerte. [Orte]

Schmetterlinge und Käfer in großer Menge, leider verlor ich mein Glas. Ein Lure brachte einen noch halb lebenden Steinbock, den er unterhalb unsrer Zelte eben geschossen hatte. Das Pulver der Luren ist das reine Sprengpulver, ohne alles Korn. Keklik in großer Menge mit Schwärmen von Jungen. Der Kuh Sawers zeigt überall Kalkgestein, in dem sich dieselben Muscheln vorfinden wie in den frühern Gebirgen des südlichen persischen Gebirgswalles. Keine einzige Conchylie bemerkte ich hier, die Climacontraste sind ihnen nicht günstig. [Orte] Mittags bei 25° im Schatten Aneroid auf 66,6 ½. Gerdennä bezeichnet auf persisch einen Bergübergang, akaba arabisch, mulle auf lurisch. Teng ist ein Gebirgsdefilé, ein Engpaß. Kotell ist der Bergaufstieg zu einer Ebene.

(2_09_013) *Donnerstag, 9. Juli.* Nachdem das Mittagessen eingenommen, wurden die Zelte abgebrochen, und bald war alles im Aufbruch. Wir wählten einen kürzern Weg zum Abstieg, so daß in einer ½ Stunde das oberste Thal erreicht war, in dem sich längs dem Fuße des steilen Rückens ein dichtes Gebüsch, fast ausschließlich aus Lonicera nummulariaefolia bestehend, entlang zieht; über ihm erblickt man die einzeln auf dem nackten Felsabhang vegetirenden Cypressus. Der Aneroïd zeigte im Thale hier 68,5 ½, im 2ten Thale war er aber auf 71,5 und in Gulbar auf 74,6 zurückgegangen. [Pfl] Eine kalte, klare Quelle entspringt hier am Wege. Im Thale etwas östlich entlang geritten, wo einige Zelte von Powir Achmed Luren, folgt ein 2ter Abstieg, wo nun die Wallonen beginnen. [Pfl] Die Ammoniakpflanze in Frucht, während sie im obern Thale in Blüthe stand, billeherr genannt, deren junge Sprossen genossen werden. Ich grub eine mächtige Wurzel aus und sende sie nach Buschir. [Pfl] Ein süß duftender Dianthus mit gefransten Blüthen schmückt die Felsen über der Schlucht links sowie ein neues Stipa. Nach ½ Stunde beschwerlichen Absteigens und wieder sind wir im Zeltlager angekommen. Der hier auf 66° gestellte Aneroïd blieb auch hier mit einigen Abweichungen stehen.

*Freitag und Sonnabend, den 10. und 11. Juli.* Mit Ordnen der Pflanzen beschäftigt.

*Sonntag, den 12. Juli.* Eine Kiste mit 3 Umbell. Wurzeln und Samen fertig gemacht zum Versenden nach Buschir. Auf Morgen ist die Tour auf dem Kuh Nur festgesetzt; eigentlich beabsichtigte der Gouverneur, auf die Jagd in den Kuh Eschker zu gehen, damit ich aber auch Antheil daran nehmen kann, verschiebt er es bis zu meiner Rückkehr. Der Prinz Haider Mirsa soll mich begleiten so wie Abbas Chan, der Lurenchef dort.

(2_09_014) *Montag, 13. Juli.* Gegen 8 Uhr wurde aufgebrochen in Begleitung des Schahsade Haidr Mirsa. Im Thale angekommen, aufwärts reitend, wird bald die Stelle Ser-Kortae erreicht, von Ser = Ursprung, Haupt, und Kortae die Quelle in Lursprache. Hier entspringt der das Thal bewässernde Strom unter einigen alten Weidenbäumen, während Nußbäume umher angenehmen Schatten verbreiten; ein Nebenbach, vom Eschker herabkommend, so wie einer von Ronkek herabkommend vereinigen sich hier. Eine Mühle mit Thurm daneben. Hierher zog einst ein früherer Gouverneur, ein Sohn von Feth Ali Schah, in's Serhad. Hirsen (ersenn) stand als junge Saat [umher?], während Pasteck ebenfalls große Strecken [einnehmen?], um die Bedürfnisse des Gouverneurs zu decken. [Pfl]

Immer im Thale aufwärts reitend, wird nach ca. 2 ½ Pharsach allmählig höher aufwärts gestiegen, und man hat die Stelle Ronkek erreicht, was in der Lursprache soviel als plötzlicher Abfall oder Abgleiten bedeutet. Hier rasteten wir ca. 1 Stunde, während dessen der Kätchuda der Dscherum-Luren, deren eine Abtheilung hier Zelte aufgeschlagen hatte, einen Pillau bereitete, eine Ziege schlachtete und Joghurt brachte. Die Zelte der Luren sind durchaus nicht mit denen der Araber oder Kurden zu vergleichen. In 4eck eingestoßne Baumzweige, mit einem schwarzen Ziegenhaarfetzen behangen, das ist alles; die meisten wohnen nur unter Zweighütten. Ihre Kleidung ist überall dieselbe, weiße Lumpenschuhe, weite Hose und ein meist brauner Ablas als Überwurf; braune, hohe Filzmütze [Zeich] über den meist lang herabhängenden, schwarzen Haar, sich oft lockend. Die Frauen mit blauen Überwurf über den ganzen Körper, mit Nagel mit breiten Kopfe von Ag [und?] bunten Glas im rechten Nasenflügel.

Nachdem wohl 1 Stunde lang im höhern Thale aufwärts geritten, biegen wir links ab, den gerdennä oder Übergang aufwärts, während gerade aus das Thal nach Sadat führt. Der Aufstieg zeigte jetzt nicht mehr den bunten Blüthenteppich als vor 14 Tagen. [Pfl] (2_09_015) [Pfl] Etwas abwärts geritten, kommt man zur kalten Quelle tscheschme dschisek, der Ursprung des bei Safaria fließenden Baches. Sie hat ihren Namen, der vagina bedeutet, erhalten, weil das Wasser früher aus einer Felsöffnung von obiger Gestalt herkam, die aber später von Frauen zerstört wurde. Jetzt ist nichts mehr davon zu sehen als das aus der Erde hervorquellende, sehr kalte Wasser, 10 °C um Mittag. [Pfl]

Nachdem lange im Thale geritten, daß der mit dem Eschker zusammenhängende und bestiegne Berg umritten, biegt der Weg rechts ab, und über eine kleine Anhöhe erblickt man mit einmale eine breite Thalebne, über die der Weg zum ganz allmählig aufsteigenden Kuh Nur führt, dessen Schneefelder uns von seinem breiten Rücken herabglänzen. Die mit verschiednen stachligen Astragalus Arten [Pfl] bedeckte Ebene führt auf einem betretnen, bequemen Weg nach Sadat abwärts zwischen Kuh Nur und der Fortsetzung des Eschker.

Nach 3/4 Stunde Reitens ist der Fuß des Kuh Nur erreicht, voller Wallonenbäume, Lonicera num., schenn von den Luren genannt, Pyrus Syriaca, deren kleine, runde, ungenießbare Birnen aber große Kerne einschließen, die unter dem Namen andschudschek sehr beliebt sind, geröstet mit Salz. Die Birnen werden getrocknet und dann gestoßen der Kerne wegen. [Pfl] Ohne Fußpfad wird aufwärts geritten zwischen oft weite Strecken einnehmenden, grauen, festen, zertrümmerten Kalkfelsengeröll hin. Weiter aufwärts nach 1/2 Stunde verschwindet die Wallone, und nachdem auch Lonicera zurückgeblieben, bedeckt nur noch stellenweise Amygdal. oriental. mit kleinen Blättern den breiten Rücken; durch die häufigen Südwestwinde waren die (2_09_016) Sträucher alle nach Norden gebogen, wahrscheinlich durch die von dort herbeigeführten und auf ihnen aufgehäuften Schneemassen des Winters. Von hier an zeigt sich nur spärliche Vegetation, da der Rücken dicht mit kleinem Geröll bedeckt ist, das oft durch einen dunkelrothen Mergel gefärbt wird. Der Weg führt links an einer graasigen, senkrecht bis Safaria hinabsteigenden Schlucht vorüber, Teng Hätenna genannt. [Orte] In einem kleinen Thale wird entlang geritten zwischen niedrigen Felsen, in deren Schluchten Schneeflecken. Über einem kleinen Aufstieg wird ein 2tes Thal erreicht, voller kleiner Zelte der Luren mit Schneefeldern an der Seite.

Wieder führt unser Weg aufwärts über ein Schneefeld hinweg, und unser Lager ist erreicht. Die vom Emirsade für mich voraus gesandten Zelte waren neben einem mächtigen, wohl 20′ dicken und [800′?] langen Schneefelde aufgeschlagen, dessen schmelzendes Wasser sich in Bassins ansammelte. Die Zelte waren dicht mit dschewil Blättern im Innern bedeckt, die angenehmen, aromatischen Duft verbreiteten. Nach dem 6 Pharsach weiten Ritt schlief ich ganz vortrefflich, aber sehr kalte Nacht, da der Wind sehr wehte, gegen Abend 12 °C. Der Aneroïd war hier wieder auf 76,6 zurückgegangen bei 15 °C. Ein von Abbas Chan, dem Lurenchef, bereitetes Mahl schmekte vortrefflich.

*Dinstag, 14. Juli.* Am frühen Morgen brach ich zur Excursion auf, deren Ausbeute bei weitem nicht den gehegten Erwartungen entsprach, doch fand ich mehrere bisher nicht beobachtete Arten. Die Pferde mußten am meisten darunter leiden, denn sie hatten buchstäblich nichts zu fressen. Die Erde neben den weiten Schneefeldern war nackt, nur ein kleiner Ranunculus gefiel sich an dem kalten Wasser; einzeln Corydalis nivalis, dafür aber in größter Menge dschewil, der sämtliche Thäler förmlich ausfüllte; da es in der Nähe einen Teng dschewil gibt, könnte man diesen Berg Kuh dschewil nennen. [Pfl] (2_09_017) [Pfl] Weiter aufwärts steigend gegen den höchsten Gipfel über viele Einsattlungen voller Schneemassen hinweg, kam ich zu einem Schneefelde, dessen Abfluß einen kleinen Bach bildet. Hier fand ich mehrere neue Pflanzen: eine Potentilla ähnliche Pflanze, [Pfl]. Stellenweise bedeckt die Oberfläche eine weite, plattige Kalkschicht, in lauter 4eckige Blöcke zersprungen; dem Mangel an Humus ist die relativ geringe species Art zuzuschreiben, trotz der großen Schneemassen, deren Abfluß sich meist in unterirdischen Höhlen verliert, um am Fuße als Quelle hervorzutreten. Keklick in größter Menge, [Dolen?] ließen in Schwärmen ihr Geschrei vernehmen, sonst nur wenige Felsenvögel.

Der Emirsade hatte mir wegen der Karte einige bewanderte Luren mitgegeben, mit ihnen begab ich mich zu einer der Anhöhen und maß folgende Winkel: Nordwest-Anfang des Kuh Daena 232, wo die Dörfer Derra, Schaulis, Tumenek und Meiman hinter Maregun liegen. Mulle Bischeng 267. Bischeng war ein Diener von Kai Kobad; er stammt von [Gio?], der Sohn von [Gutars?], Sohn von [Goschwad?] war. (2_09_018) [Orte] In das Thal von Sadat, in 284 gelegen, blickend, gewahrt man abwärts am Fuß des Kuh Nur die Culturstelle Luwa. [Orte] Weiter der Kuh Schurom mit Taife Sadat Dschain, hinter dem das Flußthal des Chyrsan mit Nui Silai Luren, die von den Bachtiaren durch den Fluß getrennt werden. Auf diesen Bergen Seler und Schurom viel Anguseh und endjedan, in Lursprache Kendebu und enkeduhn genannt. [Orte] Auf der Südseite des Kuh Nur gewahrt man zu den Füßen tief unten das Thal von Serfariab in 50. Der Name, nicht Safaria, kommt von ser = Haupt, Anfang, und Fariab, womit man Cultur durch Quellen-Irrigation bezeichnet, im Gegensatz zu [bachs?], wo die Cultur vom Regen abhängt; hier wird nicht in der Regenzeit bestellt. [Orte] (2_09_019) [Orte]

Abends prächtige Aussicht auf die von der untergehenden Sonne gerötheten Berge des Kuh Daena, während nach Süden das Meer wie ein breites Goldband erschien. Abends 10 °C. Der Abbas Chan verlangte Medicin für seine kinderlose Frau; ich verlangte von ihm, daß er einen Mann ausschicke nach Anguseh und endjedan; was nach ihm, nicht wie der Dr. aussagte, 2 verschiedne Pflanzen sind.

(2_09_020) *Mittwoch, 15. Juli.* Einige Stunden nach Sonnenaufgang wurde der Rückweg angetreten in derselben Weise wie der Hinweg. Bei Ronkek schlug ich aber einen andern Weg ein, der immer am Abhang des Sawers hinführte, bis man nach Däsutsch gelangt. Dasselbe ist nur ein ca. 60 Jahre altes Kala aus Stein, halb in Ruinen, vom Kätchuda der [...] bewohnt. Er bewirthete mich mit frischer

Butter, Brod und Joghurt. Der Bergabhang war einst gut cultivirt, namtlich reichen die jetzt verwilderten Weinpflanzungen weit hinauf. Ein Bach kommt vom Berg herabgerauscht, in dessen Thal Juglans, einige Granatenbüsche und Mahaleb; Mandelbäume und Apricosen einzeln; jetzt wie wild erscheinend. Von dort nach Gulbar ½ Pharsach. Früher gab man mehr Fleiß zur Cultur, wohl als noch das von 10 Thürmen umgebne Kala Gulbar existirte, von dem noch jetzt die umgebende Steinmauer mit einigen 4eckigen und runden Thürmen so wie die Ruinen der darin gelegnen Häuser sichtbar sind; der Ort lag auf einem Hügel auf einer Anhöhe über dem Thale, von Juglans umgeben und Bach in der Nähe. Erst Abends kam ich im Lager an.

*Donnerstag, 16. Juli.* Mit Ordnen der Pflanzen beschäftigt.

*Freitag, 17. Juli.* Von Ispahan waren Tscharvadars für den Gouverneur gekommen, die gleich wieder zurückkehren wollten; ich ordne daher rasch meine sämtlichen Pflanzen und sende sie in 3 Kisten mit Eisenblech an Aganoor nach Djulfa. Briefe geschrieben an Aganoor, Reymond und an die Ältern.

*Sonnabend, 18. Juli.* Pflanzen eingepakt und fortgeschickt. Unterhalb des Lagers sammelte ich [Pfl]. – Abends wieder im Zelte des Gouverneur; Gespräch über Geschichte; er erzählte, daß Gustasp, Sohn von Lorasp, der nach Kai Kosru König wurde. Isfendear war der Vater von Bachman, der König von Persien war; letzterer begattete seine Tochter Homa und erzeugte Darab. Die Homa wurde Königin. Nach Darab kam Dara, dann Alexander. In Gulbar ging der Aneroid wieder zurück auf 64,3 um Mittag und Abend 64,1. Morgen Aufbruch zur Jagd im Kuh Eschker. Der Chyrsanfluß hat seinen Namen von den dort namtlich häufig vorkommenden braunen Bären, chyrs, häufig um Tschinar, Maregun etc.

(2_09_021) *Sonntag, 19. Juli.* Gegen 7 Uhr wurde in sehr zahlreicher Begleitung aufgebrochen; im Thale angekommen, führt der Weg aufwärts durch dichten Eichenwald. [Pfl, Orte, Pfl] [Ein?] Theil des Abhanges war dicht mit Trümmergestein bedeckt der darüber hervortretenden, steilen Kalkfelsen, durch ein Erdbeben verursacht. Man tritt nun auf eine kleine Hochebne ein. [Pfl] Hier sammelten die Luren eine Menge rundlicher Eisenniren zwischen den zerstückelten Kalkgestein, die von ihnen oft als Flintenkugeln benutzt werden. [Orte] Die Abhänge zeigen hier sehr alte Cypressenstämme, ca. 2′ Durchmesser, aber nur ca. 15′ hoch, wohl genannt, ihre Zweige auf den Felsen aufliegend und hinauf kletternd. [Pfl] Weg schlüpfrig über Steinplatten, mein Pferd stürzte und schlug mich gegen die Felsen, was mich so lähmte, daß ich den ganzen Tag dann im Bette lag, da der Fuß sehr schwoll, auch außerdem mein bouton arge Quetschung erlitten hatte. Ich sandte Elias aus, der von dem über dem Zeltlager steil aufsteigenden Felsen einsammelte: [Pfl].

Der Gouverneur ging Nachmittag auf Jagd aus, brachte aber nichts zurück; Luren brachten aber einige Steinböcke, die man pasan nennt, das Weibchen aber boos mit kleinren Hörnern; das Junge heißt kähhre. Sie lieben die felsigen Gräte der Hochgebirge, [Zeich] die guhtsch genannten haben seitwärts gebogne (2_09_022) Hörner [Zeich], sein Weibchen heißt misch, das Junge bärrä; sie lieben die niedrigern Gebirge. – Die ahu oder Gazellen mit geraden, kleinen Hörnern [Zeich] bewohnen nur die Ebnen wie Lirawi. Hirsche mit großen, zackigen Geweihen, in Masenderan und Choromabad häufig, heißen marahl, auf persisch gewes. Im Kuh Gelu nicht vorkommend. Vom wilden Esel unterscheidet man 2: gur cher, dem Esel ähnlich, und gur aspi, dem Pferd ähnlich; beide mit schwarzen Kreuz auf dem Rücken, von pasan-Farbe. Der Dr. brachte das Gespräch auf [pahzer?], der nur in den Gebirgen von Schebankarre in Fars wie der pasan vorkommen soll. Dann kam das Elect. Mithrid. in Sprache, von dem der Gouverneur einen Theelöffel voll nahm, da es ihm nicht wohl sei. Für meinen Fuß sei es auch gut, meinte er, ich lehnte es aber ab; zu dem 60 verschiedene Substanzen [verarbeitet?] werden, unter andrem auch Fleischbrühe von abgekochten Schlangen. Man erzählt, daß einst ein Mann von einer Schlange gebissen wurde. Da er heftigen Durst verspürte, trank er von einem Wasser in der Nähe und siehe da, der Schlangenbiß hatte keine Folgen. Bei näherer Untersuchung zeigte sich, daß eine todte Schlange in dem Wasser lag. similia similibus curentur oder auf arabisch „däf ĕ faset be äfsät." Daher die Schlangenbrühe in Elect. Aneroïd im Zeltlager 78,5 Abends.

Abbas Chan, der Lurenchef der Bawui, der zu Bascht wohnt, war jetzt sehr diensteifrig. Früher war er ein gefürchteter Banditenchef, so daß Bascht, wo er in einem festen Kala residirte, von Niemand ungeplündert besucht werden konnte. Sultan Ovais Mirsa belagerte sein Schloß vor 3 Jahren und fing ihn, worauf er zu Bebehan 1 Jahr im Gefängniß blieb; der Schah schickte den Befehl, ihm den Kopf abzuschneiden, der Gouverneur schenkte ihm aber das Leben, ließ ihn aber die Ohren abschneiden, einen Strick durch die Nase ziehen und, auf einen Esel gesetzt, durch die Straßen Bebehans führen. Dann setzte er ihn wieder als Hakim von Bascht über die Bawui ein, nachdem er einen Theil seines Schlosses zerstört hatte. Er trägt jetzt lang herabhängende, schwarze Haare mit 1 ½′ langen, schwarzen Bart, um die fehlenden Ohren zu verdecken.

*Montag, 20. Juli.* Am frühen Morgen waren die Treiber zahlreich versammelt, die bald aufbrachen, um das Wild von den Bergen in einen Engpaß zu treiben, in dem der Emirsade [...te?] [faßte?]. Ich war leider durch meinen Fuß verhindert, daran Theil zu nehmen, besuchte aber dafür die über dem Zeltlager senkrecht aufragenden Felsmassen. [Pfl] (2_09_023) [Pfl] Mich erfreuten am meisten die alten Cypressenstämme, die auf dem dürren Felsen sich zu einer erstaunlichen Dicke entwickelt haben. [Pfl, Orte] An einigen Stellen, wo der Fußweg führt, waren die Felsen wie polirt von den Passanden. Im Zeltlager wieder angekommen, das unter Weidenbäumen aufgeschlagen war, fand ich den Emirsade schon zurück von der Jagd mit 10 Steinböcken, ein 9jähriges und ein 5jähriges Fell erbat ich mir nebst einigen Köpfen. Nach dem Dr. wird Gundelia Känker genannt, die Samen aber besr ul Horschoff, die zu Gummi gewordne Milch aber Kenker sätt genannt, die Brechen und Laxiren bewirkt. (2_09_024) [SprPfl]

Am Morgen der Aneroid im Lager auf 78,2. Der Name Mahur bedeutet niedrige Berge ohne Felsbildung; der Mahur Meïlati von Schahpur–Maschur hinabreichend; besteht aus lauter Gyps mit brakischem Wasser. – Vor 5 Jahren gehörte Dilem zu Buschir, jetzt zu Bebehan. Im Nordosten bildet die Grenze zwischen dem Kuh Gelu und den Gaschgai der Gerdennä Maho Parviz, weiter abwärts in Südost der Zug Tschalemure. Im Westen ist es die Ebne Bulfaris und Ram-Hormus und weiter abwärts der Ort Gergeri Grenze zwischen den Tschaab Arabern und Seytun. Nördlich ist es der Kuh Daena und der Chyrsanfluß. – 1 Harwar = 1 Eselslast. – Seit 10 Jahren stehen die Mamasenni unter den Gaschgai, die letztern im Winter die ganze Strecke von Bender Abbas bis Bebehan einnehmen. Sie sollen unter Dschingis chan hierhergekommen sein. – Von künstlich bewässerten Lande wird ⅓ der Krone, ⅓ der Landbesitzer, ⅓ der Eigner oder Miether. Bei Kroneigenthum erhält der Staat ⅔ des Ertrages. Bei Land ohne künstlicher Bewässerung, deim genannt, erhält der Divan nur ⅕ der Ärndte.

Südwestwind brachte Abends viel Wolken, kalt. Vor allen kleinen Schmetterlingen etc. konnte ich kaum schreiben, alles schwirrte, namtlich häufig der Kastanienbär. Bei Kala Sefid liegt eines der 4 Paradiese der persischen Geographie wie im Dscham dschem; und zwar die folgenden 1) Chude bei Damaskus, 2) [Eiyelle?] bei Bassra, 3) Sochd bei Samarkand und 4) Scheb Bäwun bei Kala Sefid; dort sollen viele Gärten sich befinden. Ebenfalls in der Nähe von Kala Sefid im Teng Tir Kemman befindet sich hoch in den Felsen in einer Art Vertiefung desselben ein eingeschlagner Pfeil mit einem Bogen; Niemand kann aber dazu gelangen, von unten ist es zu hoch und von oben mit Stricken kann man auch nicht reüssiren, da der Fels überhängend ist; der = Thür; derbase große Thür oder Pforte.

*Dinstag, 21. Juli.* Gegen 8 Uhr wurde aufgebrochen und in dem ebenen Thale gen Ost entlang geritten, in dem nun hin und wieder einige Brunnen, gefüllt mit dem Wasser des Frühlings, aber keine Quellen sich befinden. Das Thal stand voller Thymus serpung in bester Blüthe mit Thymiangeruch, daneben Artemisia fragrans in Menge, erstere heißt auf persisch merse kuhi oder türkisch keklik oty, zu Suppen und Pillau angewandt. [Orte] Nach ½ Stunde wird das Thal plötzlich geschlossen durch einen (2_09_025) hier beginnenden, in derselben Richtung streichenden Felszug, an dem wir nun links aufsteigen. Eine Abtheilung der Dschurum Luren, [Guschtasp?] genannt, hatten sich hier nieder gelassen, deren Weiber den Gouverneur mit schrillenden Geschrei begrüßten. Die linke Felsenwand endet plötzlich, das breite, scharf abgeschnittne Ende zeigend. Zwischen Gesträuch ist der niedrige Aufstieg bald erklommen, voller großer Felsblöcke bedeckt, und man tritt in ein 2tes gleiches Thal ein, voller Barzet, während aus allen Felsspalten Cypressen hervorwachsen. [Orte] An einem der im Thale liegenden Felsblöcke hatte ein Lurenchef, Kaid Abdul Schah, vor 110 Jahren sich verewigt, aussagend, daß er hier einen Brunnen angelegt habe, der auch noch existirte. Nach ca. 20 Minuten erblickt man sich plötzlich am Rande eines grausigen Thalkessels, in dessen Tiefe der Teng Serastane, während rechts und links am Abstieg sich senkrechte, wohl 2.500′ hohe Felsenmassen entlangziehen, während zwischen ihnen ein in Terrassen abfallendes Thal voller Wallonenbäume sich ausbreitet.

Steil führt nun der Fußpfad abwärts, bis man nach ¾ Stunde Absteigens auf die erste Thalebne kommt, auf der eine schon früher angelegte, jetzt aber erst wieder ein wenig hergestellte Weinanpflanzung voller noch unreifer Trauben den Gouverneur entzückte. Vor ihm konnte Niemand daran denken, etwas zu cultiviren, fortwährend lagen sich die Lurenstämme in den Haaren; jetzt aber ist es anders, die einst existirende Blutrache hat aufgehört, denn der Gouverneur würde demjenigen sogleich den Kopf abschneiden. Nach und nach denkt man an Cultur, wie es die seit lange verwaisten Weinpflanzungen beweisen. An den steilen, voller Kalkgeröll bedekten Abhängen fand ich hier die im Teng Pir Risa noch nicht entwickelte Umbellif., Haussknechtia Elymaitica Boiss., mit angehender Blüthe, Blätter aber trocken; Stengel mit braunen Harz bedeckt. Cerasus Hellaluk, der die Tschibukröhren liefert, sehr häufig überall in der niedern Region der Berge, ferner Amygdal. orientalis, ardschen genannt, deren braungelb werdende Sprößlinge von den Persern gern als Stock getragen werden, ferner Cotoneaster, auf persisch siehb, einzeln Celtis – täk genannt, der weiter abwärts große, stattliche Bäume bildet. In einem 2ten Thale hinabgestiegen, gelangt man zu einer klaren Quelle, an der wir noch ½ Stunde lang herabreiten. Ihre Ufer waren mit hohen Feigengesträuch, [Pfl] bedekt. [Pfl] (2_09_026) [Pfl]

Unter einer alten Platane, die viel Schatten gewährte, wurde für heute das Lager aufgeschlagen, da es im Teng zu heiß war. Der Bach wurde gleich gestaut zu einem Wasserbassin, in dem wir uns badeten. Der Aneroïd zeigte hier 66,9 bei 35° im Schatten neben dem Bache und Mittag. Kopfweh plagt mich heute den ganzen Tag. Flinte zerbrochen. Der Blick gerade aus fällt auf den breiten, von weitem pyramidenförmig erscheinenden Rücken des Elburs, der im obern Theile auf der Südseite mit nacktem Geröll bedekt ist. Von ihm aus ziehen sich niedrigere Berge, aber voller senkrechter Abstürze und wilder Gräte mit oft senkrecht aufgerichteten Schichten in einem Bogen herum zum Thal von Bidschau. Auf einem der steilen Felsengipfel stand einst ein Schloß, Kala Kalaat genannt, jetzt hält sich dort eine Abtheilung der Bawui, die [Geschin?] auf. Deh buzurg liegt hinter dem Bergzuge.

Die Luren sind tüchtige, unerschrockne Krieger; sie gehen in den Krieg ganz nackt, ohne Schuhe, nur um die Lenden ein Tuch geschlagen, die Flinte über dem Rücken, das hölzerne Pulverhorn am Ledergürtel herabhängend. Im vorigen Jahre, als Gaschgai in das Gebiet des Kuh Gelu gekommen waren, jagten 1.000 Luren gegen 8.000 Gaschgai fort. Nach hinten beschneiden sie nie ihre Haare, die meist gelockt herabhängen; ihre Bärte schwarz, meist kraus; alle 14 Tage waschen sie die Haare mit Sauermilch. Vielweiberei ist bei ihnen sehr gebräuchlig, mehr als bei den Persern; einer der Chefs Choda Kerim Chan hatte 36 Kinder. Die Hochzeitsgebräuche wie bei den Schiiten; sie gehen zum Mullah, deren jeder Taife einige unterhält, worauf dieser sie fragt, ob sie sich heirathen wollen, die Mitgift wird bestimmt und mit einem Spruch des Koran ist die Sache abgethan. Die Feierlichkeiten sind dann ganz wie bei den Schiiten. Die meisten Luren, eigentlich Loren, verrichten ihr arabisches Gebet. Die Beschneidung der Knaben im Alter von 3–5 Jahren, die Mädchen nicht, was z. B. in Choromabad der Fall ist. Im Winter nähren sie sich von Eichelnbrod. Die Eicheln werden 10 Tage in Wasser eingeweicht, getrocknet und zu Mehl verarbeitet, aus dem sie ihr Brod backen. Weintrauben von Aru und Bidschau, die unreifen zu Scharbat. – Bei Aufschlagen des Zeltes kamen beim Wegräumen des Blätterschuttes mehrere schwarze Scorpione zum Vorschein. Die Gaschgaï sollen gar kein Gebet verrichten, obgleich sie sich als Schiiten ausgeben. Die Frauen von Dschurum gelten besonders schön.

In der Lursprache Geschriebenes existirt nicht. – Der Schutzgeist über den Figuren in Persepolis heißt auf persisch melläk oder ferischta, nicht zu verwechseln mit mellek, der König, melläch Heuschrecke. Eryngium mit viel Gummi, der aber keine Anwendung findet, seine Wurzel ist brechenerregend, auf türkisch heißt sie bochanak, persisch kenker cher – Eselsdistel.

(2_09_027) *Mittwoch, 22. Juli.* Links ab steigt der Weg über in Platten hervorstehendes Gestein. [Pfl] Der Weg steigt steil hinab zu einer kleinen Quelle, um die herum im Schatten von Benbäumen die Zweighütten von Luren aufgeschlagen waren. [Pfl] Großartig ist der Blick auf dieses gleichsam einen Thalkessel bildende Gebirgstheater, ringsum von gewaltigen, senkrechten Felsmassen umzogen. [Orte] Auf einer dieser Steilspitzen liegen die Trümmer des Kala Kalaat, wo die Abtheilung Geschin der Bawui wohnt. Auf der senkrechten Südseite der Felsen die Höhle des Kai Kobad, aber nichts darin; ist natürliche Grotte. Hinter dem Berge liegt das Dorf Dehdi. Im Thale etwas aufwärts reitend, hin und wieder an jetzt verlassnen Zweighütten vorüber, verengt sich dasselbe bald so, daß man im Flusse aufwärts reiten muß; das Thal erscheint durch die sich fast berührenden Felsen wie geschlossen; große, herabgestürzte Felsblöcke engen den

Fluß ein, der hier stellweise über Mannstief ist. An seinem linken Ufer machten wir etwas Halt, wo eine starke Quelle von 15 °C unter den Felsen hervorbricht. Im Schatten der Felswand und vieler Celtisbäume rastete ich hier, bis der Emirsade von der Jagd zurückkam. Die Felsen zeigten an der schattigen Flußseite Aretia lutea, [Pfl] während Asplen. Ad. nigr. an feuchten Felsen wucherte, auf persisch [perre?] Siawusch genannt, Blatt von Siawusch, Sohn von Kai Kaus, der von Afrasiab in Turkestan getödtet wurde; aus seinem Blute soll diese Pflanze entsprungen sei. [Pfl]

(2_09_028) Aneroid im Teng 67,6 bei 27° im Schatten der Quelle, Fluß 16°, durch das Dilegun Wasser etwas salzig. Als der Emirsade ankam, begaben wir uns schwimmend ans jenseitige Ufer, an den Eingang des Teng, wo mehrere Quellen von 14 °C aus den Felsen [oder?] unter Platanen hervortreten, namtlich zeichnet sich eine aus, aus den Felsen einige Fuß über dem Fluß hin aus einem Canale hervorbrechend. Auf dem rechten Ufer wurde gerastet, ich zog mich in eine natürliche, kühle Grotte zurück, über der sich noch eine größere befindet. [Pfl] 3 Stunden vor Untergang der Sonne wurde wieder aufgebrochen nach dem 2 ½–3 Pharsach Gulbar. Beim Ausritt aus dem Teng kommt man zu einer kleinen Ebne, aus der gerade aus der salzige Dilegun Arm sich mit dem von links herabkommenden größern Daesutschstrome vereinigt vor dem Teng. An ihm reiten wir nun immer aufwärts, bald im Schatten der dicht seine Ufer bestehenden Platanen, bald auf sehr steinigen, beschwerlichen Weg am Abhang entlang, wo die überhängenden Zweige der Wallonen etc. sehr unbequem waren. Hier ist ein Lieblingsaufenthaltsort der Löwen. [Pfl] Nach ca. 1 ½ Pharsach hören die Platanen auf, niedrigeres Weidengebüsch begrenzt seine Ufer. [Orte]

An niedrigen Hügeln vorüber, in deren Thälchen kleine Quellbäche etwas Vegetation hervorriefen. [Pfl] Hier trafen wir das ganze Gulbar versammelt, die dem Gouverneur entgegen gezogen waren zur Begrüßung. Die Weizenerndte war im Gang, und die Schnitter hielten dem Emirsade Bündel entgegen, der sie beschenkte. Nach ¾ Stunde kamen wir wieder im Zeltlager von Gulbar an gegen Abend. Die Luren der Bawui waren mit ihren Chef Schah Bas Chan schon im Teng zurückgeblieben und hatten den Heimweg nach Bascht angetreten.

*Donnerstag, 23. Juli.* Aneroïd 64,2 bei 31 °C im Schatten am Morgen. Vormittag stets ruhig, daher warm. Heute mit Ordnen der Pflanzen beschäftigt. Gegen 11 Uhr heftiger Südostwind. Der Emirsade schickte mir Wassermelonen von Bebehan, die ersten in diesem Jahre. Der Abend wurde in Enderun des Emirsade verbracht, der mir folgende Auskunft über den Teng Serwek gab. Am Eingang des Teng, aus dem ein unbedeutender Bach hervorkommt, steht rechts ein ehemals 4eckig zubehauner Stein mit einigen Männergestalten, aber nichts mehr zu erkennen durch den Einfluß der Atmosphärilien auf den Kalkstein, aus dem das Gebirge besteht. Der Stein ist 8–9′ hoch, der in seinem obern Theile ein ca. 1′ breites, 4eckiges Loch zeigt, ca. 1′ tief, gleichsam als wenn der Stein zum Verschließen des Thores gedient hätte. Rechts führt ein aus Gyps und Stein gebauter Weg, ähnlich dem von Teng Tokab oder Kotel Dochter, zu den Felsen hinauf, ca. ½ Pharsach, wo man einen großen, 4eckig zubehaunen Felsenstein erblickt, ca. 10′ breit, 16′ hoch, (2_09_029) der auf seiner Vorderseite eine halb liegende Figur auf einer Art Thron darstellt. [Bau] Unterhalb des Thrones oder Lagers, in getrennter Abtheilung derselben Sculptur, erblickt man 7 Männergestalten ohne Kopfbedekung. [Bau] – Auf der rechten Seitenfläche des Steins befindet sich ein 3fach übereinander gelegter Bau aus 4eckigen Stein, auf dem sich eine Art Fahne erhebt. Vor ihm steht ein Mann mit Kegelmütze, [Bau]. Über dem Kopfe des Mobad befindet sich die erste Inschrift. – Auf der Rückseite des Steines erblickt man einen Jäger, der mit Bogen und Pfeil einen Löwen erjagd, aber sehr verwittert; über ihm befindet sich die 2te Inschrift. Circa 3–400 Schritt vor diesem behaunen Stein erblickt man in die Felswand gehauen 2 Männergestalten in [Frontispicie?] ohne Kopfbedekung, [Bau], siehe Fig. 1. (2_06_085) [Zeich] (2_09_029)

Eine 2te Sculptur in gleicher Felswand in der Nähe, 2 Männer zu Pferd den Ring haltend, ähnlich denen zu Nakschi Redjeb. – Der die Felsen aufwärts gemauerte Weg führt nur bis hierher, und es ist klar, daß diese Sculpturen einer religiösen Feier ihre Entstehung verdanken. Die in größter Menge hier zwischen den Wallonen wildwachsenden schlanken Cypressen waren vielleicht der Gegenstand der Verehrung, denn bei den Guebern galt die Cypresse als ein von Zoroaster (Serduscht) aus dem Paradiese gebrachter Baum. Leider sind die Gesichter aller Figuren fast unkenntlich durch Wind und Regen, Schnee etc. Eine alte Straße führt hier nicht durch den Teng, der Weg für Carawanen ganz unpracticabel. Hinter dem Berge ist das Territorium der räuberischen Bamei-Luren.

(2_09_030) *Freitag, 24.–Sonntag, 26. Juli.* Himmel gegen Abend mit dünnen Wolken bedeckt, heute auch am Morgen, aber kein Regen, was aber doch bisweilen im Sommer vorkommt. Jede Nacht kam ein Löwe zum Zeltlager, jedesmal einen Esel erwürgend. Wir ritten aus, ihn zu suchen, fanden ihn aber nicht. Neben dem angefressnen Esel stand ein junges Eselein, traurig seine todte Mutter betrachtend. Gestern Abend fiel er sogar einen Mann an, der vom Zelte bei Seite gegangen war. Heute Nacht wurden an verschiednen Stellen Esel angebunden an Bäume, auf denen Luri postirt waren.

Ich beschäftigte mich mit der Kartenzeichnung. Nach allen Aussagen bewanderter Kenner des Landes liegt Faliun nicht nördlich von Kaserun, sondern westlich. Die ganze Kiepert'sche Kartenzeichnung dieser Provinz kann ich nicht in Einklang bringen, denn von Schahpur aus soll der Weg direct westlich über Tschinarschayegun durch die Ebene Nurabad, Faliun nach Bascht [über?] Bebehan führen. Der kürzeste und bequemste Weg nach Schiras führt über Pul

Murt, Pul Dusach über Schul und Guyom; einst hatte Schah Abbas zwischen Pul Murt und Schuler 3 Carawansereis erbaut, die jetzt in Ruinen liegen. Dieser war jedenfalls auch Alexanders Weg nach Persepolis. [Orte]

Der Gerdennä Maho Parvis führt über einen Bergzug, der zwar keine Felsbildung, aber wohl 1 Pharsach hoch ist und ebenso der Abstieg; er ist sehr bewaldet, namtlich mit ballud, Pyrus Syr. und Crataeg. Azar., die beiden letztern, andjudjek und salsalek, den Markt von Schiras versehen. – Im Puschtikuh von Choromabad befindet sich ein Berg mit brennenden Schwefellagern; das Feuer kommt aber erst zum Vorschein beim Aufwühlen der Erde. Die Einwohner benutzen es oft zum Fleischbraten. Bei Ramhormus, was hier überall Rumes genannt wird, ist nichts dergleichen bekannt. – Der bei Dilem liegende, kleine Berg Kuh Bigäs bedeutet so viel als „der alleinstehende", weil er sich einsam aus der Ebne erhebt.

Die Kleidung der Luren besteht aus der kegelförmigen, braunen Mütze, Kullä genannt, nach einer Seite eingedrückt. Das bis an die Knie reichende, faltenlose Oberkleid, Kawa genannt, das Unterkleid dschuma, wie bei Persern mit schiefen Schlitz auf der Brust. Die meist blauen Hosen, dombuhn, unten weit, nicht zusammengebunden, oben durch einen Tuchgürtel, schahl genannt, zusammengehalten. Die Vornehmen tragen darüber einen meist hellgrauen Abbas, dschika genannt. Meistens gehen sie barfuß, ihre Lumpenschuhe nennen sie giwä. Stets gehen sie mit der langen Flinte bewaffnet oder doch wenigstens mit einem oben mit dicken Eisenknopf versehnen Stock. Der lange Überwurf der Frauen (2_09_031) heißt meïna, ihr Kopftuch desmal, meistens von blauer Farbe. Das Tätowiren des Gesichtes und Halses auch bei ihnen Sitte. Der Nasenring derselben, eher wie ein Nagel mit breiten Kopf erscheinend, heißt chalek, guschewar der Ohrenring, chalchal die Fußspange; mennagihri die Armspange, anguschterin der Fingerring. – Stirbt der Mann, so schneidet sich die Frau und deren Töchter die Haare ab. Ein Lure mußte mir seine Volkslieder aufschreiben, was ihnen sehr merkwürdig vorkam. Diebe sind die Luren alle; nach einem Besuche, den der Kätchuda mir im Zelte machte, mich um Medicin bittend, fehlten mir eine große, silberne Trinkschaale und mehrere andre Kleinigkeiten. Vom hiesigen Kätchuda der Dschurum erhielt ich bereitwilligst über alles Auskunft.

Der Gouverneur wartete auf 500 von Schiras ankommen sollende Soldaten vom Regiment Erdebil, die er dann in Bebehan in der neu erbauten Caserne stationirt. Früher hatte er derselben von Regiment der Gaschgai, trotz aller Strafen konnten sie aber das Stehlen nicht lassen, so daß der Gouverneur den König bat, ihm andre zu senden. In Teheran sind die Soldaten der südlichen Provinzen nicht beliebt, da sie bei Feldzügen in Masse desertiren. Diese sind nur in ihren eignen Provinzen zu gebrauchen, wenn es gilt, kleinere Taifes zu bekriegen. Hingegen die Soldaten von Aserbidjan und Hamadan sind sehr gut und überall zu gebrauchen. Von den Luren existirt noch kein Bataillon.

Ein früher nicht angeführter Taife Südost von Bebehan sind die Aghadscheri, die sich in Karabaghi, Bekdilli, Dawudi und Geschdil eintheilen, zusammen ca. 800 Zelte. Sie sind türkischer Abkunft, haben aber zum Theil ihre Sprache schon vergessen und sind den Luren gleich geworden. Wie der Name der Karabaghi sagt, stammen sie aus der Gegend von Karabagh, wahrscheinlich durch Nadir Schah hierher verpflanzt. Ihre Vornehmen nennen sich alle agha, was ihnen den Namen der aghadscheri zu Wege gebracht hat, = dscher = blaguers. Auch die Lurtaife der Schereli und Jusefi in der Ebne Bulfaris habe ich früher vergessen. Bodencultur war den Luren durch ihre Feden und allgemeine Unsicherheit fremd, doch scheinen viele derselben ihr nicht abgeneigt, nachdem sie die unterhalb Gulbar angebrachten Melonen und Felder gesehen haben. Als ich heute eine Wassermelone verspeiste, bat mich ein Lure um die Kerne zur Aussaat. – Heftiger Windstoß gegen 2 Uhr, der fast das Zelt einriß. Gegen 11 Uhr regelmäßiger Anfang des Windes bis gegen Nachmittag, Abends und die Nacht meist ruhig. Aneroïd 64,1–64,2. Phalanx-Spinnen, rodehl genannt, wurden häufig gefangen.

*Montag, 27., und Dinstag, 28. Juli.* Der Löwe ist noch nicht erlegt; er spottet der Wächter, gestern hat er 2 Ochsen und heute einen Luren gerissen. Aneroïd 64,3 gegen Abend bei 26°. Von Nachmittag bis gegen Abend regelmäßig Nordwestwind, oft mit starken Stößen. Am Morgen ist der Himmel meist mit grauen Wolken bedeckt, die meist 1–2 Stunden nach Sonnenaufgang verschwinden. Nachmittag bringt aber der Nordwestwind meistens wieder neue herbei, aber ohne Regen.

Ich machte kleinen Spazirgang (2_09_032) oberhalb der Zelte, fand aber nichts mehr neues; fast alles ist vertrocknet und verblüht, doch sammelte ich die trocknen Blätter der hohen, weißstenglichen, aromatisch riechenden Umbellifere, die ich durch Einweichen in Wasser für die Sammlung geschickt machte. [Pfl] Der Wein noch lange nicht reif, in ca. 14 Tagen. – Der Gouverneur gab mir einige schwere, rundliche Steine vom Aussehen des FeS, die aber im Feuer fast nichts als Asche zurücklassen, am Stahl Feuer gebend. Sie kamen aus den Bergen der Bameï von Dischmuk. Er meinte, es sei Hg; es soll sich häufig dort in den Bergen finden zwischen dem Geröll. – Der Vater des Gouverneur hat eine persische Geographie geschrieben, tscham tscham genannt. [Orte]

*Mittwoch, 29. Juli.* Warmer Tag, um Mittag 36°. Ich unterhielt mich mit dem Gouverneur über die brennenden Quellen von Baku. Da erzählte einer der Saids, daß 3 Pharsach von Dehmullah und 2 vom Dorfe Kalenderabad in der Fortsetzung des mahur des Bend Bebehan eine ähnliche Erscheinung sei. Einer der

Hügel, die aus lauter Gyps bestehen, stoße beständig Rauch aus, aber ohne Feuer, stecke man aber ein Stück Holz in die aschenartige Erde, so entzünde es sich. Schwefelgeruch mache sich stark bemerklich. Es ist ein rundlicher Platz von ca. 100 Schritt Umfang. Salzquellen finden sich 1–2 Pharsach weiter entfernt. Der Platz wird Seyid genannt. Es ist das jedenfalls die Stelle, von (2_09_033) der Ritter spricht. Dies wäre so die 3te Stelle, die eine im Mahur von Kerkuk, die 2te im Puschti Kuh von Choromabad, die 3te hier.

Die Festung Kala Gul und Kala Gulab, die dicht nebeneinander liegen, ragen auf einem ca. 1.000′ hohen Hügel aus dem umgebenden Mahur hervor. Nur ein Weg führt auf der Ostseite hinauf, für Thiere aber unpractikabel, denn bei ca. 200 beginnen steile Kalk? oder Sandfelsen, in denen der schmale Weg aufwärts führt. Oben eine Ebne, und zwar auf Kala Gul eine heiße Quelle, während Kala Gulab nur Cisternenwasser hat. Kala Gul wird jetzt wieder bewohnt, ca. 100 Häuser, mit einem Kätchuda, der unter Seytun steht. Der Werth der Festung sinkt aber auf Null herab, wenn die Belagerten nicht den nur ca. 40′ nördlich entfernten, etwas höhern Felsen, als das Schloß selbst ist, inne haben; dieser hat aber kein Wasser und bietet auf seiner Spitze nur Raum für 10 Mann dar, daher wird er Tä merde = 10 Mann genannt. Durch diesen Felsen gelang es dem Vater des Owais, Ferchad Mirsa, den Mammasenni Chef Welli Chan zu fangen, der sich darin eingeschlossen hatte. Durch die darüber aufgepflanzten Kanonen mußte er sich ergeben.

2mal standen die Mammasenni unter dem Gouverment von Bebehan, seit 10 Jahren aber unter den Gaschgai. Vor 27 Jahren machte ein gewisser Ali Waïs Chan, Chef der Mammasenni Rustami, dem Gouverment viel zu schaffen, dem schon Feth Ali Schah die Augen hatte ausstechen lassen. Er verübte die unerhörtesten Räubereien, keine Carawane konnte passiren; ein vom Schah an den Gouverneur von Bebehan geschiktes Ehrenkleid nahm er weg und schmükte sich damit. Lange entzog er sich den Verfolgungen Ferchad Mirsa's, Gouverneur von Schiras, bis sich derselbe vor 27 Jahren nach Sadat im Winter flüchtete. Da wurden alle Kätchudas und Kalendars des Kuh Gelu (richtig Kuh Kiluyeh) für ihn verantwortlich gemacht, ihn einzuliefern. Dadurch faßte man ihn und köpfte denselben in der Ebene Sarabsiyah. – [Orte]

In der Kajanier Zeit führte von Kala Gulab an ein Kanat das Flußwasser durch den Mahur nach dem heutigen Dorfe Schech Abdullah, Grenze von Bebehan gegen die Tschaab-Araber; jetzt ist er aber zerfallen, sein Wasser kommt dort nicht mehr an. Der Lirawi District gilt als ungemein fruchtbar, 15faches Korn wird geerndet, was der im Sommer durchziehende Reisende wohl schwerlich dieser dann sonnenverbrandten Ebne ansehen möchte. Aber im Winter bilden sich durch die häufigen Regen 5–6 Bäche im Mahur, die aufgestaut dann über das Land verbreitet werden. Diese Art nennt man deïm oder bachs, in Lursprache bätsch, im Gegensatz der künstlichen Bewässerung fariab.

(2_09_034) Der kleine District Cheirabad war früher reich an Dörfern, 15–16, deren Ruinen noch jetzt längs dem Flusse bis Aru reichen, nur von Iliaten der Poyir Achmed Germesiri bewohnt, die an einigen Orten kleine Culturoasen geschaffen haben. Von Station zu Station sind die zwischen wohnenden Taife dem Gouverment für alle vorkommenden Diebstähle verantwortlich; finden sie den Dieb nicht, müssen sie bezahlen.

Die ringsum von Bergen umgebne Hochebne Deschti Rum ist jetzt das Serhad einer Abtheilung der Gaschgai und Mamasenni Rustami, während früher dort die Bawui waren, die jetzt ohne solches sind und im Germesir bleiben müssen. Ein Bach entspringt in ihr, der wohl zum Salehun abfließt. Von hier nach Tell Chosrowi 4, nach Rudebeschar 5, Ardekan 5 Pharsach. Die Endung kann, gewöhnlich gun oder kun ausgesprochen, bedeudet soviel als [Minen?], z. B. goher = Edelstein und kann, ein Dorf hinter dem Elburs.

Eine eigenthümliche Krankheit der Pferde, rändsch genannt, richtet oft sehr großen Schaden in der Provinz Bebehan an, die auch in Choromabad und Puschti Kuh vorkommt, aber nur im Germesir, nicht im Serhad, nur an solchen Orten soll sie sein, wo Wasser ist, hingegen die wasserarmen Gegenden wie Lirawi, linkes Ufer vom Seytunflusse, Alischter sind frei davon, aber in Bascht, Dschurum, Seytun, Pelli und Deschun sehr häufig. Eine kleine Mückenart, bäschĕ genannt, wird von vielen als Grund angesehen. Die Krankheit ist ungemein ansteckend, so daß sogar ein Reiter, der ein solches krankes Pferd reitet, durch den an den Beinkleidern haftenden Schweiß desselben sie durch Besteigen eines andern auf dasselbe überträgt; durch Auflegen von Sattel eines solchen etc. Hunde, die das Fleisch solcher gestorbenen Pferde fressen, sollen blind werden. Die Krankheit befällt nur Einhufer wie Pferde, Esel, Maulthiere, die mit gespaltnen Huf sind frei davon. An dem Tage, wo das Pferd die Krankheit erhält, frißt es nicht, dann aber, ohne daß man die Krankheit bemerken könnte, frißt es bis zu seinem Tode; nach 1–2 Monaten bemerkt man erst die Krankheit, die Füße schwellen, das Maul wird heiß, Urin roth. Solche befallnen Pferde sollen augenblicklich sterben, wenn sie Regenwasser saufen. Die Hochebene vor dem Kuh Nur heißt Tschuchunĕ, wo kleine Quelle voller Blutegel, die sich auch häufig in der Quelle Serab tawe in Tolle Chosrowi finden. Unter dem Namen „huhmĕ" begreift man die zu einer Stadt gehörenden Dörfer; ein Huhma Kuh existirt bei Bebehan nicht.

Der Gouverneur erhielt heute Nachricht von Schiras, daß der Schah weitere 10.000 Tuman bewilligt habe für eine Wasserleitung des Flusses Kurdistan nach Bebehan. Früher war schon die gleiche Summe bewilligt, das Geld wurde aber durch einen von Schiras gesandten Mann eingesteckt, ohne daß er an die Arbeit [gegangen?] (2_09_035) wäre. Jetzt erhielt der Gouverneur Auftrag, ihn weg zu schicken und selbst die Arbeit in die Hand zu nehmen. Durch Geschenke an die Minister etc. ist in Persien alles möglich, meinte der Gouverneur.

In ganz Lirawi hat man nur bei Kala Tunup und bei dem ruinirten Dorfe Bender no süßes Wasser, wo Brunnen. Vielleicht nur 2 Monate lang trinkt man das in Cisternen gesammelte süße Regenwasser, dann brakisches Wasser. 2 Pharsach von Dilem, 1 vom Meere entfernt und 2 vom Kuh Bigäs, liegt das Dorf Boherat. In seiner Nähe bildet das Meer einen bis hierher reichenden, langen, schmalen Einschnitt, den man schekare kissě nennt = Schlüssel der Jagd. Hier werden die hier häufigen Gazellen leicht in großer Menge erjagt, indem man sie in diesen Winkel treibt, wodurch sie gezwungen werden, sich in's Wasser zu stürzen.

*Donnerstag, 30. Juli.* Mit Nedjef Kule Chan, Sohn des frühern Hakims von Bascht, dem der Gouverneur vor 2 Jahren das Eisen um den Hals gelegt hatte, an der Karte gearbeitet für die Wege um Bascht, was er bis Kaserun und den Mahur gut kannte. Von ihm erfuhr ich, daß die Quelle von Seran Schah Bahram nicht in den Schahpurfluß, sondern in den Faliunfluß abflißt. In Bascht selbst sind nur Quellen. – Der bisher Teng Pir Risa geschriebne Engpaß muß Biresa geschrieben werden, von bi = nicht oder der Vorsylbe un entsprechend und resa freudig, also der nichtfreudige, wegen des schlechten Weges. – Die Ruinenmenge des ganzen Bebehan- und Chusistandistrictes erklärt sich durch das Wüthen der Krankheit taun (Pest?), die unter Feth Ali Schah vor ca. 60 Jahren alles verheerte, die meisten Orte sterben aus, und was übrig blieb, fiel den Plünderungen der Luren anheim, so daß die wenig übrig gebliebnen zur Auswanderung genöthigt waren. – Dehidescht war zwar schon vor 100 Jahren auf Null gesunken, seine Kaufleute, aus denen einst die ganze Stadt bestand, hatten sich [einst?] weggewandt nach Teheran, Schiras, Ispahan, wo sie noch heute durch ihren Reichthum bekannt sind. Durch Lureneinfälle und Pest verödete der Ort gänzlich.

Die merkwürdige Bildung vieler Berge des südlichen Gebirgswalles als isolirte Kegel mit aufgesetzten Horizontalen an den Seiten senkrecht abstürzenden Steilwänden wurde von den Luren zu Festungen benutzt. So Kala Gulab, Kala Sefid und die 2 Desekuh bei Dehidescht. In Kala Gul befinden sich in der Steilwand 2 Thüren eingehauen, durch die der Weg völlig abgesperrt war. Thiere können nur bis zum Fuß der Felswand kommen, die auf einem runden Tepe ruht. Hier her hatte sich auch der räuberische Mamasenni Cheh Welli Chan zurückgezogen, als er vom Vater von Sultan Ovais Mirsa, dem Motamed el daule oder Ferhad Mirsa von 3 Bataillonen Fuselieren und 500 Reitern und 3 Kanonen belagert wurde, die den 10Mannfelsen eingenommen hatten. Welli Chan hatte sich aber in die Mahur geflüchtet, wo er aber doch aufgefunden und endlich geköpft wurde, seine Familie aber nach Schiras gebracht.

(2_09_036) Auf dem Desekuh am Fuß des Kuh Badjak ist eine flache Ebene, die 300 Batman Getreide erzeugen kann, nebst vielen Quellwasser und Reichthum an Bäumen, Trauben, Granaten, Wallonen. Vor 25 Jahren, als die Tayebi Germesiri und Serhadi noch vereinigt waren, bezahlten sie kein Tribut; hier hatten sie ein sichres Asyl; sie wurden belagert; aber bei einem Ausfall, den sie machten, ging dem Chef sein prachtvolles Pferd durch, gerade unter die Soldaten, wodurch er leicht gefangen wurde. Auf dem kleinern, Kuh Dis genannten Felsenkegel auf dem Wege bei Teng Biresa erblickt man noch 3 Wasserbassins zum Ansammeln des Regenwassers und einige 10 zerstörte Häuser aus derselben Periode wie zu Dehidescht. Ähnlich ist Kala Sefid und Kuh Istachr bei Persepolis, auf dem letztern ein sehr großes Wasserbassin von Assadedaule ausgehauen war, so daß die Perser von ihm sagen, er schuf einen Berg im See (Bendemir) und einen See auf dem Berge. – Die hiesigen Lurpferde gute Klettrer, aber keine Racenthiere. Oberhalb Teng Tokab in den Gärten werden kleinfrüchtige Limonen gezogen, limu ab genannt, deren Saft zu Scharbat sich sehr lang hält, während der von den großfrüchtigen, limu torsch, kaum monatelang sich hält. Am Fuße des Desekuh wohnt jetzt der Chef der Tayebi in einem Kala, deren jeder Kätchuda oder Chef ein solches besitzt; jede Nacht müssen ca. 10 Mann Wache halten. – Die hiesigen Luren wohnen im Sommer größtentheils in Laubhütten, nur im Winter im germesir schlagen sie ihre schwarzen Zelte auf; hingegen in Choromabad Winter und Sommer in Zelten.

*Freitag, 31. Juli.* Aufregung unter der Bevölkerung: es kommen Leute vom Kuh Merrä bei Bascht, daß Schah Bas Chan 10 ihrer Leute erschoßen habe von der Abtheilung der Ali Schahi von den Bawuis. Der zufällig hier angekommne Sohn von Schah Bas Chan wurde gleich festgenommen und so lange geprügelt vor dem Gouverneur, bis die Leute nicht mehr konnten; seine Begleitung hatte die Flucht ergriffen, wurden aber von den Reitern eingeholt und Eisen um den Hals gelegt. Auch kam ein Brief von Scharif Chan der Gaschgai, der um einige tausend Luren bat, um gegen die Mammasenni zu streiten, die in Revolte waren; 3 Katchuda's und 8 Mann der Gaschgai waren in der Fehde getödtet. Der Gouverneur schlug es aber ab, in dem Scharif Chan von Hössam es Sultan in Schiras als Gouverneur eingesetzt war. In Descht Ardjun das unter Weidenbäumen befindliche Imamsade ist der Platz, wo einst Salman, der von hier stammte, von einem Löwen angefallen (2_09_037) wurde; der Name Ali's schützte ihn aber, den er anrief in seiner Angst, dem Löwen Narzissen entgegen haltend, die jener auch annahm; nach einiger Zeit darauf gab ihm Ali seine Narzissen zurück, und dieser erkannte, daß Ali sich damals in einen Löwen verwandelt hatte.

Darüber befindet sich die Höhle des Harumsade, wer nicht hineinkriechen kann, wird als solcher angesehen.

Die Luren haben keinen Begriff von Zeit und Pharsach; fragt man nach einer Entfernung, erhält man meist zur Antwort „hidsch, ye risch dschumban" = nichts, eine Bartlänge, wenn es noch 2–6 Pharsach sind. – Die kleinen Steinhaufen, die man oft an den Wegen erblickt, zu 4–6 aufgebaut, heißen chane kiamet; man errichtet sie, wenn man zu erst das Grab oder die Stelle eines Sanctus erblickt, und meint damit, daß man dafür nach der Auferstehung ein Haus im Paradies haben würde. Die großen Steinhaufen sind meistens Tepe salam, von welcher Stelle aus die Reisenden zuerst ihr Ziel oder eine heilige Stelle erblicken. Eine 3te Art sind die Kademga, wo entweder ein Heiliger gebetet oder geschlafen hat oder Fußtritte desselben in Stein wie z. B. der Fußtritt des Imam Risa zu Maschad und Behbeban. Die mit Lumpen behangnen Bäume oder Sträucher nennt man nasr kerdä, was soviel andeuten soll als ein Heiliger gibt auf diesen Baum Achtung; sie entstehen meist dadurch, daß darunter Schlafende im Traume einen Heiligen sahen.

Vor 2 Jahren fast jeden Tag Gewitter mit Regen im Kuh Gelu, alle vom Kuh Daena herkommend, was viel Krankheit erzeugte. Auch heute gegen Abend war der Himmel dicht bewölkt, doch ohne Gewitter. Neben Aradschun das kleine Dorf Imam Risa mit dessen Imamsade, wo er einst soll geschlafen haben; neben dem Orte die alte Brücke. 1 Pharsach von Kai Kaus befindet sich der sogenannte Filchane = Elephantenhaus, in dem Kai Kaus im Winter seine Elephanten soll aufbewahrt haben; bei Deschun befindet sich das Schirchane = Löwenhaus; bei ersterm großes, ruinirtes Dorf. – Der Berg südlich neben Schuler versieht ganz Schiras mit seinen Holzkohlen, da die dortigen Berge sehr bewaldet sind, namtlich Wallonen.

*Sonnabend, 1. August.* Mit der Karte beschäftigt.

*Sonntag, 2. August.* Durch einen Mullah aus dem Daschtistan erfuhr ich folgendes über diesen Theil der Provinz Fars, mit ihm versuchte ich auch die Karte zusammenzustellen. 5 Pharsach von Borasgun liegt der hohe Berg Gisekun mit dem Garten reichen Orte Chawis an seinem Fuße. Der felsige Berg erhebt sich steil; nur ein schmaler (2_09_038) Fußsteig, der leicht vertheidigt werden kann, führt hinauf, daher oft Zufluchtsort von vom Gouvernement Verfolgten. Die weite Oberfläche bietet zu Culturen viel Raum dar, auch finden sich sehr tiefe Brunnen vor, man sagt, 3.000 ardschin tief, durch die das Wasser heraufgezogen wird. Das Kala soll aus sehr großen, behaunen Steinen bestehen, mit Pahlvischrift hoch oben an den Felsen, gebaut von Hormus Sohn. Zum Aufsteigen braucht man 2 Stunden, viel größer als Kala Gulab.

Cultur durch bachs = Regen. Stadtreste existiren nicht. In Firusabad soll ein altes Kala sein mit ebenfalls sehr großen Steinen und Pahlvi Inschriften, von Schah Firus, Sohn von Schahpur, gebaut. Soll nicht mehr sein! – Ferner bei dem jetzigen Orte Deh Kona = altes Dorf sind ½ Stunde entfernt die Ruinen des Kalai Schobankarre, das aus großen, behaunen, mit Fe und Pb zusammengehaltnen Steinen erbaut sein soll und jüdische Inschriften hat, die von Juden gelesen werden konnten. Man sagt, 2.500 Jahre alt. Der Name des ganzen Bulluks Tschobankare soll seinen Ursprung haben von einem Schäfer, der sich hier ansiedelte, den Boden cultivirte und reich wurde, so daß er viele Orte gründete, die jetzt auf 47 herangewachsen sind. – Im Dorfe Kalai Sirä finden sich die Reste eines mit Gyps und kleinen Steinen von Machmud Chan Darabli vor 850 Jahren erbauten Kala's, das durch Schah Abbas Chan zerstört wurde.

Die Tscheschme Ali soll entstanden sein durch Imam Ali, der dort seine Lanze in den Boden steckte, als er in dieser Gegend alle Juden zu Muhamedanern machte (1230 Jahre?). Daß die sogenannten Daschtistani viel Jüdisches in ihrer Physiognomie haben, läßt sich nicht leugnen; sie sind ein von den Iraniern verschiedner Volksschlag. In den 8 Pharsach von Buschir abwärts gelegnen Bender Deïr und Berdistan soll die Bevölkerung in ihrer Sprache ganz an die jüdische erinnern, namtlich haben sie das Zischen, z. B. statt schismek sagen sie sismek mit Anstoßen der Zunge. Ebenso soll die jetzt muselmännische Bevölkerung von Bahrein, Katif und Lachsa dieses Anstoßen haben. Auch in Bebehan sollen früher alle Juden gewesen sein, auch haben sie das Zischen der Aussprache, z. B. sagen sie statt „birawin chuna“: bischim mene serai = geh nach Hause. Auch die Lursprache des Kuh Gelu soll manches jüdische Wort enthalten. [Spr] In Bebehan leidet man nicht, daß Juden (2_09_039) sich ansiedeln wegen der Ähnlichkeit der Sprache. Von Dehideschť ist es bekannt, daß ein großer Theil Juden waren. Von ehemaligen Kurden in dieser Gegend weiß man nirgends etwas; sie reden jetzt alle die Lursprache und rechnen sich zu ihnen, auch das ganze Daschtistan.

Der Name Lirawi soll von lir = nicht und ab = Wasser kommen, wegen des Wassermangels. Der gewöhnlich heye Daud genannte Bulluk heißt richtig Heyad Daud, von Heyad, Sohn eines Daud von Hindian, der sich hier niederließ und Ortschaften anlegte vor 80 Jahren. [Orte] In Kala Gulab soll früher Yesdegerd gewesen sein, genannt Amir [Lirau?]; Schah Abdullah, Sohn von Imam Baker zog hier gegen erstere zu Felde, letzterer kam hier aber um. Das bei Dilem gelegne Imamsade Schah Abdullah soll sein Grab sein, wo die Inschrift es aussagt, vor ca. 1205 Jahren. Imam Hassan Ali soll dann erstern aus Rache getödtet haben. – Das Imamsade Bibi Hakime enthält das Grab einer Tochter des Imam Risa von Mesched, die hier starb auf dem Wege von Medina nach Mesched, um das Grab ihres Vaters aufzusuchen. In Bebehan ist das Grab Schech Fessl, ein

Bruder von Imam Risa, der hier starb; über ihm die blaue Kuppel. In Dehidescht ist das von Hamse ebn Hamsa, ebenfalls Bruder von Imam Risa; letzterer hatte 8 Frauen und erzeugte mit ihnen 21 Töchter und 18 Söhne.

*Montag, 3. August*. Das Filchane bei Kai Kaus ist ein 4eckiger Bau mit Kuppel, aus gedsch erbaut, ca. 35′ hoch, mit 4 gewölbten Eingängen; in ihm, erzählt das Volk, soll Kai Kaus, der Gründer des Ortes, seine Elephanten aufbewahrt haben. Viel Gärten um das Dorf. Ebenso ist das Schirchane gebaut, im Innern viel Gräber, daher beide wohl nur Grabcapellen. Neben dem Filchane wird in großer Menge Asphalt genommen auf einem ca. 600′ langen Platz, auf dem es sich 4–5′ tief unter der Erde befindet in wechselnden Schichten, am Fuße des Mahur sich entlang ziehend. Aller nach Ispahan, Schiras etc. verführte Asphalt, gir genannt, kommt von hier, jährlich über 1.000 Tuman.

Von Kai Kaus geht der Weg immer durch Ebne bis Deschun, dann im Mahur bis zum Teng Serwek. Der von weiten sichtbare spitze Berg Kala Nadir soll seinen Namen von Nauser ebn Duhs, ein Kajanier, erhalten haben, woraus die Luren Nadir gemacht haben. Auf der Spitze des Berges befindet sich ein kleines Platau, um welche Spitze herum die jetzt in Trümmern liegenden Häuser terassenförmig aufgebaut waren; mit Wasserbassins. (2_09_040) Narzissen oben. Als Stall für die Thiere diente eine natürliche Höhle.

Daß die Einwohner von Bebehan wie Juden sprechen, wurde von allen bestätigt, auch haben sie einen eignen persischen Dialect. [Spr] Sollten sie von Juden abstammen? Fragt man sie, so erzürnen sie sich darüber, aber noch jetzt duldet man deshalb keine Juden in Behbeban. – Djingischan erobert Hamadan 1221. Unter Archun Schah, Argun Aga, der mongolische Statthalter Syriens im Jahre 1258, ein Verwandter von Dschingis, war ein gewisser Sad el daule Bagdadi, ein Jude, erster Minister, der dann alle Provinzen mit jüdischen Gouverneuren versorgte, womöglich Asad ed daulet, Sohn [Rokneldullahs?], der Buiden Sultan, welcher in Schiras und Istachr residirte, der Erbauer des Bendemir und der Mauern von Schiras. Als Abzeichen, daß man ein Jude sei, trug man ein blaues Band auf der Brust. In jener Zeit hat man die Perser zum Judenthum dadurch überreden wollen, daß ja auch der Himmel jüdisch (= blau wie ihr Abzeichen) sei. Cherduhs = Serduscht? Zoroaster und Dschousfer sollen die Juden von Scham hierher gebracht haben.

In der Geschichte des Ebn Challakan von Erbil führt er 3 Städte unter dem Namen Scheristan auf, Vergleich von Hammer W. J. 1833, 63, p. 25, eine in Chorassun, die andre in der Ebne Schahpur in der Provinz Fars. Welches Schahpur ist hier gemeint, Schahpur bei Kaserun, welches dann Scheristan sein würde, oder Dehidescht, deren District noch jetzt Belad e Schapur heißt. – Die beste Mumiai kommt von dem Berge bei Nasekun, an welcher Stelle der Gouverneur

Wächter derselben aufgestellt hat, die dieselbe an ihn abliefern müssen; sie soll aber nur mit Seilen zu erreichen sein: die Stelle liefert jährlich ca. 3/4 ℔. Die Räuber lassen sich an Seilen hinab, kratzen sie vom Felsen ab und stecken sie in den Mund, um Zusammenkleben in der Tasche zu verhüten. In den Felsen oberhalb Teng Tokab kommt auch welche hervor, aber vielleicht jährlich nur 2–3 Unzen, wo ebenfalls Wache ist. Früher kam sie dort mit Wasser hervor in Mengen, aber durch ein Erdbeben, wodurch ein Theil des Berges einstürzte, verschwand dieselbe. Nur in der Provinz Bebehan und bei Darab wird gute Mumiai in Persien gefunden, die bei den Persern so hoch geschätzt wird, daß die Mumiai von Teng Tokab und Nasekun unbezahlbar erscheint, da sie nicht in den Handel kommt; die 2 Gouverneure versenden sie an ihre Freunde und an den König zu Geschenken. Auch im Puschtikuh soll Mumiai vorkommen.

*Dinstag, 4.–Freitag, 7. August.* In [Djehhrum?] soll ein Dattelbaum jährlich ca. 150 Batman Früchte liefern, während z. B. in Bebehan nur 12 Batman. An vielen Stellen von Lirawi und in Laar sollen sie völlig wild vorkommen. Juglans wild bei Dalechan bei [Alamat?]. Die persisch Fündük = Haselnüsse werden meistens in den Gärten von Schiras und Ispahan gezogen. Die Alu Buchara mit rothen Früchten findet sich häufig ebenfalls dort in den Gärten vor. – Gestern gegen Mittag einige Donner, aber ohne Regen. Vom Gouverneur erhielt ich gestern ein junges 4jähriges Araberhengst, 2 [Hasen?], [von?] [der?] Frau [einen?] [Smaragdering?].

(2_09_041) *Sonnabend, 8. August.* Über Choromabad erhielt ich folgende Auskunft: Unter Luristan versteht man nur diese Provinz, deren Einwohner alle Feili genannt werden, nur die Wanderhorden, die Iliaten, nennt man [Läk?]. Sie theilen sich in viele Taife, davon die Sekbend (oder wend) 2.500 Zelte, Papi 2.400 Zelte, Saki 300 Zelte und Tschuteki 1.300 Zelte, die in Choromabad gesprochnen persischen Lurdialect reden. Die folgenden Stämme sprechen die etwas vom persischen abweichende Laksprache: Pairanawend 3.000 Zelte, [Batschulewend?] 800 Zelte, Hassanawend 1.700 Zelte, Jusufwend 1.000, Kuliwend 2.800 Zelte, Derrikawend 2.000 Zelte, Mellidschawend 800, Schechalewend 1.200 Zelte, Keremali 1.000, Kakawend 700, Achmedwend 300, Makawend 200, Hellalwend 800, Selsele und Delfun zusammen 2.000 Zelte, Sehhniwend 800, Kerkutwend 300, Telmitwend 900, Farrasch 200, Samanawend 600, Fulatwend 700, Kursebur 1.000 Zelte, deren regelmäßige Abgaben für Teheran 35.000 Tuman jährlich betragen, die sich aber in allen zusammen auf 100.000 Tuman steigern wie für Verpflegung der Soldaten, Geschenke für den Gouverneur etc. Einen District von Choromabad bildet der Puschti Kuh, der wieder unter 4 kleinern Gouverneurn vertheilt ist, und zwar die Taife Achmed Chan 2.700 Zelte, Haider Chan 1.500 Zelte, Ali Chan 2.300, Abu Katare 2.700 Zelte, deren Abgaben 30.000 Tuman betragen. Die Grenze von Puschtikuh bei Baterai, 3 Tagereisen von Bagdad, während der Choromabaddistrict sich erstreckt zwischen Kirmanschah, Nehawend, Burudjird und Disful. Im Puschtikuh soll die kurdische Sprache geredet werden. [Spr]

(2_09_042) Im Yaftekuh, 1 Tagereise von Choromabad, im District der Tschutekitaife befinden sich in Fels gehauen mehrere Höhlen, ghare kaugun genannt, die von Kaik Kuhsad herstammen sollen. Figuren und Schrift. 4 Säulen. Eine andre, ca. 200′ lange Höhle befindet sich im Kuh Descht, 15 Pharsach von Choromabad bei Hulilan. Sultan Owais Mirsa ließ einmal darin den Schutt wegräumen, wobei er ½′ lange, silberne Nägel fand, die jetzt in Teheran. Später will man darin einen Stein mit jüdischer Schrift gefunden haben. Man nennt sie Botkädä; innen soll sie geweißt sein, ohne Sculpturen, jedenfalls eine Grabstätte. – Die erstern Höhlen sieht man als Gefängnisse an, zu denen die Gefangnen an Stricken hinab gelassen wurden; ebenso hält man eine Höhle beim Dorfe Chawis für ein solches Gefängniß unter der Zeit Kobads. In der erstern soll ein Fußabdruck in den Felsen sich befinden von Ali.

Die Taife zwischen Choromabad und dem Puschtikuh sind Badschulwend 800, Bidschenewend 600, Kakulwend 400, Kascheref 500, Söhri 900, Amrai 1.800, Tschekani 800, Tulawi 650 Zelte. – Der Ort, wo aus der Tiefe Feuer hervorbricht im Puschtikuh heißt surwatiyeh, 5 Menzil von Choromabad. – Im Choromabaddistrict finden sich Schwefel, Naphta, Salz, Asphalt, gulkhaf zum Gerben, masu von Eichen, ges, schukä = Manna von Eichen, saadsch, zum Schwarzfärben, von Eicheln. Die Namen unter den Lak sind viele alt wie in ganz Persien, z. B. Ajub, Junus, Isa, Musa, Jacub, Iskender, Afrasiab, Kobad, Karun, Chosro, Kaus, Jusuf, Dawud, Chodai; Frauennamen sind z. B. Sulaicha, Merjene, Beysade, Dawus, Mahperri, Nasperri, Nasperwer, Korsum etc. Der Delfuntaif theilt sich in 2 Theile, der eine sind Saids, die andern Ataschbegi oder Ali Allahi, die nackt um großes Feuer tanzen, nur mit Gürtel um die Lenden, darin ist Pulver. Sie sagen, sie verbrennen sich nicht mit dem Feuer; Fremden theilen sie ihr Feuer mit und fordern zur Mitmachung der Ceremonie auf. Es sollen ca. 1.000 Zelte dieser Ataschbegi sein, die um Kirind ihre Ceremonien treiben. Vom [tscherach?] kuschan kennt man in Luristan nichts, aber von Kurdistan sagt man es. – In Choromabad viel Juden, die ihre eigne Sprache reden; sie besitzen eine große Synagoge und ca. 1.000 Häuser. Sie tragen die Haare wie Perser, nicht nach vorn lang herabhängend. Gott nennen sie Elianaui und richten ihr Gebet nach den beït el mukatos.

(2_09_043) Heute Nachmittag bei starken Nordwind, der die Zelte einriß, Gewitter mit etwas Regen. Alle Gewitter kommen vom Kuh Daena her. Im Kuh Descht, 12 Pharsach von Choromabad, sollen sehr viel Scorpione sein und bei dem dortigen Imamsade viel Schlangen, was früher eine Wegstation war, aber deshalb verlassen wurde. Choromabad gehörte früher einer erblichen Walifamilie der Jusuf [Chans]?

*Sonntag, 9. August.* 2 Söhne von Feth Ali Schah zeichneten sich hauptsächlich aus, der eine der Naib Sultane Abbas Mirsa, als Thronfolger designirt, der andre ist Mohamed Ali Mirsa, der als Gouverneur von Kirmanschah, Choromabad und Schuschter bis nach Bagdad vordrang. Er ist der Vater von Emadedaule. Die Knabenfigur in Tak bostan ist nicht Emadedaule, sondern Heschmededaule Mohamed Hussein Mirsa, Vater vom Schahsade Haidr Mirsa.

Vor ca. 30 Jahren, als Mehmet Schah in Herat war, wurde Hussein Sultan, der Bachtiarenchef, gefangen genommen. Seitdem ruhig bis auf Djafer Kule Chan, der ein Verwandter von Ali Risa Chan war. Ovais Vater war damals Gouverneur von Schuschter, er lud ihn dahin ein; er kam und blieb dort 3 Jahre wohnen, da ihn das Gouverment bezahlte. Als aber dann Heschmedeldaule Gouverneur wurde, ließ dieser ihn in Burudjird erdrosseln. Vor dem Wali Nedjef Kule Mirsa, Gouverneur von Behbehan, Sohn von Ferman Ferma, Sohn Feth Ali Schah's, war die Familie der Mirza's seit ca. 100 Jahren in erblichen Besitz des Behbahan-Gouvermentes. Da dieselben sich aber stets mehr oder weniger unabhängig zu stellen wußten und nur nach Belieben Steuer entrichteten, wurde von Ferhad Mirsa unter Mohamed Schah Behbehan belagert, das Kala desselben zertrümmert und Mansur Chan, der damalige Gouverneur, nach dem das Dorf Mansuriye seinen Namen trägt, nach Teheran ins Gefängniß geschickt, bis er in Schiras starb. Noch jetzt existirt die Familie in Behbehan, aber arm, das Mansuriyedorf gehört ihnen.

2 Jahre vor Sultan Ovais Mirsa entrichteten die Bahmei gar keine Abgaben, denn die frühern Gouverneure konnten nichts gegen die noch mächtigen Lurenchefs unternehmen. So besaß Choda Kerim Chan damals die Peyir Achmed Serhadi und Germesiri, die Dschurum, Nui und Duschmensiari. Als aber Sultan Ovais kam, lud er vor 3 Jahren auf einen Tag alle Lurenchefs ein und die Großen derselben und vertheilte die Taife an verschiedne Chefs. Der abwesende Choda Kerim Chan, der der Aufforderung nicht Folge geleistet hatte, behielt nur die Poyir Achmed, und in diesem Jahre verlor er auch die Poyir Achmed Germesiri. Er bot zwar mehrere tausend Tuman Geld an, wenn er wenigstens noch einen der Taife behielt, aber es wurde ihm abgeschlagen. (2_09_044) Dieser Choda Kerim Chan ist Feind von Schah Bas Chan und der sämtlichen Bawui. Als nun Schah Bas Chan der Aufforderung Sultan Ovais Mirsa nicht Folge leistete und kein Geld entrichtete, schickte derselbe mehrere Kanonen, 1 Bataillon Soldaten mit den Luren Choda Kerims Chans und noch ca. 1.000 Gaschgai heimlich in einer bestimmten Nacht nach Bascht, wo dieselben das Kala des Schah Bas Chan umringten. Am Morgen sah er sich gefangen, mit einem Koran und dem Säbel in der Hand trat er heraus und übergab sich, nachdem sein Nest

in Trümmer geschossen. In Behbehan wurden ihm die Ohren abgeschnitten, sein langer Bart und Haare; ein Strick wurde durch die Nase gezogen und er rückwärts auf einen Ochsen gesetzt durch die Stadt geführt. 1 Jahr blieb er im Gefängniß, dann wurde er wieder eingesetzt.

Schon vor 15 Jahren hatte Choda Kerim Chan den Schah Bas Chan überfallen, der letzterer aber durch Scheriff Chan, Chef der Mamasenni, unterstützt wurde, so daß Choda Kerim Chan sich mit Verlust zurückziehen mußte, nachdem ihm noch eine Kugel in den Fuß geschossen, die er noch heute darin hat. – Scorpione und rodehl sind hier häufig; als ich beim Gouverneur war, fand ich die Frau gerade im Hersagen einer Zauberformel beschäftigt, die allgemein im Orient verbreitet ist: aus so berabbe sa soha wä äs so heiye, wä men schärre kulle akraben, wer ro teïlen, wä heiye, schättsche, schättsche karaniyen karaniyen ja Nuho, ja Nuho, ja Nuhh. Dann wurde zu 3 dreimal geklatscht mit den Händen und dasselbe 3mal wiederholt. Eine auf der Pflanze sitzende Cantharide, ala kolenk genannt, soll augenblicklich die Pferde tödten, wenn sie eine fressen wie z. B. in der Nacht. Eine in Achwas häufige Scorpion-Art mit gerade auf der Erde aufliegenden Schwanz nennt man akrab dscherrare, die sehr gefährlich sein sollen. Auch in Aru kommen sie vor, wo jedes Jahr mehrere Personen daran sterben. Er ist klein, grau gelblich.

*Montag, 10. August.* Der Weg nach Kaserun: [Orte]. (2_09_045) [Orte] Gegen 12 jetzt zerfallne Dörfer liegen längs dem Ufer, zum ehemaligen District Cheirabad gehörend. [Orte] Dagumbesun in einer kleinen Ebne des Hügellands gelegen, wo einst ein großes Dorf mit großen Carawanserei; beide sind aber fast ganz zerfallen, nur bewohnt von ca. 150 Mann der Ali Schahi, einer Abtheilung der Bawui, die vom Gouverneur hierher gesetzt wurden als Wache für den Weg und Schutz der Carawanen. Sie sind verantwortlich für alle hier vorkommenden Raubanfälle. [Orte]

Nach Übersteigen des [Gendschegun] gelangt man in die kleine Ebne Chunamad, die sich links mit dem zwischen Kuh Chamei und Dil gelegnen Thale Kuh Merrä verbindet. Wieder wird ein vorgelagerter Bergzug überritten, Kuh Baschti genannt, dessen Abstieg zur Ebne Bascht führt, mit der gleichnamigen Residenz Schah Bas Chans, des Bawuichefs. Der nur ca. 50 Häuser zählende Ort ohne Interesse, keine Ruinen, nur von kleinen Bache bewässert.

(2_09_046) Der Weg führt durch die rings von Bergen umlagerte Ebne nach 2 Pharsach zum Bergzuge Tschalemure, zu dem man durch ein kleines Thal eintritt; niedrige, aber felsige Passage, dessen rechter Zug Kuh Bimurtä genannt wird. Man tritt nun in die Ebne Serabsiyah, Territorium der Mamasenni, und gelangt nach 2 Pharsach zum gleichnamigen Flusse, dessen Quelle ca. 2 ½ Pharsach aufwärts aus den Bergen der Elburs-Fortsetzung herabkommt. Wo jetzt die

Quelle, soll früher ein großer Feueraltar gestanden haben, der aber beim Erscheinen Muhammeds durch das steigende Wasser ausgelöscht wurde; noch heute soll man ihn im Grunde wahrnehmen. Nach Passiren des Flusses erblickt man einen ca. 40′ hohen Tepe mit einem Kala, wo einst der blinde Ali Wais Chan geköpft wurde. Der Weg steigt hier über eine sehr beschwerliche Felsenecke, welcher Bergzug 3 Pharsach weiter mit dem links nahe herzutretenden Zuge den sogenannten Senger bildet. Hier ist das Thal durch eine lange Mauer geschlossen, 5′ breit und mannshoch, die auf beiden Seiten sich zu den Bergseiten auf Felsenrücken hinaufzieht. Sie wurde von Mohammed Chan Afghan aufgeführt, als der von Bagdad kommende Schah Nadir hier durchzog. In der Schlacht verlor der Chan, und Nadir ließ nun die Mauer zerstören. [Orte] Am Wege liegt dann im [Bergzug des Kala Sefid] das Imamsade Dere aheni (= Fe thür), an dem Felsen hoch oben soll eine Inschrift sich befinden, welches seinen Namen erhielt von der Sitte der dortigen Einwohner, darin ihre Habseligkeiten zu verwahren, wenn sie in's Serhad zogen. Sie verschlossen es dann mit einer eisernen Thür und waren sicher, bei ihrer Rückkehr alles noch vorzufinden, denn die Räuber wagten nicht, das Imamsade zu berauben.

Durch einen S bach geritten, kommt man an den kleinen [Bach?] Seran Schah Bahram, dessen Quelle nur wenig aufwärts vom Wege liegt. Dort sind die Sculpturen in einer großen Felswand angebracht. [Orte] (2_09_047) [Orte] Vom [Teng [Fir?] Keman] führt nun der Weg Flußaufwärts fortwährend zwischen Bergen hin, bald im Flusse, bald an den Seiten, bis zur Pul Murt, ca. 3 ½–4 Pharsach von Kala Sefid, aber ohne besondre Felsbildung. Die hier häufig wachsende Myrthe verschaffte der Brücke den Namen. Der Weg biegt nun links ab vom Flusse über einen gerdennä aufsteigend zur Hochebne von Aliabad, in der ein Weg links abführt in ca. 4 Pharsach nach Ardekan, ein Kassaba mit 1.000 Häusern, Bazar für die Luren mit viel Tscharweders, wohl 2.000 Katirs dort. Der andre Weg führt zur Brücke Pul Dusach mit dem in enger, aber hoher Felsspalte fließenden Ardekunstrome; dann übersetzt er einen niedrigen Hügelzug und kommt zum Strom der Quelle Scheschpir, die ihren Namen von 6 Alten haben soll, die durch ihr Beten die Quellen hervorriefen. Über Schul, Mullah Gulam und Guyom führt der Weg nach Schiras, ca. 18 Pharsach von Ardekun. Bei Ardekun führt der Weg durch die Beisa Ebne nach Merdascht. Ich halte diesen Weg für die Route Alexanders, als er von Susa kam über Bebehan, Bascht, Kala Sefid, von da die Engpässe der Uxier bis nach dem Pul Murt.

*Dinstag, 11. August–Freitag, 14. August.* [Orte]

*Sonntag, 16. August,* war alles in Bereitschaft gesetzt, und 2 Stunden nach Sonnenaufgang wurde aufgebrochen in Begleitung von 200 Soldaten und zahlreichen Dienern. Gulbar siehe Ritter IX, 44. [Orte] (2_09_048) [Orte] Wallonen bedecken überall die Abhänge, mit Pistazien und Fraxinus, auf letzterer findet sich ein Seidencoconähnliches Gespinst, aber größer. An der felsigen Stelle erblikt man zuerst Sadat am gegenüberliegenden Bergzuge zwischen Bäumen über dem Thale gelegen. Steine waren daher am Wege zu Pyramiden aufgehäuft als tepe Salam. Der Weg senkt sich etwas bis zum Thale, indem nun der Weg aufwärts führt an einem nicht unbedeutenden, aber etwas brakischen Bache entlang. [Pfl] Am schlechten Steinwege kam Choda Kerim Chan uns zu Fuß entgegen, während seine Reiter weiter aufwärts geblieben waren. An einem Hüttenlager von Luren ritten wir vorüber, wo uns die Männer mit Schießen, die Weiber mit schrillenden Geschrei empfingen. An einer Mühle führte der Weg vorüber, dann gleich darauf an einem alten Carawanserei vorüber, von dem nur noch die Grundmauern sichtbar, aus einer Zeit stammend, als das Gebirge durch Carawanen nach Ispahan belebter waren als jetzt. Mehrere vorzügliche Quellen entrieseln dem Boden. Am Wege eine einsame, alte Platane. Im Thale aufwärts reitend, wird dasselbe nach ca. 2 Pharsach durch einen eingeschobnen Berg, aus Gyps und dicker Erdschicht bedekt, gesperrt, welcher Sadat von Dilegun trennt. In seinem kleinen Thale links gegen den Kuh Dilegun reiten wir den gerdennä aufwärts, wo reichliche Vegetation. [Pfl]

Hier empfingen uns die in einer langen Reihe aufgestellten Luren zu Pferde, die beim Annähern ihre Musik ertönen ließen, große Trommel mit Holzschalmeien; schnell hintereinander feuerte einer nach dem andern sein Gewehr ab, zu gleicher Zeit fiel der Kopf einer Kuh vom Rumpfe, den man dem Emirsade zu Füßen rollte, während die Kuh gleich in Stücke zerhauen und vertheilt wurde. Unter bunten Geschrei gings den kleinen gerdennä, genannt mulle mum, aufwärts, an dessen jenseitigen Abhange unsre Zelte aufgeschlagen waren an einem kleinen Quellbache. Der Aneroïd zeigte in Gulbar 64,2. Am Mittagslager bei Ronkek 62,7, während hier 62,1 bei 18° gegen Abend. Kecklick wurden heute auf dem Wege gegen 100 geschossen, die in großen Völkern die Gebüsche belebten. Nachts malerischer Anblick der um die Feuer zahlreich versammelten Luren. Der Lurenchef Choda Kerim Chan, auf dessen Kosten wir nun leben, erzählte, daß 4 große Bären hier im Berge wären. [Orte]

(2_09_049) Nur einzeln erblikte man hier die Cypressen, [Orte] den häufig vorkommenden Loranthus parvifol. auf Amygdal. etc., [nach?] dem Hakim baschi keschmisch kawliun persisch oder mäwisedsch arabisch, und Nasturt. offic., das auch von den Persern gern und viel gegessen wird, = bärmek oder terradisek abi, [Pfl] niedriges und hohes keklik oty oder serpung.

Der Gouverneur erhielt ein Schreiben vom Ilchani der Gaschgai, in dem er mittheilte, daß ihn seine Taife verlassen und sich unter den Ilbegi, ein Verwandter von ihm, geschaart habe, den sie zum Ilchani haben wollten; am Fuße des Kuh Daena hatten sie sich ca. 3.000 Mann stark versammelt. Der Ilchani hielt sich bei Guyom auf, nebst 400 von Schiras geschickten Soldaten und einigen Kanonen. Der Ilchani soll sehr dem Wein und Haschisch ergeben sein, ist dabei kaum 20 Jahre, hat daher noch keine Erfahrung, was deshalb von allen benutzt wird, um Geld von ihm zu erpressen, da er sehr reich, ca. 1 Million (europäische) Tuman besitzt in Baarem und liegenden Gütern, da er viele Dörfer zwischen Ispahan bis Bender Abbas besitzt. Durch große, dem Schah und dem Gouverneur von Schiras geschickte Geldsummen und Geschenke wurde er als Nachfolger seines Vaters bestätigt, aber mit dem Unterschiede, daß er tüchtig bezahlen muß. Der Ilbegi möchte nun gern an seine Stelle und bietet daher alles auf, unterstützt vom Muschir von Schiras. Wäre der Schah genau von den Verhältnissen unterrichtet, würde jetzt der passendste Moment sein, die Gaschgai zur festen Ansiedlung zu zwingen; so lange sie aber unter ihren eignen Chefs nomadisiren, würden die rivalen Verhältniße nicht aufhören. Der Gouverneur von Schiras aber, der in solchen Verhältnissen nur seinen großen Vortheil zieht, unterrichtet den Schah nicht davon und stellt es ihm zu schwirig vor.

Choda Kerim Chan hat 4 Frauen und 36 Kinder; die aber unter sich in beständiger Fehde leben, obwohl die ältesten kaum 16 Jahre zählen. Der Vater weint oft darüber, denn er weiß sehr wohl, daß nach seinem Tode einer den andern tödtet. Er wird auf ca. 30 tausend Tuman geschätzt. – Der reichste Tribus sind aber die Gaschgai, deren 40 tausend Familien im Durchschnitt jede auf 1.000 Tuman geschätzt wird. Seit dem Wali von Behbehan war keiner der Gouverneure nach Tschinar und Maregun ins Serhad gekommen, erst Ovais Mirsa hat damit begonnen. Ich frug den Choda Kerim Chan, ob er schon Europäer gesehen, was er bejahte, in Schiras, aber hier her sei noch keiner jemals gekommen.

(2_09_050) *Montag, 17. August.* Am frühen Morgen wieder aufgebrochen und der dem Thale nördlich gegenüberliegenden Berg aufgeritten, der nach ½ Stunde erstiegen war. Auf ihn führt der Weg nordwestlich an seiner Seite entlang zwischen Gebüsch von Lonicera, Cotoneaster, Wallonen, zwischen denen nun der Prangos, (früher barset genannt), von den Luren dschauschir genannt, in größter Menge alles bedeckte; während bidschell nur noch einzeln, der dafür aber die feuchtern Thäler erfüllt. [Pfl]; Dschinur auch hier jetzt in Frucht, aber nicht reif. Am Ende des Berges führt der Weg durch ein kleines Thal, wo der Weg sich senkt zur kleinen Ebne Deschte rak. Ein Bach entrieselt der Ebne, der hier seinen Weg nach Luwa nimmt. [Orte, Pfl] Die Ebne Deschti rak ist nur ein Längenthal, aber eingeschlossen durch das Thal auf beiden Seiten umgebende Hügel, nach Nord aber steigt der Zug des Tschalle Kelle mit seinen Felsenrücken empor.

Hier hatten sich die Luren versammelt, 2 Bären beobachtend am Berge rechts. Wir ritten in Gallopp den Berg hinan, die Luren kamen uns entgegen, den Bären vor sich hertreibend unter wildem Geschrei, während wir uns in einer Linie aufpostirt hatten, denselben würdig zu empfangen. Da ertönte lautes

Hülfegeschrei aus dem Gebüsch, denn einer der Luren war ihm in den Weg gekommen, den er sogleich niedergeworfen hatte, mit den Tatzen ihm das Gesicht ganz zerkratzend, die Füße und podex aber ganz zerfleischt mit den Zähnen. Dadurch war die Linie außer Ordnung gerathen, denn alles eilte unter lauten Geschrei dem Luren zur Hülfe. Der Bär aber nahm sogleich Reißaus und flüchtete aufwärts zwischen die steilsten Felsen, so daß wir mit den Pferden nicht weiter konnten. Doch wurde noch ein großer Steinbock geschossen. [Pfl] In Ebne Deschterak Aneroïd 78,8.

Nach dem nur 1/4 Stunde breiten Thale muß der hohe gerdennä Tschalle Kelle überstiegen werden, aber nicht felsig, da fast durchgängig alle diese Parallelzüge auf ihrer Südseite aus vom Meere aufgeschwemmten, meist an den Seiten abgerundeten Bergen bestehen, meist aus Sandstein, der aber nirgends hervortritt; diese Abhänge sind reich an Vegetation, leider aber alles schon vorüber. [Pfl] (2_09_051) [SprPfl] Auf dem Paßübergange zeigte der Aneroid 77,3. Hier thut sich nun ein weiter Blick auf über den Kuh Daena und einen Theil des Bachtiarengebiets; aber die Berge ohne ausgezeichnete Gipfelform. [Orte] An seinem Fuße angelangt, wurde im Schatten von Salix fragilis bäumen gerastet zum Diner. Der Aneroïd hier 62,6 bei 30 °C im Schatten. 2 Bäche kommen hier rechts von den Bergen herab, die nach Passiren eines engen Thales nach Tschinar hinabfließen. [Pfl, Orte]

Am Bache entlang reitend, tritt man nach Passiren des engen Felsthales, [Pfl], ein in die Ebne von Tschinar, und nach 1/2 Stunde ist der Konak erreicht. Auch hier wurden wir wieder von den versammelten Luren empfangen, die ihre Reiterkünste und Scheingefechte mit Schießen vor uns producirten. Ein Dorf existirt nicht, nur ein vor 4 Jahren von Choda Kerim Chan erbautes Kala so wie das am Wege gelegne, aber ganz zertrümmerte von Hussein Ali Chan unter Schah Nadir erbaute Kala; seit 30 Jahren ist es ganz zerfallen. Hier zeigte der Aneroid bei 39 °C 63,6 gegen Mittag.

*Dinstag, 18. August*. Von der heute stattgefundnen Sonnefinsterniß nichts wahrgenommen, da die Stunde nicht bekannt war. Auch die Luren glauben, daß sich eine Schlange vor die Sonne lege; mit Schießen und Lärmen suchen sie dieselbe zu vertreiben. Heute wurde wieder zur Löwenjagd ausgezogen. Eine Menge vorzüglicher Quellen entrieseln dem Boden von Tschinar, die sich zu einem Bache vereinen, der zum Salechun abfließt. An ihm reiten wir anfangs entlang, der gleich darauf rechts abbiegt, während wir dann gerade aus reiten über den Rücken des Kuh [...]; auf dem Carawanenwege, dessen Abstieg zur Ebne Sakawa führt. [Orte] (2_09_052) [Orte]

Zahlreiche Quellen entrieseln der Ebne, durch die der Ispahanweg quer durch führt nördlich; die Quellen vereinigten sich aber jetzt nicht zum Bache, der im

Frühjahr zum Maregun- oder Kurdistanstrom abfließt. Dicke, sandige Schlammschichten hatten sich in ihm gebildet, aus denen die Quellen durch trichterförmige Öffnungen hervortreten, den Sand emporwirbelnd. Ich nahm Proben des Schlammes mit wegen Infusorien. [Pfl] Den Kuh [...] reiten wir nordwestlich entlang bis zu einem kleinen Thale, wo uns die Lurentreiber 2 Bären vorzeigten nebst mehrern Schweinen. Aufwärts geritten, war auch bald der Bär aufgefunden, der sich zu retten suchte, aber eingeschlossen ringsum wollte er sich auf den ersten besten stürzen, was der Emirsade war, der durch Schreien des mit dem Säbel ansprengenden Luren wurde er nach einer andren Seite gejagt, bis ihn 8 Kugeln niederstrekten. Ich erhielt sein Fell. Ein andrer, kleinerer, mehr heller Bär wurde von Choda Kerim Chan geschossen. Auch ein ganz weißer soll früher von ihm erlegt worden sein. [Pfl] Auf demselben Wege wurde wieder zurückgekehrt, nachdem ich noch im Bache von Tschinar Batrachium paucist. und Potamogeton obtusif. sammelte.

*Mittwoch, 19. August.* Kranke wurden heute in Menge zu mir gebracht, Leute mit Kugeln in den Füßen, alten Geschwüren, Staar etc. Auch ein junges Mädchen mit hübschen Gesicht wurde zu mir gebracht, sie zu curiren und sie dann mit zu nehmen. Von den Luren zog ich folgende Erkundigungen ein: den Mulle Bischeng nennt man auch Bisend, auf ihm ist eine Quelle, die man Kortä Tschubgenun nennt, nach der Geschichte vom verlornen Kai Chosro. Auch eine tiefe Höhle ist dort, in der Schätze verborgen sein sollen, in der sich Kai Chosro verirrte. Am Nordwest-Ende des Daena, häufig Dina genannt, dine, daena = fides religio in [Pahlwi?], liegt der Ort Meimen; eine Stadt früher, von der die Luren sagen, sie sei vielleicht von Hassan Meimendi, Minister vom Sultan Machmud, dem [Gaznaviden?], erbaut, der sie nach dem gleichnamigen Orte von Chorasan [getauft?] habe. Dort gefundne Silbermünzen von der Größe eines ½ Krans (2_09_053) sollen auf einer Seite kufische, auf der andren persische Schrift haben. [Orte] (2_09_054) [Orte]

Der Name der bisher Poir Achmed geschriebnen Luren kommt von Boweïr, der Sohn eines Achmed war, daher Boweïr Achmed. Die Luren hier machen mir ganz den Eindruck der alten Parther, lauter hagere Gestalten mit ausdrucksvollen Gesicht, meistens gebogner Nase, dunkeln funkelnden Augen, voller, langer Backenbart, lang herabhängende, schwarze Haare. Die Frauen tätowiren sich mit Pulver ein Kreuz zwischen die Augenbraunen, letztere ebenfalls tätowirt mit Pulver und auf die Arme und Brüste; Augenbraunen geschwärzt. Das eklige Färben mit Henna sieht man nur einzeln. Auch hier tragen die Frauen einen weiten, dunkelblaun Überwurf über dem Kopf und Oberkörper. [Spr] (2_09_055) [Spr]

Tschinar scheint seinen Namen von einer einsamen Platane zu haben, die etwas westlich davon sich befindet. – Vorzüglicher weißer Honig wird hier in der Ebne Sakawa gewonnen; die Bienen sind wild, werden aber von den Felsen in Erdkörbe verpflanzt. – In der Hochebne Deschti rum sollen einst viele Rumi in einer Schlacht getödtet worden sein; Ruinen sind dort nicht. Auch bei Choromabad nach Passiren der Ebne Kuh Descht, Madianrud, kommt man nach Übersteigen eines Berges zu einer Ebne, genannt Rumischken, wo ebenfalls viele Rumi umgekommen sein sollen.

*Donnerstag, 20. August.* Aneroid 73,4 bei 31 °C gegen 2 Uhr. Vor 30 Jahren soll hier ein Europäer passirt sein, seitdem nicht wieder. Man brachte mir heute Samen von endschedan, enkedun der Luren, ganz vom Geruch der Asa foetida, die aber eine andre Pflanze ist nach Luren-Aussage, kendebu genannt. Beide wachsen hier ziemlich häufig auf den Bergen. – Die Luren schießen meistens mit kleinen, runden Eisensteinen, die sie auf den Bergen sammeln; ihr Blei beziehen sie von den Städten; als Kugelform benutzen sie einen weichen, gelblichen Stein, Mergel, in den sie die Löcher einschneiden. [Orte]

Der Name der Ebne Sakawa soll von einem saka = Wasserträger stammen, der hier das Terrain kaufte. Jeder Cultivirende mußte auf seinen Befehl dafür Abgaben an das Imamsade Bibi Chatun entrichten; noch jetzt wohnen dort einige Derwische, die von den Umwohnenden erhalten werden. (2_09_056) Der westliche Theil von der Tschinar Ebne heißt Sengi, weil es einst einem Schwarzen gehörte, der es unter einem Atabeg gekauft hatte. Beim Imamsade Bibi Chatun viel Endjedan.

Ich besichtigte heute das vor 4 Jahren von Choda Kerim Chan erbaute Kala, in der Ebne aus rohen Steinen erbaut, von hoher Steinmauer umgeben, mit Gyps geweißt, ebenso die obern Zimmer. Im Hofe unterhielt er einen kleinen Garten mit Calendula, Ipomoea tricolor. Das Kala wimmelte von Luren, die gerade gespeist wurden; nackte Jungen bis 10 Jahren, mit geschornen Kopf, nur ein langer Haarbüschel herabhängend, ganz wie Indianer. Sofort brachte man mir alle möglichen Kranken geschleppt, namtlich 2 Knaben mit sehr großem scrotum, in dem sich der penis zurückgezogen hatte. Des Chef 36 Kinder belebten allein den [Hof?]. – Große Eidechsenheute brachte man zu mir, [bosmar?] genannt, von Dehidescht, nicht in den Bergen.

*Freitag, 21. August.* Morgen Aufbruch nach Maregun. Die kleine Ebne von Tschinar wird von niedrigen Hügeln umlagert, [nakt?], ohne Bäume oder Wallonengebüsch, aus Kalkstein bestehend mit dicken, röthlichen Erdschichten bedekt. [Pfl] Abends nur 14 °C.

*Sonnabend, 22. August.* Am Morgen Aufbruch. Wieder wurde der frühre Weg nach Sakawe eingeschlagen und die Ebne nördlich quer durchritten auf dem Ispahanwege bis zum Imamsade Bibi Chatun. [Orte] Ein Dorf hier nicht [im Thalkessel von Maregun], nur Zelte der Boweir Achmed. Zahlreiche Quellen entrieseln diesen Kessel, die sich zu einem Bache vereinen, der dann abwärts zwischen niedrigen, parallelen Bergzügen von links her den Bach von Sakawe und andre [aufnimmt?] und so den Kurdistanfluß bildet. Die Zelte waren an einer quelligen Stelle aufgeschlagen, an der eine Gruppe hohe Weidenbäume angenehmen Schatten verbreiteten. [Pfl] (2_09_057) [Pfl]

Von Choda Kerim Chan erfuhr ich, daß sich die Gaschgai in 44 [Tireh?] oder Zweige theilen; die hauptsächlichsten davon sind die Scheschbulluki 4.000 Familien; Dereschuli 3.000, Keschkuli 1.500 Familien, Farsimidun (= persisch wissend) 2.000 Familien, Rahimi 1.000 Familien, Dscheferbegi 1.000 Familien, Detekahi 1.200, Ikter 1.500, Karatschuli 600 Familien, Ferhadelu 300, Behi 300, Lake kelessen 300, Karaguni 400, Kotscha beglu 500 und viele andre. Außerdem haben sich in frühern Zeiten zu ihnen mehrere Abtheilungen von Luren gesellt, die Feindschafthalber ihren Stamm verlassen hatten; so die Tayebi, jetzt dort 900 Familien; die Sachmedin, die früher zu den Boweïr Achmed gehörten. Der Ilchani stammt von den Djeferbegi. Die Luren des Kuh Gelu bilden eine sehr gemischte Nation, die ihre frühere alte Sprache nicht mehr kennen. Choda Kerim Chan erzählte, daß einst 4 Brüder des Stammes der Bachtiaren wegen Stammesstreitigkeiten ihren Stamm verließen und sich im Kuh Gelu niederließen. Sie hießen Tayeb, Bachman, Jusuf und Chidr Ali. Ersterer ist der Stammvater der Tayebi, der 2te der Bahmei, der 3te der Jusufi, der 4te starb frühzeitig, ohne Stamm zu hinterlassen. Diese vermischten sich mit den früher hier ansässigen Stämmen, so daß die ursprüngliche Sprache verloren gegangen ist. Die Boweir Achmed stammen von den Rustami Mammasenni; die Bawui von den jetzt um Mohammera ansässigen Bawui Arabern. – Die Dscherum sollen von Rum gekommen sein, dsche = wie und rum. Von den Duschmensiari und Nui Abstammung unbekannt. Unter den verschiednen Taifes gibt es Zweige, die sich taife Kadim nennen und die der ursprünglichen Lurenbevölkerung abstammen. So unter den Bowir Achmed die Abassi, Badeluni und Serkaki. Unter den Tayebi die Kurraï, Selle schehru. Unter den Bahmei die Kemoi, Bonari, Kollacher und Chalili. (2_09_058) Unter den Nui die Tschelaleï, Silai, Kemai und Kuscha. Ihre Sprache war verschieden von der jetzigen. [Spr]

Notiz zu Ispahan: der in Ispahan und Teheran gebräuchliche Name für den 8eckigen Hauseingang ist häscht wegen der 8 Ecken; der richtige oder eigentliche Name aber ist Kerrias. Daher Häschte behescht nicht mit Paradieseingang zu übersetzen, sondern die 8 Paradiese, weil in einem der Häuser 8 Zimmer waren, die diesen Namen trugen. – Fritillaria imp. auf persisch gule sernegun. Der am Nordwestlichen Ende des Kuh Daena gelegne Ruinenort Meimen soll einst eine große Stadt gewesen sein; alle Häuser aus rohen Steinen erbaut mit Gyps; aber alle einzeln und sehr groß, festungsähnlich und nicht zusammengedrängt. Leider kann ich dieselbe nicht besuchen, da übermorgen es weitergeht.

*Sonntag, 23. August.* Bei Sonnenaufgang 11 °C bei 62,6 ½ Aneroid; windstill. Unternahm Excursion auf den über Maregun sich steil erhebenden Kuh Tschau. [Orte, Pfl, SprPfl] An den Felsen angekommen, galt es ein guter Kletterer zu sein; denn von Felsen zu Felsen ging es nun aufwärts; hier zeigten sich nun niedriger, aber neuer dschinur. [Pfl, SprPfl] (2_09_059) [Pfl] Oben angekommen, befindet man sich auf den horizontal verlaufenden, aber nach Maregun zu plötzlich senkrecht endenden Kalkschichten, die ein kleines Platau bilden; hier waren häufig eine Arenaria junipera aff., ein schöner, rother Dianthus mit braunen, sammtartigen Mittelfelde, der auch im Schahu. [Pfl] Eine weite Aussicht bot sich von seinem Rücken dar, die mir des Kuh Daena wegen erwünscht war, den ich leider nicht besuchen kann, denn schon Morgen bricht der Gouverneur zu den Tayebi auf zu Fath Ali Chan. [Orte] (2_09_060) [Orte] (2_09_061) [Orte]

Ein ausgeschickter Lure brachte mir vom Fuße des Kuh Daena Wurzeln von kendebu und enkedun, beide dicke Wurzeln bildend, leider alle zerbrochen; aber 2 verschiedne Pflanzen und nicht, wie der Dr. aussagte, beide von einer Pflanze kommend. Asa Foetida wird dort nicht gesammelt, aber in Chorassan bei Täbes, bei Fasa und beim Dorfe Masaidschun bei Laar, wo sie im Germesir wächst, zwischen Dattelbäumen, wird sie häufig gesammelt. Im Frühjahr, (2_09_062) wenn der Stengel handhoch aufgeschossen ist, wird er abgeschnitten und die Stelle mit den 4–5 Wurzelblättern zugedekt und mit einigen Steinen beschwert. Bis zum Mitte August bleibt es so, dann kommen die Sammler, machen einen kleinen Graben von Gyps um den Wurzelschopf herum und nehmen die Blätter weg nebst der sich gebildeten trocknen [Gummi?]schicht. Während 25 Tage bildet sich jeden Tag eine Schicht durch das Heraustreten der Milch. Die Luren cultiviren nur Setaria germ., ersen genannt, zu Suppen oder Brot, ferner Weizen und Gerste; auch Reis, z. B. in Dscherum, Serfariab und Tolle Chosrowi; in Behbehan und Seytun wird viel Reis cultivirt. Ihre Hauptnahrung aber sind Eicheln, die sie bellid nennen.

Der Berg neben Kuh Daena heißt Kuh Tschuarra, weil von da 4 Wege ausgehen, einer von Schiras aus zu den Bachtiaren, der andre von Ispahan zum Kuh Gelu führend. (Semiran–Felat 8 Pharsach). Der Berg Kuh Abu Isaaki hat wohl seinen Namen vom König Abu Isaak, vom Geschlecht Indschu, der nach Dschingischan König von Fars war. Oder Emir Schech Abu Ischak, der den Waffen des Emir Mohamed Mozaffer nicht widerstehen konnte, verließ 1353 Schiras und schlug die Schoulistanroute nach Kala Sefid ein. Am Berge Kuh Schahborna (borna = gelb) ein Imamsade. – Der Berg Kuh Sikotä hat seinen Namen wegen der vielen Zacken erhalten = 30 Zacken, von koppe, die Spitze, in gewöhnlicher Luren Aussprache kottä genannt. – Der Kuh Rihk vielleicht von rihk = kleine Steine oder Geröll. – Vor dem Sebsekuh = Grünberg liegt die Ebene Chona Mirsa, hinter ihm die Wohnung von Hussein Kule Chan in Tschagachor.

*Montag, 24. August.* Aufbruch nach Dalun zu Fath Ulla Chan, Chef der Tayebi. Der Weg führt abwärts durch den Hügelzug von Maregun dem Bache entlang, worauf man in eine kleine, aber gut cultivirte Ebene tritt, die nun gen Nordwest durchritten wird, während der Bach links abgeht und sich hinter Hügeln verbirgt. Bald aber führt nun der Weg über niedrige, sandige Hügel, erfüllt mit [Pfl], in deren Einsenkungen 2 Bäche zu ersterem gehen; Boweir Achmed Luren hatten hier ihre Laubhütten aufgeschlagen.

Folgt ein 3ter Kessel mit Bach, der durch einen kleinen Teng in Delli girdu eintritt, das ist in das dahinter liegende Thal, wo sich die Bäche mit dem Sakawabache vereinen. Stellenweise tritt schiefriges, feinsplittriges, graues Kalkgestein hervor mit aufgerichteten Schichten, durch welches der Weg roh durchgehauen ist. Von diesem Kessel an beginnt nun reichere Vegetation, die Abhänge rechts und links sind dicht mit Wallonen bestanden, an deren jungen Eicheln ein honigähnlicher weißer Saft von sehr süßen Geschmack einzeln ausschwitzte. Die Mannaproduction wie in Kurdistan scheint hier aber nicht so reichlich zu sein, daher hier unbekannt. Rechts steigt ein nach Ost steil abfallender, nach West als kurzer Rücken fortstreichender Berg auf, an dessen Fuße der Weg nun aufwärts führt; oben angekommen, bildet (2_09_063) sich ein tiefes, schmales Thal zwischen ihm und einem links aufsteigenden Berge mit felsigen Kegel; von letzterm führt der Weg abwärts zwischen dichten Wallonengebüsch, aber rechts fällt der Blik auf Abgründe, über die der schmale Pfad, dessen lockeres Erdreich oft nachgibt und die Thiere hinabwirft, hinwegführt. [Pfl, Orte] Der merglige Berg wird nun abwärts geritten zu einem Kessel hinab, der nach einem Lurtaife den Namen rische billucheri führt. [Orte]

Nach 3 Pharsach von Maregun ist der Teng tschin erreicht, am Ende des Kuh Tschin, wo sich nun der Dschouwaka mit dem Schinisbache vereinigt. [Orte] Hier wurde am Bache Schinis etwas oberhalb der Vereinung im dichten Schatten von Salix Mittagsrast gehalten. Aneroid hier 67,3. Weinreben umrankten die Gebüsche über dem silber klaren, kalten, stellweise tiefen Bache; während Rubus sanctus mit seinen schwarzen Beeren in Menge. Einige Minuten aufwärts bricht derselbe aus dem Teng Schinis hervor. [Orte] (2_09_064) [Orte, Pfl]

Gegen 2 Uhr wurde wieder aufgebrochen bei großer Hitze; der Weg führt am Teng tschin vorüber, von dessen Anhöhe aus man einen Blick in diesen schauerlichen Durchbruch erhält. [Orte] (2_09_065) [Orte] Ins Thal [von Dalun] eingetreten, wurden wir von den Tayebi und Dschurum Luren feierlich empfangen. Die Weiber und Kinder waren auf den Hügeln postirt, mit schrillendem Geschrei uns begrüßend, während die Männer bei Ankunft uns mit Trommel und Pfeifenmusik begrüßten und einer nach dem andern schnell hintereinander seine Flinte abfeuerte; während andre auf einem Bein auf- und abhüpfend mit dem gezognen Schwerte vor uns hertanzend. Nun begannen die Reitergefechte, einer gegen den andren lossprengend und die Flinten und Pistolen auf einander abfeuernd; auch rückwärts schießend etc. Dichter Pulverdampf umhüllte uns, daß man glauben konnte, in einer Schlacht zu sein. Die Shefs kamen zu Fuße entgegen, sich tief verbeugend; ebenso die Luren nach Abschießen der Flinten. Nach ½ Stunde ist unser Lager erreicht am Fuße des rechts aufsteigenden Bergzuges; aber alles nackt, nur ein kleiner Quellbach fließt herab. Der Weg von Maregun bis hierher ca. 7 Pharsach. [Orte]

*Mittwoch, 26. August.* Am Morgen wurde zur Besichtigung des See bärm abhar aufgebrochen. Der Weg führte gerade aus über den nördlich über Dalun sich erhebenden Bergzug, steiler Aufstieg. [Orte] – Der Aneroid stand hier 79 auf dem Dalunberge. Im Thale Laubhütten der Duschmensiari, aber nirgends ein Dorf. Hier steigt man wieder einen noch höhern Berg hinan, dessen Ostseite Sersure, die Westseite Kuh Riwen genannt wurde. Auf seinem Rücken herrliche Aussicht. [Orte]

Die Thäler und Spalten lagen jetzt voller abgerissner Stengel von Prangos ciliata, die als dschouschir gusfend als Schaaffutter im Winter dient; die mit glatten Früchten wird mit Milch gegessen. [Pfl] Die Nordseite senkt sich steil mit Felswänden zum tiefen Thale hinab, über dem jenseits der viel höhere Kuh Schurom emporragt. [Pfl] Der hier (2_09_066) sehr häufige Pyrus Syr. hing voller Früchte, die häufig gesammelt werden, getrocknet und gestoßen, der großen Kerne wegen, die nach Bebehan und Schiras verschickt werden; die Blätter und Zweige hingen voller Tropfen einer süßen, farblosen Manna, rassuhl genannt (von persisch assal), die mit einer weißen Milbe bedekt waren. Ich kletterte den steilen Abstieg zu Fuß hinab, ganz allein, da die andern einen weiten Umweg machen mußten. Die Luren warnten mich vor Bären, ich glaubte es aber nicht und gelangte glücklich unten an. Viele Quellen kamen auch hier von beiden Bergseiten herab, sich zu einem Bache vereinigend, der bald darauf zum See fällt. Das Thal des Kuh Schurom ca. 3 Pharsach lang. Ein dichtes, hohes Weidengebüsch erfüllt beim See den Thalgrund. Der Blick fällt vom Berge auf den See, der mich ganz an die Meeraugen in den Karpathen erinnerte. Im Schatten des hohen Weidengebüsches ließen wir uns nieder, von wo der Blik über die ganze Fläche des tiefblauen klaren Sees fällt. [Orte, Pfl]

Mit dem Gouverneur hatten wir uns gemüthlich unter dem Baum niedergelassen [und?] bereiteten uns eben vor, ein Bad in dem nicht zu kalten Wasser des Sees zu nehmen, während die Luren sich im Dickicht zerstreut hatten, um Schweine aufzujagen. Da ertönte plötzlich ein tiefes Gebrüll, und mit einem Satze sprang ein mächtiger Bär aus dem Dickicht in die Lichtung, nur 12 Schritt von uns fern. Verwundert starrte er uns einen Moment an, während in der Verwirrung alles auseinander stob; der Gouverneur nahm seine Flinte und schoß ihn in den linken Schenkel, da stürzte er sich wüthend auf uns; ich flüchtete sogleich auf den ersten besten Baum neben mir, der Dr. floh jenseits des Sees auf einen Baum, der durch einen Bach getrennt war, während der Gouverneur, der nicht klettern konnte, verwirrt dastand. Der Bär zerriß ihm sein Gold besetztes Kleid, während Abdullah, mein Diener, der mir eben den Tschibuk bringen wollte, an ihm vorüber rann; da ließ der Bär den Gouverneur los und stürzte sich auf den davoneilenden Abdullah, der vor Schreck hinstürzte und der Bär auf ihn. Seine großen 4 Zähne bohrte er ihm in den Hintern, mit den Tatzen ihm die Kopfbedeckung abreißend. Da nahm auch der Gouverneur die Flucht, stürzte aber vor Schreck ebenfalls auf den Boden. Zum Glück nahm aber der Bär Reißaus, da ihm der Fuß ganz zerschmetterd war.

(2_09_067) Im Dickicht blieb er in der Nähe von uns liegen; keiner von den Luren wagte es, ihn aufzujagen, wir setzten uns zu Pferde und sandten nun einige Luren gegen ihn; kaum eingetreten ins Dickicht, stürzte er sich sogleich wüthend auf einen der Luren, der mit dem Säbel in der Hand ihm entgegen trat. Aber vor Schreck stürzte derselbe bei dieser zärtlichen Umarmung sogleich hin, während der Bär mit seiner ganzen Last halbtodt auf ihm liegen blieb, den einen Arm desselben im Maule haltend; da kamen auch die andern Luren herab und zerhauten ihm den Kopf, so daß er verendete. Den Luren, der besinnungslos unter ihm lag, wollten sie bei den Haaren hervorziehen, bis wir sie überzeugten, erst den Bär wegzuwälzen. Er maß von der Schnauze bis zu den ausgestrekten Hintertatzen 9′, ein wahrer Coloß, von weißlich aschgrauer Farbe. Wir ließen ihn zum Lager schleppen, wozu ganze 25 Männer nöthig waren, die gewaltige Last zu schleppen. Dieselben hatten sich ganz nackt ausgezogen, nur mit Lendentuch versehen; gerade so ziehen sie auch in den Krieg. Wir amüsirten uns nun, die Güte der Säbel zu probiren an seinem harten, dicken Felle, in dem der stärkste Säbelhieb nur schwachen Einschnitt machte, die meisten Säbel bogen sich dabei um.

Den ganzen Tag bildete nun dieses Abentheuer die Unterhaltung, wo bei es nicht an Lachen fehlte über die komische Situation, in der sich ein jeder befand, namtlich über Abdullah. Bald darauf wurden die Luren des weiblichen Bären gewahr, keiner wagte aber jetzt, ins Dickicht zu dringen, so daß dieser ungestört blieb. Wir nahmen darauf unser Bad im tiefen See, während die Luren weiterhin mit aufgeblasnen Schläuchen unter dem Arme den ganzen See durchschwommen. Die Bären nähren sich jetzt von Früchten und Wurzeln, namtlich von den hier häufigen andjudjek oder Birnen, deren Bäume sie geschickt zu erklettern wissen, den darunter stehenden Jungen werfen sie die Früchte hinab. Oft werden auch welche geschossen, die ganz weiß sind. Für den Winter häufen sie Weidenwurzeln in Höhlen auf als Nahrung. Der Bär blieb dort liegen, der dann von den andern Bären aufgefressen wird. – Gern wären wir hier geblieben für die Nacht, hatten aber nichts mit uns, so daß wir Nachmittags wieder aufbrachen. Diesmal ritten wir wohl ½ Stunde weit aufwärts im Thale, das hier cultivirt war, aber zum ersten Male in diesem Jahre auf Veranlassung des Gouverneurs. Der Kuh Schurom erhebt sich hoch darüber mit seinen abgerundeten Kuppen; nur wenig Felsen traten an ihm hervor. [Pfl] Der Weg führte fast am östlichen Ende der Berge aufwärts. [Pfl] Vom Kuh delli Bau aus lag der Kuh Nur 347–25, das westliche Ende von Tschaharra 40 in 47. (2_09_068) Das Thal durchritten, geht es den Kuh Dalun hinauf, zwar nicht so hoch hier wie weiter abwärts, aber dafür desto steiler. [Orte] Nach 1 Stunde war ich wieder bei den Zelten angekommen.

*Donerstag, 27. August.* Mit Ordnen zur Abreise beschäftigt. Der Wege nach Dehidescht sind 2, einer über Kelat, der andre über Lentä. [Orte] Die Gewässer südlich von Kuh Karun sollen gen Ram Hormus gehen, jenseits zum Chyrsan. Kala Djildjird ist vielleicht Kala Djeryek, am rechten Ufer gelegen, ersteres unbekannt. Am Flusse soll ein Grab in der Ebene sein, Haft schehitun genannt. [Orte] (2_09_069) [Orte]

*Freitag, 28. August.* Am Morgen aufgebrochen nach dem 7 Pharsach fernen Imamsade Schahsade Ghaleb. Der Abschied vom Gouverneur war herzlich; die Thränen standen ihm in den Augen; er sagte zu mir: „Warum sind Sie gekommen? Ich wollte, ich hätte Sie nie kennen gelernt“, und mehrmals machte er Versuche, mich zu bewegen, den Winter in Behbehan zu verbringen. Nachdem noch Thee und Kallian genommen, wurde endlich aufgebrochen; er ritt nach Maregun zurück. In dem hüglichen Thale von Dalun, die oft in gleichem Parallel mit den Bergen laufen, geht es entlang, bis man nach ca. 1 Stunde in das ganz hügliche Thal durch einen Abstieg von Tschindaliun eintritt oder, wie es auch die Luren nennen, Zirbiun.

Dieselben Bergzüge begleiten das Thal wie zu Dalun, aber vor uns erheben sich weitere Hochgebirge. Die Luren waren hier beschäftigt, die mit Manna bedekten Zweige von Pyrus Syriaca abzuschneiden; dieselben wurden in einen Kessel mit warmen Wasser gestekt, so daß sich der Zuckerstoff auflöste und dann zur Syrupconsistenz verdampft; sie nennen diesen Honig ghasul, in persisch assal. Hin und wieder sammelten sie auch die andjudjek, deren Früchte, die sie zerstoßen und in der Sonne trocknen. Die namtlich jenseits des Kuh Tschuharra häufig wachsende Prunus Mahaleb, auch hier Machleb genannt, ist sehr einträglich durch ihre Früchte, deren sie den Batman zu 3 Kran verkaufen, die namtlich nach Indien gehen. [Orte]

Luren hatten ihre Laubhütten den Wege entlang aufgeschlagen; unter den Frauen manch hübsches Gesicht. Zum sich senkenden Thale von Teng Leïtun abgestiegen, wo der Aneroïd 64,8, fallen links plötzlich die beiden Seiten des Gebirges senkrecht ab, einen engen, hohen Felsendurchbruch bildend, den Teng

Leïtun. [Orte] Das Thal verengt sich nun immer mehr, da ein Bergzug sich rechts einschiebt. Wallonenwälder beginnen nun, die gegen das tiefere Land bis Bors immer üppiger erscheinen. Auch hier schwitzten dieselben bis Bors stellweise weiße Manna aus, aber nur an den Früchten, deren Schaalen immer von einem Insect angestochen waren. [Pfl] Den Mulle tschirbiun aufsteigend. [Pfl] (2_09_070) Von ihm aus hat man einen schönen Blik über immer mehr abfallende Gebirgszüge, die fast eben erscheinen und nicht ahnen lassen, welche Mächtigkeiten sie darbieten. Hier ist die Hälfte des heutigen Weges. Ein schlechter steiniger Weg führt nun abwärts zwischen Wallonen zu einer kleinen Ebne mit kalter Quelle, Kellach chertä genannt, wo viel Pyrus. [Orte] Im Thale reiten wir nun links an steil abfallenden Mergelabhängen entlang. [Orte]

Eine mächtige, senkrechte Felswand, wohl 1.500 Schritte lang und 300′ hoch, zieht sich hier links entlang, mit tief in den Kalkfels eingespülten Wasserrissen, die bei Regen prachtvolle Wasserfälle bilden. [Orte] Gleich darauf kommt man zu einer kleinen Ebne, von Lurenhütten belebt, hier bricht links aus einem engen, dunkeln Felsspalt ein ziemlich großer, klarer, bläulichgrün erscheinender Strom hervor, den ich in Ermanglung eines andern Namens den Adjem nennen will, der vom Kuh Adjem kommt und hier nun sich gewaltsam durch die senkrecht aufstarrenden, dunkeln Felsmassen des Teng Pasengun hindurchwälzt. [Pfl, Orte] Am Flusse hatten die Luren den Platz terrassenförmig planirt. [Orte, Pfl] Weiterhin wird der ca. 20 Schritt breite und tiefe Fluß durchritten, wo es nun steil auf dem linken Ufer aufwärts geht, rechts und links von senkrechten Felsen umstarrt, an denen sich auch hier die Krallenbildung zeigt wie überall hier in diesen Kalkgebirgen. [Pfl] Alle Abhänge sind dicht mit trocknem Gras bedekt. [Orte] Zum Fluß abgeritten und ihn durchsetzt, [Pfl] geht (2_09_071) es an seinem rechten Ufer entlang. Aneroid hier 70,3. [Pfl] Gleich steigt der Weg aufwärts und führt nun hoch über dem Flusse entlang, der sich nun durch ein enges, dunkles Thal, von den dunkeln Felsenplatten des Kuh Sentun überragt, hindurchwälzt. Von oben gesehen ein grausiger Anblik. Einige Lurenhütten am Wege mit aufgespeicherten Weizenhaufen, mit Zweigen bedekt. Hier stand eine ganze weite Bergseite in Flammen, das mit reißender Geschwindigkeit um sich griff, dessen Rauch ich schon von weitem lange bemerkt hatte. Tiefer Abstieg. [Orte]

Der Fluß wird durchritten zum linken Ufer, wo sogleich das neu erbaute Imamsade mit Kappelle und Kuppel in die Augen fällt. Imamsade Ghaleb. Ghaleb ist der Sohn von Imam Hassan, Sohn von Imam Saïd, der einst hier passirte. Daneben eine Mühle. Der Platz hier sehr angenehm. Alte, dike Platanen umstehen dicht beide Ufer, und eine Stelle war im Kreis damit bepflanzt, so daß ich hier das Zelt aufschlug. Granaten, Feigen und Weingebüsch überall längs dem Flußufer. [Pfl] Die Felsblöcke in diesem Thalkessel waren alle mit kleinen Steinen belegt als Salam für den Heiligen. Aussprache der Tayebi Luren: das dsch wie z, was ich bei den andern Stämmen nicht bemerkte. Der Müller brachte mir noch halb unreife Weintrauben, die am Bergabhang hoch oben cultivirt wurden. Die Nacht war wunderschön, klarer Mondschein, Brausen des Stromes und Feuer der Luren auf den Bergen. [Spr, Orte]

*Sonnabend, 29. August.* Bei Sonnenaufgang aufgebrochen und am linken Ufer entlang auf sehr schlechten, schmalen Pfad über die Kalkmergelschichten. [Pfl] Der Fluß fließt hier gleich rechts ab durch ein hohes, enges, dunkles (2_09_072) Felsenthal, durch das kein Weg führt. Der Weg führt nun links ab am aus ca. 40 Häusern in 3 Reihen erbauten Dorfe Kulwar rechts vorüber, wo nun ein langer Aufstieg zu dem mulle Kuhmen mit Wallonen beginnt. [Orte]

Abwärts vom Mulle Kuhmen sind die steilen Abhänge ziemlich dicht mit Feigengebüschen bestanden und Wein; erstere wurden eben gesammelt, zwar sehr süß, aber klein. [Pfl] Bei einigen Hütten abwärts wurde 2 Stunden gehalten zur Fütterung. Gurken und Tabak wurde hier [...enden?] [an?] den ganzen Abhängen des Bergkessels cultivirt; auch Getreide, alle Felder durch Steinwälle geschützt. Unten gegen den Fluß bildet der Berg einen tiefen Felsspalt, durch den die Regenwasser sich drängen müssen nebst einem Bach, der weiter abwärts bald auch durchritten wird; auch dieser voller Platanen und [Pfl]. Noch immer ist der Weg längs dem Flusse nicht [erdgleich?], abermals führt der Weg nun einen sehr langen Paß hinan dem Bache entlang, der in diesem Thale entspringt. Die überhängenden Zweige sehr unbequem, dazu die überall zerstreuten Felsblöcke, der auf hohen Schurren von Mergelabhängen hinführende schmale Pfad, dazu die Hitze, machten diese Strecke nicht angenehm. Mergel roth und grünlich. Endlich diesen Mulle Kulliau erstiegen, fällt der Blik rückwärts auf viele Hochzüge. [Orte] Oben auf dem Mulle eine kleine Ebne voller jetzt leerer Zweighütten. [Pfl] Oben geht es einen langen, zuletzt sehr beschwerlichen Abstieg hinab zwischen Wallonen, links der Karun, dem sich ein niedrigerer Berg anlagert, durch einen mulle verbunden mit Weg, wo unten ein kleines Dörfchen erscheint. [Orte] (2_09_073) [Orte]

Sehr steiler Abstieg, links senkrechte Felsplatten; der letzte Theil des Weges der schlechteste, über lange, breite, hervorstehende Kalkplatten hinweg, wo die Thiere stürzten, abgeladen werden mußten. [Pfl] Herrlicher Anblik des unten liegenden Thales von Bors mit Dorf, Kala und den sammtgrünen Reisfeldern. Endlich im Thale angekommen, das dicht mit hohem Myrthengesträuch erfüllt ist und Granaten und Platanen, durchreitet man den Bach, der aus einer schauerlichen Felskluft zwischen schwarzen, hohen Felsplatten hervorbricht, Teng Beraftau genannt. Vom Bache reitet man zu einem Abhänge hinan, aus Schuttmassen des Flusses bestehend, und ist nun bei Bors angelangt, dem Territorium der Djaneki-Bachtiaren. Neben dem Orte schlug ich das Zelt auf, was sogleich die ganze Bevölkerung herbeirief. Der Kätchuda, an den meine Begleitung Empfehlungsbriefe hatte, sorgte sogleich für ein Pillau. Die andern aber waren mißtrauisch und machten allerlei Conjecturen, was ich hier wolle. Alle Männer mit großen, schwarzen Bärten, langen, meist gelockten Haaren; Naseneinsattlung überall sehr tief; Frauen hübsche Gesichter. [Orte]

Schnee fällt im Winter viel hier, 3 Monate lang liegen bleibend, doch bleiben die Einwohner im Dorfe wohnen. Aneroid hier 73,7. Schwüle Nacht. Kleine Mücken sehr lästig. Prosopis. [Orte] Der aus dem Teng Beraftau hervorkommende Bach wird zu weiten Reisculturen benutzt und ergißt sich gleich darauf zum Chyrsan; seine Quellen am Kuh Karun. Das aus ca. 45 Häusern mit platten Dächern bestehende Dorf steht an der Stelle eines frühern Ortes, wie es ein noch (2_09_074) existirender runder Tepe, der zu Culturen benutzt wurde, beweist; aber nichts mehr zu sehen. Neben dem Dorfe erhebt sich das 4eckige, aus Erde erbaute Kala mit 4 Thürmen an den Ecken flankirt.

*Sonntag, 30. August.* Etwas später als gewöhnlich aufgebrochen wegen Müdigkeit; wir hatten daher in diesem Germesir sehr warm. Der Weg führt links an den Bergabhängen und zwischen Hügeln hin, an denen oft Gyps hervortritt, daher auch solche Vegetation. [Pfl] Nach ½ Stunde von Bors wird ein 2ter starker Bach erreicht, dicht mit herrlichen, hohen Myrthengebüsch und Granaten dazwischen bedeckt, die ihm vorliegende kleine Ebne ist dicht mit Reis bedeckt, zwischen Wallonenbäumen ragt ein Imamsade mit Kuppel hervor; der Platz heißt Schuwar. Nach einem kurzen Aufstieg gelangt man zu einer kleinen Ebne. [Orte]

Nachdem die nun beginnende Ebne durchritten, wird in ihr gehalten bei großem Laubhüttenlager des Mullah Ali [...], dessen Platz hier Fahlehh genannt wurde, von Bors nur ca. 1 Pharsach fern. Man erzählte mir viel von einer Höhle im benachbarten Berge Kuh Belkusch, von großen Schätzen, die darin verwahrt seien; sie soll von einem König Kaka herrühren. Nachmittags besuchte ich dieselbe. Der Weg führt ½ Stunde im Thale weiter zu den 3 Dörfergruppen Eischabad und Gusewek, die am Fuße des in der Ebne sich erhebenden Hügelzuges liegen; zwischen ihm und dem Kuh Belkusch ist die Thalebne dicht mit Reisfeldern versehen, die von einem ansehnlichen Bache bewässert werden. Derselbe hat seine Quellen am hinter dem Teng Heft schahitun hervorragenden Kuh Karun. Auch dieser dicht mit Myrten und Granaten bestanden. An ihm reiten wir etwas entlang, wo an seinen Ufern 3 Mühlen aus Stein angebracht waren. Dann führt der Pfad links aufwärts über den Abhang und dann zu steilen Felsen hinan, über die man zum Eingang gelangt. [Orte] (2_09_075) [Orte] Am Eingang waren in der Pforte Mauern aus Kalkmörtel und Verschanzungen angebracht. Ich halte diese Höhle für den festungsartigen Schlupfwinkel früherer Räuberbanden, zu der sie sehr geeignet ist, durch aufgehäufte Steine am Eingange mußte sie jedem Feinde den Tod bringen, sie war unnahbar durch die senkrechte Felsprecipice. [Pfl]

Denselben Weg kehrte ich wieder zurück. Die Luren glaubten alle, ich wolle die Schätze haben und baten mich schon im Voraus, ihnen die Hälfte abzugeben. Sie waren alle sehr zudringlich; ohne den Schutz des Emirsade wäre ich hier nicht durchgekommen. Den Bach entlang führt ein Weg aufwärts zu dem Mulle Haft schehitun, wo ein Imamsade oben errichtet zum Andenken an 7 Mullahs, die, nach einigen, hier oben von Schnee überfallen wurden und starben, nach andren wurden sie von Räubern getödtet. [Orte]

*Montag, 31. August.* Dieselbe Strecke wird wie gestern bis zu den Dörfern Einabad und Gusewek durchritten, die Reisebne durchschritten und nun wieder aufwärts an den Hügelabhängen hin, die den Blik theilweise auf den Fluß verdecken. [Orte] (2_09_076) [Orte] Alle Reisculturen liegen auf dem linken Ufer, da der Kuh Gil keine Ebnen bildet und ohne Wasser ist. In diesem Thale reitet man aufwärts längs dem Bache, wie die frühre mit Myrthen etc. bestanden. Das kleine Dorf Scheiwend liegt rechts in einem Bergwinkel, der umritten werden muß. Ein herrlicher Blick bietet sich hier dar auf die nahen, steilen Hochgebirge des Karun, von denen der Bach in Cascaden herabstürzt, die letzte ca. 50′ hoch. Der breite Thalgrund gut cultivirt, dazwischen Wallonenbäume, die ihre Früchte jetzt reiften. [Pfl] Wieder folgt nun ein langer Aufstieg bei großer Hitze, auf dem oben rechts am Bergabhang das Imamsade Haft schehitun liegt zwischen Eichen. Die Kuppel ist ganz so wie das Grabmal der [Zabiede?] zu Bagdad erbaut, im Innern ein 4eckiger Altar mit blechernen Opfergaben; auf den Steinen außen war Öl gegossen. [Orte]

[Schechan], unser heutiges Ziel, zwar nahe, aber die vielen Windungen, Auf- und Abstiege sehr weit. Der Weg führt steil den Berg hinab und setzt über eine sehr steile, nur 10 Schritt breite Mergelschicht, wo es im Zickzack zum Thale geht; der Aufstieg führt nach Schechan, wo ich neben dem Orte das Zelt aufschlug. Die ca. 50 Häuser jetzt unbewohnt. Die Einwohner waren jenseits des Berges und nur die Gärtenhüter zurück geblieben. Die Gebüsche hingen voller noch unreifer saurer Granaten, dazwischen Feigen, klein, aber süß. [Orte] Eine Bohnenart wurde im jenseitigen Thale cultivirt, maaschek genannt. [Pfl] (2_09_077) [Pfl]

*Dinstag, 1. September.* Am Morgen ging es am Berge entlang hin und dann steiler Abstieg mit Auf- und Abstiegen, bis nach ca. 1 Stunde ein Hüttenlager der Dinarunis erreicht wurde, wo wir frühstückten, was in Sauermilch und Brod bestand. Der ganze Thalgrund wurde Rokat genannt nach einer jenseits des Flusses auf kleiner Ebne liegenden Ruine aus kleinen Steinen, jedoch nur die Grundmauern sind noch sichtbar. Dasselbe liegt am Eingang eines Thales, delli

Dehidis genannt, nach Ruinen oberhalb gelegen. Der Kuh Gil endet hier, hinter ihm zieht sich das Thal Nordost aufwärts; die andre Seite bildet ein steiles Hochgebirge, bewaldet, mit 6–7 hervorstehenden Kuppen und kleinen Thälern dazwischen, von denen die Quellen sich zu einem kleinen Bache vereinen und neben dem Ruinenorte zum Chyrsan fallen. In diesem Thale liegt das alte Kala Dehidis und weiter aufwärts Kala Serd, zu Skender Chan, Chef der Dinarunis, gehörend. Ein König Eredj soll einst hier gewohnt haben. Bald wurde aufgebrochen und ein links abführender Weg eingeschlagen, der anfangs gerade gegen den Kuh Mungascht zu führte, wo er dann immer im Thale weiter führt. [Orte]

Eine fürchterliche Hitze heute, wohl 50 °C, mein von Choda Kerim Chan geschenktes Windspiel mußte aufs Pferd gebunden werden. Der Weg zwischen den Bergen soll besser sein als der längs dem Flusse; stellweise sind die zu nahe herantretenden Felsen weggehauen und an den zu gefährlichen Precipicen rohe Mauern aufgeführt, die ich aber nicht für zu alt halte, da auch die Häuser der Luren aus denselben rohen, großen Steinen erbaut sind. Wir hatten hier viel von Durst zu leiden, da auf der ganzen Strecke keine Quelle war. Das Thal ist im Grunde gut bebaut mit Gerste und Weizen, die in Haufen mit Steinen umgeben und mit Zweigen zugedekt, aufbewahrt wurden. Es führt den Namen Tschardeh (4Dorf). In ihm wurde an seinem Ausgange bei einem Laubhüttenlager für heute gerastet. Ich fand hier unter den Luren 12 kurdische Familien, die unter Kerim Chan von Kirmanschah aus hierhergebracht wurden; sie hatten aber ihre Sprache fast vergessen und waren nicht mehr von den umgebenden Luren zu unterscheiden. Unter den Luren sah ich viele Gesichter, die mich ganz an die Schahpursculpturen erinnerten, mit ausdrucksvollen Zügen, tiefliegenden, schwarzbraunen Augen, hohe Stirn, tiefer Nasenrücken, gestreckte Nase, lange, gelockte, zu beiden Seiten in dicken Büscheln herabfallende schwarze Haare; die keulenförmigen Stöcke noch jetzt von ihnen getragen. Hinten am Kopfe die Haare in der Mitte weggeschoren. Man war (2_09_078) beschäftigt, aus Erde große, längliche, runde Krüge zu formen, die man an der Sonne troknete, zum Aufbewahren des Getreides. [SprPfl, Orte]

Die diesseits des Kuh Mungascht befindlichen Taife gehören zu Hussein Kule Chan, die jenseits zu Ali Riza Chan, der zu Kala Tul residirt. Vormittage alle windstill, sehr drückend. Nachmittags Nordwind, stoßweise. Die hiesigen Kurden standen früher unter Ali Riza Chan, Chef der Tschuharleng; bei einer Fehde vor 3 Jahren zwischen den 2 Brüdern Ali Riza und Ali Mehmed Chan, wobei der letztere erschossen wurde, waren sie auf der letztern Parthie, nachdem ersterer so siegte und 7 von den Kurden von ihm getödtet wurden, verließen sie das Gebiet von Ali Riza Chan und stehen nun unter Hussein Kule Chan, den sie sehr lobten. Für [Ihr?] sagen sie [go?], Thal = totu. Aneroid 73,8.

*Mittwoch, 2. September*. Der Weg führt bald darauf rechts ab in ein 2tes Thal einlenkend, in dem der Weg aufsteigt; ein kleiner Bach kommt in ihm herab. [Orte] Im Bache eine neue Chara. Von hier aus kein Wasser mehr bis Malamir. Am Bache fanden wir die 2 Vorsteher von Malamir, die von Hussein Kule Chan kamen; sie zeigten mir gleich ein sehr mißtrauisches Gesicht, und bald erklärte mir der Vornehmste, als ich ihn um die Namen der Berge etc. frug, er wisse es nicht. Theils war es aus Mißtrauen, daß ich Schätze suche, theils glaubte er, ich würde viel Geld geben, um das Gefragte zu erfahren. Leider waren auch hier vor 5–6 Jahren Engländer gewesen, die viel Geld unsinnig verschleuderten; nun glaubten die Leute, jeder Europäer müsse es so machen. In Gegenden, wo noch kein Engländer war, ist es überall gut und billig, wo sich aber dieselben nur blicken lassen, wird es augenbliklich theuer, und das Volk ist verdorben durch die unzeitmäßigen Geschenke. [Pfl]

Nach kurzem Ritt kommt man zum Ende des langen Zuges, und nun beginnt eine bis 6 Schritt breite Pflasterstraße, ru Sultani genannt, die in Windungen zu einer niedrigen, aber ungemein felsigen Hügelkette ansteigt. [Orte] Das Plaster so eingerichtet, daß alle 4 Schritt beim Aufsteigen höhere Steine eingesetzt wurden zum Aufhalten der Pferde. An vielen Stellen aber waren über dieselbe große Felsblöcke gerollt, der Regen oder Wasserströme hatten sie theilweise weggerissen. Da wo sie den Rücken erreicht, bemerkt man links in die Felsen gehauen eine halbnatürliche Vertiefung oder Halbrotunde, aber nichts weiter, wohl unvollendete Arbeit. (2_09_079) Ist derselbe erstiegen, befindet man sich ganz unerwartet auf einer langen Hochebne, von niedrigen Erhebungen der empor gerichteten Kalkschichten durchzogen; überall bedekt mit vertrockneten Gras. [Pfl] Das Mungaschtgebirge hat links ca. 1 Pharsach fern sein Ende erreicht, als hoher Gebirgsstock sich von hier aus zeigend, mit dichten Waldungen bis ⅚ des Berges. [Orte] Der geflasterte Weg setzt über den ganzen ebnen Bergzug weg. [Orte]

Ein breiter, nackter, kegelförmiger Berg, der Kuh Gilgird, erhebt sich aus dem überrittnen Zuge, der schon von Bors aus sichtbar war; in einem seiner Felsenspalten am Fuße befinden sich viele Sculpturen. Das so gebildete flache Thal reicht bis zum Mungaschtberge, nur durch den niedrigen Zug davon links im Hintergrunde getrennt. Wir durchreiten dasselbe in westlicher Richtung und kommen so zum Ende des parallelen Bergzuges, wo eine Cisterne im Berge angebracht ist. Hier erblikt man die ganze weite Malamir Ebne. [Orte] Auch in der Ebne setzt der Pflasterweg fort, doch meistens durch Erde verdeckt. [Pfl] Sengende, glühende Hitze, stoßweise Wind wie Feuer; [Züge?] ganz trocken. Nirgends ein Dorf sichtbar, nur leichte Schilfhütten, doch gut geflochtne, dienten als Aufenthaltsort der Einwohner. In einem derselben hielten wir an und verspeisten einige Gurken und eine sehr lange, adochuhs ähnliche Cucurb. mit rothem Fleisch, die hier alle vortrefflich gedeihen.

Endlich nähern wir uns der alten Capitale, rechts bleibt der Rest eines isolirten Forts im 4eck, sehr lang, jede Seite mit 3 Thürmen, aber nur die Schutthaufen lassen es erkennen. Bald darauf reitet man durch die Stadt, aber alles mit Schutt bedekt, nur links ragen sehr hohe Schutthügel eines ganzen Quartiers hervor, an dessen 2 Enden 2 neue Imamsades errichtet sind und [außen?] Kuppelbau. Da wo man Mauern erblikt, sind dieselben in sassanidischen Styl erbaut. Die wohl 2 Stunden Umfang habenden Trümmer zeigen auf allen Seiten erstern ähnliche Forts. [Orte] Wir reiten aber noch weiter bis zum jenseitigen Bergfuß, wo (2_09_080) wir unterhalb des Schikafte Salman neben dem Hüttenlager des Chefs das Zelt aufschlugen. Aber schlechter Empfang hier, überall großes Mißtrauen in Absichten auf Geschenke. Aneroid hier 74,9 bei großer Hitze, mindestens 40° im Schatten. [Orte]

Nachmittags brach ich [zur Schikaft e Salman genannten Grotte] auf, von der ganzen Bevölkerung begleitet. Am Bergabhange liegt erst rechts ein zerfallnes Gebäude, aus kleinem Gestein erbaut, jetzt ein Imamsade, deren man 4 hier zählt; gleich darauf gelangt man zu der Stelle, wo die dunkeln Felsen zu beiden Seiten zurückreichen und ein kleines Thal bilden mit großer Hinterwand, mit überhängenden Felsen; Wasser kommt überall am Fuße derselben zum Vorschein, namtlich rechts, wo die Felsenschichten eine weite, sich nach hinten verengende Spalte bilden; an der linken Seite dieser natürlichen Grotte befindet sich ein rundes, kleines Wasserbecken in Fels gehauen, zu dem eine jetzt zerbrochne, kleine Leitung einst das Wasser leidete. [Orte]

Rechts von dieser Grotte befinden sich hoch oben in der Felsenwand 2 Sculpturtafeln, aber etwas verwittert, ohne Inschriften, wenn nicht etwa auf den Figuren selbst. Die eine stellt eine männliche Figur dar mit gefalteten Händen unter der Brust, in gebogner, glatter, kurzer Tunica, mit dem Kopf zur Höhle gewendet, gelockter, langer Bart und Helmkappe. [Bau] – Die 2te Sculpturtafel zeigt erst ein Ateschga, vor dem ein Mann in gleicher Kleidung der kurzen Tunica beide Hände über das Feuer hält. [Bau] (2_09_081) [Bau] Links von der Höhle erblickt man eine 3te Sculpturtafel mit der sehr verwitterten Sculptur eines nach der Höhle sehenden, ca. 10′ hohen Manns mit Helmkappe. [Bau] Links davon in derselben Tafel breitet sich eine sehr lange Keilschrift aus, deren kleine Charactere gut erhalten sind, nur die linke Seite davon ist durch heraustropfendes Wasser ganz verwischt. Über der Figur ist unerreichbar ein rundliches Loch, gerade, daß ein Mann hineinkriechen kann. Keiner der Einwohner war je darin gewesen. Einige Schritt weiter folgt die 4te Sculptur: ein Mann in kurzer Tunica darstellend, mit Helmkappe, mit den erhobnen Armen etwas emporhaltend; seine Waden sind sehr markirt, seine Tunica sehr gebogen nach außen; auch er trägt Keilschriften auf derselben.

*Abb. 13: Sculpturen der Schikaft Salman zu Malamir: Sculpturen der rechten Felswand von Schikaft Salman (2_09_107)*

Überall tropft Wasser aus dem höhlenreichen Gestein, mit Adiantum besetzt. Einige dieser Höhlen schienen mir bestimmt zu sein, Todte aufzunehmen, der Luft ausgesetzt. Die größte Höhle in einem Seitenarm ganz mit Stalactiten von oben bis unten massig erfüllt, nur stellweise hingen noch, einer Umbelliferen-Blüthe ähnlich, kurze, aber nach unten sehr verbreiterte, runde Stalactiten mit einem Stiel nach oben herab. Links von dieser großen Grotte steigt man über zusammengefallnes Mauerwerk, wo noch Spuren einer Treppe sichtbar sind, aufwärts und gelangt zu einem kleinen Tacht, hinter dem die Grotte, schikafte Salman genannt, sich befindet. Dieselbe bildet eine natürliche, durch Kunst erweiterte, längliche, gewölbte Grotte, ähnlich der von Kirmanschah; ein modernes Machwerk in Gibelgestalt füllt dieselbe fast ganz aus, nur an den 2 Seiten einen schmalen Rundgang gestattend. Dieses moderne Gebäude, aus den Resten früher Gebäude errichtet, umschließt die Stelle des Salman, wo sich eine längliche Tafel [Zeich] im Hintergrunde befindet; man wollte mir den Eintritt verweigern, als ich aber die Schuhe auszog und Antwort gab, wer Salman sei, gab man es endlich zu; die Tafel enthielt aber nur persische Inschriften. [Bau] Mehrere Höhleneingänge untersuchte ich, sie führten zu Erweiterungen der Felsen und waren früher auch Grabstellen, Knochen lagen in ihnen; Schlangen krochen in ihnen umher.

(2_09_082) Unterhalb dieser Schikafte Salman sind noch die verschütteten Reste von Gebäuden sichtbar, aber in sassanidischen Styl mit Bogen etc., die Eingänge waren aber vermauert. Das ganze Thal unterhalb des Grottenthales enthält die Grabstellen der frühern Einwohner, durch im 4eck [umlegte?], oft sehr große Steine bezeichnet; oft umschließen solche 4ecke sehr große Stellen wie Familiengräber. Zu beiden Seiten des Thaleinganges Reste zerfallner und unter dem Schutt begrabner Gebäude; auch eine Cisterne war rechts mit einem Bogenhause überbaut, aber jetzt leer. Sassaniden[squlpturen?] finden sich keine vor, alle gehören einer sehr frühen Periode an. 1/4 Stunde unterhalb liegen in der Ebne die Trümmerhügel der alten Stadt. Leider waren die Einwohner so fanatisch, daß ich wohl einsah, hier nichts machen zu können ohne Begleitung von Leuten Hussein Kule Chans. Trotzdem ein großer Theil des Thales bebaut wird und Gerste im Überfluß vorhanden, mußte ich doch dieselbe kaufen; ich war froh, daß man uns noch Brod und eine Art Wassersuppe gab.

Noch 5 Stellen sind hier merkwürdig zu untersuchen, die eine soll sehr große Sculpturen mit unzähligen Figuren enthalten; in der östlichen Felsspalte des gegenüberliegenden breiten Bergkegels von Kala Gilgird, welche Stelle man Kul Pharoon, Pharoons Berg Derbent, nennt, 2) die sculpturlosen Ruinen von Kala Gilgird, 3) die Sculpturen des mitten durch die Ebne ziehenden Bergzuges Imamsade Schahsawar, 4), 5) die Stelle oberhalb unsers Lagers, genannt Tacht Schanischen.

Leider kann ich aber Morgen nicht mehr hier bleiben; ich wurde räuberisch bedroht, so daß ich beschloß, auf Morgen nach Susan zu gehen. Der Vorsteher frug mich, mit wem ich morgen gehen wolle; es sei Niemand hier, sie hätten alle Arbeit; als ich ihm erwiederte, daß er dafür sorgen würde und daß ich nöthigen Falls einen Mann bezahlen wolle, erwiederte er sogleich: ich bin nicht [euer?] Hamal, seht zu, wie ihr fertig werdet etc. Im Winter ist die ganze weite Thalfläche hoch mit Wasser bedeckt, welches am westlichen Ende des Kuh Kala Gilgird durch ein Loch unterirdisch verschwindet und bei Susan zum Chyrsan sich ergißen soll. Jetzt war nur noch am östlichen Ende ein tiefer See, der westlich war jetzt trocken. Alle Hoffnung, hier Nachrichten [einzuziehen?], waren leider zu Wasser geworden. Die Hitze hier unerträglich. Prosopis bedekt die weite Ebne gänzlich mit grünem Kleide, die gelblich weiße Malvacea von Bassra wurde im Garten cultivirt, schätann genannt, woraus man Stricke verfertigt.

## XV Malamir–Teheran (3. September–21. November 1868)

*Donerstag, 3. September.* Am frühen Morgen sollte aufgebrochen werden, allein es fehlten 1 Pferd und 2 Maulthiere, die man ohne weiters weggenommen hatte in ein andres Dorf zur Arbeit. Under dessen besichtigte ich noch den Tacht Schanischin. Derselbe befindet sich am Eingang eines erweiterten Thalspaltes an der rechten Seite, ein Wildstrom kommt im Winter dort herab; um aber die Stadt davor zu sichern, [wird?] [derselbe?] (2_09_083) durch eine Steinmauer aus diken Blöcken eingefaßt, die noch zum Theil sichtbar ist. Eine klare, starke Quelle entspringt hier, die sich als kleiner Bach bald verliert. [Bau]

Unterdessen waren die Thiere widergefunden, und wir traten die Reise an. [Orte] Ein Teng führt dort am westlichen Ende des breiten [Salman-]Berges nach Kouschu, während hinter dem Salmanzuge das Gebiet Ali Risa Chans, Chef der Tschuharleng, sich ausbreitet, Djaneki genannt; Malamir gehört zwar auch zu ihm, wurde aber von einem von Hussein Kule Chan abhängigen Taife jetzt bewohnt. Am 2ten, nördlichern Zuge befinden sich die Sculpturen des Imamsade Schahsawar. Zwischen beiden Zügen aber breitet sich der See aus. Die ganze Ebne ca. 4 Stunden lang und 2 Stunden breit. Unser Weg nach Susan führte am Fuße des südlichen Zuges entlang, mit niedrigen nach Norden aufgerichteten Schichten. [Orte]

Vor Rasbend führte der Weg an einem isolirten, steilen Kalkfels vorüber, Kuh Uschturan genannt. Ein Bach kommt von Rasbend herab und ergießt sich in den jetzt fast ganz ausgetrockneten 2ten See, eine weite Fläche mit Cyperac. bedeckend. [Orte] Der darauf folgende breite Thalspalt wird Kul Hong genannt, in dem ebenfalls Sculpturen sich befinden. Ich bog vom Wege ab, fand aber dort ein Hüttenlager, deren Einwohner für alles Geld mir aber dieselben nicht zeigen wollten. Allein zu gehen, war zu gewagt.

(2_09_084) Dieser Teng befindet sich westlich dicht neben dem breiten Kala Gilgirdberge, der nach Westen sehr steil abfällt, während die Ostseite eine allmählig abfallende Ebne bildet, die gestern überritten wurde; an seiner östlichen Verlängerung liegen in der Nähe des gestrigen Weges die Sculpturen Kul Pharoon in enger Thalspalte. Der Kuh Hong bildet 2 hohe benachbarte Gipfel. [Orte] Da wo der Weg links nahe an die Bergzüge tritt, erblickt man Reste alter Mauern und einen flachen Schutthügel; man nannte die Stelle Djiw; jetzt standen aus Schilf geflochtne Hütten da, auf 4 Pfählen ruhend mit darüber gelegter Schilfmatte. 2 Grotten zeigen sich links am Weg, die eine größere in Conglomeratgestein, beide natürlich und nichts darin. Bald darauf gelangt man zur Fortsetzung der Ebne, ein ½ Stunde breites, nach [Westen?] sich senkendes Thal bildend, gegenüber dem Kuh Hong. Dasselbe war gut cultivirt; Getreideschober erinnerten mich an die Heimath, ebenso errichtet wie in Deutschland, nur kleiner. [Pfl] Das Thal erweitert sich bald darauf, einen Kessel bildend, in dem die Trümmerhaufen eines alten Ortes liegen, jetzt Biab genannt = kein Wasser.

Bei einem Hüttenlager hielten wir an, wo ein Brunnen für Alle das Wasser gab, von großen Pferdewespen dicht umschwärmt. Die Frauen arbeiteten dichte Teppiche, wie in Anadolien auf dem Fußboden ausgebreitet; manch hübsches Gesicht darunter, mit feinen Zügen, namtlich bei den 10jährigen Mädchen. Die Blättern hatten fast alle Kinder befallen, doch frei und nackt umherlaufend. Salzblöcke in länglicher Grabsteingestalt waren daneben aufgehäuft, das man von Merchu bringt, jenseits des linken Zuges. Das Thal setzt sich links weiter fort. Wir bogen aber rechts ab immer in cultivirter Ebne mit mehrern Einsenkungen, bis man endlich an den Fuß des rechten Zuges gelangt, der nun ganz niedrig geworden ist. (Neben dem Trümmerorte großer Friedhof mit vielen nach Westen gerichteten, rohen Löwensculpturen, wie auch eine bei Schechan am Wege stand.) Der Weg führt in Windungen den felsigen Zug hinan, meistens Pflasterstraße, theilweise ausgehauen und durch Mauern unterstützt; jetzt aber sehr schlecht, da die Steine meistens lose die ganze Straße bedeckten und das Gehen nur schwieriger machte. Ein tiefer, senkrechter Spalt zieht sich links demselben entlang, mit Feigengestrüpp und Pistacien. Oben angelangt, befindet man sich auf einem weiten Hochplateau, anfangs hüglich und Vertiefungen bildend, ca. 1 Stunde breit, sich dann mehr verflachend. Der Weg führt in gleicher Beschaffenheit darüber; dieser Zug erinnerte mich ganz an den Karst oder Aleppoformation, an der Oberfläche rissig, voller Krallen und Löcher; klingend, bald dumpf über Höhlen. (2_09_085) Kein Baum auf der weiten Fläche sichtbar, aber dicht voll Graswuchs. [Pfl] Links seitwärts ragt ein höhrer Zug hervor im District Gaschun als Fortsetzung der südlichen rechten Züge. Der Weg senkt sich einen tiefen, jähen Thalspalt hinab im Zickzack, aber höchst beschwerlich; unten in den Felsspalten alles voller jener Scilla.

In allmähliger Steigung gelangt man auf den Rücken des Zuges und hat nun einen Blick auf das Thal von Susan. Hier waren Steine aufgehäuft; einen Lurenbegleiter von Malamir hörte ich hier hinter mir reden; ich frug, mit wem er spreche; er ließ sich aber nicht stören; fortwährend schlug er sich mit beiden Händen an die Brust unter salam aleikum ja Piramber, ja Daniall, zuletzt legte er einen Stein zu den andren. Der Abstieg ist sehr lang, nur ganz allmählig, aber gleichfalls sehr beschwerlich, weil die einst gepflasterte Straße fast ganz zerstört ist. Endlich im Thale angelangt, durchreitet man niedrige, meist runde Hügel aus sandigen Lehm bestehend, ein mahur, voller trockner Vegetation, und gelangt zu einem starken Bach, der aus dem Teng Redschid kommt vom Kuh Hong, einen tiefen, dunkeln Felsspalt bildend, dort wo das Platau sich an den westlichen Hochgipfel anschließt.

Susan. Im Thale voller Laubhütten reiten wir eine Strecke aufwärts zum Lager des Chefs Mullah Hussein Kuli, Sohn von Skender Chan, wo wir sehr gut aufgenommen wurden. Leute brachten mir sogleich Gurken, Melonen, um Arznei zu erhalten. Hier soll noch kein Europäer gewesen sein. In Malamir erzählte man mir, daß vor ca. 7 Jahren ein Europäer dorthin kam, mehrere Tage dort blieb, aber nichts gesehen haben soll; man soll ihn förmlich ausgezogen haben durch Bettelei und Drohungen; zuletzt hat man durchgeprügelt, bis ihn Ali Riza Chan zu sich nahm, der ihn vollends tödten wollte, bis endlich Ferhad Mirsa, damals Gouverneur in Schuster, ihn befreite. Ob es wahr ist oder nicht, weiß ich nicht. Möglich aber.

*Freitag, 4. September.* Am Morgen machte ich leider gleich die traurige Bemerkung, daß auch hier die Einwohner sehr mißtrauisch waren; für vieles Geld waren sie nicht zu bewegen, mich über den Fluß zu kallakiren, aus Furcht, ich möchte dem Piramber Daniall einen Besuch machen. Einem gab ich 2 Tuman, mir die Merkwürdigkeiten zu [zeichnen?]. Erst führte er mich auf dem gestrigen Wege durch den Mahur zu einer Stelle aufwärts an jenem Bache, wo ein Trümmerhaufen von Mauern die Reste eines Gebäudes anzeigte, jetzt waren aber Gräberumfriedungen davon gemacht. Die eine Stelle war ein erhöhter Tacht, gegen den Bach zu, der unten vorüber fließt und hier eine aus 2 Löchern hervorkommende Quelle aufnimmt, auf festen Mauern ruhend. Neben demselben lag ein ovaler, dunkler Kalkstein, auf beiden Seiten geglättet, in 3 Stücke zerbrochen, die zusammengelegt waren. Auf ihm, 5′ lang und 3′ breit, befindet sich eine Figur, mit dem unkenntlichen Gesicht nach der Front sehend. [Bau] (2_09_086) [Bau] Man nennt diese Stelle Schah Disiau.

Sonst war hier aber nichts zu bemerken weiter. Ich versuchte meine Begleiter durch Geld sie zu bewegen, mich nach den Sculpturen hinter dem Imamsade Sal Abassi zu begleiten, allein umsonst, sie wollten dort nichts davon wissen. [Orte] Unmuthig kehrte ich wieder nach Hause zurück und begab mich dann von 2 Bachtiaren begleitet flußaufwärts, wo man mir andre Sculpturen zeigen wollte. Es sollte ganz nah sein, daher begab ich mich zu Fuß dahin in glühender Mittagshitze, [Orte, Pfl] ich glaubte zu verschmachten, nur eine kleine Quelle voller Blutegel löschte etwas den Durst, um desto mehr zu schwitzen. [Orte] Endlich, nach 2stündigen Marsche, zeigte man mir einen Stein am Wege, der aber nur eine ganz gewöhnliche Verwitterung in Schlangenform [Zeich] zeigte. Meine Enttäuschung war groß, nur die Wißbegier, etwas neues aufzufinden, hatte mich diesen Weg machen lassen; unmuthig kehrte ich wieder nach Hause zurück und beschloß nun, auf alle Fälle noch morgen hier zu bleiben, um die andre Seite zu besuchen, wo dem Lager gegenüber die Trümmer der Stadt Schaher Mokatil liegen sollen, wohl nach dem Chalifen Moktadil, aus Bagdad's Blüthezeit, benannt, mit den Sculpturen eines Mannes und 2 Thieren, wohl eine später dort aufgebaute Stadt, daneben abwärts liegend Susan. Unter susan oder nach hiesiger Aussprache Sisanbul versteht man die hier sehr häufige Scilla mit schmutzig weißlichen Blüthen, deren große Zwiebeln überall an felsigen Orten hervorragen; sie entwickeln jetzt ihre Blüthen. Unter Kala Gilgird versteht man hier Kala Gilyird, das beide Ebnen von Susan und Malamir beherrsche, es ist ohne Sculpturen; aber seine in Felsen gehaunen Reste noch sichtbar.

(2_09_087) Die Fluß aufwärts liegende Ebne heißt Siwar; von ihr [auf?] Susan blickend, sehr lieblicher Blick über die smaragdgrünen Reisfelder, hinter denen sich der langgestreckte, am Horizont eine gerade Linie bildende Kalkzug von Gaschun sich entlang zieht, hinter dem sich ein höherer, gerade gestrekter Zug erhebt, wo sich viele Sculpturen finden sollen, aber 4 Pharsach fern von hier. [Orte] Der Weg von Susan führt auf gepflasterter Straße in 4 Tagen über Basoft, Dinarun, Kaatsch nach Tschagachor, doch ist dahin wärts kein Pferdefutter aufzutreiben, daher muß ich den längern Weg flußaufwärts einschlagen. [Orte]

Der Schuster-Weg sehr bequem, auf Ebne oder zwischen Gyps-Mahur. Die 1 Tagereise von Susan aufwärts liegende Brücke wird Pul autu genannt. Die 4 hier verehrten Imamsades heißen: Piramber Agha Däniall, Sal Abassi, Pir Amu auf der gegen den Gebirgszug liegenden Reisebne gelegen, wo ein See, bärm sedschal liegt, dessen Abfluß die linke Seite von Susan irrigirt. 4) Pir Ahmed [rusbe?]. Ein dem Lager gegenüberliegender Mühlencanal, dessen Wasser schäumend vom Felsen stürzt, vom Seeabfluß kommend, diente mir heute als Bad. Die Verbindung beider Ufer geschieht durch Schlauchflösse; fortwährend sah man die Luren mit einem Schlauche auf der Brust, nur mit den Beinen arbeitend, sich leicht von einem zum andern Ufer schwimmend begeben. Früher mag es wohl auch so gewesen sein oder wie in Bagdad durch kleine [belenis?], denn die Brücke tengsir war am nordwestlichen Ende zu weit.

Der rechte Stadttheil lag auf einer ganz allmählig ansteigenden Terrasse, ein 3eck zwischen die Berge eingeengt, an dessen obern Ende das Siaret Daniels sich befindet. Mehrere Trümmerhügel erheben sich daraus, namtlich ein größerer mit flacher Oberfläche. – Taback wird hier nicht gebaut, aber viel Sesam, in persisch Kundschi, lurisch Kenti. [Pfl] Der Reis trieb Rispen; als einer der Einwohner sah, daß ich einige Ähren genommen hatte, (2_09_088) erhob er ein großes Geschrei, denn er fürchtete, daß er nun sehr wenig ärndten würde. Aberglaube ist sehr groß hier. [Pfl] Gurken, Melonen und Wassermelonen sehr häufig cultivirt.

*Sonnabend, 5. September.* Fortwährend wurde der einzuschlagende Weg geändert; am Morgen sollte ein Kellek fertig sein, mich ans andre Ufer zu bringen, allein man verzögerte deren Anfertigung bis Mittag, man wollte mir eben nichts zeigen. Nach vielen Worten und Geldversprechungen war ich doch endlich so weit, daß ich mich auf 4 aufgeblasne Ziegenschläuche legen und die Überfahrt antreten konnte. Ein Mann mit einem Schlauche auf der Brust stieß mich so auf dem Kellek fort. Strom sehr tief, 200 Schritt [a?] breit, stellweise mit Popul. Euphr. bestanden. Ein über dem Ufer liegender, großer Felsblock zieht sogleich die Aufmerksamkeit in Anspruch: an seiner Südostseite bemerkt man gut ausgearbeitet 2 viereckige Löcher, 2′ hoch, über 1′ breit, eines über dem andern; innen ist der Fels ausgehöhlt zu einem Grabe, [an?] [dem?] Kopf lag eine Felserhöhung, nach Süden [sehend?]. Ein felsiger Ausläufer des sich darüber erhebenden Berges tritt bis ans Ufer und bildet mit dem zurückstehenden Berge eine kleine, nach dem Fluß abhängende Ebne, dicht erfüllt mit den Steintrümmern der Stadt Mokatil. Alles zerstört, nur die Grundmauern der Häuser stehen noch theilweise, der Rest liegt zerstreut durcheinander. Die BauSteine bilden oft große Felsblöcke, auf denen als Unterlage die kleinern, nur ganz roh behaunen Steine aufgeführt wurden, ganz aus [glatter?] P.-rinde wie die Steine der Pflasterstraßen. Man verlangte 2 Tuman, um mir einen Schriftstein zu zeigen, er enthielt, unter den Trümmern liegend, nur sehr undeutliche wenige arabische Charactere. Die gefundnen Münzen sollen alle kufische sein, daher nicht unwahrscheinlich eine Stadt des Chalifen Moktadil. Über dem Berge darüber erblickt man 2 hervorragende Felsblöcke, dort soll es sein, wo 1 Mann mit seinen 2 Kühen durch Ali in Stein verwandelt wurden, die bei seiner Ankunft die Flucht ergriffen hatten. Ich vermuthete aber nur Steingebilde und keine Sculptur und unternahm daher gar nicht den beschwerlichen Aufstieg. [Orte]

Ich bog nun mehr westlich ab zur 2ten Bergeinbuchtung, in der die Trümmer von Susan liegen, gänzlich von Reisfeldern eingenommen, so daß eigentlich von der Stadt nichts mehr wahrzunehmen ist. Ziemlich in der Mitte der Bergeinbuchtung erhebt sich ein natürlicher, ca. 60′ hoher Tepe, der oben abgeplattet die Trümmer eines Forts trägt, rings um ihn dehnen sich Reisfelder aus und üppige Gärten von Granaten, Feigen. Da ich schneller ging als meine Führer, die mich durchaus nicht an's obere Ende des Thales wollten gehen lassen, bog ich dahin ab allein, durchsetzte einen starken Bach klaren Wassers, der dicht mit Arundo Donax, Granaten, Feigen etc. erfüllt war. Hier erhebt sich jenseits desselben, von einer Gruppe (2_09_089) alter Platanen überschattet, das Heiligthum Daniels, der nach der Einwohner Meinung der Schutzpatron aller Welt sein sollte. Leider ist es überbaut mit einem großen, platten Dache. Auf Stufen steigt man in dasselbe und erblikt vom Eingang mehrere neue Gräber, hinter denen ein Gang wegführt, den ich aber nicht betreten konnte, da die schlafenden Männer in der Nähe erwachten und sich Schritte vernehmen ließen. Unbemerkt stahl ich mich wieder hinaus und legte mich unter die Platane wie ausruhend. Als man mich erblickte, war man außer sich vor Schreck; sofort lief alles herbei, mich mit drohenden Gebarden fragend, ob ich eingetreten und den agha gesehen habe. Ich stellte mich aber, ob ich gar nicht gewußt habe, daß er hier sei und bat sie, mit mir einzutreten. Da beruhigten sie sich etwas, doch immer mich fragend, ob es wahr sei oder nicht. Natürlich wurde mir jeder Versuch einzutreten untersagt. Hatte man mich darin gefunden, wäre ich des Lebens nicht sicher gewesen. [Orte, Pfl] Da ich nun wohl einsah, daß ich hier ohne Begleitung Hussein Kule Chans nichts sehen konnte, kehrte ich wieder an den Fluß zurück und setzte über. Aneroid 77,4. Die Hitze ungemein drückend in diesem Tiefthale. Tschachor 284. Malamir 8.

*Sonntag, 6. September.* Mißmuthig brach ich noch 3 Stunden vor Sonnenaufgang wieder auf von diesem ungastlichen Boden, wo alles theuer bezahlt werden mußte, während im District des Emirsade alles gratis geliefert wurde. Der Weg führt im Thale aufwärts, dann steil am Flußabhange hin auf gepflastertem Weg, mit Resten eines Gebäudes zur Seite auf Hügel, dann auf hügliger Ebne mit cultivirten Strecken fort bis zum Ende der Ebne, wo einst ein großer Ort stand, jetzt nur noch Steintrümmer, daneben ein Friedhof mit vielen Löwensculpturen, nach West blikend. [Orte]

Der sehr steinige Weg führt nun bei großer Hitze allmählig aufwärts, rechts dem Kuh Kala Gilgird entlang, mit steilem Abfall der Schichten, im licht mit Wallonen bestandnen Thale. (In Malamir und Susan lagen neben den Hütten große, ovale Gefäße; man verfertigte sie aus zusammengeknetnem Mist, aus dem man Würste drehte und eine über die andre legte; zuletzt mit Erde bekleidet, dienen sie zum Aufbewahren des Getreides). (2_09_090) In dem jetzt ganz wasserleeren Thale reitet man entlang, an einem tiefen Brunnen vorüber, aber jetzt auch verschüttet, und gelangt man wieder zum großen Carawanserei Kala Medresse. Diesmal wählten wir aber den bessern Weg an der Nordseite des Berges entlang, wo der Bach von Kala Medresse zum Chyrsan fällt. [Orte] Circa 50′ hoch über dem Fluß erblickt man die Pfeiler einer Brücke auf beiden Seiten, über die sich einst ein hoher Spitzbogen wölbte; sie soll schon seit sehr langer Zeit in Verfall sein. Über sie ging einst die große Carawanenstraße zum rechten Ufer über, von da im Thale aufwärts nach Schiras und Ispahan, von Susan und Malamir aus. [Orte] Flußaufwärts führt nun der Weg im Thale fort noch eine kurze Strecke, wo wir wieder im frühern Menzil Rokat angekommen sind. [Orte] Aufgestiegen zum ebnen Uferrande fanden wir [das?] Lager gewechselt, nur einige Hütten der Ärmern waren zurückgeblieben. Noch 1 Stunde weiter mußte gezogen werden, wo wir gegen Abend nach einem Marsch von ca. 7 Pharsach anlangten. Aneroid 75. [Orte]

*Montag, 7. September.* Am Morgen wurde zum Flusse abwärts geschritten, der auf Kellek übersetzt werden mußte. [Pfl] Nach langen Hin- und Herreden waren endlich 6 Schläuche aufzufinden, die zusammengebunden die sämtliche Bagage nach und nach überschifften. Die Pferde mußten schwimmen. Fluß ca.

100 Schritt breit, aber sehr tief und reißend. Am jenseitigen Ufer erhebt sich ein zerfallnes Carawanserei aus alter Zeit. Aufwärts gehts nun den felsenlosen, aus bunten Mergeln bestehenden Ausläufer des Kuh Gil aufwärts, dessen Abstieg ins Thal von Kala Serd führt. Ein oft verschwindender und wieder zum Vorschein kommender (2_09_091) Bach bewässert an demselben mehrere Granatgärten voller Früchte, die Wächterhütten auf Felsvorsprüngen angebracht. [Orte]

Noch 1 Pharsach aufwärts zwischen dichten Wallonenwäldern und das Menzil ist erreicht, Kala Dehidis. Skender chan, der Chef der Djaneki, empfing uns sehr freundlich und war sehr ungehalten über die Kätchudas von Malamir und Susan. Das aus 30 Häusern bestehende Dorf liegt auf der aufsteigenden Thalebne unterhalb des kuppligen Gebirgszuges. Ein aus Stein erbautes, mit hohen Mauern umschlossnes Kala mit 4 Thürmen ist der Aufenthalt des Chef. Daneben ein Bad und ein großer Garten voll Granaten, mit Wein, Juglans, Rosenhecken. 3 große Höhlen, natürliche, befinden sich in der Felsmauer über dem Orte. Unterhalb des Dorfes liegen die Ruinen eines großen, aus kleinen Steinen und Gyps erbauten Kala, das dem König Iredj zugeschrieben wird, aber ohne Inschriften. Abends war alles um ein großes Feuer im Viereck versammelt; man staunte mich an und machte Conjecturen über meinen Reisezweck. Das Volk sehr zudringlich, fanatisch, ich konnte keinen Schritt allein thun, selbst als ich in den Garten purgare ging, schaute mir alles zu. Erst um Mitternacht erschien das Essen, Pillau mit Fleisch und Sharbat. Trotzdem hier so viel Reis gebaut wird, war doch nirgends mehr welcher zu einem Pillau aufzutreiben, daher hier [er...?]. [Orte]

*Dinstag, 8. September.* 1 Stunde vor der Sonne wurde den Berg Merwari hinangeritten; glühend [wie?] in [innern?] Feuer leuchteten die gegenüberliegenden Hochgebirge des Karunzuges. [Orte] (2_09_092) [Orte] Der Kuh Rigk zeigt sich auch hier als langer Rücken, an seinem Nordfuße dehnt sich die weite, fruchtbare Ebne von Lurdegan aus, jetzt in Nebel gehüllt, der große Wasserreichthum wird zu Reiscultur fleißig benutzt, so daß man 3 Tage lang zwischen Reisfeldern reisen kann; sein Clima soll dem von [Schelik?] gleich sein. (Aneroid 67,4). Der Serabfluß ergißt sich in den Korrend, der letztere oberhalb den Basoft aufgenommen hat, worauf die Vereinigung mit dem Chyrsan erfolgt bei Bors. [Orte, Pfl, Orte, Pfl]

Im Thale angekommen, zieht sich ein klippiger Kalkfels am Ufer entlang, durch den der Strom mitten hindurchbricht zwischen senkrechten Felsen. Man umreitet den Fels an dem Ostende, wo senkrecht unten der tiefe Strom braust; der Weg ist hier nur 5′ breit und ca. 40′ über dem Flusse, eingehauen [in?] den Fels und mit Mauer unterstützt. Die Maulthiere mußten ihrer Last entledigt hinüber geführt werden. Um den Felsen herum gebogen, befindet man sich plötzlich in einem von senkrechten Felsen umstarrten Kessel, in dem das Wasser wie ein

See ruhig stehend erscheint. Auf eingehaunem Felsenweg gelangt man zur Brücke, Pul A Maret genannt. Der Strom bricht hier aus dem engen Spalt hervor; auf dieser Seite ist aber ein Theil der Felsen weggehauen, über den der Weg führt. Die Brücke besteht nur aus schwankenden Baumästen, mit Erde bedeckt, 20′ lang, 4′ breit, aber mehrere Löcher in derselben erforderten die größte Vorsicht. Jenseits derselben führt der Weg auf den weggehaunen Felsen weiter, 60 Schritt lang, wo Stufen in das Gestein gehauen sind, die aber durch die Länge der Zeit so abgeglättet und polirt waren, daß sämtliche Pferde stürzten. [Orte] (2_09_093) [Orte] Viele roh eingehaune neuere Inschriften an der Wand, auch eine 2zeilige, die den Namen des Erbauers der Brücke, Schemsedin, mitheilt. [Orte, Pfl]

Die Reisfelder des Dorfes Gausalek liegen am linken Ufer aufwärts. Wieder Aufstieg zum breiten Hochthale von Djelil, wo der kalte, mit dichten Platanen und [Weindickicht?] bestandne Bach durchritten wird, viele kleine Wasserfälle bildend, der nun links bleibt im Hauptthale, während der Weg rechts abbiegt, einen steilen Gypsberg hinan bei großer Hitze; am Wege im Felsblock ein 4eckig ausgehaunes Grab wie zu Susan; oben gestaltet sich derselbe zu einer weiten, mit Wallonen bestandnen Ebne, auf der stellweise die Bäume angebrannt und weggehaun worden waren zur Düngung des Bodens, überall erblikte man solche Culturstellen mit dem jungen Stockausschlag, die Einwohner [waren?] jetzt beschäftigt, den Weizen vom Stroh durch Aufwerfen in die Luft zu trennen.

Auf der Ebne hatte der Kätchuda sein Lager aufgeschlagen, wo wir uns einquartirten. Skender Chan hatte noch einen Mann nachgesandt zum Wirth, uns gut zu bedienen. Ein Verwandter Hussein Kule Chans war hier, der mir aber seinen Argwohn auch nicht verhehlen konnte; wenn ihr auch jetzt nicht kommt, aber vielleicht in einigen Jahren. Alles Reden half nichts, denn warum kommst du hierher, da ihr in Franzistan doch alles im Überfluß habt? Goldmacherei aus Pflanzen ist immer das Lieblingsthema; da mehrere Pflanzen die Zähne der Ziegen gelb färben, glaubt man, es sei Gold in ihnen. – Der District Djelil gehört zu Djaneki, Susan aber zu Dinarun. Ein Pillau mit Joghurt war das Abendessen nebst dschillaus = gekochte [Umbell.?]sprossen. Augenkranke und eine bleichsüchtige Frau des Kätchuda baten mich um Medicin.

*Mittwoch, 9. September.* Am frühen Morgen wurde bei empfindlicher Kälte (Aneroid 67,4) der Weg fortgesetzt; die Ebne wird hüglich, aus Mergel und Gyps bestehend. Heute nur 2 Pharsach das Menzil, da weiterhin kein Dorf mehr sein soll. Die Vegetation besteht hier in den lichten Wäldern aus Convolv. alb. scop. [Pfl] (2_09_094) [Pfl] Wieder im aufsteigenden Thale zeigt sich sehr häufig die trockne Maregun Umbell. mit gelben Gummi, nebst Kuma und [Pfl]. Alles aber trocken. Der Abstieg führte in mehrern Absätzen ins Thal von Serchun, wo wir heute bleiben. Aneroid hier 69,4. Sehr heiß den Tag über. Das Thal von einem starken Strome durchflossen, voller alter, sehr dicker Platanen. Überall Reisanbau, der hier fast reif war im tiefren Thale. [Pfl] An den Abhängen alles voller Laubhütten und einige schwarze Zelte; im Thale erheben sich 2 runde, natürliche Tepes, aber natürliche, mit abgeplatteten Rücken. Zur Seite des hintren erhebt sich ein mit Mauer umgebnes Imamsade mit spitzer Kuppel eines Said Schaudi Mohammed. [Orte]

*Donnerstag, 10. September.* Der Weg mußte hier gewechselt werden, da die Brücke über den Korrengkfluß bei der nächsten Station Dupulum, wo die große Hauptstraße führt, zerbrochen war. Am Bache reiten wir zwischen Reisfeldern entlang und erreichen in ½ Stunde das Ende des Serchunthales, wo die Quelle am Fuße eines das Thal schließenden Kalkberges hervortritt. Sie bildet sogleich den starken Bach, der abwärts über den alten Ort Alisat geht zum Correngk. Hohe Ulmen, Platanen und Weiden, Eschen umschatten dicht seine Ufer. [Pfl] Ein jetzt trocknes Bette eines Baches kommt von den Bergen darüber zu ihm herab. [Orte] (2_09_095) [Orte]

Im dicht bewaldeten Thale am Bache allmählig aufwärts reitend (Chara Malamir), wird die Gegend nach ½ Stunde flacher, man gelangt in einen offnen Thalkessel, die Wallonenbäume hören plötzlich auf. [Pfl] Ganz allmählig führt nun der Weg aufwärts gen Nord zum Paß des Kuh Gerrä, der auf dieser Seite links ein große grüne Stelle zeigt, sonst alles nackt und vertrocknet. Eine kleine Quelle, in einen ausgehöhlten Baumstamm sich ergießend, am Wege, wo gerastet wurde. [Pfl] Die Iliats, deren Laubhüttenplätze überall wahrnehmbar waren, hatten sich schon alle auf den wärmern Germesir begeben. [Orte] Der Abstieg über Mergelschieferschichten, in die der Weg erst neuerlich eingehauen war, führt in ein Thal voller Vegetation, aber trocken. [Pfl] Felsen ragen zur Seite des Thales empor, das rechts durch eine Erhebung geschlossen wird. In ihm reitet man abwärts in der Nähe der oberhalb liegenden Schneefelder entlang und gelangt nach 1 kleinen Stunde in einem bewaldeten Thalkessel, an dessen Eingang Steine als tepe salam ein Imamsade verkündeten. Zur Seite des kleinen Thalkessels erhebt sich das Imamsade Schahsade Machmud, einer der Nachkommen Kasims, aus rohen Steinen mit spitzen Kuppeldach erbaut und von Mauer umgeben. Ihm gegenüber erblickt man an der Felswand 3 im 4eck ausgehaune Felsgräber, und mehrere andre befinden sich in der Felswand dahinter. Sie dienten jetzt als Aufbewahrungsstätte von Getreide, das 2 Derwische, die hier in einem Zelte campirten, hier cultivirten.

Der Weg führt nun in einem sehr engen Thale abwärts, wo ein starker Bach kalten Wassers entspringt, der zwischen Felsen und dichten Gebüsch von Weiden und Ulmen abwärts rauscht. Der Abstieg ungemein beschwerlich, trotzdem der Derwisch versicherte, denselben erst ausgebessert zu haben. Am linken Ufer setzt derselbe über eine gefährliche Felsschicht, an deren Seite der Weg nur 1′ breit eingehauen war, doch so, daß die Wölbung desselben zur senkrecht absteigenden Felswand führte. Einige [nur?] daneben gelegte Baumäste sollten nur als scheinbare Verbreitung des Weges dienen. (2_09_096) Die Maulthiere wurden ihrer Last entledigt, aber gleich das erste derselben stürzte und riß polternd die Zweige in den Abgrund; nur dadurch, daß wir die Thiere an Seilen hielten und Teppiche über das glatte Gestein legten, gelang es, ohne weitern Unfall darüber hinweg zu kommen. Gleich darauf wird der Bach durchritten und wurde steil aufgeritten, um auf einem schlechten, felsigen Wege wieder zu ihm hinabzusteigen. [Pfl] Der Bach bricht durch einen engen, felsigen Schlund und bricht gleich darauf in das breite Thal von Gauwend, dessen Dorf von grünen Reisfeldern umgeben. Der Weg umgeht den Schlund, führt zum Abhang hinan und geht dann zwischen Wallonenwäldern mit viel Manna am Abhang der Berge weiter wie auf einer Ebene, während das freundliche, offne Thal von Gauwend rechts bleibt, wo auf blutrothen Mergeln weiße [Mergel?] sich auflagern. Zwischen den Wallonen mit kleinfrüchtigen, halb bedekten oder länglichen oder rundlichen ganz bedekten Früchten, abstehend oder glatt, länger oder kürzer, mit breiten oder länglichen Blättern, mehr oder weniger gesägt; Viola odorata an einer Stelle, die ich sonst nirgends bemerkte. [Orte] Ein kleiner Aufstieg führt nach Tschillau, unser Menzil, auf kleiner Ebne des weiten Hügel Thalab gelegen, aus ca. 30 Häusern bestehend, deren Einwohner aber jetzt alle in schwarzen Zelten neben dem Dorfe campirten.

*Freitag, 11. September*. Aufwärts steigend vom Dorfe gelangt man zu einer größern Ebne, gut cultivirt, da die Wallonenbäume hier alle ausgerodet waren. Das kleine Dorf Sermo lag in einer Einsenkung, neben dem viele Brunnen gegraben waren, da kein Quellwasser hier vorhanden. Steiler führt nun der Weg über einen Zug, mochul Koschtae genannt, von dessen Rücken aus sich ein weiter Blick darbietet über neue Gebirgszüge. [Orte] (2_09_097) [Orte] Den Abhang hinab, [Pfl] zwischen Wallonen, gelangt man zu kleinem Thale mit trocknem Bette eines Baches, an dessen seitlichen Felswänden mehrere Felsengräber eingehauen waren. [Pfl]

Der Aufstieg führt zu dem auf kleiner Ebne gelegnen Dorfe 12 Imam, mit Löwensculptur, wo wir uns vom Kätchuda ein Frühstück zurecht machen ließen. Steil führt gleich darauf der Weg über helle Mergelschichten zum Flusse hinab. [Orte] Nach ½ Stunde gelangt man zur Brücke, Pul Mellek genannt, auf 2 großen Felsblöcken ruhend auf beiden Seiten, die den Fluß auf 25′ verengen. Sie besteht nur aus mit Erde bedekten Zweigen, der Blick hinab zum schnell abfließenden Strome sehr schwindlig. Jenseits ist der Weg theilweise eingehaun in weißen Marmor, aber so glatt, daß auf den hervorspringenden Felsen sämtliche Thiere stürzten. Nach einem langen Aufstieg gelangt man zur Ebne Ärdell, die übrigens keine Ebne, sondern ein von breitrückigen Hügeln [durchziehnes?] Mahur bildet. Ein ½ Stunde breites Thal mit allmähligem Abfall zu beiden Seiten wird durchzogen, ohne Strom, der aber gleich unterhalb vorüberfließt, wo das Dorf Schech Machmud in kleiner Einsenkung liegt oberhalb des Correngk. [Pfl] Quer wird dieses Hügelterrain durchzogen, an dem großen Ort Ärdell, die Winterresidenz Hussein Kula Chans, mit Kala, zur Seite links blickt. Mehrere quellige Abhänge vereinen sich zu einem Bach, der nach Südost abfließt und durchsetzt wird. Darauf folgt das Dorf Meryek, [Pfl] von einigen Bäumen umstanden.

(2_09_098) Nach 1 Stunde von da fortwährend auf- und absteigend, bin ich am Fuße des gerdennä Nachun angelangt, wo das Dorf Nachun mit seinem Obstgarten Hussein Kule Chans liegt. Neben dem Dorfe machten wir Halt und schlugen unter einem großen Juglans das Zelt auf. Rings um den Ort lebte alles von Männern, die mit Kühen den Acker bestellten mit sehr einfachen Pflug. Sogleich versammelte sich alles um uns, doch der Kätchuda war nicht aufzufinden, und man erklärte uns, wir mögten weiter ziehen, da hier nichts zu haben sei. Wir kehrten uns aber nicht daran und erklärten ihnen, daß wir den Chan davon unterrichten würden. Nach langen Warten kam endlich Abends der Kätchuda und entschuldigte sich, daß er nichts davon gewußt habe; er brachte uns Melonen und Trauben aus dem Garten so wie später einen Pillau und Fleisch. Das Geld, was ich früher gegeben, gab er wieder zurück. Die Nacht war sehr kalt, noch vermehrt durch heftige Windstöße, namtlich Nachmittags Wirbelwinde sehr häufig. Alles trägt niedrige, runde, braune Kappen, niemals hohe. Jenseits des 1 Stunde breiten Thales zieht sich der lange, zerrissne Kuh Basgerun entlang, hinter dem der Correngk fließt. Aneroid 64,1.

*Sonnabend, 12. September.* Am Morgen ging es den über dem Orte sich erhebenden Gerdennä hinan, der nach kurzem Abstieg in ein enges QuerThal führt, Teng Nagun genannt. [Pfl] Ein Bach durchfließt das Thal, [sich?] dann westlich vom gerdennä wendend, der den nach ½ Stunde erreichten Abfluß eines Sees bildet, der voller Enten und Störche, bärm Silegun genannt. Aus dem Querthal ins Langenthal getreten, das hier links durch einen Berg geschlossen wird, kommt man die Straße nach Burudjird. [Am?] Südende des ½ Stunde Umfang haltenden Teiches ist durch Djefer Kuli Chan, Vater von Hussein Kuli Chan, ein breiter Steindamm errichtet, einer Brücke gleich, mit 2 Auslässen des Wassers, über ihn führt der Weg zu einem gerdennä hinan. Im Längenthale, ca. ½ Stunde breit, geht es auf glatter Ebne östlich fort, auf beiden Seiten von felsigen Zügen begrenzt und größtentheils cultivirt. Der See füllt im Frühling fast ganz die eine Nordseite des Thales aus. Jetzt war es belebt von zahlreichen schwarzen Zelten, und große Züge von Bachtiaren begegneten uns mit Kühen, großen, schwarzen Büffeln, Pferden, Hunden, Hühnern; die Frauen auf den

Pferden sitzend, hinter sich 2 Kinder, daneben an der Seite das Sieb, Kupferkessel, Wiege, die zum Germesir zogen.

Nach einstündigem starken Ritt wird das Ende des Thales erreicht, wo es an einer Trümmerstätte eines ehemaligen Steinortes mit großer Quelle vorüber geht; mehrere alte, ca. 6′ lange, 2′ hohe und breite 4eckige Grabsteine (2_09_099) am Wege. Das Thal bildet einen plötzlichen Abfall, einen kleinen Kotel, von dem aus nun die Ebne Tschaachor erblikt wird. Ein guter, breiter, neuerlich angelegter Weg führt zu ihr hinab, wo links sich ein nackter Gipfel erhebt und in der Nähe eine starke, klare Quelle in der Ebne entspringt, deren Abfluß aber in der Ebne bleibt und einen sumpfigen Bach bildet voller Hippuris. Auf der völlig platten Ebne, die ein ausgetrocknetes Seebett ist, ist nach ½ Stunde das mitten in der Ebne auf kleinem Hügel sich erhebende Kala Tschaachor erreicht, an dessen Fuß ich schon ein Zelt für mich aufgeschlagen fand. Leider war der Chan noch nicht zurück; meine sämtlichen Effecten fand ich aber wohlbehalten hier an. Sein Sohn, Skender Chan, von gutmüthigen Äußern, machte mir sogleich seinen Besuch und stellte mir alles zu Verfügung. Die Mutter des Chan sandte mir zur Bewillkommung einen Hut Zucker und Thee und bat mich, gegen Abend zu ihr zu kommen. Jenseits des nördlichen niedrigen Bergzuges liegt ein sehr tiefer See, Dehno genannt, ohne Abfluß. [Orte]

*Sonntag, 13. September.* Im Zelte mit Ordnen verbracht. [Orte] (2_09_100) [Orte] Bei Rasiun viel Naphta. Ein Mullah theilte mir mit, daß im Teng Mellekabad im Bulluk Kamfirus ein Steindamm aus großen, behaunen Steinen erbaut sei, längs dem Flusse, das man einer Frau zuschreibt; am Fels soll eine alte Inschrift sich befinden mit Characteren wie zu Teng Serwek. Der Weg dahin führt von Fatabad aus in 7 Pharsach nach Durusen, von da noch 1 Pharsach. Der Sohn vom Ilchani erzählte, daß zu Iwä, 1 kleine Tagereise von Susan abwärts (Andekan von Malamir 2 Tage), sich sehr viele Sculpturen befinden sollen.

Die große Ruinenstadt liegt am linken Flussufer, hat viele Gärten und Kala nebst alter Brücke. Eine zerstörte Brücke über den Chyrsan, außerdem soll eine andre über ein nur zur Winterszeit wasserführendes, breites Strombett, das vom Berge sich herabsenkt, geführt haben, von der aber nichts mehr vorhanden. Von dem Kala daselbst soll eine Ecke aus einem einzigen großen Stein bestehen. Es liegt am Fuße jenes von Susan aus sichtbaren, wie eine Mauer sich hinziehenden Gebirges. Von Inschriften oder dergleichen wußte der Ilchani nichts, da sich die Bachtiaren nicht darum bekümmern. Dieses Iwe nannte er Iwedj, als einstiger Wintersitz der Atabegen, die im Sommer im Zerdekuh bei Dschub e zerd = kalter Canal ihr Lager bezogen. Das Wasser soll so kalt sein, das man die Hand nicht darin lassen kann. Zwischen Susan und Iwedj führt ein in Felsen gehauner Weg wie zu Malamir. Den Daniel zu [Sarun?] nennt man den kleinen Daniel, Daniel asghar, zum Unterschied von Daniel akbar, den großen Daniel, der zu Susa verehrt wird, dessen Grab zwischen Wasser sich befindet. Die Atabegen beherrschten damals auch den Kuh Gelu. Die Mesdschid Soleiman, nur 2 Tage von Schuster, soll ein großer Bau sein aus ungeheuer großen Quadersteinen, mit Inschriften. Ein Schusteri erzählte mir, daß das angebliche Grab Daniels in Susan nur ein Kademga sei, das eigentliche Grab sei in Susa im Flusse. Das Innre zu Susan soll einen ca. 6′ langen, 4′ breiten Quaderstein enthalten mit einer Inschrift und einem Löwen oder einer Kuh. Von Fischbassin wußte man nichts darin, nur die Quelle daneben auf der Außenseite. [Orte]

Vor dem Teng Baba Achmed die Ruinenstadt Bonawar und bei Tschemesur eine alte Brücke, vom Ilchani wieder restaurirt. – Der See oberhalb bei Susan soll sich in Wirbeln drehen und alles hinabziehen. – Bei Basoft, das vielleicht das [Eidedj?] bei Ebn Batuta sein mag, alles voller üppiger Gärten, und eine Brücke führte über den Strom. – Man erzählte mir hier, daß die (2_09_101) ganze Gegend um Tschaachor einst den Armeniern gehörte, die aber durch die Gaschgai verdrängt wurden, diese wieder durch die Bachtiaren.

*Montag, 14. September.* Am Morgen sollte aufgebrochen werden zu einer Excursion nach dem Kuh Kellal, allein erst um Mittag war alles zum Aufbruch bereit. Skender Chan gab mir einen Diener mit zur Begleitung nebst einer Anweisung für den Kätchuda von Abergan wegen Lebensmittel. Der Diener, ein verrückter Kerl, hatte ganz die Physiognomie eines Armeniers, deren solche man hier viele sieht, vielleicht von zu Schiiten gewordnen und mit ihnen dann vermischten Voraltern abstammend. Wegen der weiten, sumpfigen Stellen mußte ein großer Umweg gemacht werden, da namtlich ein vom westlichen Ende durch die Ebne ziehender, schlammiger Bach die Passage hindert. Deshalb ritten wir erst südlich, fast bis an den Bergzug heran, wo er entspringt an einem isolirten, felsigen Hügel, von da aus führt der Weg östlich an vielen schwarzen Zelten der Bachtiaren vorüber. [Orte]

Neben dem Dorfe Desgird, am Eingang der MergelHügel an einem Abhange gelegen, wo ein starker Bach vorüberfließt, liegt auf einem Hügel ein alter armenischer Friedhof, mit sehr großen, 4eckigen Grabsteinen aus dunkeln Kalkgestein, derselben Formation wie nördlich von Ispahan, das mit hier nun beginnt. Die Steine meistens 6′ lang, 4′ breit und 2′ dick, von denen einige Inschriften hatten, alle aber mit Kreuz versehen sind. Die Inschriften durch [Zeich] eingefaßt, unter dem Kreuz eine beckenförmige Vertiefung eingearbeitet. Einer zeigte folgende Inschrift: [Insch]. (2_09_102) Ein andrer mit folgender Inschrift: [Insch]. Neben dem aus ca. 100 Häusern bestehenden erhob sich einst ein aus Erde erbautes Fort. Überall war man jetzt mit dem Reinigen des Weizens beschäftigt, hier eine Art Spelt. Nach ½ Stunde weiter aufwärts zwischen den Hügeln gelangt man zu dem gleich großen Ort Abergan. [Orte]

Neben dem Orte bis Desgird war alles voller Leinfelder, pesserek genannt, deren Samen als Brennöl dienen. [Pfl] Sehr häufig zeigte sich die gelbfädige Cuscuta Epithymum auf dem Lein, abrischumek genannt. Auch häufig Avena sativa zwischen ihm, sengel gia genannt. An feuchtern, quelligen Orten in Menge eine in Frucht stehende Iris, deren braune Wurzeln von Frauen ausgegraben wurden, hier genderga genannt, die als Decoct zum Purgiren dienen. [Pfl] In dem Garten neben dem Dorfe verbrachte ich den Nachmittag unter einem mächtigen, diken Juglans. [Pfl] Einige Felder voll Cannabis, Melonen und Gurken, [Pfl]. Abends begab ich mich wieder ins Dorf, wo ich im Hause des Kätchuda schlief. Die Zudringlichkeit der Einwohner war sehr groß, auch die Frauen kamen alle herbei, mich anzugaffen; viele von ihnen boten sich mir aus Spaß an, aber nur die jungen Mädchen waren hübsch zu nennen, aber vor Schmutz starrend.

(2_09_103) *Dinstag, 15. September.* Am Morgen wurde nach langen Geschrei um Brod, Eier und Fleisch in Begleitung von 3 Bachtiaren sehr spät aufgebrochen; die Effecten wurden vom Maulthiere getragen, die Pferde aber zurückgeschickt. Der Weg setzt über die niedrige Hügelkette und führt in eine kleine Ebene, die schon die Bergflora enthält, aber natürlich alles trocken. Häufig zeigten sich in Blüthe Colchic. = gul hasrett der Bachtiaren. [Pfl] Am Ende der Ebene führt der Weg ein schmales, felsiges Thal aufwärts, in dem nun schon bessre Vegetation sich zeigte. Im Zickzack geht es einen steilen Berg hinan, an Schneespalten oberhalb vorüber, die jetzt noch ganz grün erschienen. Der platauartige Rücken voll harten, festen Kalkgesteins wird überschritten, und man steigt zu einem grünen Hochthale hinab, dessen gegenüberliegende Bergseite voller Schnee lag. Hier mußte nun ein Nachtlager gesucht werden, und zum Glück fand ich auch eine Felserweiterung, deren Eingang die Hirten mit einem Steinwall umgeben hatten. Wasser fand sich gleich daneben durch den Abfluß eines Schneefleckens, Holz zum Feuer lieferten die Acanthol.- und Astragalus Arten. Meine Begleiter fanden keinen passenden Ort und erklärten mir daher, ich möge im Freien schlafen, sie hingegen in der Grotte. Ich lachte sie natürlich aus, sagte ihnen aber, sie könnten mit hier schlafen; ihr Fanatismus ließ es aber nicht zu, mit einem Firengi unter einem Dache zu schlafen; sie zogen sich daher zurück, wohin weiß ich nicht, und ließen mich allein. Gut in Decken gehüllt, schlief ich ganz vortrefflich. [Pfl] (2_09_104) [Pfl]

(2_09_105) *Mittwoch, 16. September.* Am Morgen sah ich mich vergeblich nach meinen Begleitern um, ich glaubte, sie seien zurück gekehrt. Ich bestieg daher den höchsten Gipfel über der Höhle ganz allein. Aneroid im Lager 76,6, darüber erheben sich aber die Berge noch um ca. 2.500–3.000′. Der Aufstieg bot keine großen Schwierigkeiten, nur die vom Schnee geglätteten Erdschurren beschwerlich und Vorsicht erheischend. [Orte] An den obersten Schneefeldern zeigte sich nicht eine einzige Pflanze, alles nackt. Die Aussicht von diesem Hochgipfel, der sich doch nur wenig über die Rücken erhebt, ist überwältigend: [Orte] (2_09_106) [Orte]. Weit verfolgt man die Bergzüge, die sich namentlich gen 243 höher erheben, alle wie aus weiter Ebene aufsteigend; aber alle nackt und starr wie Gerippe die Landschaft durchziehend. Schon der Kellal und Sebsekuh zeigen keine Bewaldung mehr, während südlich davon doch alle Berge dicht erfüllt sind. Was ist die Ursache davon? Allerdings tritt hier eine Veränderung des Gesteins ein, indem das bald dunkle, bald hellere Ispahangestein nun beginnt. Sie waren sicher auch früher nicht bewaldet; fast ohne alle Erddecke. [Orte]

Bald trat ich wieder den Rückweg an, und bei der Höhle angelangt, fanden sich nach einiger Zeit auch meine Führer wieder ein, die ausgezogen waren, um Steinböcke zu erjagen. Derselbe Rückweg wurde wieder genommen bis zum Rücken des ersten Zuges, an dem wir nun hinabkletterten in einer grünen Thalspalte mit Schnee. [Pfl] Überall zeigten sich Bärenspuren, tiefe Löcher [zum?] Wurzel ausgraben. Bald war wieder der Fuß erreicht, an dem sich eine kleine Ebene entlang zieht mit einer starken Quelle, nach Desgird gehend. Zu Fuß wurde gegen Abend das Zelt wieder erreicht.

(2_09_108) *Donerstag, 17. September*, siehe später *30. September*. Wo die von Ebn Batuta als [Eidedj?] oder Idhai ausgegebne Stadt als Residenz eines Atabeg zu suchen sei, bin ich der Ansicht, dieselbe nicht in Malamir, sondern am Fuß des Daena in den Ruinen von Meimend zu erblicken. Seine 3 Tagemärsche über das Mungaschtgebirge stimmen mit dieser Localität zusammen, und noch heute ist dies der Weg von dort nach Ispahan, und zwar über Sadat, auch Schahsade Ghaleb genannt, der 2te Tag nach Buhle am Chyrsan am Fuße des Kuh Schurom, der 3te Tag nach Meimen oder heute nach Pelardt. Reste zweier großer Brücken finden sich über den Chyrsan, die eine oberhalb bei Meimen, jetzt Pul Arusen genannt, die andre Pul Atabegi. 2 Pharsach unterhalb Meimen scheint nur eine starke Feste gewesen zu sein; man erblickt jetzt nur die Kasr gleichen Trümmer, jedes Gebäude mit Mauern umzogen. Das benachbarte Lurdegan, richtiger Lur tikan geschrieben = Marktort der Luren, wird dann die Gewerbstadt gewesen sein; sie soll Fülle von Gärten gehabt haben, viel Trauben, aber das Clima war schlecht, Fieber, Ruhren, Durchfälle sehr häufig. Von Lurtikan bis zum Kuhrengstrom ca. 3 Pharsach. Die KleinStadt soll durch die Afghanen zerstört worden sein. Jetzt wird dort sehr viel Reis gebaut, ist Sitz eines Chans in einem auf Hügel gelegnen Kala des Districtes Djaneki Serhadi, während Malamir zu Djaneki Germesiri gehört. Die Trümmer sollen jetzt nicht mehr viel erkennen lassen, lauter Steinhaufen, Narzissen sehr häufig hier, der benachbarte runde See sehr tief, voller großer Wasservögel.

Über den Namen [Eidedj?] konnte ich nirgends mehr etwas erfahren, war ganz unbekannt, siehe später *30. September*. [Den?] Asker [Makarram?] genannten Ort und [Lenkkur?] halte ich dann für das heutige Malamir und Susan, beide 4 Tagereisen fern von Lurdegan, mit in Felsen gehaunen damals bequemen Wegen und vielen Carawansereis zur Seite, deren Trümmer sich heute einsam erheben als Zeichen einer vergangenen Blüthe des von Natur doch reichlich ausgestatteten Landes. Wildprett und Geflügel ist da im Überfluß in den reich bewaldeten Bergen. Honig ganz vorzüglich; Wasser überall, das jetzt zu viel Reisbau in den Thälern und Thalebnen benutzt wird. Bären viel. Ein (ob Hg?) enthaltendes Erz findet sich in losen Blöcken in mehrern Gebirgen. [Orte] (2_09_109) [Orte]

*Freitag, 18. September.* Ein Mullah, genannt Saleh, von Imamsade Ismael, der sich hier aufhielt, weil man ihn beraubt hatte im Werth von 800 Tuman, erzählte mir viel von seiner Gegend; er wollte mich durchaus bereden, mit ihm zu kommen, um Schätze zu suchen. Die ganze Gegend von Kamfirus, Beisa, Maien sei voller Alterthümer. 1 Pharsach von Maien ist der Berg [Alev?], an dessen Fuß Reste eines Kala, wo sich an Felsen Inschriften befinden sollen. Der Fluß Schah Bahram entspringe bei Main aus 2 Quellen entstehend, ½ Stunde auseinander; über beiden Quellen (2_09_110) sollen sich Inschriften und Sculpturen befinden. 2 Brücken führten einst über den Fluß, der noch den Namen des hier so recht einheimischen Bahram führt; noch jetzt zeigt man die Stelle, wo derselbe bei Assupas versank, Gur Bahram genannt. An der Quelle des Flusses soll sich die Sculptur eines behaunen Felsenblocks befinden, wahrscheinlich die eines Ateschgada's, allein der Mullah hielt es für ein Erkennungszeichen für den verborgenen Schatz. (Main von Tacht Dschemschid 8 Pharsach). Im Teng Mellekabad soll der Fluß auf beiden Seiten einen mächtigen Wall aus großen Steinen zeigen, mit Inschrift am Felsen. Bei Kosro Schirin sollen sich ebenfalls Sculpturen und Inschriften befinden nebst Resten eines Kala. Ich versuchte, mit dem Mullah die Karte zusammenzustellen, allein unmöglich, er hatte keine Idee. Wenn ich ihm den Kuh Daena auf eine Seite malte, wollte er ihn auf der andern haben, und zeichnete ich es dahin, mußte das Zeltholz den Daena darstellen. [Orte] (2_09_111) [Orte]

Der Beisadistrict mit ca. 200 Dörfern. Ardekun–Dussegurd 6 Pharsach. Über Dussegurd ist der Kuh Serawi oder Rondj, wo sich Sculpturen über einer Quelle befinden sollen. Kosro Schirin ist 12 Pharsach von Kala Shehrek; der Weg geht über Main, Imamsade Ismael, Assupas. Viel davon mag allerdings in der Einbildungskraft des Mullah beruhen, allein manches mag doch wahr sein. Die ganze Gegend ist im höchsten Grade einer genauen Untersuchung würdig.

*Sonnabend, 19. September.* Die Söhne des Ilchani halfen mir, eine Karte des Umkreises zu entwerfen, wobei sie viel Geschick dazu entwickelten. [Orte] Daß die Bachtiaren geborne Räuber sind, davon konnte ich mich fortwährend überzeugen. Gestern Nacht wurde einem der Ispahaner Kaufleute eine Kiste voller Seidenstoffe in der Nacht aus dem Zelte entwendet, in dem er schlief; es gelang auch nicht, den Spitzbuben ausfindig zu machen. Mir wurden in der Nacht mein Waschbesteck, Kamm, Rasiermesser etc. gestohlen, was ihnen doch ganz nutzlos ist. Den Tag über kamen sie unter allerlei Vorwänden direct ins Zelt, sich bei dieser Gelegenheit alles anschauend, (2_09_112) und nur mit Gewalt konnte ich sie aus demselben vertreiben.

*Sonntag, 20. September–29. September, Dinstag.* Fortwährend von heftigen Fieberanfällen heimgesucht, die mich zu jeder Excursion unfähig machten. Die Vormittage sehr angenehm, windstill; um Mittag treten aber öfters heftige Windstöße ein. Abends 15 °C. Aneroid 62,9. Die Nächte stets sehr kalt. Jeden Morgen lag dicker Nebel über der sumpfigen Ebene. Bei Sonnenuntergang prachtvolle klare Färbung der Berge, ebenso beim Aufgang, man glaubte sie dann mit einem Steinwurf erreichen zu können, die kleinsten Details sichtbar. [Pfl]

Heute erst kam der Ilchani gegen Abend zurück. Sobald sich der Zug den Zelten näherte, sprengte der Ilchani sogleich voraus auf mein Zelt los, und ehe ich nur heraustreten konnte, stand er schon an der Thür, mir freudig sein choschanat zurufend; er nahm im Zelte Platz, während sein Bruder wie alle übrigen vor dem Zelte stehen mußten. Er erkannte mich gleich wieder und erzählte, daß schon vor 14 Jahren Mr. Loftus von hier nach Malamir gereist sei und daß er alles beschrieben habe. Von der Excursion zum Serdekuh suchte er mich abzureden, da jetzt alle Iliaten zum Germesir gezogen sein und es jetzt dort eiskalt sei. Er schlug mir dagegen vor, mit ihm nach Schuster zu gehen, um im Frühling die Berge zu durchziehen. Als von Malamir gesprochen wurde, war er sehr froh, daß ich noch so davon gekommen sei, denn dort sei das schlechteste Volk seines ganzen Districts. Morgen brechen auch von hier die Iliaten zum Germesir auf. Den umstehenden Leuten erschien es eine große Sache, daß der Ilchani, bevor er nur einen Tritt in sein Haus gesetzt hatte, gleich zu mir kam und er sich bei der Begrüßung so tief verbeugte. In einigen Tagen reist sein Bruder nach Teheran, um 500 Soldaten dahin zu bringen; mit ihm sollte ich reisen über Ispahan.

*Mittwoch, 30. September.* Aus den Unterredungen mit dem Ilchani ging nur wenig Bemerkenswerthes hervor, er hatte kein Interesse dafür, und es ermüdete ihn daher sichtlich. [Orte]

Von Tschagachor nach Semiram führt der Weg über Gendemun, von da soll es auf dörferleerer Hochebne, nur von Gaschgai-Iliaten durchzogen, als Räuber bekannt, noch 12 Pharsach nach Semiran sein; dieser Weg wird nur selten betreten von hier. Auch den Weg nach Yesdekast nimmt man deshalb nicht dahinwärts, sondern über Urudjen nach Kumischah. Die im Thale Basoft liegenden Trümmer sollen einst zu 300 Dörfern gehört haben. Nach des Ilchani Aussage zerfallen die Luren in Luri buzurg, nämlich die Bachtiaren und die Luren des

Kuh Gelu. 2) Luri Kutschuk umfaßt das (2_09_113) Gebiet von Choromabad. Die Bachtiaren zerfallen in 2 große Taife, in Tschuhar leng und Haftleng, weil sie zu 4 und 7, von 7 Pferden 1 zu geben, taxirt wurden. Die erstern stehen unter einem besondren Ilchani, Ali Riza Chan zu Kala Tul, dessen District Djaneki heißt. Ein Theil der Tschuharleng, nämlich die Taife Seleki und Memiwend, zusammen 6.000 Familien, stehen unter Burudjird. – Die Haftleng zerfallen in 4 große Taife, nämlich Bachtiariwend, 2.000 Familien, einst viel größer, aber durch Streitigkeiten untereinander so geschwächt; Dureki 2.500 Zelte, Babati 2.000 Zelte, Dinaran 3.000 Zelte. Jede tieser Taifes zerfällt in viele kleinere Tirehs.

Leider muß ich mein Project zum Zerdekuh aufgeben, Niemand ist mehr dort, so daß an keinen Aufenthalt zu denken ist. Zu meinem Bedauern muß ich den Weg nach Burudjird aufgeben, der Ilchani kann bis dahin keine Thiere geben, da er vorgab, mit den dahinwärts wohnenden nicht in guten Einvernehmen zu stehen. So ist denn hier alles zu Wasser geworden, und es bleibt mir nur der Weg nach Ispahan übrig. Die Armenier von Tschagachor sollen seit ca. 100 Jahren, wie er meinte, von hier weg sein; die Dörfer sollen von den Afghanen zerstört worden sein. Die alten Sitze der Bachtiaren waren von jeher der Zerdekuh und Dinarun. Wenn Ritter 9.3, Seite 133, sagt, daß eine 3. Communication zwischen Chusistan und Fars nicht zu existiren scheine, so irrt er; eine früher bequeme Straße führt längs dem Chyrsan aufwärts über Bors, Lurtikan nach Meimen oder Pelardt, hier theilt sie sich. Die eine geht am Südfuße, die andre am Nordfuße des Kuh Daena entlang nach Fars. Gestern Abend heftiger Sturm mit Regen, 10° Abends. Heute Morgen aber bei Sonnenaufgang 3 °C.

*Donerstag, 1. October*. Gegen Abend 8 °C. Die Langsamkeit, mit der die Bachtiaren meine Sachen zur Abreise betreiben, ist unerhört, ich weiß nicht, was vor Langeweile vorzunehmen. Ich besuchte den alten armenischen Friedhof in der Nähe, auf dem sich mehrere Steine auszeichneten. [Bau]

*Abb. 14: Grabinschriften des armenischen Friedhofs von Kala Tschogha-Khor (2_09_113)*

(2_09_114) Aneroid 62,9 in Tschagachor. Die Bachtiaren tragen alle die kleine, runde Filzkappe. Ihre Musik ist dasselbe einförmige Genudel wie die persische Musik; ich hörte sie den ganzen Tag heute, da der jüngste Sohn Hochzeit hatte. Man ließ aber Niemand dazu.

Was den Namen des Kuranflusses anlangt, so ist dies eine jene Verdrehung, wie sie vielfach in Persien vorkommen. Der eigentliche Name ist ab Kuh reng, nach dem nördlichen Theile des Zerdekuh, genannt Kuh reng, so genannt, von dem er herabströmt, sich mit vielen andern Quellen des gegenüberliegenden Zerdekuh vereinigend in einem breiten Thale, nach Südost offen, nach Nordwest aber geschlossen. Im Oberlaufe wird er bald Kohreng oder Korend genannt, weiter abwärts Kuran und bei den Arabern Karun. Die Bachtiaren sehen ihn als den Anfang vom Zerdekuh an, sein natürlicher Anfang aber ist der Kuh Daena. – Von einem andern Susan, ein altes Dorf bei Basoft, hörte ich heute. – Von der ursprünglichen Abstammung der Bachtiaren konnte ich nichts erfahren, mir sagte man, daß sie von 2 Brüdern abstammten. Die Nordseite des Kuhreng gibt dem Zendand sein Entstehen, die Südseite des Zerdekuh dem Flusse von Basoft. – Von Iwedj nach Ispahan sind 10 Tage, es ist dies der Weg von Schuster aus über [Dastenä?].

*Sonnabend, 3. October.* Am Mittag war endlich nach vielen Reden alles zur Abreise vorbereitet, nachdem mir noch der Ilchani ein Füllen, was er vorher für 6 Tuman erst gekauft hatte, schenkte. Mit dem Munde machte er alles, aber in der That herzlich wenig, namtlich für die Maulthiere machte er viel Umstände. Nachmittag wurde endlich aufgebrochen in Begleitung von 7 Maulthieren, 2 Tscherveders und einem Mehmender. Der Weg führt in der Ebene erst aufwärts, um das in der Ebne fließende Wassergraben zu umreiten. [Orte] Der Weg biegt um den [Kuh Saldarun] rechts herum, wo nun vor uns der Kuh Ahengeri erscheint. Er biegt dann links ab nach ½ Stunde, und man kommt in ein ca. ½ Stunde breites Thal, in dem gleich im Vordergrunde das große Dorf Gerru liegt, Hussein Kule Chan gehörend. Ein Imamsade vor dem Dorfe. Im Kala des Chans wurde abgestiegen, mit einem Balachane. Gegenüber ein Garten mit Weinpflanzung. [Orte] (2_09_115) [Orte]

*Sonntag, 4. October.* Am frühen Morgen wurde noch bei Mondschein nach dem 6 Pharsach fernen Deh Kurd aufgebrochen. Die ½ Stunde breite Ebene zwischen Kuh Ahengeri und Sochte wird quer durchritten, auf das Ende des Ahengeri zu. [Orte] Die ganze Ebene gut bebaut, jetzt standen nur noch die Kichererbsen auf dem Felde, von Wasser durchzogen; eine Varietät mit violetten, die andre mit weißen Blüthen. [Pfl, Orte] In das Querthal zwischen Ahengeri und Djumbi eingetreten, liegt in dessen Mitte am Fuße des Djumbi das aus ca. 60 Häusern bestehende Dorf Charadschi, wo gefrühstükt wurde. Durch die uns häufig begegnenden mit Trauben beladnen Züge von Eseln, die von den Bachtiarenführern geplündert wurden, war aber der Hunger nicht groß. Ein Bach fließt im Thale entlang, von Herdschegun kommend. Oberhalb des Dorfes tritt ein Berg steil hervor, das Querthal gleichsam in 2 Theile theilend, in dem rechts erscheint das Dorf Deschnis, der Weg führt links an diesem Berge und dem Djumbi entlang, in dem der Bach herkommt. (2_09_116) [Orte]

Nach Passiren von Tschachonek tritt man ein in eine weite Ebene, ca. 5 Pharsach lang, 2 Pharsach breit, in der das von Armeniern bewohnte Dorf Achmetabad im Vordergrunde erscheint. Die Weiber, alle in rothe Zeuge gekleidet, halfen ihren Männern beim Reinigen des Getreides, was ich bei den Muselmännern nie bemerkte. Der Weg theilt sich hier, gerade aus nach Gaweroch führend, doch wir bogen links ab quer durch die Ebene reitend auf das große Dorf Deh Kurd los, von hier ca. 1 ½ Pharsach fern, am jenseitigen niedrigen Bergzuge gelegen. Der von dort herabkommende Bach wird mehrmals durchritten, wobei das große Dorf Schehrek rechts ½ Stunde bleibt, nebst Gaweroch weiter östlich. Schehrek war einst eine große Stadt und Hauptort von Tschuharmahal; jetzt wird es von ca. 500 Turcfamilien bewohnt.

Endlich ist der große, aus 800 Häusern bestehende Ort Deh Kurd erreicht, wo ich mich zum Hakim von 4mahal, Mirsa Hussein Chan, begab. Er ließ mir das Haus des Kätchuda anweisen, wo ich in einem gut ausgestatteten Zimmer mich niederließ. Der Ort macht eher einen städtischen Eindruck, mit breiten, reinlichen Straßen, die Erdhäuser in gutem Stand, nicht zerfallen wie in den meisten persischen Orten. Gegen Abend machte ich dem Hakim einen Besuch, er sandte mir sein prächtig geschirrtes Pferd nebst einer Menge Cawassen, die vor mir her gehend durch lauter Schreien die Leute bei Seite gehen und aufstehen ließen. (2_09_117) Der Weg führte mich an der großen, neu aus Ziegelstein erbauten Moschee vorüber. Der Hakim bewohnt ein großes Erdfort, doch war er im Innern gut eingerichtet und selbst mit Stühlen versehen. Er empfing mich sehr freundlich, stand auf und drückte mir europäisch die Hand. Er war von Schiras und seit 1 Jahre hier. Mit dem Clima war er nicht zufrieden, viel Fieber und schweres Wasser. Man reichte mir 3mal den Kallian und ebensoviel mal den Thee, was die andern Großen nicht thaten. Den Firman drükte er ehrerbietig an seine Stirn und überreichte ihn mir stehend. 74 Dörfer gehörten zu seinem District, zusammen 4.000 Tuman jährliche Abgaben gebend. Davon 3 armenische Dörfer und 2 türkische, letztere Schehrek und Samun, letzters am Zahinderud gelegen, 3 Pharsach von hier. – [Orte]

Ein Dorf Djumbi existirt nicht, nur der Berg heißt so; auf ihm soll anguseh vorkommen, auch gesengebin, das von einer kleinen, stachligen Pflanze gewen, also Astrag. Art, durch Abschütteln anfangs September gewonnen wird. Aneroid 64,8. Heftiger Staubwirbelwind in der Ebne. Die vielen Diener rechneten alle auf ein großes Trinkgeld, worin sie sich aber täuschten; auch hier waren sie durch einen durchgereisten Engländer verwöhnt.

*Montag, 5. October.* Am frühen Morgen sollte aufgebrochen werden, allein wie ich vorausgesehen hatte, kam es. Der Hakim wollte Maulthiere geben, sie kamen auch endlich, aber nur kleine, schwache Sorte, die meine schweren Kisten nicht tragen konnten. Ich befahl daher den Leuten des Ilchani, ihre Thiere fertig zu machen, was aber wieder langen Aufenthalt verursachte wegen der verschiedenen Schreiberei. So verzögerte sich die Abreise fast bis Mittag. Die Diener umlagerten mich förmlich, und als ich endlich aufsaß, folgten sie mir noch weit nach, namtlich einer, den ich nur einige Dorfnamen gefragt hatte. [Orte] Aus dem weitläufigen Dorfe, das mit kleinem Bazar versehen und Hauptort von Tschuharmahal ist, herausgeritten, führt der Weg in völliger Ebene immer in der Nähe des Bergzuges links entlang, von einigen Kanats durchzogen, von Gaweroch herkommend, (2_09_118) wobei der weitläufige Ort Scheherek ½ Stunde rechts bleibt.

Nach 2 Pharsach ist endlich der große Ort Găweroch erreicht, wo ich mich 1 Stunde lang aufhielt, um ein Frühstück einzunehmen. Der reinliche Ort wird von einem Bache durchflossen, der oberhalb im Thale entspringt. Hier ist die Ebene geschlossen, parallele Bergzüge setzen sich in dieser Richtung weiter fort, namtlich fällt eine steile Pyramide über dem Orte auf. Hier wird nun links abgebogen und in einem breiten Thale aufwärts geritten, wobei links in der Ebene die zahlreichen, von Mauern umschlossnen Weinpflanzungen des Ortes erscheinen. Auf völliger Ebene führt der Weg fort, an der vorzüglichen Quelle des Ortes vorüber, und nachdem man 2 breite Thalebenen, durch steile Züge von einander getrennt, passirt hat, gelangt man nach 1 ½ Pharsach an den Bergübergang gerdennä Roch. Auf dieser Seite ist der Aufstieg nur kurz und ganz allmählig, ein breiter, bequemer Weg führt über ihn.

Oben erblickt man links am Wege eine Felswand, mit einigen Celtisbäumen bewachsen, die mit Lumpen behängt waren, daneben Steinhaufen, denn hier soll einst Ali, von Feinden verfolgt, sich in den Fels eingeschlossen haben, und einen unterhalb im Thale liegenden Felsblock hält man für die durch ihn versteinerte Kuh eines Mannes, der Alis Worten kein Gehör schenken wollte. Auf dem Rücken des Berges ist der Weg gepflastert, aber sehr schlecht und lückenhaft geworden. Oben befindet sich eine Steinhütte eines tüfenkdschi, der Wegwache halten muß. [Orte] (2_09_119) [Orte] In Windungen führt nun der Weg zu der tiefer liegenden Ebene hin ab. [Pfl, Orte] An den Dörfern [Kulli schahderoch, Kala agha und Lahibit] führt der Weg vorüber, rechts immer an dem steil aufsteigenden Kuh Roch entlang, an dem nun das schwarze, feste Kalkgestein vorherrschend wird, von weißen Quarzadern durchzogen. [Pfl, Orte]

In später Nacht wurde endlich Tschermi erreicht, nach dem wir noch lange in dem ruinirten Theile des Dorfes, von Gärten umgeben, umherzogen, bis endlich Licht erblickt wurde. Tschermi, ca. 70 Häuser. Im Erdfort eines Chans stiegen wir ab, der zwar reich schien, aber ohne Manieren war und sehr gegen die frühern abstach. [Orte]

*Dinstag, 6. October.* Am Morgen ging es an den weitläufigen, von Mauern umgebnen Gärten vorüber, und gerade abwärts führt der Weg durch die Ebne, die hier nun ganz den Character der Wüsten von Kum und Kaschan trägt. [Orte] Isolirte Felsenberge durchsetzen die Ebene. Von Herdeh der Weg aufwärts nach Sefiddescht 2 Pharsach. Vor uns jenseits wird die ca. 5 Pharsach breite Ebne durch den Kuh Surch und Gapisse begrenzt, (2_09_120) an letztern fließt der Zenderud durch die Berge in einem Bogen nach Lindjan pain. Hier erscheint nun die Ebene als ein breites Längenthale. Bald darauf führt der Weg abwärts zum Flußthale, wo das große Dorf Nogorun erscheint, am rechten und linken Ufer gelegen. Große Gärten breiten sich jenseits des Flusses aus, namtlich ein großer Garten voller Obstbäume und Platanen, Bach e Schah genannt, von Schah Abbas einst angelegt. Viele verzierte Taubenthürme ragen aus den Bäumen hervor, die von nun an bis Ispahan sich überall zeigen. Wie ein grünes Band ziehen sich die Culturen der zahlreichen Dörfer am Flusse abwärts entlang; beide Ufer sind dicht mit Reisfeldern erfüllt, der eben eingeerndet wurde; dazwischen Sesam, Baumwolle gedieh ganz vortrefflich, Cannabis einzeln. [Pfl, Orte]

In Bisdegun rastete ich 2 Stunden lang im Hofe der erbärmlichen Moschee, ehe der Kätchuda einige Trauben und Brod herbei gebracht hatte. [Orte] (2_09_121) [Orte] Der Weg führt nun längs der Berge, bis das Dorf Bach e wesch erreicht ist, bei dem sich eine wohl 1 Stunde lange Erdmauer im 4eck entlang zieht, einen einst von Schah Abbas angelegten Garten einschließend, der jetzt aber völlige Wüstenfläche ist. Vorher liegt Djusdan in der Ebne unterhalb. Beim Kätchuda des Ortes Bachewesch wurde abgestiegen, aber er wollte anfangs nichts geben, bis ich ihm den Ferman vorzeigte. Auch dieser Ort weite Obstgärten, namtlich viel Apricosen. Der Ort mit ca. 100 Häusern. [Orte]

*Mittwoch, 7. October.* Am Morgen aufgebrochen nach dem 5 Pharsach fernen Ispahan. [Orte] (2_09_122) Der von Gärten umgebne Karuwe wird durchritten, zu dem ein alter, wohl aus Schah Abbas Zeiten angelegter, erhöhter Pflasterweg führt durch die niedrige, oft Überschwemmungen ausgesetzte Ebene. Vor Karuwe breitet sich ein stattlicher Platanengarten aus, von einer Mauer umgeben, deren Thürme als Taubenthürme dienten, was sich sehr gut ausnahm. Aufwärts ganz nahe liegt Gurudsche und links ½ Stunde ab Mehmet. Nach ¼ Stunde weiter wird Dorf Djeffre durchritten, von Reisfeldern umgeben. Aufwärts davon ½ Stunde führt die Brücke Pul Baba Machmud über den Fluß. Zahlreiche tiefe Canäle führen von diesem Thale aus das Wasser nach allen Richtungen in die weite Ebene. [Pfl] Der Reis wurde nur stellenweise erst eingeärndet. [Orte] Am Ende des Felszuges über dem breiten Bergdurchgang Baba Saïd erscheint auf der Spitze des Felsens der Tacht Rustam, von dem aus sich ein schmaler, niedriger Felszug noch weiter in die Ebne erstreckt, um den der Fluß herum sich windet und dann nach Djulfa sich wendet. Die Dörfer Bisgun, Toradsche und Pias liegen links in dichten Obsthainen (2_09_123) versteckt, von wo aus sich eine ununterbrochne Reihe Dörfer bis Ispahan entlang zieht. Am Eingang des breiten Derbent starrt auf beiden Seiten eine merkwürdige helle Kalkfelsgruppe auf, mit abgerundeten Formen, auf denen einige Felsblöcke zu liegen scheinen, von weitem wie Thiere erscheinend. Von hier aus erblikt man nun die blaue Kuppel der Medresse Mater Schah aus den dichten Gartenhainen hervorragen, während vor uns sich die weitläufigen Ruinen des frühern Djulfa weit ausdehnen, von mit Thürmen versehner Mauer noch umgeben. Aber alles ist öde und zerfallen, nur der Aufenthalt zahlreicher Schakale, die Nachts durch ihr Geheul sehr stören.

Endlich daselbst angelangt, stieg ich wieder in demselben Gebäude ab, das ich schon früher inne hatte, was eben erst von 2 Deutschen, die von Indien gekommen waren, verlassen war worden. Leider waren sie Schwindler gewesen, die den Deutschen keine Ehre [machten?]. – Die europäische Gesellschaft war etwas verändert, Walton nebst Frau war verreist, dafür Chambers an seiner Stelle, Dr. Cumming eben von Schiras zurückgekehrt, aber krank durch das viele Weintrinken. Graves nach England gezogen, aber MGovan, Kelle, Moland, Hakey hier. Abends bei Chambers zum Diner.

*Donerstag, 8. October.* Himmel bedeckt, ruhig, Regenbogen. Aneroid 68,7.

*Freitag, 9. October.* Zum Frühstück bei MGawan. Nachmittags Sturm mit Gewitter und Regen.

*Sonnabend und Sontag, 11. October.* Wollte Dschelaledin Mirsa aufsuchen, allein er war den Tag vorher abgereist. Aganoor theilte mir mit, daß der hiesige Fluß eigentlich Zayende rud heiße, von zayende = to bring forth oder to deliver, weil er aus vielen kleinern, zusammenfließenden Quellen entsteht. Ich fand bei ihm einen Kätchuda von Kumbebab, 10 Pharsach von hier, der sich eine Aufforderung der Engländer von Buschir aus wegen Dampfboot nach Mekka im Februar erklären ließ. – Am Fuß des Tacht Rustam ist eine natürliche Grotte, tscheschme Meltani genannt, aus deren Felsen fortwährend Wasser herabtropft in ein darunter befindliches großes Wasserbassin; dasselbe trägt ringsum eine armenische Inschrift mit dem Namen Amros. Dies ist ein Lieblingsversammlungsort der Armenier und in frühern Zeiten der hier zahlreichen Inder oder Guebern, die auch Multani genannt wurden nach der Stadt dort. Die Bestimmung des darüber befindlichen Ziegelsteinbaues, Tacht Rustam genannt, ist unbekannt, entweder diente es als schöner Aussichtspunkt für die Könige, aber dafür ist die Mühe zu groß und der Weg zu schlecht, oder es war eine Wächterstation. Es ist ein 4eckiger Bau mit Aussicht nach den 4 Seiten, das einstige Kuppeldach jetzt zerfallen, ohne alle Inschriften, im Innern geweißt.

(2_09_124) *Mittwoch, 14. October.* Während des Sommers hielt sich hier ein Photograph auf, der auch Ansichten von Ispahan aufnahm. Als sie der Schah ansichtig wurde, war er ärgerlich über den Verfall der Gebäude und über die Verunstaltung derselben, namtlich des Platzes meidan Schah durch zerfetzte Zelte der Obstverkäufer etc. Er gab strenge Ordre, den Platz zu säubern und die Gebäude in bessren Zustand zu setzen. Auch hatte sich hier eine Art hoher Mütze eingebürgert, von gewöhnlichen Leinenstoff, die allerdings sehr billig waren im Vergleich zu den kostbaren Schaafpelzen. Er gab die Ordre, dieselben alle zu zerstören. 5 Tage lang durchzogen des Gouverneurs Faraschen die Bazare, zerstörten dieselben in den Läden, und wer eine solche trug, dem riß man sie herunter und zerfetzte dieselbe.

Über das Clima von Ispahan theilte mir Aganoor folgendes mit: Januar und Februar kalt, Schnee, der nicht selten 1′ hoch fällt, sehr selten aber 3′ hoch, vielleicht nur alle 20–30 Jahre einmal. Der März ist windig und regnerisch, unbestimmtes Wetter, dabei aber milder und milder werdend, sehr angenehm; einige Blüthen erscheinen an den Obstbäumen, und gegen Ende sprossen die Blätter hervor, und die Gräser erscheinen, namtlich ein blauer Crocus, eltschi Susan genannt, = Gesandter von den Lilien, erscheint als Vorbote des Frühlings. April, Mai, Juni sind die angenehmsten Monate; im April erscheint die ganze Umgegend von Ispahan wie in ein weißes Kleid gehüllt, denn es ist Baumblüthe; der Mai zeigt dieselbe dann in grünem Gewande. Im Juni erscheinen zuerst Kirschen, Gurken, und gegen Ende auch Apricosen und Pflaumen. Der Juli bringt nun die größte Menge an Früchten, denn es ist nun warm. Im September beginnen die Fieber, während vorher keine Krankheiten herrschten, denn die Tage sind noch sehr warm, die Nächte werden aber kalt. Seit 1853 war hier keine Cholera. Der October ist ungesund, 1–2 mal kommen Gewitterstürme mit wenig Regen; Früchte im Überfluß.

Der Nowember ist angenehm, die Krankheiten verschwinden, der Tag nicht zu warm, und Morgens und Abends beginnt man sich am Feuer zu wärmen; gegen Ende einzelne Regen. Der December ist kalt, Schnee und Eis. – Im Frühling nehmen die Hügel um Ispahan nie ein grünes Ansehen an, stets grau und nackt; Rasendecke fehlt gänzlich den innern persischen Hochebnen, nur lauter dornige Pflanzen bestehen dieselben; im Mai ist auch das wenige Grün in den Thalspalten vertrocknet, nur in den bewässerten Theilen erhält sich das Grün länger. – Von den Früchten verdienen Erwähnung 1) Kirschen, deren es doch aber nur wenig gibt in 2 Arten, die eine gelb und süß, als zuerst reifende,

(2_09_125) Sorte, die 2te schwarz, von säuerlichen Geschmak, bis Ende August anhaltend.

Von Pflaumen ist vorzüglich die Aluzerd = gelbe Pflaume [benannte?] Art, hier vorherrschend, erst im September reifend, in reichlicher Menge genossen wirkt sie purgirend. Sie wird namtlich viel von Kuhrud versandt in Schläuchen als Alu Bochara, die aber verschieden davon ist. Letztere ist roth, im Juli mit den Apricosen reifend, gerade reif ist sie angenehm, aber einige Tage vor und nach der Reife sind sie sauer wie Essig; sie sind nur wenig hier; in Teheran wurde sie Alu Kaissi genannt. – Von Apricosen, serdalu genannt, unterscheidet man viele Varietäten. [Pfl] (2_09_126) [Pfl]

*Sonntag, 18. October.* Ich unternahm einen Spaziergang gegen den Kuh Sufa; aber die Vegetation beendet. [Pfl, Orte] Ein Spaziergang zum Flußufer bot nichts bemerkenswerthes dar; ich sammelte aber in den Gräben Potamog. marin. af., [Pfl]. Das Laub der Bäume entfärbt sich stellweise. Die Baumwolle wurde gesammelt, dazwischen [Pfl]. Aneroid in Djulfa 68,9.

*Montag, 19. October.* Himmel etwas bedeckt, Blitzen ohne Donner, aber Abends Sturm mit Donner und Blitz ohne Regen. In Feridan befindet sich im Dorfe Schurischgan ein altes Manuscript des neuen Testaments; viele Armenier unternehmen dahin Pilgerfahrten. (2_09_127) Den Namen der Bachtiari kann man von bacht = Glück und jar = Hülfe oder auch Freund bedeutend, ableiten, ob aber richtig? Oder vielleicht von dem frühern Namen des Zerdekuh = Kuh [Bachtani?]. – Der große, einst herlich von Schah Abbas angelegte Garten Hassar djerib = 1.000 Äcker ist jetzt mit Chardins Beschreibung verglichen, ganz unkenntlich, nur 1 Tschinar hat sich noch aus jener Zeit erhalten. Vor 25 Jahren wurde er durch den armenischen Eunuchen von Kerim Chan, Motamededaule, restaurirt, der Gouverneur von Ispahan war, aber jetzt ist er wieder ganz ruinirt; er wird von Kanats bewässert, von dem der beim armenischen Friedhof vorüberfließende noch jetzt den Namen Djub Motamededaule führt. – Bidmischk blüht gegen Ende April; die Blüthen dienen zu destillirtem Wasser, das vielfach zu Scharbat benutzt wird. Auch wird es schichtenweise zum zu Zuckerwerk dienende, zerschnittne Mandeln gelegt, die dessen Geruch annehmen, oder auch zwischen Gesengebin. Der Name Ges ist die Substanz, gebin ist = Honig, also Ges und Honig bedeutend. – Im September beim Erscheinen des Morgensterns, sohul genannt, sagt man, daß die Kälte nun beginnt. – Nur von Juni–August schläft man gewöhnlich auf der Terrasse.

Von Trauben unterscheidet man ca. 35 Arten. Die bekanntesten davon sind: 1) jachuti, klein, rund, roth, [am?] ersten von allen reifend. 2) Chalili, grünlich, größer, länglich. [Pfl] (2_09_128) [Pfl] Die Weinkrankheit richtete auch hier großen Schaden an. Aller Wein wird nur in Djulfa bereitet, in Ispahan in manchen Häusern nur im Geheimen. Djulfa producirt jährlich mehr als 10.000 Man (= 80.000 Flaschen). Der Preis des gewöhnlichen Weins ist 2 1/2 Kran à Man, steigt aber [in?] bessern Sorten bis 10 Kran. Höchstens bewahrt man den Wein 4–selten 10 Jahre auf. Die Bereitung ist sehr primitiv, die Trauben werden auf einem Art Tenne oder großen Wanne mit den Füßen zertreten und der Saft mit Schaalen und Kernen in ein großes, irdenes, halbovales Gefäß, Kup genannt (ca. 100 Man fassend), gelassen, worin er 3–6 Tage verbleibt bis zur Gährung; 2mal täglich rührt man das Ganze gut um, bis nach ca. 20–30 Tagen sich alles klar abgesetzt hat; dann wird er in große Glasflaschen, gharabe genannt, (12–36 Flaschen enthaltend), zum Gebrauch eingefüllt.

Von Mohn wird hier eine Art cultivirt mit länglichen Köpfen ohne Löcher, weiße Samen und weiße Blüthen. Man säht ihn im October, im März geht er auf und wächst nur sehr langsam bis Juni, dann aber, bei zunehmender Wärme, wächst er zusehends. Blüht gegen Ende, und im Juli werden dann die Köpfe geritzt mit einer Art eisernen Kamm; der ausfließende Saft wird nach 2–3 Tagen abgekratzt mit einem Messer und der Kopf nach einigen Tagen abermals geritzt. Das Berauben des Milchsaftes hat keinen Einfluß auf die Keimfähigkeit der Saamen. Jährlich werden gegen 1.000 Kisten Opium hier gewonnen, à 10 Mann, Preis [per?] Kiste 220–260 Tuman. Das frische, nicht ausgetrocknete Opium wird à Man zu 12–15 Tuman verkauft, aber wann es von den Schaalen gereinigt und malaxirt [worden?], ist der Preis um die Hälfte höher. Das meiste geht von hier über [Java?] nach China, rentirt aber jetzt nicht mehr, so daß der Kaufmann an jeder Kiste ca. 20 Tuman verliert; dennoch sendet er es dahin, um dortige Waaren dagegen einzutauschen, mit Geldsendungen dahin würde er noch mehr verlieren. Der Transport macht es so theuer.

Baumwolle (G. herbac.) wird jetzt viel weniger cultivirt als zur Zeit des amerikanischen Krieges, denn früher der Man 18 Kran, jetzt nur 4 1/2–5 Kran. Man hat 3 Qualitäten, die zuerst gesammelten Kapseln mit länger, weißer Wolle, die beste; die darauf gesammelten geringer, die zuletzt im October gesammelten klein, Wolle kurz und gelblich, weil sie nicht so reif wird, auch Regen fallen zeitweise. (2_09_129) Die Ispahan Baumwolle stets mehr geschätzt und höher im Preise als die von Schiras. Nur wenig wird jetzt nach Indien gesandt und ausnahmsweise nach Rußland; sie dient meist zum einheimischen Gebrauch.

Von Ölpflanzen werden cultivirt Sesam, Kundjed genannt, als Speiseöl. Ricinus com. = bidendschil oder genne gerdschek, als [Brennöl?] mit andern Öl gemischt; auch zum Purgiren. Die Samenepidermis im Orient genossen ohne üble Folgen. – Leinöl, rughan pesserek, wird nur in 4mahal cultivirt. Ferner rughan Mandap zum [Brennen?] von Eruca sat. Die Gerstenärndte ist Ende August beendet, der Weizen 20 Tage später; Kichern und Bohnen nur wenig cultivirt. Der Hauptexport von Ispahan ist der Tombaki (N. rustica). Mitte April wird der

Samen dick ausgesäht und dann im Mai verpflanzt. Bis September muß die Ärndte beendet sein, da dann Regen und Stürme kommen. Die grünen Blätter werden auf dem Boden getroknet, wo sie durch Thau und Sonne braun und besser werden. Oft nimmt der Sturm alle Blätter vom Boden weg, der Regen macht sie schwarz. Die erstgesammelten Blätter die beste Qualität; die letzt gesammelten, churde genannt = zerbrochen, die schlechteste. Preis [war?] billig, à Man 1 ½ Kran, bis zu 3–4 Kran. Alles wird über Bagdad nach Aleppo und Damaskus gesandt für Syrien, aber in Bagdad raucht man Schirasi. Über Täbris geht er dann nach Constantinopel. Von Quitten 2 Sorten: Kewidj, weil auf Crataegus gepfropft, ist die beste Sorte; die 2te, torosch genannt, von sauern Geschmak, ist die unoculirte Sorte. Die Kartoffeln sollen durch John Malcolm seit ca. 50 Jahren eingeführt sein, aber sie wurden nicht bekannt; erst seitdem die Europäer sich mehrten, werden sie nun hier cultivirt und von den Armeniern gern gegessen; sie sind aber noch zu theuer, 1 ½ Kran [per?] Mann, als daß sie als allgemeines Nahrungsmittel Eingang finden könnten. Sie sollen durch Armenier seit 20 Jahren von Indien eingeführt worden sein.

*Dinstag, 20. October.* Nachdem ich meine Miethe bezahlt, [per?] Tag 1 Kran, und nachdem ich mich noch bei [Reymond?] verabschiedet, war endlich gegen 10 Uhr alles zur Abreise fertig. Ich hatte 4 Maulthiere gemiethet à 2 Tuman bis Teheran, die jetzt billiger waren, da sie alle nach Rescht wollten, wo jetzt viel Telegraphenstangen zu transportiren sind. Djulfa wurde durchritten und bald darauf die Ziegelsteinbrücke Pul Marun überschritten, von wo aus es an einem tiefen, breiten Canalarm entlang ging längs Gartenmauern, bis dann der große Bazar [Tschukersa?] durchzogen wurde, voller Menschengedränge. (2_09_130) Eine schön angelegte Moschee mit Bäumen bestandnem Hof, neben dem Wasser, ist das hauptsächlichste Gebäude. Nach langen Aufenthalt darin, da sich noch eine andre Carawane anschloß, wurde endlich es freier; an vielen Dörfern, alle in Gärten gelegen, andre in Ruinen, gings vorüber auf völliger Ebne, von vielen offnen Wassercanälen durchzogen, die aus der Thalebne von Lindjan herabkommen. Nach und nach wird der mehr salzige Wüstenboden erreicht. [Pfl] Auf einigen Feldern war man beschäftigt, Färberröthe auszugraben, runas genannt. [Pfl]

Nach 3 starken Pharsach wurde endlich das große Caravanserei von Gez erreicht, ein neues Ziegelsteingebäude mit hohem Thor und großer Kuppel. [Orte] (2_09_131) [Orte] – Neben dem Carawanserei fließen mehrere Canats, die ihre Quellen westlich wohl 12 Pharsach fern haben bei Alawi. Zu dem einen führt ein tiefer, schräg eingegrabner Weg hinab. Gerste und Stroh sehr theuer. – Elias hatte ich in Ispahan nach Bagdad gesandt.

*Mittwoch, 21. October.* Schon um Mitternacht weckte der Tscharvadar, und bald danach waren wir auf dem Wege. Die fallenden Sternschnuppen gewährten die einzige Unterhaltung. Ein kalter Westwind blies kalt bis Vormittag. Bei der

Dunkelheit konnte ich nichts erkennen, schien auch nicht viel zu verlieren, denn alles war weite öde Ebne. [Orte] Nach 2 Pharsach von Caravanserei Mater Schah wird, nachdem man einen Djub, = offner Canal, mit Gebirgswasser durchritten, das stattliche Carawanserei Murtsch e char erreicht, 6 Pharsach von Gez. Es ist so ähnlich dem von Gez erbaut, daß man nicht wissen würde, es zu unterscheiden; es soll gleichfalls von Schah Abbas erbaut worden sein. Gleich nach unsrer Ankunft langten so viel Caravanen an, daß der Hof und noch viele außerhalb ganz erfüllt war, alle Kammern waren besetzt; lauter Maulthiere, Essel und Pferde, denn die Kameele bleiben im Freien. Der Ort hat nicht unbedeutende Gärten, von Maurn umzogen, mit Wein, alu, Melonen. Gleich bei Eintritt wollte man mir Thee und Kallian aufdrängen, was ich aber zurück wieß, denn Geldprellerei ist sehr groß und die Theuerung der Lebensmittel enorm. Ein salziger Bach mit [klarem?] Wasser fließt daran vorüber und bewässert die Gärten, in ihm viel Fische, die größten mit schwarzen Flecken. [Pfl] In der Ebene wie früher namtlich gauschan zum Waschen verwendet. [Orte]

(2_09_132) *Donerstag, 22. October*. Heute 7 Pharsach nach Sof, daher wieder in der Nacht aufgebrochen bei schneidender Kälte. Ich versuchte alles, die Katirtschi zu bewegen, am Tage zu gehen, allein vergeblich, was hier einmal [so?] Sitte ist. [Orte] Nach 6 Pharsach erreicht man das gartenreiche Kalhor, in einem durch Wasser in die Hochebne eingerissnen Thale liegend. Der Bach war jetzt nur gering, da er durch Irrigation fast aufgebraucht wurde. Etwas oberhalb des Dorfes übersetzt man das Thal auf einem ca. 20′ hohen, das Thal verschließenden Steindamm, durch den das Wasser durch engen Canal hindurchfließt, der leicht verschlossen werden kann und dann das Wasser im Thale aufstaut. Von hier reitet man im Thale aufwärts, das überall gut bebaut, deren Äcker terassenförmig übereinander lagen, der Irrigation wegen. [Orte]

Mehrere kleinre Dämme waren im Thale angebracht. Endlich nach einer Wendung um einen Hügel mit Resten eines Wachthurmes erscheint der von weitem sich ganz stattlich ausnehmende Ort Sof mit seinen hohen Häusern und den zahlreichen Gärten, in denen namtlich Juglans, Popul. ital. und alba sich auszeichnen. Auch Weingärten, Alu etc. In dem auf der rechten Thalseite gelegnen stattlichen Carawanserei, von Schah Abbas angelegt, wurde gerastet. Zum Glük war ich voraus geritten, so daß ich gerade noch ein leeres Zimmer fand. Nach und nach füllte es sich so, daß man kaum den Hof durchschreiten konnte. Der aus ca. 200 Häusern bestehende Ort ist in 2 getrennte Theile getheilt, der eine ist das Kala, aus einem Conglomerat von sehr hohen, auf Steinmauern ruhenden Erdhäusern bestehend, die man nicht einzeln von einander unterscheiden kann, mit zahlreichen Luglöchern und Zweigterrassen vor denselben ganz wie Jesdechast, dem es täuschend ähnlich ist, auch liegt es in einem solchen Thale.

Der andre Theil des Dorfes, ebenfalls von Mauer umgeben, mit Gärten daneben, liegt flach. [Orte] (2_09_133) [Orte]

Viele schwere Schlacken lagen in Menge umher, wohl von einstigen Öfen für die Backsteinbrennerei des Carawanserei. Neben dem Orte erblickt man ein mit blauen Ziegeln bedektes, spitzes Imamsade; in dem Bergabhange viele eingegrabne Höhlungen, die zu Stallungen für die Thiere im Winter dienen. Auch hier alles sehr theuer, für 1 Pferd 1 ½ Kran täglich. [Pfl]

*Freitag, 23. October.* Da heute nur 5 Pharsach waren nach Kuhirud und dabei sehr kalt, hatte ich, obwohl mit Mühe, den Tscharveder beredet, etwas später zu gehen, doch wurde noch in der Nacht aufgebrochen. Es hatte stark geregnet, und noch neue Wolken thürmten sich auf den Bergen auf. Am Morgen waren die Berge ringsum weiß von Schnee, daher sehr kalt. Fortwährend steil der Weg allmählig aufwärts, und bald ist der erste Bergzug umritten, der sich östlich neben Sof erhebt. [Orte]

Einzeln erblickte man einige Culturstellen längs einem kleinen Bache, der am Fuße des Passes seine Quellen hat. Hier überraschte mich ein so starkes Graupelwetter, daß ich ganz durchnäßt wurde. Auf der Höhe angekommen, erblikt man vor sich 3–4 andre Bergzüge, deren Tiefthäler [eben?] mit dunkeln Regenwolken erfüllt waren. [Pfl] Im Winter fällt hier sehr hoher Schnee, und jährlich verunglücken Menschen hier. Das Räuberunwesen jetzt nicht mehr, da der Chef derselben jetzt Minister des Schahsade in Ispahan ist. Tiefer steigt nun der Weg abwärts, und man erblikt nun rechts (2_09_134) am Wege den ersten hervortretenden Granit, in großen Blöcken, mit feinem Korn, grünlich grau. Der Weg wendet hier rechts ab, und man erblikt bald darauf das ganz zwischen Bergen liegende Kuhrud. Kanats führen von hier aus Wasser zur Ebene, die [auch?] einen Augenblick tief unten erscheint. Gleich darauf nahmen die weiten Gärten und das Dorf die Aufmerksamkeit in Anspruch. Das Dorf liegt auf der linken Thalseite am Bergabhang, mich ganz an Beilan erinnernd, unterhalb wird der Thalgrund, aus dem überall Quellen hervorsprudeln, ganz von Gärten erfüllt mit vielen schönen Juglans, Äpfeln und namtlich gelben Pflaumen, auch rothe, kleinre, ganz wie die rothen Kirschen in Deutschland, aludsche genannt, doch etwas sauer und nur zum Fleischkochen verbraucht. Birnen in mehrern Arten, häufig Elaeagnus, der noch Früchte trug, während die andre alle vorüber waren; Wein nicht hier. Dorf ca. 350 Häuser, mit einigen freien Plätzen unter Wallnußbäumen. Tschepperchane und im Verfall begriffnes Carawanserei von Schah Abbas. [Pfl] 10° Nachmittag, Aneroid 62,7.

*Sonnabend, 24.* October. Noch in der Nacht wurde aufgebrochen, um bei Zeiten das 7 Pharsach ferne Kaschan zu erreichen. In der Dunkelheit schwierige Passage zwischen den vielen Gartenmauern entlang, durch deren dichtes Laubdach kein Stern durchdringen konnte. Überall floß Wasser in demselben, [und?] im Bache führte dann der Weg abwärts, rechts an einem großen Imamsade Isaak vorüber oder vielmehr einer Moschee. Aus den Gärten endlich herausgekommen, gehts [wie?] auf beiden Seiten von Felsbergen begleitet abwärts, bis beim Morgengrauen der große Steindamm erreicht wurde. Er verschließt das Thal gänzlich, ca. 100′ hoch und 10 Schritt breit, einen mächtigen, gemaurten Wall bildend. Zur Zeit war aber keine Wasseransammlung vorhanden, es floß durch mehrere Öffnungen unterhalb ab. [Orte] Links am Wege erblickt man eine in die rohen Felsen eingehaune persische Inschrift und auf der gegenüberliegenden Thalseite neben dem Damm eine eingehaune Felstafel in persischer Manier, vierekig, aber oben mit Bogen, doch ohne Inschrift. Der Telegraph hat hier einige große Spannungen über das Thal hinweg. [Orte, Pfl]

Nach einigen Pharsach erblikt man links auf dem Ufer das große, schöne Carawanserei Gauberabad mit bunten Ziegeln über dem Thore und weißer Emailleinschrift, doch läßt man es verfallen. [Orte] (2_09_135) [Orte] Am Ausgang des Thales an einem Felsen ein fußähnlicher Abdruk am senkrechten Abfall, es ist der Fuß von Ali, eine große Kette alter Fetzen hing darum, so wie viel Steinhaufen, ist ein Kademga. – [Orte] Westlich von Güberabad hinter dem Berge liegt der große Ort Chamsar, wo die Kobaltgruben in der Nähe. Die sich nun immer mehr senkende Ebne ist hier von Granit und Kalkgeröll bedekt, von dem Berge links herabgerollt, an denen es entlang geht, bis nach ca. 4 ½ Pharsach Kaschan erreicht wird, deren Baumgruppen des darüber liegenden Fyn weithin sichtbar sind.

Im Carawanserei Tschuharbach stieg ich ab, da gerade die Telegraphisten abwesend waren. Die Wärme war hier noch drückend, im freien in der Sonne 44 °C, Abends gegen 8 Uhr 20°. Aneroid 74,8. Wetter heute angenehm, klar. Große Carawanen mit Granaten begegneten uns, nach Ispahan gehend. Unsre Carawane führte Thee, Indigo nach Teheran. Ein Georgier von Tiflis war in der Begleitung, der Feridan besucht und von dort sich einen Diener mitgebracht hatte, den er in Tiflis wieder zu seiner eigentlichen Religion überführen wollte, was derselbe auch sehr froh war. Beide sprachen georgisch zusammen, denn seit Abbas Schah Zeiten haben sie noch nicht ihre Sprache vergessen; sie sind jetzt sämtlich Muselmänner; ihre Heimath war die Gegend von Tiflis. Zum Feridan districte gehören 33 Dörfer des Turkstammes Toch machlu, 30 Armenische und 30 Georgische Dörfer, alle zusammen ca. 120 Dörfer, deren Gouverneur in Daru residirt, das größte Dorf ist Achore. [Orte]

*Sonntag, 25. October*. Um Mitternacht aufgebrochen nach dem 5 Pharsach fernen Nasrabad, welches beim Morgengrauen erreicht wurde, nachdem man das große Dorf Aliabad mit Dorf Matabad daneben, wo eine Moscheekuppel hervorragt, passirt hat. Auch hier wieder großes Gedränge im Carawanserei, jeder suchte den besten Platz zu erwischen. Ich zog mich in eine offne Vorhalle am

Eingange des Stalles zurück, da es dort wärmer war. Hier wollten die in der Carawane befindlichen Saids meinem Diener verwehren, Wasser vom Brunnen zu nehmen, da er Diener eines (2_09_136) Firengi sei; ich belehrte sie aber in solchen Gebarden, daß sie ohne Weiteres denselben mußten gehen lassen, wenn sie nicht wollten geboxt sein, denn ich scherte mich herzlich wenig darum, ob sie Saids wären; zeigt mir euren Stammbaum, wenn ihr das nicht könnt, seid ihr alle [Harumsades?] und pedarsuchte. Über meine freie Sprache waren sie sehr erstaunt, denn Niemand wagt, einen Said zu beleidigen. – Ich sandte den Firman zum Kätchuda, der Gerste und Stroh, Brod, Käse und Melonen liefern mußte. Die Melonen sehr vorzüglich, aber obgleich ich nur sehr wenig davon genossen, kam gegen Abend das Fieber zum Vorschein. [Orte] Aneroid in Nasrabad 75,1 ½.

*Montag, 26. October.* Wieder um Mitternacht aufgebrochen nach dem 6 Pharsach fernen Schurab, was gerade bei Morgengrauen erreicht wurde, nachdem die vorgeschobne Hügelreihe mit ganz hellen neben dunkeln Gesteinhügeln passirt werden. Das kleine, schlecht erhaltne Carawanserei wieder überfüllt, mit Mühe fand ich einen Platz. Neben dem Carawanserei ist ein breites, tiefes, aber trocknes Strombett, in dem sich nicht selten Räuber aufhalten; gestern waren hier 6 Maulthiere von Räubern weggenommen worden. [Orte] An den Hügeln längs des Strombettes machte ich noch reiche Pflanzenausbeute: vor allem erfreute mich eine Noea mit breiten Kelchen, aber sehr zerbrechlich, bald hellgelb, rothlich braun, silberweiß und schwarz. [Pfl] (2_09_137) [Pfl] Aneroid 74, Himmel bedekt.

*Dinstag, 27. October.* Früh in der Nacht aufgebrochen nach Kum, was gerade mit aufgehender Sonne erreicht wurde bei grimmiger Kälte. Meine Effecten brachte ich jenseits der Stadt in ein neues, großes Carawanserei neben dem Tschepperchane, während ich bei Telegraphisten, Gorgensen und Collins, logirte. Der Bazar war jetzt mit Früchten überfüllt, namtlich in größter Menge Granaten, Birnen, Trauben. Es herrschte jetzt ein reges Leben in der heiligen Stadt wegen der zahlreichen, jeden Tag neu ankommenden Pilgerzüge. Kum ist die Dahr el Imam, die Imamsstadt, und Kaschan die Dahr el Mumenin, deren 444 hier begraben sein sollen. Dadurch erhielt die Stadt ihre Heiligkeit; selbst die Wasser, die früher schlecht waren, verbesserten sich dadurch. Die goldne Kuppel der Hauptmoschee so wie ein sehr altes, dickes Minaret aus Ziegelstein, von dem nicht mehr die Hälfte steht, so wie ein mitten in Ruinen sich erhebendes, hohes Portal, mit Emaille belegt, an den Seiten mit 2 schlanken Backsteinminarets, verleihen der Stadt einiges Ansehen; dazu die zahlreichen Gärten von Granaten um die Stadt. Doch fehlt es nicht an Ruinen, die ganze Nordseite der Stadt bedekt ein weites Areal voller Ruinen, durch die Afghanen zerstört. Der Name Kum soll aus dem arabischen von kum = stehe auf, komme, weil die Muselmänner glauben, daß sich einst hier der Himmel öffnen wird und die Gläubigen durch eine Stimme, kum, kum rufend, auferwecken wird. Daher bringt man von weither die Todten, um rascher ins Paradies zu kommen. – Der Fluß von Kum bildete jetzt nur noch einen kleinen Bach im weiten, mit Geröll erfüllten Bette, der wenig weiter abwärts auch ganz aufhörte und den Zufluß mit dem Hamadanstrome nicht erreichte, durch Irrigation wird er gänzlich aufgebraucht, überall erblikte man jetzt die vorher trocknen Felder unter Wasser stehend, worauf gleich der Samen mit Kühen eingeakert wird. In Kum sind 30–40 Carawansereis, 4 große Moscheen, 60 kleinere, 70 Bäder.

*Mittwoch, 28. October.* Meine Carawane setzte in der Nacht den Weg fort, ich blieb noch in Kum und besuchte den fabelhaften Berg Gidan gelmes, von dem man viel Sagen zu erzählen weiß, namtlich von Imam Djafer Sadik, der dahin ging und nicht wiederkehrte. Alle sagten aus, daß wir seine Spitze nicht erreichen könnten, warum aber, konnte man nicht sagen. In Begleitung der 2 Telegraphisten ritten wir aus. Der Weg führt westlich von der Stadt über die weite Ebene, in der man anscheinend ganz nahe den von weiten, abgerundeten, dunkeln Hügel aufsteigen sieht. Doch sind es wenigstens 3 starke Pharsach bis zu seinem Fuße, dessen Ebene weit umher mit blendend weißen Salzkrusten bedekt war, die beim darüber reiten krachend zersprangen. Die größere Wärme beim Annähern der Salzflächen war auffallend. Weiße Salzlinien bezeichneten den Lauf jetzt verschwundner kleiner Bäche. [Orte, Txt] (2_09_138) [Orte]

Der ganze Berg besteht aus unzähligen Vertiefungen größer oder kleiner, bald thalförmig, meistens aber kesselförmig mit steilen Wänden, an deren Grunde man stets ein größres oder kleinres Loch erblikte, durch welches zur Regenzeit das Wasser unterirdisch verschwindet. An den meisten dieser Kesselwände ragen senkrecht und scharf hervorstehende Steinsalzlagen hervor, die meist gänzlich mit der rothbraunen Erde bedeckt waren, durch die Einwirkung der Atmosphärilien aber wurde dieselbe mehr oder weniger weggespült, das Wasser füllte die Klüfte des Steinsalzes mit der Erde aus und bildete so die Kessel, die so dicht neben einander gedrängt sind, daß man nur auf den schmalen Gräten derselben sich vorsichtig fortbewegen kann; bei Regenzeit würde das Hinabgleiten in einen solchen mit größter Gefahr verbunden sein, da die steilen Seitenwände das Emporklettern durch Ausgleiten unmöglich machen würden, auch ist die Erde so locker, daß man in sie einsinken würde. Jetzt war die ganze Oberfläche mit einer dünnen Kruste bedekt, an deren Unterseite sich Salz in Körnern angesetzt hatte. Ich nahm an einer Stelle ein wenig auf die Zunge, was mich so brannte, daß ich mehrere Tage lang eine Blase auf der Zunge hatte. [Orte]

Auf dem breiten Rüken des nur ca. 500′ über die Ebene sich erhebenden Berges auch dieselbe Beschaffenheit, trichterförmige Kessel der lockern Erde. Doch fand ich nichts auf der Spitze vor, was das Ersteigen oder Rückkehren unmöglich gemacht hätte; nur bei Regenzeit muß dies der Fall sein. Ich glaubte anfangs, daß vielleicht an manchen Stellen Gase ausströmen möchten, die der Grund seines Namens sein könnten, ich konnte aber nichts davon wahrnehmen. Daß der Berg vulkanisch ist, bezeugen die grünen, spitzen Granithügel, darunter sich [aus?] ausgebrannter, grauer Granit vorfindet, indem die grünen Körner ganz entfärbt waren. Diese grünen Hügel verdanken erst einer 2ten Hebung aus dem Hügel selbst ihre Entstehung. Auf dem ganzen Berge war nirgends die Spur einer Pflanze wahrzunehmen, nur in der Spalte lagen in Kanälen die Grannen einer Stipa, vom Winde hergeweht.

Aufwärts steigend folgten wir der Spur eines Steinbocks, der unser Führer war, denn keiner der Eingebornen war zu bewegen, uns zu begleiten. [Orte] Der Berg wird auch Kuh nemek genannt; alles Salz der Umgegend kommt von hier, wo die Krusten in Stücke geladen und auf Eseln transportirt werden. Dieses durch Verdunsten des Wassers entstandne Salz ist blendend weiß, hingegen (2_09_139) das Steinsalz von etwas röthlicher Farbe; die Außenseite des letztern mit parallelen Vertiefungen, „Krallen", durchzogen. Das Absteigen war nicht minder beschwerlich, doch erreichten wir wohlbehalten den Fuß, wo gerade vorüber ziehende Leute nicht glauben wollten, daß wir oben gewesen seien. – Weiterhin standen eine große Menge Salsolen, Noea Arten mit bunten Kelchen, auch eine breitblättrige [wuchs?], doch waren sie bei der Ankunft zu Hause alle gebrochen. Gegen Abend erreichten wir wieder Kum.

*Donnerstag, 29. October.* Nach dem Frühstük wurde gegen Mittag aufgebrochen mit Tschepper. In einer Stunde legte ich mit einem vorzüglichen Pferde den 4 Pharsach weiten Weg nach Pul Delak zurück (à Pharsach 3/4 Kran), wo gewechselt wurde, leider schlechtes Pferd, daß ich die 6 Pharsach nach Haus i Sultan in 5 Stunden zurück legte, wo ich gerade gegen Abend anlangte und mir die hohen Schlote des aus mehrern Abtheilungen bestehenden Carawansereis in der untergehenden Sonne entgegen leuchteten. Der Hamadanfluß mit salzigem Wasser, das Trinkwasser mußte von Kum hergebracht werden, die Brücke war wieder ausgebessert. Die ganze weite Wüste hier zeigt fast gar keine Vegetation, nur selten [Pfl], der Boden ist zu salzig. Die in der Ferne sich rechts und links hinziehenden Züge erscheinen in Mirage, während links gegen den Zug sich ein weites, weißes Salzmeer auszustrecken schien. Das Caravanserei war wieder so erfüllt mit Kumpilgern, daß kaum ein Platz zu finden war. Kaum mich nieder gelassen, kam ein junger Perser und redete mich in gutem französisch an; er war einer der nach Paris geschickten Eleven, deren gute Zeit nun vorüber war, was er ungemein bedauerte. Ich konnte mich nur wenige Stunden ausruhen, denn die Caravane benutzte den schönen Mondschein und brach noch Abends auf nach dem 7 Pharsach fernen Kenaregird.

*Freitag, 30. October.* [Orte] Am Morgen erschien endlich die Dörferreiche, mit Gärten geschmückte, breite Thalebne Kenaregird. [Orte] Um Teheran noch heute zu erreichen, nahm ich hier ein Postpferd nach dem 7 Pharsach fernen Teheran. Der Weg steigt jenseits des Flusses noch 1 ½ Stunden einen vulkanischen Felszug allmählig aufwärts, der die Kenaregird von der Teheran-Ebene trennt. [Orte] (2_09_140) [Orte] Von Vegetation sammelte ich hier eine süßduftende Crucifere, [Pfl], die Wüsten Artemisia überall, die als beliebtes Brennmaterial gesammelt und als Kameelladung nach Teheran gesandt wird. [Orte, Pfl]

Erst in später Nacht erreichte ich wegen des schlechten Pferdes das Kaswin Thor von Teheran, vor dem ich noch lange pochen mußte, ehe ich hereinkommen konnte. Bei Gasteiger fand ich wieder wie früher die liebenswürdigste Aufnahme. Gleich darauf, nach einigen Ruhetagen, brach heftiges Fieber aus, was mich lange begleitete, doch durch Dr. Dickson's Pflege kam ich wieder zum normalen Zustand zurück. Dr. Tholozan hatte unterdessen mit dem Schah über mich gesprochen und der Schah natürlich gewünscht, mich zu sehen. Da die Abreise [schneller?] vor sich gehen sollte, als ich konnte, und der Schah den nächsten Tag gerade einen Ausritt nach yauschan Tepe = Hasenhügel unternahm, so wurde ich dahin beschieden.

Am Morgen des *1. November* bewegte sich ein langer Carawanzug mit Zelten etc. beladen am schönen Garten Nisamiye vorüber, über die [..i..re?] Ebene nach dem 1 Pharsach fernen Schlosse. Yahya Chan hatte mir und dem Dr. seine von 4 Schimmeln gezogne Kutsche zur Verfügung gestellt, in der wir bald zur Ebne gelangten. Wir passirten das Thor des neu angelegten Stadttheiles, um den sich ein Garten herumzieht, auf 3 Pharsach Umfang die Stadt einschließend. Die Vergrößerung derselben ist viel zu viel forticatorisch gehalten, die bei ihrer Belagerung viel zu viel Garnison verlangt und aus diesem Grunde daher zwecklos ist. 12 neue Thore bilden die Verkehrsader, während die innern Thore zerfallen und der alte Stadtgraben zum Theil schon ausgefüllt ist. Eine Vergrößerung der Stadt war nothwendig, aber leider herrscht bei der Ausführung kein einheitliches System; jeder kann bauen, wie er will, denn der Stadtgouverneur, in dessen Händen es liegt, baut nicht im Allgemeinen Interesse, sondern für den eignen Beutel, da ihm dies eine willkommne Einkommensquelle ist. Auf rasche Ableitung der Excremente etc. ist ebenso wenig Rüksicht genommen wie in der alten Stadt.

(2_09_141) Von den Thoren der Stadt an bis halbwegs Yauschantepe waren die Soldaten nach ihren Tribus abgetheilt längs dem Wege hin aufgestellt, die den Schah inspiciren wollten. Die armen Leute mußten lange warten, ehe ihr Herrscher erschien, der heißen Sonne ausgesetzt, ohne etwas zu essen zu haben, mußten sie bis Nachmittag warten.

Wir waren vorausgefahren, in der Meinung, der Schah werde bald nachfolgen, allein wir hatten die Rechnung falsch gemacht. Mitten auf dem Wege hatte er angehalten und dort sein Frühstük eingenommen, worauf er gleich zu dem ½ Stunde seitlich gelegnen, von Yahya Chan im vergangnen Jahre angelegten Kiosk sich begab, zu dem wir bestellt waren. Unterdessen hatten wir Zeit genug, diese mitten in der Wüste vom Schah angelegte Schöpfung zu betrachten. Das Schloß oder vielmehr ein chinesischer Kiosk, vor 12 Jahren errichtet, auf der Spitze eines isolirten Felshügels, nimmt sich ganz gut aus, auf der Ostseite ziehen sich eine Menge Gebäude entlang bis zum Fuße des Hügels herab, deren immer noch neue hinzugefügt wurden. Am Fuße ziehen sich die Ställe entlang so wie ein eignes Haus für die Großen in des Königs Begleitung, wo wir uns niedergelassen hatten. Daneben breitet sich ein weiter Baumgarten aus, vom Schah erst kürzlich angelegt, in dem er mit großen Geldaufwand das Wasser von weither herbringen mußte.

Die umliegende Wüste ist Jagdrevier des Schah, in dem kein Strauch (als Brennmaterial) abgeschnitten werden darf, um das Wild dadurch anzulocken. Schon glaubte ich, heute gar nicht vor den Schah zu kommen, da wir noch immer nicht wußten, wo er war, da erschienen die Leute von Yahya Chan und brachten uns ein ausgezeichnetes Frühstük, aus verschiednen Pillaus, Fleisch, Braten mit fetten Saucen, Sauermilch, Creme, Sharbat etc. bestand; doch wurden uns silber Löffel, Gabel und Messer [servirdt?] und auf dem Boden ausgebreitet. Sogleich darauf wurde nach dem ½ Stunde fernen Kiosk geritten; hier angekommen, fanden wir Yahya Chan in dem Kiosk umgebenden Garten auf dem bloßen Erdboden sitzen nebst mehrern andern Großen, während im Innern die Stimme des Erzählers hörbar war, der den König dadurch einschläfern muß, während ihn ein andrer seinen Körper malaxirt. Im Garten blühten Georginen, Pyreth. indic. in prachtvoller Entwicklung der verschiedensten Farben, Zinnien, Astern und Rosen; ein wahres Bijoux in mitten der Wüste, von Bäumen rings umgeben. Es war ein kalter Tag, wie die andern Großen mußten wir aber auf den Steinstufen dem Erwachen des Schah harren.

Endlich ertönte nach langen Warten gegen Abend die Stimme des Schah, die wenigen Begleiter, die er mit sich genommen hatte, sprangen dienstfertig hinein, und bald darauf erschien seine Majestät im Garten, auf und ab gehend. Sogleich rief er, wo ist der deutsche Dr.? Von Yahya Chan und Dr. Tholozan begleitet, näherten wir uns dem Schah, machten bei seinen Ansichtigwerden eine tiefe Verbeugung, worauf er winkte, abermals die tiefe Verbeugung und das 2te Winken, dann noch eine 3te und letzte folgte. Sogleich frug er auf persisch: [wieviel?] Jahre und wo ich überall umhergereist sei, wie ich sein Land gefunden habe, worauf ich ihm von den Luren und Bachtiaren erzählte, auch nicht vergaß, über Owais Mirsa das (2_09_142) beste Lob auszusprechen; „also er regirt gut", Vortrefflich, Königliche Majestät. Hauptsächlich interessirten ihn die 2 Seen von Malamir, von denen er, wie überhaupt vom ganzen dortigen Lande, nichts wußte. Ich zeigte ihm dann meine Karte, die ihn lebhaft intressirte, namtlich auch als ich über die [Durchbrechung?] des Kuh rengk sprach, worauf er sogleich auf französisch schnell [hervorbrach?]: combien coute, worauf ich ihm die Antwort gab: wenn die Arbeit in Gänze zu thun wäre und man die Rechnung gut macht, so würden wir es mit 70.000 Dukaten thun können, während man hier 220.000 Dukaten verlangte. Nach dem so 1/4 Stunde vergangen war und der Abend herankam, ging er plötzlich weg und stieg in den Wagen, um nach Yauschantepe zurückzukehren; unterwegs kam Yahya Chan zurück und erklärte mir, daß der Schah eine genaue Aufzeichnung der 2 Seen von Malamir wünsche und eine Explication der verschiednen Wege, dahin zu gelangen, was ich ihm natürlich versprach. Yahya Chan, ein intelligenter Perser, früher Gesandter in London und Paris, spricht fließend französisch und übersetzt sehr gut; eine tiefe Narbe über sein Gesicht, von einem Neger mit Säbel erhalten, entstellt ihn. [Zit]

Der englische Gesandte in Teheran hat 16.000 Dukaten Gehalt, der russische 6.000 und alles frei, der französische 7.000 Dukaten und nichts frei. Die Gesandten haben jetzt zur Zeit weniger Einfluß oder wenden ihn nicht an; jeder sucht seine Angelegenheiten ohne dieselben zu beenden. Die russischen und französischen geben fast gar keine Diners, letztere gar nicht. [Zit]

## XVI Teheran–Baku (22. November–17. Dezember 1868)

(2_10_001) *Sonntag, 22. November.* Am frühen Morgen fand sich der nach Rescht gemiethete Maulthiertreiber ein mit 2 Pferden à 20 Kran. Nachdem ich den Dienern noch 60 Kran Trinkgeld gespendet, brach ich mit Malcolm, Bruder des [Davend?] Chan, von Teheran auf. Eine wahre Centnerlast fiel von meinem Herzen, als ich endlich zum Derbase no hinaus ritt und nun aus dem Bereiche der Stadt war, in der ich so viele Gänge umsonst gethan hatte und trotzdem doch zu nichts gekommen war. Vor dem Thore wimmelte es von Turkmanen, die mit ihren Kameraden Brennmaterial etc. der Stadt zuführten. Auf der weiten, unermeßlichen Ebne, aus der nur niedrige Felszüge gerippenartig hervorstehen, gings fort, [Orte] bis gegen Abend die Brücke über den Keretschfluß erreicht wurde. [Orte] Man schreibt ihre Erbauung einer Frau zu, die aber dabei einen Fluch aussprach, wenn ja einer der Schahs die Brücke passirte; am Ende erblikt man eine kleine, aus Ziegelstein erbaute, oben abgerundete Säule, wie man sie überall an Brücken trifft, diese soll einen penis vorstellen, den die Frau errichten ließ, wenn ja einer der Könige die Brücke passire, so solle dieser in des Schahs Hintern eindringen. Hierin liegt ein Anklang an die wahrscheinliche Entstehung der Säulenform, die im Grunde nichts weiter vorstellt als den penis aus der Zeit von Sesostris dadirend. Nach 1 ½ Pharsach war endlich bei halbem Mondschein unser Quartier Walegird erreicht, wo in Carawanserei abgestiegen wurde.

*Montag, 23. November.* Den Tag über wurde ausgeruht, erst gegen 4 Uhr aufgebrochen. In der Nacht hörten wir ein Geschrei wie Menschenstimmen von den Bergen her, die Maulthiertreiber versicherten uns, es seien die gul piawani = Wesen in unbewohnten Gegenden oder wilde Menschen, die von andern wieder als getsche schähri = zurückgekehrte Geister der Verstorbnen angesehen werden; man erzählt sich viel Geschichten von ihnen, wie sie Menschen durch ihre Hülferufe zu sich gelockt, dieselben dann gefressen haben; namtlich sollen sie die Fußsohlen der Opfer lecken. Siehe Rich, Narrative of a journey to Babylon, S. 69: Jesaias 13. 21. als Satyrs bezeichnet oder damons. Von den Arabern Seiad Assad genannt, die namtlich bei Semawa am Eufrat häufig sein sollen.

Beim Ausreiten aus dem Orte erblickt man die weite, fruchtbare Ebene links unter sich, da der Ort auf einer niedrigen Stufe der ganz nahen Gebirge liegt. (2_10_002) Gleich darauf wird ein Wildbachbette durchritten, voller Geröllmassen der nahen Berge, oft große Blöcke, aus grünlichem Granit mit großen, eckigen, weißen Flecken erfüllt, ganz gleich dem von Haus i Sultan, beim Verwittern eckig erscheinend. Der Weg führt wieder zur Ebene hinab, in der nach 4 Pharsach das ganz zerfallne Carawanserei des Schah Abbas erreicht wird; daneben erhebt sich eine Moschee aus Ziegelstein aus derselben Periode, Yengi

Imam genannt. Ein großer künstlicher Tepe erhebt sich neben dem Chan, der vor 10 Jahren erbaut sein soll als Wachtposten gegen die vielen Räubereien.

Nach 3 Pharsach wurde der Ort Gesse resengk erreicht, in dem wir nach Untergang des Mondes einkehrten, da die Thiere zu ermüdet waren, um das noch 1 ½ Pharsach ferne Kischlach zu erreichen. Niemand war mehr zu finden, mit hungrigen Magen mußten wir uns zu Bett begeben. [Orte] Neben dem Orte ist die Ebene voller Weinpflanzungen, doch waren keine Trauben mehr aufzutreiben, wohl aber Wassermelonen. [Pfl] Der Ort Abiyek liegt lieblich am Eingang der ½ Stunde fernen Berge, die grünlich erscheinen wegen des häufigen mergligen Grünsteins. Südlich zieht sich ein Bergzug ca. 5 Pharsach entfernt entlang, den man Kuh Abkerrend nannte. Die vorherschende Sprache ist die türkische; die persische Kegelmütze ist verschwunden, alle tragen die türkische Pelzmütze. Ein Türke mit seiner jungen Frau und 2 Töchtern war in unsrer Carawane, der ängstlich seine Frau bewachte und nicht von ihrer Seite wich; er war sehr ungehalten über die Firengis, daß sie das beste Zimmer erwischt hatten und er im Stalle campiren mußte.

*Dinstag, 24. November.* Erst gegen Abend aufgebrochen, aber Kaswin noch 8 Pharsach fern. Am großen Orte Kischlach vorüber, von wo nach 3 ½ Pharsach durch meist unbebaute Ebne gegen Mitternacht Abdullabad erreicht wurde, wo die Nacht in einer nach allen Seiten offnen Vorhalle verbracht wurde. Man schloß das Thor, während die Seite daneben ganz offen war, weil alles in Ruinen zerfallen war.

*Mittwoch, 25. November.* Gegen Mittag nach dem 3 Pharsach fernen Kaswin aufgebrochen. Die Ebene wird durchritten, die nach und nach mehr cultivirt erscheint, bis endlich die weiten Gärten der Stadt erscheinen. Hier hängt die Cultur der in größter Menge cultivirten Melonen vom Regen ab, dem genannt. ½ Stunde lang führt der breite Weg fortwährend zwischen Weinpflanzungen entlang, deren Reben jetzt mit Erde bedekt wurden wegen des Erfrierens. Dazwischen in Menge Pistazienbäume, die hier gut gedeihen, Mandeln, Wallnüsse, wenig Feigen, viel Haselnüsse, Granaten werden von Sawa eingeführt. Gegen Abend ritten wir zu den winkligen Gassen der Stadt ein, deren Äußeres von dieser Seite nichts anziehendes darbietet; nur die großen, blauen Kuppeln mehrer Moscheen heften die Aufmerksamkeit auf sich. Durch das Menschengewühl verschiedner Bazare hindurchgedrungen, wurde endlich das Carawanserei Hadji Risa, auch das armenische Carawanserei genannt, erreicht, wo wir uns in einem reinlichen, weißgetünchten Zimmer niederließen. Viele Armenier aus Rußland, Täbris, Djulfa hielten sich des Handels wegen hier auf, doch wohnen keine hier, ebenso (2_10_003) keine Juden. Das Carawanserei ist ein altes Ziegelsteingebäude, am Eingang von einer großen, hohen Kuppel überwölbt. Ein erhöhter, gepflasterter Rundgang führt um den Hof herum, hinter dem die Fremdenzimmer liegen; ein Stockwerk darüber enthält in gleicher Weise viele Gastzimmer. Bei einem der Armenier wurden wir Abends zu Tisch geladen; ich traf dort einen Herrn Stagnio, Telegraphist, Sohn des zu Täbris angestellten Stagnio.

*Donnerstag, 26. November.* Am Morgen begab ich mich gleich zu Herrn Höltzer, der z. Z. hier anwesend war, um den Siemens'schen Telegraph aufzustellen. Mit ihm machte ich einen Spaziergang in die Stadt, um die merkwürdigsten Gebäude kennen zu lernen. Der schönste Platz ist der Maidan, einen langen, breiten Weg bildend, der auf beiden Seiten von alten, hohen Ulmen beschattet wird, ähnlich dem 4bach in Ispahan. Wenn man Stambul die Cypressenstadt, Ispahan die Platanenstadt nennen kann, so [verdint?] Kaswin den Namen der Ulmenstadt. Am nördlichen Ende dieser Allee befindet sich das Palais, aus 3 großen, weitläufigen Gehöften mit Gärten bestehend; aber alles ist so im Verfall, daß es schon unbewohnbar ist. Der stellvertretende Wezier des Gouverneur wohnt in einer elenden Ecke dieses einst großartigen Gebäudes, die alle denen zu Ispahan gleich erbaut sind von Schah Abbas. Die Wasserbassins liegen alle trocken, die Bekleidungen der Wände der Gemächer sind ihrer Spiegelbelage ledig, die Gärten verwildert. Alles zerfällt durch die Indolenz der Gouverneure; denn dem Perser geht alle Vaterlandsliebe ab; nur auf leichte Weise, ob erlaubt oder nicht, Geld zu gewinnen, ist das Trachten dieser Nation vom König an bis zum Bettler. Der eine Hof enthält das Telegraphenbureau; fortwährend langten große Karavanen an, die eisernen Stangen und Drähte von Resht hierher bringend. In der Nähe ist das Imamsade Ismael, ein vielbesuchter Wallfahrtsort, der sehr alt sein soll, wie man sagt aus Musa's Zeit; es enthält einen großen Sarcophag; alte Schriften in Haufen aufgethürmt lagen in den Ecken umher, und den Gittern der Außenseite waren Fetzen angebunden.

Am Südende des Maidan befindet sich seitlich die große Mesdjid dschuma, ein Gebäude, das mich in seiner ganzen Einrichtung an so viele christliche Kirchen in der Türkei erinnerte, namtlich an die zu Orfa. [Bau] (2_10_004) [Bau] Die andern Seiten des [Hofraumes?] sind von den Wohnungen der Mullahs und Derwische eingenommen. Eine in ganz gleicher Weise eingerichtete, ebenso große Moschee ist die Moschee Schah, nur mehr restaurirt. Aus derselben Periode stammt das große Imamsade Schahsade Hussein, Sohn des 8ten Imams; ein großes Ziegelsteingebäude erhebt sich über dessen Grabe, mit mächtiger, blauer Kuppel. Rings um dasselbe erblikt man den Hof voller Gräber. [Bau] Unter diesen Grabsteinen fällt namtlich ein großer Sarcophag auf aus dunkeln Sandstein, ringsum mit verwitterten arabischen Inschriften bedekt; er soll das Grab eines gewissen Siyah Kulle sein, der die Gärten von Kaswin hervorrief. Am Eingang lag in Lumpen gehüllt ein neugebornes, schreiendes Kind, das die

Mutter hier ausgesetzt hatte, in dem Glauben, daß der Heilige dem Kinde schon Ältern verschaffen würde.

Das Wasser von Kaswin ist ungesund, man fühlt sich schwer danach wie ein Stein im Magen; das Clima ist aber gesund. Die Bergreihe nördlich ist immer niedriger geworden, nur weiter im Hintergrunde gen Nordost erscheinen die jetzt beschneiten Berge von Rudbar und Kaswin fast gegenüber des 8 Pharsach fernen Kala Alamut. – Auf den Bazaren wird nichts besonders verfertigt; sie waren jetzt mit Früchten nahrhaft angefüllt. Die Trauben werden alle zum Trocknen verwandt, Wein und Arrak nicht zu finden. Von den in früher Zeit florirenden Schreibern sollen sich noch [manche?] alte Manuscripte hier vorfinden, die Eigenthümer halten sie aber sehr fest. Die Wassermelonen sowie die des 4 Pharsach entfernten Hassar sind besonders berühmt, während die Melonen von Kum kommen; von erstern 2 Sorten, die eine irrigirt, die andre nicht und wird daher besonders geschätzt, pastek dem genannt. Kaswin zählt ca. 7.000 Familien Schiiten, hat 5 große Medressen, 5 Bazare, 6 große Moscheen nebst vieler kleinern.

(2_10_005) *Freitag, 27. November.* Heute sollte aufgebrochen werden, allein der Tjarvader kam nicht, des Freitags wegen. Ich hielt mich zu Hause auf wegen Unwohlseins.

*Sonnabend, 28. November.* Gegen 7 Uhr aufgebrochen, und bald war die Stadt durchritten, nicht aber so rasch die weitläufigen Weingärten. [Orte] Beim Dorfe Husseinabad mit einem mit Weiden bestandnen, kleinen, künstlichen Teich zur Bewässerung führt der Weg vorüber, und man gelangt nach 3 starken Pharsach von Kaswin aus zum heutigen Menzil Aghababa, wo in einem Privathause Logis genommen wurde.

Um den aus 50 Häusern bestehenden Ort herum viele Weinpflanzungen mit vielen Elaegnusbäumen, deren Früchte vom Volke viel gegessen werden. Oberhalb auf einem der Berge erblikt man ein Minaret ähnliches Gebäude, das Imamsade Ismael, eines Sohnes von Ali, zu dem jährlich einmal im Frühling eine Pilgerfahrt gemacht wird. Die Berge werden von vielen Kurdenstämmen bewohnt wie die Mafi, Tschini, Kullherr, Gewesewend, Malamir, Serchor, Kakawend, aber nur im Sommer, im Winter sind sie bei Tarmat längs einem Flusse; die Ebene wird meistens von Schahseven Turk eingenommen. Aghababa gehört zum [Bulluk?] Garasan. – Das Zimmer war sehr reinlich, geweißt, reingefegt, alle sprechen türkisch. [Im Rüken?] des Zimmers das Kursi tschelle, d. h., tschelle ist das Loch für die Kohlen, Kursi ist das Gestell darüber; dandir heißt das Loch zum Brotbacken.

*Sonntag, 29. November.* Fortwährend führt nun der Weg im Hügellande fort. [Orte] Der Morgen war sehr kalt, Eis bedeckte die Bäche. Herrlich ging die Sonne auf, als wir die eine Anhöhe erreicht hatten. [Orte, Pfl] Die Abhänge fast alle cultivirt, wo es nur irgend möglich war, da die rothe, vulkanische Erde sehr fruchtbar zu sein scheint. (2_10_006) Folgt ein Abstieg in ein langes Thal mit rauschenden, klaren Bach; nach einer kurzen Wendung nach rechts erblikt man das gut erhaltne Carawanserei mit kleinem Dorf daneben, Charsan, 3 starke Pharsach von Aghababa, der Chan war schon überfüllt, daher mir sehr erwünscht, daß der Tjarvader weiter ziehen mußte, doch nahmen wir noch einen Trunk aus der vorzüglichen Quelle daneben, mit einer kleinen Kuppel überdeckt, das Tscheperchane daneben. [Orte] Nach kurzen Aufstieg folgt nun ein sehr langer Abstieg in so viel Windungen, daß man 3 Pharsach nach dem in gerader Linie wohl nur ¾ Pharsach fernen Paitschinar rechnet. [Orte] Auch hier beginnt ein niedriges Gebüsch, das von Kekliks wimmelte; auch große Adler mit nackten Hälsen hatten sich ohne Scheu am Wege niedergelassen. [Pfl] An kleinen Bächen einzeln Ficus gesträuch, Granaten und Celtis. Mergelschichten mit abgerundeten Außenseiten, wechselnd mit Conglomeratlagern im plutonischen Gestein, treten hervor; oft lagen große, ovale, abgerundete grünliche Blöcke am Wege. Die Berge vor uns dunkelblau erscheinend, Himmel heute bedeckt, kalt.

Endlich den langen Abstieg überwunden, tritt man ins Thal des Schahrud. [Pfl] Der Fluß jetzt sehr klein, nur 6 Schritt breit mit seichtem Wasser. Jenseits desselben das Carawanserei, wo nur 1 Zimmer vorhanden, das schon von Persern eingenommen war, die aber wohl oder übel uns wenigstens die Hälfte desselben einräumen mußten. Wegen Flöhen, Fliegen und Heimchen, die alle Wände bedeckten und sich nun in den Betten wärmen wollten, war an Schlaf die ganze Nacht nicht zu denken, zumal auch die andern (2_10_007) um Mitternacht aufbrachen. Auf der Spitze des Berges über dem Chan erhebt sich ein weithin sichtbarer Thurm, der vor Zeiten meist von Räubern angelegt worden als Auslugeplatz. – Nicht eine einzige Platane erblikt man hier, wie der Name wohl aussagt.

*Montag, 30. November.* Heute mein 30.ter Geburtstag! Wie wird man da an mich in der Heimath denken, während ich hier einsam zwischen den öden Bergen mich befinde. Am Flusse ritten wir noch in der Nacht entlang, der sich gleich darauf mit dem großen [Aruca?] vereinigt, dessen Brausen weithin hörbar war in der stillen Nacht. Im Flußthale reitet man entlang, bis nach ½ Stunde bei Morgendämmerung die Ziegelsteinbrüke erreicht wurde, die mit Brustwehr versehen, gepflastert und 3mal gelinde aufsteigt. Wild schäumten die Wellen des Schahrud unter ihr hin, dessen Ufer jetzt von zahlreichen schwarzen Zelten der Tscheni Kurden besetzt waren, die hier ihre Winterstation haben und in kleinen Dörfern in den geschützten Seitenthälern bei der rauhern Jahreszeit wohnen; diese Häuser sind aber wahre Höhlen, nur rohe Steinmauern gegen den Bergabhang gerichtet, mit Erde verklebt, Thür fehlt.

Wir ritten zu einigen Zeltgruppen heran, wo uns erst große, starke Hände begrüßten; die Frauen kamen gleich ungescheut zu uns heran und fragten nach unserm Begehren. Wir verlangten Milch, die man augenbliklich brachte. Viele der Frauen hübsch, blaue Augen, die Männer frei und offen, ohne das kriegende, falsche Wesen der Perser. Ihre Zelte wie in Kurdistan, mit netten Rohrgeflechten umgeben. Auch Schahseven begegneten uns, die sich auf die Ebene begeben. [Pfl] Auf dem rechten Ufer aufwärts ziehend, bald auf und ab über Hügel, da der Fluß mit seinen Windungen die Passage im Thale hemmt, erblickt man auf dem jenseitigen Ufer mehrere kleine Dörfer in den Thälchen, namtlich fällt Karatikan = Schwarzdorn auf durch seine Größe. [Pfl] Der Fluß fließt im breiten, sandigen Bette in eine Menge Arme getheilt, viele kleine Inseln bildend. [Orte] Eine Strecke lang führt der Weg wie in einer schattigen Allee prächtiger Euphratpappeln entlang am Ufer. [Pfl] (2_10_008) Der Fluß bleibt [nun?] links, in dem er einen weiten Bogen macht, das Dorf Siyapusch umfließend, das weiterhin erscheint mit einem Olivenhain daneben. Nach 1 Pharsach über hüglige Ebene erblikt man unter sich Mendjil, 4 Pharsach von Paitschinar, in einer kleinen Ebene gelegen voller Saatfelder, mit Gärten, namtlich Oliven eingehüllt. ½ Stunde rechts davon in einer Bergecke erscheint das reizend gelegne Dorf Hersewil, ebenfalls mit vielen Olivenpflanzungen, dort ist auch eine Ölfabrik. Ein weißes Imamsade Kasim; viele Schweine in der Nähe, die die Oliven lieben. [Pfl]

Da hier kein Carawanserei, sondern nur ein Tschepperchane befindet, zogen wir vor, noch das 1 Pharsach weiter gelegne Rudbar zu erreichen. Der Weg senkt sich zum Fluß hinab, wo hier eine 7bogige Ziegelsteinbrücke flach über ihn führt; sie ist erst vor 4 Jahren ausgebessert worden, daher in ganz fehlerlosen Zustand; eine eingemauerte Inschriftstafel aus Jesdmarmor verewigte den Restaurateur. Bruchstücke [wie?] Cylinder, Schwungrad etc. der Geldpresse von Paris, die aber der [Mair?] [el?] [melnaleh?] nicht zu [stande?] kommen läßt, lagen zerstreut umher. Auf beiden Flußufern mächtige Felswände und Blöcke, auf letztern bemerkte man noch Reste früherer Thürme. Auf dem linken Ufer steigt man nun auf bequemer Straße aufwärts, die Felsen durch Pulver gesprengt. [Pfl, Orte, Pfl] Der Weg steigt hoch auf. [Orte, Pfl] Von hier aus prachtvoller Blick und tief unten der brausende Strom, jenseits mehrere Dörfer wie Killischter etc., ganz in Olivenhaine eingehüllt, neben denen die Wälder gleich beginnen, meist aus Cypressus bestehend. Ich wurde hier ganz an die Schweiz erinnert. Leider starker Regen und viel Sturm in dieser engen Thalspalte, wo fortwährend [fest?] Wind sein soll; häufig erfrieren hier im Winter Leute. Einzeln zeigen sich jenseits Gruppen hoher, alter Cypressen. Ein sehr verwittertes, dunkles Schiefergestein wurde mir als Cu schiefer von den Leuten bezeichnet, (2_10_009) von dem enorme Schichten sich vorfinden; in lauter kleine Stücke zerfallend.

Nach vielen Windungen des Weges erblikt man plötzlich unter sich das reizend gelegne Rudbar, in einen Wald prächtiger Oliven gehüllt, namtlich 3 Dorfgruppen sichtbar. Im erstern war aber kein Zimmer zu finden, daher zum 2ten fortgeschritten fortwährend zwischen dichten Olivengärten, von Wasser durchrieselt. In einem Carawanserei endlich abgestiegen. Aber fanatisches Volk auf dem kleinen Bazar, wo nur die gewöhnlichen Bedürfnisse zu finden sind. Der Chanbesitzer war weder durch Bitten noch Drohungen zu bewegen, uns Wasser in einem Gefäß zu bringen, wofür wir ihn aber bei der Abreise mit einer Ohrfeige belohnten. Abends Regen.

*Dinstag, 1. December.* Noch in der Nacht wurde bei regnerischem Wetter aufgebrochen, immer zwischen den Olivengärten hin, die die ganze Flußseite umsäumen. Mehrere Dörfabtheilungen von Rudbar wurden durchritten; auf den Bazaren heizte man gerade die dandir, = das sind die runden tiefen Brodkessel. Fortwährend führt der Weg über den Flusse hin. [Orte] Nach und nach zeigen sich auch auf dieser Seite die schönen Cypressen, doch köpft man sie immer, so daß sie nicht das schöne Aussehen der von Smyrna etc. erreichen. Auf der jenseitigen Flußseite zeigen sich fortwährend die schönsten landschaftlichen Bilder, kleine Dörfer zwischen Olivenhainen verstekt, daneben der Wald, der die breitgipfligen Berge darüber bis hoch hinauf bedekt; ich glaubte mich hier in die Vorschweiz versetzt. [Orte]

Nach kurzer Strecke, heute nur 3 Pharsach, ist das Caravanserei Rustamabad erreicht, wo heute gerastet wurde. Von hier noch 8 Pharsach nach Rescht. Das Caravanserei aus Ziegelstein ist ganz im Verfall, doch daneben befindet sich ein neues, sehr großes Tschepperchane mit geräumigen, 5 thürigen Obergeschoß und Glasfenstern, ein in Persien ungewöhnlicher Luxus. Alle Zimmer sehr hoch und sehr groß, reinlich. [Orte] Ich unternahm kleinen Spaziergang nach dem Fluß. [Pfl]

(2_10_010) *Mittwoch, 2. December.* Wieder früh bei Nacht aufgebrochen und im Flußthale entlang gezogen, das sich durch die Querthäler zwischen den Bergen entlang zieht. Bald wird die Landschaft dichter bewaldet, bis endlich der Weg wie in einer Allee zwischen den prächtigsten Wäldern hindurchführt, immer am Abhang der Berge hin auf der linken Flußseite. Rothkelchen in großer Menge erinnerten mich durch ihr wohlbekanntes Zwitschern an meine Jugendzeit, Spechte ließen ihren dumpfen Ruf und Pochen ertönen. Die Bergwälder standen jetzt im schönsten herbstlichen Schmuk der Blätter, namtlich das dunkle Roth der Fagus, das gelb der Ostrya, die beide die Hauptmasse der Wälder ausnehmen. Längs der Ufer zeigten sich hohe Bäume von Acer mit weißen Blättern, Acer hyrcan. häufig, häufig mit Viscum alb. besetzt. Hier zuerst von mir in Persien beobachtet. Hedera Helix wand sich hoch an den Bäumen empor, blühend, meist schmalblättrige Varietät. [Pfl] Nach ca. 2 ½ Pharsach von Rustamabad kommt man zum Imamsade Haschim, links am Bergabhang gelegen, mit einem weit vorspringenden Ziegeldach bekleidet; gegen 12 Hütten daneben.

Das Caravanserei weiter abwärts, ebenfalls mit Ziegeln auf europäische Art gedeckt, doch ganz im Verfall, sehr schmutzig und schon voller Pilger. Es mußte daher weitergezogen werden; der Weg führt von hier aus fortwährend in der Ebene hin, wo eine Art Chaussee angelegt ist, damit die königlichen Wagen passiren können. Auch heute waren uns mehrere begegnet, die mit vielen Schwierigkeiten über die Berge geschafft [werden?]; mehrere zerbrochne Wagen lagen am Wege. (2_10_011) [Orte] Die Wege waren scheußlich, voll tiefer Schmutzlöcher, so daß fortwährend die Thiere stürzten. Wolken senkten sich tief zwischen die Berge und bedrohten uns mit Regen; doch die Luft warm, und die üppige Vegetation versetzte mich ganz und gar an die lieben Berge der Heimath. Kaum will es einem in den Sinn, daß man sich in Persien befindet, das man bisher nur als öde, sonnverbrannte Hochebne mit kahlen Bergen kannte. Der Blick vorher herab auf das Flußthal wirklich einzig, wie er in unzählige Arme vertheilt, Inseln bildend, zu beiden Seiten der dichte Wald bis hoch hinauf die Berge einhüllend; hier ist es, wo viel Reis cultivirt wird, der den Einwohnern die Stelle des Brodes ersetzt. Überall kamen jetzt Bäche von den Flanken herabgeriselt, auch ein 2ter Fluß wird durchritten noch vor dem Imamsade. Von letztern aus geht es fortwährend in der Ebene, dicht mit Wald bedekt zu beiden Seiten. [Pfl] Vermoderte Baumstämme lagen überall umher, unbenutzt. Nun zeigt sich der Buxus sempervirens immer häufiger, dicke Stämme bildend oder oft aber undurchdringliches Dickicht. [Pfl] Wilde Büffel und Schweine sollen hier häufig sein.

Bald darauf nach ca. 1 Pharsach erblikt man das Tschepperchane Tschan Ali, von weiten wie ein Fürstenhaus in Thüringen erscheinend oder wie ein Schweizerhaus, aus Ziegelstein erbaut, mit vorspringenden Ziegeldach auf europäische Art, vielen hohen Schornsteinen. Gern wäre ich hier abgestiegen, allein der Tscherveder, dem wir voraus geeilt waren, hatte uns zum Carawanserei Tschen Ali gewiesen; dort angekommen, fanden wir aber nur einen langen Stall vor, aus Zweigen erbaut, mit Erde und Mist verklebt, mit Schilf gedeckt und im Innern voller Mist. Das convenirte mir nicht, und wider zogen wir weiter nach dem ½ kleinen Pharsach weiter abwärts gelegnen Schah aghatschi, wo wir eben ankamen, als sich ein heftiger Regen entlud. Das Gebäude aus Ziegelstein erbaut und mit Ziegeldach versehen, bildet eine Art Caravanserei, (2_10_012) mit ringsum laufenden Bazarbutiquen, ca. 40; das Dorf findet sich weiter abwärts gelegen. Als endlich der Tscherveder hier ankam, hatte er viel Mühe, ein Unterkommen zu finden, da der Stall, Caravanserei genannt, zerfallen war. Auch uns kostete es Mühe, die Vorhalle einer der Butiquen zu erhalten. Der Regen hörte nicht auf, und glücklich priesen wir uns, bis hierher, 3 Pharsach vor Rescht, so gut durchgekommen zu sein. Die Berge waren beim Imamsade zurück geblieben. Schlechter Dialect der Gilaner, Gilan = Schmutzland oder Lehmland von gil. Die Kleidung der Bauern in dunkles, grobes Filzzeug, unten enge, oben weite Beinkleider, kurze Jacke aus demselben Stoff; alle tragen die grauen, niedrigen „Filzmützen" oder schwarze wollne Mützen. Alle mit langen Stöcken [versehn?], die meist oberhalb durch Einschnitte geringelt sind.

Heute 5 Pharsach gemacht. Abends fürchterliches Geheul der Schakals neben den Boutiquen, da die Hunde ihnen nicht antworteten, meinte man, daß es Morgen regnen würde; antworten sie aber, so gibt es keinen Regen. Der Bazar gehört dem Mustofi in Rescht, der auch dort die Fische gepachtet hat für 75.000 Tuman, die exportirt werden. Viele Dörfer liegen im Walde zerstreut umher von hier [benachbart?], so z. B. Deh benna, Schehristan, Ainaber, Tjubenĕ, Gasian, Terabusch etc. Alle Häuser sehr einfach und leicht gebaut: Baumstämme werden von der Größe der Häuser in den Boden geschlagen, an ihnen werden Zweige gebunden und diese mit Erde verklebt; ein Schilfdach auf Zweigen ruhend, gegeneinander geneigt, schützt das Innre vor dem unaufhörlichen Regen. – [Pfl] Die Dörfer liegen zerstreut im Walddickicht, immer nur in wenigen Gruppen beisammen. Die Häuser alle mit geneigten Dächern, mit Schilf gedeckt. Nur Fußpfade winden sich durch das undurchdringliche Dickicht, kein einziger breiter Weg.

*Donerstag, 3. December*. Die ganze Nacht hindurch regnete es in Strömen, doch am Morgen hellte es sich wieder auf, so daß wohlerhalten das 3 Pharsach weite Rescht erreicht wurde. In gleicher Weise führt der Weg, der erst vor 3 Jahren gebaut worden, jetzt aber schon sehr schlecht geworden war, weiter, an einem gleichen netten Tschepperchane vorüber nebst mehrern andern Landhäusern, in ausgerodeter Lichtung am Waldrande gelegen, daneben die Felder, hauptsächlich Reis und einige Gemüse; es erinnerte mich dies ganz an so manches im Walde gelegnes Försterhaus der Heimath oder an die zerstreuten DorfBesitzungen am Niederrhein; die Häuser im Schweizerstyl erbaut aus Ziegelstein, mit weit übergreifenden Dach; eine Treppe von außen führt zum Stockwerk (2_10_013) auf eine luftige Terrasse, neben der sich die Zimmer befinden. Unbemerkt reitet man zu Rescht ein, das man nicht eher sieht, als bis man darin ist. Eine sehr große, schöne Ziegelsteinbrücke mit sanften Anstieg bildet den Eingang; penis ähnliche Pfeiler aus Ziegelstein schmücken sie auf beiden Enden. Die am Eingang hier postirten Duanewächter wollten mich nicht weiterziehen lassen; sie verlangten, ich solle warten, bis mein Tjarvader käme; da das aber über 1 Stunde dauern würde, so zog ich weiter, was einen heftigen Streit hervorrief, wobei aber die Duane den kürzern zog.

Auf sehr schlechten, schmutzigen Wegen durchritten wir die Bazarbutiquen, auf denen nicht viel zu sehen ist, und stiegen im armenischen Caravanserei ab.

Überall bemerkt man den Einfluß der großen Feuchtigkeit, die Mauern der Häuser sind dicht mit Moosen überzogen. [Pfl] Der Ort liegt auf einer ausgerodeten Waldstelle; überall auf verlassnen Orten wuchern wieder die Waldpflanzen empor. Jedes Haus von seinem Garten umgeben, voller Orangen, aber saure Früchte, Cedrate, Mandarinen, dazwischen die schöne feinblättrige Acacia Farnes., derachte abrischum genannt wegen der seidigen Blüthen; weißer Jasmin, Salix sygostomon, ein Euonymus, den man als Caffebaum ansieht, Viburn. Opulus v. roseum, budach genannt, dazwischen die stets blühende Rose R. sempervirens. Unter einer weisen Regierung könnte hier ein Paradis geschaffen werden, allein der Druk der Gouverneure ist der Ruin des Landes; der jetzige, ein Onkel des Schah, war sehr unbeliebt. Das Clima ist stets sehr mild, kaum möchte man glauben, sich im December in Persien zu befinden; welcher Climaunterschied zwischen diesem und dem vorigen December, als ich dem Süden zusteuerte, am Tage 36 °R.

Nachmittag besuchten wir den russischen Consul Paulow, ein höchst gutmüthiger Mensch, der aber durch Trinken ganz unzurechnungsfähig geworden ist; Musik war seine Leidenschaft. Er hatte einen Sack voll Pyrethrum cauc. erhalten aus den Bergen von Talisch. Ich traf hier einen armenischen Doctor, Zögling von Dr. Häntzsche, der mir einige Pflanzen verehrte. Hier hörte ich, daß übermorgen das Schiff eintreffen würde, daher wurde gleich die Weiterreise auf Morgen festgesetzt. Daher kam es, daß ich den andern Europäern, Ralli, Ziegler, keinen Besuch abstatten konnte. Abends bei Paulow mit Herrn Mappus verbracht.

*Freitag, 4. December.* Am Morgen regnete es wider in Strömen, ebenso in der Nacht, danach wurden aber 3 Pferde gemiethet und aufgebrochen. Eine kurze Strecke lang hatte man angefangen, einen Weg zu bauen nach Piribazar; man hatte die Bäume weggehauen und den Schlamm mit Sand bedeckt. Bald hörte aber der Weg auf, und ein über alle Maßen schlechter Weg begann nun; das Wasser schoß in Strömen, die Löcher ausfüllend, in denen wir dann stecken blieben. Da hörten wir von zurück kehrenden Leuten, daß das Wasser die (2_10_014) über den Fluß führende Brücke weggerissen habe und daß keine Möglichkeit vorhanden sei, den vielleicht 12′ hoch angeschwollnen Strom zu passiren. Daher wurde wieder nach Rescht zurück gekehrt, um den folgenden Tag auf dem sogenannten ru Kaleschke es durchzusetzen. Der Regen hörte aber den ganzen Tag und die Nacht nicht auf.

*Sonnabend, 5. December.* Wieder am Morgen bei sich aufheiternden Himmel aufgebrochen bis zur gleichen Stelle von gestern; der Fluß hatte sich aber nur sehr wenig gesenkt, deshalb noch nicht zu passiren. Wir fanden hier einen Mann, der uns für 2 Kran auf dem Kutschenweg bringen wollte; links bogen wir nun ab auf einen schmalen Fußpfad, über mit Wasser gefüllten Gräben setzend;

aber bald neues Hinderniß; ein zweiter Fluß war zu durchsetzen, der tosend zwischen dem Dickicht hin tobte; mehrere Häusergruppen lagen umher. Gut, daß wir hier einen Mann fanden, der sich nach langen Zureden bereit erklärte, uns für 5 Kran nach Piribazar zu bringen. Unsere Effecten wurden einzeln über eine Brüke getragen, die aus weiter nichts bestand als aus einem morschen, halb untergetauchten Baumstamm, während die Pferde auf einem Umweg den Fluß durchschwimmen mußten. Bis an den Bauch im Wasser watend, gelangten wir glücklich ans jenseitige Ufer, und kaum war der letzte Mann fast darüber, als sich der Baumstamm loslöste und den Mann in den Fluß warf, der sich unter lauten Geschrei durch Schwimmen rettete; glücklich ans Ufer gelangt, fuhr er in gleicher Weise nichts desto weniger fort, sein unarticulirtes Geschrei ertönen zu lassen. Mehrere sehr hübsche Frauen sah ich hier, unverschleiert, weißer Teint, schlanke Gestalt, überhaupt erinnert der Frauentypus ganz an die georgische Race. Die Männer waren beschäftigt, Kallians aus den Flaschenkürbissen zu verfertigen, die sie mit einem braunen Firniß überziehen und bemalen.

Eigenthümliche Stöcke aus Mispelzweigen, isgill genannt, verfertigt man hier, die man noch lebend mit Einschnitten in der obern Hälfte des zum Stock bestimmten Sprößlings versieht und dann [überwellen?] läßt, [worauf?] sie geschält werden und gewöhnlich als Stiel der masenderanischen Art dienen, ohne die kein Bauer ausgeht, sie auf der Schulter tragend. Die Kopfbedekung besteht aus einer grauen ovalen Kappe.

Nachdem endlich alles ans jenseitige Ufer gebracht worden, wurde in gleicher Weise der Weg fortgesetzt, fortwährend im dichten Walde auf gräßlichen Wegen, die ohne die starke Constitution der eignen Pferderace gar nicht zu passiren sein würden. Bald darauf kamen wir zu einem herrlichen Buchenwalde aus mächtigen, alten Bäumen bestehend, wie in Deutschland so auch hier ohne alles Unterholz, aber der ganze Wald hier bildete einen weiten See, der in der Mitte von einem reißenden Strome durchfurcht wurde. Eine kleine Zweigbrücke führt über denselben, die endlich, nach langen Suchen, gefunden wurde; sie stand jetzt 3′ tief unter Wasser. Unser Consular-Cavaß ritt voran, das Pferd durch einen Führer geleiten lassend, allein in der Mitte angekommen, lösten sich krachend 2 Balken los, (2_10_015) und Roß, Reiter und Führer lagen im tosenden Strome; ein Angstgeschrei ertönte, dann tauchten sie unter, kamen aber weiter abwärts bald wider zum Vorschein, wo sie durch einen quer überliegenden Baumstamm aufgehalten wurden und sich so retteten. Wir stiegen nun ab, und mit Vorsicht gelangten wir über die Brücke, freilich bis an den Nabel in Wasser [batend?]. Überall lagen vermoderte Baumstämme umher, Buxus semp. in dicken Bäumen massenhaft, schimsad genannt. [SprPfl] Moose an Bäumen häufig und Flechten. [Pfl]

Endlich nach langen Zickzackwegen wurde Nachmittags ohne weitern [Umfall?], doch durch und durch durchnäßt, der nur aus zerstreuten Häusern bestehende Ort Piribazar erreicht, wo in einem Chanähnlichen Ziegelgebäude für ½ Stunde abgestiegen wurde. Eine halb unter Wasser stehende Holzbrücke führte hier über den Fluß, auf dem bereits mehrere Barken bereit lagen, uns sogleich aufzunehmen, um uns nach dem 4 Pharsach entfernten Enzeli zu bringen. Nachdem wir hier den Thee eingenommen, wurde eingestiegen (die Barke mit 6 Rudern zu 15 Kran). Herrlich war jetzt das Wetter und wunderschön die Fahrt abwärts zwischen den auf beiden Seiten von den herrlichen, dichten Waldungen besetzten Ufern. Nach und nach erweitert sich der Fluß, [Pfl] und man tritt nun in das Murdab, das völlig dem Meere gleicht, doch sein Wasser ist noch eine weite Strecke hin süß. [Pfl] Pelikane, Komorane, Enten, Taucher belebten den See. Die Ausläufer des Landes verschwammen in Mirage, glänzend ging die Sonne unter, und bald überdeckte uns der glänzende Sternenhimmel.

Ein Chan fuhr mit uns, der uns gestern bei der Umkehr begegnet war, der zu Fuß mit seinem Diener die Passage riskiren wollte; er erzählte, daß er bis zum Fluß gelangt sei, daß dort das Wasser aber dann so hoch gestigen sei, (2_10_016) daß er sich mit seinem Diener auf einen Baum flüchten mußte; auf diesem versuchte er Feuer zu machen, allein der Regen löschte es immer wieder aus, endlich habe er sich an die Zweige gebunden und sei eingeschlafen. Sein Diener aber sei im Schlafe vom Baume herab in den Fluß gefallen mit einer großen Flasche Arrak, der der Chan heute ganz gehörig zusprach. Abdullah Chan, ein Kaswiner, war durchaus nicht wie seine Landsleute, er verlangte von mir meine Angezündete Cigarre, that einige Züge und stellte mir sie dann wider zurück; er trank mit uns aus einem Glase, präsentirte mir ein Stück Käse zwischen den Fingern haltend und dann eine in der Hand zusammengeknetete Kugel voll kalten Pillaus. Er machte mir viel Spaß, da er durch seine Lieder die ganze Gesellschaft erheiterte und dadurch die Ruderer bewog, kräftiger drauf los zu arbeiten.

Endlich in der Nacht blickte uns der Leuchtthurm von Enzeli, eine Öllampe, entgegen, die aber nur angezündet wird, wenn der Dampfer erwartet wird; nachdem eine Strecke lang an den vor Anker liegenden russischen Segelschiffen (1Master) entlang gefahren, wurde vor dem russischen Consulatsgebäude gehalten. Bei jedem Schiff erkannte man, daß seine Bewohner sich dem Kartenspiel hingegeben hatten, nur düster drang der Schein aus den Kabinenfenstern hervor. Ein tüchtiges Feuer nebst einem guten Glühwein und Thee erwärmte uns, worauf wir begannen, unsre Kleider und Bett etwas zu trocknen, bis wir endlich nach Mitternacht vom Schlaf überwältigt, uns ins feuchte Bett legen mußten.

*Sonntag, 6. December.* Erst morgen wird das Schiff erwartet; ich unternahm daher sogleich einen Spaziergang um die nur durch eine schmale Landzunge mit dem Festlande zusammenhängende Halbinsel um die Stadt herum. Die Südseite von Enzeli ist so nahe am Wasser gebaut, daß nur ein schmaler Fußpfad entlang führt, an dem sich der Bazar befindet, wo man namtlich viel Fische der verschiedensten Arten erblikt. Jedes Haus mit seinem herrlichen Orangengarten daneben, deren Bäume voller Früchte jetzt, Styl der Häuser wie in Rescht, jeder Garten mit Zaun aus Schilf umgeben, [doch?] Wald beginnt erst jenseit des Wassers östlich und westlich. Eine Sandfläche zieht sich am Meere entlang, voller Gestrüpp voll niedriger Granaten, Paliurus, Rubus bestanden. [Pfl] Am Strande des Meeres alles voller kleiner Pecten ähnlicher Muscheln, von Pflanzen bemerkte ich keine einzige Meeralge, wohl aber häufig Ceratophyllum, [Pfl], Trapa natans und Zostera minor. Letztere ist ein Beweis mehr für die Hypothese, daß einst das Caspische mit dem Schwarzen Meere zusammengehangen hat. [Pfl] (2_10_017) [Pfl] Bidmisk auch hier in den Gärten. Ein Elsaßer hielt sich den Winter über hier auf, um Vogelbälge einzukaufen, namtlich die von den seidigen Silbertauchern, greff genannt auf französisch, die wie Pelzwerk dienen und hier in großer Menge vorkommen; auch in Baku häufig, aber dort schon viel theuer (à Stück 40 Kopeken = 1 ½ Franks), dort auch rothe Pelikane.

*Montag, 7. December.* Da das Schiff angekommen war heute Morgen, aber erst am Abend weiter fahren wird, unternahm ich mit dem Herrn Consono, 2 Mailandern und dem Herrn Hascher, dem elsäßischen Vogelbalgshändler, eine Spazierfahrt auf dem Murdab, um Vögel zu schießen; die Komorane, eine Art groß, die andre kleiner, sehr häufig, Enten und Taucher viel, Kiebitze in großen Schwärmen, Pelikane und graue und weiße Reiher häufig. Nachmittag eingeschifft, da Wolken aufzogen, denn bei stürmischen Wetter ist es gar nicht möglich, den Dampfer zu erreichen, der ziemlich entfernt vom Lande bleiben muß, da sich die Wellen auf dem Sande brechen. [Wohlerhalten?] wurde dasselbe erreicht, wo ich auf der 2ten Cajüte für 36 Kran bis Baku bezahlte. Beide Cajüten sind sehr klein, ohne Speisesalon, der mehr ein Winkel ist als Salon; Betten ohne Decken, keine Luft darin; nur die 1. Klasse hat einen Salon in mitten des Schiffes oberhalb. Der Capitän sprach nur russisch, der 2te französisch. In der 1. waren nur die 2 Consonos, in der 2ten viele russische Armenier, die in ihrer Sprache einen von dem persischen armenischen Dialect [verschiednen?] haben. Table d'hote nicht in der 2ten, wo man sich die Gerichte einzeln bestellen kann oder das Essen ganz mit zum Schiffe bringt. Leider wird auch heute Abend nicht abgefahren, da das Haus Ralli noch einzuschiffen hat.

*Dinstag, 8. December.* Am frühen Morgen wurde abgefahren beim herrlichsten Wetter, klar und hell schien die Sonne aufs ruhige Meer herab. Der Dampfer blieb immer einige Pharsach fern von der Küste. [Orte] Bei Sonnenuntergang Lenkoran erreicht, wie [Astara?] gelegen, doch größer; seine wie in Enzeli gebauten Häuser längs dem Strande zwischen Gärten gelegen. Die Nacht wurde hier gehalten, da das Meer mehrere Felseninseln hier hat; gegen Morgen wurde dann an der nahe gelegnen schmalen, aber langen Insel [...] gehalten, um Holz einzunehmen für das Schiff. Sie ist nur von niedrigen Gesträuchen bestanden.

*Mittwoch, 9. December.* Bei ruhigen, klaren Wetter gings am Morgen weiter, nur bei Saljan, das aber nicht selbst sichtbar war, wurde einen Augenblik gehalten, um Briefe nach Baku einzunehmen eines dort vor Anker liegenden Dampfers. Ich unterhielt mich viel mit dem 2. Capitän von unserm Dampfer Schach, ein Herr Fritzki, der mit bei der Expedition von Iwaschinzof (2_10_018) gewesen war und daher das Caspische Meer vorzüglich gut kannte. Erst in diesem Jahre ist die seit 1857 begonne Expedition beendet. Der Caspische See ist 300′ tiefer gelegen als das schwarze Meer. Im Frühling und Sommer herrschen stets Nordwestwinde, in Herbst und Winter der von Südost in der obern Hälfte, im Süden aber ist im Frühling und Sommer fast fortwährende Windstille, die nur dann und wann durch einen sehr heftigen Nordwestwind unterbrochen wird, im Winter auch dort Südost. Auf der Nordostseite des Sees weht im Juli nicht selten der Samum, der ungeheure Sandmassen von den Kirgisensteppen her herbeibringt; diese Sandmassen haben schon einen beträchtlichen Theil des Sees ausgefüllt, so z. B. Rasan Kuli und Tschetschmak sind gänzlich zugedekt, und Bekturlischam ist jetzt ein See.

Seit 1845 befahren Dampfer den See; seit 1859 hat die Gesellschaft Merkur 12 Dampfer auf ihm, die im Sommer wöchentlich die Strecke von Astrakan bis [...] befahren, von November bis April aber monatlich nur 1mal von Baku–[...]. Außerdem dienen noch 6 kleinre Dampfer zur Beförderung der Waaren und Passagire von [...] nach Astrakan; außerdem noch die Dampfer auf der Wolga nach Nischni und viele Segelschiffe. Der Waarentransport nach Persien ist sehr bedeutend, außerdem der Ertrag des Fischfangs enorm. Der russische Zucker geht aber nur bis Astara, der nach Persien bestimmte geht Transit über Tiflis, Baku nach Rescht. Von Fischen ist vorzüglich der bis 20 Pud schwere beluka, der assiodr, sterlidsch u. v. a. bekannt; sehr einträglich ist der Fang des Thieres, tzulän genannt, auf der Insel Kulali, dessen Fett zu Seife dient; im Winter aber, wenn das Eis durch die Stürme bricht, verunglücken nicht selten viele Leute auf der Jagd. Der auf der Insel Schiloi frühere Fischfang hat ganz aufgehört, jetzt in Salian und zwischen Derbent und Petrovsk; außerdem die ganze Fläche zwischen Tschetschenn und Tübkaragan voller sehr ergiebiger Fischerei. Dies ist auch die Strecke, die im Winter ganz mit Eis überzogen wird, das dann in Petrovsk aufgefangen wird zum Verbrauch. Die Südhälfte bleibt ganz frei davon. Bei Derbent findet sich Lignit, ebenso bei Tübkaragan, der letzterer besser ist und jetzt ausgebeutet wird. [Orte] – Auf der Insel Tschelegen schwarze Naphte und heiße Wasserquellen.

Um 11 Uhr Abends fiel der Anker in dem Pfade vor Baku nieder; sehr niedrig, Abends nur 6 °R. Herrlich erschien die Beleuchtung der halbmondförmig vor uns ausgebreiteten Stadt mit ihrem Hafen, den Leuchtthurm und die zahlreichen Lichter der Fabrik auf dem Kap.

(2_10_022) *Donerstag, 10. December–Freitag, 18. December.* Der Sturm ließ nicht sobald nach, und da wir auf den kleinen Booten die Effecten nicht Einschiffen konnten, blieb ich bis gen Mittag an Bord; doch vergeblich, der Dampfer konnte nicht zum Quai gelangen; ich stieg daher doch aus und nahm in armenischer Carawanserei Quartier. Vom Meere aus gesehen breitet sich die Stadt in einem Halbmond am Ufer entlang, den Abhang eines Berges bedeckend mit seinen weißen, freundlichen, noch in persischen Styl mit platten Dächern versehnen Häusern, alle aus Muschelkalk erbaut von graugelblicher Farbe von sehr junger Formation, deren Muscheln sich noch alle im Meere finden. Längs dem Strande zieht sich der Quai, die Promenade der Baku-Bewohner, mit ins Meer heraus gebauten Wellenbädern. 2 ins Meer vorspringende Quais dienen zur Verbindung der Schiffe mit dem Lande. Eine Reihe neuer, schöner, großer Steinhäuser zieht sich da entlang, von denen sich namtlich das des Gouverneur und die Duane auszeichnen; neben ersterm ein neu angelegter öffendlicher Lustgarten. Von andern Gebäuden fällt sogleich ein hoher, breiter Steinthurm auf, der Mädchenthurm genannt, bis zu dem früher das Meer soll gereicht haben. Noch 2 andre Minarets in persischen Geschmak aus Stein erinnern an die persische Zeit, ebenso die über der [der?] Stadt sich erhebenden festen Ringmauer und Castell, jetzt zum Pulvermagazin dienend; neben ihm eine Moschee.

Von dieser Burg aus herrlicher Blick ringsum über die ganze Stadt. Das Innre der Stadt ist winklig und für Regenzeit schrecklich schmutzig, dicker Schlamm fließt dann durch die Straßen, während bei trocknem, windigen Wetter der Sand sehr störend wird; von den häufigen Stürmen hatt es seinen Namen Badkuba erhalten, wie es die Perser noch jetzt nennen. Seit dem der Gouvernementssitz von Schemachi hierher verlegt, ist die Stadt in großen Aufblühen, überall wurden Straßen angelegt, Häuser projectirt, auch ging man mit dem Projecte um, die Stadt statt mit Petroleum mit Gas zu erleuchten durch Herbeileitung der Gasausströmungen im Meere beim Cap. Der jetzige Gouverneur Kulibekin arbeitet thätig an der Vergrößerung. Durch die in Bau begriffne Eisenbahn zwischen Poti und Baku hat dieser Ort eine große Zukunft. Die Lage vom Meere aus erinnerte mich ganz an Syra. Der gute, sichre Hafen wimmelt von Wasservögeln, namtlich wurden auf die Silbertaucher Jagd gemacht, grepes genannt, ebenso rothe Pelikane, von einigen [Griechen?] betrieben.

(2_10_023) Überall erblickt man, daß einst das Meer weite Flächen des jetzigen Landes einnahm, während andre Stellen sich gesenkt haben, so beim Cap, wo man noch jetzt im Meere die Reste eines Carvanserei erblikt. – Die vornehme

Gesellschaft versammelt sich sonntäglich im Club, ein gut eingerichtetes Lokal mit schönen Tanzsaal. Hier versuchte ich seit langer Zeit wieder den Walzer etc. Mad. Olga Rossmässler tanzte reizend, dazu die schönste Frau in Baku; sie ist die Frau des Sohnes vom bekannten Leipziger Rossmässler, der hier in der Fabrik von Eichler Chemicker war. Andre Bekanntschaften waren der Apotheker Eichler, der eine völlig deutsch eingerichtete Apotheke hier besitzt. Ferner der Director des Gymnasiums, Tschermack, der sich namtlich mit Botanik beschäftigt hatte und nicht unbedeutende Sammlungen seiner Umgegend angelegt hatte, von denen er mir bereitwilligst viele mittheilte. Als seltene Pflanze galt hier Bongardia Rauwolfii, aber Leontice fehlte hier. Vor allem freute mich die Anwesenheit des Herrn Despote de Zenovitzsch nebst seinem Cousin Kazarinoff, den ich erstern in Teheran mit Siemens hatte kennen lernen. Durch ihn wurde ich gleich zum Gouverneur eingeführt, der gerade sein Abschiedssoirée gab vor seiner Abreise nach Tiflis. Bei ihm lernte ich die Hautvolée Baku's kennen, so namtlich die Frau des Procureurs Widkofski, die herrlich sang, aber über alle Maaßen frei; die Frau des Duanedirectors etc. Die Herren Consono's, meine Reisebegleiter, hatten sich bei dem Italiener Wirth Dominik einlogirt. Das Wetter war fast während meines ganzen Aufenthaltes sehr schlecht, Regen, Schnee, Sturm und große Kälte; ohne die zahlreichen Droschken à 10 Kopeken gar kein Fortkommen in der Stadt.

In Gesellschaft der Mad. Rossmässler begab ich mich zu dem weltberühmten Surchane bei Baku, das ist zu den ewigen Feuern. Der Weg führt durch die Vorstadt, dann über welliges Terrain mit Dörfern zu beiden Seiten in 1 ½ Stunden mit Droschke dahin. Schon von weitem erblikt man die Rauchsäulen der dort eingerichteten Petroleum destillirenden Fabrik. Den Platz bildet ein ca. 300′ über dem Meer erhobne Hochfläche, auf dem die Fabrik jedoch nur einen verhältnißmäßig kleinen Raum einnimmt, obgleich deren Gebäude einen großen Raum bedecken. Auf dem Hofe erblikt man zu verschiednen Röhren heraus die ewigen Feuer herausbrennen, ohne Rauch, da Naphtagas verbrennt, das bei ca. 60′ Tiefe überall hervordringt. Die Fabrik ist sehr einfach, die schwarze Naphta, die in der Nähe mit Wasser hervorquillt, wird gesondert, dann in großen Kesseln destillirt, die durch Gasflammen, die leicht zu reguliren sind, destillirt. Das gleichmäßige Fortbrennen des Gases ohne alle Unterbrechung ist ein ungeheuer Vortheil für die Fabrik, die so gar kein Feuermaterial nöthig hat.

Neben der Fabrik ist die indische Pagode, wo sich aber nur noch 1 Indianer aufhält, seit dem die andern vor 2 Jahren von Tataren räuberisch überfallen und getödtet wurden; auch dieser zeigte uns seine halb [zerhakten?] Finger; ein ausdrucksvolles Gesicht mit weißen Bart, weißen Turban. Die Zellen um den Hof herum waren jetzt leer, doch noch brennt das heilige Feuer überall empor, wo man die jetzt angebrachten Röhren öffnet, wo sogleich eine mächtige Flamme emporlodert. Namtlich das in der Mitte der offnen Capelle brennende Feuer wurde von [ihnen?] angebetet. Zu beiden Seiten derselben befinden sich 2 Backöfen roher Construction, in deren (2_10_024) Innern das Feuer zu den Spalten des Kalkgesteins hervordringt; in ihnen wurden die Todten verbrannt, sie schienen mit Asche erfüllt zu sein. Zur Seite befindet sich in einer Zelle das Sanctissimus des Indianers; mehrere Flammen brachen in dem reinlich gehaltnen, weiß angestrichnen Gemache hervor, während an der Wand sich der Gott befindet, 2 kleine Messingfiguren auf Stühlen sitzend; daneben liegen noch andre rohe Figuren, darunter auch Napoleon I., nebst roh angemalten Rollsteinen des Meeres. Der Indianer trug uns sitzend, aber den Oberkörper hin und her bewegend, mit der Rechten eine Schelle läutend, seine eintönige Messe vor. Ein großer Hund hält jetzt Wache, sich auf der Mauer promnirend. Seit dem Überfall der Tataren führt der Weg durch die Fabrik, früher Eingang von außen; alle Merkwürdigkeiten wurden durch sie entführt.

Herr Eichler, Bruder des Apothekers, beschäftigte sich hauptsächlich mit Gärtnerei und hatte sich schon einen Garten im Hofe eingerichtet, dessen Bäume in der baumleeren Gegend angenehm überraschen. Er hatte einen Bastard [erzeucht?] mit Petunia und Nicotiana persica; Datura fastuosa, Reseda odorata u. a. gediehen sehr gut.

## XVII Baku–Tiflis (18. Dezember 1868 – 21. Januar 1869)

Endlich, *Freitag, 18. December*, wurde das Wetter besser, und da schon gestern ein [Fürkon?] gemiethet nach Tiflis, so wurde heute Vormittag gegen 10 Uhr aufgebrochen. Der Weg geht den welligen Hügelzug hinan, der sich über der Stadt erhebt, senkt sich dann zu einem Thale mit vielen überbauten Cisternen aus der Perserzeit mit dem Dorfe Saraï, ein muselmänisches Dorf. Nach 30 Werst wird in der Nacht bei Dorfe Arbad gehalten, wo in Wander-Klause die Nacht verbracht wurde.

Noch in der Nacht am Morgen des *19. December* wurde wieder aufgebrochen bei großer Kälte, Regen, und nach 23 Werst Tschennechi erreicht, nachdem vorher das Posthaus Nahe tennä passirt worden. Den ganzen Tag wurde dort gehalten und nach Mitternacht wieder aufgebrochen nach dem 30 Werst entfernten Marasa. Ein sehr beschwerlicher Weg, alles war verschneit, und noch fortwährend [warf?] es noch mehr her.

Fast jedes Jahr kommen hier Leute um auf dieser einsamen, welligen Hochebne. Es war so kalt, daß ich dicht in Decken gehüllt gar keinen Blik auf die beschneiten Flächen warf, namtlich rechts ab die Vorberge des Caucasus. Endlich am Morgen erblikten wir unser heutiges Ziel, das Dorf Marasa, in einem Thale vor uns liegen, zu dem jetzt wegen des Schnees wohl 1 Stunde gebraucht wurde, um herabzusteigen. Im Hause unsers Tjarvadars wurde abgestiegen; das ganze Dorf aus 300 Häusern von Maleganen bewohnt, eine eigne Religionssecte; sie rauchen nicht und dulden nicht, daß man in ihrem Hause raucht; sie essen kein Schweinefleisch; sie sind als gute, zuverlässige Leute bekannt, starke Constitution, ebenso die Frauen, mit mehr groben Zügen, aber frisch und roth, ungescheut mit den Männern verkehrend, sehr treu in der Ehe; ihr Kleid reicht bis über die Brüste, wo dann eine Jacke den Hals bedeckt. Augen blau, Haare blond. Die Männer tragen meist die deutsche Bauermütze, während die Tataren die große, mächtige Filzkappe wie einen Bienenstock auf dem Kopfe tragen. Im Innern der Häuser sehr reinlich; ¼ jeder Stube wird vom Ofen eingenommen, der, wie ein Backofen construirt, mit einer durchs Zimmer führenden Röhre versehen, dasselbe heizt; oberhalb ist das gewöhnliche Bett der Ehegatten und den Tag über der Tummelplatz der Kinder. Die Frauen besorgen alle häuslichen Geschäfte, backen Brot, die unsrige machte heute Nudeln, indem sie den ausgerollten Teig erst über dem Feuer etwas buk. Der mächtige Samowar vereinigt Abends die ganze Familie oder die Nachbarschaft, wo der Thee so lange getrunken wird, bis das immer aufgegossne Wasser gar keine Farbe mehr annimmt; sie nehmen den Zucker in den Mund. Heute sehr trauriger Sonntag für mich, denn seit Baku haben mich heftige Zahnweh nicht verlassen, mein ganzes Gesicht geschwollen, dazu noch eine starke Erkältung. Die Flora bis hierher waren in den Thälern meist Salzpflanzen, namtlich viele wie von Rudbar, außerdem [Pfl].

(F09_74) *Montag, 21.? December.* Den ganzen Tag im Hause verbracht, da der Malegan mit Ausbessern des Wagens beschäftigt war. Alle Häuser mit Stroh gedekt, nur die Posthäuser mit Holzschindeln. Schmutziges Volk, mehr als die [Perser?]. Ihre Religion und [Schwur?] nicht von Rußland anerkannt. Männer graugelbliche Filzröcke, [Bauer?]mütze, hohe Stiefeln mit darin steckenden Hosen; lange Haare. Frauen nur Kopftuch.

*Dinstag, 22.* Nach Mitternacht aufgebrochen und den Morgen in Schemachi angekommen nach 30 Werst. Fortwährend auf hügligem Terrain mit herrlichen Blicken [vor?] [uns?] auf die beschneiten Vorberge bei Schemachi, das lange von weitem sichtbar ist, namtlich zeichnet sich die neue armenische Kirche, die Stadt dominirend, aus, mit ihren grünen Dache. Die Stadt dehnt sich am Bergabhange aus, d. h. die [persische?] Stadt, die neuern Theile liegen dahinter am Berge. Im Malegancaravanserei abgestiegen mit großem Schlammsumpfe davor; sehr schmutzig jetzt. Einige Plätze gepflastert so wie die breiten Straßen, namtlich gut in der höhern Stadt. Auf dem Bazar nach persischer Art in offnen Butiquen auf beiden Seiten der Straße; sehr viele Früchte, namtlich Äpfel, Birnen und große Mispeln, aus denen letztern durch Gährung eine Art Arrak erzeugt wird. Kleine Tschibuks, Cigarettenfabriken und Thee. [Fabrikation?] der Pelzmützen, namtlich für die Perser die [halbrunden?], sehr großen, wie ein Bär erscheinend. Die obern Theile der Stadt reinlich mit vielen neuen, schönen Häusern, namtlich das schöne, neue Gebäude des Gouverneurs, der aber seit dem großen Erdbeben (F09_73) seinen Sitz nach Baku verlegte, wodurch die Stadt viel verlor. Schöner Blik von dem Berge oberhalb der Stadt, wo eine armenische neue, schöne Kirche mit Schule daneben weithin sichtbar ist; in der Nähe eine schöne Capelle. Jenseits dieses Berges der neue Stadttheil durch [4lei?] parallel Straßen in Viertel getheilt mit umgebenden Gärten. Der Garten des Gouverneurs am Eingang zur Stadt. [Pfl] Die Berge der Umgegend wie in der Stadt selbst mit Schnee bedekt; kalt wegen hoher Lage.

*Mittwoch, 23. December.* Am Morgen sollte aufgebrochen werden, allein kaum in Bewegung gesetzt, brachen 2 Wagen, so daß bis Mittag Aufenthalt war. Von nun an sehr guter Weg auf neuer Chaussee, während der nach Baku schlecht war. Nach Tiflis sich begebende Soldaten hielten ihre Abschiedsscene längs der Straße, einige besinnungslos betrunken. Der Weg geht an mehrern Dörfern vorüber. Unser heutiges Menzil Aksu 36 Werst. Bald befindet man sich auf der Höhe eines Berges, ohne es zu bemerken, von wo aus nun der Weg in zahlreichen Windungen sich zur weiten Ebene von Aksu herabsenkt. Der erst vor 2 Jahren beendete Weg ist viel zu lang ausgedehnt durch den mit dem Bau beauftragten Ingenieur, der dabei verdiente; er soll daher zu lebenslänglichem Gefängniß verurtheilt worden sein. Schöner Blick hier in die vielen zahlreichen Thäler der zerspaltnen Berge, alle mit niedrigen Gebüsch bestanden, namtlich sehr häufig ist der Foeniculum dulce, der die Luft weithin mit seinem Geruch erfüllt. Der Abstieg des Berges dauert [...] Werst, an dessen Fuße das Dorf Aksu liegt in weite, große Gärten gehüllt mit viel Obst. Im [Malaganhause?] [wurde?] abgestiegen, sehr schmutzig, grobes, aber unter sich sehr zusammenhaltendes Volk; Frauen sehr ungenirt vor den Männer [aber?] [Frau?]; rothe [...?] lieben sie. Vor dem Theetrinken stehen sie entblößten Hauptes auf, ohne Händefalten, sagen ein stilles Gebet und trinken (F09_72) dann, ebenso bis Ende des Trinkens. Verdünnen den Thee so, daß bis er fast keine Farbe mehr gibt; dann kommt das Essen, Suppe mit Gänsefleisch [meistens?] oder Pillau [mit?] Rosinen; schmutzig mit den Händen essend, ohne sich vorher zu waschen.

*Donertag, 24. December.* In der Nacht aufgebrochen nach dem 28 Werst [fernen?] Kulleli. Der Weg bleibt nun fortwährend in der Ebne. [Orte, Pfl] Kulleli liegt in der Ebene, besteht aus 2 Reihen Häuser mit breiter Straße; Häuser auf Pfosten ruhend, oft ganz aus mit Erde verklebten Balken bestehend mit Strohdächern; von Maleganen bewohnt. Rechts ab am Eingang der Berge erblikt man romantisch gelegen ein armenisches Dorf. Abends kam ein [maleganscher?] Priester, von den andern nicht zu unterscheiden; bei seinem Eintreten erhoben sich alle, und der Hausherr ging auf ihn zu, umarmte und küßte ihn 2mal, sich dabei tief verbeugend. Dann wurde die große, in griechischer und russischer Sprache bestehende Bibel herbeigeholt, ein Tuch unter sie gelegt, und einer las etwas vor, was die ganze Gesellschaft singend wiederholte. (F09_71) Ich machte Glühwein und trank auf das Wohl der Meinen, die heute Abend viel meiner gedenken werden. Luft nicht kalt, wie im Frühling, ich schlief im Wagen.

*Freitag, 25. December.* In Nacht aufgebrochen nach dem 14 Werst fernen Kremerian, mit vielen Dörfern. [Orte] Bald ist die Station erreicht, wo aber soviel Fürkons waren, daß im Freien campirt werden mußte. [Pfl] Ein schon heute Morgen sichtbarer, hoher, dunkler Berg erhebt sich in der Nähe. Im Wagen geschlafen. [Pfl]

*Sonnabend, 26. December,* 2ter Feiertag. Himmel bedekt, regnerisch, erst am Morgen aufgebrochen, weil in der Nacht es stark geregnet hatte. Zur 2ten Poststation aufgebrochen nach 33 Werst gen Arab, nur aus dem Posthause und einigen elenden Hütten bestehend. Ich schlief wieder im Wagen, Nacht kalt. Vorher den Turiyan tschai passirt bei der I. Poststation.

*Sonntag, 27. December.* Heute in Arab geblieben, da die [Malagan?] sonntags nicht fahren. Gräßliche Aufenthalt, in der Hütte voller Flöhe und Läuse. Ein Pillau, in der armenischen Butiqe bereitet, mußte die ganze Weihnachtszeit ersetzen. Wunderschönes Wetter, warm wie Frühling. Die Berge rechts ganz nahe, aus niedrigen, vielen zerbrochnen Bergen bestehend. [Nach?] links weit ab ragen majestätisch die auch im Sommer mit ewigen (F09_70) Schnee bedekten Hochgebirge von Karabagh empor, von unten bis oben ins weiße Winterkleid gehüllt. [Pfl]

*Montag, 28. December.* Noch vor Mitternacht aufgebrochen und noch in der Nacht die Station Tschomakly passirt und am Morgen am Kurflusse angekommen, wo bis zum Tagesanbruch gerastet wurde. Nur einige Hütten auf beiden Seiten des breiten, tiefen Flusses, der hier sein Wasser durch die einförmige Ebene [hinwälzt?], mit nackten Ufern, die auf beiden Seiten mit Salzpflanzen bestanden sind. Ein armenisches Dorf liegt jenseits etwas abwärts, wo wilde Granatengesträucher das Ufer bestehen. Auf beiden Ufern lagerten große Kameelcaravanen; Streit zwischen den Kameltreibern und [Fürkontschis?] wegen der [Überfähre?], mit Stangen schlugen sie aufeinander. Überfähre durch 2 Boote, mit Brettern bedeckt, an dem sich ein Balken mit 2 spitze Walzen befindet, an je einer läuft das dicke Seil entlang, an dem das so schwimmende Boot hinübergezogen wird. Je 2 Wagen nehmen auf ihm Platz, was leicht zu machen war und durchaus nicht mit so viel Schwierigkeiten verbunden war als in der Türkei. 2 solcher Boote vermitteln die Communication, ohne daß hier ein Zoll erhoben würde. Ehe alles hinüber geschafft, vergingen doch mehrere Stunden, dann gings weiter nach Degirmen 27 Werst, wo im Freien campirt wurde in einem mit Mauer umgebnen Hofe. Überall an den Stationen finden sich kleine Butiquen mit den nöthigen Utensilien zum Verkauf, wo man auch den Samowar nehmen kann, aber kleine Zimmer und voller Flöhe nach persischer Art. Sehr kalte Nacht, Nordwind, doch im Fürkon geschlafen.

(F09_69) *Mittwoch, 29. December.* Wieder um Mitternacht aufgebrochen immer auf Ebene, bis Vormittag Gendsche, das alte Ganzaka der Armenier erreicht wurde. Stadt in völliger Ebne gelegen, von weitläufigen Obstgärten mit Häusern dazwischen gelegen und von einem kleinen Fluß durchzogen, über den noch 2 alte Brückenreste erscheinen. Lange zieht man zwischen den Gärten hin und gelangt nach Passiren des Flusses zur eigentlichen Stadt mit 3.000 Häusern, davon 1.200 armenische Familien. Großer, schöner Platz auf beiden Seiten mit mächtigen, dicken Platanen bestanden aus Schah Abbas Zeiten; zu beiden Seiten laufen die einst mit europäischen Fabrikaten versehnen, reinlichen Bazarbutiqen entlang, alles noch auf persische Art betrieben. Am Südende der mit 2 Minarets versehne Eingang zu einer Moschee mit großer Kuppel aus Schah Abbas Zeit, jetzt restaurirt.

In der Post Restauration von 2 seit 3 Monaten etablirten Franzosen, wo wir den Abend verbrachten mit einem Armenier, Jacub, der sich sehr freundlich zeigte. In einem andern armenischen Restaurant mit Billard lernte ich einen Militärarzt kennen, der über Aleppoknoten [sprach?], der auch zu Baku und Gendsche vorkommt; jedenfalls identisch mit dem ulcerus sibiric. Die Ruinen der alten Stadt von König Kaikik befinden sich nur 3 Werst entfernt. Von russischen Familien (F09_68) waren nur Beamtenfamilien vertreten, auch einige deutsche Familien der Colonie.

*Mittwoch, 30. December.* Nach Mitternacht bei großer Kälte aufgebrochen, viel Wind ins Gesicht. Am Morgen herrlicher Blick auf die von der aufgehenden Sonne roth erscheinenden Schneeberge des Caucasus, der mich lebhaft an den Elburs erinnerte von Ispahan kommend, als langgestrekte Kette sich entlangziehend, alle die [Kämpfe?] [Rußland?] gegen die [Bergvölker?] mich [erinnernd?]. Links die beschneiten Berge von Karabagh, wo Siemens Cu-hütten besitzt. Am Morgen wurde der gleichfalls aus armenischer Zeit stammende alte Ort Tschempür erreicht, auf einer Erhöhung gelegen mit den Resten eines Forts, aus Stein mit halbrunden Thürmen erbaut, aus Ziegelstein und Rollsteinen in Lagen erbaut. Abwärts erblikt man die Reste einer Brücke aus gleicher Zeit über ein jetzt trocknes Strombett. Nach einigen Werst weiter wurde in einem Carawanserei gehalten, wo ein Perser eine neue Butique eingerichtet hatte; er meinte später, wir Europäer seien doch sehr geschickt, es wäre hier ein gutes Geschäft zu machen mit falschen Bankbillets, ein Carawansereibesitzer in Gendsche sei dadurch zu enormen Reichthum gelangt. Der Caucasus zieht sich nun weiter zurück. [Spr] (F09_67) [Spr]

*Donnerstag, 31. December.* Herrlicher Tag, zwar kalt in der Nacht, doch am Morgen bei Sonnenaufgang herrlich, und den Tag über ziemlich warm. (Bei Tschambur das Grabmal eines Schweizers, Würmli, vor 2 Jahren dort ermordet.) Durch Ebene fort gegen die Vorberge links zu, in denen es Nachmittags stellweise entlang geht. Gegen Sonnenuntergang wurde die Poststation [Hassansu?] erreicht, die Hälfte zwischen Gendsche und Tiflis. [Orte, Pfl] Von Gendsche ab werden die Carawansereis besser, da die Muleganenwirthschaft nun aufgehört hat. Heute Abend zum Sylvester schlafe ich im Leiterwagen und versetze mich im Geiste zu den Meinen in der Heimath. – Bei der nächsten Station theilt sich der Weg nach Nachitschewan.

*Freitag, 1. Januar 69.* In der Nacht aufgebrochen nach dem 36 Werst fernen Gemikaya. Weg theilweise hüglich längs den Vorbergen links, die im Hintergrunde bewaldet erscheinen. Herrlicher, warmer, klarer Tag, fast drückend. [Orte] (F09_66) Gemikaya [d..?] [...bern?] liegt am Abhange eines isolirt aus der Ebne aufsteigenden Hügelzuges, der nach Nord senkrecht zum breiten Kur abfällt, dessen Ufer dicht mit Weidengebüsch und Pappeln bestanden sind, weite Wälder bildend zwischen den in viel Arme zertheilten Kur. Die weiße Poststation schon weithin sichtbar. Salzpflanzen bedekten die Hügel. [Pfl] Bei Mondaufgang wieder aufgebrochen nach dem 36 Werst fernen Tiflis.

## XVIII Tiflis–Wien (22. Januar–22. Februar 1869)

(2_11_001) *Freitag, 22. Januar 69.* Nach 20tägigen Aufenthalt in Tiflis war endlich heute alles so weit vorbereitet, daß ich in Begleitung des Herrn Hartmann, Ingenieur vom Hause Siemens, um 11 Uhr die Stadt verlassen konnte. Fußhoher Schnee bedeckte die ganze Gegend, ein hier ungewöhnliches Ereigniß; der nur 3.000′ ü. M. gelegne Suram-Paß war für Wagen fast unpracticabel, so daß selbst die Post zu Fuß ihren Weg fortsetzen mußte. Nachdem die langen Straßen des neuern Stadttheiles mit unsrer Troika (= 3gespann, das national russische Fuhrwerk) durcheilt, bietet sich bald dem Blicke die zahlreiche Windungen nehmende Kura dar, mit Gärten und Landhäusern jenseits bestanden. Der gut unterhaltne Weg bietet namtlich weiterhin dem Geologen einen Einblick dar in die Gesteinsschichten dar, namtlich wo der Weg tief eingehauen ist. Der Weg steigt eine Erhöhung hinan, wo man nun immer das Kurathal vor sich hat. [Orte] Mehrere romantisch gelegne Ruinen zeigen sich weiter hinauf auf dem linken [Kura-] Ufer hoch auf den Bergspitzen, mich an so manche Partien am Rhein erinnernd.

Nach 13 Werst wurde die Station Nitschbis-zchale erreicht, wo wir leider keine Pferde zur Weiterreise vorfanden, so daß wir wohl oder übel hier den Nachmittag und die Nacht verbringen mußten. Die Posthäuser sind hier übrigens besser eingerichtet als die jenseits Tiflis. Wir fanden hier noch mehrere Pfaffen und einen nach Tiflis gehenden Oberst Lidschefski, mit dem wir uns unterhielten. Er war in Kutais ansäßig und besaß in der Nähe weite Waldungen, voller Zelkowa crenata, Buchen, Eschen etc., auch Azalea und Rhododendron häufig als dicke Stämme; viel Honig, namtlich aus Lindenblüthen, der giftige wird in einigen Gegenden von der Azalea producirt. Ein guter Thee erwärmte bald wieder unsre Glieder, denn ein eisiger Wind hatte sich erhoben, Wein, Wurst bildete unser Nachtmahl.

(2_11_002) *Sonabend, 23. Januar 69.* Erst um ½ 8 Uhr zur Weiterreise fertig nach dem 18 Werst fernen Achalkalaki, zu dem der Weg fortwährend auf dem rechten Kuraufer entlang führt. Von da nach dem 20 ½ Werst fernen Gori, von dem über dem linken Flußufer 7 Werst aufwärts die Felsenstadt Uplosiche sich zeigt. In einer Felsenwand erblikt man eine Menge eingehauner Grotten, während die Ruinenstadt etwas weiter abwärts liegt direct über dem Flussufer. Ich erblikte von Weitem nur eine Menge Bogengewölbe, unter denen sich namtlich ein weiß erscheinendes Haus auszeichnete. Hier begegneten wir 2 Franzosen mit einer jungen Frau, die als Harfinistin für den Schah von Persien bestimmt war. Das bald darauf erscheinende Gori, eine kleine Stadt, liegt am Fuße eines halb natürlichen, halb künstlichen Felsrückens, auf dem sich die mächtigen, zum Theil wohlerhaltnen Trümmer einer großen Feste befinden; die Station lag diesseits des Flusses, wo eine hölzerne Brücke über den jetzt Eis treibenden

Fluß führt; Reste 2er ältern, aus Stein erbauten Brücken in der Nähe. [Orte] Der Mond stieg herrlich auf und erleuchtete die dicht beschneite, nun immer mehr ansteigende Ebene, stellweise 6′ tief.

Die darauf in der Hochebne von Bergen eingeschlossne Station Suram erreicht, wurde 1 Stunde gehalten, um den Samowar zu bereiten, dann gleich weiter, an einem isolirt aus der Ebene aufsteigenden, steilen Felsen vorüber mit Festungsruinen, worauf der Weg zum Kamme Suram emporsteigt; auf beiden Seiten bewaldet. Wölfe zeigten sich zu den Seiten; aber prächtige Nacht, kalt und klar. [Orte] Bei der Nebenstation, propostik genannt, (2_11_003) wurde nur umgespannt und gleich weiter. In einer Holzhütte hatte man 6 Baumstämme übereinander gelegt und angezündet, [um?] das die Einwohner sich gelagert hatten. Daneben war der Weg durch einen schwarz-weißen Schlagbaum gesperrt, während ein Militärposten uns nach dem [Padoroschnaju?] frug. Schnell geht's abwärts in vielen Windungen der bewaldeten Berge zur Station Malita, aus nur einigen Holzhütten im Schweizer Styl erbaut, ganz zwischen den Bergen gelegen.

Hier mußte der Rest der Nacht verbracht werden; aber schon machte sich das tiefere Hinabsteigen bemerkbar, und als wir am *Sonntag, den 24. Januar,* am Morgen heraustraten, thaute es, und ein starker, [atmosphärischer?] Niederschlag, Regen genannt, fiel vom grauen Himmel herab. Die Gegend nun herrlich, alles voller Grün, aber die Wege sehr schlecht; namtlich die vielen Löcher machten uns viel zu schaffen. Den Schlitten mußten wir nun wieder gegen die Troika umtauschen. Häufig zeigten sich zur Seite zerbrochne oder umgeworfne [Fürkons?], die hier ihrem Schicksal entgegensehen, bis besser Wetter eintreten soll. Die Vegetation herrlich, die Abhänge voller Rhododendron. [Pfl] Häuser alle aus Holzbalken, mit Balkon nach vorn, alle auf Pfählen ruhend; längs der Straße Bazarbutiqen. Die Ruisila bleibt links zur Seite, rechts hoch über dem Wege zeigen sich auf hoher Bergspitze die romantischen Trümmer einer ziemlich erhaltnen Burg. Immer mehr senkt sich der Weg, das Thauwetter immer ärger und immer schlechter der Weg.

Bald wird die [weitre?] Station Belogor erreicht, große Felsblöcke, mit Moosen überzogen und Asplen. Trichomanes, über ihr auf steil abfallenden Felsen über dem Flusse die wohlerhaltnen Reste einer 4eckigen Burg, nach deren Passiren man nach einer Wegwendung das große Dorf erst erblikt. In 3 Stunden hatten wir erst 17 Werst zurückgelegt. Kurz vorher zeigen sich namtlich Rhododendron häufig. Neben dem Dorfe zeigen sich Reste eines andern Schlosses oder Kirche, von dem jedoch nur noch ein Pfeilerartiger Rest übrig geblieben ist. Der gleiche schlechte Weg setzte nun fort; Kreidefelsen und Mergelschichten voller Versteinerungen werden links am Wege gelassen, die ausgebessert werden, während am jenseitigen Ruisilaufer der Weg für die Eisenbahn längs dem Flusse am Bergfuße entlang geführt wurde.

(2_11_004) Überall zeigen sich neben den Dörfern Bäume mit Heu beladen, was auch in einigen Theilen Kurdistans Sitte war. Eine Burg zieht sich gleich darauf links über dem Weg. Der Buchsbaum wird nun häufig, während an senkrechten Felsen kleine Tannen in den Ritzen sich angesiedelt haben. [Pfl] Weiter abwärts großes Zeltlager der zur Eisenbahn arbeitenden Soldaten, von denen viele total betrunken uns auf dem Wege begegneten, als Sonntagsfeier. Die Steigung derselben hier sehr beträchtlich, [und?] macht [der?] Suram viele Schwierigkeiten, doch soll dieselbe in 5 Jahren bis Tiflis fertig sein. Immer mehr senkt sich der Weg, und bald tritt man aus den Bergen und erreicht die Station Quirila, großes Dorf in der Ebene, über der sich die Suramkette als breiten Bergzug erhebt mit einem nakten, unbewaldeten Hochrücken darüber. Nun fortwährend in der Ebene, theils bebuscht oder bewaldet, sumpfiges Terrain. [Pfl, Orte] Nach 19 Werst die Station Simonet, Dorf in Ebene, nur weiter ab ziehen sich rechts und links immer niedriger werdende Züge entlang. Nach 15 Werst fährt man in ein Hügelterain ein, an der Jasonshöhle vorüber, rechts vom Wege, [neben?] der aufwärts in der Thalschlucht viel gut erhaltne Ammoniten und Cerathiten sich befinden. Etwas steigend erblikt man nach 3 Werst das aus zerstreuten Häusern einst bestehende Kutais, in weit verbreitete Baumgärten gehüllt. Wieder senkt sich der Weg etwas, und man erreicht die Stadt, wo ich im Hotel de France abstieg.

*Montag, 25. Januar–Freitag, 29. Januar.* In Kutais verblieben. Hier machte sich schon das wärmere Seeklima bemerkbar, bereits blühten Cyclamen, [Pfl]. Die Stadt am linken Flußufer hat reinliche Bazarbutiqen in geraden Straßen, aber nach türkischer Weise, nicht überwölbt wie in Persien. Die Straßen breit, gepflastert, doch verhinderte das durchaus nicht, daß es namtlich Mittags sehr schmutzig war. Europäisches Leben und Treiben, gemischt stark mit dem Orient. Überall stehen Droschken bereit, die für 20 Kopeken in der Stadt umherfahren. Alle Trachten sieht man hier, namtlich mischt sich hier viel türkisches Element mit ein, doch erblikt man den rothen Fez nur einzeln, die Hauptkopfbedekung ist die hohe, runde, dike schwarze Schaafpelzmütze der Tartaren, die auch von den Armeniern getragen werden. Neben dem Hotel (zur Zeit 3 Hotels vorhanden) war ein mit breiten Spaziergängen angelegter Baumgarten, in dem namtlich ein Baum mit langen Schoten häufig war. In andern zeigen sich häufig eine kleinblättrige Eiche, Kirschlorbeer in Blüthe, Haselnüsse, Cypressen, Thuja.

(2_11_005) Auf der andern Flußseite ziehen sich niedrige Berge entlang dem Fluße, die aber in oft steilen Felsen abstürzen. Diese bestehen aus sehr schön erhaltnen Numuliten, in einem harten, hellen, oft crystallinen Marmor, oft auch bläulich gefärbt; an ihm führt eine Chaussee entlang am sogenannten botanischen Garten vorüber, der aber, obgleich er schon ca. 20 Jahre besteht, nichts außergewöhnliches darbietet, sondern nur ein öffendlicher Garten ist mit einigen hübschen Cypressen und Nadholzgruppen nebst Gebüschen von Azalea und Rhododendron, darüber erheben sich steile Felsen, [umzogen?] mit Hedera Helix, Vinca, Smilax und Gebüsch. Mehrere Brücken führen über den Fluß, die schöne Kettenbrücke war aber zerbrochen, ebenso eine andre Steinbrücke unterhalb, so daß die Verbindung nur durch eine neue, zwischen beiden gelegne Steinbrücke stattfand. [Orte] In der Nähe wurden aus den reichen Anthracitlagern schwarze Perlenschnüre fabricirt, Ausfuhrartikel von Kutais.

Von Bekanntschaften machte ich hier: Herr Chatisian, ein junger, intelligenter Armenier, der für die Regirung mehrmals in den Kaukasus geschickt worden, um die Gletscher zu beobachten, deren am Kasbek allein 7 vorkommen, die jedoch nicht mit den von Kolenati ganz confus angegebnen zu verwechseln sind. Nur ist es zu bedauern, daß er durch Intriguen aller Art in Tiflis zu keinem festen Posten gelangt, [man?] ihn mit [einem?] Wort nicht aufkommen läßt. Er beschäftigte sich jetzt mit Feststellen historischer Daten aus den armenischen Schriftstellern in chronologischer Reihenfolge, wie die Städte zerstört wurden. Er ist dadurch zur Überzeugung gelangt, daß Erzingan ein selbstständiges Vulkangebit sei, unabhängig vom Araratsystem. – Für Botanik fand ich nur einen jungen Lehrer am Gymnasium, der einige Sammlungen angelegt hatte; er war aber sehr wenig [eige...st?]. Das Gymnasium ist ein großes, schönes Gebäude mit netten physicalischen Kabinet, in dem sogar ein Aquarium aufgestellt war. Ein in russischer Sprache aufgeführtes Liebhabertheater fand statt zum Besten der Armen, bei dem sich die Vornehm-Schönheiten von Kutais versammelt zu sehen, durch die es ja weltberühmt ist, was der Schauspieler auch mit anbrachte, indem er von jeder Stadt das Merkwürdige aufführte und bei Kutais die wunderschönen Prinzessinnen. Namtlich sind es die Familien Seretelli [Erewuf?], Ananos u. a., die ich auch kennen lernte. Letztere ist die reichste armenische Familie dort, die ihre 2 Knaben nach Dresden zur Schule geschickt hatten. Die Ältern sprachen gut deutsch und zeigten sich überhaupt sehr liebenswürdig. (2_11_006) Die Frau, obgleich Mutter von 5 Kindern, hatte so ihre körperliche Reife erhalten, daß sie unwiderstehlich fesselte, was noch durch ihre feinen Maniren, zarten, weißen Teint etc. erhöht wurde. Sie gab mir einen Brief an die Prinzessin Dadian nach Stanbul mit.

Das Wetter war doch noch sehr unbeständig, oft sehr kalt in der Nacht und Vormittags, dann wieder sehr warm, so daß Herr Hartmann von Dr. [Rankner?] den Rath erhielt, nach Suchum Kale zu wandern; erst im Mai ist es in Kutais angenehm. Dann soll es ein Paradies sein. Eine großartig angelegte russische Kirche kam nicht von der Stelle, überhaupt scheint keine russische Kirche hier im Kaukasus gedeihen zu wollen. Der im Bau begriffnen Eisenbahn wegen hielten sich zur Zeit viele Engländer auf so wie auch wegen des Telegraph. –

Das Hotel de France [von?] [Marti.?] sehr schlecht, theure Preise und offenbarer Betrug bei der Rechnung, das meiste doppelt aufgeführt.

Endlich, *Freitag* Mittag, 1 Uhr, fuhr die Diligence ab nach Orpiri oder Maran, à Platz 2 Rubel, wo um 4 Uhr angelangt wurde. – Die ganze Gegend flach, voller Gebüsch und Wälder. Hier traf ich Herrn Carl Höltzer, einen Thüringer, Director des zu bauenden Siemensschen Telegraphs, zur Zeit stationirt. Der Ort längs dem Rion erbaut, schmutzig in hohen Grade, in der Ebene gelegen. Hier die Nacht verbracht und am andern Morgen früh, *Sonnabend, 30. Januar*, wurde der kleine Flußdampfer bestiegen, um uns nach Poti zu bringen. Die Fahrt fortwährend zwischen flachen, bewaldeten Ufern entlang, [Pfl], dazwischen die zerstreuten Wohnungen, ähnlich dem Niederrhein.

Am Nachmittag dort in Poti angelangt, stieg ich im Hotel von Jacquot ab, pro Tag 1 Rubel 20 Kopeken. Das Zimmer ohne Heitzung, um hier den größern Dampfer nach Bathum zu erwarten. Auch Poti ist ein sehr weitläufiger Ort mit isolirten Straßen, mit 4 Hotels neben einander. Jetzt viel Leben hier wegen Transport für die Eisenbahn und Telegraph, schon lagen bereits Haufen von Feschienen am Ufer des Flusses aufgestapelt. Beim Aussteigen fällt sogleich eine alte Festung in die Augen, mit sehr dicken, vorzüglich cementirten Mauren auf, von der jedoch nur noch ein Portal sich erhalten hat, während das Innre ein Obstgarten jetzt ist. Auch hier war alles dicht mit Schnee bedekt und starker Frost in der Nacht. Das schönste ist ein neuer, schlanker Leuchtthurm, der mit verschiednem bunten Licht sich dreht. Umgegend flach, voller Gestrüpp, [Pfl]; viel Fieber im Sommer wegen Sumpf. Das Meer ¼ kleine Stunde entfernt, in das sich der sich ausbreitende Rion weit hinein ergießt. Lange hin kann man die dunkeln klaren Ränder des Meeres von dem trüben Flußwasser (2_11_007) unterscheiden. Algen und Seemuscheln fast gar keine am Strande, weil Ebbe und Fluth fehlt. [Orte] Bis jetzt hatten fortwährend fürchterliche Stürme auf dem Meere gewüthet, so daß alle Schiffe verspätet waren; erst seit 2 Tagen wieder ruhig; so daß sehr bezweifelt wurde, ob das Schiff ankommen würde.

*Sonntag, 31. Januar*. Zum Glük erschien das Schiff, und Nachmittags gings weiter beim herrlichsten Wetter. Prachtvoller Blik fortwährend auf die dicht beschneite Kaukasuskette, sich lang am Horizonte hinziehend, namtlich Abends herrliche Beleuchtung. Nachts um 11 Uhr Ankunft in Bathum, wo gleich wieder gewechselt und in das sehr große Dampfschiff Azow umgestiegen werden mußte. Der Hafen sehr tief, so daß die größten Schiffe am Lande anlegen können. Tiefer Schnee hier. Unbedeutender Ort, Holzbaraken längs dem Hafen; die Wohnungen von Kaufleuten oder Konsulen zur Seite zerstreut. Kasino von Hascher und Tanner, die sich mit grèpes-fang beschäftigen, letzterer ca. 5.000 Stück bis jetzt und ein Armenier ca. 10.000. Diese Agtaucherfelle werden immer theurer, ich kaufte 1 [Balg?] präparirt für 21 ½ Rubel, während sie am Caspischen Meere zu ½ Franks pro Vogel gekauft werden. Die nach Europa versandte Masse ist enorm, und muß dieser Vogel bald sehr selten werden. Auch eine doppelt so kleine Art wird geschossen mit gleichen Fellen. Die Ausfuhrsteuer macht sie noch theurer.

*Montag, 1. Februar.* Erst gegen Mittag aufgebrochen, fortwährend vom herrlichsten Wetter begleitet. Der Weg immer in Sicht der türkischen Küste, wo sich die hohen Gebirge von Lazistan dem Kaukasus gleich entlang ziehen. Der letzterer noch herrlich sichtbar, nun aber bald ganz entschwindet. Mächtige Delphine tauchten aus dem Wasser hervor, springend ihre Beute erhaschend.

Am Morgen des *Dinstag, 2. Februar*, lagen wir im Hafen von Trebisonde, herrlich am Abhang der Berge ausgegossen längs dem Meere. Die aufgehende Sonne warf ihre Strahlen auf die Stadt. Bald war mit einer Barke übergesetzt, und das alte Trapezunt, die Comnenenstadt, war erreicht. Ich machte erst einen Spaziergang längs dem Meere unterhalb der alten Festung. [Bau] (2_11_008) [Bau] Prachtvoller Blik von hier oben aus über die unendlich scheinende Meeresfläche, heute von keiner Welle getrübt, während zu beiden Seiten sich die Stadt ausdehnt. [Pfl, Txt] – Ich wollte dann dem östreichischen Consul Antonowitsch einen Besuch machen, der Herr gab mir aber zur Antwort, daß es noch zu früh sei, ich möge gegen Mittag wieder kommen, was natürlich nicht geschah. Ich besuchte dann den preußischen oder vielmehr nord-deutschen Consul, Herrn Graf von Bothmer, Bruder der Frau von Maltitz, seit ¾ Jahren hier. Mit Freude sah ich das Schild: [NordDutsches?] Consulat, wann wird es heißen: deutsches Consulat? Ich fand in dem Herrn Graf einen liebenswürdigen Junggesellen, dem aber das Leben hier doch nicht behagen wollte. Die Consule untereinander harmoniren nicht, namtlich er nicht mit dem französischen, was leicht erklärlich, mit Italien aber sehr gut. Das neu erbaute Haus liegt auf einer Terasse des Berges, mit herrlicher Aussicht übers Meer und die darunter liegende Stadt; in der Nähe der türkische Friedhof, mit Cypressen bepflanzt. Seit langer Zeit erblikte ich hier wieder die hohen Turban-Löchersteine.

Leider nur kurzer Aufenthalt, da das Schiff um Mittag wieder gehen sollte. Ich besuchte noch auf einen Augenblik den englischen Consul Palgrave, den arabischen Reisenden; ein schmächtiger junger Mann, der lieber schlecht deutsch sprach, um nicht vielleicht dasselbe in englisch zu hören. Er erschien mir als ein sehr von sich eingenommner Mann, der auf alle Weise sein Licht leuchten will lassen. Im Hôtel des [verqeures?] fand ich zu meinem Erstaunen die Italiener Consono wieder, mit denen ich nun heute weiter reiste. Sie hatten von Bathum nach hier schreckliche Stürme zu erdulden gehabt; sie hatten sich nun hier bei europäischen feminae zu erholen getrachtet; Bekanntschaft mit Carolina, Frau von Hascher, ebenso die junge Frau von Jusef vom englischen Gesandten in Teheran, der nebst dem Stallmeister einige Tage nach meiner Abreise von

Teheran der Cholera erlegen sind. Das Schloß der Comnene mit den Zinnen nur von Weiten am Meere liegen gesehen. Prächtiger Tag, warmes, köstliches Frühlingswetter. Der Graf (2_11_009) begleitete uns zum Schiff hinab. Heute Geburtstag der verstorbenen Mathilde. Erst Nachmittag 5 Uhr gings weiter, prächtiger Sonnenuntergang. Um Mitternacht in Kerasun gehalten und fast das ganze Schiff mit Haselnüssen beladen.

Am Morgen des *Mittwochs, 3. Februar*, in Ordu gehalten, wo hauptsächlich Bohnen eingenommen wurden, während in Bathum meistens Buchsbaumholz von Poti in dicken Stämmen. Ordu hübsch gelegen am Bergabhang neben dem Meere, doch kleine Stadt. Erst Nachmittag weiter, so daß wir erst Abends 11 Uhr vor Samsun anlegten. Wetter schön, Schiff schaukelte gar nicht, doch sehr kalte und dunkle Nacht.

*Donerstag, 4. Februar*. Am Morgen lagen wir zwar vor Samsun, aber sehr weit draußen im Meere, so daß wir jetzt erst näher einfuhren in den Hafen. Nach dem Kaffee setzten wir dann auf einer Barke für 6 Piaster à Mann mit Consono's über. Der Anblik der Stadt erinnerte mich vom Meere aus gesehen ganz an Rhodos: längs dem Meere die aus netten, freundlichen Steinhäusern mit europäischen Dächern bestehende untere Stadt mit den Bazaren und Waaren-Niederlagen, darüber hübsche Landhäuser zwischen Gärten voller Olivenbäume am Abhange eines sanften, libevoll cultivirten Bergzuges, hinter dem 2 bewaldete Bergspitzen wie Mützen hervorblikten. Links von der Stadt ferner ab gelegen erhebt sich ein höherer Bergzug, von dem aus dann sich eine weite Ebene, dicht mit Wald bestanden, wie ein schmaler Streifen weit in's Meer hinein zieht. Wild allerlei Art soll dort in Massen vorkommen, auch wilde Kühe, wohl Auerochsen? und viel Schweine und Rehe, die man uns zum Kauf brachte, à Reh 12 Piaster. [Orte] Der Taback bildet den Hauptausfuhrartikel, auch ich kaufte 2 Okkas à 20 Piaster, der in Stambul schon das doppelte kostet. Für die Ausfuhr muß hier Zoll entrichtet werden. Unser Schiff, das eigentlich nur zum Transport respective Anthracitkohlen von Taman bestimmt war, nahm große Mengen davon ein. Wir besuchten den russischen Consul, ein alter, freundlicher Herr, wo ich die Bekanntschaft von Fräulein Sophie Castelli machte, eine schlanke, schwarze Italienerin, die mich gern nach Stambul begleitet hätte. Sie war von Fieber, wodurch Samsun berüchtigt ist, stark mitgenommen worden. Die alte Genuesenfestung am Meeresstrande ist ein großes Gebäude von hohen Mauern umschlossen mit mehrern [Thurmen?] und vielen 4eckigen Außenthürmen; das Innre ist voller Häuser der Einwohner. Das Meerufer bietet wenig dar, sandig, dann die mit Algen bewachsnen Felsen nicht zugänglich, auch wenig Muscheln.

Am Mittag nach herzlichem Abschied von Sophie Castelli wieder an Bord begeben und um 3 Uhr abgefahren. Eine gleiche Waldebene zieht sich dann jenseits entlang. Abends regnerisch, sehr finstre Nacht. Bei Tisch Streit mit einem betrunknen Engländer, der mich boxen wollte, dafür aber eingesperrt wurde, sich aber wieder befreite und dafür in die untern Schiffsräume hinab stürzte. (2_11_010) Außerdem war noch ein junger Armenier aus Kutais an Bord, der nach Paris ging, die Handelswissenschaft zu studiren. Obgleich wir alle II. Classe genommen hatten, hatten wir doch Quartier und Essen in I. Classe an gemeinschaftlicher Tafel, da I. und II. Classe auf den Transportschiffen nicht getrennt sind. Der Capitän Hallberg und der I. Officier Demme, der nach seiner Rückkehr ebenfalls Capitän werden wird, waren äußerst nette Leute, der eine sprach englisch, der andre deutsch.

*Freitag, 5. Februar.* Am Morgen 8 Uhr lagen wir nahe vor Ineboli, doch aufgeregtes Meer. Scharf grenzte sich das trübe Landwasser von dem dunkeln, klaren Meerwasser ab. Der Ort Ineboli liegt am Eingang eines bebuschten Thales zwischen niedrigen Bergen, nur aber wenige Häuser sichtbar. Der Ort ist als Landungsplatz der zahlreichen zerstreuten Dörfer wichtig, die hier ihre Produkte, meist Obst, zur Versendung bringen. Der Agent, ein Türke, kam an Bord und wollte 100 Collis Apfel verschicken, wollte aber nur die Hälfte abhandeln, was nicht zugegeben wurde. Deshalb gings gleich weiter. Wir entfernten uns von der Küste, so daß bald nichts als Himmel und Erde sichtbar war; das Meer ging immer höher, und unser Schiff schaukelte so, daß der Zeiger auf 30 zeigte. In der Nacht mußte von der gewöhnlichen Route abgewichen werden, so daß Zeit dadurch verloren ging. Fast nicht geschlafen wegen des Schaukelns, allgemeine Verwirrung dadurch.

Am Morgen, *Sonnabend, 6. Februar,* dasselbe Wetter, erst gegen 4 Uhr werden wir in den Bosphorus einlaufen. Wetter aber gut, wenigstens kein Regen. Erst 1 Stunde nach Sonnenuntergang kamen wir des conträren Windes wegen in den Bosphorus, wo wir am Eingang desselben liegen bleiben mußten, da es den Schiffen nicht erlaubt ist, bei Nacht einzulaufen.

*Sonntag, 7. Februar.* Prachtvolles Wetter, bei Sonnenaufgang erhielten wir Erlaubniß einzufahren, und bald zog nun an meinen Augen das herrliche Panorama vorüber, das man nie vergißt, wenn einmal gesehen. Die mit Ortschaften auf beiden Seiten dicht bestandnen Ufer, die sich stellenweise verschmelzen, die Eingänge zu den Thälern, den Ausflügen oder Sommerwohnungen der Sultansstadt, üben einen magischen Reiz aus. Am Eingang waren ganze Felsenparthien blendend weiß angestrichen als Zeichen für die Schiffe bei den häufigen dichten Nebeln. Nach 2 Stunden kamen wir vor Stambul, aber ein so dichter Nebel lag auf der Stadt und dem Hafen, daß man kaum vor sich sehen konnte, wodurch sogleich der Anker hinabgelassen wurde. Nach 1stündigem Warten zerstreute sich der Nebel, der Galatathurm wurde sichtbar, wie aus einem Meere aufsteigend, und wir stiegen nun aus. Ein Kaik führte uns zur Duane, wo wir diesmal alle unsre Bagage ließen, um nicht untersuchen zu lassen und des theuern Trägergeldes wegen. Ich mit den 2 Brüdern Consono aus Mailand mietheten uns ein Zimmer auf 8 Tage, da der Lloyd schon gestern weg gefahren war. In der Straße Vernedek beim Hotel Pesth von Totfalluschi, ein Ungar, miethete (2_11_011) ich mich ein für 150 Piaster wir drei. Das Wetter war fortwährend prachtvoll, wahres Frühlingswetter, denn Schnee gab es nirgends mehr, bereits blühten Cyclamen, Hyacinthus orient. fl. alb., die auf den Straßen feil geboten wurden.

Bei Cumani, 1. Secretär der russischen Gesandtschaft, fand ich eine Sammlung Pflanzen der Umgegend vor, die er mir mitgab. Der größte Theil war zwar schon durch einen Franzosen Du Parquet entführt worden, der sie an Boissier schickte unter seinem Namen, was in der Flora orientalis zu berichtigen ist. Auf der preußischen Gesandtschaft fand ich nicht viel Neues, Brassier de St. Simon war noch der alte joviale Gesellschafter, mit einer Dame lebend, die ihm das Haus führt; Dr. Busch war ausgezogen und wohnte in der Kanzlei; außerdem war Kanzler Graf von Schwerin, ferner gehörten zur Gesandtschaft Graf von Sternberg, Legationsrath von Übel etc. Bei Brassier Abends zum Diner geladen. Ankunft des Prinzen Carl von [Bedan?], von Tiflis kommend. Bei Ihmsen und Compagnie fand ich noch dieselben Herrn Martz, Fink, Wedemeier vor, bei denen ich die meisten Abende speiste.

Am Abend des Fastnachtdinstag hatte ich mir viel vorgenommen, da an allen Ecken Maskenball war, so in der italienischen Gesellschaft Concordia, in der deutschen Teutonia, in dem Alkazar, Crystall Palais etc. Da bekam ich aber Abends ein so heftiges Kopfweh, daß ich mich zu Bett begeben mußte. Als um früh vor Sonnenaufgang Consonos nach Hause kamen und mich aufweckten, bestieg ich den Galatathurm, wo ich eine prachtvolle, großartige Aussicht genoß; wie tausend Sonnen erglühten die Fenster von Stambul, als die Sonne sich erhob. Das Leben auf der Perastraße gewährt die meiste Unterhaltung, da strömen alle Nationen zusammen. – Fuad Pascha's Tod.

*Sonnabend, 13. Februar.* Um 11 ½ Uhr Mittags wurde auf den Lloyddampfer Diana eingeschifft nach Triest; ich nahm 2te Classe; bezahlte aber die 3te für 65 fl. inclusive Essen und Bett. Noch einmal erblikte ich nun die Serailspitze mit ihren Moscheen und Platanen, und bald nach der Wendung überblikt man das weite Häusermeer von Alt-Stambul mit den Ringmauern am Meere, die sich weithin ausdehnen. Noch einen Blick auf Pera und zum Eingang des Bosphorus, und das herrliche Panorama ist entschwunden, nur Alt-Stambul fesselt nebst Scutari mit seiner großen Kaserne die Aufmerksamkeit, bis auch diese entschwinden und die Prinzeninseln nun den Blik auf sich lenken. Träumerisch haftet der Blik auf den schlanken Minarets der alten Dome der Christenheit, nur ungern nimmt man von ihnen Abschied, wenn nicht der heimliche Gedanke des Wiedersehens aufkäme, denn das Sprichwort sagt: Wer einmal

Taksim Wasser getrunken hat, der kommt wieder! (2_11_012) Herrlich ging die Sonne im ruhigen Meere unter, und bald wiegte uns der sanfte Schlummer ein.

*Sonntag, 14. Februar.* Das Meer wurde etwas unruhig, dabei Gegenwind, so daß wir erst statt um Mittag um 5 Uhr vor Syra landeten. Da bis Mitternacht Aufenthalt war, stieg ich hier aus. Vom Anblick der Stadt war ich wieder ganz entzückt: die kleinen, blendend weißen Sommers mit den grünen Jalousinen, dazwischen die rothen, gelben und blauen Farben der Fenstereinfassungen, gaben ihr, da alte Baraken gänzlich fehlen, ein heiteres, frisches Aussehen, grell gegen die nackten Felsen abstechend, die in abgerundeten Formen sich darüber erheben. Der Hafen lag voller griechischer Seglerschiffe, die der jetzt erst beseitigten Unruhen wegen noch da lagen. Außerdem kamen zu gleicher Zeit die Dampfer von Smirna und von Triest hier an, so daß viel Leben in den Hafen kam. Die ganze Bevölkerung von Syra war am Quai versammelt, Neuigkeiten erwartend, doch war die Aufregung gänzlich schon gedämpft durch die Conferenzbeschlüsse. Der Hafen war kurz vorher noch durch türkische Schiffe blokirt.

Das Innere der Stadt zeigte gegen früher manche Verbesserung, namtlich sind die schönen, mit Platten gepflasterten Straßen zu loben. Die Bäume auf dem Platze, durch den ein breiter Pflasterweg führt, schienen aber nicht recht gedeihen zu wollen, namtlich die wenigen Datteln zeigten noch gar keinen Fortschritt im Wachsthum. Man bereitet hier die [meistens?] nach Stanbul gehende Rachatlokum, ferner eine Mastizsüßigkeit, guten, billigen Tabak, der in Stambul viel mehr als der Samsun geschätzt wird; auch erzeugt die Insel einen ganz vorzüglichen weißen, sehr aromatischen Honig. In Begleitung des von Constantinopel aus mitreisenden Excellenz Baron von Goebel aus Wien, der von einer Reise aus Agypten und Syrien zurückkehrte, besuchte ich den Consul von Hahn, ein kleiner alter Herr, der uns mit feurigen Samoswein tractirte. Sein Garten um das Haus herum, im obern Stadttheile gelegen, setzte mich in Erstaunen über die Üppigkeit der Vegetation: da standen die Apricosen und Mandelbäume in voller Blüthe, Sempervivum arboreum mit großen, gelben Blüthenrispen wucherte überall, von einer kleinen Helix Art besetzt. Wir blieben bis gegen 10 Uhr, da das Schiff erst um Mitternacht abfuhr. Die Schwüle war wirklich außerordentlich, schon beim Einfahren in den Hafen, als wir hinter den Wind kamen, war es plötzlich bemerklich. Beim Überfahren zum Schiff leuchtete das Meer so voller phosphorescirender, leuchtender Kügelchen, daß ich hier eine Flasche Wasser zur Untersuchung mitnahm.

*Montag, 15. Februar.* Am Morgen 9 Uhr bei Cap Angelo, wo der bekannte Eremit auf den nakten Felsen haust, auf dem er eine Hütte erbaut und kleine Saatfelder angelegt hat. Er soll übrigens sich sehr unsichtbar machen, namtlich wenn Schiffe (2_11_013) anlegen, um ihm Nahrungsmittel zu bringen, soll er sich nie zeigen, was ihn in den Augen der Menge höher steigen macht. Den ganzen Tag hatten wir außerordentlich günstiges Wetter, mild, ohne Wind und ohne Meer, selbst das so gefürchtete Cap Matapan, an dem es nahe vorübergeht, empfing uns sehr freundlich. Die kleinen, grünen Gebüsche bedeken es überall. Gegen 3 Uhr bei Navarin, wo die Türkenflotte errichtet wurde. Eine Burg in Trümmern krönt in der Nähe die Spitze eines Berges mit ihren weiten Mauern. Herrlicher Blik auf die zahlreichen am Berge entlang liegenden Dörfer des Festlandes. Warme Nacht, Meerleuchten.

*Dinstag, 16. Februar.* Um 9 Uhr Morgens lag die langgestreckte Insel mit nur von niedrigen Bergen durchzognen Bergen vor uns, dicht mit Olivenhainen bestanden, und um 10 Uhr fuhren wir an dem isolirten, steilen Festunsgberge vorüber, mit dem nun die Stadt erscheint, mit ihren schönen, hohen Häusern längs dem Meerstrande. Eine hohe, feste Mauer schützt sie vor dem Meereswogen. In warmer Frühlingssonne lag die herrliche Insel vor uns, und kaum konnten wir mit der betrügerischen, habsüchtigen Bootsgesellschaft rasch genug fertig werden um den Preis (½ fl. à Person für Rückkehr). Der Grund des Meeres dicht mit Algen bestanden. Auf einer gegenüberliegenden kleinen Insel die zerstörten Festungswerke. Weiter hin ragen von der nahen albanischen Küste hohe Schneegebirge hervor, während vor uns Korfu im grünen Kleide ausgebreitet lag.

Bald gelangten wir, durch die schönen, geraden Straßen der Stadt [wandernd?], zum großen Platz, der mit Alleen rings umgeben, rechts eine Reihe stattlicher Häuser mit Hotels, Kaffees und Bazaren darbietend. Hier nahmen wir einen Fiaker und fuhren nach der sogenannten Kanone, immer zwischen Gärten hin, die voller Apfelsinen, Citronen, Cedraten und Mangustinbäume standen, zu dem standen Apricosen und Mandeln in Blüthe, ein Cytissus angepflanzt, nebst Canna in Blüthe, Ulmus 2 Arten in Blüthe, [Pfl]; auf Plätzen überall Bellis perenis, und an den grasigen Abhängen bedekte die rothe Anemone alles; [Pfl] während die Olivenbäume mit ihren dunkeln Grün wie Wälder erscheinen. Von dem Kanonenplatze Blik wie auf einen See eines Meerbusens. In Anlagen und Hecken alles voller blühenden Rosa semperflorens, Laurus [tinus?], darüber die schlanken Cypressen, mit Cactus Opuntia hecken dazwischen, die namtlich auch die Festungsfelsen überziehen. Überall bot man Sträuße an von Veilchen, Narzissen, Rosen, Anemonen, mit Citronen und Pelargonienblättern umhüllt.

(2_11_014) Leider zu große Eile, nur 2 Stunden am Lande. Hier verlißen mich nun Consono's, die über Brindisi nach Mailand zurückkehrten mit dem schönen italienischen Dampfer Miramar. Zu gleicher Zeit war auch der von Alexandrien nach Triest gehende Amerika eingetroffen, der hinter uns dann her fuhr. Erst um 3 Uhr Aufbruch nach dem 45 Stunden entfernten Triest. Wundervolles Wetter, so daß es selbst im Rock zu warm wurde. Abends 8 Uhr plötzlicher

Borasturm, Nordwind, der dann aber Nordost umschlug und uns in 1 Stunde 12 Miles machen ließ. Reisegesellschaft mehrere Wiener.

*Mittwoch, 17. Februar.* Längs der albanischen und dalmatinischen Küste einförmiges Äußre. Nachmittags bei Lissa links bleibend nahe vorüber gefahren; die Stadt im Hintergrunde eines Meerbusens.

*Donerstag, 18. Februar.* Früh Nebel. Ankunft in Triest gegen Mittag, bei Nebel auf dem Meere.

*Freitag und Sonnabend, 20. Februar.* Aufenthalt in Triest. Logirte beim [Landwirth?], pro Tag 1 fl. 10 [Kreuzer?]. Besuche bei Mutius von Tommasini. Kaufte eine filigrane Brosche von Genua für 4 fl., Photographien, Muscheln 15 fl. Spaziergang am Meere. [Pfl] Fräulein Elisa Braig in der Compagnie Murat.

*Sonntag* früh ½ 7 Uhr Abreise nach Wien. Nichts ermäßigt auf der Bahn. [SprPfl] (2_11_024) [Txt]

# Abbildungsverzeichnis

Falls vorhanden, wurden Haussknechts Bildbeschriftungen verwendet.



Alle Abbildungen: mit freundlicher Genehmigung des Herbarium Haussknecht, ausgenommen:

Abb. 2: Osama Mustafa, Jena.

Abb. 12: mit freundlicher Genehmigung der Antikensammlung, Foto: Jens Meyer, alle Friedrich-Schiller-Universität Jena.

## Die Herausgeberinnen und Herausgeber

Frank H. Hellwig, Inhaber des Lehrstuhls für Spezielle Botanik, Friedrich-Schiller-Universität Jena (seit 1997). Promotion (1990) und Habilitation (1997) im Fach Botanik. Forschungsschwerpunkte: Systematik und Evolution der Samenpflanzen mit Schwerpunkt Asteraceae, Geschichte der Botanik.

Christine Kämpfer, Akademische Rätin a. Z. am Lehrstuhl für Iranistik, Otto-Friedrich-Universität Bamberg. Promotion im Fach Iranistik (2022). Forschungsschwerpunkte: Klassische persische Literatur, Reiseliteratur der Kadscharenzeit.

Stefan Knost, Gastprofessor, Institut für Orientalistik, Otto-Friedrich-Universität Bamberg. Promotion in Islamwissenschaft. Forschungsschwerpunkte: Geschichte der arabischen Provinzen des Osmanischen Reichs, besonders Wirtschafts- und Sozialgeschichte, Stadtgeschichte, Reiseliteratur.

Hanne Schönig, wissenschaftliche Mitarbeiterin am Zentrum für Interdisziplinäre Regionalstudien (ZIRS), Martin-Luther-Universität Halle Wittenberg (bis 2019). Promotion in Islamischer Philologie, Semitistik, Islamkunde. Forschungsschwerpunkte: Ethnobotanik, traditionelle Medizin; Alltagskultur mit Terminologie im Jemen.

Kristin Victor, Sammlungskoordinatorin am Herbarium Haussknecht, Institut für Ökologie und Evolution, Friedrich-Schiller-Universität Jena. Forschungsschwerpunkte: Geschichte der Botanik mit dem Fokus auf Carl Haussknecht und Herbarien.

Christoph U. Werner, Inhaber des Lehrstuhls für Iranistik, Otto-Friedrich-Universität Bamberg (seit 2019). Promotion 1999, Juniorprofessur Islamwissenschaft Freiburg 2002–2007 und Professur für Iranistik Marburg 2007–2019. Forschungsschwerpunkte: Persische Diplomatik und Urkundenlehre (siehe www.asnad.org), Wirtschafts- und Sozialgeschichte Irans und Stiftungswesen, Konnektivität von Geschichte und persischer Literatur.